Die
# „Fortschritte der chemischen Forschung"

erscheinen zwanglos in einzeln berechneten Heften, die zu Bänden vereinigt werden. Ihre Aufgabe liegt in der Darbietung monographischer Fortschrittsberichte über aktuelle Themen aus allen Gebieten der chemischen Wissenschaft. Hauptgesichtspunkt ist nicht lückenloses Zitieren der vorhandenen Literaturangaben, sondern kritische Sichtung der Literatur und Verdeutlichung der Hauptrichtungen des Fortschritts. Auch wenden sich die Fortschrittsberichte nicht ausschließlich an den Spezialisten, sondern an jeden interessierten Chemiker, der sich über die Entwicklung auf den Nachbargebieten zu unterrichten wünscht. Die Berichterstattung erstreckt sich vorläufig über den Zeitraum der letzten 10 Jahre. Beiträge nichtdeutscher Autoren können in englischer oder französischer Sprache veröffentlicht werden.

In der Regel werden nur angeforderte Beiträge veröffentlicht. Nicht angeforderte Manuskripte werden dem Herausgeberkollegium überwiesen, das über die Annahme entscheidet. Für Anregungen betreffs geeigneter Themen sind die Herausgeber jederzeit dankbar.

Anschriften:

*Prof. Dr. F. G. Fischer*, *(13a) Würzburg, Röntgenring 11* (Organische Chemie und Biochemie).

*Prof. Dr. H. W. Kohlschütter*, *(16) Darmstadt, Eduard-Zintl-Institut der T. H.* (Anorganische Chemie).

*Prof. Dr. Kl. Schäfer*, *(17a) Heidelberg, Plöck 55* (Physikalische Chemie).

*Dr. H. Mayer-Kaupp*, *(17a) Heidelberg, Neuenheimer Landstraße 24* (Springer-Verlag).

## Springer-Verlag

| **Heidelberg** | **Berlin W 35** |
|---|---|
| Neuenheimer Landstraße 24 | Reichpietschufer 20 |
| Fernsprecher 24 40 | Fernsprecher 24 92 51 |

**Vertriebsvertretung des Verlages im Ausland:**

Lange, Maxwell & Springer Ltd., 242 Marylebone Road, London N.W. 1

<table>
<tr><td>2. Band</td><td style="text-align:center">

# Inhaltsverzeichnis.

</td><td>4. (Schluß-)Heft</td></tr>
</table>

Seite


EMELÉUS, H. J., Recent Advances in Fluorine Chemistry . . . . . . . . . . . . . . . 609

MAASS, G., und G. JANDER, Die Grundlagen der Chemie in wasserfreier Essigsäure. Mit 23 Textabbildungen . . . . . . . . . . . . . . . . . . . . . . . . . 619

FEITKNECHT, W., Die festen Hydroxysalze zweiwertiger Metalle. Mit 20 Textabbildungen. . . . . . . . . . . . . . . . . . . . . . . . . . . . . . 670

SUHRMANN, R., und H. LUTHER, Neuere Ergebnisse der Ultrarotspektroskopie. Mit 50 Textabbildungen . . . . . . . . . . . . . . . . . . . . . . . . . . 758

Namenverzeichnis zum 2. Band . . . . . . . . . . . . . . . . . . . . . . . . 880

Sachverzeichnis zum 2. Band . . . . . . . . . . . . . . . . . . . . . . . . . 903

Fortschr. chem. Forsch., Bd. 2, S. 609—618 (1953).

# Recent Advances in Fluorine Chemistry.

By

H. J. EMELÉUS.

The chemistry of fluorine and its compounds was for many years studied in very few laboratories; indeed until about 1920 many of the important new advances came either from the Paris laboratory, in which fluorine was first isolated by MOISSAN, or from the laboratory of RUFF in Breslau. RUFF's school was particularly productive and many of the topics which are of interest in current research stem directly from the pioneer work carried out under his direction.

In recent years *elementary fluorine* has become far more generally available and research on fluorine compounds is being conducted in university and industrial laboratories throughout the world. So large, indeed, is the current output of research that any attempt at a comprehensive review would be an impossible undertaking. It seems better, therefore, to deal with a very much more limited field, and particularly with work done in Cambridge during the past few years. This commenced with a study of some of the reactions of the *halogen fluorides*, compounds most of which were first made and examined by RUFF, and, from the *reactions of halogen fluorides with halogenated organic compounds*, we were led to the synthesis of *trifluoroiodo methane*, $CF_3I$. This, in turn, has provided the key to the synthesis of an important new group of organometallic and organometalloidal compounds containing fluorocarbon radicals. These two groups of researches, both of which are still far from complete, are outlined separately below.

## The Halogen Fluorides as Ionizing Solvents (*1*).

The halogen fluorides are usually regarded as normal covalent liquids, in spite of the fact that the iodine chlorides and iodine bromide conduct electricity both in the molten state and in solution (*2*).

It is not feasible, because of the high reactivity of the halogen fluorides, to test their conductivity in solvents, but, using rigorous procedures for purification, and working with a fused quartz vacuum system and conductivity cells, it was possible to make direct determinations of the conductivity of chlorine trifluoride, bromine trifluoride and iodine pentafluoride. The value for the first of these compounds was low, but the other two gave the surprisingly high values shown below, which were not due to the presece of impurities (*3*).

$ClF_3$     b.p. $12\cdot0°$     Specific conductivity $= 3 \ \times 10^{-9}\,\Omega^{-1}\,cm^{-1}$ $(0°)$

$BrF_3$         $127\cdot6°$                                  $= 8\cdot0\times 10^{-3}\,\Omega^{-1}\,cm^{-1}$ $(25°)$

$IF_5$           $98°$                                     $= 2\cdot3\times 10^{-5}\,\Omega^{-1}\,cm^{-1}$ $(25°)$

This unexpected result can only be explained by assuming a partial ionization of the bromine and iodine compounds, the most probable modes being as follows:

$$2\,BrF_3 \rightleftharpoons BrF_2^+ + BrF_4^-$$
$$2\,IF_5 \rightleftharpoons IF_4^+ + IF_6^-.$$

If then, one considers these two compounds as ionizing solvents, it should be possible to prepare derivatives containing either the cation or anion of the solvent which, in the parent solvent, would have properties analogous to those of either an *acid* or a *base*. Here one is guided by the analogy with solvents such as liquid ammonia, in which ammonium salts behave as acids and metal amides as bases. This expectation was, in fact, realised in full.

When, for example, a weighed amount of metallic gold contained in a fused silica vessel was treated with excess of bromine trifluoride, it dissolved rapidly. Excess of solvent, together with free bromine, were then evaporated in vacuum and a white solid remained which had the empirical formula $AuBrF_6$. It was freely soluble in bromine trifluoride and enhanced the conductivity of the latter, so that it may reasonably be formulated as an acid ($BrF_2AuF_4$) in the bromine trifluoride solvent system. The compound lost bromine trifluoride when heated to $200°$ and gave auric fluoride $AuF_3$.

In the same way a number of other substances dissolved and, on evaporation of excess solvent, gave residues which could likewise be formulated as acids (Table 1). It will be noted that the halogen fluoride has a dual role, and first functions as a fluorinating agent before reacting with the fluorinated product to form the acid.

Potassium fluoride when treated by exactly the same technique gave a product of the composition $KBrF_4$, which was likewise soluble and produced an enhanced conductivity. It also had a characteristic X-ray pattern. The formula suggests an analogy with the compound $KICl_4$, which functions as a base in iodine trichloride.

Similar products were obtained from metallic silver and from barium chloride (Table 1), though the residues from the fluorides of other electropositive elements did not show a stoichiometric composition. This apparent anomaly may be explained by supposing that, in general, bases containing the $(BrF_4)^-$ anion are less stable than the acids, and that a number of compounds of this type lose bromine trifluoride at room temperature. The potassium, silver and barium compounds are

Table 1. *Acids and Bases in the Bromine Trifluoride Solvent System.*

| Reactants | Product | Reactants | Product |
|---|---|---|---|
| *Acids* $Sb_2O_3$, $BrF_3$ | $BrF_2SbF_6$ | $PtCl_4$, $BrF_3$ | $(BrF_2)_2PtF_6$ |
| $SnCl_2$, $BrF_3$ | $(BrF_2)_2SnF_6$ | $PdCl_2$, $BrF_3$ | $BrF_2PdF_4$ |
| $Au$, $BrF_3$ | $BrF_2AuF_4$ | *Bases* $KF$, $BrF_3$ | $KBrF_4$ |
| $Nb$, $BrF_3$ | $BrF_2NbF_6$ | $Ag$, $BrF_3$ | $AgBrF_4$ |
| $Ta_2O_5$, $BrF_3$ | $BrF_2TaF_6$ | $BaCl_2$, $BrF_3$ | $Ba(BrF_4)_2$ |

apparently more stable, though they too lose bromine trifluoride at temperatures above $100°$.

It is possible to titrate an acid with a base in bromine trifluoride solution and to follow the reaction conductimetrically (e.g. $BrF_2SbF_6 + KBrF_4 = KSbF_6 + 2\,BrF_3$). Moreover, with the dibasic acid $(BrF_2)_2SnF_6$ and $KBrF_4$ the equivalence point is observed at a $1:2$ ratio of acid to base:

Precisely similar considerations appear to apply to iodine pentafluoride, though this has been studied in less detail. Thus from $SbF_5$ and $IF_5$ the acid $IF_4SbF_6$ may be isolated, while with $KF$ the base $KIF_6$ is formed. These two substances undergo a neutralization reaction and form the salt $KSbF_6$.

These neutralization processes may be used for the preparation of various complex fluorides *without actually isolating the acid or the base*. Thus, for example, if equivalent quantities of metallic silver and gold are dissolved in bromine trifluoride and all volatile material is removed in vacuum, the salt $AgAuF_4$ remains. The usefulness of this method is increased by the apparent existence in bromine trifluoride solution of both acids and bases which are not sufficiently stable to be isolated. This is well illustrated by the reaction of potassium metaphosphate with bromine trifluoride, which gives a quantitative yield of $KPF_6$:

$$KPO_3 + BrF_3 \rightarrow KBrF_4 + [BrF_2PF_6] \rightarrow KPF_6.$$

Here one assumes the intermediate formation of *the unstable acid* $BrF_2PF_6$, a view which is supported by the fact that a mixture of red phosphorus and potassium fluoride likewise dissolves in bromine trifluoride to form $KPF_6$.

In the same way a mixture of arsenious oxide and potassium fluoride, yields potassium hexafluoroarsenate, a product which can be explained only by postulating the acid $BrF_2AsF_6$ as an intermediate.

The existence of *unstable bases* may be illustrated by a number of reactions leading to salts of the $NO_2^+$ and $NO^+$ cations, in the formation of which by neutralization reactions the bases $NO_2BrF_4$ and $NOBrF_4$ almost certainly are involved. Reactions of this type are shown in Table 2.

*Table 2.*

| Reactants | Products | Reactants | Products |
|---|---|---|---|
| $NO_2$, Au, $BrF_3$ | $NO_2AuF_4$ | NOCl, $GeO_2$, $BrF_3$ | $(NO)_2GeF_6$ |
| $NO_2$, $B_2O_3$, $BrF_3$ | $NO_2BF_4$ | NOCl, $PBr_5$, $BrF_3$ | $(NO)PF_6$ |
| $NO_2$, $SnF_4$, $BrF_3$ | $(NO_2)_2SnF_6$ | NOCl, $As_2O_3$, $BrF_3$ | $(NO)AsF_6$ |
| $NO_2$, $PBr_5$, $BrF_3$ | $NO_2PF_6$ | NOCl, $B_2O_3$, $BrF_3$ | $(NO)BF_4$ |
| $NO_2$, $As_2O_3$, $BrF_3$ | $NO_2AsF_6$ | | |

The behaviour of *chlorine trifluoride* differs sharply from that of bromine trifluoride for, when it is added to potassium fluoride, the latter may be recovered quantitatively by evaporation in vacuum at room temperature. The same is true of other metallic fluorides and it appears that the $(ClF_4)^-$ anion is inherently unstable. There is some indication that chlorine trifluoride may form acids with the fluorides of some of the non-metallic elements, though this point has not as yet been fully investigated. No direct evidence is yet available as to whether other halogen fluorides can give rise to acids and bases, though this is perhaps less probable for compounds such as ClF, $BrF_5$ and $IF_7$.

## Organometallic and Organometalloidal Compounds containing Fluorocarbon Radicals.

Turning to the reactions of the halogen fluorides with organic compounds, the literature up to the present contains very little information. It is well known that most organic compounds containing hydrogen react violently with chlorine and bromine trifluorides and these two substances will inevitably have a limited use as fluorinating agents in the organic field. *Iodine pentafluoride* is known, however, to be a milder reagent and its reaction with carbon tetraiodide was examined with a view to preparing the hitherto unknown compound, trifluoroiodomethane, $CF_3I$ (*3*). This reaction was conducted in silica-apparatus and fractionation of the volatile products in a Stock vacuum system, in which the mercury float valves were replaced by taps, gave $CF_3I$ as a gas with a boiling point of $-22.5°$. A similar reaction between tetraiodoethylene and iodine pentafluoride gave $C_2F_5I$ (b.p. $13°$).

To appreciate the significance of these two new compounds one must recall the striking properties of carbon compounds in which hydrogen is completely replaced by fluorine. The products are characterized by great chemical inertness, but have physical properties which are similar in many respects to those of the hydrocarbons. This is illustrated by the following summary (Table 3) of the boiling points of fluorocarbons and hydrocarbons of the two series $C_nF_{2n+2}$ and $C_nH_{2n+2}$.

*Table 3.*

| $n =$ | 1 | 2 | 3 | 4 | 5 | 6 | 8 | 16 |
|---|---|---|---|---|---|---|---|---|
| Fluorocarbon . . . . | $-128°$ | $-78°$ | $-38°$ | $-0·5°$ | $22°$ | $51°$ | $104°$ | $240°$ |
| Hydrocarbon . . . . | $-161°$ | $-88°$ | $-44°$ | $-0·5°$ | $36°$ | $68°$ | $125°$ | $286°$ |

*Trifluoromethyl iodide* is thus seen as the analogue of *methyl iodide,* and the question arises as to whether it can serve as the parent substance for a group of organometallic compounds, analogous to the many which may be obtained from methyl iodide. The study of this point was greatly facilitated by the discovery of a general method for preparing fluoroalkyl iodides, which was more convenient that that employing iodine pentafluoride. This involved a reaction between iodine and the silver salt of the fluorinated aliphatic acid, e.g.

$$CF_3COOAg + I_2 = CF_3I + AgI + CO_2.$$

Trifluoromethyl iodide was found to differ very considerably from methyl iodide and to behave as a positive iodine compound. Thus it was impossible to replace the iodine atom by groups such as —OH or —NO$_2$ by the normal procedures. Also, it did not form GRIGNARD compounds readily, though such compounds have since been obtained and will be referred to later (p. 617). There is now much evidence to show that the compound undergoes homolytic fission either when heated to ca. 200° or when irradiated with ultra-violet light, and this approach was used in the preparation of mercury derivatives (*4*). The experimental method used involved condensing a known amount of trifluoroiodomethane into an evacuated Carius tube containing mercury, sealing the tube and heating or irradiating the tube for the required time. In this particular case the products were solids and their isolation was effected by solvent extraction and vacuum sublimation. In subsequent experiments with elements such as phosphorus, which gave volatile products, the latter were removed to a vacuum system for separation and characterization by standard procedures. A few of the less volatile products (e.g. $CF_3PI_2$) were separated by distillation in nitrogen in semi-micro apparatus of normal design.

The reaction with *mercury* gave as the initial product trifluoromethyl mercuric iodide, $CF_3HgI$, a white crystalline solid very similar to methyl mercuric iodide. From it, the free base, $CF_3HgOH$, and a number of salts were prepared.

$$Hg + CF_3I \xrightarrow[\text{or heat (200°)}]{h\nu} CF_3HgI \rightarrow CF_3HgOH, \quad etc.$$
$$\downarrow Cd/Hg$$
$$(CF_3)_2Hg$$

The dimercurial differed markedly from its methyl analogue in that it was a volatile white crystalline solid, which was soluble both in organic solvents and in water. It could, indeed, be recovered from water without any evidence of decomposition. The aqueous solution also had a small electrical conductivity, though no evidence has as yet been obtained to show what ions are present. Analogous products may be prepared from pentafluoroiodoethane and higher fluoralkyl iodides of this series.

An analogous reaction occurs between trifluoromethyl iodide and elementary phosphorus, arsenic, antimony, sulphur or selenium (5). The experimental procedure was the same in each case, the fluoroalkyl iodide being heated in a sealed tube or autoclave with the element in question at temperatures ranging from 170° to 280°. Table 4 shows the products of these reactions which have been isolated.

*Table 4.*

| | | | |
|---|---|---|---|
| $P(CF_3)_3$ | b.p. 17·3° | $Sb(CF_3)_2I$ | b.p. — |
| $P(CF_3)_2I$ | 73° | $S_2(CF_3)_2$ | 34·6° |
| $P(CF_3)I_2$ | 133°/413 mm | $S_3(CF_3)_2$ | 86·4° |
| $As(CF_3)_3$ | 33·3° | $S_4(CF_3)_2$ | 135° |
| $As(CF_3)_2I$ | 92° | $Se(CF_3)_2$ | — 1° |
| $As(CF_3)I_2$ | 182—184° | $Se_2(CF_3)_2$ | 70° |
| $Sb(CF_3)_3$ | 73° | | |

Tris trifluoromethyl phosphine burns in air, but, unlike its methyl analogue, has not so far been found to form addition compounds with sulphur, carbon disulphide or silver iodide. With chlorine it forms the addition compound $P(CF_3)_3Cl_2$ (b.p. 94°), and there is some indication that an addition compound of lower stability may be formed with bromine. With either of these halogens at higher temperatures, partial replacement of $CF_3$ by halogen occurs and a similar reaction occurs with iodine, yielding some $P(CF_3)_2I$ and $P(CF_3)I_2$.

The iodine atoms in $P(CF_3)_2I$ and $P(CF_3)I_2$ are reactive, and on hydrolysis with cold water both compounds yield the same acid, $PCF_3(OH)_2 \cdot H_2O$, which is a hygroscopic solid of m.p. 84°. This is a moderately strong acid ($k' = 7\cdot8 \times 10^{-2}$; $k'' = 1\cdot0 \times 10^{-4}$), with marked reducing properties. In the hydrolysis of the monoiodide one molecular proportion of fluoroform is evolved quantitatively. Oxidation of the acid with aqueous hydrogen peroxide gives a second acid $P(CF_3)O(OH)_2$ (m.p. 72°), which has no reducing properties and is also moderately strong ($k' = 3\cdot1 \times 10^{-2}$; $k'' = 6\cdot4 \times 10^{-5}$). Both acids are thermally stable up to ca. 200° and, surprisingly, do not evolve fluoroform with aqueous alkali, although the parent iodides do so readily.

The iodine atom in the monoiodide may be replaced by other groups (e.g. Cl, CN) by treatment with the appropriate silver salt. With mercury there is also a reaction, leading to a high yield of the diphosphine $P_2(CF_3)_4$ (b.p. 84°). This has no known methyl analogue and it appears that the P—P bond is stabilised by the strongly negative groups attached to phosphorus. The diphosphine is also interesting in that, on alkaline hydrolysis, both fluoroform (ca. 75%) and fluoride (ca. 25%) are formed. The diphosphine was decomposed by water at 100° and among the products there was a small proportion of the hydride $P(CF_3)_2H$ (b.p. 1°), which is also obtained when the monoiodide is reduced with hydrogen and RANEY nickel. This suggests that hydrolysis may involve fission of the P—P bond, giving $(CF_3)_2PH$ and $(CF_3)_2P(OH)$ as the initial products. This mechanism has not, however, been fully established.

The behaviour of the *arsenic* compounds is, in general, similar to that of those of phosphorus. Tris trifluoromethyl arsine reacts with chlorine to form $As(CF_3)_3Cl_2$ (b.p. 98·5°), which, on heating, loses $CF_3Cl$. A second pentavalent compound $As(CF_3)_2Cl_3$ (b.p. 94°) is formed by prolonged reaction with chlorine. Reaction with bromine, on the other hand, yields a mixture of $(CF_3)_2AsBr$ (b.p. 60°), $CF_3AsBr_2$ (b.p. 119°), $AsBr_3$, $CF_3Br$, and unchanged $As(CF_3)_3$. The reaction with iodine is similar.

The iodine atom in the monoiodide may be replaced by other groups and, by reaction with silver salts, for example, $As(CF_3)_2CN$ (b.p. 89·5°) and $As(CF_3)_2SCN$ (b.p. 116—118°) are readily prepared. Reaction of the monoiodide with mercury gives the cacodyl $As_2(CF_3)_4$ (b.p. 106 to 107°), while with mercuric oxide the oxide $As_2(CF_3)_4O$ (b.p. 95—97°) is formed. The chemistry of these substances has not yet been studied in detail, but it is noteworthy that hydrolysis of the perfluorocacodyl gives both fluoroform and fluoride, which parallels the observations made on the diphosphine.

Both iodides, $As(CF_3)_2I$ and $As(CF_3)I_2$, have been successfully reduced either by lithium aluminium hydride in *n*-butyl ether or by zinc and hydrochloric acid in aqueous solution. The boiling points of the new compounds are 19° for $As(CF_3)_2H$ and — 20° for $As(CF_3)H_2$. Although the monoiodide is not hydrolysed by water at room temperature, it reacts readily with aqueous hydrogen peroxide. Iodine separates and a simultaneous hydrolysis and oxidation occurs. From the solution white crystals of the acid $As(CF_3)_2O(OH)$ may be obtained, which may be recrystallised from chloroform. This acid is almost completely dissociated in aqueous solution, whereas the dissociation constant of the methyl compound, $As(CH_3)_2O(OH)$ is of the order of $10^{-6}$—$10^{-7}$. This striking difference in the strengths of the two acids is in the direction to be expected from the high negativity of the $CF_3$ group, and parallels the well-known difference between acetic and trifluoroacetic acid.

Arsenicals containing both methyl and trifluoromethyl radicals have
been prepared by an exchange reaction. When, for example, tristri-
fluoromethylarsine, $As(CF_3)_3$, and methyl iodide are mixed and irradiated
in a quartz vessel, compounds of the type $As(CF_3)_n(CH_3)_{3-n}$ ($n = 2, 1, 0$)
are formed. Qualitatively the incidence of such an exchange may be
detected by examining the infra-red spectrum of the product. The inter-
pretation of the results is also facilitated by the synthesis of the compound
$As(CF_3)_2CH_3$ (b.p. 52°) by the reaction of methyl magnesium iodide with
iodobistrifluoromethylarsine, $As(CF_3)_2I$. There is evidence that this type
of exchange reaction occurs with fluoroalkyl derivatives of other elements
(e.g. of selenium) and it widens very considerably the field which is
open for further investigation, especially when it is remembered that
the reactions of higher fluoroalkyliodides (e.g. $C_3F_7I$) are essentially
similar to those of $CF_3I$.

The study of the reaction of $CF_3I$ with *antimony* has not yet been
persued very far, but it appears very similar to the arsenic reaction. The
compound $Sb(CF_3)_3$ has been prepared (Table 4), but $Sb(CF_3)_2I$ is less
stable than $As(CF_3)_2I$ and rapid disproportionation occurs at room
temperature. The monoiodide appears to react with mercury to form
the antimony cacodyl, $Sb_2(CF_3)_4$.

Reaction between trifluoromethyl iodide and *sulphur* occurs at
200—280° and the main product is $(CF_3)_2S_2$ (b.p. 34·6°). The trisulphide,
$(CF_3)_2S_3$ (b.p. 86·4°), and the tetrasulphide, $(CF_3)_2S_4$ (b.p. 135°) are,
however, formed in small yield. The constitution of the disulphide is
established by its reaction with chlorine at 300°, when a high yield of
$CF_3Cl$ is produced, showing the presence of two $(CF_3)$ groups. Moreover,
it reacts readily with mercury and gives the compound $Hg(SCF_3)_2$
(m.p. 37·5°). When irradiated in ultraviolet light, the disulphide is
converted to the monosulphide $(CF_3)_2S$ (b.p. —22°). The latter is stable
to alkali, and indeed is in many ways analogous to the ether $(CF_3)_2O$.
The disulphide on the other hand is decomposed by alkali, giving fluoride,
carbonate and sulphide. The following mechanism is suggested:

$$CF_3S \cdot S \cdot CF_3 \rightarrow CF_3SH + S + CF_3OH$$
$$F^- + CO_3^= + S^= \quad HF + F_2C = O \rightarrow F^- + CO_3^= + S^=.$$

In the reaction between trifluoromethyl iodide and *selenium* at
265—290° bistrifluoromethyl selenide, $(CF_3)_2Se$, and bistrifluoromethyl
diselenide, $(CF_3)_2Se_2$, are produced in yields of 40 and 20% respectively
(Table 4). These two compounds show a number of interesting reactions.
The compound $(CF_3)_2Se$ is converted quantitatively to $CF_3Cl$ and $SeCl_4$
when irradiated in a quartz vessel with ultraviolet light. If the irradia-
tion is done in Pyrex, however, a new solid compound $CF_3SeCl_3$ is formed,
which hydrolyses to the crystalline acid $CF_3SeO(OH)$ (m.p. 118°). The

fluoroalkyl fails to give with reagents such as methyl iodide and heavy metal salts the reactions which are typical of the methyl analogue. The compound $(CF_3)_2Se_2$ also reacts with chlorine, to form a mixture of $(CF_3)SeCl$ (b.p. $35°$) and $CF_3SeCl_3$. The mercurial $Hg(SeCF_3)_2$ may be obtained either from $CF_3SeCl$ and mercury, or by exposure of a mixture of $(CF_3)_2Se_2$ and mercury to ultraviolet light. Like its sulphur analogue, it is a white crystalline solid.

There are already indications that the preparative methods described above will be applicable to the higher homologues of $CF_3I$. It may be true, however, that their applicability will be limited to the elements mentioned. If, therefore, the whole range of organometallic and organometalloid compounds is to be studied, other preparative methods will be needed. Two new approaches appear to offer some prospect of extending our knowledge of this field. The first is the use of the GRIGNARD reagent. Trifluoromethyl iodide reacts with magnesium in presence of ether and it appears that a compound is formed which is unstable at room temperature. At $-20°$, however, the stability is somewhat higher and by working at a lower temperature it has proved possible to prepare the compound $(CF_3)_2SiCl_2$ from silicon tetrachloride. Although yields are at present low, it is quite clear that this approach offers a good prospect of extending the field.

A second method which is being studied is based on the electrolytic fluorination procedure, developed by J. H. SIMONS (6). The principle of this method is to dissolve or suspend the compound to be fluorinated in anhydrous hydrogen fluoride. The conductivity of liquid hydrogen fluoride may be increased, if necessary, by the addition of substances such as potassium fluoride. Electrolysis is then carried out at a voltage somewhat less than that required to liberate hydrogen and fluorine. Under such conditions, hydrogen is evolved at the cathode and fluorination of the solute occurs at the anode. This method has so far been applied mainly in the preparation of fluorocarbons and fluorocarbon derivatives from their hydrocarbon analogues. In preliminary experiments with dimethyl sulphide, however, it has proved possible to prepare directly $CF_3SF_5$ and $(CF_3)_2SF_4$. One may anticipate that this approach will also be subject to limitations, particularly those arising from solvolysis and removal of alkyl groups attached to more electropositive elements, but it clearly holds many interesting possibilities which are being actively explored.

## Literatur.

1. For a more detailed account and bibliography see: V. GUTMANN: Die Chemie in Bromtrifluorid. Angew. Chem. **62**, 312 (1950).

2. See, for example: N. N. GREENWOOD and H. J. EMELÉUS: The Electrical Conductivity of Iodine Trichloride. J. Chem. Soc. **1950**, 987.

3. A. A. Banks, H. J. Eméléus, R. N. Haszeldine and V. Kerrigan: The Reaction of Bromine Trifluoride with Carbon Tetrachloride, Tetrabromide and Tetraiodide and with Tetraiodoethylene. J. Chem. Soc. **1948**, 2188.
4. H. J. Eméléus and R. N. Haszeldine: Organometallic Fluorine Compounds. Part I. The Synthesis of Trifluoromethyl and Pentafluoroethyl Mercurials. Part II. The Synthesis of Bistrifluoromethylmercury. J. Chem. Soc. **1949**, 2948, 2953.
5. G. A. R. Brandt, H. J. Eméléus and R. N. Haszeldine: Organometallic and Organometalloidal Fluorine Compounds. Part III. Trifluoromethyl Derivatives of Sulphur. J. Chem. Soc. **1952**, 2198.
— Part IV. Ultra-violet and Infra-red Spectra of Bistrifluoromethyl Sulphide, Bistrifluoromethyl Disulphide and Related Compounds. J. Chem. Soc. **1952**, 2549.
— Part V. Trifluoromethyl Compounds of Arsenic. J. Chem. Soc. **1952**, 2552. F. W. Bennett, J. W. Dale, J. Kidd and E. C. Walachewski: Unpublished observations.
6. Fluorine Chemistry, edited by J. H. Simons. New York: Academic Press, Inc. 1950, 414. See also J. H. Simons: Trans. Electrochem. Soc. **95**, 47 (1949).

(Completed July 1952.)

Prof. Dr. H. J. Eméléus, F. R. S., University Chemical Laboratory, Pembroke Street, Cambridge/England.

Fortschr. chem. Forsch., Bd. 2, S. 619—669 (1953).

# Die Grundlagen der Chemie in wasserfreier Essigsäure*.

Von

GÜNTHER MAASS und GERHART JANDER.

Mit 23 Textabbildungen.

## Inhaltsübersicht.


| | Seite |
|---|---|
| I. Einleitung | 619 |
| II. Eigenschaften und Reinigung der Essigsäure | 620 |
| III. Löslichkeitsverhältnisse in Essigsäure | 622 |
| IV. Säuren- und Basenanaloge in Essigsäure | 624 |
|     A. Allgemeines | 624 |
|     B. Leitfähigkeiten von Säuren- und Basenanalogen | 627 |
|     C. Molekulargewichtsbestimmungen von Säuren- und Basenanalogen | 633 |
|     D. Potentiometrische Titrationen in Essigsäure | 639 |
| V. Neutralisationsanaloge Umsetzungen in Essigsäure | 644 |
| VI. Halogentitrationen in Essigsäure | 648 |
| VII. Das Anlagerungsvermögen der Essigsäure | 649 |
| VIII. Solvolyseerscheinungen in Essigsäure | 652 |
|     A. Normale Solvolyse | 652 |
|     B. Erzwungene Solvolyse | 654 |
|     C. Spezielle Solvolysereaktionen | 657 |
| IX. Die Erscheinung der Amphoterie in Essigsäure | 657 |
|     A. Allgemeines | 657 |
|     B. Die bisher bekannten amphoteren Acetate bzw. Doppelsalze der Metallacetate mit Alkaliacetaten | 659 |
| Literatur | 665 |


## I. Einleitung.

Charakteristisch für das Wasser und die „wasserähnlichen" Lösungsmittel

Fluorwasserstoff (50),

Ammoniak (49),

Schwefelwasserstoff (88),

Blausäure (89),

Schwefeldioxyd (86),

Salpetersäure (90),

Essigsäureanhydrid (87)

ist die Gemeinsamkeit einer ganzen Reihe von Eigenschaften der Lösungsmittel selbst und der mit ihnen hergestellten Lösungen. In diesen

---

* Bei der Fertigstellung des Manuskripts war uns dankenswerterweise Herr Dipl.-Ing. H. KLAUS (Technische Universität Berlin-Charlottenburg) behilflich.

Vergleich können sogar gewisse Schmelzen von Halbsalzen und von metallähnlichen Elementen einbezogen werden, wie Untersuchungen über

Jod (85),

Quecksilber(II)-bromid (16)

gezeigt haben. So wird z. B. bei allen diesen Lösungsmitteln die Fähigkeit angetroffen, sich an bereits abgesättigt erscheinende Verbindungen anzulagern und sog. Solvate zu bilden. Außerdem wird der Typus der „neutralisationsanalogen" Reaktion beobachtet, bei der aus „säurenanalogen" und „basenanalogen" Stoffen Moleküle des Lösungsmittels und ein Salz gebildet werden. Auch die Solvolyse und die Amphoterie finden ihre Parallelen in den „wasserähnlichen" Lösungsmitteln. Alle diese Erscheinungen sind in der Literatur beschrieben[1].

In der Reihe der genannten Lösungsmittel beansprucht *wasserfreie Essigsäure als Solvens* zur Zeit besonderes Interesse, da bereits viele Einzelmitteilungen über das Verhalten von Stoffen in diesem Lösungsmittel erschienen sind. Die Einzelmitteilungen sind jedoch noch nicht unter einem einheitlichen Gesichtspunkt zusammengefaßt. In den folgenden Abschnitten II. bis IX. wird ein solcher Überblick über die Chemie in diesem Lösungsmittel gegeben. Die Literaturangaben werden kritisch gesichtet und durch die *Ergebnisse neuer experimenteller Untersuchungen* ergänzt. Besonders eingehend werden behandelt: „Säuren- und Basenanaloge", ihre relative Stärke, Molekulargewichtsbestimmungen, Leitfähigkeits- und Zähigkeitsmessungen, potentiometrische Titrationen, „neutralisationsanaloge" Umsetzungen, Solvolyse und Amphoterie in wasserfreier Essigsäure.

## II. Eigenschaften und Reinigung der Essigsäure.

Reine wasserfreie Essigsäure ist im Bereich von $+16{,}6$ bis $118{,}5°C$ eine Flüssigkeit, welche eine Reihe von anorganischen und organischen Verbindungen ausgezeichnet löst. Während die reine Essigsäure den elektrischen Strom nur sehr wenig leitet, leiten viele Auflösungen von Stoffen in ihr bedeutend besser. Daraus muß geschlossen werden, daß diese Stoffe teilweise in dissoziiertem Zustand vorliegen.

Tabelle 1 enthält eine Zusammenstellung der wichtigsten Daten für Essigsäure. Zum Vergleich sind die Werte für das Wasser und das Essigsäureanhydrid herangezogen, da Essigsäure in vieler Hinsicht eine Mittelstellung zwischen diesen beiden Solventien einnimmt.

Das Dichtemaximum von wasserhaltiger Essigsäure ($D = 1{,}071$) liegt bei einem Wassergehalt von $23\%$, was auf ein Hydrat $CH_3COOH \cdot H_2O$

---

[1] JANDER, G.: Die Chemie in wasserähnlichen Lösungsmitteln. Berlin-Heidelberg: Springer 1949.

Tabelle 1. *Physikalisch-chemische Daten der Essigsäure, des Wassers und des Essigsäureanhydrids.*

| Eigenschaften | Wasser | Essigsäure | Essigsäureanhydrid |
|---|---|---|---|
| Molekulargewicht . . . . . . . | 18,016 | 60,052 | 102,09 |
| Schmelzpunkt . . . . . . . . | $0°$ | $16{,}635°$ (77) | $-73{,}1°$ (157) |
| Siedepunkt . . . . . . . . . | $+100°$ | $+118{,}5°$ (174) | $+140°$ (157) |
| Dichte. . . . . . . . . . . . | 0,998 | 1,0498 | 1,0816 |
| Dielektrizitätskonstante . . . . | 81 (18°) | 6,29 (19°) (41) | 20,5 (20°) |
| Elektrisches Leitvermögen bei 25° | $6 \cdot 10^{-8}$ | $1{,}4 \cdot 10^{-8}$ (45) $\ 0{,}37 \cdot 10^{-8}$ (170) | $2 \cdot 10^{-7}$ (87), (134) |
| Ebullioskopische Konstante . . | 0,515 | 3,075 (4) | 2,83 |
| Viscosität in cP . . . . . . . | 1,0046 | 1,13 (42) | 0,8511 (25°) |
| $(dyn \cdot cm^{-2} \cdot sec)$ . . . . . . . | (20°) | 1,22 (20°) | (107) |
| Molvolumen beim Siedepunkt . | 18,8 | 63,98[1] | 109,1[2] |

hinweist. Man könnte dieses Hydrat auch als Orthoessigsäure $CH_3C(OH)_3$ auffassen.

Wegen der stark ausgeprägten Empfindlichkeit der Essigsäure gegen Feuchtigkeit ist die Reinigung von Essigsäure, im besonderen die vollständige Entfernung des Wassers, etwas schwierig. In der Literatur ist eine größere Zahl von Verfahren angegeben, die größtenteils die Entwässerung durch azeotrope Destillation, fraktionierte Destillation oder mit Extraktionsmitteln beschreiben. Übersichtliche Darstellungen und kritische Beurteilung der Verfahren findet man bei D. F. OTHMER (124) und K. HESS und H. HABER (77); letztere stellten aus technischem Eisessig durch zweimalige fraktionierte Destillation und zweimaliges Ausfrieren der Spitzenfraktion reinste Essigsäure dar, allerdings nur mit einer Ausbeute von 18%. Der erreichte Schmelzpunkt war 16,635 + 0,002°. W. C. EICHELBERGER und V. K. LA MER (45) erzielten die besten Ergebnisse durch Oxydation mit Chromtrioxyd und Entwässern mit Triacetylborat (Schmp.: 16,60°). Mit Bortriacetat hatten auch SCHALL und MARKGRAF (146) die Essigsäure bereits entwässert.

KILPI (95) erreichte die Entwässerung mit Phosphorpentoxyd. Nach längerem Erhitzen am Rückfluß erhielt er eine Essigsäure mit geringem Anhydridgehalt, den er analytisch bestimmte. Nach Zugabe der berechneten Menge Wasser erhielt er nach mehrstündigem Kochen absolut reine Essigsäure.

Bedeutend einfacher sind die Verfahren von PETERSON sowie KENDALL und GROSS (94). Die Essigsäure wird mit der berechneten Menge Essigsäureanhydrid destilliert; das Destillat läßt man 4- bis 5mal ausfrieren.

---

[1] Berechnet aus dem Mol.-Gew. und der Dichte beim Kp:D = 0,9386.

[2] Berechnet aus dem spezifischen Gewicht bei 15° und einer angenommenen Verringerung um 0,15125 bis zum Kp.

Die für eigene Versuche (*111*) benutzte Essigsäure wurde wie folgt gereinigt: Zur Oxydation von Aldehydspuren wurde der technische Eisessig mit Chromtrioxyd destilliert; das Chromtrioxyd wirkt hierbei gleichzeitig als Katalysator für die Umsetzung zwischen Anhydrid und Wasser (*123*). Das Destillat, in welchem der Wassergehalt ermittelt worden war, wurde mit einem kleinen Überschuß über die berechnete Menge Essigsäureanhydrid 4 bis 5 Std am Rückfluß gekocht, um alles Wasser in Essigsäure zu überführen. Anschließend wurde in einer Glasschliffapparatur unter Feuchtigkeitsausschluß dreimal fraktioniert. Die Mittelfraktion wurde zweimal ausgefroren. Die so gereinigte Essigsäure hatte einen Schmelzpunkt von 16,45 bis 16,61° C (gemessen mit einem in $^1/_{100}$ Grade geteilten Normalthermometer) und eine spezifische Leitfähigkeit von $0,5 \cdot 10^{-8}$ rez. $\Omega$.

Für präparative Arbeiten wurde zur Bindung der die Gefäßinnenwandung bedeckenden Wasserhaut 2 bis 3 ml Anhydrid pro 100 ml Lösungsmittel zugesetzt und nochmals am Rückfluß aufgekocht. Der geringe Anhydridüberschuß wirkte sich bei den meisten Untersuchungen nicht störend aus. Die Meßgefäße wurden vor den Versuchen mit einer leuchtenden Bunsenflamme von außen erwärmt und mit einem trockenen Stickstoffstrom bis zur völligen Abkühlung durchblasen. Die Überführung der Essigsäure aus dem Vorratsbehälter in die Meßgefäße geschah unter völligem Luftfeuchtigkeitsausschluß.

Die für die Auflösung in Essigsäure bestimmten Salze wurden auf einer Glasfritte abgesaugt, die mit einem durchbohrten Gummistopfen mit aufgesetztem Trockenrohr abgeschlossen war. Die trocken gesaugten, eventuell mit wasserfreier Essigsäure gewaschenen Salze wurden dann schnell in einen Vakuumexsiccator überführt, der neben konzentrierter Schwefelsäure eine Schale mit festem Natriumhydroxyd enthielt. Nach einem Tag waren die Salze meist ausreichend getrocknet.

## III. Löslichkeitsverhältnisse in Essigsäure.

Auf Grund des Dissoziationsschemas der reinen Essigsäure

$$2\,CH_3COOH \rightleftharpoons (CH_3COOH \cdot H)^+ + (CH_3COO)^-$$

stellen in diesem Solvens alle Stoffe, die solvatisierte $H^+$-Ionen (Acet-Acidiumionen) abspalten, „Säurenanaloge", und alle Verbindungen, die $CH_3COO^-$-Ionen abspalten, „Basenanaloge" dar. Es sind also in Essigsäure alle bekannten Wasserstoffsäuren ebenfalls Säuren, alle Acetate dagegen Basen.

In wäßrigem Medium sind bekanntlich die Hydroxyde der Alkalien bedeutend löslicher als die Hydroxyde der Erdalkalien; innerhalb der senkrechten Reihen des periodischen Systems steigt die Löslichkeit der

Hydroxyde mit wachsendem Ionenradius und Atomgewicht der Metalle an. Im Gegensatz hierzu stehen die äußerst schwer löslichen Hydroxyde von Eisen, Aluminium, Zink usw. Von KENDALL und Mitarbeitern (*92*) konnte gezeigt werden, daß dies nicht nur für das wäßrige System gültig ist, sondern in den verschiedensten Solventien beobachtet werden kann. KENDALL gibt eine Erklärung dieser Regelmäßigkeit, indem er feststellt, daß die Löslichkeit meistens mit der Bildung einer Additionsverbindung parallel geht. Je weniger elektropositiv das salzbildende Metall ist, desto schneller vermindert sich die Löslichkeit und die Neigung zur Bildung eines Solvats (Additionsverbindung).

Die Klasse der Solvate wird im Abschnitt VII (S. 649) besprochen. Zunächst gibt Tabelle 2 einen Überblick über die Löslichkeit der Acetate.

Tabelle 2. *Löslichkeit der Acetate in Essigsäure (26).*

| Gut löslich | Mäßig löslich | Praktisch unlöslich |
|---|---|---|
| $Li(CH_3COO)$ | $Cu(CH_3COO)_2$ | $Ag(CH_3COO)$ |
| $Na(CH_3COO)$ | $Ca(CH_3COO)_2$ | $Zn(CH_3COO)_2$ |
| $K(CH_3COO)$ | $Ba(CH_3COO)_2$ | $UO_2(CH_3COO)_2$ |
| $NH_4(CH_3COO)$ | $Ni(CH_3COO)_2$ | $Cr(CH_3COO)_3$ |
| $Mg(CH_3COO)_2$ | | $Fe(CH_3COO)_3$ |
| $Pb(CH_3COO)_2$ | | Acetate der meisten seltenen Erden in der Kälte |
| $As(CH_3COO)_3$ | | |
| $Sb(CH_3COO)_3$ | | $Bi(CH_3COO)_3$ |
| Acetate der seltenen Erden in der Hitze | | |

Während jedoch die Löslichkeit der anorganischen *Basenanalogen* im ganzen gesehen relativ begrenzt ist, mischen sich die *Säuren* Perchlorsäure, Schwefelsäure, Salpetersäure, niedere Carbonsäuren, Sulfonsäuren usw. sehr gut mit Essigsäure. Auch gasförmiger Chlorwasserstoff ist mit etwa 21% in Essigsäure löslich (*1*), (*76*), Bromwasserstoff ergibt sogar eine Lösung, die etwa 70 g Bromwasserstoff in 100 g Essigsäure enthält (*1*), (*76*). Jodwasserstoff dagegen zersetzt die Essigsäure.

Auch für zahlreiche anorganische *Salze* ist die Essigsäure ein gutes Lösungsmittel. Viele dieser Lösungen leiten den elektrischen Strom. Eine erste Übersicht über die Löslichkeitsverhältnisse gab A. W. DAVIDSON (*26*). Bei einem Vergleich mit Wasser als Lösungsmittel stellte er fest, daß alle Salze, die in Wasser schwer löslich sind, sich ebenfalls in Essigsäure nicht lösen. Eine Ausnahme bildet hier nur das Quecksilberjodid. Andererseits sind aber nicht alle in Wasser löslichen Stoffe auch in Essigsäure löslich. Als größte Gruppe gehört hierher die Gruppe der Sulfate. Selbst die Alkalisulfate sind in Essigsäure unlöslich, desgleichen das Bariumnitrat und Natriumchlorid. Tabelle 3 veranschaulicht diese Verhältnisse.

Tabelle 3. *Löslichkeit von Salzen in Essigsäure.*

| Gut löslich | Wenig löslich | Praktisch unlöslich |
|---|---|---|
| LiCl, LiNO$_3$ | NaBr, NaNO$_3$ | Schwermetallsulfide |
| LiBr, LiJ | KBr, KNO$_3$ | Silberhalogenide |
| KCN, NH$_4$SCN | MgCl$_2$, CaCl$_2$ | Thallium (I)-Halogenide |
| BaJ$_2$, AsBr$_3$ | HgBr$_2$, HgJ$_2$ | Sulfate |
| ZnCl$_2$, ZnJ$_2$ | AgNO$_3$, CoCl$_2$ | NaCl |
| SbCl$_3$, SbBr$_3$ | | BaCl$_2$, Ba(NO$_3$)$_2$ |
| AgClO$_4$ | | CaCO$_3$, Ca$_3$(PO$_4$)$_2$ |

Viele andere Verbindungen, wie z.B. BeCl$_2$, SrCl$_2$, AlBr$_3$, TiCl$_4$, TiBr$_4$, TaCl$_5$ usw. erleiden in Essigsäure Solvolyse. Vgl. Abschnitt VIII (S. 652).

Viel ausgeprägter als für anorganische Stoffe ist das Lösevermögen der Essigsäure für organische Stoffe. Besonders sind dies natürlich Verbindungen mit funktionellen Gruppen basischen Charakters, die mit dem Lösungsmittel Basenanaloge zu bilden vermögen. Auf diese Weise wird es möglich, daß schwache, organische Basen, die in Wasser praktisch nicht dissoziiert sind, in Eisessig gut titriert werden können.

## IV. Säuren- und Basenanaloge in Essigsäure.

### A. Allgemeines.

In der Einleitung zu Abschnitt III (S. 622) wurde schon erwähnt, daß auf Grund der Eigendissoziation der Essigsäure alle in ihr gelösten Wasserstoffsäuren die „Säurenanalogen", die in ihr gelösten Acetate dagegen die „Basenanalogen" darstellen.

Bei den Säurenanalogen tritt, wie bekanntlich auch in der Chemie wäßriger Lösungen, das Lösungsmittelmolekül selbst bei der Dissoziation mit in Reaktion. Im Wasser bilden sich, als hydratisierte H$^+$-Ionen, die Hydroxoniumionen

$$H^+ + H_2O \rightarrow (H_3O)^+.$$

In der Essigsäure erscheinen als solvatisierte H$^+$-Ionen, die Acet-Acidiumionen HANTZSCH (74):

$$HX + CH_3COOH \rightleftharpoons \left(CH_3C{<}^{OH}_{OH}\right)X \rightleftharpoons \left(CH_3C{<}^{OH}_{OH}\right)^+ + X^-.$$

Ein Säurenanaloges müßte nun um so stärker sein, je weiter das formulierte Gleichgewicht nach der rechten Seite hin verschoben ist. Leitfähigkeitsmessungen von HANTZSCH und LANGBEIN (74), die so die Stärke der stärksten anorganischen und organischen Säuren in Essigsäure feststellten, ergaben die Reihenfolge: HClO$_4$ >CCl$_3$SO$_3$H > CH$_3$—C$_6$H$_4$—SO$_3$H > C$_6$H$_5$N$_2$C$_6$H$_4$SO$_3$H > H$_2$SO$_4$ >(CH$_3$O)$_2$—C$_6$H$_3$SO$_3$H > (CH$_3$)$_2$C$_6$H$_3$SeO$_3$H > HNO$_3$ > CCl$_3$COOH.

Neuere Messungen (*100*), (*111*), die in quantitativer Hinsicht beträchtlich abweichende Leitfähigkeitswerte lieferten, änderten qualitativ an dieser Reihenfolge nichts.

Die Perchlorsäure ist also das bei weitem stärkste Säurenanaloge, wohingegen die Salpetersäure fast vollständig als inaktives Solvat

$$\left( CH_3C{<}^{O-H}_{O-H} \right) NO_3$$

vorliegen muß. Über die Stellung der Halogenwasserstoffsäuren innerhalb dieser Reihe geben Messungen von KOLTHOFF und WILLMAN (*100*) sowie von HLASKO und MICHALSKI (*79*) Auskunft. Nach ihren Angaben leitet HF gar nicht. HJ ist zwar ein starker Elektrolyt; seine Leitfähigkeit kann jedoch infolge Zersetzungsreaktionen mit dem Solvens nicht exakt gemessen werden. Das Verhältnis der Leitfähigkeiten von $HClO_4$, HBr, $H_2SO_4$, HCl und $HNO_3$ ist bei einer Konzentration von 0,005 mol/L ungefähr 400:160:30:9:1.

Die wahre Stärke von Säurenanalogen in Essigsäure ist damit jedoch keineswegs charakterisiert. Während den Säurenanalogen in Essigsäure von einigen Forschern ultrasaure Eigenschaften mit Aktivitätskoeffizienten bis zu 25 000 (!) zugeschrieben werden, berichten andere Forscher von geringerer Stärke sämtlicher Säuren. Dieses Paradoxon wird in Abschnitt IV, D (S. 639) behandelt.

Die bei der Dissoziation der Säurenanalogen intermediär anzunehmenden Solvate konnten in fast allen Fällen präparativ hergestellt werden:

1. Acet-Acidium-Perchlorat, Schmp.: 41°, B. BEER (*74*).

2. Acet-Acidiumsulfat, von KENDALL (*93*) als $H_2SO_4 \cdot CH_3COOH$ bezeichnet; seine normale Dissoziation wurde von HANTZSCH durch Molekulargewichtsbestimmung bewiesen (*72*).

3. $HNO_3{-}2\,CH_3COOH$ (*73*), von PICTET (*127*) als Diacetylorthosalpetersäure $[(CH_3COO)_2N(OH)_3]$ bezeichnet.

4. Solvate der Halogenwasserstoffsäuren: $HBr \cdot 2\,CH_3COOH$ (*161*), Schmp.: $+7°$, und $3\,HCl \cdot 2\,CH_3COOH$ (*109*), Schmp.: $-53°$.

Daß in allen diesen Fällen die Annahme der Bildung von Acet-Acidiumsalzen berechtigt ist und nicht etwa acetylierte Hydroxoniumsalze vom Typ

$$\left( {}^H_H{>}O{-}\overset{\overset{O}{\|}}{C}{-}CH_3 \right) X$$

vorliegen, konnte ebenfalls von BEER durch optische Analysen bewiesen werden.

Ebenso groß wie die Gruppe der Säurenanalogen ist die Gruppe der Basenanalogen in Essigsäure. Hierher gehören nicht nur die Metall-

acetate, sondern auch eine große Zahl potentieller Elektrolyte basischer
Natur, analog dem Ammoniak in wäßriger Lösung:

$$NH_3 + H_2O = NH_4OH = NH_4^+ + OH^-.$$

In Essigsäure sind dies besonders organische Verbindungen, die primären,
sekundären und tertiären Amine, Amide, Aminosäuren, Alkaloide, Gelatine usw.:

$$C_5H_5N + CH_3COOH = C_5H_5NH(CH_3COO) = (C_5H_5N \cdot H)^+ + CH_3COO^-.$$

Einige Beispiele enthält Tabelle 4.

Tabelle 4. *Elektrolyte basischer Natur in Essigsäure.*

| | |
|---|---|
| Pyridinacetat Schmp. − 46° (*130*), (*126*), (*142*) | Dimethylanilinacetat (*126*), (*142*) |
| Chinolinacetat Schmp. − 15° (*130*), (*126*), (*142*) | Dimethylpyronacetat (*126*), (*142*) |
| Anilindiacetat Schmp. + 17° (*130*), (*126*), (*142*) | Hydroxylaminacetat (*91*) |
| Phenylhydrazinacetat Schmp. + 65° (*130*) | Triäthylamintetraacetat (*56*) |
| Piperidinacetat Schmp. + 105° (*130*) | Hydrazinacetat (*25*) |

In bezug auf die Stärke der Basenanalogen in Essigsäure herrscht
größere Klarheit als in der Gruppe der Säurenanalogen. Übereinstim-
mend wird festgestellt, daß die Basenanalogen sehr schwache Elektrolyte
sind. Allgemein kann man auch hier, wie in vielen anderen Solventien,
beobachten, daß die Stärke des Basenanalogen mit der Größe des
Kations wächst, so z.B. in der Reihe Ammonacetat, Pyridinacetat,
Triphenylguanidinacetat (*101*). Im Abschnitt IV, C (S. 633) wird näher
auf die Stärke der Basenanalogen eingegangen.

Rein formal müßte auch das *Essigsäureanhydrid* (Acetylacetat) zu
den basenanalogen Stoffen zählen, wenn man eine Dissoziation nach
dem Schema

$$(CH_3CO)_2O = CH_3CO^+ + CH_3COO^-$$

annimmt. Desgleichen wären Ester der Essigsäure, z.B. der Essigsäure-
äthylester (Äthylacetat) basenanalog. Bei ihrer Neutralisation mit
einem Säurenanalogen müßte sich das Lösungsmittelmolekül und ein
Salz bilden:

$$CH_3COOR + HX = CH_3COOH + RX.$$

Daß in der Tat eine solche Reaktion möglich ist, kennt man von der
Alkoxylbestimmung nach Zeisel, wobei der Ester mit Jodwasserstoff-
säure unter Bildung von Alkyljodid und Essigsäure reagiert. In Essigsäure als Solvens dürfte diese Reaktion dagegen wohl kaum möglich
sein, allein schon wegen der Zersetzung der Essigsäure durch Jodwasserstoff.

Als eine weitere basenanaloge Verbindung in wasserfreier Essigsäure
wird das Wasser beschrieben. Seine schwache Basizität ist von Hall

und CONANT (*63*) sowohl durch Potentialmessungen als auch mittels Farbindicatoren bewiesen worden. Als Erklärung wird die Bildung des Oxoniumions $H_3O^+$ angenommen, wobei das Wasser dem Lösungsmittel das Proton entreißt:

$$H_2O + CH_3COOH = H_3O(CH_3COO) = (H_3O)^+ + (CH_3COO)^-.$$

Dieses Oxoniumacetat ist noch nicht genau nachgewiesen, es konnte auch nicht isoliert werden. Auch DAVIDSON (*26*) weist bei dem Vergleich der Gefrierpunktskurven von Ammoniak und Wasser in Essigsäure auf diese Verbindung hin; er zieht den Schluß, daß sie zwar in Lösung beständig ist, jedoch auch bei sehr tiefen Temperaturen nicht wird isoliert werden können.

Formal könnte man für das System Wasser—Essigsäure auch ein anderes Dissoziationsschema annehmen:

$$H_2O + CH_3COOH = CH_3C(OH)_2OH = \left(CH_3C{<}{OH \atop OH}\right)^+ + OH^-.$$

Hier würde Wasser als potentieller Elektrolyt saurer Natur fungieren. Jedoch scheidet diese Möglichkeit wohl infolge der größeren Protonenaffinität des Wassers aus.

## B. Leitfähigkeiten von Säuren- und Basenanalogen.

Erste Anhaltspunkte für die Stärke von Säuren- und Basenanalogen geben Leitfähigkeitsmessungen.

In Abb. 1 sind die durch neuere Messungen (*111*) ermittelten Äquivalentleitfähigkeiten der *Säurenanalogen* in Essigsäure gegen den Logarithmus der Verdünnung aufgetragen.

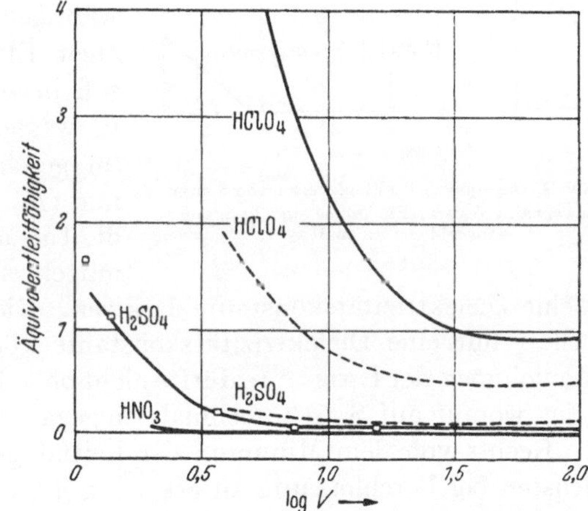


Abb. 1. Die Äquivalentleitfähigkeiten der Säurenanalogen.

Befriedigende Übereinstimmung besteht zwischen den Werten von MAASS (*111*) und von KOLTHOFF und WILLMAN (*100*) für Perchlorsäure und Schwefelsäure, außerdem zwischen den Werten von MAASS (*111*) und den Werten von EICHELBERGER und LA MER (*46*) sowie von HALL und VOGEL (*68*) für Schwefelsäure[1]. Die

---

[1] Wasserfreie Schwefelsäure wurde durch Einleiten von Schwefeltrioxyd in 96%ige Schwefelsäure p. A. hergestellt, die Perchlorsäure nach der Methode von BERGER (*9*) (Destillation von 1 Teil 70%iger Perchlorsäure und 4 Teilen konz. Schwefelsäure bei 20 mm Hg, anschließend Reinigung durch nochmalige Destillation).

Werte von Hantzsch und Langbein (*74*) für Schwefelsäure liegen beträchtlich höher als die Werte von Maass (*111*), was eventuell auf ungenügende Entfernung von Wasser aus der Essigsäure schließen läßt. Noch nicht zu erklären ist die Tatsache, daß die Werte von Hantzsch und Langbein für Perchlorsäure niedriger als die Werte von Maass liegen.

Charakteristisch ist, daß sämtliche Leitfähigkeitskurven mit wachsender Konzentration ein Minimum durchlaufen, welches um so später erreicht wird, je schwächer die betreffende Säure ist (auch der Kurven-

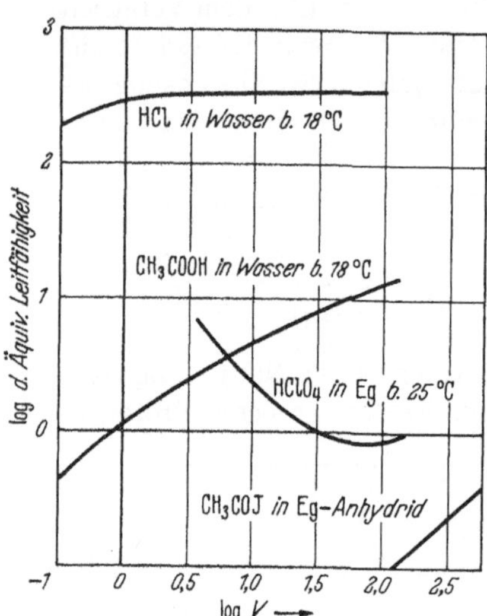


Abb. 2. Die Äquivalentleitfähigkeiten von Säurenanalogen in Wasser, Essigsäure und Essigsäureanhydrid bei 18 und 25° C.

verlauf der schwächsten Säurenanalogen zeigt dieses Minimum, wenngleich es auf der Abbildung wegen des kleinen Maßstabes bezüglich der $\lambda$-Werte nicht genau zu erkennen ist). Das Auftreten eines solchen Minimums wurde zuerst von Völmer (*167*) festgestellt, welcher die Leitfähigkeiten von Kaliumacetat in Essigsäure in Abhängigkeit von der Verdünnung maß. Inzwischen sind auch in anderen nichtwäßrigen Lösungsmitteln die gleichen Effekte beobachtet worden, z. B. in verflüssigtem Ammoniak (*49*), in wasserfreier Salpetersäure (*90*), im geschmolzenen Quecksilberbromid (*16*) usw. Auffallend hierbei ist die Tatsache, daß alle diese Lösungsmittel eine mittlere oder relativ kleine Dielektrizitätskonstante besitzen. Die Essigsäure hat nach Tabelle 1 nur eine Dielektrizitätskonstante von 6. Auch das sehr hohe Molvolumen der Essigsäure dürfte nicht ohne Einfluß auf die Verhältnisse sein, worauf auf S. 637 nochmals eingegangen wird.

Rechts von dem Minimum der Leitfähigkeitskurven, das am deutlichsten bei Perchlorsäure zu erkennen ist, also bei steigender Verdünnung, könnte man geneigt sein, für die Perchlorsäure in Essigsäure eine normale Dissoziation anzunehmen, nämlich daß mit zunehmender Verdünnung die Dissoziation ansteigt. In konzentrierterer Lösung aber müßte man eine Dissoziation von intermediär gebildeten Assoziaten für den Leitfähigkeitsanstieg verantwortlich machen. Daß die Verhältnisse jedoch weitaus komplizierter liegen, werden die Molekulargewichtsbestimmungen an Säuren- und Basenanalogen im Abschnitt IV, C (S. 633) zeigen.

Aus der Gegenüberstellung der Leitfähigkeiten von Säurenanalogen in Essigsäure und in Wasser (Abb. 2) geht eindeutig hervor, daß das stärkste Säurenanaloge in Essigsäure die Leitfähigkeit der Säuren in wäßriger Lösung bei weitem nicht erreicht. Selbst die in Wasser sehr schwache Essigsäure hat bei größerer Verdünnung ein beträchtlich höheres Äquivalentleitvermögen.

In diesem Zusammenhang interessiert auch der Vergleich der Leitfähigkeiten der Säurenanalogen in Essigsäure und Essigsäureanhydrid. Auf Grund des auf S. 626 erwähnten Dissoziationsschemas $(CH_3CO)_2O = CH_3CO^+ + CH_3COO^-$ stellen in diesem Solvens die Acetylverbindungen die säurenanalogen Stoffe dar. Abb. 2 zeigt, daß das Äquivalentleitvermögen des Acetyljodids, des stärksten Elektrolyten in dieser Gruppe, gering ist; die Anomalien der Säurenanalogen in Essigsäure treten hier nicht auf; das System verhält sich wie ein schwacher Elektrolyt in Wasser. Zusammenfassend kann gesagt werden, daß die Leitfähigkeiten der Säurenanalogen in Essigsäure eine Mittelstellung zwischen denen in Wasser und Essigsäureanhydrid einnehmen.

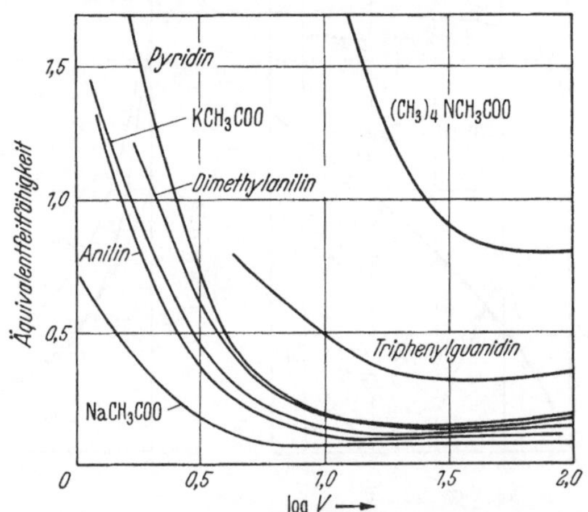


Abb. 3. Die Äquivalentleitfähigkeiten der Basenanalogen in Essigsäure.

Die Leitfähigkeitskurven der *Basenanalogen* in Essigsäure sind den Leitfähigkeitskurven der Säurenanalogen sehr ähnlich. In Abb. 3 sind wiederum die Äquivalentleitfähigkeiten von Kaliumacetat, Natriumacetat, Pyridin, Anilin, Dimethylanilin, Triphenylguanidin und Tetramethylammoniumacetat gegen den Logarithmus der Verdünnung aufgetragen (*111*).

Die Werte von MAASS (*111*) für die Alkaliacetate stehen in sehr guter Übereinstimmung mit den Werten von HOPFGARTNER (*81*), KOLTHOFF und WILLMAN (*100*). Die Werte für Pyridin stimmen verhältnismäßig gut überein, liegen jedoch unter den entsprechenden Werten von SACHANOW (*143*).

Während sich die Äquivalentleitfähigkeiten aller Basenanalogen[1] bei vergleichbaren Konzentrationen nur wenig unterscheiden, macht hier

---

[1] Darstellung der Basenanalogen: Die organischen Basenanalogen Anilin, Dimethylanilin und Pyridin wurden durch doppelte Destillation der Handelspräparate rein gewonnen, die Alkaliacetate durch vorsichtiges Schmelzen der wasserhaltigen Merckschen Präparate und anschließendes mehrstündiges Trocknen bei 110 bzw. 180° C.

das Tetramethylammoniumacetat[1] eine Ausnahme. Von WEIDNER und Mitarbeitern (*170*) war bereits gefunden worden, daß die Tetramethyl-ammoniumhalogenide allgemein eine sehr gute Leitfähigkeit in Essigsäure besitzen, was wohl mit der Größe des Kationenvolumens in Zusammenhang stehen dürfte.

Tabelle 5 enthält die Zusammenstellung der von MAASS und JANDER (*111*) bestimmten, auf visuellem Wege[2] ermittelten Leitfähigkeitswerte. Die Konzentrationsberechnung der Lösungen wurde analog der

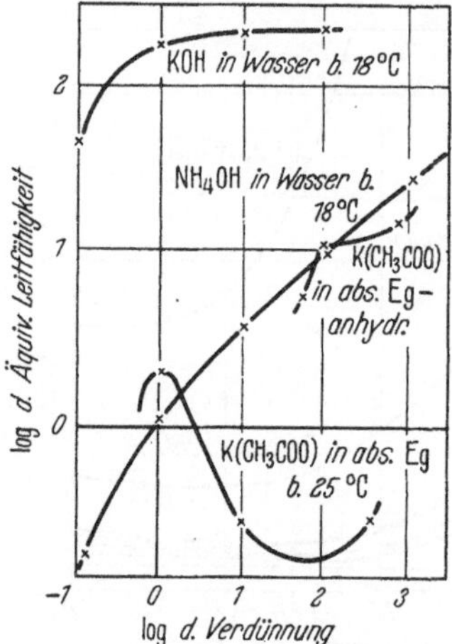


Abb. 4. Die Äquivalentleitfähigkeiten von Basenanalogen in Wasser, Essigsäure und Essigsäureanhydrid.

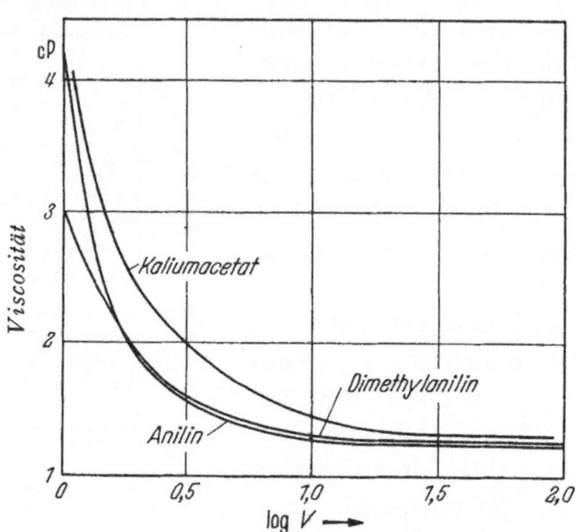


Abb. 5. Viscosität der Lösungen von Kaliumacetat, Anilin, Dimethylanilin in Essigsäure bei 19° C. Abszisse: Logarithmus der Verdünnung; Ordinate: Viscosität in cP.

für Molekulargewichtsbestimmungen üblichen Verfahren ausgeführt, d.h. bei der Abmessung von Flüssigkeiten wurde Additivität der Einzelvolumina vorausgesetzt, bei festen Stoffen dagegen keine Volumenänderung der Ausgangslösung berücksichtigt.

Analog dem Vergleich der Säurenanalogen in Wasser, Essigsäure und Essigsäureanhydrid (Abb. 2, S. 628) liefert Abb. 4 den entsprechenden Vergleich für Basenanaloge. Abb. 4 zeigt eindeutig, daß auch die Basenanalogen in Essigsäure in keiner Weise mit den starken Laugen in Wasser konkurrieren können, ja in der Leitfähigkeit nicht einmal dem Ammoniumhydroxyd gleichkommen. Auch das Kaliumacetat als starkes

---

[1] Tetramethylammoniumacetat: Trimethylamin und Methylbromid wurden gleichzeitig in Aceton geleitet, das ausgefallene Tetramethylammoniumbromid abgesaugt, umkristallisiert, mit feuchtem Silberoxyd umgesetzt und die entstandene freie Base mit Essigsäure neutralisiert. Die wäßrige Lösung wurde dann zur Trockne eingedampft und der Rückstand so lange im Trockenschrank bei 100° C gehalten, bis der theoretische Stickstoffwert (nach DUMAS) von 10,5% angenähert erreicht war. Gef. 10,1% N.

[2] JANDER, G., u. O. PFUNDT: Konduktometrie.

Tabelle 5. *Spezifische Leitfähigkeit der reinen Essigsäure* $= 4,0 \cdot 10^{-8}$ rz. $\Omega$.
($c$ = Konzentration; $K$ = spez. Leitfähigkeit; $\Lambda$ = Äquivalentleitfähigkeit.)

| $c$ | $K$ | $\Lambda$ | $c$ | $K$ | $\Lambda$ |
|---|---|---|---|---|---|
| **1. Kaliumacetat.** $T = 28^\circ$ C. | | | **6. Triphenylguanidin.** $T = 25^\circ$ C. | | |
| 0,0244 | $2,81 \cdot 10^{-6}$ | 0,115 | 0,00853 | $2,95 \cdot 10^{-6}$ | 0,347 |
| 0,0533 | $5,34 \cdot 10^{-6}$ | 0,100 | 0,0236 | $7,34 \cdot 10^{-6}$ | 0,311 |
| 0,106 | $1,55 \cdot 10^{-5}$ | 0,146 | 0,0663 | $2,5 \cdot 10^{-5}$ | 0,377 |
| 0,238 | $7,58 \cdot 10^{-5}$ | 0,318 | 0,147 | $9,04 \cdot 10^{-5}$ | 0,615 |
| 0,517 | $4,56 \cdot 10^{-4}$ | 0,883 | 0,217 | $1,67 \cdot 10^{-4}$ | 0,780 |
| 0,87 | $1,26 \cdot 10^{-3}$ | 1,45 | | | |
| **2. Natriumacetat.** $T = 24^\circ$ C. | | | **7. Tetramethylammoniumacetat.** $T = 25^\circ$ C. | | |
| 0,0256 | $1,68 \cdot 10^{-6}$ | 0,0657 | 0,00838 | $6,85 \cdot 10^{-6}$ | 0,817 |
| 0,0879 | $5,64 \cdot 10^{-6}$ | 0,0642 | 0,0273 | $2,38 \cdot 10^{-5}$ | 0,874 |
| 0,332 | $6,30 \cdot 10^{-5}$ | 0,19 | 0,0554 | $6,87 \cdot 10^{-5}$ | 1,24 |
| 0,645 | $3,06 \cdot 10^{-4}$ | 0,475 | 0,119 | $2,86 \cdot 10^{-4}$ | 2,40 |
| 0,966 | $6,84 \cdot 10^{-4}$ | 0,707 | 0,244 | $1,02 \cdot 10^{-4}$ | 4,17 |
| | | | 0,590 | $3,44 \cdot 10^{-3}$ | 5,83 |
| **3. Anilin.** $T = 24^\circ$ C. | | | **8. Perchlorsäure.** $T = 24^\circ$ C. | | |
| 0,01075 | $1,23 \cdot 10^{-6}$ | 0,1145 | 0,0271 | $2,66 \cdot 10^{-5}$ | 0,981 |
| 0,0400 | $3,64 \cdot 10^{-6}$ | 0,0910 | 0,058 | $8,56 \cdot 10^{-5}$ | 1,475 |
| 0,0862 | $8,95 \cdot 10^{-6}$ | 0,1044 | 0,0841 | $1,71 \cdot 10^{-4}$ | 2,02 |
| 0,142 | $2,06 \cdot 10^{-5}$ | 0,145 | 0,1585 | $5,39 \cdot 10^{-4}$ | 3,37 |
| 0,246 | $6,63 \cdot 10^{-5}$ | 0,270 | 0,0101 | $9,7 \cdot 10^{-6}$ | 0,960 |
| 0,409 | $2,29 \cdot 10^{-4}$ | 0,563 | 0,0396 | $4,62 \cdot 10^{-5}$ | 1,15 |
| 0,618 | $6,03 \cdot 10^{-4}$ | 0,976 | 0,0794 | $1,56 \cdot 10^{-4}$ | 1,97 |
| 0,803 | $1,06 \cdot 10^{-3}$ | 1,32 | 0,1895 | $8,00 \cdot 10^{-4}$ | 4,21 |
| | | | 0,309 | $1,83 \cdot 10^{-3}$ | 5,84 |
| **4. Pyridin.** $T = 24^\circ$ C. | | | 0,4375 | $3,05 \cdot 10^{-3}$ | 6,97 |
| 0,00915 | $1,57 \cdot 10^{-6}$ | 0,172 | 0,572 | $4,34 \cdot 10^{-3}$ | 7,61 |
| 0,03175 | $4,17 \cdot 10^{-6}$ | 0,132 | 0,835 | $7,20 \cdot 10^{-3}$ | 8,63 |
| 0,0608 | $8,4 \cdot 10^{-6}$ | 0,138 | | | |
| 0,130 | $2,82 \cdot 10^{-5}$ | 0,2165 | **9. Schwefelsäure.** $T = 25^\circ$ C. | | |
| 0,2315 | $1,02 \cdot 10^{-4}$ | 0,44 | 0,00748 | $4,32 \cdot 10^{-7}$ | 0,058 |
| 0,452 | $5,45 \cdot 10^{-4}$ | 1,205 | 0,0324 | $1,342 \cdot 10^{-6}$ | 0,0416 |
| 0,82 | $1,98 \cdot 10^{-3}$ | 2,41 | 0,0862 | $4,46 \cdot 10^{-6}$ | 0,0517 |
| | | | 0,1325 | $9,35 \cdot 10^{-6}$ | 0,0701 |
| **5. Dimethylanilin.** $T = 25^\circ$ C. | | | 0,197 | $2,28 \cdot 10^{-5}$ | 0,115 |
| 0,00388 | $9,21 \cdot 10^{-7}$ | 0,237 | 0,2093 | $1,95 \cdot 10^{-4}$ | 0,0919 |
| 0,0219 | $3,1 \cdot 10^{-6}$ | 0,142 | 0,380 | $1,10 \cdot 10^{-3}$ | 0,290 |
| 0,0512 | $7,35 \cdot 10^{-6}$ | 0,1435 | 0,605 | $4,61 \cdot 10^{-3}$ | 0,764 |
| 0,145 | $3,705 \cdot 10^{-5}$ | 0,255 | 0,787 | $9,6 \cdot 10^{-3}$ | 1,17 |
| 0,253 | $1,24 \cdot 10^{-4}$ | 0,475 | | | |
| 0,420 | $3,8 \cdot 10^{-4}$ | 0,904 | | | |
| 0,573 | $7,02 \cdot 10^{-4}$ | 1,22 | | | |

Basenanaloges in Essigsäureanhydrid liegt in seiner Leitfähigkeit beträchtlich über der des Kaliumacetates in Essigsäure.

Bei der Diskussion der Leitfähigkeitsmessungen dürfte der Einfluß der *Viscosität* der Lösungen nicht außer acht gelassen werden. Diese kann, und das ist besonders bei Essigsäure als Solvens der Fall, eine nicht unerhebliche Korrektur der Äquivalentleitfähigkeiten bewirken, da nach der WALDENschen Regel das Produkt aus Zähigkeit und Äquivalentleitfähigkeit konstant ist. Abb. 5 gibt die Abhängigkeit der Viscosität von der Konzentration für Lösungen an Kaliumacetat, Anilin, Dimethylanilin in Essigsäure wieder (*111*). Im Gebiet der größten Verdünnung sinkt die Viscosität der Lösung ein klein wenig unter den Wert für die reine Essigsäure (1,220 cP bei 20° C), was auf der Abbildung wegen des kleinen Maßstabes nur schlecht zu erkennen ist. Dies ist eine Erscheinung, die auch in wäßrigen Lösungen beobachtet wird. Mit wachsender Konzentration steigt jedoch die Viscosität und zwar in einem Maße, wie es bei wäßrigen Lösungen nicht der Fall ist. Besonders gut veranschaulicht dies Tabelle 6, in der die Quotienten der Viscositäten der Lösung und des reinen Lösungsmittels für eine absolut essigsaure Kaliumacetatlösung und für eine wäßrige Kaliumhydroxydlösung (*153*) verglichen werden.

Tabelle 6. *Verhältnis der Viscosität der Lösung und des Lösungsmittels.*

| | 1 n | 0,5 n | 0,125 n |
|---|---|---|---|
| KOH in $H_2O$ bei 25° . . . . . . . | 1,129 | 1,064 | 1,013 |
| $K(CH_3COO)$ in HAc bei 19° . . . . | 3,69 | 2,01 | 1,22 |

Für Essigsäureanhydrid sind die entsprechenden Werte unbekannt; die Viscosität des reinen Anhydrids beträgt bei 20° C 0,90 cP, liegt also noch unter derjenigen des Wassers.

Durch eine Korrektur der Äquivalentleitfähigkeiten auf Grund der WALDENschen Regel ändert sich an den qualitativen Aussagen der Abb. 3 nichts. In quantitativer Hinsicht dagegen wird der Anstieg der Äquivalentleitfähigkeiten mit wachsender Konzentration nach dem Durchlaufen des Minimums bedeutend steiler ausfallen.

Die Viscositätsmessungen (*111*) wurden im HÖPPLER-Viscosimeter, die Berechnungen nach der Formel

$$\eta = F(S_K - S_F) \cdot K$$

durchgeführt. Es bedeuten

$\eta$ = Viscosität der Lösung,
$F$ = Fallzeit der Kugel in Sekunden,
$S_K$ = Dichte der Kugel = 2,435,
$S_F$ = Dichte der Flüssigkeit,
$K$ = Kugelkonstante.

Berechnung der Kugelkonstanten nach

$$K = \frac{\eta_W}{F \cdot (S_K - S_W)} = 0,0087405$$

$\eta_W$ = Viscosität des Wassers bei 20° = 1,0046 cP, $S_W$ = Dichte des Wassers bei 20° = 0,99823.

Tabelle 7. *T = 19° C. Viscosität der reinen Essigsäure = 1,225 cP.*
*(c = Konzentration; $\eta$ = Viscosität.)*

| c | $\eta$ | c | $\eta$ | c | $\eta$ |
|---|---|---|---|---|---|
| **1. Kaliumacetat** | | **2. Dimethylanilin** | | **3. Anilin** | |
| 0,0112 | 1,218 | 0,00975 | 1,213 | 0,0088 | 1,222 |
| 0,0986 | 1,4315 | 0,109 | 1,319 | 0,024 | 1,239 |
| 0,195 | 1,6616 | 0,224 | 1,455 | 0,1104 | 1,290 |
| 0,511 | 2,452 | 0,527 | 1,95 | 0,1166 | 1,318 |
| 0,900 | 4,0465 | 1,04 | 3,049 | 0,208 | 1,409 |
| | | | | 0,475 | 1,829 |
| | | | | 1,031 | 4,488 |

Ein Versuch zur Deutung des anormalen Verlaufs der Äquivalent-leitfähigkeitskurven wird im Abschnitt IV (S. 637) im Zusammenhang mit den Molekulargewichtsbestimmungen unternommen werden.

Weitere Literaturstellen, die sich auf Leitfähigkeitsmessungen in Essigsäure beziehen: (*121*), (*171*), (*144*), (*164*), (*165*), (*122*), (*166*), (*160*), (*131*).

## C. Molekulargewichtsbestimmungen von Säuren- und Basenanalogen.

Die kryoskopische und auch die ebullioskopische Konstante der Essigsäure wurden schon frühzeitig von BECKMANN (*4*) sehr genau bestimmt; auch das Molekulargewicht des Essigsäuredampfes wurde mit 102 ermittelt, was einem Assoziationsgrad von 1,7 entspricht (*5*). Obwohl die Essigsäure ein geradezu ideales Lösungsmittel für organische Substanzen ist und bei vielen Molekulargewichtsbestimmungen ausgezeichnete Dienste geleistet hat, sind die für das wasserähnliche Lösungsmittel interessanten Säuren- und Basenanalogen nur wenig untersucht worden (*43*), (*169*), (*177*). Die notwendigen Daten mußten durch neuere Messungen (*111*) ermittelt werden.

Da die kryoskopische Methode die Verhältnisse in den Lösungen bei Zimmertemperatur besser widerspiegelt als die ebullioskopische Methode, wurde diese ausschließlich angewendet (*111*). In den Tabellen 8 a—d und in den Abb. 6—7 ist der VAN'T HOFFsche Faktor $i$ eingetragen, der bekanntlich definiert ist als

$$i = \frac{\text{theoretisch berechenbares, einfaches Molgewicht}}{\text{experimentell gefundenes Molgewicht}}.$$

Ist $i$ bei ein-einwertigen Elektrolyten größer als 1, sind diese dissoziiert, bei Werten kleiner als 1 liegt Assoziation vor.

Bei der Berechnung der Konzentrationen wurde bei Molekulargewichtsbestimmungen von flüssigen Stoffen Additivität der Einzelvolumina angenommen, bei festen Stoffen eventuell entstehende Volumenkontraktionen oder -dilatationen

*Tabelle 8.*

$c$ = molare Konzentration; $M_x$ = gefundenes Molekulargewicht; $M_{th}$ = aus der Formel berechnetes Molekulargewicht; $i = M_{th}/M_x$.

*a) Nichtelektrolyte.*

| $c$ | $M_x$ | $i$ | $c$ | $M_x$ | $i$ |
|---|---|---|---|---|---|
| **1. Benzoesäure** $M_{th} = 122{,}1$. Schmp.: 121,6°. | | | **2. Benzol** $M_{th} = 78{,}1$. | | |
| 0,019 | 117 | 1,03 | 0,0217 | 78 | 1,00 |
| 0,036 | 120 | 1,01 | 0,105 | 79 | 0,99 |
| 0,105 | 117 | 1,03 | 0,310 | 83 | 0,94 |
| 0,218 | 120 | 1,01 | 0,825 | 91 | 0,86 |
| 0,400 | 121 | 1,00 | 0,925 | 92,5 | 0,85 |
| 0,67 | 122 | 1,00 | | | |

*b) Anorganische Acetate.*

| $c$ | $M_x$ | $i$ | $c$ | $M_x$ | $i$ |
|---|---|---|---|---|---|
| **1. Kaliumacetat** $M_{th} = 98$. | | | 0,73 | 82 | 1,00 |
| 0,014 | 79 | 1,24 | 0,85 | 81 | 1,01 |
| 0,0294 | 86 | 1,14 | | | |
| 0,076 | 92,5 | 1,06 | **3. Tetramethylammoniumacetat** $M_{th} = 133$. | | |
| 0,153 | 98,5 | 0,995 | | | |
| 0,252 | 99 | 0,99 | 0,0093 | 81 | 1,64 |
| 0,358 | 99 | 0,99 | 0,027 | 102 | 1,30 |
| 0,489 | 98,5 | 0,995 | 0,055 | 116 | 1,14 |
| 0,644 | 93,5 | 1,05 | 0,146 | 142 | 0,94 |
| 0,745 | 91 | 1,05 | 0,292 | 142 | 0,94 |
| | | | 0,445 | 140 | 0,95 |
| **2. Natriumacetat** $M_{th} = 82$. | | | 0,610 | 125 | 1,06 |
| | | | 0,763 | 112 | 1,19 |
| 0,0118 | 66,5 | 1,23 | 0,925 | 101 | 1,31 |
| 0,0432 | 78,5 | 1,04 | 0,0086 | 73,5 | 1,81 |
| 0,283 | 82 | 1,00 | 0,0258 | 92,7 | 1,43 |
| 0,432 | 83 | 0,99 | 0,069 | 131,3 | 1,01 |
| 0,575 | 83 | 0,99 | | | |

*c) Potentielle Elektrolyte basischer Natur.*

| $c$ | $M_x$ | $i$ | $c$ | $M_x$ | $i$ |
|---|---|---|---|---|---|
| **1. Triphenylguanidin** $M_{th} = 287$. Schmp.: 142°. %-$N_{th} = 14{,}98$; %-$N_{gef} = 14{,}87$. | | | 0,54 | 310 | 0,93 |
| | | | 0,60 | 290 | 0,99 |
| 0,0079 | 170 | 1,69 | 0,84 | 280 | 1,02 |
| 0,011 | 177 | 1,62 | | | |
| 0,0253 | 210 | 1,36 | **2. Dimethylanilin** $M_{th} = 121$. Kp = 191°. | | |
| 0,0426 | 248 | 1,16 | 0,0104 | 98 | 1,23 |
| 0,127 | 282 | 1,01 | 0,0804 | 118 | 1,025 |
| 0,156 | 298 | 0,97 | 0,144 | 125 | 0,965 |
| 0,206 | 307 | 0,94 | 0,207 | 124 | 0,975 |
| 0,277 | 315 | 0,91 | 0,397 | 122 | 0,99 |
| 0,358 | 315 | 0,91 | 0,537 | 116,5 | 1,04 |
| 0,437 | 303 | 0,95 | 0,675 | 111 | 1,09 |
| 0,535 | 298 | 0,95 | 0,815 | 103 | 1,18 |

c) (Fortsetzung).

| $c$ | $M_x$ | $i$ | $c$ | $M_x$ | $i$ |
|---|---|---|---|---|---|
| 3. Pyridin $M_{th} = 79,1$. Kp $= 115°$. | | | 4. Anilin $M_{th} = 93,12$. Kp $= 182°$. %-$N_{th} = 15,05$; %-$N_{gef} = 14,95$. | | |
| 0,031 | 68 | 1,16 | 0,00715 | 134 | 0,67 |
| 0,077 | 54 | 1,46 | 0,195 | 125 | 0,745 |
| 0,143 | 76 | 1,04 | 0,256 | 120 | 0,775 |
| 0,162 | 77,5 | 1,02 | 0,309 | 114 | 0,82 |
| 0,29 | 78 | 1,01 | 0,583 | 135,5 | 0,90 |
| 0,45 | 76 | 1,04 | 0,592 | 107 | 0,87 |
| 0,917 | 64 | 1,23 | 0,806 | 101 | 0,92 |
| | | | 0,875 | 98,4 | 0,95 |

d) Säurenanaloge.

| $c$ | $M_x$ | $i$ | $c$ | $M_x$ | $i$ |
|---|---|---|---|---|---|
| 1. Perchlorsäure $M_{th} = 100,4$. Dichte $= 1,76$. | | | 0,845 | 204 | 0,492 |
| | | | 0,513 | 228 | 0,44 |
| 0,0165 | 228 | 0,44 | 2. Schwefelsäure $M_{th} = 98$. | | |
| 0,0226 | 236 | 0,425 | | | |
| 0,0640 | 249 | 0,404 | 0,00931 | 87,2 | 1,11 |
| 0,108 | 266 | 0,378 | 0,0177 | 114 | 0,86 |
| 0,154 | 290 | 0,346 | 0,0374 | 117,3 | 0,835 |
| 0,230 | 298,5 | 0,335 | 0,0677 | 136 | 0,73 |
| 0,370 | 248 | 0,405 | 0,455 | 141,0 | 0,695 |
| 0,643 | 215 | 0,467 | 0,807 | 153,5 | 0,64 |

nicht berücksichtigt. Dadurch können natürlich besonders in konzentrierten Lösungen kleine Korrekturen notwendig werden. Vgl. S. 630.

Abb. 6 gibt die Abhängigkeit des Faktors $i$ von der Konzentration der Lösungen für die basenanalogen Alkaliacetate und für potentielle Elektrolyte wieder.

Auffällig ist zunächst, daß sämtliche Basenanalogen ein gleichartiges Verhalten zeigen, weiterhin, daß bei der angegebenen größten Verdünnung kein einziges Basenanaloges den Wert $i = 2$ erreicht, der eine vollständige Dissoziation anzeigen würde. Letztere Tatsache ist bereits von anderen wasserähnlichen Lösungsmitteln bekannt. Zum Beispiel ist in flüssigem Schwefelwasserstoff, wasserfreiem Schwefeldioxyd, die eine im Vergleich zum Wasser sehr kleine Dielektrizitätskonstante haben, bisher nie eine vollständige Dissoziation beobachtet worden, wenn man von sehr großen Verdünnungen absieht. Der Zusammenhang zwischen Dielektrizitätskonstante und Dissoziation ist ziemlich leicht mit der Tatsache zu erklären, daß sich zwei entgegengesetzt geladene Teilchen in der Lösung um so stärker anziehen werden, je kleiner die Dielektrizitätskonstante des Lösungsmittels ist. Demnach würde in Essigsäure die Wahrscheinlichkeit für das Vorliegen assoziierter Moleküle besonders groß sein.

Auch das hohe Molvolumen und der geringe Wert der Pictet-Troutonschen Konstanten für Essigsäure tragen zu der Annahme bei, daß diese viel weniger tiefgreifend auf die gelösten Stoffe einwirkt als

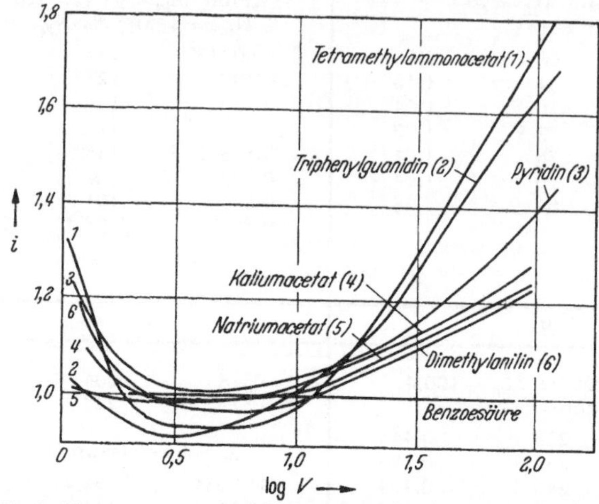


Abb. 6. Die van't Hoffschen Faktoren $i$ der Basenanalogen in Essigsäure.

beispielsweise Wasser oder Fluorwasserstoff. Tabelle 9 deutet die Ausnahmestellung der Carbonsäuren an. Bei Stoffen, deren Verdampfungsentropie wesentlich unter dem Mittelwert 21 cal · Grad$^{-1}$ liegt, muß mit besonders starker Assoziation in der Schmelze gerechnet werden.

*Tabelle 9.*

|  | Verdampfungs-entropie |
|---|---|
| Chlorwasserstoff . | 20,5 |
| Ammoniak. . . . | 23,5 |
| Wasser . . . . . | 26,0 |
| Essigsäure . . . . | 14,9 |
| Ameisensäure . . | 14,2 |

Die Abb. 6 macht wiederum die Erscheinung deutlich, daß Stoffe mit großem Kation, sofern nicht andere Effekte wirksam sind, eine große Tendenz zur Dissoziation zeigen. Tetramethylammonacetat und Triphenylguanidin erreichen in 0,01 n Lösung immerhin bereits einen Wert von $i = 1,7$ bis 1,8. Wesentlich schwächer dissoziieren das Pyridin sowie das Dimethylanilin, während Anilin selbst eine Ausnahme macht (s. Tabelle 8). Bei letzterem wird in verdünnterer Lösung sicherlich das Dianilinacetat, eventuell neben normalem Acetat, vorhanden sein, wobei sich bei Steigerung der Konzentration mehr und mehr das normale Acetat bilden wird. Die Abhängigkeit des Dissoziationsgrades vom Kationenvolumen wird auch innerhalb der Gruppe der anorganischen Acetate deutlich: Die $i$-Werte des Kaliumacetats liegen stets über denen des Natriumacetats.

Besonders aufschlußreich ist ein *Vergleich der Befunde über die Äquivalentleitfähigkeit mit den Befunden über den Faktor i* bei den Basenanalogen.

In der Abb. 3 (S. 629) war bereits aufgefallen, daß keine der Meßkurven der eines Elektrolyten in wäßriger Lösung entspricht, sondern daß der Verlauf sämtlicher Kurven auf Verhältnisse in der absolut essigsauren Lösung hinweist, die der Chemie wäßriger Lösungen fast völlig fremd sind. Mit abnehmender Konzentration sinken die Äquivalentleitfähigkeiten, um nach dem Durchlaufen eines sehr flachen und breiten Minimums nur langsam wieder anzusteigen.

Dieses Verhalten ist in verschiedenen Solventien mit kleinen Dielektrizitätskonstanten zu beobachten. KRAUSS und FUOSS (*103*) führten die Bildung des Leitfähigkeitsminimums auf die Wirkung elektrostatischer (COULOMBscher) Kräfte zurück und nahmen an, daß aus einem neutralen Molekül und einem Ion Verbindungen wie $(+ - +)$ und $(- + -)$, sog. Tripelionen, entstehen. Sie zeigten, daß sich diese Tripelionen nur bis zu einem bestimmten kritischen Wert der Dielektrizitätskonstante bilden können und daß sich das Minimum mit wachsender Dielektrizitätskonstante des Lösungsmittels zu höheren Konzentrationen verschiebt, schließlich ganz verschwindet. Aus experimentell erhaltenen Leitfähigkeitswerten ermittelten sie die Gleichgewichtskonstanten der Tripelionen. Umgekehrt berechneten sie auf der Grundlage COULOMBscher Kräfte diese Gleichgewichtskonstanten.

Für Lösung und Dissoziation in Essigsäure würden die Formulierungen von KRAUSS und FUOSS bedeuten, daß in der Gegend des Leitfähigkeitsminimums komplexe Ionen vom Typ $(Na_2Ac)^+$ und $(NaAc_2)^-$ vorhanden sind und daß das Minimum somit teils durch die verringerte Teilchenzahl in der Lösung und teils durch das vergrößerte Molvolumen und die damit verbundene geringere Ionenbeweglichkeit hervorgerufen wird.

DOLE (*40*) konnte mit Hilfe der Tripelionen auch die Überführungsmessungen von DAVIDSON und LANNING (*104*) erklären, die jedoch wegen der bisher in Essigsäure völlig fehlenden Messungen der Ionenbeweglichkeiten (*80*) als nicht ganz gesichert angesehen werden dürfen.

JANDER und Mitarbeiter, die ebenfalls in verschiedenen Lösungsmitteln das Auftreten eines Leitfähigkeitsminimums beobachtet hatten, nahmen zunächst das folgende, verallgemeinerte Dissoziationsschema an:

$$[K_n A_{(n-x)}]^{x+} + x A^-$$
$$y K^+ + [K_{(n-y)} A_n]^{y-} \;\rightleftharpoons\; (KA)_n \rightleftharpoons n\,KA \rightleftharpoons n\,K^+ + n\,A^-.$$
$$(K = \text{Kation}; \quad A = \text{Anion}.)$$

Wird in diesem Schema für den speziellen Fall der basenanalogen Acetate $n = 3$ gesetzt und die oben eingeführte Formulierung der Tripelionen benutzt, dann ergibt sich das konkretere Dissoziationsschema:

$$(K_3Ac_{(3-x)})^{x+} + x\,Ac^-$$
$$y K^+ + (K_{(3-y)} Ac_3)^{y-} \;\rightleftharpoons\; (K_2Ac)^+ + (KAc_2)^- \rightleftharpoons (KAc)_3 \rightleftharpoons 3\,KAc \rightleftharpoons 3\,K^+ + 3\,Ac.$$
$$(K = \text{Kation}; \; Ac = \text{Acetat}.)$$

An Hand dieses Dissoziationsschemas können nun die Befunde über die Äquivalentleitfähigkeit mit den Befunden über die Molekulargewichte miteinander in Beziehung gebracht werden:

a) Im Gebiet der verdünntesten Lösungen, für das die rechte Seite des Dissoziationsschemas gilt, steigen mit abnehmender Konzentration die Äquivalentleitfähigkeiten leicht an (Abb. 3), die $i$-Faktoren liegen über 1 (Abb. 6), d. h. in diesem Gebiet herrscht die normale Dissoziation der gelösten Stoffe vor.

b) Mit steigender Konzentration durchlaufen die Äquivalentleitfähigkeiten das Minimum; im Gebiet von etwa 0,1 n Lösungen beginnen diese Kurven steil anzusteigen (Abb. 3). In diesem Gebiet liegen die $i$-Faktoren bei dem Wert 1, oder sie zeigen sogar geringe Assoziation an. Die Vorgänge, die diesen Befunden zugrunde liegen, werden durch das Mittelstück des Dissoziationsschemas versinnbildlicht, in dem aus 3 Molekülen 2 Tripelionen entstehen: Die Zahl der Teilchen verringert sich; gleichzeitig tritt eine Vermehrung der Ladungsträger ein.

c) In den konzentriertesten Lösungen (0,5 bis 1 n ist dem Anstieg der Äquivalentleitfähigkeiten (Abb. 3) der Anstieg der $i$-Faktoren (Abb. 6) symbat. Die $i$-Faktoren steigen bei den stärkeren Elektrolyten sogar wieder über den Wert 1. Es sind nun wieder mehr Teilchen und zugleich mehr Ladungen als in den mittelkonzentrierten Lösungen vorhanden. Diese Vorgänge werden durch die linke Seite des Dissoziationsschemas versinnbildlicht. *Die hier formulierte sekundäre Dissoziation der Tripelionen kann der Erfahrung Rechnung tragen, daß in manchen Lösungsmitteln assoziierte Verbindungen mit großräumigen Kationen oder großräumigen Anionen weitgehender dissoziieren als die einfachen Salze.*

Es muß zusätzlich bedacht werden, daß eine von Temperatur und Konzentration abhängige Solvatation der undissoziierten Moleküle und der Ionen einen beträchtlichen Einfluß auf die Leitfähigkeit der Lösungen ausüben kann, vgl. dazu (*145*). Die Molekulargewichtsbestimmungen zeigen aber, daß die Anomalien der Leitfähigkeit mindestens zu einem Teil auf Assoziationsvorgänge zurückzuführen sind.

Bei den zwei weitaus schwächeren zwei-wertigen Basenanalogen in Essigsäure, Strontiumacetat und Nickelacetat (*32*) findet man im gesamten Konzentrationsbereich eine beträchtliche Assoziation, desgleichen bei einigen anderen Elektrolyten in Essigsäure (*32*).

Ein vollkommen anderes Bild ergeben die Molekulargewichtsbestimmungen der *Säurenanalogen* in Essigsäure (Abb. 7). Die $i$-Kurven für Perchlorsäure und Schwefelsäure verlaufen über den gesamten Konzentrationsbereich im Gebiete starker Assoziation [nach den Arbeiten von Eichelberger (*43*) sollte die Schwefelsäure in Konzentrationen, die geringer als 0,1 n sind, dissoziiert sein]. Das Molekulargewicht der Perchlorsäure entspricht in 0,01 n Lösung einem zweifach assoziierten

Produkt, steigt weiter bis zum dreifachen Wert des normalen Molgewichtes und sinkt dann wieder auf zweifache Assoziation ab. Es ist hiernach nicht möglich, aus der Abhängigkeit der Leitfähigkeit und den $i$-Faktoren von der Konzentration Rückschlüsse auf Art und Größe der Teilchen in der Lösung zu ziehen. Es scheint aber jedenfalls gesichert zu sein, daß die Stärke der Perchlorsäure nicht auf einer normalen Dissoziation, sondern auf einem Komplex von Assoziationen und beträchtlichen sekundären Dissoziationen beruht.

Die Schwefelsäure, die den Leitfähigkeiten zufolge wesentlich schwächer als die Perchlorsäure ist, zeigt auf Grund der Molekulargewichtsbestimmung geringere Assoziation. Die $i$-Kurve durchläuft bei ihr im untersuchten Konzentrationsbereich zwar kein Minimum, strebt ihm aber mit wachsender Konzentration der Lösung zu, und es ist anzunehmen, daß hier

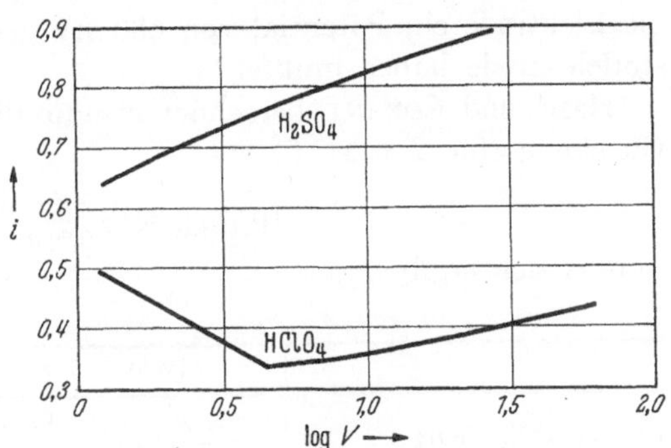

Abb. 7. VAN'T HOFFsche Faktoren $i$ der Säurenanalogen in Essigsäure.

die Verhältnisse analog denen bei den Leitfähigkeiten liegen, d. h., daß je schwächer ein Säurenanaloges ist, um so später auch das Minimum in der $i$-Kurve erreicht wird.

Für das Vorliegen von undissoziierten Molekülen der Säurenanalogen in Essigsäure sprechen auch die RAMAN-Spektren (13) und die Nitrierung von Phenolen in Essigsäure (14), während sich widersprechende Berechnungen der Aktivitätskoeffizienten der Schwefelsäure (44), (82) vorliegen. Die relativen Aktivitäten der Salzsäure wurden von RODEBUSH und EWART (135) bestimmt. Abschließend sei ebenfalls die „Aciditätsskala" von HALL (66) erwähnt, wo der Beweis für die „Stärke" der Schwefelsäure mit der colorimetrischen Methode (71) erbracht wird und einige Pufferlösungen in Essigsäure untersucht werden (65).

## D. Potentiometrische Titrationen in Essigsäure.

Bereits im Jahre 1927 führten HALL und CONANT (63) die Chloranilelektrode ein, unter Benutzung des Kalomel-Halbelementes als Vergleichselektrode:

$$\text{Pt} \left| \begin{array}{c} C_6Cl_4O_2 \text{ (ges.)} \\ C_6Cl_4(OH)_2 \text{ (ges.)} \end{array} \right. \text{Brücke} \left| \begin{array}{c} KCl\ Hg_2Cl_2 \text{ (ges.)} \\ KCl \text{ (ges.)} \end{array} \right| \text{Hg}$$

$$\text{HX in HAc} \qquad\qquad \text{in } H_2O$$

Als Brücke diente eine gesättigte Lösung von Lithiumchlorid in Essigsäure. Die Schwierigkeiten in der Potentialberechnung lagen in der Bestimmung des Flüssigkeitspotentials, welches auf 150 mV geschätzt wurde. Zur Aufstellung einer $p_H$-Skala in Essigsäure wurde das Potential der Chloranilelektrode in Wasser (gemessen gegen Kalomelelektrode) von $+418$ mV auch für Essigsäure als gültig angesehen. Zuzüglich den 150 mV für das Flüssigkeitspotential ergab sich so der Nullpunkt für die $p_H$-Skala mit $+566$ mV. Erst viel später zeigte sich (64), daß auf Grund der Solvatation des Chloranils, $C_6Cl_4(OH)_2 \cdot 2\,CH_3COOH$ (90), die Elektrode ein Potential von 680 mV gegenüber der Normalwasserstoffelektrode haben mußte.

HALL und CONANT berechneten nun die $(p_H)_{HAc}$-Werte nach der Gleichung (für $T = 25°\,C$):

$$(p_H)_{HAc} = \frac{0{,}566 - E}{0{,}0591},$$

woraus sich ergibt:

| | $E$ (Volt) | $(p_H)_{HAc}$ | $H^+$-Aktivität |
|---|---|---|---|
| 1,0 mol. $CCl_3COOH$ . . . . | $+0{,}615$ | $-0{,}83$ | 6,7 |
| 1,0 mol. $H_2SO_4$ . . . . . | $+0{,}756$ | $-3{,}23$ | 700 |
| 1,0 mol. $HClO_4$ . . . . . | $+0{,}830$ | $-4{,}4$ | 25 000 |

Diese Ergebnisse, die mittels Indicatoren bestätigt wurden (21), legten den Grundstein zu den mannigfaltigen Bearbeitungen dieser sog. superaciden Lösungen. Es wurde angenommen, daß im Gegensatz zum Wasser die Protonen weniger fest an das Lösungsmittelmolekül gebunden sind und daher auch unsolvatisiert in der Lösung vorhanden sein können (22).

Die historische Entwicklung der Potentialmessungen in wasserfreier Essigsäure kann durch folgende Hinweise angedeutet werden:

Messungen der Potentiale gegen eine Wasserstoffelektrode (83), (97) lieferten für das Ionenprodukt der reinen Essigsäure den Wert $2{,}8 \cdot 10^{-13}$ (97).

Dissoziationskonstante der Essigsäure: $2{,}5 \cdot 10^{-13}$ bzw. $1 \cdot 10^{-15}$ unter Berücksichtigung der WALDENschen Regel $1 \cdot 10^{-15}$ (100) bzw. $3 \cdot 10^{-10}$ (63).

Als Elektroden wurden verwendet: Wasserstoffelektrode (176), (175), Antimon- und Tellurelektroden (158), Glas-Silberelektrode (24).

Mit Hilfe der Chloranilelektrode wurde eine sehr große Zahl von Basentitrationen mit Perchlorsäure als Säurenanalogen durchgeführt (69). Infolge der scharfen Potentialsprünge ließen sich sehr schwache Basenanaloge und Pseudobasen vom Typ des Triphenylcarbinols (23) titrieren, auch die Potentiale von freien Radikalen (20), sowie Redoxpotentiale waren bestimmbar (125).

Alle diese Methoden beschränkten sich jedoch auf die Messung der $H^+$-Ionenkonzentration, entweder direkt oder mit Hilfe des Chloranils; sie hatten in den meisten Fällen den Nachteil des Übergangs zu Lösungssystemen mit Wasser als Solvens bzw. des Vergleichs mit wäßrigen Lösungen.

Neuere Versuche (*111*) hatten das Ziel, eine Elektrode zu finden, die auf Acetationen konzentrationsrichtig anspricht und die es ermöglicht, gleichzeitig mit einer absolut essigsauren Vergleichselektrode zu arbeiten. Für das Elektrodenmaterial mußten nach Möglichkeit folgende Bedingungen erfüllt sein:

Gute Elektrizitätsleitung und möglichst konstante Wertigkeit des zugrunde liegenden Elements. Bildung eines schwerlöslichen, den elektrischen Strom zumindest schwach leitenden Acetats. Beständigkeit des Elements und seiner Acetatdeckschicht gegen die in der Essigsäure gelösten Säurenanalogen. Keine Komplexbildung der Acetatdeckschicht mit Basenanalogen. Diese Bedingungen erfüllt *Silber* weitgehend. An Silberelektroden stellen sich die Potentiale relativ schnell ein, bleiben längere Zeit konstant und sind offenbar gut reproduzierbar. Vergiftungserscheinungen konnten bisher nicht beobachtet werden. Kupfer, Nickel, Zink, Aluminium bewährten sich nicht (*111*).

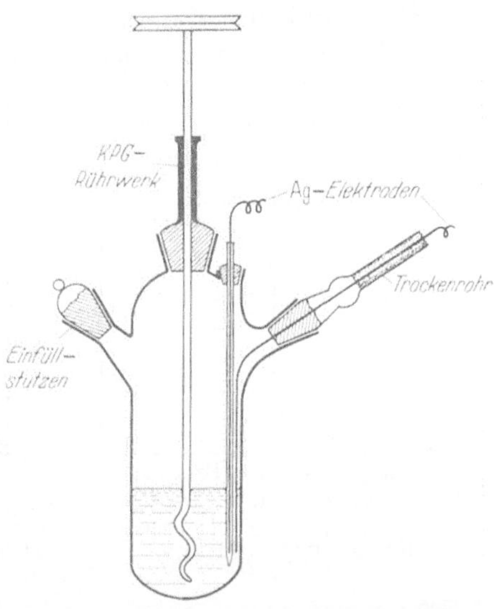


Abb. 8. Titrationsgefäß mit gebremsten Elektroden.

Die EMK-Messungen (*111*) wurden nach der POGGENDORFschen Kompensationsmethode durchgeführt, ein 2 V-Akku diente als Stromquelle, dessen EMK gegen ein WESTON-Normalelement festgelegt wurde. Als Nullinstrument wurde ein Spiegelgalvanometer mit einer Empfindlichkeit von $2 \cdot 10^{-9}$ Amp/Skt. benutzt. Das verwendete Titrationsgefäß ist in Abb. 8 wiedergegeben. Die Anordnung der Silberelektroden ist, wie aus der Abbildung ersichtlich, die von gebremsten Elektroden mit praktisch verhinderter Diffusion. Die in die Titrationslösung eintauchende Elektrode war durch das Trockenrohr geführt und wurde an der Glascapillare mittels eines kleinen Glashakens festgehalten, so daß die Entfernung zwischen den beiden Elektroden möglichst gering gehalten wurde. Um den Widerstand der Lösung auf ein Minimum herabzusetzen, wurde auch die Capillarspitze so weit wie möglich gemacht.

Sämtliche Reagentien mußten folglich in reiner Form (nicht als Lösungen!) zugegeben werden, da sonst ein Nachsteigen der Außenflüssigkeit in den Raum innerhalb der Capillare nicht zu vermeiden gewesen wäre.

Trotz all dieser Maßnahmen zur Verringerung des Innenwiderstandes war es nicht möglich, Potentiale zwischen einer 0,01 oder 0,02 n Acetat- bzw. Säurenlösung im Titrationsraum und dem reinen Lösungsmittel innerhalb der Capillare zu messen, wie es zur Feststellung der Dissoziationskonstanten der reinen Essigsäure geplant war. Auch bei geringen Elektrolytkonzentrationen in beiden Elektrodenräumen macht sich der hohe Widerstand bei der Messung noch sehr störend bemerkbar.

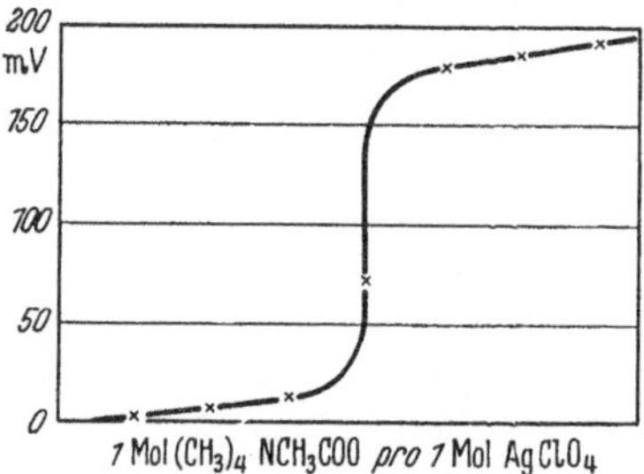


Abb. 9a. Potentiometrische Titration von 334,4 mg AgClO₄ in 25 ml Essigsäure mit $(CH_3)_4N\ CH_3COO$. $T = 25°$ C.

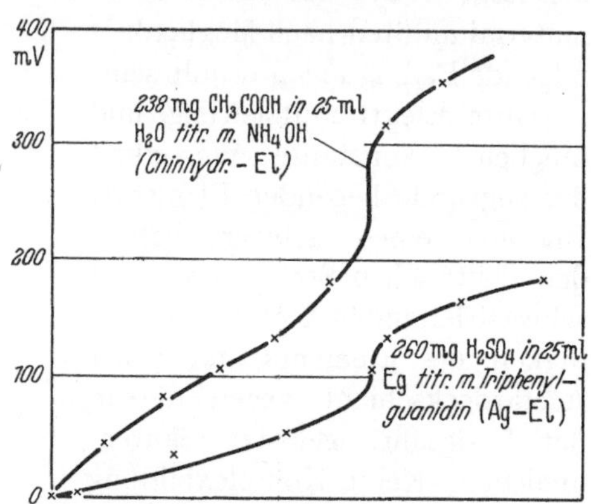


Abb. 9b. Vergleich zwischen potentiometrischer Titration einer schwachen Säure mit einer schwachen Base in Wasser und der Titration von $H_2SO_4$ mit Triphenylguanidin in Essigsäure. $T = 25°$ C.

Daß die auf den Elektroden entstehende Deckschicht von Silberacetat schwerlöslich in Essigsäure ist, ergibt sich aus der Titration von Silberperchlorat mit einem basenanalogen Acetat; Silberperchlorat geht im Gegensatz zu vielen anderen Silbersalzen in Essigsäure leicht in Lösung; während der Titration fällt Silberacetat aus. Der scharfe Potentialsprung zeigt, daß Silberelektroden auf die Konzentration der Acetationen gut ansprechen (Abb. 9).

Als Säurenanaloge wurden ausschließlich Schwefelsäure und Perchlorsäure verwendet. Eine Titration von Schwefelsäure mit dem relativ starken Basenanalogen Triphenylguanidin gibt die Abb. 9b wieder.

In Abb. 9 sind charakteristische Titrationskurven zusammengestellt, die insgesamt einen guten Einblick in die Vorgänge im Lösungsmittel Essigsäure vermitteln.

Abb. 9a: Titration von Silberperchlorat mit einem basenanalogen Acetat (*111*).

Abb. 9b: Titration von Schwefelsäure mit dem relativ starken Basenanalogen Triphenylguanidin. In Kurve I ist ein schwacher Potentialsprung zu erkennen. Der gesamte Kurvenverlauf erinnert an die

Titration einer schwachen Säure (Essigsäure) mit einer schwachen Base (Ammoniak), die mit einer Chinhydronelektrode ausgeführt wurde, Kurve II. In beiden Kurven ist ein verschwommenes Übergangsgebiet zu beobachten, das durch Solvolyse der während der Titration entstehenden Salze hervorgerufen wird (*111*).

Abb. 9c: Titration von Schwefelsäure mit dem weniger starken Basenanalogen Pyridin. Der Wendepunkt in der Titrationskurve ist hier noch weniger als in Abb. 9b ausgeprägt. Aus 9b und 9c geht hervor, daß Schwefelsäure in Essigsäure gelöst wirklich nur eine sehr schwache einbasische Säure ist, deren Stärke höchstens der Stärke von Essigsäure in Wasser gleichgesetzt werden kann.

Abb. 9d: Titration von Natriumacetat mit Perchlorsäure. Diese Titrationen waren nicht so störungsfrei wie die Titrationen mit Schwefel-

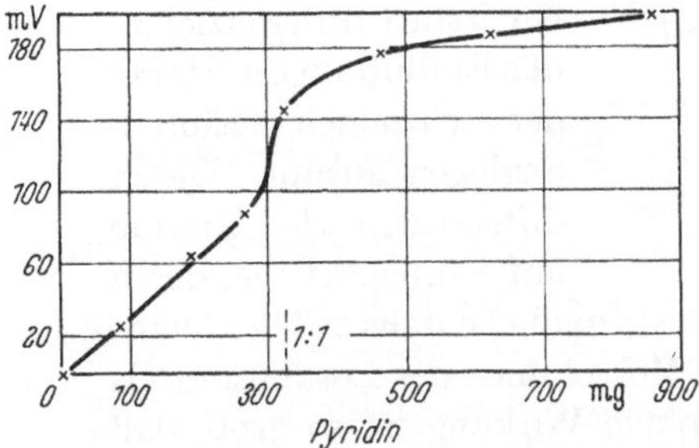


Abb. 9c. Titration von 400,9 mg $H_2SO_4$ in 25 ml Essigsäure mit Pyridin. $T = 25°$ C.

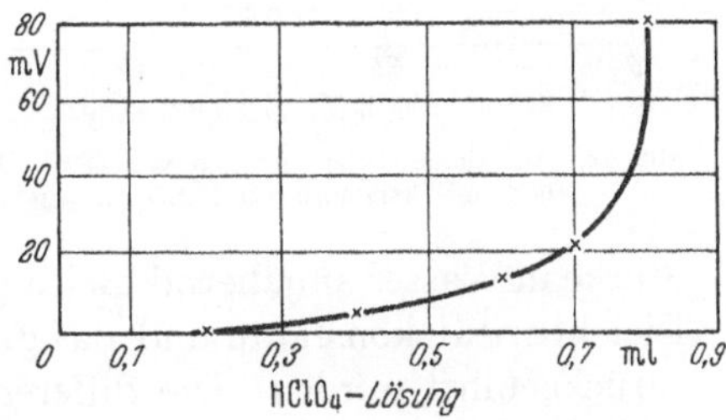


Abb. 9d. Titration von 360,7 mg $Na(CH_3COO)$ in 25 ml Essigsäure mit $HClO_4$-Lösung.

säure, da Perchlorsäure offensichtlich die Silberelektroden angreift und so eine konstante Potentialeinstellung verhindert. Es muß angenommen werden, daß die freie Perchlorsäure die Deckschicht von Silberacetat auflöst und ihrerseits Silberperchlorat bildet, welches in Essigsäure außerordentlich gut löslich ist, so daß Potentialwerte erhalten werden, die in keiner Beziehung zur vorhandenen Acetationenkonzentration stehen. Legt man bei der Titration jedoch das Basenanaloge vor und titriert mit der Perchlorsäure, so erkennt man an dem Kurvenverlauf vor dem Äquivalenzpunkt, daß dieses Säurenanaloge bedeutend stärker als die Schwefelsäure sein muß. Abb. 9d gibt eine Titration von Natriumacetat mit Perchlorsäure wieder, wie sie in gleicher Form auch bei der Neutralisation von Anilin mit Perchlorsäure erhalten wurde. Der Potentialverlauf ist vollkommen analog dem einer mittelstarken Base mit einer starken Säure in wäßriger Lösung, abgesehen von dem Teil hinter dem Äquivalenzpunkt, wo infolge Anwesenheit freier Perchlorsäure definierte Potentialeinstellungen nicht beobachtet werden konnten.

Abb. 9e: Titration von Kaliumacetat mit Schwefelsäure (*111*). Infolge der völligen Unlöslichkeit des entstehenden Kaliumdisulfats bzw.

Kaliumsulfats wird ein scharfer Potentialsprung erhalten, der wieder beim Molverhältnis 1:1 liegt. Da die Schwefelsäure jedoch wie früher gezeigt wurde, ein zweibasisches Säurenanaloges ist, ist obige Kurve ein weiterer Beweis für die extrem kleine Dissoziationskonstante der zweiten Dissoziationsstufe der Schwefelsäure.

Zusammenfassend kann auf Grund der Leitfähigkeitsmessungen, der Molekulargewichtsbestimmungen und der potentiometrischen Titrationen über die Stärke der Säurenanalogen in Essigsäure ausgesagt werden, daß diese zwar viel geringer als die der Säuren in Wasser ist, daß jedoch das Lösungsmittel Essigsäure einen stark differenzierenden Einfluß auf die Stärke der einzelnen Säurenanalogen ausübt. Dieser differenzierende Einfluß auf Säurenanaloge, deren

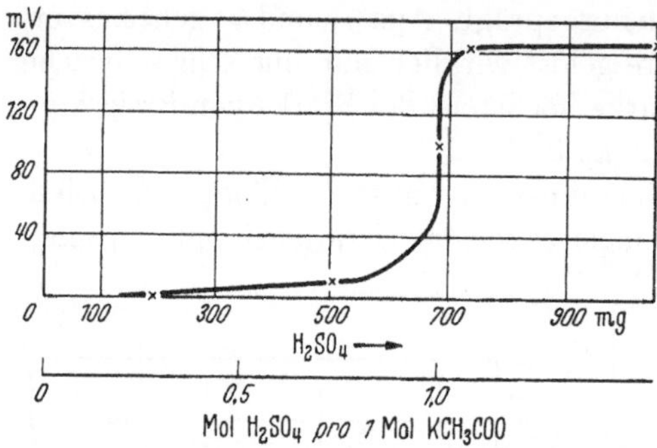

Abb. 9e. Potentiometrische Titration von 680 mg K(CH$_3$COO) in 25 ml Essigsäure mit H$_2$SO$_4$. $T = 25°$ C.

Stärke in Wasser annähernd gleich groß ist, muß ebenfalls auf die kleine Dielektrizitätskonstante und das große Molvolumen des Lösungsmittels zurückgeführt werden. Die differenzierende Wirkung ist so groß, daß potentiometrische Titrationen von Perchlorsäure und Schwefelsäure nebeneinander durchgeführt werden konnten (*148*).

## V. Neutralisationsanaloge Umsetzungen in wasserfreier Essigsäure.

Zwischen den säurenanalogen solvatisierten Wasserstoffsäuren, den Acet-Acidiumsalzen und den basenanalogen Acetaten finden in Essigsäure zahlreiche neutralisationsanaloge Umsetzungen statt, wobei Moleküle des wenig dissoziierten Lösungsmittels gebildet werden:

$$CH_3C(OH)_2R + Me(CH_3COO) + MeR + 2\,CH_3COOH.$$

Me bedeutet hierin ein einwertiges Metall oder eine organische einwertige Base, R ist ein einwertiger Säurerest. Einige dieser neutralisationsanalogen Umsetzungen wurden bereits im Abschnitt IV, A erwähnt.

Besonders waren es Hall und Mitarbeiter, die schon frühzeitig diese Umsetzungen mit Hilfe von Titrationen sichtbar machten. Und zwar titrierten Hall und Werner (*69*) zunächst elektrometrisch Natriumacetat mit Säurenanalogen; später fand Hall, daß sich die übrigen Acetate in gleicher Weise umsetzen, desgleichen die organischen Basen, die potentielle Elektrolyte in Essigsäure darstellen.

Die Neutralisationen ließen sich natürlich auch an Hand der Farbänderung von Indicatoren verfolgen (*21*), (*67*), (*120*), (*38*). Die in Frage kommenden Indicatoren sind Kristallviolett, Pikrinsäure, Methylenblau usw. Kilpi (*96*) führte ebenfalls eine Reihe von Basentitrationen mit Perchlorsäure als Säurenanalogem durch, wobei er unter anderem feststellte, daß sich auch die Anthranilsäure (o-Aminobenzoesäure) als Basenanaloges titrieren läßt (*98*). Es ist eine ganz allgemeine Erscheinung in Essigsäure, daß die Dissoziation der Carboxylgruppen bedeutend erniedrigt wird, während die Dissoziation der basischen Gruppen wächst (*12*), so daß sogar die basischen Gruppen der Gelatine titrierbar werden (*141*). Kilpi stellte ferner fest, daß die Anwesenheit von wenig Essigsäureanhydrid sich nicht störend bei der Titration bemerkbar macht, so daß dieses wohl kein Basenanaloges im oben geschilderten Sinne sein kann. Russel und Cameron (*141*) behaupten dagegen, daß geringe Essigsäureanhydridmengen den Säurenanalogen in Essigsäure ultrasaure Eigenschaften verleihen sollen, und auch einige Abnormitäten der Säurenanalogen in Essigsäure werden auf die Anwesenheit der Anhydridspuren zurückgeführt. So wird z. B. die Schwefelsäure auf Grund ihrer Leitfähigkeiten und auch an Hand potentiometrischer Titrationen als einbasische Säure beschrieben (*148*), soll sich aber bei gewissen Fällen zweibasisch verhalten; Perchlorsäure soll ein zweibasisches Säurenanaloges sein, in Einzelfällen desgleichen sogar die Salzsäure (*148*). Um diese Frage zu klären, wurden völlig anhydridfreie Essigsäure und Säurenanalogen benutzt (*111*). (Die Herstellung reiner Essigsäure ist in Abschnitt II bereits beschrieben worden.)

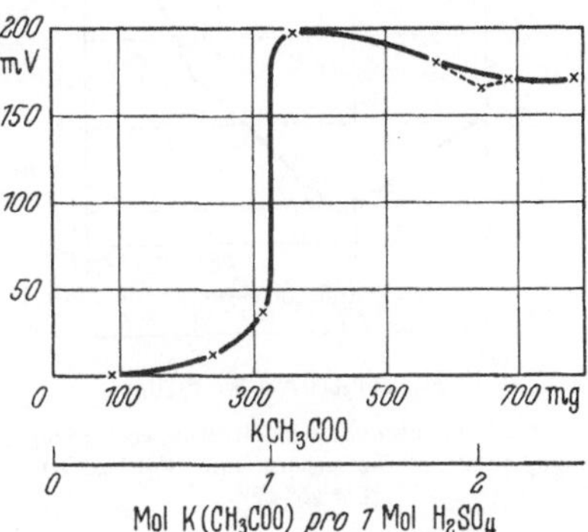


Abb. 10. Titration von 321,0 mg H$_2$SO$_4$ mit K(CH$_3$COO) in 25 ml Essigsäure. $T = 25°$ C.

In der Tat liegt bei einer potentiometrischen Titration (mit Silberelektroden) von vorgelegter Schwefelsäure mit Kaliumacetat der Potentialsprung bei dem Molverhältnis 1:1, wie die Abb. 10 zeigt, jedoch fällt anschließend das Potential und bleibt nach dem Molverhältnis 1:2 konstant. Der Potentialsprung in der Titrationskurve ist nur infolge der Schwerlöslichkeit des Reaktionsproduktes so ausgeprägt. Wie die analogen Titrationen mit löslichen Reaktionsprodukten aussehen, geben die Abb. 9a—e wieder. Eine konduktometrische Verfolgung der gleichen Titration (*111*) zeigt eindeutig, daß beide Protonen der Schwefelsäure in Funktion treten (Abb. 11). Die Leitfähigkeit fällt zunächst stark, da sich annähernd quantitativ schwerlösliches Kaliumbisulfat bildet, was auch durch Analyse des Bodenkörpers bewiesen wurde (berechnet für KHSO$_4$: % K = 28,7, gefunden % K = 28,5). Nach Erreichen des Molverhältnisses 1:1 steigt die Leitfähigkeit leicht an, da für die Bildung des neutralen Sulfates stets ein Kaliumacetatüberschuß

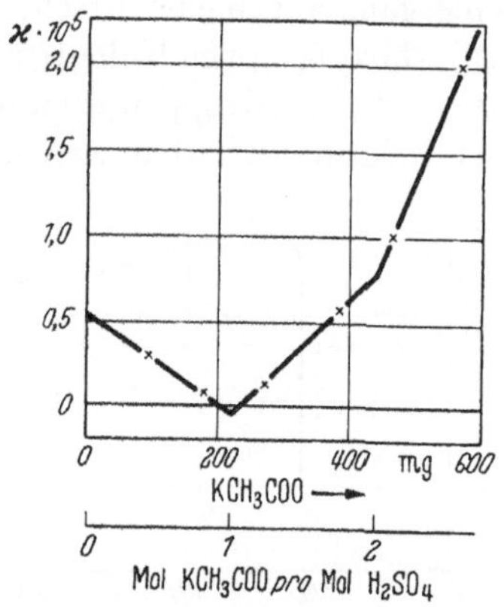

Abb. 11. Konduktometrische Titration von 216 mg H$_2$SO$_4$ in 25 ml Essigsäure mit K(CH$_3$COO). $T = 26°$ C.

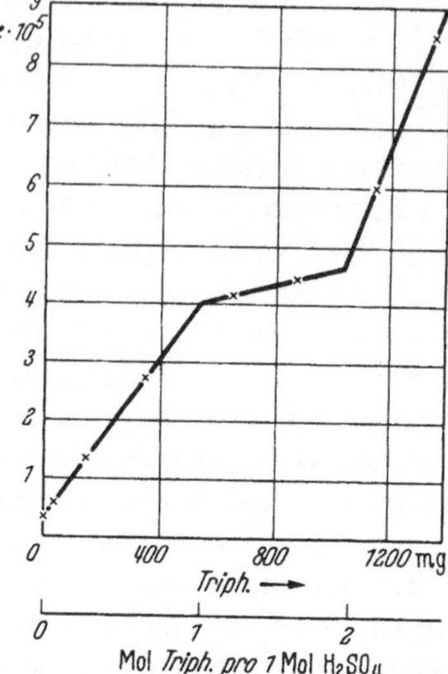

Abb. 12. Konduktometrische Titration von 182,2 mg H$_2$SO$_4$ in 25 ml Essigsäure mit Triphenylguanidin. $T = 25°$ C.

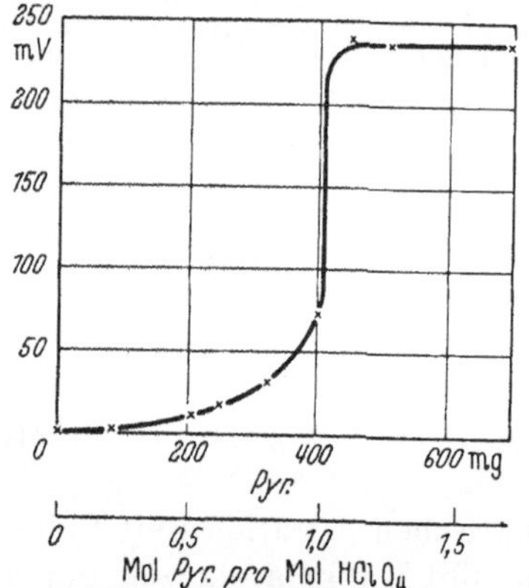

Abb. 13. Potentiometrische Titration von 495,9 mg HClO$_4$ in 25 ml Essigsäure mit Pyridin. $T = 25°$ C.

notwendig ist. Die Analyse des Bodenkörpers beim Molverhältnis 1:2 in der Lösung ergab, daß hier noch Kaliumbisulfat neben neutralem Kaliumsulfat vorliegt.

Durchaus analog verlaufen die potentiometrischen und konduktometrischen Titrationen von Schwefelsäure mit Triphenylguanidin, wo ebenfalls potentiometrisch der Wendepunkt beim Molverhältnis 1:1 liegt (s. Abb. 9b), konduktometrisch jedoch deutlich zwei Knickpunkte in den Leitfähigkeitswerten angezeigt werden (Abb. 12). Hiermit dürfte bewiesen sein, daß die Schwefelsäure auch in Essigsäure ein zweibasisches Säurenanaloges ist, wobei jedoch offensichtlich die Dissoziationskonstante des zweiten Protons um vieles kleiner als die des ersten Protons ist, so daß sie bei potentiometrischen Messungen nicht durch einen Potentialsprung angezeigt wird. Bei einer potentiometrischen Titration von Perchlorsäure mit Pyridin tritt ebenfalls der maximale Potentialsprung beim Molverhältnis 1:1 auf, was auf den einbasischen Charakter der Perchlorsäure hinweist (Abb. 13). Pyridinperchlorat fällt sofort bei Beginn der Titration als weißer Niederschlag aus. Der Anstieg des Potentials vor dem Äquivalenzpunkt ist sicher teils auf den oben beschriebenen Angriff der Perchlorsäure auf die Silberelektroden, teils auf die mittelstarke Basizität des Pyridins zurückzuführen. Ein weiterer deutlicher Potentialsprung hinter dem Verhältnis 1:1 konnte nicht beobachtet werden. Ganz anders sieht aber die konduktometrische Titration von vorgelegter Perchlorsäure mit Pyridin aus (Abb. 14). Wenn

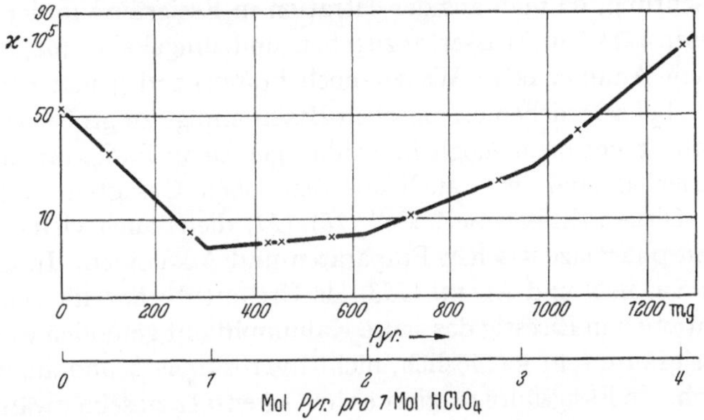


Abb. 14. Konduktometrische Titration von 400,7 mg HClO$_4$ in 25 ml Essigsäure mit Pyridin. $T = 24°$ C.

auch der zweite und dritte Schnittpunkt in der Leitfähigkeitskurve erst ein klein wenig hinter den exakten Molverhältnissen erreicht wird, würde dieser Titrationsverlauf jedoch darauf schließen lassen, daß die Perchlorsäure in Essigsäure nicht nur zwei-, sondern sogar dreibasisch ist. Dagegen zeigt eine konduktometrische Titration von Perchlorsäure mit Natriumacetat nur einen Knickpunkt, der Bildung von Natriumperchlorat entsprechend. Zusammen mit der Tatsache, daß in der Literatur bereits sog. anormale Salze des Pyridins und Anilins, z.B. $(C_6H_5NH_2)_2 \cdot HCl$ (*110*) und $(C_5H_5N)_2Br_4 \cdot HBr$ (*59*) bekannt sind, dürfte erwiesen sein, daß die Perchlorsäure auch in Essigsäure einbasisch ist, und daß die Knickpunkte in der Titrationskurve auf ebensolche Salze hinweisen, deren Entstehen formelmäßig wie folgt zu erklären ist:

1. $\qquad (C_5H_5N)N(CH_3COO) + HClO_4 = [(C_5H_5N)H]\,ClO_4 + CH_3COOH$

2. $\qquad [(C_5H_5N)H]ClO_4 + C_5H_5N = \{(C_5H_5N)[(C_5H_5N)H]ClO_4\}$

3. $\{(C_5H_5N)[(C_5H_5N)H]ClO_4\} + C_5H_5N = \{(C_5H_5N)_2[(C_5H_5N)H]ClO_4\}.$

Dieses Verhalten steht in Analogie zu bekannten Erscheinungen wäßriger Lösungen, z.B.

1. $\quad Ag(OH) + HCN = AgCN + H_2O$

2. $\quad AgCN + HCN = H\,[Ag(CN)_2].$

Bei potentiometrischen Titrationen von Perchlorsäure mit Pyridin wurde jedoch niemals eine Verbindung im Verhältnis 1 $HClO_4:3\ C_5H_5N$ beobachtet, was auf den sehr labilen Charakter der Verbindungen zurückzuführen sein dürfte, wofür auch die Tatsache spricht, daß aus präparativen Ansätzen von Pyridin und Perchlorsäure in Essigsäure in den Verhältnissen 1:1, 2:1 und 3:1 stets nur das normale Pyridinperchlorat isoliert werden konnte (berechnet für Pyridinperchlorat: 56,2% $HClO_4$, gefunden 56,6%).

Titrationen schwacher organischer Basen in Essigsäure finden besondere Beachtung, da man aus der Titration in Essigsäure in der Lage ist, ihre Basenstärke in Wasser anzugeben und umgekehrt (62), (158). Während man Ammoniak in Wasser noch hinreichend genau titrieren kann, ist dies bei schwachen organischen Basen infolge zu großer Hydrolyse ihrer Salze nicht mehr möglich, wohingegen sie in Essigsäure ausgezeichnet titrierbar sind, was auch aus dem oben Gesagten eindeutig hervorgeht. Diese „Eisessigmethode" (75), (11) dient auch vielfach zur Titration von pharmazeutischen Präparaten und Alkaloiden. In letzter Zeit ist von Seaman und Allen (153) als Urtitersubstanz für acidimetrische Titrationen in Eisessig das saure Kaliumphtalat gefunden worden. Es ist in Essigsäure sehr gut löslich, nicht hygroskopisch und analysenrein erhältlich. In Essigsäure reagiert es im Gegensatz zu seiner wäßrigen Lösung als Basenanaloges und läßt sich mit Perchlorsäure und Kristallviolett als Indicator ausgezeichnet titrieren, zumal das Reaktionsprodukt während der Titration ausfällt und damit die Neutralisationskurve am Äquivalenzpunkt besonders steil wird. Wichtig ist fernerhin, daß sich in Essigsäure tertiäre Amine neben primären und sekundären Aminen titrieren lassen. Alle diese Stoffe sind in Essigsäure potentielle Elektrolyte basischer Natur, wohingegen die Anzahl und auch die Stärke der säurenanalogen Stoffe, wie weiter oben eingehend demonstriert wurde, sehr stark herabgesetzt wird. Diese Erscheinung tritt noch deutlicher bei stärker „sauren" Lösungsmitteln in Erscheinung, wie z. B. in flüssigem Fluorwasserstoff, wo die Säurenanalogen völlig fehlen, die Zahl der Basenanalogen dagegen sehr groß ist.

## VI. Halogentitrationen in Essigsäure.

Auf Grund der ähnlichen Löslichkeitsverhältnisse der Silber- und Thallium(I)-halogenide in den Solventien Wasser und Essigsäure war es selbstverständlich, daß auch potentiometrische Halogentitrationen mit Silber- bzw. Thallium(I)-salzen in Essigsäure möglich sind.

Verwendet wurden hierzu die gleichen Elektroden und die Meßanordnung wie für die neutralisationsanalogen Titrationen.

Die Abb. 15 gibt eine Titration von Silberperchlorat, welches in Essigsäure gelöst war, mit Arsentribromid wieder und zum Vergleich

die analoge Titration mit Natriumbromid in wäßriger Lösung mit der
gleichen Einwaage an Silbersalz. Wie zu erwarten, unterscheiden sich
die Titrationen in beiden Solventien kaum. Eine analoge Titration von
Halogenionen durch Zugabe von Thalliumacetat gibt die Abb. 16 wieder,
in der der Potentialverlauf der Titration einer Auflösung von Hydroxyl-

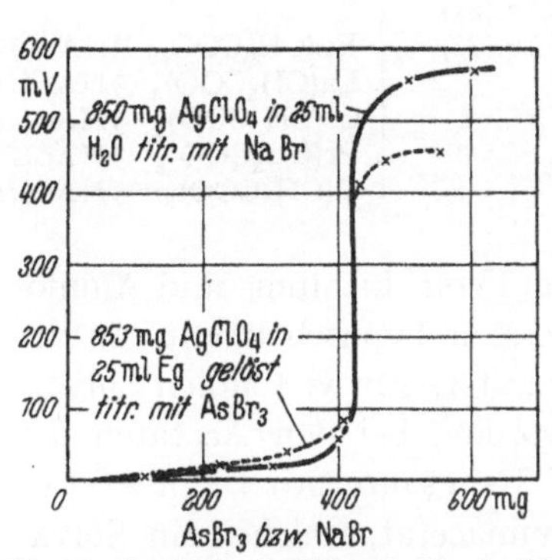


Abb. 15. Vergleichende Silbertitration in Wasser
und Essigsäure.

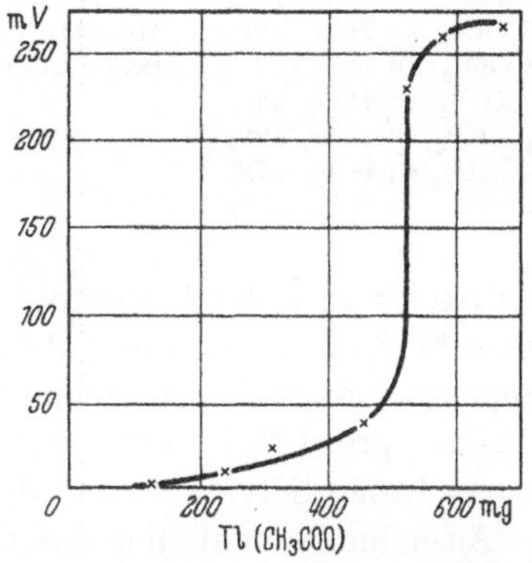

Abb. 16. Titration von 138,1 mg NH₂OH · HCl
mit Tl(CH₃COO) in 25 ml Essigsäure.

aminhydrochlorid dargestellt ist. Über die Titration von Alkalihalo-
geniden in Essigsäure mittels Perchlorsäure und Farbindicatoren wurde
vor kurzem berichtet (78). Die ihr zugrunde liegende Reaktion ist:

$$Cl^- + (CH_3COOH \cdot H)^+ = HCl + CH_3COOH,$$

wobei die entstehende Salzsäure aus dem Gleichgewicht herausdestilliert
wird.

## VII. Das Anlagerungsvermögen der Essigsäure.

Wasserfreie Essigsäure hat mit den übrigen wasserähnlichen Lösungsmitteln die Eigenschaft gemeinsam, mit bereits abgesättigt erscheinenden
Verbindungen Additionsverbindungen, Solvate, zu bilden. Deren Zahl
ist wohl viel geringer als die Zahl der Hydrate, jedoch bedeutend größer
als die Zahl der Solvate des Essigsäureanhydrids. Während die Verhältnisse bei letzterem an die korrespondierenden Verhältnisse bei den
Solvaten mit Flußsäure und wasserfreier Salpetersäure erinnern, wo fast
ausschließlich Solvate der basenanalogen Fluoride bzw. Nitrate bekannt
sind, dagegen beim Wasser auch Solvate (Hydrate) von fast allen Salztypen festgestellt wurden, nimmt die Essigsäure auch hier die bereits
hervorgehobene Mittelstellung zwischen diesen beiden Solventien ein.
Es sind nämlich nicht nur Solvate der basenanalogen Acetate, sondern
auch zahlreiche Solvate anderer Salztypen bekannt.

Bei den Alkaliacetaten beobachtet man zwei Reihen von Solvaten,
die die Zusammensetzungen 1 Mol Alkaliacetat : 1 Mol Essigsäure und

Tabelle 10. *Solvate der Acetate.*

| 1 Mol Ac : 1 Mol HAc | 1 Mol Ac : 2 Mol HAc | 1 Mol Ac : 3 Mol HAc |
|---|---|---|
| $NH_4(CH_3COO) \cdot$ 1 HAc (*133*) | | |
| $Li(CH_3COO)$ · 1 HAc (*106*) | | |
| $Na(CH_3COO)$ · 1 HAc (*106*) | $Na(CH_3COO)$ · 2 HAc (*106*) | |
| $K(CH_3COO)$ · 1 HAc (*113*) | $K(CH_3COO)$ · 2 HAc | |
| $Ca(CH_3COO)_2$ · 1 HAc (*19*) | $Mg(CH_3COO)_2$· 2 HAc (*54*) | |
| $Sr(CH_3COO)_2$ · 1 HAc (*32*) | $Ba(CH_3COO)_2$· 2 HAc (*38*) | |
| $Cu(CH_3COO)_2$ · 1 HAc (*36*) | | $Ba(CH_3COO)_2$·3HAc (*37*) |
| $Nd(CH_3COO)_3$ · 1 HAc (*102*) | | $La(CH_3COO)_3$ ·3HAc (*102*) |
| $Sm(CH_3COO)_3$ · 1 HAc (*102*) | | $Ce(CH_3COO)_3$ ·3HAc (*102*) |
| $Tl(CH_3COO)$ · 1 HAc (*106*) | | $Pr(CH_3COO)_3$ ·3HAc (*102*) |
| | | $Y(CH_3COO)_3$ ·3HAc (*102*) |

1 Mol Acetat zu 2 Mol Essigsäure besitzen. Vom Lithium- und Ammoniumacetat sind jedoch nur Solvate des ersten Typus bekannt. In der Gruppe der Erdalkaliacetate sind Solvate mit 1, 2 bzw. 3 Molen Solvat-Essigsäure pro 1 Mol Acetat erhalten worden, bei den Acetaten der Seltenen Erden Solvate mit 1 oder 3 Mol Essigsäure pro 1 Mol Acetat. Eine Ausnahme macht hier das Gadoliniumacetat, welches ein Solvat mit 2,5 Mol Essigsäure bilden soll. Man nimmt an, daß es sich hierbei um ein Gemisch des Mono- und Trisolvats handelt. Tabelle 10 gibt eine Übersicht.

Ferner:

$$Pb(CH_3COO)_2 \cdot 0,5 \text{ HAc } (33);$$

$$Gd(CH_3COO)_3 \cdot 2,5 \text{ HAc } (102);$$

$$Mg(CH_3COO)_2 \cdot 1,5 \text{ HAc } (54).$$

(HAc = Essigsäure, Ac = Acetat.)

Nach BAKUNIN und VITALE (*3*) soll auch ein Solvat $2 K(CH_3COO) \cdot$ 1 HAc mit dem Schmelzpunkt von $+ 14°$ C existieren.

Das oben erwähnte $Mg(CH_3COO)_2 \cdot 1,5$ HAc (*18*) konnte von FUNK und RÖMER (*54*) nicht dargestellt werden, da sie stets zu dem Solvat $Mg(CH_3COO)_2 \cdot 2$ HAc gelangten.

Im Verlauf eigener Arbeiten (*111*) wurde das Solvat $Na(CH_3COO) \cdot 2$ HAc ebenfalls durch Versetzen einer absolut essigsauren Natriumacetatlösung mit wasserfreiem Benzol in Form langer, sich verfilzender Nadeln erhalten.

Ein weiteres Solvat konnte vom Tetramethylammoniumacetat beim Eindampfen seiner essigsauren Lösung erhalten werden. Die Analyse stimmt auf das Monosolvat $[(CH_3)_4N](CH_3COO) \cdot 1 CH_3COOH$ (*111*).

Analysenergebnisse:

| | ber. | gef. |
|---|---|---|
| N: | 7,25 % | 7,15 %. |
| Solvatessigsäure: | 31,1 % | 30,8 %. |

Es ist so stabil, daß selbst bei mehrtägigem Aufbewahren im Trockenschrank bei 100° C keine nennenswerten Mengen Essigsäure abgegeben werden.

Eine weitere Gruppe von Solvaten bilden die *komplexen Acetate (37)*, z. B.:

$$Na_2[Zn(CH_3COO)_4] \cdot 4\,CH_3COOH$$
$$(NH_4)_2[Zn(CH_3COO)_4] \cdot 6\,CH_3COOH$$
$$(NH_4)_2[Cu(CH_3COO)_4] \cdot 4\,CH_3COOH$$
$$K[Cu_2(CH_3COO)_5] \cdot 2\,CH_3COOH.$$

Diese Beispiele werden in Abschnitt IX, B vermehrt.

Außer den Solvaten der Acetate sind *Solvate artfremder Salze* bekannt. Eine Zusammenfassung gibt Tabelle 11.

Tabelle 11. *Solvate von Salzen.*

| | | | |
|---|---|---|---|
| $LiBr \cdot 3\,CH_3COOH$ | | $BF_3 \cdot 2\,CH_3COOH$ | *(112)* |
| $LiJ \cdot 3\,CH_3COOH$ | *(162)* | $4\,AlCl_3 \cdot CH_3COOH$ | *(168)* |
| $NaJ \cdot 3\,CH_3COOH$ | *(162)* | $AlBr_3 \cdot 6\,CH_3COOH$ | |
| $MgCl_2 \cdot 6\,CH_3COOH$ | *(132)* | $SnCl_4 \cdot 4\,CH_3COOH$ | *(27)* |
| $MgBr_2 \cdot 6\,CH_3COOH$ | *(114)* | $SbCl_3 \cdot CH_3COOH$ | *(116)*, *(47)* |
| $MgJ_2 \cdot 6\,CH_3COOH$ | *(114)* | $SbCl_5 \cdot CH_3COOH$ | *(138)* |
| $CaCl_2 \cdot 4\,CH_3COOH$ | *(115)* | $HCOONa \cdot CH_3COOH$ | *(39)* |
| $Ca(NO_3)_2 \cdot 3\,CH_3COOH$ | *(35)* | $HCOONa \cdot 2\,CH_3COOH$ | *(39)* |
| $HgCl_2 \cdot CH_3COOH$ | *(34)* | $CrSO_4 \cdot CH_3COOH$ | *(147)* |

Die Existenz des Solvates $CaCl_2 \cdot 4\,CH_3COOH$ konnte von Funk und Römer *(54)* nicht bestätigt werden. Letztere erhielten stets unter partieller Solvolyse „basische" Salze von der Zusammensetzung $CaCl(CH_3COO) \cdot CH_3COOH$ und $CaCl(CH_3COO)$ bzw. $CaCl_2 \cdot Ca(CH_3COO)_2$. Das Verhalten des Calciumchlorids ist in Essigsäure also wohl ein Analogiefall zum Zinntetrachlorid in wäßriger Lösung, d. h., es ist ein Salztyp, der zwar zunächst wohl solvatisiert, sodann aber gleich weiter solvolytisch gespalten wird:

$$SnCl_4 + 4\,H_2O = SnCl_4 \cdot 4\,H_2O = Sn(OH)_4 + 4\,HCl = SnO_2 \cdot aq. + 4\,HCl.$$

Genau so wie hier die Hydratbildung die Vorstufe der Hydrolyse ist, muß angenommen werden, daß bei sämtlichen wasserähnlichen Lösungsmitteln die Solvatbildung die Vorstufe der Solvolyse ist und diese wiederum, wie später gezeigt werden wird, die Vorstufe der Amphoterie ist. Allerdings kann in vielen Fällen das Solvat als erste Stufe dieses Prozesses nicht isoliert werden.

Die Solvatation von Ionen in wasserfreier Essigsäure wurde von Pogany *(129)* durch Diffusionsmessungen untersucht. Dabei wurden die in Tabelle 11 angeführten Solvate

$$LiBr \cdot 3\,CH_3COOH \quad und \quad AlBr_3 \cdot 6\,CH_3COOH$$

gefunden.

*Lithiumbromid* ist eine der wenigen anorganischen Stoffe, die sich äußerst leicht in Essigsäure lösen. Läßt man eine gesättigte Lithiumbromidlösung in Essigsäure im Vakuumexsiccator über Schwefelsäure und Ätzkali langsam eindunsten, so kristallisieren bald lange farblose Nadeln aus. Die gleiche Verbindung erhält man, wenn man Lithiumbromid in der Hitze in wenig Essigsäure löst. Hierbei geht sogar mehr in Lösung, als der Verbindung $LiBr \cdot 3\,CH_3COOH$ entsprechen würde, d.h. 3 Mole Essigsäure lösen mehr als 1 Mol Lithiumbromid. Diese Erscheinung ist so zu erklären, daß infolge des niedrigen Schmelzpunktes des Solvats ($45°\,C$) die geschmolzene Verbindung weitere Mengen Lithiumbromid auflöst. Dem isolierten Solvat haftet meist noch etwas gelb bis hellbraun gefärbte Mutterlauge an, die durch einsetzende Solvolyse des Lithiumbromids entstanden ist. Von diesen Resten ist das Solvat schwer vollständig zu befreien, da beim Waschen mit absolutem Äther die Verbindung unter Rückbildung des unsolvatisierten Lithiumbromids zerstört wird, andererseits bei längerem Trocknen im Exsiccator das Solvat in gleicher Weise zersetzt wird (*111*).

*Aluminiumbromid* löst sich in Essigsäure unter weitgehender Solvolyse. Da die Reaktionsprodukte in Essigsäure sehr gut löslich sind, konnten Funk und Schormüller (*55*) nur das Ätherat

$$2\,Al(CH_3COO)_3 \cdot AlBr(CH_3COO)_2 \cdot (C_2H_5)O$$

isolieren. Weitere Versuche, ein Solvat als Vorstufe der Solvolyse nachzuweisen, machten die Bildung der Verbindung

$$AlBr_3 \cdot 6\,CH_3COOH = [Al(CH_3COOH)_6]Br_3$$

wahrscheinlich (*111*). Dadurch konnten formal die Verhältnisse in Essigsäure mit den Verhältnissen in Wasser verglichen werden:

$$AlBr_3 \cdot 6\,H_2O = [Al(H_2O)_6]Br_3\,.$$

## VIII. Solvolyseerscheinungen in Essigsäure.
### A. Normale Solvolyse.

Für die Solvolyse in Essigsäure als Umkehrung der neutralisationsanalogen Reaktion gilt:

$$MeR + 2\,CH_3COOH = CH_3C(OH)_2R + CH_3COOMe,$$

wobei Me ein einwertiges Metall und R einen einwertigen Säurerest darstellt. Für den Umfang der Solvolyse ist das Verhältnis der Säuren- und Basenstärke maßgebend.

Da die Säurenanalogen Perchlorsäure, Jodwasserstoff, Bromwasserstoff in verdünnten Lösungen stärkere Elektrolyte sind als die basenanalogen Acetate, müssen Salze dieser Verbindungen, in Essigsäure gelöst, Solvolyse erleiden; z.B. muß Kaliumperchlorat der Essigsäure eine schwach saure Reaktion erteilen. Für höhere Konzentrationen könnte angenommen werden, daß sich die Solvolysen umkehren: Salze, die in verdünnter Lösung infolge Solvolyse sauer reagieren, erteilen in höherer Konzentration dem Lösungsmittel eine basische Reaktion. Infolge der begrenzten Löslichkeiten dieser Stoffe sind solche Umkehrungen aber kaum möglich.

KOLTHOFF und WILLMAN (*101*) haben für 0,002 m Perchloratlösungen mit Farbindicatoren die saure Reaktion gemessen; sie nahm in der Reihenfolge $Mg^{++}$, $Ca^{++}$, $Sr^{++}$, $Ba^{++}$, $(Ag^+)$, $Li^+$, $Na^+$, $NH_4{}^+$, $K^+$, $Rb^+$ ab, d.h. in der Reihenfolge zunehmender Basizität der Acetate. Die gleiche Reihenfolge ergab sich bei allen Salzen mit gleichem Anion.

Analoge Messungen an Lösungen von Kaliumsalzen ergaben für die Säuren die Reihenfolge $ClO_4{}^-$, $J^-$, $Br^-$, $Cl^-$, $NO_3{}^-$. Im Kaliumnitrat ist das Säurenanaloge schon so schwach, das Basenanaloge dagegen relativ stark, so daß eine Kaliumnitratlösung basisch reagiert.

Viele Erfahrungen über die Solvolyse von Salzen in Essigsäure lassen sich unter dem Gesichtspunkt der partiellen und der vollständigen Solvolyse ordnen.

Beispiel für partielle Solvolyse:

$$FeCl_3 + 2\,CH_3 \cdot COOH \rightarrow Fe(CH_3COO)_2Cl + 2\,HCl \quad (139),\ (7),\ (173),\ (159),\ (48),\ (52).$$

Beispiel für vollständige Solvolyse:

$$ZrCl_4 + 4\,CH_3COOH = Zr(CH_3COO)_4 = 4\,HCl \quad (17).$$

Während bei den Halogeniden des dreiwertigen Eisens und Aluminiums (*55*) nur partielle Solvolyse stattfindet, tritt bei den Halogeniden des vierwertigen Urans (*137*), Thoriums (*17*), Zirkons vollständige Solvolyse ein. Titantetrachlorid, Niobpentachlorid, Tantalpentachlorid lassen partielle Hydrolyse erkennen (*8*), (*57*), (*53*).

Carbonate solvolysieren in Essigsäure ebenfalls mehr oder weniger vollständig: $Me_2^I CO_3 + 2\,CH_3COOH = 2\,Me(CH_3COO) + H_2CO_3$. Da jedoch die Kohlensäure ebensowenig in Essigsäure wie in Wasser beständig ist, zerfällt sie weiter in Kohlendioxyd und Wasser. Man hat also zunächst eine reine Solvolysereaktion, bei der sowohl ein Basenanaloges (Acetat), als auch ein Säurenanaloges, nämlich Kohlensäure, entsteht. Erst durch die Sekundärreaktion, den Zerfall der Kohlensäure, wird der wahre Charakter der Reaktion verschleiert, wenn man nämlich das entstehende Wasser (nach HALL) als Basenanaloges auffaßt. — Die Solvolyse der Carbonate geht nicht immer glatt vor sich. Sie hängt sehr von der Löslichkeit des betreffenden Carbonats und gleichfalls von der Löslichkeit des entstehenden Acetats ab. Calciumcarbonat z.B. reagiert gar nicht mit wasserfreier Essigsäure. Nach PICTET und KLEIN (*127*) soll auch das $AgNO_3$ durch siedende Essigsäure solvolysiert werden und sich in der Kälte $AgNO_3 \cdot Ag(CH_3COO) \cdot CH_3COOH$ ausscheiden. Dieses Ergebnis konnte weder von DAVIDSON (*28*), noch durch eigene Untersuchung bestätigt werden. Es trat selbst nach mehrstündigem Kochen nie eine Solvolyse ein.

## B. Erzwungene Solvolyse.

Es ist aus der Chemie wäßriger Lösungen bekannt, daß das Gleichgewicht bei Solvolysereaktionen durch Zugabe von Säuren bzw. Basen verschoben werden kann.

Anschauliche Beispiele für entsprechende Vorgänge in Essigsäure liefern Umsetzungen von *Thalliumacetat* mit Chloriden, Bromiden und Jodiden (*10*). Das basenanaloge

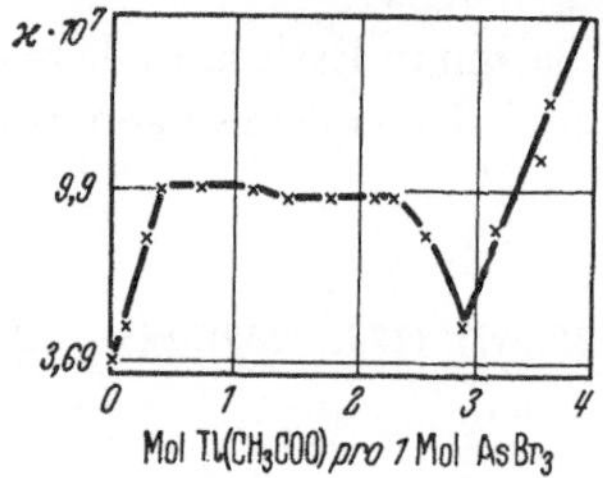

Abb. 17. Titration von 145 mg $AsBr_3$ in 25 ml Essigsäure gelöst mit Tl($CH_3COO$)-Lösung. $T = 25°$ C.

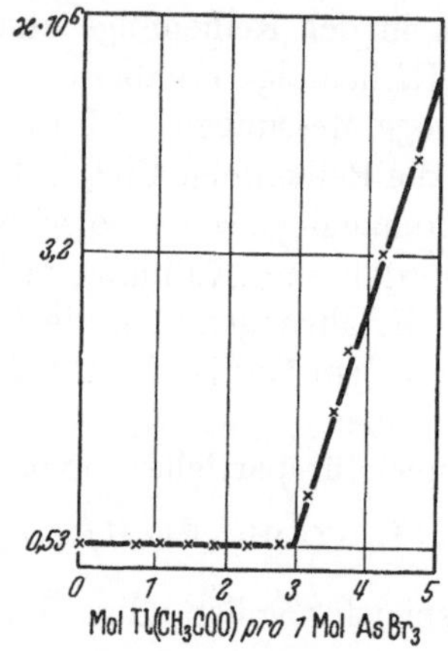

Abb. 18. Titration von 122 mg $AsBr_4$ in 25 ml Essigsäure gelöst mit Tl($CH_3COO$)-Lösung. $T = 25°$ C.

Thalliumacetat ist in Essigsäure gut löslich; die bei den Umsetzungen entstehenden Thalliumhalogenide sind in Essigsäure vollkommen unlöslich. Diese Umsetzungen können auch als Verdrängungs- oder Fällungsreaktionen aufgefaßt werden.

Die Reaktion mit *Arsentribromid*,

$$AsBr_3 + 3\,Tl(CH_3COO) = As(CH_3COO)_3 + 3\,TlBr$$

läßt sich durch Leitfähigkeitsmessungen verfolgen (*111*). Dabei ist der Charakter der Leitfähigkeitskurven von dem Zeitpunkt abhängig, zu dem nach der Auflösung von Arsentribromid in Essigsäure mit dem Zusatz von Thalliumacetat begonnen wird. Vgl. dazu Abb. 17 und 18.

Abb. 17: Verlauf der Titrationskurve, wenn bald nach der Auflösung des Arsentribromids mit der Zugabe des Thalliumacetats begonnen wurde. Man erkennt zunächst einen Anstieg der Leitfähigkeit, der auf die Bildung besser leitender Zwischenprodukte, wie $AsBr_2(CH_3COO)$ und $AsBr(CH_3COO)_2$ zurückzuführen ist. Kurz vor dem Äquivalenzpunkt, d. h. dem Punkt, wo auf 1 Mol Arsentribromid 3 Mole Thalliumacetat zugesetzt sind, fällt die Leitfähigkeit stark ab, da nun ja nur noch das wenig leitende Arsentriacetat und unlösliches Thallium (I)-bromid vorhanden sind. Danach steigt die Leitfähigkeit infolge der Zugabe überschüssigen Thalliumacetats an. Vollkommen verschieden hiervon ist die Kurve, die erhalten wurde, wenn die Zugabe des $Tl(CH_3COO)$ nicht unmittelbar nach Auflösung des $AsBr_3$ erfolgte.

Abb. 18: Verlauf der Titrationskurve, wenn nach der Auflösung des Arsentribromids einige Zeit bis zur Einstellung einer konstanten Leitfähigkeit der vorgelegten Lösung gewartet wurde. Auch hier liegt der Äquivalenzpunkt genau bei

$$3\ Tl(CH_3COO) : 1\ AsBr_3.$$

Ein vollkommen analoges Bild ergibt sich bei der Titration von Antimontribromid mit Thalliumacetat (*111*).

Auch Lösungen von *Titantetrabromid* in Essigsäure lassen äußerlich keine Solvolyse erkennen. Aber die Leitfähigkeit ändert sich hier ebenfalls nach der Herstellung der Lösungen, nur bedeutend langsamer als bei den Lösungen von Arsentribromid. Die Titration mit Thalliumacetat ergibt das Kurvenbild der Abb. 17. Dabei kann der erste Anstieg der Kurve durch Bildung besser leitender Zwischenverbindungen vom Typ $TiBr_3(CH_3COO)$, $TiBr_2(CH_3COO)_2$ erklärt werden.

Diese Umsetzungen haben präparatives Interesse. Sie bieten die Möglichkeit zur *Herstellung von wasserfreien Acetaten*, die bisher auf umständliche Art und Weise hergestellt werden mußten.

Die Verbindung von Leitfähigkeitsmessungen mit präparativen Versuchen erwies sich als notwendig und aufschlußreich bei der Verfolgung der Umsetzung von *Aluminiumbromid* mit Thalliumacetat.

Die Auflösung von Aluminiumbromid unterscheidet sich grundsätzlich von den bisher besprochenen Typen. Während nämlich Arsentribromid, Antimontribromid und Titantetrabromid mit Essigsäure keine makroskopisch sichtbaren Solvolyseerscheinungen zeigten, solvolysiert Aluminiumbromid unmittelbar sichtbar; vgl. S. 656. Die Leitfähigkeit der Lösungen liegt wesentlich höher, was darauf hindeutet, daß das (rein formale) Gleichgewicht

$$AlBr_3 + 3\ CH_3COOH = Al(CH_3COO)_3 + 3\ HBr$$

weitgehend nach der rechten Seite verschoben ist, in Lösung also zum Teil die ziemlich starke Bromwasserstoffsäure vorliegt. Bei Zugabe von Thalliumacetat sinkt die Leitfähigkeit stark, da das Thalliumacetat mit der Bromwasserstoffsäure unter Bildung von wenig dissoziierter Essigsäure und unlöslichem Thalliumbromid reagiert (Abb. 19). Nach Erreichen des Äquivalenzpunktes steigt die Leitfähigkeit infolge des Thalliumacetatüberschusses normal an.

Während der Titration, und zwar besonders kurz vor Erreichung des Punktes, bei dem auf 1 Mol Aluminiumbromid 3 Mole Thalliumacetat zugesetzt sind, schwanken die Leitfähigkeitswerte stark, d. h. es müssen in der Lösung verschiedene Gleichgewichte vorhanden sein, die sich nach und nach einstellen.

Grundsätzlich verschieden von dieser Kurve ist der Titrationsverlauf einer Aluminiumbromidlösung mit Kaliumacetat. Da das bei der Reaktion entstehende Kaliumbromid relativ schwer löslich ist, spiegelt der graphische Titrationsverlauf nur die Bildung bzw. anschließende Auskristallisation desselben wider, und es sind die weiteren Vorgänge in der

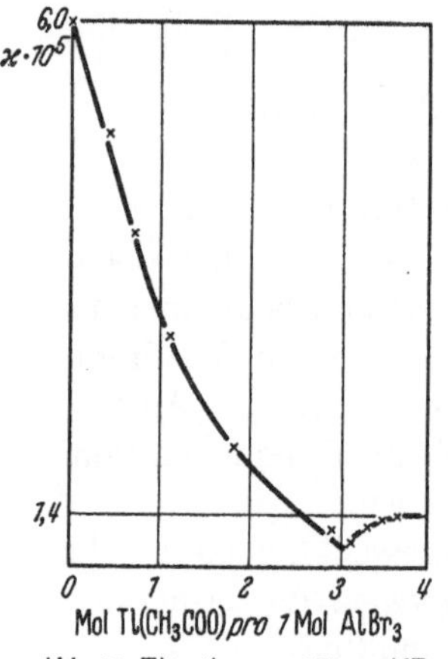


Abb. 19. Titration von 121 mg AlBr₃ in 25 ml Essigsäure gelöst mit Tl(CH₂COO)-Lösung. $T = 25°$ C.

Lösung nicht zu erkennen. Auffällig ist jedoch, daß sich bald nach der Titration im Leitfähigkeitsgefäß neben dem kristallinen Niederschlag von Kaliumbromid eine Gallerte bildet. Zur näheren Aufklärung der Verhältnisse wurden präparativ (111) Aluminiumbromidlösungen angesetzt, zu denen Natriumacetat im Verhältnis 1 Aluminiumbromid zu 3 Natriumacetat zugegeben wurde. Das Volumen der Essigsäure wurde hierbei so gering gewählt, daß ein Teil des bei der Reaktion gebildeten Natriumbromids auskristallisierte. Nach Abfiltrieren des feinkristallinen Niederschlags, der nur wenig Aluminium mitgerissen hatte, fiel nach dem Verdünnen der Lösung mit wasserfreier Essigsäure bald der gleiche gallertige Niederschlag aus, der in seinem Aussehen dem Aluminiumhydroxyd wäßriger Lösungen sehr ähnelt. Die Gallerte erwies sich als Aluminiumacetat, das jedoch pro 1 Mol Al(CH₃COO)₃ noch rund 100 bis 150 Mole Essigsäure enthielt. Desgleichen waren Natrium- und Bromidionen selbst nach längerem Waschen noch gut nachzuweisen.

In gleicher Weise wurden Ansätze von Aluminiumbromid und Natriumacetat im Verhältnis 1 : 4 untersucht, da die Bildung des Komplexes Na[Al(CH₃COO)₄] vermutet wurde. Es fiel jedoch der gleiche gallertige Niederschlag (vgl. oben) aus. Bei längerem scharfen Trocknen im Exsiccator über Schwefelsäure und Ätzkali schrumpfte die Substanz sehr zusammen und ergab schließlich ein trockenes Pulver. Die Analysen ergaben Werte, die wieder auf die gleiche Gerüstsubstanz von Aluminiumacetat hinweisen, zugleich aber noch größere Mengen adsorbierten Natriumbromids bzw. Natriumacetats anzeigen. Interessant ist hierbei noch, daß diese Verbindung stets um so später ausfällt, je mehr Fremdelektrolyt in der Lösung vorhanden ist. Sie fällt nämlich auch aus, wenn man das Volumen der Essigsäure so groß wählt, daß auf Grund der Löslichkeit des Natriumbromids eine Fällung desselben unterbleibt, dann allerdings erst nach einer bedeutend längeren Zeit (unter Umständen erst nach mehreren Tagen).

## C. Spezielle Solvolysereaktionen.

Auf Grund einiger Solvolysereaktionen könnte man geneigt sein, der Essigsäure auch ein anderes Dissoziationsschema zuzuschreiben. Betrachtet man nämlich das Verhalten von Phosphortrichlorid, Phosphorpentachlorid, Thionylchlorid usw. gegenüber Essigsäure, so findet man, daß hierbei Acetylderivate gebildet werden und die $OH^-$-Gruppe der Essigsäure abgespalten wird. Das Dissoziationsschema müßte dann nicht

$$2\,CH_3COOH = (CH_3COOH \cdot H)^+ + (CH_3COO)^-,$$

sondern

$$CH_3COOH = (CH_3CO)^+ + (OH)^-$$

lauten.

Die Eigenschaften, in zwei verschiedenen Weisen zu dissoziieren, haben auch andere Lösungsmittel. Es kann an die sekundäre Dissoziation des Wassers

$$OH' \rightleftharpoons H^+ + O''$$

und an das auf Grund seines chemischen Verhaltens formulierte Dissoziationsschema des Äthylalkohols erinnert werden.

$$1.\quad C_2H_5OH \rightleftharpoons C_2H_5O^- + H^+$$
$$2.\quad C_2H_5OH \rightleftharpoons C_2H_5^+ + OH^-.$$

Analog dürfte es bei der Essigsäure in den Fällen, wo statt der zu erwartenden Acetate Acetylverbindungen entstehen, durchaus berechtigt sein, das zweite Dissoziationsschema anzunehmen. In neuerer Zeit wurde gefunden, daß auch das Siliciumtetrachlorid mit Essigsäure unter Bildung von Acetylchlorid reagiert[1].

## IX. Die Erscheinung der Amphoterie in wasserfreier Essigsäure.
### A. Allgemeines.

Es gibt in der Chemie der wasserähnlichen Lösungsmittel genau so wie in Wasser eine Reihe von basenanalogen Stoffen, die beim isoelektrischen Punkt meist unlöslich sind, mit steigender Konzentration des positiven Lösungsmittelmolekülbestandteils jedoch als Kation, mit steigender Konzentration des negativen Bestandteils als Anion reagieren und dabei meistenteils in Lösung gehen. Bei der Diskussion der Amphoterieerscheinung in Essigsäure ist allerdings zu bedenken, daß sämtliche für dieses Solvens starken basenanalogen Stoffe im Vergleich zu den

---

[1] D.R.P. 394730; C. **1924 II**, 1133.

Alkalien in Wasser doch nur sehr schwache Elektrolyte sind; vgl. Abschnitt IV, C (S. 633). Das stärkste Alkaliacetat erreicht in Essigsäure bekanntlich nicht einmal die Stärke des Ammoniumhydroxyds in Wasser. Es ist daher nicht verwunderlich, daß die Erscheinungen der Amphoterie in Essigsäure bei weitem nicht so ausgeprägt sind wie in wäßrigen Lösungen.

Trotzdem sind in wasserfreier Essigsäure Erscheinungen gefunden worden, die auf ein amphoteres Verhalten gewisser Acetate hinweisen. Das in Essigsäure praktisch unlösliche Zinkacetat z. B. löst sich sofort, wenn man etwas Chlorwasserstoff (natürlich in absolut essigsaurer Lösung) hinzugibt, da sich das gut lösliche Salz Zinkchlorid und Essigsäure bilden:

$$Zn(CH_3COO)_2 + 2\,HCl = ZnCl_2 + 2\,CH_3COOH.$$

Gibt man zu einer solchen Lösung wenig Ammoniumacetat, welches in seiner Basenstärke dem Kaliumacetat entspricht, so fällt alsbald wieder das schwerlösliche Zinkacetat aus:

$$2\,NH_4(CH_3COO) + ZnCl_2 = 2\,NH_4Cl + Zn(CH_3COO)_2.$$

Bei einem weiteren Überschuß von Ammoniumacetat geht das Zinkacetat dann wieder in Lösung, und zwar unter Bildung eines Komplexes, der das Zink im Anion enthält:

$$2\,NH_4(CH_3COO) + Zn(CH_3COO)_2 = (NH_4)_2\,[Zn(CH_3COO)_4].$$

Für die hierbei entstehende Verbindung bleibt die Frage zunächst offen, ob sie als „komplexes Acetat"

$$(NH_4)_2\,[Zn(CH_3COO)_4],$$

oder als „Doppelsalz"

$$2\,NH_4(CH_3COO)_2 \cdot Zn(CH_3COO)_2$$

formuliert werden soll. In der Literatur werden für komplexe Acetate beide Formulierungen gebraucht. Tatsächlich besteht zwischen einer Komplexverbindung und einem Doppelsalz kein prinzipieller Unterschied. In Lösungen bestehen die Unterschiede in den Beständigkeitskonstanten, d. h. in der sekundären Dissoziation des Anionenkomplexes. Vgl. dazu Kaliumferrocyanid und Alaune in wäßriger Lösung.

In der Reihe der bekannten Doppelacetate gibt es nun offensichtlich ebenfalls den Typus der Komplexverbindung und den Typus des Doppelsalzes. So behauptet z. B. WEIGAND (*172*), daß die von ihm gefundenen Doppelacetate des Goldes das komplexe Ion $[Au(CH_3COO)_4]^-$ enthalten. Anders liegen dagegen die Verhältnisse beim Wismutacetat. Dieses sehr schwer lösliche Acetat geht bei Zugabe von Natriumacetat in Lösung. Aus dieser Lösung ist jedoch weder durch Ausfrieren noch durch Eindampfen im Vakuum eine definierte Verbindung zu erhalten. Bei Zugabe von wasserfreiem Benzol kristallisieren sogar beide Einzelkomponenten wieder nebeneinander aus. Es ist dieses nicht das einzige Beispiel für ein solches Verhalten eines Acetats in Essigsäure. Diese Merkwürdigkeiten in der Reihe der amphoteren Acetate fallen wohl im Vergleich mit den übrigen Lösungsmitteln etwas aus dem Rahmen, sind aber ebenfalls durch die geringe Basenstärke der Acetate in Essigsäure zu erklären.

## B. Die bisher bekannten amphoteren Acetate bzw. Doppelsalze der Metallacetate mit Alkaliacetaten.

Während die Zahl der in wäßriger Lösung bekannten komplexen Acetate ungeheuerlich groß ist, wobei nur an die Acetate von Fe, Cr, V und ($UO_2$) erinnert sei, ist die Zahl der aus wasserfreier Essigsäure erhaltenen komplexen Acetate sehr klein.

Außer den Versuchen von WEIGAND über die bereits erwähnten *Gold*acetate (*172*) und über ein komplexes Acetat des dreiwertigen *Thalliums* $NH_4(CH_3COO) \cdot Tl(CH_3COO)_3$ (*117*), können nur die Versuche von DAVIDSON (*26*) und Mitarbeitern genannt werden, die sich auf die Amphoterieerscheinungen in den Systemen der Alkaliacetate mit Zink- und Kupferacetat beziehen. Bei den WEIGANDschen Goldverbindungen handelt es sich nicht um Verbindungen mit Alkaliacetaten, sondern um Verbindungen vom Typ $Me[Au(CH_3COO)_4]$; Me = $\frac{1}{2}$ Mg, $\frac{1}{2}$ Ca, $\frac{1}{2}$ Sr, $\frac{1}{2}$ Ba oder $\frac{1}{2}$ Pb. A. W. DAVIDSON ist wohl der erste, der sich näher mit den Amphoterieverhältnissen in Essigsäure beschäftigt hat. In seiner „Einführung in die Chemie der Essigsäurelösungen" (*26*) gab er schon im Jahre 1931 eine Zusammenstellung über das Verhalten des Zink- und des Kupferacetats. Er fand, daß beide Schwermetallacetate bei Zugabe eines Alkaliacetats in Lösung gehen. Im Falle des *Zink*acetats ist das entsprechende Reaktionsschema bereits auf S. 658 beschrieben worden. Das komplexe Natriumacetatozinkat hat DAVIDSON als Bodenkörper beim Versetzen von Natriumacetatlösungen mit wachsenden Mengen Zinkacetat erhalten, und zwar als Solvat $Na_2[Zn(CH_3COO)_4] \cdot$ 4 $CH_3COOH$. Eine Verbindung $Na_2[Zn(CH_3COO)_4]$ (also ohne freie Essigsäure) konnte übrigens auch im festen Zustand von BEHRMANN und SKELL (*6*) an Hand von Schmelzdiagrammen nachgewiesen werden.

Weiterhin wurde von DAVIDSON (*29*) das *Kupfer*acetat als amphoteres Acetat beschrieben. Obwohl dessen Löslichkeit in Essigsäure beträchtlich größer ist als die Löslichkeit des Zinkacetats, ist sie doch noch klein zu nennen. Die Löslichkeit des Kupferacetats wird durch Zugabe von *Ammonium*acetat wesentlich erhöht. Die Löslichkeitskurven von Kupferacetat und Zinkacetat sind völlig identisch: Mit wachsender Menge Alkaliacetat wächst die Menge des gelösten Schwermetallacetats. Nach Erreichung eines Maximums sinkt jedoch die Löslichkeit des

Schwermetallacetats wieder. Im System Kupferacetat + Ammoniumacetat zeigte das Maximum die Additionsverbindung $4\,NH_4(CH_3COO)\cdot$
$Cu(CH_3COO)_2 \cdot 4\,CH_3COOH$ bzw. $(NH_4)_4[Cu(CH_3COO)_6] \cdot 4\,CH_3COOH$
an, während vorher das Solvat $Cu(CH_3COO)_2 \cdot CH_3COOH$ als Bodenkörper vorlag. Das Analogon für dieses Verhalten ist in wäßriger Lösung
in der Einwirkung von Kalium- bzw. Natriumhydroxyd auf Kupferhydroxyd zu suchen. Obwohl Kupferhydroxyd im allgemeinen nicht
als amphoter angesehen wird, tritt doch, wie MÜLLER (*119*) zeigte, bei
höherer Alkalikonzentration als feste Phase eine Verbindung auf, die er
als Alkali-Kuprit bezeichnet.

*Kalium*acetat verhält sich Kupferacetat gegenüber wie Ammoniumacetat; ein Unterschied ist lediglich bei erhöhter Temperatur zu beobachten. Erhitzt man Lösungen von Kupferacetat in Essigsäure mit
*Ammonium*acetat über 100° C, so zeigen sie eine beträchtliche Vertiefung
ihrer blauen Farbe. Beim Siedepunkt wird die Lösung violettblau ähnlich den wäßrigen Lösungen des Kupfertetramminkomplexes. Im System mit Kaliumacetat tritt keine Farbänderung auf (*37*). DAVIDSON
erklärt die Farbvertiefung mit der Annahme, daß Ammoniak bei erhöhter Temperatur nur noch locker an das Solvens gebunden ist und
daher andere Komplexe bildet, wobei die tiefblaue Farbe dann auch in
Essigsäure auf das Ion $Cu(NH_3)_4^{++}$ zurückzuführen ist. Ein Beweis hierfür wäre die Tatsache, daß sich Silberchlorid in einer Lösung von Ammoniumacetat in Essigsäure in der Kälte nicht löst, jedoch in Lösung geht,
wenn man zum Sieden erhitzt. DAVIDSON zieht den Schluß, daß Ammoniumacetat in der Kälte eher dem Kalium- als dem Ammoniumhydroxyd
in wäßriger Lösung vergleichbar ist (jedoch nicht in bezug auf die Basenstärke), in der Hitze dagegen Eigenschaften aufweist, die einer wäßrigen
Ammoniumhydroxydlösung bei niederer Temperatur ähnelt.

In neuerer Zeit haben GRISWOLD und Mitarbeiter (*60*) die Einwirkung
von *Lithium*acetat auf *Zink*acetat untersucht, sie gelangten zu analogen
Komplexverbindungen; $Li_2[Zn(CH_3COO)_4] \cdot 4\,CH_3COOH$. DAVIDSON
und Mitarbeiter (*154*) fanden, daß auch *Acetamid* als potentieller Elektrolyt basischer Natur *Kupfer*acetat in Lösung zu bringen vermag.
Sowohl GRISWOLD als auch DAVIDSON haben sich jedoch von der Bezeichnung „Amphoterie" für diese Erscheinung abgewandt. Während
ersterer in seiner Arbeit von einem „Lösungsmitteleffekt" spricht, hat
sich letzterer anscheinend zu der BRÖNSTEDschen Theorie bekehrt; er
bezeichnet die amphoteren Acetate als „Amphiprotide". Die Bezeichnung „Lösungsmitteleffekt" verschleiert die wahren Verhältnisse und
ist aus diesem Grunde wohl abzulehnen.

*Nickel*acetat kann als amphoteres Acetat erwähnt werden, weil es
mit *Ammon*acetat den Komplex $NH_4[Ni(CH_3COO)_3]$ (*32*) bildet.

MAASS (*111*) hat die Acetate von *Aluminium, Eisen (Fe$^{+++}$), Cadmium, Uran (UO$_2$$^{++}$), Blei* und *Wismut* konduktometrisch und präparativ untersucht. Diese Acetate sind, mit Ausnahme des Bleiacetats, in Essigsäure schwer- bis unlöslich, reagieren jedoch größtenteils mit *Natrium*acetat, in dem sie entweder als komplexe Acetate in Lösung gehen oder einen unlöslichen Komplex bilden. Für das Aluminium- und für das Eisenacetat ließ sich Amphoterie weder konduktometrisch noch präparativ nachweisen. Einfacher liegen die Verhältnisse bei den Acetaten der restlichen vier Elemente.

Wasserfreies *Cadmium*acetat ist in Essigsäure nur sehr wenig löslich. Seine Löslichkeit wird aber beträchtlich erhöht, sobald man die Acetationenkonzentration vergrößert. Versetzt man im Leitfähigkeitsgefäß eine Auflösung von Natriumacetat mit festem Cadmiumacetat, so erhält man die Leitfähigkeitskurve der Abb. 20. Zunächst steigt die Leitfähigkeit bei Zugabe des Cadmiumacetats leicht an, wobei sich dieses vollständig löst.

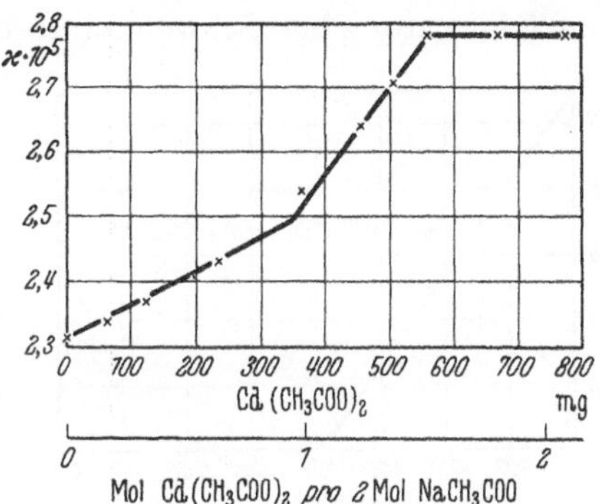


Abb. 20. Titration von 263,7 mg Na(CH$_3$COO) in 25 ml Essigsäure gelöst mit Cd(CH$_3$COO)$_2$ fest. $T = 25°$ C.

Die Änderung der Leitfähigkeit ist sehr gering und nur in einem Leitfähigkeitsgefäß mit großen und eng zusammenliegenden Elektroden zu beobachten. Nach Erreichung des Molverhältnisses 2 Natriumacetat zu 1 Cadmiumacetat steigt die Kurve etwas schneller an. Sobald sich das zugegebene Cadmiumacetat nicht mehr auflöst, bleibt die Leitfähigkeit konstant. (Durch längeres Rühren kann der zweite Knickpunkt der Kurve noch weiter nach rechts verschoben, also noch mehr Cadmiumacetat in Lösung gebracht werden.) Aus dem Kurvenverlauf geht eindeutig hervor, daß in der Lösung eine Verbindung vom Typ Na$_2$[Cd(CH$_3$COO)$_4$] existiert; die Bildung dieser Verbindung verursacht den ersten (schwachen) Anstieg der Leitfähigkeitskurve; der darauf folgende (stärkere) Anstieg muß wohl auf die Bildung einer zweiten, noch stärker dissoziierenden Verbindung zurückgeführt werden.

Präparative Ansätze, welche Cadmiumacetat und Natriumacetat im Verhältnis 1:2 enthielten, führten weder durch Ausfrieren noch durch Eindampfen im Vakuum zu einer definierten Verbindung. Allem Anschein nach ist der Komplex in Essigsäure zu löslich, daß er auf diesen Wegen nicht erhalten werden kann. Erfolgreicher waren Versuche, die zu erwartende Komplexverbindung mit Benzol auszufällen. Bei Zugabe des 5- bis 10fachen Volumens trockenen Benzols zu der vorgelegten

Lösung des Komplexes schieden sich an der Gefäßwand Kristalle (viereckige dicke Säulen bzw. Rosetten) aus. Ihre Analyse entsprach der Formel $Na_2[Cd(CH_3COO)_4] \cdot 3\,CH_3COOH$. Die zweite, durch den weiteren Verlauf der Titrationskurve wahrscheinlich gemachte Verbindung wurde durch Ausfrieren einer Lösung erhalten, in der in der Hitze 1 Mol Cadmiumacetat auf 1 Mol Natriumacetat gelöst war. Beim Abkühlen schieden sich auch hier Kristalle (von anderem Habitus, feine Nadeln) aus. Ihre Analyse entsprach annähernd der Formel $Na[Cd_2(CH_3COO)_5] \cdot Eg$. Die Bezeichnung „$\cdot\,Eg$" bedeutet, daß je nach der Dauer der Trocknung im Exsiccator über Schwefelsäure und Ätzkali verschiedene Werte für

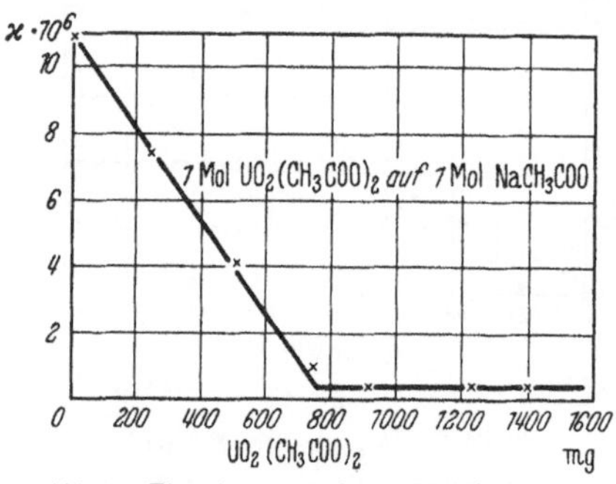


Abb. 21. Titration von 156,8 mg Na(CH$_3$COO) in 25 ml Essigsäure gelöst mit $UO_2(CH_3COO)_2$ fest. $T = 25°$ C.

die Solvatessigsäure gefunden wurden. Nach einwöchiger Trocknung hatte die Verbindung nur noch 2 Mole an den Komplex angelagerter Essigsäure. (Der Cadmiumwert wurde stets etwas höher gefunden, als für die obige Zusammensetzung berechnet wird.) Löste man nun in der Hitze Cadmiumacetat und Natriumacetat im Verhältnis dieser Zusammensetzung (also $1:\tfrac{1}{2}$) in Essigsäure, so kristallisierte beim Abkühlen nicht nur die Komplexverbindung aus, sondern es war mikroskopisch zu erkennen, daß ein Teil des Cadmiumacetats sich nicht umgesetzt hatte. Ein Überschuß von Natriumacetat ist also stets zur Bildung des Komplexes erforderlich.

Den amphoteren Eigenschaften des Cadmiumacetats in Essigsäure entsprechen die amphoteren Eigenschaften von Cadmiumhydroxyd in Wasser. Scholder und Staufenbiel (*152*) isolierten bei dem Umsatz von Cadmiumhydroxyd mit konzentriertem Natriumhydroxyd $Na_2[Cd(OH)_4]$. Daneben bilden sich natriumreichere Verbindungen, z.B. $Na_2[Cd(OH)_4] \cdot \tfrac{1}{2}\,NaOH \cdot 1-1\tfrac{1}{2}\,H_2O$ und $Na_3[Cd(OH)_5]H_2O \cdot 1\,H_2O$.

*Uranyl*acetat ist in Essigsäure schwer löslich. Es erteilt der Lösung nur eine schwach gelbliche Farbe. Bei der Zugabe von Natriumacetat verschwindet jedoch auch diese Farbtönung, da das sich bildende Natriumuranylacetat vollkommen unlöslich ist. Das Verhalten des Uranylacetats gegenüber Natriumacetat ist also einer derjenigen Fälle, bei denen das vorgelegte amphotere Basenanaloge nicht bei Erhöhung der Konzentration der negativen Ionen des Solvens in Lösung geht, wie es von der Mehrzahl der amphoteren Verbindungen bekannt ist, sondern mit dem starken Basenanalogen zu einer schwerlöslichen Verbindung reagiert, die das Schwermetallion im Anionenkomplex enthält.

Legt man im Leitfähigkeitsgefäß eine Natriumacetatlösung vor und gibt festes Uranylacetat hinzu, so ist verständlich, daß infolge der Abnahme der Natriumacetatkonzentration die Leitfähigkeit sinken muß (Abb. 21). Die Umsetzung geht infolge der Schwerlöslichkeit sowohl des Uranylacetats als auch des gebildeten Komplexes äußerst langsam vor sich. Aus diesem Grunde wurde nach den ersten Zugaben von Uranylacetat die Lösung jedesmal einige Zeit zum Sieden erhitzt. Beim Äquivalenzpunkt (Molverhältnis 1 Natriumacetat : 1 Uranylacetat) wurde die Lösung nicht mehr aufgekocht; es wurde längere Zeit bis zur Einstellung konstanter Leitfähigkeit gewartet. Auch hier ist ein Vergleich mit einer amphoteren Verbindung im wäßrigen System naheliegend; wenn Chromhydroxyd mit einer äquivalenten Menge Natronlauge erhitzt wird, geht es noch nicht quantitativ als Chromit in Lösung. Chromit ist erst bei einem Überschuß von Natronlauge in der Hitze beständig. Im vorliegenden Fall darf die Lösung des Natriumacetat-Uranylacet-Komplexes nur bei Gegenwart eines Natriumacetatüberschusses erhitzt werden. Im weiteren Verlauf der Titration bleibt dann die Leitfähigkeit infolge Unlöslichkeit des zugegebenen Uranylacetats konstant.

Die auf diese Weise konduktometrisch bewiesene Verbindung $Na[UO_2(CH_3COO)_3]$ wurde ebenfalls präparativ dargestellt. Sie konnte sehr leicht erhalten werden, wenn man Uranylacetat mit einem Überschuß von Natriumacetat längere Zeit im Sandbad am Rückflußkühler erhitzte.

Mit Hilfe der Reaktionen in *absolut wasserfreier* Essigsäure konnten viele komplexe Acetate wasserfrei hergestellt werden, z.B. Kaliumuranylacetat, Zinkuranylacetat, Magnesiumuranylacetat. Geringste Spuren Wasser führten zu den üblichen wasserhaltigen Komplexverbindungen.

Das aus der analytischen Chemie bekannte Natrium-Magnesium-Uranylacetat macht allem Anschein nach hier eine Ausnahme. Beim Erhitzen der drei Einzelkomponenten entsteht nicht das Tripelsalz, sondern Natriumuranylacetat und Magnesiumuranylacetat nebeneinander. Auch wenn man das Magnesiumacetat zunächst nur mit dem Uranylacetat reagieren läßt und dann erst das Natriumacetat hinzugibt, tritt offensichtlich eine Verdrängung des Magnesiums aus dem Komplex ein, und es bildet sich hauptsächlich Natriumuranylacetat; die Analysen ergaben stets einen viel zu geringen Prozentgehalt an Magnesium.

Das in wasserfreier Essigsäure schwerlösliche *Wismut*acetat löst sich ebenfalls bei Zugabe eines Alkaliacetats. Dies wurde schon von H. Schmidt (*149*) gefunden, der Elektrolysen in Essigsäure durchführte. Um Wismutacetat in Essigsäure elektrolysieren zu können, brachte er dieses zunächst mit Alkaliacetat in Lösung und fand dann, daß sich nach anfänglicher Wasserstoffentwicklung das Wismut kathodisch abschied.

Über die zu erwartenden komplexen Natrium-Wismutacetate gab eine konduktometrische Titration Aufschluß, bei der eine vorgelegte Natrium-acetatlösung mit festem Wismutacetat versetzt wurde (Abb. 22). Zunächst zeigt die Leitfähigkeitskurve einen leichten Anstieg, da sich das zugegebene Wismutacetat auflöst und sich mit an der Gesamtleitfähigkeit der Lösung beteiligt. Bei 25° wird Wismutacetat über das Molverhältnis 3 Natriumacetat : 1 Wismutacetat nicht aufgenommen. Die Leitfähigkeit bleibt bei weiterem Zusatz von Wismutacetat konstant.

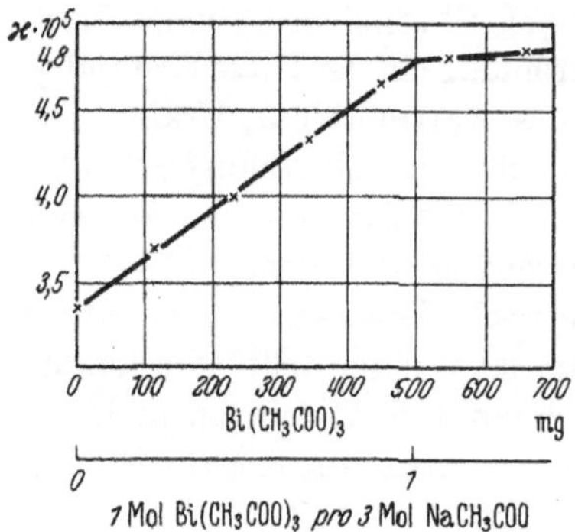


Abb. 22. Titration von 316 mg Na(CH₃COO) in 25 ml Essigsäure gelöst mit Bi(CH₃COO)₃ fest. $T = 25°$ C.

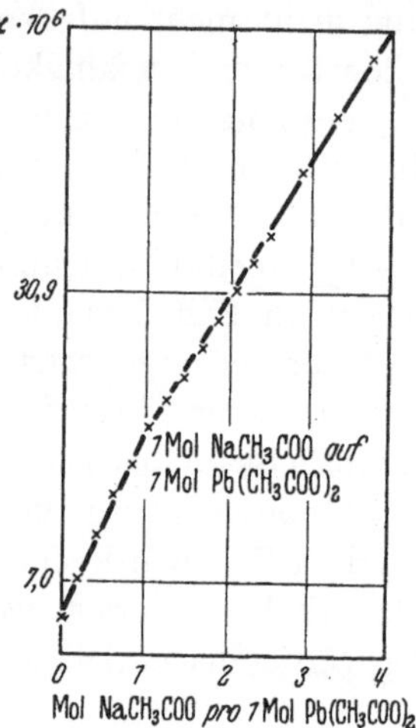


Abb. 23. Titration von 368 mg Pb(CH₃COO)₂ in 25 ml Essigsäure mit NaCH₃COO-Lösung. $T = 25°$ C.

Der Knickpunkt in der Leitfähigkeitskurve deutet auf einen Komplex vom Typ $Na_3[Bi(CH_3COO)_6]$ hin. (Bei höheren Temperaturen nimmt die Natriumacetatlösung mehr Wismutacetat auf.)

Präparative Ansätze, die zur Isolierung des Doppelacetats führen sollten, brachten stets negative Ergebnisse. Aus Lösungen, die Natriumacetat und Wismutacetat im Molverhältnis 1:3 enthielten, fiel beim Zusatz von Benzol zuerst das Solvat des Natriumacetats, $Na(CH_3COO) \cdot 2\,CH_3COOH$, anschließend Wismutacetat aus. Dies ist ein Zeichen dafür, daß der durch Leitfähigkeitsmessungen erkennbare Komplex sehr labil ist. Weitere Versuche zur Herstellung von Doppelacetaten des Wismuts haben Rosenheim und Vogelsang (*140*) ausgeführt.

Das Analogon zu dem Doppelacetat des Wismuts in Essigsäure bildet das von Scholder und Denk (*151*) hergestellte Hydroxobismutat in Wasser; vgl.

$$Na_3[Bi(CH_3COO)_6] \quad \text{und} \quad Na_3[Bi(OH)_6].$$

Das *Blei*acetat macht in seinem Verhalten gegenüber Essigsäure eine Ausnahme. Es ist im Gegensatz zu fast sämtlichen Schwermetallacetaten recht gut löslich. Durch Zugabe von Alkaliacetaten wird jedoch seine Löslichkeit noch weiter heraufgesetzt; umgekehrt steigt auch die Löslichkeit des Natriumacetats in Essigsäure durch Zugabe von Bleiacetat. GRISWOLD und OLSON (*61*) konnten im System Natriumacetat-Bleiacetat-Essigsäure zwei Phasen der Zusammensetzung $Pb(CH_3COO)_2 \cdot \frac{1}{2} CH_3COOH$ und $Na(CH_3COO) \cdot 2\,CH_3COOH$ unterscheiden, aber eine Komplexbildung nicht beobachten. LEHMANN und LEIPER (*105*) erkannten im Schmelzpunktdiagramm des Systems Kaliumacetat-Bleiacetat die Verbindungen

$$K(CH_3COO) \cdot Pb(CH_3COO)_2$$
$$2\,K(CH_3COO) \cdot Pb(CH_3COO)_2$$
$$K(CH_3COO) \cdot 2\,Pb(CH_3COO)_2.$$

Die Isolierung von Doppelacetaten aus der Lösung von Natriumacetat und Bleiacetat in Essigsäure durch Fällung mit Benzol gelang nicht (*111*), dagegen deutete sich die Verbindung

$$Na\,[Pb(CH_3COO)_3]$$

bei der Titration von Bleiacetat mit Natriumacetat in Essigsäure an. Die Leitfähigkeitskurve enthielt bei dem Molverhältnis 1 Natriumacetat : 1 Bleiacetat einen schwachen Knick (Abb. 23).

Sowohl *Blei*acetat als auch *Wismut*acetat können zu den amphoteren Basenanalogen gezählt werden. Wenn auch Doppelacetate nicht isoliert wurden, so geht doch aus dem Verhalten der Lösungen hervor, daß eine Reaktion von Blei- oder von Wismutacetat mit dem stärkeren basenanalogen Natriumacetat stattfindet.

Aus einer gesättigten Blei(IV)-acetat-Lösung scheidet sich bei Zugabe von Natriumacetat reines Blei(IV) acetat wieder aus: Der Nichtelektrolyt wird ausgesalzen (*31*).

## Literatur.


1. ANSCHÜTZ u. KINKUTT: Ber. dtsch. chem. Ges. **11**, 1221 (1878).
2. BACHMANN, G. B., and M. J. ASTLE: J. Amer. chem. Soc. **64**, 1303 (1942).
3. BAKUNIN, M., et E. VITALE: Gazz. chim. ital. **65**, 593 (1935); C. **1935 II**, 3085.
4. BECKMANN: Z. anorg. Chem. **74**, 291 (1912).
5. BECKMANN, E., u. O. LIESCHE: Z. physik. Chem. **88**, 419 (1914).
6. BEHRMANN, A., and PH. SKELL: J. Amer. chem. Soc. **61**, 33 (1939).
7. BENRATH: J. prakt. Chem. [2] **72**, 228 (1905).
8. BERTRAND, A.: Bull. Soc. chim. France [1] **33**, 252 (1880).
9. BERGER, K.: Diss. Leipzig 1928, S. 63.
10. BLOHM, CHR.: Dipl.-Arbeit Greifswald 1945.
11. BLUMRICH, K.: Angew. Chem. **54**, 374 (1941).
12. —, u. BEUDEL: Angew. Chem. **51**, 574 (1941).
13. BRINER, E., J. W. HOCKSTRA u. B. SUSZ: Helv. chim. Acta **18**, 193 (1935).
14. —, u. P. BOLLE: Helv. chim. Acta **18**, 368 (1935).
15. BRINTZINGER u. WALLACH: Z. angew. Chem. **47**, 61 (1934).

16. BRODERSEN, K.: Dipl.-Arbeit Greifswald 1949.
17. CHYDENIUS: Ann. Physik 119, 54.
18. COLSON, A.: Bull. Soc. chim. France [3] 31, 422 (1904).
19. — C. R. hebd. Séances Acad. Sci. 137, 1061 (1903).
20. CONANT, J. B., and B. F. CHOW: J. Amer. chem. Soc. 55, 3752 (1933).
21. —, and N. F. HALL: J. Amer. chem. Soc. 49, 3062 (1927).
22. — — J. Amer. chem. Soc. 49, 3064 (1927).
23. —, and T. H. WERNER: J. Amer. chem. Soc. 52, 4436 (1930).
24. CRANSTON, J. A., u. H. F. BROWN: J. Roy. techn. Coll. 4, 32 (1937); C. 1937 II, 191.
25. CURTIUS u. FRANZEN: Ber. dtsch. chem. Ges. 35, 3240 (1902).
26. DAVIDSON, A. W.: Chem. Reviews 8, 175 (1931).
27. — J. physic. Chem. 34, 1215 (1930).
28. — J. Amer. chem. Soc. 55, 642 (1933).
29. — J. Amer. chem. Soc. 53, 1341 (1931).
30. — J. Amer. Soc. 50, 1890 (1928).
31. — W. C. CANNING and M. M. ZELLER: J. Amer. chem. Soc. 64, 1523 (1942).
32. —, and W. CHAPPELL: J. Amer. chem. Soc. 55, 3531 (1933).
33. — — J. Amer. chem. Soc. 55, 4524 (1933).
34. — — J. Amer. chem. Soc. 60, 2043 (1938).
35. —, and H. A. GEER: J. Amer. chem. Soc. 60, 1211 (1938).
36. —, and E. GRISWOLD: J. Amer. chem. Soc. 53, 1341 (1931).
37. — — J. Amer. chem. Soc. 57, 423 (1935).
38. —, and W. H. MCALLISTER: J. Amer. chem. Soc. 52, 507 (1930).
39. —, and E. A. RAMSKILL: J. Amer. chem. Soc. 63, 1221 (1941).
40. DOLE, M.: Trans. elektrochem. Soc. 77, Preprint (1940); C. 1940 I, 1320.
41. DRUDE, P.: Wied. Ann. 58, 1 (1896).
42. DUNSTAN, THOLE, and BENSON: J. chem. Soc. [London] 105, 784 (1914).
43. EICHELBERGER, W. C.: J. Amer. chem. Soc. 56, 799 (1934).
44. —, and V. K. LA MER: J. Amer. chem. Soc. 54, 2763 (1932).
45. — — J. Amer. chem. Soc. 55, 3633 (1933).
46. — — J. Amer. chem. Soc. 55, 3635 (1933).
47. FINKELSTEIN, W. S., u. J. S. NOWOSSELSKI: J. phys. Chem. [russ.] 7, 428 (1936); C. 1937 II, 1129.
48. FRANCKE: Liebigs Ann. Chem. 475, 37 (1929).
49. FRANKLIN, E. C.: The Nitrogen System of Compounds, Amer. chem. Soc. Monogr. Ser. 68. New York 1935.
50. FREDENHAGEN, K.: Z. Elektrochem. angew. physik. Chem. 37, 684 (1931).
51. FRITZ, J. S.: Analyt. Chem. 22, 1028 (1950).
52. FUNK u. DEMMEL: Z. anorg. allg. Chem. 227, 94 (1936).
53. FUNK, H., u. K. NIEDERLÄNDER: Ber. dtsch. chem. Ges. 62, 1688 (1929).
54. —, u. F. RÖMER: Z. anorg. allg. Chem. 239, 288 (1938).
55. —, u. J. SCHORMÜLLER: Z. anorg. allg. Chem. 199, 74, 93 (1931).
56. GARDNER, I. A.: Ber. dtsch. chem. Ges. 23, 1587 (1890).
57. GINA, M., u. E. MONATH: Z. anorg. allg. Chem. 143, 383 (1924).
58. GORTHE, E., u. K. HESS: Ber. dtsch. chem. Ges. 63, 518 (1930); 64, 882 (1931).
59. GRIMAUX: Bull. Soc. chim. France [2] 38, 124 (1882).
60. GRISWOLD, E., and K. v. HORNS: J. Amer. chem. Soc. 67, 763 (1945).
61. —, and F. OLSON: J. Amer. chem. Soc. 59, 1894 (1937).
62. HALL, N. F.: J. Amer. chem. Soc. 52, 5115 (1930).
63. —, and J. B. CONANT: J. Amer. chem. Soc. 49, 3047 (1927).
64. —, and B. O. HESTON: J. Amer. chem. Soc. 55, 4729 (1933).
65. —, and F. MEYER: J. Amer. chem. Soc. 62, 2493 (1940).

66. HALL, N. F., and W. SPENGEMAN: J. Amer. chem. Soc. **62**, 2487 (1940).
67. — — Trans. Wisconsin Acad. Sci. Arts Letters **36**, 51 (1937); C. **1938 II**, 131.
68. —, and H. H. VOGEL: J. Amer. chem. Soc. **55**, 239 (1933).
69. —, and T. H. WERNER: J. Amer. chem. Soc. **50**, 2367 (1928).
70. HAMMET: J. Amer. chem. Soc. **50**, 2666 (1928).
71. — and PAUL: J. Amer. chem. Soc. **58**, 2182 (1936).
72. HANTZSCH, A.: Z. physik. Chem. **61**, 257 (1907).
73. — Ber. dtsch. chem. Ges. **58**, 957 (1925).
74. —, u. W. LANGBEIN: Z. anorg. allg. Chem. **204**, 193 (1932).
75. HARRIS, L. J.: Biochem. J. **29**, 2820 (1935).
76. HELL u. MÜHLHAUSER: Berl. Ber. **12**, 734 (1879).
77. HESS, K., u. H. HABER: Ber. dtsch. chem. Ges. **70**, 2209.
78. HIGUCHI and J. CONCHA: Science [New York] **113**, 210 (1951).
79. HLASKO, M., u. E. MICHALSKI: Roczniki Chem. (Ann. Soc. chim. Pol.) **18**, 220; C. **1939 II**, 2621.
80. — Roczniki Chem. **17**, 11 (1937).
81. HOPFGARTNER, K.: Mh. Chem. **33**, 123 (1912); **34**, 1313 (1913).
82. HUTCHINSON, A. W., and G. C. CHANDLEE: J. Amer. chem. Soc. **53**, 2881 (1931).
83. ISGARYSCHEW, N., u. S. A. PLETENEW: Z. Elektrochem. angew. physik. Chem. **36**, 457 (1930).
84. JANDER, G.: Naturwiss. **26**, 779, 793 (1938).
85. —, u. K. H. BANDLOW: Z. physik. Chem. [A] **191**, 321 (1943).
86. —, u. H. MESECH: Z. physik. Chem. [A] **183**, 121, 255, 277 (1938).
87. —, E. RÜSBERG, u. H. SCHMIDT: Z. anorg. allg. Chem. **255**, 238 (1948).
88. —, u. H. SCHMIDT: Österr. Chemiker-Ztg. **46**, 49 (1943).
89. —, u. G. SCHOLZ: Z. physik. Chem. **192**, 163 (1943).
90. —, u. H. WENDT: Z. anorg. allg. Chem. **257**, 26 (1948); **258**, 1 (1949).
91. JONES and OESPER: Amer. chem. J. **42**, 518 (1909).
92. KENDALL, J., and A. W. DAVIDSON: J. Amer. chem. Soc. **43**, 979, 1470 (1921).
93. — J. Amer. chem. Soc. **43**, 1826 (1921).
94. —, and GROSS: J. Amer. chem. Soc. **43**, 1431 (1921).
95. KILPI, S.: Kemistelehti **11**, 37.
96. — Z. physik. Chem. [A] **177**, 116 (1936).
97. —, u. M. PURANEN: Ann. Acad. Sci. Fennicae, Ser. A **57**, Nr. 3 (1941); C. **1943 I**, 2484.
98. —, u. M. PURANEN: Z. physik. Chem. [A] **187**, 276 (1940).
99. KÖNIG: J. prakt. Chem. [2] **70**, 33 (1904).
100. KOLTHOFF, I. M., and A. WILLMAN: J. Amer. chem. Soc. **56**, 1007 (1934).
101. — — J. Amer. chem. Soc. **56**, 1014 (1934).
102. KOTOWSKI u. LEHL: Z. anorg. allg. Chem. **199**, 183 (1931).
103. KRAUSS, CH. A., and R. F. FUOSS: J. Amer. chem. Soc. **55**, 2387 (1933).
104. LANNING, W. CL., and A. W. DAVIDSON: J. Amer. chem. Soc. **61**, 147 (1939).
105. LEHMANN, A., and E. LEIPER: J. Amer. chem. Soc. **60**, 142 (1938).
106. LESCOEUR: Bull. Soc. chim. France [2] **24**, 516.— Ann. Chim. Phys. [6] **28**, 241.
107. LEWIS, D. T.: J. chem. Soc. [London] **1940**, 32.
108. MACGILLAVY, D.: Trans. Faraday Soc. **32**, 1947 (1936).
109. MACINTOSH, D.: J. Amer. chem. Soc. **28**, 588 (1906).
110. MANDAL: Ber. dtsch. chem. Ges. **53**, 2216 (1920).
111. MAASS: Beiträge zum Verhalten der Substanzen in wasserfreier Essigsäure. Diss. Greifswald 1951.
112. MEERWEIN, H., u. W. PANNWITZ: J. prakt. Chem., N. F. **141**, 123 (1934).
113. MELSENS, P.: Liebigs Ann. Chem. **52**, 274 (1844).

114. MENSCHUTKIN, B. N.: Iswestija Petersb. Polytechn. Inst. **5**, 355 (1906); C. **1906 II**, 1715.
115. — Z. anorg. allg. Chem. **54**, 94 (1907).
116. — J. russ. phys. chem. Ges. **43**, 1785 (1911); C. **1912 I**, 806.
117. MEYER, R. J., u. E. GOLDSCHMIDT: Ber. dtsch. chem. Ges. **36**, 242 (1903).
118. MÜLLER, E.: Die elektrochemische Maßanalyse, 7. Aufl., S. 107. Dresden 1944.
119. MÜLLER: Z. physik. Chem. **105**, 73 (1923).
120. NADEAU and BRANCHEN: J. Amer. chem. Soc. **57**, 1363 (1935).
121. NAUMOWA, A. ST.: J. allg. Chem. [russ.] **19**, (81) 1228; 1435 (1949); C. **1950 I**, 2213; **1950 II**, 1920.
122. — J. allg. Chem. (russ.) **19**, 81, 1216, 1222 (1949).
123. ORTON and JONES: J. chem. Soc. [London] **1912**.
124. OTHMER, D. F.: Chem. metallurg. Engng. **40**, 630 (1933).
125. PARINGTON, J. K., and J. W. SKEEN: Trans. Faraday Soc. **32**, 975 (1936).
126. PATTEN: J. phys. Chem. **6**, 554 (1902); C. **1903 I**, 216.
127. PICTET, S.: Ber. dtsch. chem. Ges. **35**, 2526 (1902).
128. —, et KLEIN: Arch. Sci. physiques natur. Genève **15**, 589 (1903).
129. POGANY, E.: Magyar. Chem. Folycirat **48**, 85 (1942); C. **1943 I**, 491.
130. PUSCHKIN, N. A., u. I. I. RIKOWSKI: Z. physik. Chem. [A] **161**, 336 (1932)
131. PUSHING: Z. Elektrochem. angew. physik. Chem. **39**, 305 (1933).
132. QUINET, M. L.: Bull. Soc. chim. France [5] **4**, 518 (1937).
133. REIK, R.: Mh. Chem. **23**, 1033 (1902).
134. REMESOW, J.: Biochem. Z. **207**, 77 (1929).
135. RODEBUSH, W. H., and R. H. EWART: J. Amer. chem. Soc. **54**, 419 (1932).
136. ROSENHEIM, A., u. I. HERTZMANN: Ber. dtsch. chem. Ges. **40**, 813 (1907).
137. —, u. M. KELMY: Z. anorg. allg. Chem. **206**, 33 (1932).
138. —, u. LÖWENSTAMM: Ber. dtsch. chem. Ges. **35**, 115 (1902).
139. —, u. F. MÜLLER: Z. anorg. allg. Chem. **39**, 177 (1904).
140. —, u. VOGELSANG: Z. anorg. allg. Chem. **48**, 216 (1906).
141. RUSSEL and CAMERON: J. Amer. chem. Soc. **60**, 1345 (1938).
142. SACHANOW, A. N.: Z. physik. Chem. **80**, 13 (1912); **83**, 125 (1913).
143. — Chem. Abstr. **6**, 179 (1912).
144. — Z. physik. Chem. **87**, 441 (1914).
145. — J. russ. physik. chem. Ges. **44**, 324 (1911).
146. SCHALL u. MARKGRAF: Trans. Amer. elektrochem. Soc. **45**, 161 (1924).
147. SCHIFF, H.: Liebigs Ann. Chem. **124**, 176 (1862).
148. SCHKODIN, A. M., u. N. A. ISMAILOW: J. allg. Chem. [russ.] **20**, (82), 38 (1950); C. **1951 I**, 968.
149. SCHMIDT, H.: Greifswald, unveröffentlicht.
150. SCHOLDER: Z. anorg. allg. Chem. **216**, 159, 168, 176 (1933).
151. SCHOLDER, K., u. G. DENK: Naturforschung und Medizin in Deutschland 1936 bis 1946. Fiat Review Bd. 25, III, S. 7 (1948).
152. —, u. E. STAUFENBIEL: Z. anorg. allg. Chem. **247**, 259 (1941).
153. SEAMAN, W., and E. ALLEN: Analyt. Chem. **23**, 392 (1951).
154. SISLER, H. H., A. W. DAVIDSON, R. STOENNER, and L. L. LYON: J. Amer. chem. Soc. **66**, 1888 (1944).
155. SPÄTH, E.: Mh. Chem. **33**, 243 (1912).
156. SPENGLER, H., u. A. KAELIN: Pharm. Acta Helv. **18**, 542 (1943); C. **1943 II**, 2304.
157. TIMMERMANS, I., and HENNAUT-ROLAND: J. chem. Physics **27**, 401 (1930).
158. TOMICZEK u. HEYROWSKY: Chem. Listy Vedù Prûmysl **44**, 169—177 (1950).
159. TREADWELL, W. D., u. E. WETTSTEIN: Helv. chim. Acta **18**, 200 (1935).

160. Tscherbow, S.: Ann. Ind. Analyse physik. chim. Leningrad [russ.] **3**, 459 (1926); C. **1927 I**, 2634.

161. Tschitschibabin, A.: J. russ. phys. chem. Ges. **36**, 110 (1906).

162. Turner and Bisset: J. chem. Soc. [London] **105**, 177 (1914).

163. Ulich: Lehrbuch der physikalischen Chemie, S. 121. 5. Aufl., Dresden: Theodor Steinkopff 1948.

164. Ussanowitsch, M.: Physik. Z. Sowjetunion **4**, 134 (1933); C. **1939 I**, 1012.

165. —, u. A. Naumowa: Chem. J. Soc. [A]. J. allg. Chem. [russ.] **5**, (67) 712 (1935); C. **1936 I**, 2063.

166. Venkateraman, J.: Indian chem. Soc. **17**, 297 (1940); C. **1941 I**, 758.

167. Völmer: Z. physik. Chem. **29**, 187 (1899).

168. Walker and Spencer: J. chem. Soc. [London] **85**, 1108 (1904).

169. Webb: J. Amer. chem. Soc. **48**, 2263 (1926).

170. Weidner, B. V., A. W. Hutchinson and G. C. Chandlee: J. Amer. chem. Soc. **60**, 2877 (1938).

171. — A. W. Hutchinson and G. C. Chandlee: J. Amer. chem. Soc. **56**, 1042 (1934).

172. Weigand, F.: Angew. Chem. **19**, 139 (1906).

173. Weinland, Kessler u. Bayerl: Z. anorg. allg. Chem. **132**, 210 (1924).

174. Young: Sci. Proc. Roy. Dubl. Soc. **12**, 443.

175. Yvernault, Th., et A. Kirrmann: Bull. Soc. chim. France Mem. [5] **16**, 538 (1949).

176. Yvernault, Th., J. Moré et M. Durand: Bull. Soc. chim. France Mem. [3] **16**, 542 (1949).

177. Zanninowitch-Tessarin: Z. physik. Chem. **19**, 254 (1896).

## Weitere Literaturhinweise.

*Elektrolysen in Essigsäure.*

Trans. Ransas Acad. Sci. **38**, 129 (1935); C. **1937 I**, 3626.

J. Amer. chem. Soc. **72**, 1700 (1950).

F. P. 760003 v. 17. 11. 1952; C. **1934 I**, 3653.

C. **1937 II**, 2134.

Z. Elektrochem. angew. physik. Chem. **28**, 474 (1922).

J. Amer. chem. Soc. **54**, 474 (1932).

J. russ. physik. chem. Ges. **36**, 5 (1904).

*Kolloide und Viscositäten.*

J. physic. Chem. **41**, 621 (1937).

J. physic. Chem. **41**, 1129 (1937).

J. allg. Chem. [russ.] **5**, (67), 709; C. **1936 I**, 2063.

*Präparatives.*

J. chem. Soc. [London] **1927**, 1660.

J. chem. Soc. [London] **123**, 151 (1923).

J. Amer. chem. Soc. **62**, 3328 (1940).

J. Amer. chem. Soc. **55**, 642 (1933).

J. physic. Chem. **36**, 1712 (1932).

Ann. Chim. Phys. [7] **2**, 555 (1894).

Ber. dtsch. chem. Ges. **36**, 242 (1903).

(Abgeschlossen im Dezember 1952.)

Prof. Dr. G. Jander, Berlin-Charlottenburg 2, Hardenbergstraße 34.

Fortschr. chem. Forsch., Bd. 2, S. 670—757 (1953).

# Die festen Hydroxysalze zweiwertiger Metalle.

Von

WALTER FEITKNECHT.

Mit 20 Textabbildungen.

Dem Andenken PAUL NIGGLIS gewidmet.

## Inhaltsübersicht.

Seite

I. Einleitung. . . . . . . . . . . . . . . . . . . . . . . . . . . . . . 671
II. Beispiele für die Grundprobleme der Chemie der Hydroxysalze . . . 674
  1. Bildungsreaktionen . . . . . . . . . . . . . . . . . . . . 674
  2. Die Bildungsformen . . . . . . . . . . . . . . . . . . . . 679
  3. Die chemische Zusammensetzung . . . . . . . . . . . . . . 683
  4. Beständigkeit . . . . . . . . . . . . . . . . . . . . . . . 685
  5. Umsetzungsreaktionen . . . . . . . . . . . . . . . . . . . 686
  6. Struktur . . . . . . . . . . . . . . . . . . . . . . . . . . 688
III. Die Bauprinzipien der Hydroxysalze . . . . . . . . . . . . . . . 690
  1. Die Abwandlungsarten der Magnesiumhydroxydstruktur. . . . . 690
  2. Einfachschichtenstrukturen . . . . . . . . . . . . . . . . . 691
  3. Die Doppelschichtenstrukturen . . . . . . . . . . . . . . . 695
  4. Die Bänderstrukturen . . . . . . . . . . . . . . . . . . . . 698
  5. Ermittlung und Beschreibung der Strukturen . . . . . . . . . 700
IV. Die Struktur einzelner Hydroxysalze . . . . . . . . . . . . . . . 700
  1. Allgemeine Gesichtspunkte . . . . . . . . . . . . . . . . . 700
  2. Hydroxysalze mit Einfachschichtengitter . . . . . . . . . . . 702
    a) Hydroxysalze mit C6-Typ . . . . . . . . . . . . . . . . . 702
    b) Hydroxysalze mit C19-Typ und EO$_3$-Typ . . . . . . . . . 705
    c) Hydroxysalze mit Einfachschichtengitter unbekannter Struktur . 706
    d) Hydroxysalze mit deformierter Metallionenschicht . . . . . . 709
    e) Hydroxysalze mit Metallionenschichten mit Lücken (Raumgitter-
      strukturen). . . . . . . . . . . . . . . . . . . . . . . . 714
  3. Hydroxysalze mit Doppelschichtenstrukturen. . . . . . . . . 717
    a) Hydroxysalze mit ungeordneten Doppelschichtenstrukturen . . . 717
    b) Hydroxysalze mit Doppelschichtenstruktur mit ungeordneter
      Zwischenschicht (Struktur des grünen Kobalthydroxybromids) . 718
    c) Hydroxysalze mit geordneten Doppelschichtenstrukturen . . . . 719
  4. Hydroxysalze mit Bänderstruktur. . . . . . . . . . . . . . . 721
  5. Hydroxysalze organischer Säuren . . . . . . . . . . . . . . 724
    a) Allgemeine Bauprinzipien . . . . . . . . . . . . . . . . . 724
    b) Die unvollkommen kristallisierten α-Formen . . . . . . . . . 725
    c) Die vollkristallinen Formen . . . . . . . . . . . . . . . . 728
  6. Hydroxydoppelsalze . . . . . . . . . . . . . . . . . . . . . 730
    a) Allgemeine Bauprinzipien . . . . . . . . . . . . . . . . . 730
    b) Kupferhydroxydoppelsalze . . . . . . . . . . . . . . . . . 730
    c) Hydroxydoppelsalze zwei- und dreiwertiger Metalle mit der Struk-
      tur des grünen Kobalthydroxybromids . . . . . . . . . . . 733
    d) Die Calciumaluminiumhydroxysalze und isotype Verbindungen . 735
  7. Beziehung der plättchenförmigen Hydroxysilicate zu den übrigen Hy-
    droxysalzen . . . . . . . . . . . . . . . . . . . . . . . . 737

Seite

V. Zusammenhänge zwischen Zusammensetzung und Struktur der Hydroxy-
　salze . . . . . . . . . . . . . . . . . . . . . . . . . . . . . . . 739
　1. Allgemeine Gesichtspunkte . . . . . . . . . . . . . . . . . . . . 739
　2. Zusammensetzung und Struktur der Hydroxychloride. . . . . . . . 742
　　a) Zusammensetzung . . . . . . . . . . . . . . . . . . . . . . 742
　　b) Struktur. . . . . . . . . . . . . . . . . . . . . . . . . . . 743
　　c) Beziehung zwischen Zusammensetzung und Struktur. . . . . . 745
　3. Zusammensetzung und Struktur der Hydroxysalze verschiedener
　　Säuren . . . . . . . . . . . . . . . . . . . . . . . . . . . . . 746
　　a) Zusammensetzung . . . . . . . . . . . . . . . . . . . . . . 746
　　b) Struktur. . . . . . . . . . . . . . . . . . . . . . . . . . . 747
　　c) Beziehungen zwischen Zusammensetzung und Struktur. . . . . 748
VI. Schlußbemerkung . . . . . . . . . . . . . . . . . . . . . . . . . . 750
Literatur . . . . . . . . . . . . . . . . . . . . . . . . . . . . . . . 751

# I. Einleitung.

Die Hydroxysalze, häufig (vor allem in der älteren Literatur) auch
„basische Salze" genannt, bilden eine große Verbindungsklasse, die noch
sehr unvollständig erforscht ist, aber eine erhebliche praktische Bedeutung hat. Sie bilden sich beispielsweise als Primärprodukt bei der Hydrolyse gelöster Metallsalze und entstehen deshalb bei dem Zusatz von
Lauge zu Metallsalzlösungen im Zuge vieler analytisch benutzter Reaktionen.

Sie bilden sich ferner bei der Korrosion wichtiger Gebrauchsmetalle,
vor allem an Kupfer, Zink, Cadmium, Blei (34), (36), (38), (39), (70).
Einige von ihnen sind auch für die Zementchemie von Bedeutung. Eine
große Zahl von Hydroxysalzen tritt im Mineralreich auf.

Die Vernachlässigung dieser Verbindungsklasse beruht wohl vor
allem auf den Schwierigkeiten, die hier der Anwendung der älteren prä
parativen Methoden begegnen. Die festen Hydroxysalze sind *Kristallverbindungen*; wenn sie als schwerlösliche Niederschläge ausfallen, erscheinen sie häufig in *hochdisperser* Form. Dadurch erhalten Hydroxyverbindungen Eigenschaften, für deren Erklärung vielseitige Untersuchungsmethoden notwendig sind. Diese Untersuchungsmethoden
müssen den Besonderheiten der Kristallverbindungen (35) und den hochdispersen festen Stoffen genügend Rechnung tragen.

Die für die Betrachtung der Hydroxysalze wesentlichen Gesichtspunkte sind schon vor längerer Zeit hervorgehoben worden (24). Es
sind auch einige zusammenfassende Abhandlungen über die Verbindungen erschienen (28), (29), (30), bei denen allerdings nur einzelne Teil-
fragen im Vordergrund standen.

Dieser Bericht vermittelt eine Übersicht über die neueste Entwicklung der Chemie der Hydroxysalze. Die Chemie solcher Verbindungen
hat die folgenden Grundprobleme und die auf diese sich beziehenden
Gedankengänge zu beachten:

**1. Die Bildungsreaktionen** der Hydroxysalze können durchweg als Hydrolysen neutraler Salze aufgefaßt werden. Es ist eine wesentliche Besonderheit der Chemie der Hydroxysalze, daß Präparate der gleichen hochdispersen Kristallverbindung recht abweichende Eigenschaften haben können, wenn die Verbindung auf verschiedenen Wegen, d. h. als Endprodukt verschiedener Bildungsreaktionen entsteht. Genaue Angaben über die Bildungsreaktion gehören mit zur Kennzeichnung der Präparate. Auf diesen Umstand muß mit Nachdruck hingewiesen werden, da er auch in neueren Anleitungen der anorganisch-präparativen Chemie nicht genügend berücksichtigt wird (9), (90). Die Erfahrungen über die Bedeutung der Bildungsreaktion führen zwangsläufig zu dem Problem der Bildungsformen. Inzwischen haben sich neue Möglichkeiten zur Feststellung der Reinheit der Präparate und zur Ermittlung der Zusammensetzung ergeben. Das diesbezügliche Tatsachenmaterial ist wesentlich erweitert worden.

**2. Die Bildungsformen** fester Stoffe sind die durch definierte Bildungsreaktionen entstehenden Aggregationen. Hierauf bezieht sich eine frühere ausführlichere Zusammenfassung (29), (30). In der Zwischenzeit hat vor allem das Elektronenmikroskop neue Aufschlüsse über Bildungsformen vermittelt.

**3. Die chemische Zusammensetzung** von Hydroxysalzen läßt sich mit üblichen Hilfsmitteln nicht immer einwandfrei bestimmen. Auch auf diese Schwierigkeit wurde schon früher hingewiesen (24). Inzwischen haben sich neue Möglichkeiten zur Feststellung der Reinheit der Präparate und zur Ermittlung der Zusammensetzung ergeben. Das diesbezügliche Tatsachenmaterial ist wesentlich erweitert worden.

**4. Die Beständigkeit** der Hydroxysalze ist sehr verschieden. Dies äußert sich unter anderem in der Tatsache, daß sich einige Verbindungen nur aus festen Salzen oder nur in konzentrierten Lösungen bilden und bei Herabsetzung der Metallionenkonzentration der Lösung wieder zersetzen, daß dagegen andere Verbindungen bis zu großen Verdünnungen der überstehenden Lösungen erhalten bleiben. Ein Maß für die Beständigkeit eines Hydroxysalzes läßt sich auf der Grundlage der Gleichgewichtslehre in einfacher Weise festlegen (23). Kürzlich sind für einige Beispiele genaue Bestimmungen der Beständigkeitsgrenzen durchgeführt worden (60), (71).

**5. Die Umsetzungsreaktionen** von Hydroxysalzen verlaufen vielfach topochemisch (103), (108). Darüber liegen einige Veröffentlichungen vor (28), (37). Zwischen der Art der Umsetzung und der Struktur von Hydroxysalzen haben sich in vielen Fällen einfache Beziehungen ergeben. Die früher zum Studium solcher Umsetzungen benutzten Methoden sind seither durch neue Hilfsmittel (Elektronenmikroskop, radioaktive Indicatoren) erweitert worden. Für viele Kristallverbindungen ergibt sich die Möglichkeit, Strukturermittlungen auf Grund chemischer Umsetzungen vorzunehmen, wie dies für molekulare Verbindungen seit langem üblich ist.

**6. Die Struktur.** WERNER (*144*) hat als erster den Versuch gemacht, die Struktur der basischen Salze unter einheitlichen Gesichtspunkten im Rahmen seiner Komplextheorie zu deuten. Er faßte sie als Anlagerungsverbindungen von Metallhydroxyd an Metallsalz auf und schlug z. B. für die häufig vorkommenden Verbindungen mit 3 Mol Hydroxyd auf 1 Mol Metallsalz zwei Formulierungen vor: entweder als „Hexolsalz"

$$[(Me(OH)_2)_3Me]\,X_2$$

oder als Anlagerungsverbindung eines trimolekularen Hydroxydmoleküls an das Metallsalz

$$Me_2(OH)_4Me(OH)_2 \cdot MeX_2.$$

Es ist durchaus möglich, daß komplexe Kationen der allgemeinen Formel

$$(Me(OH)_2)_x Me^{2+}$$

in den oxydhaltigen konzentrierten Lösungen von Salzen zweiwertiger Metalle vorkommen, wie dies HAYEK (*89*) annimmt. Die meisten *schwerlöslichen* basischen Salze besitzen aber, wie schon vor längerer Zeit betont wurde (*22*), eine ganz andere Struktur. Sie sind *Kristallverbindungen höherer Ordnung* $[A_m\,B_n\,C_p\ldots]$, in denen sich keine Komplexionen abgrenzen lassen. Ein *lösliches* Hydroxysalz, das beim Kristallisieren ein Gitter mit Komplexionen gibt, dürfte das instabile Nickelhydroxynitrat I sein, dem wahrscheinlich die Formel

$$[Ni(NO_3)_2(OH)_2]Ni(H_2O)_6$$

zukommt (*51*).

Die Strukturaufklärung schwerlöslicher Hydroxysalze wurde wesentlich gefördert durch die systematische Verfolgung ihrer Umsetzungsreaktionen (Punkt 5) und durch gleichzeitigen Vergleich ihrer Röntgendiagramme mit den Röntgendiagrammen der zugehörigen reinen Hydroxyde. Diesbezügliche Ergebnisse sind in vielen Mitteilungen zusammengefaßt. Es handelt sich dabei vor allem um die Ermittlung des Strukturprinzips größerer Gruppen von Hydroxysalzen, nicht um vollständige Strukturbestimmungen einzelner Verbindungen. Die Voraussetzungen für eine strenge röntgenographische Analyse sind bei vielen Hydroxysalzen nicht gegeben, weil sie nur in hochdispersen, unter Umständen stark fehlgeordneten Formen auftreten. Für einige charakteristische Vertreter dieser Verbindungsklasse liegen aber heute vollkommene Strukturbestimmungen vor. Durch diese sind frühere Strukturvorschläge verifiziert und präzisiert, in einigen Fällen nicht unwesentlich modifiziert worden.

Im folgenden Abschnitt II werden die in dieser Einleitung unter
1. bis 6. angedeuteten Grundprobleme der Chemie der Hydroxysalze
an Hand konkreter Beispiele näher erläutert.

## II. Beispiele für die Grundprobleme der Chemie der Hydroxysalze.

### 1. Bildungsreaktionen.

Alle in der Literatur beschriebenen Methoden zur Herstellung von
Hydroxysalzen beruhen auf der Hydrolyse normaler Salze (*24*). Dabei
hängt das Ergebnis der Hydrolyse weitgehend von der Konzentration
der Lösung und dem verwendeten Hydrolysenmittel ab.

Beim *Versetzen von Salzlösungen mit Lauge* fällt häufig zunächst ein
Hydroxysalz und nicht Hydroxyd aus, nämlich immer dann, wenn das
Hydroxysalz eine große Beständigkeit besitzt oder wenn die Lösung
konzentriert ist (*23*). Als Beispiel kann die Fällung aus Kupfersalz-
lösungen und Lauge dienen (*67*), (*119*):

$$2\,Cu^{++} + 3\,OH^- + 1\,Cl^- \rightarrow [Cu_2(OH)_3Cl].$$

Erst bei Zugabe von mehr als 3 OH-Äquivalenten auf 2 $Cu^{++}$ beginnt
sich das Hydroxychlorid in Hydroxyd umzuwandeln.

Um nach dieser Methode Hydroxysalze herzustellen, muß mit weniger als der äquivalenten Laugenmenge gefällt werden. Dabei können
je nach Konzentration der Lösung und Menge der zugesetzten Lauge
verschiedene basische Salze entstehen.

Die ersten Fällungsprodukte sind stets *hochdispers* und mehr oder
weniger stark fehlgeordnet (vgl. II, 2); sie enthalten oft *instabile Modifikationen*. Diese wandeln sich beim Altern in stabilere Modifikationen
um. Auch auf die Umwandlungsvorgänge hat die Konzentration der
überstehenden Lösungen Einfluß; es können sich feste Verbindungen
mit verschieden hohem Basizitätsgrad bilden. Beispiele dazu liefern
Fällungen aus Cadmiumchloridlösungen (*71*). Zuerst bildet sich Cadmiumhydroxychlorid III:

$$3\,Cd^{++} + 4\,OH^- + 2\,Cl \rightarrow [Cd_3(OH)_4Cl_2].$$

Cadmium wird deshalb aus seiner Chloridlösung schon bei einem Zusatz
von $^2/_3$ der äquivalenten Laugenmenge praktisch vollständig gefällt; infolge der Reaktionsträgheit von Cadmiumhydroxychlorid III zeigt die
Fällungskurve bei 1,33 $OH^-$ auf 1 $Cd^{++}$ einen starken $p_H$-Sprung
(*116*), (*71*).

In Lösungen, deren Cadmiumionenkonzentrationen größer als (rund)
$10^{-2}$-m ist, entsteht beim Altern der primär gebildeten Niederschläge
Cadmiumhydroxychlorid I

$$\underset{III}{[Cd_3(OH)_4Cl_2]} + Cd^{++} + 2\,Cl' \rightarrow \underset{I}{4\,[CdOHCl]}.$$

In dem engen Konzentrationsgebiet zwischen $10^{-2}$ und $6 \cdot 10^{-3}$-m dagegen bildet sich Cadmiumhydroxychlorid II:

$$[Cd_3(OH)_4Cl_2] + Cd^{++} + Cl^- + OH^- \rightarrow [Cd_4(OH)_5Cl_3].$$
$$\text{III} \qquad\qquad\qquad\qquad\qquad \text{II}$$

Wird die Fällung mit mehr als $^2/_3$ der äquivalenten Laugenmenge (67 bis 75%) durchgeführt, so daß die primär gebildeten Niederschläge unter alkalischen Lösungen stehen, dann bildet sich Cadmiumhydroxychlorid IV:

$$2\,[Cd_3(OH)_4Cl_2] + OH^- \rightarrow 3\,[Cd_2(OH)_3Cl] + Cl^-.$$
$$\text{III} \qquad\qquad\qquad\qquad \text{IV}$$

Häufig wird zur Herstellung von Hydroxysalzen die *Umsetzung von Metallsalzlösungen mit den Oxyden, Hydroxyden oder Carbonaten* der gleichen Metalle, auch mit Calciumcarbonat oder löslichen, langsam sich zersetzenden Basen (Harnstoff, Hexamethylentetramin) verwendet. Es handelt sich hierbei meistens um langsam wirkende Hydrolysierungsmittel, die bei geringer Reaktionsgeschwindigkeit (vorwiegend) unmittelbar zu den *stabilen* Verbindungen führen. Ein typisches Beispiel ist die Umsetzung von Magnesiumoxyd in Magnesiumchloridlösung, eine Reaktion, die bei der Erhärtung der Sorel- oder Magnesiumchloridzemente praktische Bedeutung hat. Diese Reaktion ist allerdings ziemlich stark exotherm; sie verläuft deshalb relativ rasch und führt zunächst zu dem (instabilen) Magnesiumhydroxychlorid III (*61*):

$$5\,[MgO] + Mg^{++} + 2\,Cl' + 9\,H_2O \rightarrow 2\,[Mg_3(OH)_5Cl\,4\,H_2O].$$
$$\text{III}$$

Für die Erklärung der Umsetzung kann ein vereinfachtes Schema benutzt werden: Das Magnesiumoxyd löst sich auf:

$$[MgO] + H_2O \rightarrow Mg^{++} + 2\,OH'.$$

Dadurch steigt die Hydroxylionenkonzentration der Lösung und diese wird an Hydroxychlorid übersättigt. Aus der Lösung scheidet sich die Verbindung mit der größten Keimbildungsgeschwindigkeit aus:

$$3\,Mg^{++} + 5\,OH^- + Cl^- + 4\,HO \rightarrow [Mg_3(OH)_5Cl\,4\,H_2O].$$

In dem Maße, wie sich Hydroxychlorid bildet, geht neues Oxyd in Lösung; die Übersättigung an Hydroxylionen bleibt während der ganzen Umsetzung konstant, d.h. eine für die Reaktion wesentliche Komponente wird mit geregelter Geschwindigkeit nachgeliefert. V. KOHLSCHÜTTER, der als erster auf die allgemeine Bedeutung solcher Bedingungen hingewiesen hat, bezeichnete Reaktionen dieser Art als „diachrone" Reaktionen (*104*). Durch die Einführung dieses Begriffs sollte betont werden, daß die Eigenschaften der (festen) Reaktionsprodukte von der Geschwindigkeit der Bildung abhängen und durch Regulierung der Geschwindigkeit vorbestimmt werden können.

Diachronie ist charakteristisch für alle diese Hydrolysen durch feste Hydrolysierungsmittel. Die Geschwindigkeit der Umsetzung hat Einfluß auf die Bildungsform, unter Umständen sogar auf die Zusammensetzung des Reaktionsproduktes.

Wird zur Hydrolyse das Oxyd eines Fremdmetalles verwendet, so entstehen im allgemeinen *Hydroxydoppelsalze*, wie dies vor längerer Zeit für die Umsetzung von Kupferoxyd mit Salzlösungen anderer zweiwertiger Metalle (Mg, Zn, Cd, Co, Ni) gefunden wurde (*112*), (*125*), (*128*)

$$MeCl_2 + 3\,[CuO] + 3\,H_2O \rightarrow [MeCu_3(OH)_6Cl_2].$$

Bei einer solchen Umsetzung entsteht ein Hydroxydoppelsalz einfach stöchiometrischer Zusammensetzung. Durch unvollständiges Fällen von Lösungen von $MeCl_2$ und $CuCl_2$ können die gleichen Kristallarten erhalten werden; die Fällung mit Lauge führt zu Reaktionsprodukten stark variabler Zusammensetzung (*69*).

Auch bei der *Hydrolyse mit löslichen, sich langsam zersetzenden Reagentien* zeigt die Bildung der Hydroxysalze die Besonderheiten diachroner Stoffausscheidung. So findet z.B. bei der Harnstoffmethode die stetige Nachlieferung der Hydroxylionen durch die Zersetzung des Harnstoffs statt (*108*).

$$CO(NH_2)_2 + 3\,H_2O \rightarrow CO_2 + 2\,NH_4^+ + 2\,OH^-.$$

Die Methode kommt nur in den Fällen in Frage, wo die Ausscheidung des Hydroxysalzes schon in schwach saurer Lösung erfolgt, andernfalls bildet sich eine höhere Carbonationenkonzentration aus, und es kann zu einer Ausscheidung von basischen oder gemischt basischen Carbonaten kommen. Die Methode eignet sich deshalb besonders für die Herstellung der Hydroxysalze des Kupfers (*108*), weil hier die Ausscheidung schon bei einem $p_H < 5$ (*67*), (*119*) erfolgt; sie eignet sich nicht für die Herstellung der Hydroxysalze des Kobalts und Zinks, da diese erst bei $p_H \sim 7$ entstehen (*52*), (*60*).

*Salze schwacher Säuren* hydrolysieren spontan unter Bildung von Hydroxysalzen. Der Vorgang ist besonders ausgeprägt, wenn das neutrale Salz leicht löslich ist. Es können dann mit sinkender Konzentration der Lösung mehrere zunehmend höher basische Hydroxysalze entstehen. Neutrales Zinkchromat scheidet sich nur aus konzentrierten Lösungen, die überschüssige Chromsäure enthalten, aus (*86*). Bei großer Chromatkonzentration kommt es zunächst zur Ausscheidung des Hydroxychromates I:

$$2\,Zn^{++} + 2\,CrO_4^{2-} + 2\,H_2O \rightleftarrows [Zn_2(OH)_2CrO_4] + H_2CrO_4.$$
$$\text{I}$$

Diese Verbindung scheidet sich aus Lösungen aus, deren Zinkionenkonzentration zwischen 1,7-m und 0,25-m liegt und die einen etwa

0,8fachen Überschuß freier Chromsäure enthalten. In verdünnteren Lösungen (0,13-m Chromsäureüberschuß) entsteht das höher basische Chromat II$\beta$ ($98$):

$$[Zn_7(OH)_{10}(CrO_4)_2].$$

Bei noch größerer Verdünnung entstehen Hydroxychromate variabler Zusammensetzung

$$[Zn_4(OH)_6CrO_4] \quad \text{bis} \quad [Zn_5(OH)_8CrO_4].$$

Analoge Verhältnisse treten ein, wenn Salzlösungen zweiwertiger Schwermetalle mit Lösungen von Alkalisalzen schwacher Säuren vermischt werden. Auch hierbei bilden sich nicht neutrale Salze, sondern Hydroxysalze. Es ist dies vor allem für viele Carbonate bekannt. Näher untersucht ist die Fällung von Zinkhydroxycarbonat aus Zinksalzlösung mit Natriumcarbonat ($129$), die sich vereinfacht formulieren läßt als:

$$5\,Zn^{++} + 5\,CO_3^{2-} + 6\,H_2O \rightleftarrows [Zn_5(OH)_6(CO_3)_2] + 3\,H_2CO_3.$$

Als letzte Bildungsreaktion von Hydroxysalzen sei die *metallische Korrosion* erwähnt. Die unedleren Metalle, auch Kupfer, werden in den Lösungen ihrer Salze besonders unter dem Einfluß von Sauerstoff ziemlich rasch angegriffen, häufig unter Bildung von Hydroxysalzen ($67$). Diese Reaktionsart findet technisch, z.B. für die Herstellung von Kupferhydroxychlorid, Anwendung. Der Reaktionsmechanismus ist komplex; die ersten Stufen sind, wie bei allen Korrosionsvorgängen in wäßriger Lösung, elektrochemischer Natur. Der Gesamtvorgang kann formuliert werden:

$$3\,[Cu] + 1\tfrac{1}{2}\,O_2 + 3\,H_2O + CuCl_2 = 2\,[Cu_2(OH)_3Cl].$$

Bei vielen der praktisch wichtigen Korrosionsvorgänge (atmosphärische Korrosion und Korrosion in wäßrigen Lösungen) treten neben Oxyden und Hydroxyden Hydroxysalze als Korrosionsprodukte auf. Die letzteren haben häufig auf die Geschwindigkeit des Korrosionsablaufs eine ausschlaggebende Bedeutung, vor allem weil sie die Ursache für die Bildung von Lokalelementen sein können ($36$), ($39$).

Bei der Korrosion von Zink in Natriumchloridlösung z.B. lassen sich die wichtigsten Vorgänge wie folgt formulieren:

An anodischen Stellen treten Zinkionen in Lösung

$$[Zn] \rightarrow Zn^{++} + 2\,e,$$

an den kathodischen Stellen bilden sich Hydroxylionen

$$2\,e + \tfrac{1}{2}\,O_2 + H_2O \rightarrow 2\,OH'.$$

Die Zinkionen werden bei genügender Salzkonzentration über den anodischen Stellen durch die zu diffundierenden Hydroxylionen als Hydroxysalze gefällt:

$$5\,Zn^{++} + 8\,OH^- + 2\,Cl^- \rightarrow [ZnCl_2,\,4\,Zn(OH)_2].$$

Für den Gesamtvorgang ergibt sich die Gleichung

$$5\,[Zn] + 2\tfrac{1}{2}\,O_2 + 5\,H_2O + 2\,Cl^- = [ZnCl_2,\,4\,Zn(OH)_2] + 2\,OH^-.$$

Die Lösung wird also alkalisch; die Ausscheidung des Hydroxysalzes über den anodischen Stellen bewirkt aber, daß sie hier schwach sauer bleibt und daß sich ein bleibender Unterschied zwischen der Hydroxylionenkonzentration an anodischen und kathodischen Stellen ausbildet; dadurch entstehen größere Lokalelemente; die Folge ist ein relativ rasch fortschreitender Angriff des Metalls.

Die Vielseitigkeit der Reaktionsprodukte, die sich bei der Herstellung von Hydroxysalzen bilden können, ist nicht nur bedingt durch die Unterschiede der Aggregation und durch die Unterschiede der Zusammensetzung. Sie wird mitbedingt durch die Möglichkeit, daß ein und dasselbe Hydroxysalz in mehreren *Modifikationen* auftreten kann. Auch auf die Ausbildung der Modifikationen haben die Bildungsreaktionen Einfluß. Ein Beispiel dafür ist Kupferhydroxychlorid II. Für diese Verbindung sind vier Modifikationen bekannt (*67*). Die instabilste *α-Modifikation* wird rein nur erhalten, wenn verdünnte Kupferchloridlösung und Natronlauge langsam im richtigen Geschwindigkeitsverhältnis in eine Vorlage mit Wasser fließen und wenn die Mischung stark gerührt wird. Bei der Hydrolyse von Kupferchloridlösung mit Harnstoff, sowie bei der Umsetzung von Kupferpulver mit verdünnter Kupferchloridlösung und Sauerstoff bei Raumtemperatur entsteht die *β-Modifikation*. Die meisten übrigen Reaktionen führen zur *γ-Modifikation*, die als Paratakamit auch in der Natur vorkommt. Sie wird vor allem erhalten bei der Fällung von Kupferchlorid mit Natronlauge, bei der Umsetzung von Kupfer in heißer Kupferchloridlösung, ferner bei der Korrosion von Kupfer in Natriumchloridlösung und in sauren Dämpfen (*34*), (*38*).

Die stabilste *δ-Modifikation*, den natürlichen Atakamit, haben wir selbst auf präparativem Wege nie erhalten, haben aber ein Kupferhydroxychlorid, das von der Mansfelder Kupferhütte für die Kunstseideindustrie aus Kupferabfällen gewonnen wird, als diese Modifikation identifizieren können.

Faßt man die allgemeinen Erfahrungen zusammen, die sich aus den für die Bedeutung der Bildungsreaktionen angeführten Beispielen ableiten lassen, dann ergeben sich für die präparative Chemie der Hydroxysalze folgende Gesichtspunkte:

a) Einzelne Hydroxysalze bestimmter Zusammensetzung oder einzelne Modifikationen eines durch seine Zusammensetzung definierten Hydroxysalzes sind an ganz bestimmte Bildungsreaktionen gebunden. Wenn die Absicht besteht, die Hydroxysalze eines Metalls und deren Modifikationen vollzählig zu erfassen, dann müssen alle Reaktionstypen herangezogen werden, die für die Herstellung von Hydroxysalzen möglich sind.

b) Die Tatsache, daß sich von einem Metall zahlreiche Hydroxysalze ableiten und daß diese Hydroxysalze mehrere metastabile Zustände bilden können, bewirkt, daß recht häufig uneinheitliche Präparate erhalten werden; Gemische von zwei oder mehr Modifikationen, oder von zwei oder mehreren Hydroxysalzen oder von Hydroxysalzen und Hydroxyd. Deshalb haben sich viele der in der älteren Literatur als Verbindungen beschriebenen Produkte bei der Nachprüfung als Gemische erwiesen.

Bei der präparativen Herstellung von Hydroxysalzen muß das Ziel verfolgt werden, durch zweckmäßige Wahl der Bildungsreaktion die gleichzeitige Bildung mehrerer Verbindungen oder Modifikationen auszuschließen und die Einheitlichkeit der Reaktionsprodukte außer durch chemische Analysen durch physikalische Methoden zu überprüfen. In vereinzelten Fällen, wenn gröber kristalline Produkte entstehen, kann dies mikroskopisch geschehen. Bei hochdispersen Präparaten ist recht häufig das Elektronenmikroskop ein sehr empfindliches Hilfsmittel, um schon sehr kleine Mengen von Verunreinigungen festzustellen.

## 2. Die Bildungsformen.

Für die Beschreibung von Kristallverbindungen müssen sehr viel mehr Zustandsgrößen herangezogen werden, als dies für Gase oder Flüssigkeiten notwendig ist (*91*). Der erste Schritt zur Überwindung dieser Schwierigkeiten besteht darin, daß an die Erfahrungen über die Bedeutung der Bildungsreaktionen (II, 1) angeknüpft wird, d.h. in die Beschreibung der Präparate werden alle Angaben über die Herstellung oder Vorbehandlung miteinbezogen. V. KOHLSCHÜTTER (*105*) hat dazu den Begriff Bildungsformen eingeführt.

Die verschiedenen Bildungsformen eines Hydroxysalzes können sich unterscheiden durch

Form, Größe oder Störstruktur der Primärteilchen. Zusammenlagerung bzw. Verwachsung der Primärteilchen zu größeren Aggregaten (Sekundärstruktur).

Zur Ermittlung der Größe und Form der Teilchen sowie der Art der Zusammenlagerung dient bei hochdispersen Bildungsformen das Elektronenmikroskop, bei gröber dispersen Bildungsformen das Lichtmikroskop. Störstrukturen ergeben sich aus den Röntgendiagrammen der Präparate.

Die elektronenmikroskopische Analyse *frisch gefällter Hydroxysalze* begegnet Präparaten, deren Teilchen so klein sind, daß charakteristische Formen nicht erkannt werden können (Beispiel: Nickelhydroxysalze),

deren Teilchen keine bevorzugte Wachstumsrichtung aufweisen, d. h. gleichachsig sind (Beispiel: Kupferhydroxychlorid II$\gamma$),

deren Teilchen dünne Plättchen bilden, d. h. laminar-dispers sind (Beispiel: Zinkhydroxysalze, Kupferhydroxysalze usw.),

deren Teilchen nadelige Formen bilden, d. h. linear-dispers sind (Beispiel: Zinkhydroxycarbonat, $\alpha$-Kupferhydroxychlorat usw.).

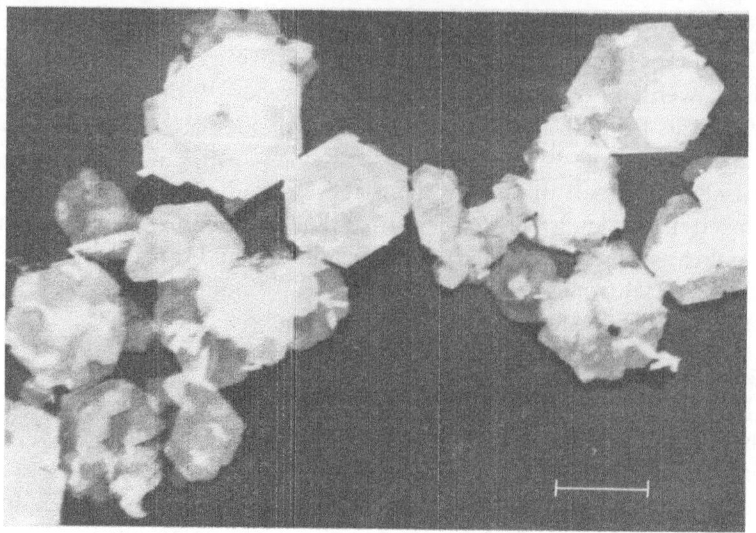

Abb. 1. Hexagonale Plättchen von Cadmiumaluminiumhydroxychlorid (12000mal).

Die laminar-dispersen Hydroxysalze sind schon früher ausführlich besprochen worden (*29*), (*30*). Grundsätzlich neue Gesichtspunkte haben sich in der Zwischenzeit nicht ergeben. Auf den Zusammenhang zwischen der laminar-dispersen Form der Teilchen und der Struktur, bzw. der Störstruktur der Hydroxysalze wird unter III näher eingegangen.

Die *Alterung der frischen Fällungen* kann zur Umwandlung instabiler in stabilere Modifikationen führen oder einfach in einer Teilchenvergrößerung und Ausheilung der Gitterstörungen bestehen. Auch der letztere Vorgang spielt sich zweiphasig, d. h. über die Lösung ab, indem sich die kleineren und stark gestörten Teilchen lösen und neue Keime mit geringerer Störung weiterwachsen. Der Vorgang ist im allgemeinen rasch, und die durch Alterung von Fällungen entstandenen Bildungsformen sind meistens immer noch hochdispers. Auch hierbei treten vor allem die drei Formentypen auf, nämlich gleichachsige, plättchen- und nadelförmige oder faserige Teilchen. Die plättchenförmigen Kristalle sind bevorzugt regelmäßig sechseckig (Abb. 1). Nicht selten sind auch lange Plättchen, also Übergänge von plättchenförmigen zu nadeligen

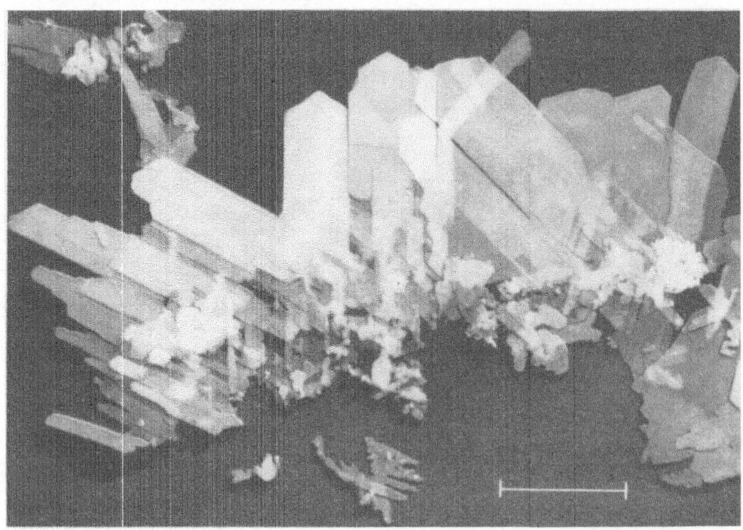

Abb. 2. Aggregationsform von langen Plättchen von Kupferkobalthydroxynitrat (15000mal).

Kristallen, besonders bei den Kupferhydroxysalzen (Abb. 2). Häufig sind die Einzelkriställchen zu charakteristischen Aggregationsformen zusammengelagert, bei denen die Verwachsung mehr oder weniger ausgeprägt orientiert ist. Bei nadelig ausgebildeten Verbindungen treten bevorzugt garbenförmige Aggregationen auf (Abb. 3). Einige Hydroxysalze neigen auch zur Bildung von Somatoiden, so vor allem Cadmiumhydroxychlorid I (*58*) und Kupferhydroxysulfat (*108*).

Diese drei Hauptformen sind sehr schön erkennbar in dem Niederschlag, der durch unvollständige Fällung (und nachträgliche Alterung) aus

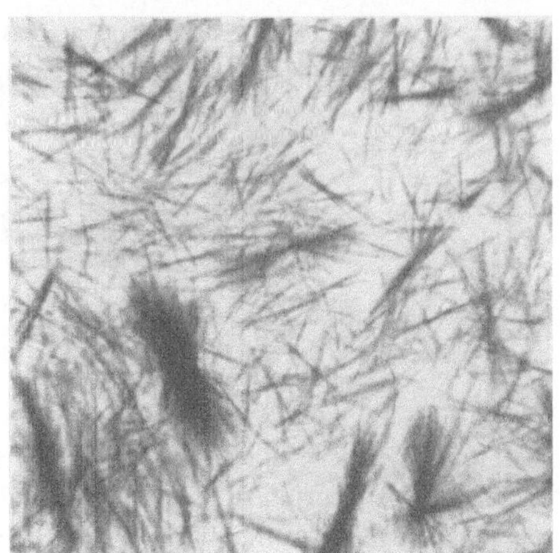

Abb. 3. Garbenförmige Aggregationen von nadeligem Magnesiumhydroxychlorid III (etwa 300mal).

einer Lösung von Nickel- und Kupferchlorid entsteht (Abb. 4). Hier liegt ein Gemisch von gleichachsigem Kupferhydroxychlorid II, plättchenförmigem Nickelhydroxychlorid II, faserigem Nickelhydroxychlorid IV und dem noch nicht umgewandelten, sehr hochdispersen Nickelhydroxychlorid V vor. Abb. 4 veranschaulicht die Leistungsfähigkeit der elektronenmikroskopischen Analyse in diesem Stoffsystem (*69*).

Die Methoden der langsamen Hydrolyse führen zu gröber dispersen Formen mit wenig gestörtem Gitter. Aber auch bei diesen ist es schwierig,

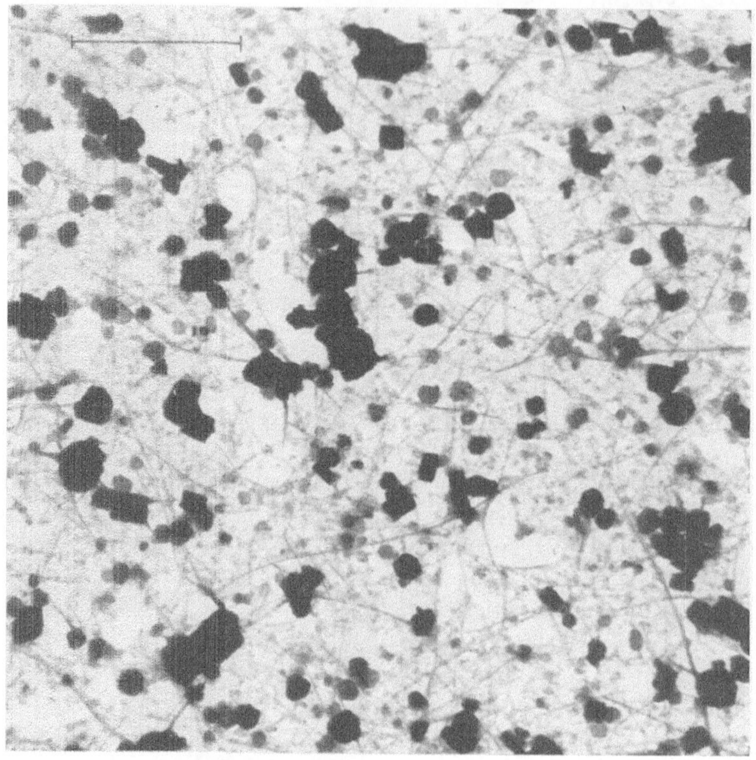

Abb. 4. Mischfällung aus einer Lösung von Nickel- und Kupferchlorid, gealtert. Gemisch von: Kupferhydroxychlorid II*γ* (gleichachsig), Nickelhydroxychlorid II (plättchenförmig), Nickelhydroxychlorid IV (faserig), Nickelhydroxychlorid V (hochdispers, Teilchenform nicht erkennbar) (21 000mal).

größere Einzelkristalle herzustellen. Im allgemeinen bilden sich charakteristische Aggregate der Einzelteilchen, die ihrerseits zur Identifizierung der Verbindungen mitherangezogen werden können. Auf diese Möglichkeit haben V. KOHLSCHÜTTER und LABANUKROM (*108*) schon vor längerer Zeit hingewiesen.

Bei den Reinheitsprüfungen hochdisperser Präparate von Hydroxysalzen ist die elektronenmikroskopische Analyse sehr oft empfindlicher als die röntgenographische Analyse.

### 3. Die chemische Zusammensetzung.

Die Ermittlung der chemischen Zusammensetzung der Hydroxysalze stößt auf verschiedenartige Schwierigkeiten. Aus den unter II, 1 erörterten Gründen ist es unter Umständen nicht möglich, die reine Verbindung herzustellen. Weiterhin kann bei der Isolierung eine Zersetzung eintreten. Außerdem wird das Analysenresultat durch adsorbierte Ionen beeinflußt. Bei vielen älteren Angaben sind alle diese Umstände nicht ausreichend berücksichtigt worden.

Die gleichzeitige lichtmikroskopische, elektronenmikroskopische und röntgenographische Untersuchung der Präparate zeigt in vielen Fällen, ob die chemischen Analysen an einheitlichen Präparaten ausgeführt sind.

Die niedrig basischen Hydroxysalze sind vielfach leicht zersetzlich. Man wäscht sie am besten mit organischen Lösungsmitteln, Alkohol und Aceton, aus. Ihre Zusammensetzung kann auch auf indirektem Wege mit Hilfe der SCHREINEMAKERschen Restmethode ermittelt werden (*131*), (*20*).

Bei schwerlöslichen, sich nur langsam umsetzenden Hydroxysalzen erhält man die Zusammensetzung auch aus der Lage des Potentialsprungs bei der potentiometrischen Verfolgung der Fällung (*116*), (*71*). Am schwierigsten liegen die Verhältnisse bei hochdispersen Präparaten, die sich sekundär leicht umsetzen. Der Kristallwassergehalt, der häufig gegeben ist, kann meistens nur aus der Differenz des Kationen- und Anionengehalts errechnet werden.

In Tabelle 3 (S. 703) sind einige Angaben über die Zusammensetzung von Hydroxysalzen zusammengestellt, die als gesichert gelten können. Aus diesem Tatsachenmaterial ergibt sich, daß zwei Gruppen unterschieden werden müssen:

Hydroxysalze mit konstanter, einfach stöchiometrischer Zusammensetzung,

Hydroxysalze mit variabler Zusammensetzung im Bereich charakteristischer Grenzen (Berthollidverbindungen).

Die Zusammensetzung der einfach stöchiometrischen Verbindungen kann formelmäßig in verschiedener Weise zum Ausdruck gebracht werden. Man kann, wie dies früher allgemein üblich war, das Molverhältnis Salz zu Hydroxyd:

$$[\mathrm{MeX_2 \cdot m\, Me(OH)_2 \cdot n\, H_2O}],$$

oder, wie dies bei der in II, 1 benutzten Formulierung der Fall war, die Zahlenverhältnisse der verschiedenen Ionen durch die Formulierung

$$[\mathrm{Me}_l(\mathrm{OH})_m(\mathrm{X})_n \cdot \mathrm{p\, H_2O}]$$

angeben. Für viele Zwecke ist schließlich eine Formulierung vorteilhaft, bei der die Zahl der OH$^-$- und X$^-$-Ionen für je 1 Me-Ion berechnet wird:

$$[\mathrm{Me(OH)}_m\mathrm{X}_n \cdot \mathrm{p\, H_2O}].$$

In diesem Fall sind *m* und *n* keine ganzen Zahlen. *Eine Formulierung, die zur Beschreibung der Struktur überleiten soll, wird unter II, 6 begründet.*

Aus den Tabellen des *Teiles IV* folgt, daß das Verhältnis Metallsalz zu Hydroxyd recht verschieden sein kann. Am häufigsten sind die Verhältnisse 1:1 und 1:3, aber auch die Verhältnisse 2:3, 1:2, 3:5, 1:4, 1:6 treten auf. Der Extremwert dürfte 1:9 sein.

Bei einer Reihe von Hydroxysalzen hat sich einwandfrei nachweisen lassen, daß die Zusammensetzung innerhalb bestimmter Grenzen schwanken kann, daß also *Berthollidverbindungen* vorliegen. Bei einfachen Hydroxysalzen variiert das Verhältnis von OH:X, da sich die beiden Ionen in bestimmten Grenzen ersetzen können. Eine bevorzugte Zusammensetzung läßt sich in vielen Fällen nicht feststellen, diese ist vielmehr bestimmt durch den Gehalt der Lösung an Metallsalz. Zum Beispiel ergibt Nickelhydroxychlorid II, aus 0,5-m Nickelchloridlösung ausgeschieden, eine Zusammensetzung von

$$[Ni(OH)_{1,62}Cl_{0,38'}],$$

aus 3,3-m Nickelchloridlösung ausgeschieden, eine Zusammensetzung von

$$[Ni(OH)_{1,32}Cl_{0,68}]$$

*(49)*; innerhalb dieser Grenzen kann die Zusammensetzung schwanken. In den Fällen, in denen die Grenzen ermittelt wurden, sind sie in den Tabellen des speziellen Teils angegeben. Im allgemeinen schwankt die Zusammensetzung um einen Wert, wie er bei konstant zusammengesetzten Hydroxysalzen häufig auftritt. Es erscheint zweckmäßig, die dieser Zusammensetzung entsprechende Formel als *Idealformel* anzugeben, im oben erwähnten Beispiel

$$[Ni(OH)_{1,5}Cl_{0,5}].$$

In anderen Fällen, vor allem bei Kupferhydroxysalzen, bildet sich innerhalb eines großen Konzentrationsbereiches ein Hydroxysalz einfach stöchiometrischer Zusammensetzung. In schwach alkalischem Milieu wird aber ein Teil der Anionen X im Gitter durch OH-Ionen ersetzt; erst bei vermehrter Laugenzugabe findet eine Umwandlung in Hydroxyd statt. So entsteht beim Fällen einer Kupferchloridlösung mit Lauge, wie schon erwähnt, Kupferhydroxychlorid der Zusammensetzung

$$[Cu(OH)_{1,5}Cl_{0,5}],$$

die Titrationskurve zeigt bei Zugabe von 75% der äquivalenten Laugenmenge einen starken Sprung. Beim Altern setzt sich die frische Fällung bis zu 80% der äquivalenten Laugenmenge mit überschüssigen Hydroxylionen zu hydroxydreicherem Hydroxychlorid um; erst bei noch größerer Laugenzugabe bildet sich Hydroxyd. Die obere Grenzzusammensetzung für γ-Kupferhydroxychlorid liegt demnach bei ungefähr *(134)*

$$[Cu(OH)_{1,6}Cl_{0,4}].$$

## 4. Beständigkeit.

Nach der Phasenregel ist ein Hydroxysalz unter der Lösung des entsprechenden neutralen Metallsalzes (bei festgelegter Temperatur) innerhalb eines bestimmten Konzentrationsgebietes des neutralen Metallsalzes beständig.

Schematisch (vgl. Abb. 5):

$$c_s \to A: \quad [MeCl_2] + [MeOHCl] \rightleftarrows MeCl_{2\,gel.}$$

(feste Bodenkörper $MeCl_2$ und $MeOHCl$ im Gleichgewicht mit Lösung $MeCl_2$)

$$B \to C: \quad 2\,[MeOHCl] \rightleftarrows [Me(OH)_2] + MeCl_{2\,gel.}$$

(feste Bodenkörper $MeOHCl$ und $Me(OH)_2$ im Gleichgewicht mit Lösung $MeCl_2$).

Die obere Beständigkeitsgrenze für das Hydroxysalz fällt zusammen mit der Sättigungskonzentration des neutralen Salzes ($c_s$). Die untere Beständigkeitsgrenze ist die Gleichgewichtskonzentration ($c_g$) für die Koexistenz des Hydroxysalzes mit dem Hydroxyd. Wenn zwischen

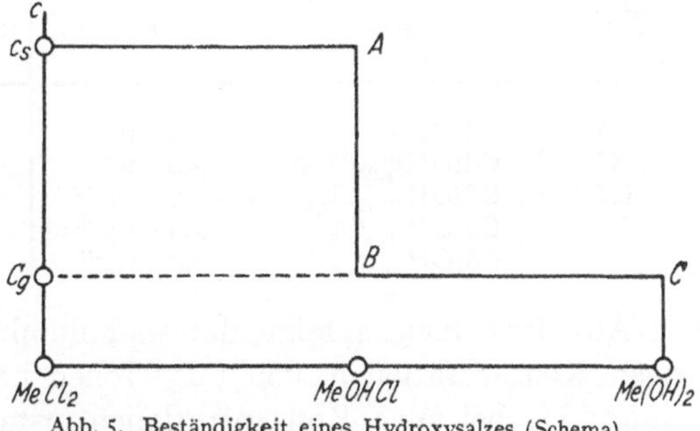


Abb. 5. Beständigkeit eines Hydroxysalzes (Schema).

dem neutralen Salz und dem Hydroxyd mehrere Hydroxysalze auftreten, sind entsprechend mehr $c_g$-Werte bestimmbar.

Es können auch Hydroxysalze auftreten, die bei allen Konzentrationen des neutralen Salzes bzw. seiner Metallionen instabil oder metastabil sind.

Zur Berechnung der Gleichgewichtskonzentrationen $c_g$ geht man zweckmäßigerweise vom Löslichkeitsprodukt aus. Bestimmt man z. B. in einer Lösung, die sich mit dem Hydroxysalz $Me(OH)_mX_n$ im Gleichgewicht befindet, den $p_H$-Wert und damit die Aktivität der OH-Ionen ($a_{OH^-}$), die Konzentration der Metallionen ($c_{Me^{2+}}$) und die Konzentration der Anionen ($c_{X^-}$), dann läßt sich zunächst ein „konventionelles" Löslichkeitsprodukt berechnen (*60*):

$$k_s = c_{Me^{2+}} \cdot a_{OH^-}^m \cdot c_{X^-}^m.$$

Dieses ist allerdings konzentrationsabhängig, kann aber durch Extrapolation auf unendliche Verdünnung in das „thermodynamische" Löslichkeitsprodukt umgerechnet werden (*119*), (*71*):

$$K_s = a_{Me^{2+}} \cdot a_{OH^-}^m \cdot a_{X^-}^n \quad (a = \text{Aktivitäten}).$$

Die Extrapolation kann beim Vorliegen mehrerer über einen größeren Konzentrationsbereich sich erstreckender Messungen graphisch oder unter Benutzung der Formel von DEBYE und HÜCKEL geschehen. Aus den Löslichkeitsprodukten des Hydroxyds und der Hydroxysalze ergeben sich dann die Gleichgewichtskonzentrationen und damit die Beständigkeitsgrenzen der Hydroxysalze.

Für einige Hydroxysalze liegen genauere Messungen und Berechnungen vor. In den meisten Fällen sind die Beständigkeitsgrenzen nur ungenau bekannt. Tabelle 1 enthält als Beispiel die Daten für die Cadmiumhydroxychloride I bis IV (71), (72).

Tabelle 1.

*Löslichkeitsprodukte und Beständigkeitsgrenzen der Cadmiumhydroxychloride.*

| Bezeichnung der Hydroxychloride | Formel | $K_s$ | Koexistierende Phasen | $c_g$ |
|---|---|---|---|---|
| I | $CdOHCl$ | $3,2 \cdot 10^{-11}$ | I/II | $1,1 \cdot 10^{-2}$ |
| II | $Cd(OH)_{1,25}Cl_{0,75}$ | $2,0 \cdot 10^{-12}$ | II/IV | $6,3 \cdot 10^{-3}$ |
| III | $Cd(OH)_{1,33}Cl_{0,67}$ | $1,0 \cdot 10^{-12}$ | III/Cd(OH)$_2$ | $7,4 \cdot 10^{-3}$ |
| IV | $Cd(OH)_{1,5}Cl_{0,5}$ | $2,3 \cdot 10^{-13}$ | IV/Cd(OH)$_2$ | $1,7 \cdot 10^{-3}$ |
|  | $Cd(OH)_2$ | $6,0 \cdot 10^{-15}$ |  |  |

Aus der Tabelle 1 folgt, daß Cadmiumhydroxychlorid I bis zu niedrigen Konzentrationen von $Cd^{++}$-Ionen beständig, Cadmiumhydroxychlorid III bei allen Konzentrationen instabil oder metastabil ist.

Bei den meisten übrigen Metallen ist das dem Cadmiumhydroxychlorid I entsprechende Hydroxysalz nur bei hoher Salzkonzentration beständig. Einige niedrig basische Hydroxysalze, z.B. Mg(OH)Cl, sind in wäßriger Lösung überhaupt nicht beständig. Sie werden am bequemsten durch Hydrolyse des neutralen Salzes mit Wasserdampf bei erhöhter Temperatur hergestellt.

Die Beständigkeitsgrenze der basenreichsten Hydroxysalze kann bei sehr niedrigen Konzentrationen liegen: Cadmiumhydroxychlorid IV (Tabelle 1). Bei vielen Kupferhydroxysalzen liegt $c_g$ um $10^{-4}$-m (67), (119). Im allgemeinen aber liegen die Werte für $c_g$ höher, bei Magnesiumhydroxychlorid z.B. um 1-m.

## 5. Umsetzungsreaktionen.

Zu den wichtigsten Umsetzungsreaktionen der Hydroxysalze gehören die Umsetzungen zu Hydroxyden und einige Oxydationsreaktionen. Sie entsprechen dem Reaktionstypus fest I → fest II. Über die dabei zu beachtenden Besonderheiten erhält man dann die beste Übersicht, wenn man von vornherein drei Gruppen unterscheidet (21), (28), (37):

a) Umsetzungen, die *über freien Lösungsraum* verlaufen. Hier geht das Ausgangsprodukt (fest I) in Lösung und das Endprodukt (fest II) scheidet sich aus der Lösung aus, ohne daß die Bildung seiner Keime Einflüssen der Grenzfläche des Ausgangsproduktes unterliegt.

*Beispiel:*

$$[Cu_2(OH)_3Cl] + OH^- \rightarrow 2\,[Cu(OH)_2] + Cl^-.$$

b) Umsetzungen, die *an der Grenzfläche des Ausgangsproduktes* verlaufen. Hier bilden sich die Keime des Endproduktes (fest II) so nahe an der Grenzfläche des Ausgangsproduktes (fest I), daß sie durch diese Grenzfläche orientiert werden.

*Beispiel:*

$$[Cu_2(OH)_3ClO_3] + OH^- \rightarrow 2\,[Cu(OH)_2] + ClO_3^-.$$

Abb. 6 veranschaulicht, wie aus einem einheitlichen plättchenförmigen Kristall des Hydroxysalzes ein Aggregat von Hydroxydnadeln entsteht, in dem die Hydroxydnadeln bevorzugt parallel zu den kürzesten Cu—Cu-Abständen im Hydroxysalz liegen (*73*). Analoge Erscheinungen treten bei den Umsetzungen des entsprechenden Kupferhydroxynitrats und -bromids zu

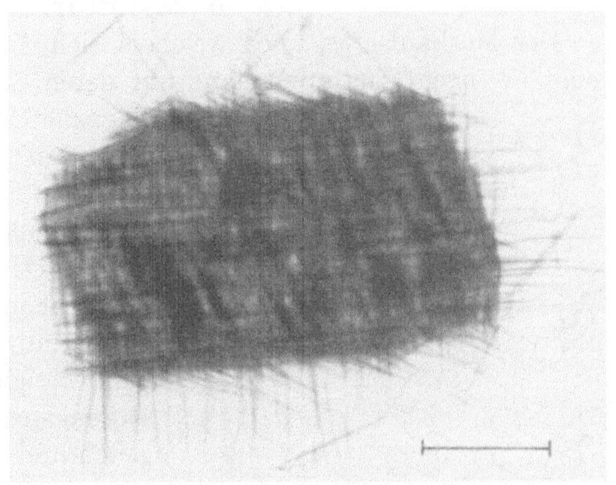

Abb. 6. Kupferhydroxyd, pseudomorph nach Kupferhydroxychlorat II $\beta$ ([Cu$_2$(OH)$_3$ClO$_3$]) (15000mal).

Kupferhydroxyd auf. — In diese Gruppe gehören auch Umsetzungen von Zinkhydroxynitrat zu Zinkhydroxychloriden (*22*), (*31*).

*Beispiel:*

$$[4\,Zn(OH)_2 \cdot Zn(NO_3)_2] + 2\,Cl^- \rightarrow [4\,Zn(OH)_2 \cdot ZnCl_2] + 2\,NO_3^-.$$

Die Zinkhydroxychloridplättchen sind nach den Hydroxynitratkristallen ausgerichtet.

c) Umsetzungen, die *im Raum des Ausgangsproduktes* verlaufen. Hier findet ein Umbau am Kristallgitter des Ausgangsproduktes statt, der durch die Kristallgitterstruktur ermöglicht wird.

*Beispiele:*

$$4\,[Co(OH)_2 \cdot Co(OH)Cl] + OH^- \rightarrow 4\,[Co(OH)_2 \cdot Co(OH)_2] + Cl^-.$$

Grünes Kobalthydroxychlorid → Blaues Kobalthydroxyd

$$[Mn_4(OH)_8Al(OH)_2Cl] + OH^- \rightarrow [Mn_4(OH)_8Al(OH)_3] + Cl^-.$$

Hydroxydoppelsalz → Doppelhydroxyd

$$2\,[Co_4(OH)_8 \cdot Co(OH)Br] + \tfrac{1}{2}\,O_2 \rightarrow 2\,[Co_4(OH)_8 \cdot CoOBr] + H_2O$$

Oxydation des grünen Kobalthydroxybromides.

Die Reaktionen der Gruppen b) und c) können zusammenfassend als *topochemische Reaktionen* bezeichnet werden. Die Unterscheidung der beiden Gruppen ist weitgehend durch verfeinerte Analyse des Reaktionsverlaufs mit lichtmikroskopischen, elektronenmikroskopischen und röntgenographischen Methoden möglich geworden. Neuerdings sind (am Beispiel der grünen Kobalthydroxysalze) Austauschreaktionen auch mit Hilfe radioaktiver Kobaltionen durchgeführt worden (*14*). Reaktionen der Gruppe b) werden als *zweiphasige*, Reaktionen der Gruppe c) dagegen als *einphasige* Umsetzungsreaktionen vom Typus fest I → fest II bezeichnet (*28*), (*37*).

# 6. Struktur.

Der Mechanismus, nach welchem sich die Hydroxysalze umsetzen, steht in engem Zusammenhang mit deren Struktur. Topochemisch erfolgt die Umsetzung nur bei ganz bestimmten Bauarten und wenn zwischen der Struktur des Ausgangs- und Endproduktes enge Beziehungen bestehen. Damit ergibt sich die wichtige Möglichkeit, Umsetzungsreaktionen zur Ermittlung des Bauprinzips mit heranzuziehen. Aus solchen Umsetzungsreaktionen sowie aus ausgedehnten röntgenographischen Untersuchungen ergibt sich, daß die Struktur der Mehrzahl der festen Hydroxysalze auf ein gemeinsames Bauprinzip zurückgeführt werden kann. Diese Hydroxysalze sind eine der umfangreichsten Stoffklassen, die sich nach einheitlichen strukturellen Gesichtspunkten beschreiben lassen.

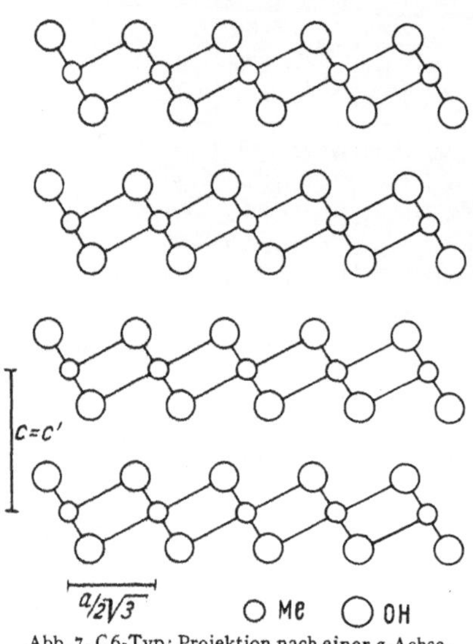


Abb. 7. C6-Typ; Projektion nach einer *a*-Achse.

Die Grundstruktur, von der sich die Hydroxysalze ableiten lassen, ist die *Struktur des Magnesiumhydroxyds*, der *C6-Typ*. Sie kann beschrieben werden als eine hexagonal dichteste Kugelpackung von Hydroxylionen, bei der in jeder übernächsten Schicht Metallionen in Oktaederlücken eingelagert sind. Es entsteht so ein Gitter mit Schichten von Metallionen, die beidseitig von Hydroxylionen bedeckt sind. Die Abb. *7* gibt eine Projektion der Atome nach einer *a*-Achse.

In diesem Strukturtyp kristallisieren die meisten stabilen Hydroxyde der zweiwertigen Metalle mit einem PAULINGschen Ionenradius von rund 0,65 bis 1 Å, nämlich von Mg, Ni, Co, Mn, Fe, Cd und Ca.

Abweichend verhalten sich Cu und Zn. Der Radius des $Cu^{2+}$-Ions ist ungefähr gleich groß, wie derjenige des $Ni^{2+}$-Ions; Kupferhydroxyd hat aber sehr wahrscheinlich eine Kettenstruktur, ähnlich wie Kupfer(II)-chlorid und -bromid (*65*). Diese Abweichung steht damit im Zusammenhang, daß das $Cu^{2+}$-Ion eine Viererkoordination mit planarer Anordnung der Liganden bevorzugt (*142*). Der Radius des $Zn^{2+}$-Ions hat ungefähr die Größe des $Co^{2+}$-Ions; keine der bekannten sechs kristallisierten Modifikationen von Zinkhydroxyd kristallisiert jedoch im C6-Typ; das stabile $\varepsilon$-$Zn(OH)_2$ besitzt eine Raumgitterstruktur, bei der jedes Zinkion von vier Hydroxylionen tetraedrisch umgeben ist. Dies steht wiederum im Einklang mit den Besonderheiten der Stereochemie des Zinkions. — Trotz dem abweichenden Verhalten der Hydroxyde von Cu und Zn sind die meisten *Hydroxysalze* auch dieser beiden Metalle Abkömmlinge der C6-Struktur.

Die basischen Salze drei- und vierwertiger Metalle besitzen eine andere Konstitution als die der zweiwertigen Metalle. Aus Lösungen, die Mischungen von Salzen zwei- und dreiwertiger Metalle enthalten, können sich *basische Doppelsalze* ausscheiden, deren Struktur ebenfalls auf den C6-Typ zurückzuführen ist (*56*), (*62*).

Nach dem Überblick über den Einfluß der *Kationen* auf die Struktur der Hydroxyde und der zugehörigen Hydroxysalze ist ein Überblick über den Einfluß der *Anionen* (Säurereste) notwendig. Von sämtlichen bis jetzt untersuchten Salzen anorganischer Säuren, mit Ausnahme der Phosphorsäure und der Arsensäure, konnten Hydroxysalze erhalten werden, deren Struktur sich auf den C6-Typ zurückführen läßt. Es scheint, daß ganz allgemein auch organische Säuren, selbst solche mit höherem Molekulargewicht, wie saure Farbstoffe, befähigt sind, solche Hydroxysalze zu bilden (*45*). Das heißt, in dieser Stoffklasse können Verbindungen mit sehr verschiedenem Anion einen sehr ähnlichen Kristallbau besitzen.

*Beispiele:*

basisches Zinkchlorid II [4 $Zn(OH)_2 \cdot ZnCl_2$]

basisches Zinksalz von Erioglaucin [7 $Zn(OH)_2 \cdot Zn(C_{37}H_{34}O_9N_2S_3)$].

Daß sich nicht alle Hydroxysalze zweiwertiger Metalle auf Strukturen vom C6-Typ zurückführen lassen, zeigen die basischen Phosphate und Arsenate des Kupfers, von denen mehrere Vertreter als natürliche Mineralien vorkommen, ferner das basische Kupfercarbonat Malachit, dessen Struktur kürzlich von WELLS (*143*) neu bestimmt wurde. Bei den basischen Sulfaten, z.B. von Cd und Cu, treten sowohl Abkömmlinge des C6-Typs wie andersartig gebaute Hydroxysalze auf (*59*), (*134*).

In den folgenden Abschnitten III, IV und V dieses Berichtes über die Hydroxysalze zweiwertiger Metalle beschränkt sich die Beschreibung auf solche Hydroxysalze, *deren Struktur sich auf den C6-Typ zurückführen läßt.*

Zunächst werden im Abschnitt III die Abwandlungen erörtert, welche die Grundstruktur des C6-Typs erfahren kann. Dabei läßt sich beispielhaft zeigen, wie sich Kristallverbindungen höherer Ordnung $[A_m B_n C_p \ldots]$ auf den Strukturtyp einer Kristallverbindung erster Ordnung $[A_m B_n]$ zurückführen lassen.

Im Abschnitt IV werden die für die verschiedenen Abwandlungsmöglichkeiten der Struktur des C6-Typs gefundenen Beispiele beschrieben. Im Abschnitt V werden einige Folgerungen aus diesem Tatsachenmaterial gezogen. Das heißt, es wird festgestellt, welchen Einfluß die Metallionen einerseits, die Anionen andererseits auf den Kristallbau ausüben können. Damit ergibt sich eine Erweiterung der Grundlage für die Beurteilung des stereochemischen Verhaltens der Ionen zweiwertiger Metalle.

## III. Die Bauprinzipien der Hydroxysalze.
### 1. Die Abwandlungsarten der Magnesiumhydroxydstruktur.

Es lassen sich drei Gruppen von Hydroxysalzen unterscheiden, von denen jede einer besonderen Abwandlungsart des unter II, 6 (S. 688) beschriebenen C6-Typs entspricht.

In einer ersten Gruppe ist ein Teil der Hydroxylionen im Gitter des Hydroxyds durch andere Anionen ersetzt. Es entstehen so *Einfachschichten* oder *Einfachnetzstrukturen* (EN-Strukturen). Der Ersatz der Hydroxyl- durch Fremdanionen kann zu einer *Deformation der Metallionenschicht* führen, dabei findet unter Umständen ein *Übergang in eine Kettenstruktur* statt. Ferner kann ein Teil der Ionen unter *Lückenbildung* aus der Metallionenschicht in die nächstfolgende Schicht von Oktaederlücken verlagert werden; dies bedeutet einen *Übergang zu einer Raumgitterstruktur* (G-Struktur) [vgl. P. NIGGLI (120)].

Eine zweite Gruppe von Hydroxysalzen entsteht in der Weise, daß zwischen die Schichten von Hydroxyd, die sog. Hauptschichten, Zwischenschichten von Salz, eventuell auch Hydroxysalz (d.h. Schichten mit Metall- und Fremdanionen, eventuell auch Hydroxylionen) eingelagert sind. Es entstehen so die *Doppelschichten-* oder *Doppelnetzstrukturen* (DN-Strukturen). Die Metallionenschichten können in ähnlicher Weise deformiert sein wie bei der ersten Gruppe. Es kann auch ein Teil der Metallionen unter Lückenbildung wegfallen.

In der dritten Gruppe sind nach einer kürzlich von DE WOLFF durchgeführten Strukturanalyse die Hydroxydschichten in *Bänder* von zwei oder drei parallelen Oktaederketten aufgeteilt. Die Bänder sind in parallelen Schichten angeordnet, aber etwas aus der Schichtebene verdreht. Die Bandränder sind zum Teil durch Wassermoleküle, zum Teil durch Fremdanionen besetzt und tragen noch positive Überschuß-

ladungen, die durch zwischen die Schichten eingelagerte Anionen ausgeglichen werden. Diese Abwandlungsart des C6-Typs wird im folgenden
als *Bänderstruktur* bezeichnet.

## 2. Einfachschichtenstrukturen.

### a) Anordnung der Anionen.

Die in den Hydroxydschichten an Stelle der Hydroxylionen eingebauten Fremdanionen können *unregelmäßig*, d.h. statistisch verteilt
(vgl. Abb. 9b), oder *regelmäßig* in einem ganz bestimmten Muster angeordnet sein. Sind die Fremdanionen unregelmäßig verteilt, so variiert

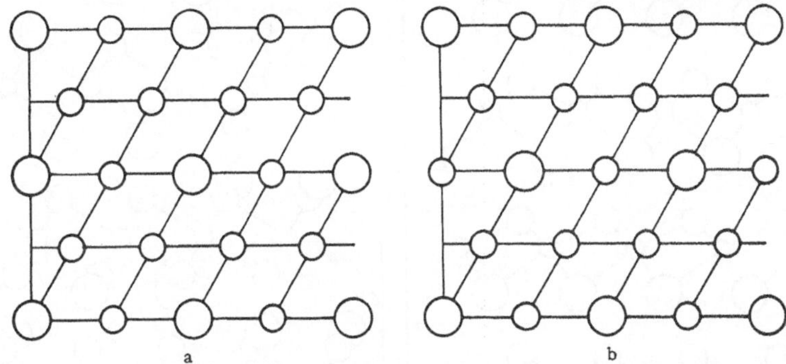

a             b

Abb. 8a u. b. Die beiden Verteilungsarten der Anionen in einer Anionenschicht der Verbindung $Me_2(OH)_3X$.

die Zusammensetzung häufig innerhalb bestimmter Grenzen (vgl. z.B.
das in II, 3 erwähnte Nickelhydroxychlorid II mit der Idealformel
$[Ni_2(OH)_3Cl])$.

Die Art und Weise der *regelmäßigen Verteilung der Anionen* hängt
vom Verhältnis OH:X ab. Bei Verbindungen MeOHX können z.B.
die OH-Ionen auf der einen, die X-Ionen auf der anderen Seite der
Me-Ionenschicht angeordnet sein. Dies gilt für Cadmiumhydroxychlorid I, CdOHCl (*95*) (vgl. Abb. 9a). Für Verbindungen $Me_2(OH)_3X$ ergeben sich die in den Abb. 8a und b wiedergegebenen Muster für die
Verteilung der Fremdanionen. Beide Arten der Anordnung sind festgestellt worden, doch scheint eine Verteilung nach Abb. 8a bevorzugt
zu sein (*142*).

Die Fremdanionen, die Hydroxylionen ersetzen können, sind vor
allem Halogenionen und Ionen $XO_3^-$. Bei letzteren tritt ein Sauerstoffatom an Stelle eines OH-Ions in die Schicht, die übrigen Atome ragen
aus der Schicht heraus, der Schichtenabstand wird entsprechend erhöht.
In ähnlicher Weise können auch zweiwertige Ionen wie $CO_3^{2-}$, $SO_4^{2-}$ und
$CrO_4^{2-}$ die Hydroxylionen ersetzen. Die Schichten erhalten dadurch
negative Ladungen, die durch Einbau von Metallionen zwischen die
Schichten ausgeglichen werden.

46*

Die Vergrößerung der Schichtenabstände durch Ersatz von Hydroxylionen durch Fremdanionen hängt von der Größe der Anionen ab; sie beträgt 1 bis 2,5 Å; der gesamte Schichtenabstand bei Einfachschichtenstrukturen beträgt rund 5,5 bis 7 Å.

Verfolgt man die unter III, 1 erörterten Gesichtspunkte für die Abwandlung der Einfachschichtenstrukturen, dann ergeben sich die in den folgenden Abschnitten b) bis d) zusammengefaßten Erfahrungen.

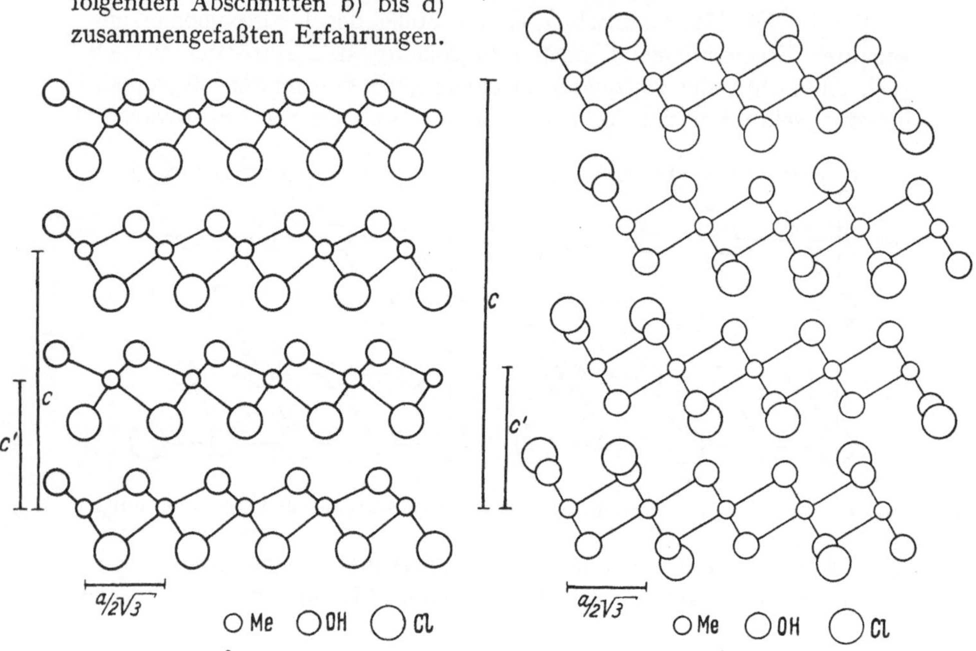


Abb. 9a u. b. a Struktur von CdOHCl, Anordnung der Schichten wie im C27-Typ. b C19-Typ mit teilweisem statistischen Ersatz von OH-Ionen durch X-Ionen.

### b) Undeformierte Metallionenschichten.

Es existieren mehrere Strukturtypen, bei denen die hexagonale Symmetrie der Metallionenschichten durch den Einbau von Fremdanionen nicht verändert worden ist, die sich aber dadurch voneinander unterscheiden, daß die Metallionenschichten in verschiedener Weise übereinander angeordnet sind.

HÄGG (87) hat für Verbindungen $AB_2$ die verschiedenen Anordnungsmöglichkeiten eingehend diskutiert. Es ergeben sich die bekannten Typen C6 ($CdJ_2$, Modifikation I), C27 ($CdJ_2$, Modifikation II) und C19 ($CdCl_2$). Die Lage der Schichten in diesen drei Typen erkennt man am besten aus Abb. 7 und 9a u. b. Beim C27- und C19-Typ sind demnach die Schichten gegeneinander verschoben, und zwar beim C27-Typ so, daß jede dritte Schicht, beim C19-Typ so, daß jede vierte Schicht wieder senkrecht über der ersten Schicht liegt. Alle drei Arten der Anordnung der Schichten sind bei Hydroxysalzen beobachtet worden.

Häufig treten unvollkommene Strukturen auf, bei denen die Schichten gegeneinander *verschoben und verdreht* sind, ähnlich wie bei gewissen Formen des schwarzen Kohlenstoffs (*96*); WARREN (*139*) hat diese Strukturen „random layer structures" genannt. Meistens besitzen nur frisch durch Fällung hergestellte Formen solche ungeordneten Schichtenstrukturen. Sie gehen beim Altern in Formen mit C6-Typ über. Wir möchten diese Vorstufen als *α-Formen des C6-Typs* bezeichnen.

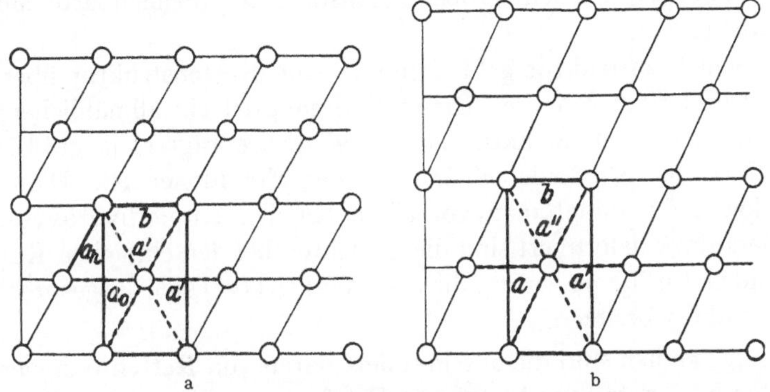

Abb. 10a u. b. a Undeformierte (hexagonale) Metallionenschicht. b Deformierte (rhombische) Metallionenschicht.

Es treten auch Hydroxysalze mit Einfachschichtengitter und undeformierten Metallionenschichten auf, die niedriger symmetrisch, d.h. monoklin oder triklin kristallisieren. Die niedrigere Symmetrie des ganzen Kristallgitters kann entweder durch niedrigere Symmetrie der Fremdanionen, oder durch geringe Verschiebungen der Schichten gegeneinander bedingt sein; wenn die Schichten mit konstanten Beträgen gegeneinander verschoben sind, steht die *c*-Achse des Kristallgitters nicht mehr senkrecht auf der *a*-Achse (vgl. Abb. 17).

Die Hydroxysalze mit undeformierter Metallionenschicht kristallisieren in mehr oder weniger gut ausgebildeten sechseckigen Plättchen (Abb. 1), wenn die Kristallsymmetrie hexagonal ist. Bei niedrigerer Kristallsymmetrie zeigen die Kristallplättchen meistens längliche, rechteckige oder rhombische Formen (Abb. 2). Gelegentlich treten sechszählige Aggregationsformen auf.

### c) Deformierte Metallionenschichten.

Bei einer größeren Zahl von Hydroxysalzen sind die Schichten deformiert. Die beobachtete Art der Deformation und die Beziehung zwischen undeformierter und deformierter Schicht ergibt sich aus den Abb. 10a und b.

In der Abb. 10a ist eine undeformierte hexagonale Metallionenschicht gezeichnet. Jedes Metallion hat als Nachbarn sechs Metallionen mit gleichem Abstand $a' = a_h$. [In der Abbildung ist die Grundfläche einer orthohexagonalen Elementarzelle eingetragen $(a_0 = \sqrt{3}\, a_h;\ b = a_h,\ a_0/b = \sqrt{3})$.]

In der deformierten Schicht ist der Abstand der parallel zur $b$-Achse gerichteten Metallionenreihen vergrößert (Abb. 10b), die Grundfläche einer Elementarzelle ist nicht mehr orthohexagonal, sondern orthorhombisch $(a/b > \sqrt{3})$. Jedes Metallion hat als Nachbarn zwei Metallionen mit dem kleineren Abstand $a'$ (in der Richtung der $b$-Achse) und vier Metallionen mit dem größeren Abstand $a''$ (benachbarte Metallionenreihen).

Die Schichtenstruktur geht damit in eine Kettenstruktur über mit Ketten parallel zur $b$-Achse. Dieser Übergang ist ein allmählicher; der Kettencharakter der Struktur ist um so ausgeprägter, je größer der Unterschied der Abstände ($a'$ und $a''$) der Metallionen ist. Diese Art der Deformation findet man vor allem bei den Kupferhydroxysalzen. Besonders stark deformiert sind die Schichten bei den einfachen Kupferhalogeniden, $CuCl_2$ und $CuBr_2$, die nach Wells (*141*) eine ausgesprochene Kettenstruktur besitzen.

Im allgemeinen sind die aus Parallelscharen von Ketten bestehenden Schichten im Kristall um bestimmte Beträge gegeneinander verschoben, so daß monokline, eventuell sogar trikline Kristallsymmetrie resultiert.

Hydroxysalze mit deformierten Metallionenschichten treten häufig in langen dünnen Plättchen auf. Eine erhöhte Deformation der Schichten, d.h. eine Zunahme des Kettencharakters äußert sich in stärker nadelig ausgebildeten Kristallen. So bildet z.B. Kupferhydroxynitrat, bei dem die Deformation nur klein ist ($a''/a' = 1{,}04$) bei rascher Ausscheidung lange Plättchen (vgl. Abb. 6), $\alpha$-Kupferhydroxychlorat, bei dem die Schichten stärker deformiert sind ($a''/a' = 1{,}07$), Kristallnädelchen.

### d) Metallionenschichten mit Lücken.

Die Struktur einiger Hydroxychloride der Zusammensetzung $Me_2(OH)_3Cl$ kann als Einfachschichtenstruktur aufgefaßt werden, bei der ein Teil der Metallionen in den Metallionenschichten fehlt und zwischen den Schichten eingelagert ist. Es sind zwei verschiedene derartige Strukturen bestimmt worden, sie werden im folgenden als Atakamit- und Paratakamittyp bezeichnet.

Der rhomboedrische *Paratakamittyp* ist formal in folgender Weise aus dem C19-Typ abzuleiten (*147*): In den Metallionenschichten fehlen $^1/_4$ der Metallionen, sie sind zwischen den Schichten eingelagert (Abb. 11). Der Abstand der Metallionen in diesen Schichten mit Lücken [parallel (001)] ist wesentlich größer als bei Hydroxysalzen mit normaler Einfachschichtenstruktur (3,42 Å bei $Co_2(OH)_3Cl$, Paratakamittyp; 3,17 Å bei

$Co_2(OH)_3(NO_3)$, C6-Typ). Im Gitter des Paratakamits haben nun aber die Schichten parallel (101) ausgesprocheneren Schichtencharakter als parallel (001) (vgl. Abb. 11). Sie sind verzerrt ähnlich wie die Schichten der Abb. 10b, die Anordnung der Lücken ergibt sich aus der Abb. 12a.

Der Atakamit kristallisiert rhombisch (8), (142). In den Metallionenschichten fehlt wiederum jedes vierte Metallion, die Verteilung der Lücken in diesen Schichten und die Art ihrer Deformation ergibt sich aus der Abb. 12b. Die in den Schichten fehlenden Metallionen sind wiederum zwischen den Schichten eingelagert. In der Abbildung der Paratakamitstruktur (Abb. 11) ist die pseudorhombische Zelle eingezeichnet, die der Elementarzelle des Atakamites entspricht (vgl. Abb. 19).

Die zwischen die Schichten eingelagerten Metallionen verstärken die Verknüpfung der Schichten und die Struktur verliert den reinen Schichten-

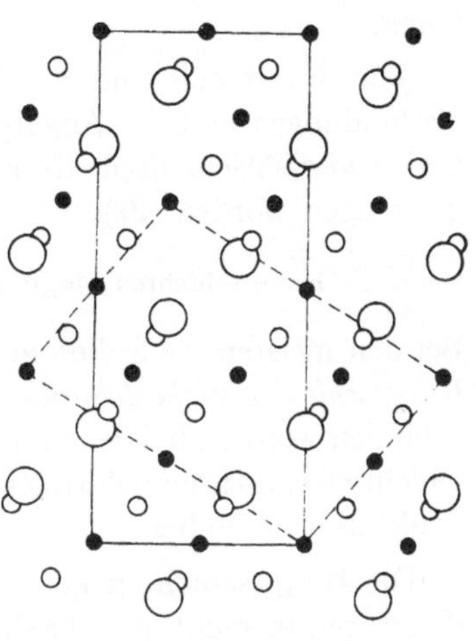



Abb. 11. Struktur von $Co_2(OH)_3Cl$ parallel [100] projiziert.

charakter. Atakamit- und Paratakamittyp sind Zwischenformen von Netz- und Raumgitterstrukturen. Verbindungen, die im Atakamit-

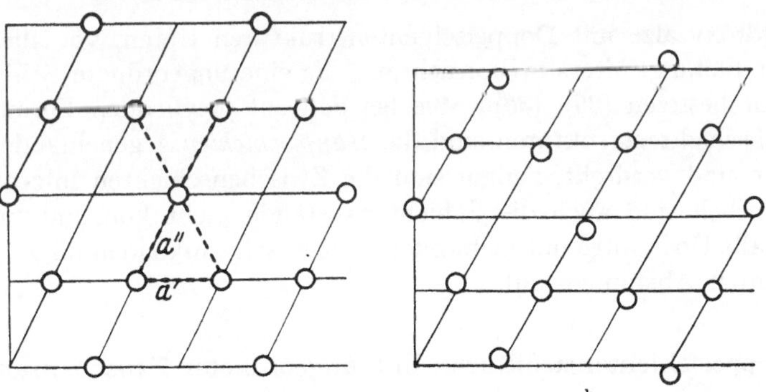



Abb. 12a u. b. Metallionenschichten mit Lücken. a Paratakamittyp; b Atakamittyp.

oder Paratakamittyp kristallisieren, treten bevorzugt in gleichachsigen Formen auf (67) (vgl. Abb. 4).

### 3. Die Doppelschichtenstrukturen.

Bei den Verbindungen mit Doppelschichtenstrukturen sind zwischen die *Hydroxyd-*, d. h. *Hauptschichten, Zwischenschichten* von Salz oder

Hydroxysalz eingelagert. Der Schichtenabstand ist wesentlich größer als bei den Einfachschichtenstrukturen, nämlich rund 8 bis 11 Å bei den kleinen anorganischen, bis gegen 30 Å bei großen organischen Anionen.

Vor einiger Zeit sind zur Charakterisierung der Konstitution solcher Verbindungen und zur Angabe der Verteilung der Ionen auf die Haupt- und Zwischenschichten Konstitutionsformeln der folgenden Art vorgeschlagen worden (27):

$$\text{Hauptschichten } Me_m(OH)_{2m} \rightleftharpoons Me_nX_{2n} \text{ Zwischenschichten.}$$

Bei den meisten nach diesem Prinzip gebauten Hydroxysalzen sind die *Hauptschichten nicht deformiert*. Es sind aber auch vereinzelte Beispiele gefunden worden, bei denen die Hauptschichten ähnlich wie bei Einfachschichtenstrukturen deformiert sind, so daß Übergangsformen in Kettenstrukturen entstehen.

Die Hauptschichten können, ähnlich wie bei den Einfachschichtenstrukturen in recht verschiedener Weise übereinandergelagert sein. Im weiteren ergeben sich verschiedene Möglichkeiten für die Anordnung der Ionen in den Zwischenschichten. Sehr häufig treten Formen mit gestörtem Gitter auf. In den folgenden Abschnitten a) bis d) wird eine Übersicht über solche Möglichkeiten von Doppelschichtenstrukturen gegeben.

### a) Ungeordnete Doppelschichtenstrukturen.

Hydroxysalze mit Doppelschichtenstrukturen treten, vor allem bei rascher Fällung, öfters in Formen auf, die eine ungeordnete Schichtenstruktur besitzen (29), (30). Wie bei den entsprechenden Formen bei Einfachschichtenstrukturen sind die *Hauptschichten* gegeneinander verschoben und verdreht, zudem sind die Zwischenschichten ungeordnet. Gelegentlich sind auch die Schichtenabstände nicht konstant, und es treten alle Übergänge mit mehr oder weniger schwankenden bis zu genau konstanten Abständen auf.

### b) Doppelschichtenstrukturen mit ungeordneter Zwischenschicht.

Viele Hydroxy- und Hydroxydoppelsalze, vor allem Hydroxydoppelsalze von zwei- und dreiwertigen Metallen, besitzen eine Struktur, bei der die Hauptschichten geordnet sind, und mit konstantem Abstand regelmäßig übereinanderliegen, die Zwischenschichten aber ungeordnet sind. Dieser Strukturtyp ist von Feitknecht und Lotmar (64) am Beispiel des grünen Kobalthydroxybromids aufgeklärt worden. Die Hydroxydschichten sind wie beim C19-Typ angeordnet; in der Zwischenschicht, in der Nähe der Mittelebene, sind weitere Metall-, Hydroxyl-

und Fremdanionen statistisch verteilt. In Abb. 13 ist dieser Strukturtyp schematisch dargestellt.

Verbindungen mit Doppelschichtenstrukturen mit ungeordneter Zwischenschicht können nur in hochdisperser Form erhalten werden: sie kristallisieren in äußerst dünnen hexagonalen Plättchen. Die Ionen der Zwischenschicht sind leicht beweglich; sowohl die Anionen wie die Kationen können sehr rasch und einphasig ausgetauscht werden.

### c) Geordnete Doppelschichtenstrukturen.

Hydroxysalze mit Doppelschichtenstruktur, die sich langsam bilden, besitzen meistens eine Struktur, bei der die Hauptschichten regelmäßig angeordnet sind und auch die Ionen der Zwischenschicht bestimmte Gitterplätze besetzen. Es wurden noch keine vollkommenen Strukturanalysen solcher Verbindungen durchgeführt. Es konnte aber nachgewiesen werden, daß die Hauptschichten in gleicher Weise angeordnet sein können wie beim C6-Typ [Beispiel: Zinkhydroxychlorid III, [$6 Zn(OH)_2 \cdot ZnCl_2$] (74)] oder wie beim C19-Typ [Beispiel: Zinkhydroxychlorid II, [$4 Zn(OH)_2 ZnCl_2$] (109)].

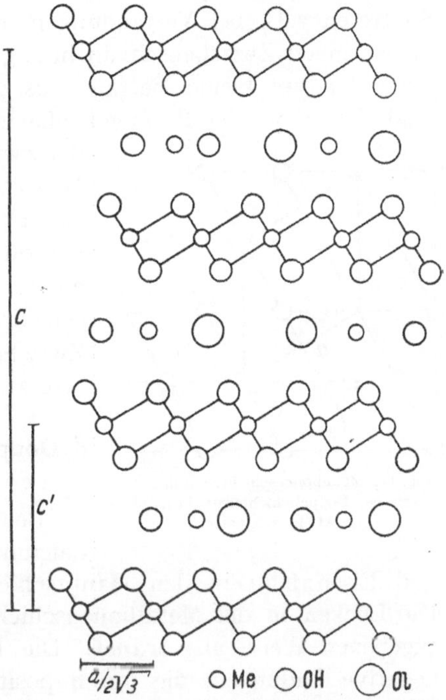

Abb. 13. Typ des grünen Kobalthydroxybromids, Projektion nach einer a-Achse.

Die Anordnung der Ionen in der Zwischenschicht kann eine sehr verschiedene sein. In einigen Fällen, wie bei den oben erwähnten Zinkhydroxychloriden, ist sie so, daß die Symmetrie der Kristalle hexagonal wird. In anderen Fällen, wie z.B. beim Zinkhydroxynitrat II [$4 Zn(OH)_2$, $Zn(NO_3)_2$], sind die Kristalle monoklin, weil die Eigensymmetrie und die Anordnung der Anionen eine Herabsetzung der Kristallsymmetrie bedingt (22). Diese verschiedenen Möglichkeiten der Anordnung der Hauptschichten und der Ionen der Zwischenschichten bedingen, daß eine große Anzahl von Gittertypen auftreten kann, die sich alle auf das gleiche Bauprinzip zurückführen lassen.

Mehrere Hydroxysalze mit Doppelschichtenstruktur sind wasserhaltig. Die Wassermoleküle sind ebenfalls in der Zwischenschicht angeordnet und der Schichtenabstand hängt von der Größe des Wassergehaltes

ab. Beim Entwässern findet deshalb häufig eine Abnahme des Schichtenabstandes statt, begleitet von einer Veränderung der Lage der übrigen
Ionen; unter Umständen wird die Zwischenschicht ungeordnet, wie z.B.
beim Kobalthydroxysulfat I (52).

Die drei besprochenen Gruppen von Doppelschichtenstrukturen entsprechen drei verschiedenen Graden der Gitterordnung. Zwischen den
verschiedenen Graden der Gitterordnung sind aber Übergänge möglich.
So treten z.B. bei Verbindungen mit Doppelschichtenstrukturen mit
ungeordneter Zwischenschicht häufig Bildungsformen auf, bei denen die
Schichten um kleine Beträge aus der Gleichgewichtslage verschoben
sind. Ferner werden Formen beobachtet, bei denen nur ein Teil der Ionen
der Zwischenschichten geordnet sind. Ein
Beispiel hierfür ist das Zinkhydroxychlorid IIb, eine Vorstufe von Zinkhydroxychlorid II, von dem es sich auch durch
einen größeren Hydroxygehalt unterscheidet, da ein Teil der Chlorionen der
Zwischenschicht durch Hydroxylionen
ersetzt ist (60).

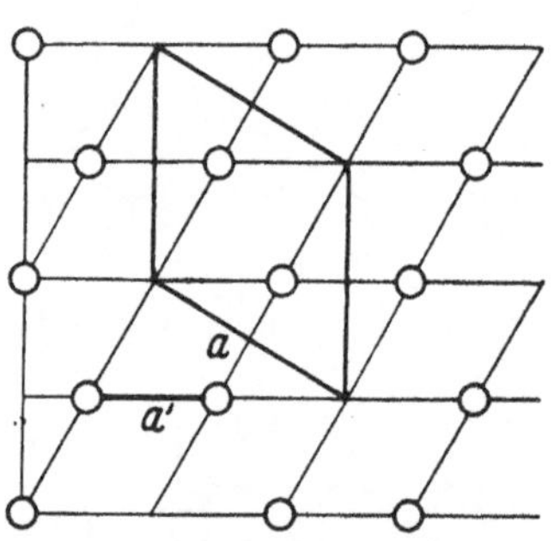
Abb. 14. Metallionenschichten mit Lük-
ken bei Doppelschichtenstrukturen
(Ca-Al-Hydroxysalze).

### d) Doppelschichtenstrukturen mit Metall-ionenlücken in den Hauptschichten.

Bei den Hydroxydoppelsalzen von
Calcium und Cadmium mit Aluminium
und Eisen fehlt in den Hauptschichten jedes dritte Metallion (47).
Die Lücken in der Metallionenschicht sind in der in Abb. 14 wiedergegebenen Weise angeordnet. Die Hauptschichten erhalten dadurch
negative Ladungen, die durch positive Ladungen von Kationen der
Zwischenschichten ausgeglichen werden. Deshalb führt diese Lückenbildung in der Metallionenschicht nicht zu einer Raumgitterstruktur wie
bei den Einfachschichtenstrukturen, der Schichtencharakter bleibt vielmehr erhalten.

Die verschiedenen Formen von Doppelschichtenstrukturen werden
häufig auch bei reinen Hydroxyden und bei reinen Doppelhydroxyden
beobachtet. Das diesbezügliche Tatsachenmaterial hat kürzlich O. Glemser (83) zusammengestellt.

## 4. Die Bänderstrukturen.

Die Magnesiumhydroxysalze kristallisieren in langen Nadeln. Feitknecht und Held (61) haben schon vor einiger Zeit die Vermutung
ausgesprochen, daß eine auf den C6-Typ zurückführbare Bänderstruktur
vorliege. Durch die von de Wolff (146) ausgeführten Strukturbestimmungen von einigen dieser Verbindungen ist diese Vermutung bestätigt

worden. Die Beziehung der Bänderstruktur zur Magnesiumhydroxydstruktur ergibt sich in folgender Weise: In den Schichten fällt jede
3. oder 4. Reihe der Metallionen aus. Die so entstehenden Bänder
von zwei oder drei Oktaederreihen sind etwas gegeneinander verdreht. Der Winkel der Drehung ist gerade so groß, daß sich je ein
unterer und ein oberer Rand der Bänder gegenüberliegen, die Bänder
werden so zu Zickzackschichten zusammengeschlossen.

Für Verbindungen [Me$_2$(OH)$_3$X,
4 H$_2$O] mit Doppeloktaederbändern
sind die Verhältnisse in den Abb. 15
und 16 schematisch dargestellt.

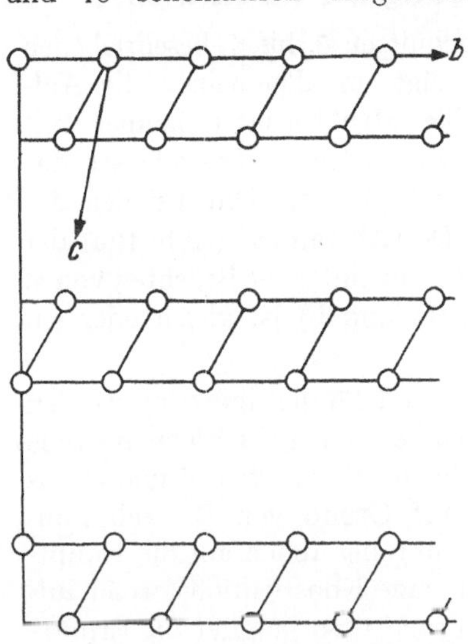

Abb. 15. Bänder von Magnesiumionen im
Mg$_2$(OH)$_3$Cl · 4 H$_2$O (Projektion auf [001]).

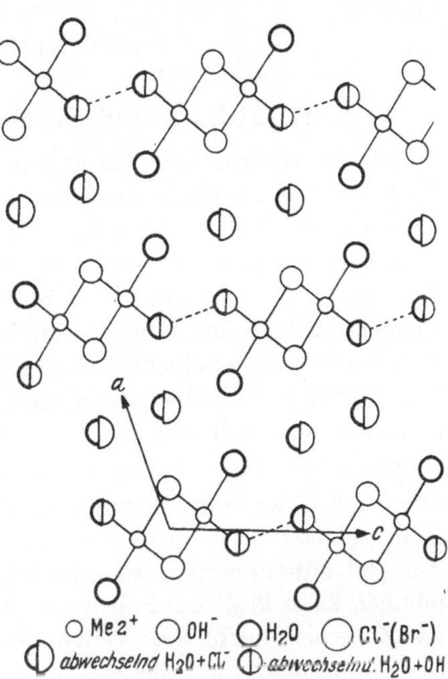


Abb. 16. Struktur von Mg$_2$(OH)$_3$Cl · 4 H$_2$O
parallel [010] projiziert.

Abb. 15 gibt eine Projektion der Metallionen auf die Schichtebene, ein
Vergleich mit Abb. 10a ergibt ohne weiteres die Beziehung zur C6-Struk-
tur. Abb. 16 gibt eine Projektion parallel zur $b$-Achse (vgl. Abb. 7,
9a und b, 13). Die freien Ränder der Oktaederbänder sind mit Wassermolekülen besetzt. Die Ränder, die die Verknüpfung mit den Nachbar-
bändern vermitteln, sind abwechselnd mit OH-Ionen und H$_2$O-Mole-
külen besetzt, und zwar so, daß immer ein OH einem H$_2$O gegenüberliegt.
Die Bänder erhalten dadurch die Zusammensetzung [Mg$_2$(OH)$_3$(H$_2$O)$_3$]$_n^{n+}$
($n =$ Anzahl der Mg-Ionen in der Richtung der Faserachse der Kristalle);
sie sind positiv geladen. Die Ladung wird durch Anionen, die in die
Zwischenschichten eingelagert sind, ausgeglichen. In den Zwischenschichten befinden sich auch die weiteren Wassermoleküle, die abwech-
elnd mit den Anionen die freien Gitterplätze besetzen.

Die Struktur des höher basischen Magnesiumhydroxychlorids $[Mg_3(OH)_5X, 4H_2O]$ unterscheidet sich von der oben besprochenen Struktur nur dadurch, daß die Bänder aus drei Oktaederreihen bestehen. Die Anordnung der Bänder, der Wassermoleküle und der Chlorionen ist aber ganz analog wie bei den Verbindungen mit Doppelbändern.

Ähnlich wie bei den Verbindungen mit Doppelschichtengitter läßt sich die Konstitution Hydroxysalze mit Bänderstruktur wie folgt formulieren:

$$[Me_m(OH)_{2\,m-1}(H_2O)_3 \rightleftharpoons XH_2O].$$

## 5. Ermittlung und Beschreibung der Strukturen.

Um ein Hydroxysalz den in den Abschnitten 2. bis 4. beschriebenen *Strukturtypen* zuordnen zu können, genügt im allgemeinen die Aufnahme eines Pulverdiagramms. Spezielle Strukturdaten können mit Pulverdiagrammen nur teilweise ermittelt werden. Kristallisiert das Hydroxysalz hexagonal, so ist es häufig leicht, die Dimensionen der Elementarzelle $a$ und $c$ zu bestimmen. Der Abstand $a'$ (Abb. 10a) der Metallionen in den Schichten ist gleich oder ein einfacher Bruchteil von $a$. Der Abstand der Schichten $c'$ (Abb. 7, 9a und b) ist gleich oder ein einfacher Bruchteil von $c$.

Wenn die Röntgendiagramme nicht vollständig indiziert werden können, d. h. wenn die Bestimmung der Dimensionen der Elementarzelle nicht möglich ist, so gelingt es doch vielfach, die Größen $a'$ und $c'$ aus den Pulverdiagrammen zu ermitteln. Auf Grund von Dichtebestimmungen kann in diesen Fällen eine Zuteilung der Ionen auf die Haupt- und Zwischenschichten vorgenommen und eine Konstitutionsformel aufgestellt werden. Sind die Schichten deformiert, so bereitet die Ermittlung der Abstände der Metallionen $a'$ und $a''$ größere Schwierigkeiten.

Liegen vollständige Strukturanalysen vor, so sind auch die Abstände Metallion—Anion bekannt; die Koordinationsverhältnisse lassen sich in diesen Fällen genau beschreiben.

## IV. Die Struktur einzelner Hydroxysalze.
## 1. Allgemeine Gesichtspunkte.

In den folgenden Unterabschnitten sind die Hydroxysalze zusammengestellt, für die nachgewiesen ist, daß sich ihre Struktur vom C6-Typ ableiten läßt. Sie sind nach den im vorhergehenden Abschnitt III besprochenen strukturellen Gesichtspunkten geordnet. Der Text beschränkt sich auf kurze Erläuterungen, die vor allem für den Spezialisten gedacht sind. Von einer Angabe der Methoden zur Herstellung der aufgeführten Verbindungen ist im allgemeinen abgesehen worden. Bei

Verbindungen, bei denen vollständige Strukturbestimmungen vorliegen, wird im Text eine etwas eingehendere Beschreibung der Struktur gegeben.

In die Zusammenstellung sind auch viele Verbindungen mit aufgenommen worden, über deren Struktur noch keine anderen Publikationen erschienen sind. Zum Teil handelt es sich um Verbindungen, die nach Angaben anderer Autoren hergestellt und von uns erstmalig röntgenographisch untersucht wurden, zum Teil um Verbindungen, die in noch nicht abgeschlossenen Untersuchungen erhalten wurden.

Bei einem Überblick über die Tabellen erhält auch derjenige Leser, der sich nicht in die Einzelheiten vertiefen will, einen Begriff von der chemisch interessanten Tatsache, daß eine sehr große Zahl verschiedenartiger Verbindungen nach ähnlichen Strukturprinzipien aufgebaut ist.

Die Tabellen enthalten neben der Bezeichnung der Verbindung die Formel; bei Doppelschichtenstrukturen ist die Konstitutionsformel aufgeführt. Soweit als möglich sind die Dimensionen der Elementarzelle ($a$ und $c$), die Abstände der Metallionen in den Schichten ($a'$ und eventuell $a''$) und die Abstände der Schichten ($c'$) angegeben. Bei deformierten Schichten gibt das Verhältnis $a''/a'$ ein Maß für den Deformationsgrad.

Ein Vergleich von $a'$ und $c'$ der Hydroxysalze mit $a$ und $c$ des Hydroxyds des entsprechenden Metalls läßt erkennen, in welchem Umfang die Hydroxydstruktur beim Übergang in das Hydroxysalz verändert wird. In der Tabelle 2 sind deshalb neben den PAULINGschen Ionenradien die Dimensionen der Elementarzelle der Hydroxyde zusammengestellt.

Kupfer- und Zinkhydroxyd kristallisieren, wie schon erwähnt, nicht im C6-Typ. Beide bilden aber mit Nickelhydroxyd Mischkristalle (*110*), (*66*). Aus den Dimensionen der Elementarzelle von Mischkristallen bestimmter Zusammensetzung können die Werte für $a$ und $c$ der hypothetischen Hydroxyde von Kupfer und Zink mit C6-Typ geschätzt werden. Sie sind in Klammern in die Tabelle 2 aufgenommen worden.

Tabelle 2. *Gitterdimensionen der Hydroxyde.*

| Metall | Ionenradien (Å) nach PAULING | Gitterdimensionen der Hydroxyde | | $c/a$ | Literatur |
|---|---|---|---|---|---|
| | | $a$ | $c$ | | |
| Cu . . . | — | (3,11 | 4,6) | 1,48 | (*66*) |
| Ni. . . . | 0,69 | 3,117 | 4,595 | 1,48 | (*110*) |
| Mg . . . | 0,65 | 3,142 | 4,758 | 1,51 | (*114*) |
| Co . . . | 0,72 | 3,173 | 4,640 | 1,46 | (*110*) |
| Zn . . . | 0,74 | (3,19 | 4,65) | 1,46 | (*110*) |
| Fe . . . | 0,75 | 3,28 | 4,64 | 1,41 | (*101*) |
| Mn . . . | 0,80 | 3,34 | 4,68 | 1,40 | (*126*) |
| Cd . . . | 0,97 | 3,49 | 4,69 | 1,34 | (*57*) |
| Ca . . . | 0,99 | 3,58 | 4,90 | 1,37 | (*127*) |

## 2. Hydroxysalze mit Einfachschichtengitter.

### a) Hydroxysalze mit C 6-Typ.

Die bekannten im C6-Typ kristallisierenden Hydroxysalze sind in der Tabelle 3 zusammengestellt. Dieser Typ kann nur auftreten, wenn der Ersatz der Hydroxylionen durch Fremdanionen statistisch erfolgt. Die Zusammensetzung schwankt deshalb häufig; wurden die Grenzen der Homogenitätsbereiche bestimmt, so sind sie zusammen mit den Idealformeln in der Tabelle 3 angegeben.

Bis jetzt wurden nur die Hydroxychloride systematisch untersucht. Mit Ausnahme von Cu, Zn und Ca bilden alle berücksichtigten Metalle Hydroxychloride mit C6-Struktur. Die Idealformel ist $Me(OH)_{1,5}Cl_{0,5}$, nur beim Cadmium lautet sie $CdOH_{1,33}Cl_{0,67}$. Ein zweites Cadmiumhydroxychlorid (Hydroxychlorid V) mit C6-Struktur kann kontinuierlich in das Hydroxyd übergehen. Die Hydroxychloride mit C6-Typ sind meistens instabil und wandeln sich unter Chloridlösung in stabilere Verbindungen um.

Die Hydroxysalze der übrigen Halogenide sind noch sehr unvollständig untersucht. Es ist aber mindestens je ein Hydroxyfluorid, -bromid und -jodid mit C6-Struktur festgestellt worden. Zinkhydroxyfluorid konnte nur in einer Form mit ungeordneter Schichtenstruktur erhalten werden, es hat die gleichen Gitterdimensionen wie das hypothetische Zinkhydroxyd mit C6-Typ.

Ein Vergleich der Gitterdimensionen der Hydroxyhalogenide mit denen der Hydroxyde ergibt, daß der Abstand der Metallionen sich beim Ersatz eines Teils der Hydroxylionen durch Halogenionen nur wenig vergrößert, der Abstand der Schichten aber entsprechend dem Raumbedarf des Anions zunimmt. Das Achsenverhältnis $c/a$ vergrößert sich deshalb mit dem Radius des eingebauten Halogenions (vgl. Cadmiumhydroxychlorid, -bromid und -jodid).

Diese Vergrößerung des Schichtenabstandes bei kaum verändertem Abstand der Metallionen rührt daher, daß die Halogenionen nicht in der gleichen Ebene liegen wie die Hydroxylionen und um so weiter aus dieser Ebene verschoben sind, je größer der Radius des Halogenions ist.

Aus einer noch nicht abgeschlossenen Untersuchung folgt, daß die basischen Azide bevorzugt in Einfachschichtenstrukturen auftreten. Von den verschiedenen Zinkhydroxyaziden kristallisiert das hydroxydärmste, $ZnOHN_3$, im C6-Typ.

Nickel bildet nur ein Hydroxyazid, und zwar stets nur in Formen mit einer ungeordneten Schichtenstruktur. Die Zusammensetzung ist nicht ganz konstant, entspricht aber ungefähr der Formel $NiOHN_3$. Bei $ZnOHN_3$ und $NiOHN_3$ ist der Abstand $a$ praktisch gleich wie beim Hydroxyd, der Schichtenabstand aber um 2,6 bis 2,7 Å größer. Im Azidion

Tabelle 3. *Hydroxysalze mit C 6-Struktur.*

| Bezeichnung | Zusammensetzung | Idealformel | Gitterdimensionen | | $c/a$ | Literatur |
|---|---|---|---|---|---|---|
| | | | $a$ | $c$ | | |
| Zn-Hydroxyfluorid II [1] . . | | $Zn(OH)_{1,5}F_{0,5}$ | 3,19 | 4,65 | 1,46 | (43) |
| Ni-Hydroxychlorid II . . . | $Ni(OH)_{1,32-1,62}Cl_{0,68-0,38}$ | $Ni(OH)_{1,5}Cl_{0,5}$ | 3,19—3,16 | 5,55—5,44 | 1,74 | (48) |
| Mg-Hydroxychlorid IV . . | $Mg(OH)_{1,5-1,67}Cl_{0,5-0.33}$ | $Mg(OH)_{1,5}Cl_{0,5}$ | 3,25—3,21 | 5,75—5,62 | 1,76 | (61) |
| Fe-Hydroxychlorid III . . | | $Fe(OH)_{1,5}Cl_{0,5}$ | 3,32 | 5,52 | 1,71 | (101) |
| Mn-Hydroxychlorid III . . | $Mn(OH)_{1,6-1,7}Cl_{0,4-0,2}$ | $Mn(OH)_{1,5}Cl_{0,5}$ | 3,37 | 5,52 | 1,64 | (126) |
| Cd-Hydroxychlorid III . . | $Cd(OH)_{1,31-1,44}Cl_{0,69-0,56}$ | $Cd(OH)_{1,33}Cl_{0,67}$ | 3,58 | 5,54 | 1,55 | (57) |
| Cd-Hydroxychlorid V . . . | $Cd(OH)_{1,7-2}Cl_{0,3-0}$ | | 3,53—3,49 | 5,03—4,69 | 1,42—1,34 | (57) |
| Ni-Hydroxybromid I . . . | $Ni(OH)_{1,48-1,53}Br_{0,52-0,47}$ | $Ni(OH)_{1,5}Br_{0,5}$ | 3,18 | 5,80 | 1,82 | (48) |
| Cd-Hydroxybromid II$\alpha$ . . | | $Cd(OH)_{1,33}Br_{0,67}$ | 3,61 | 6,01 | 1,71 | (82) |
| Cd-Hydroxyjodid III . . . | | $Cd(OH)_{1,5}J_{0,5}$ | 3,64 | 6,60 | 1,81 | (33) |
| Ni-Hydroxyazid . . . . . | | $Ni(OH)N_3$ | 3,12 | 7,2 | 2,3 | (81) |
| Zn-Hydroxyazid I . . . . | | $Zn(OH)N_3$ | 3,20 | 7,4 | 2,3 | (77) |
| Ni-Hydroxynitrat III . . . | $Ni(OH)_{1,58-1,75}(NO_3)_{0,42-0,25}$ | $Ni(OH)_{1,5}(NO_3)_{0,5}$ | 3,12—3,08 | 7,0—7,25 | 2,3 | (51) |
| Co-Hydroxynitrat II$\alpha$ . . | $Co(OH)_{1,5}(NO_3)_{0,5}$ | $Co(OH)_{1,5}(NO_3)_{0,5}$ | 3,17 | 6,95 | 2,2 | (55) |
| Co-Hydroxysulfat I$\beta$ [2] . . | | $Co(OH)_{1,2}(SO_4)_{0,4}$ | 3,13 | 7,0 | 2,24 | (150) |
| Zn-Hydroxychromat II$\beta$ . . | | $Zn(OH)_{1,4}(CrO_4)_{0,3}$ | 3,15 | 7,1 | 2,25 | (98) |

[1] Nur in Formen mit ungeordneter Schichtenstruktur.

[2] Wenige Überstrukturlinien.

sind die drei Stickstoffatome linear angeordnet. Die beobachteten Gitterdimensionen, d.h. der größere Schichtenabstand ergibt sich, wenn angenommen wird, daß die Azidionen ungefähr senkrecht aus der Hydroxylionenschicht herausragen.

Nickel und Kobalt bilden, wie schon vor längerer Zeit nachgewiesen wurde (*51*), (*55*), je ein *Hydroxynitrat mit C6-Struktur*. Das Kobalthydroxynitrat ist einfach stöchiometrisch zusammengesetzt, das Nickelhydroxynitrat hat variable Zusammensetzung und enthält auch noch Wasser. Der Abstand $a$ ist praktisch gleich wie beim Hydroxyd, der Schichtenabstand $c$ dagegen ist um 2,3 bis 2,6 Å größer. Im Hydroxydgitter ist ein Teil der Hydroxylionen unregelmäßig verteilt, durch Nitrationen ersetzt, und zwar so, daß an die Stelle eines Hydroxylions ein O-Atom des Nitrations tritt; die beiden anderen O-Atome des Nitrations füllen den durch die Schichterhöhung geschaffenen Raum aus (vgl. auch Kupferhydroxynitrat, Abb. 18).

Die Formen des Kobalt- und Nickelhydroxynitrates mit unvollkommener C6-Struktur wandeln sich unter konzentrierter Lösung von Kobalt- bzw. Nickelnitrat in eine Modifikation mit geordneter Anordnung der Nitrationen um (vgl. S. 707).

Ein Kobalthydroxysulfat (I$\beta$) mit C6-Struktur wurde durch Entwässern, Wiederwässern und nochmaliges Entwässern von Kobalthydroxysulfat I erhalten. Die Gitterdimensionen sind fast gleich wie beim Kobalthydroxynitrat.

Denk und Dewald (*17*) haben kürzlich gezeigt, daß beim unvollständigen Fällen einer Zinkselenatlösung ein *Zinkhydroxyselenat* der Zusammensetzung $3 Zn(OH)_2 \cdot ZnSeO_4$ entsteht. Nach unseren röntgenographischen Versuchen besitzen die frisch hergestellten Formen dieser Verbindung eine ungeordnete Einfachschichtenstruktur.

Die *Zinkhydroxychromate* sind vor längerer Zeit von Gröger (*86*) untersucht worden. Frau Hugi-Carmes (*98*) konnte die Angaben Grögers nicht in allen Punkten bestätigen. Sie stellte fest, daß fünf Zinkhydroxychromate existieren, die sich alle auf den C6-Typ zurückführen lassen. Von drei Verbindungen ist die Konstitution noch nicht ganz abgeklärt [Hydroxychromat I $Zn(OH)_2 \cdot ZnCrO_4$, II$\alpha$ $2,5 Zn(OH)_2 \cdot ZnCrO_4 \cdot nH_2O$ und III$\alpha$ $3-4 Zn(OH)_2 \cdot ZnCrO_4 \cdot nH_2O$].

Zinkhydroxychromat II$\beta$ $2,5 Zn(OH)_2 \cdot ZnCrO_4$ kristallisiert im C6-Typ. Die Gitterdimensionen sind fast genau gleich wie beim oben erwähnten Kobalthydroxysulfat I$\beta$ und Zinkhydroxyselenat. Bei allen diesen drei Hydroxysalzen ist ein Teil der Hydroxylionen statistisch durch zweiwertige $XO_4^{2-}$-Ionen ersetzt. Ähnlich wie beim Ersatz der OH-Ionen durch $XO_3^{-}$-Ionen tritt ein Sauerstoffatom des $XO_4^{2-}$-Tetraeders an die Stelle eines OH-Ions. Die restlichen drei O-Atome, die die Basis des

Tetraeders bilden, liegen in der Mittelebene zwischen den OH-Ionenschichten (vgl. die Struktur des Kupferhydroxynitrates Abb. 18).

Der Ersatz eines Teils einwertiger OH- durch zweiwertige $XO_4^{2-}$-Ionen hat zur Folge, daß die Schichten negativ geladen werden (vgl. III, 2). Die Ladungen werden durch Einlagerung einer äquivalenten Menge von Metallionen zwischen den Schichten neutralisiert. Aus der Dichte läßt sich die Anzahl der Atome in der Elementarzelle und daraus die Anzahl der zwischen den Schichten eingebauten Metallionen bestimmen.

Die Bestimmung der Dichte des Zinkhydroxychromates $II\beta$ ergab, daß auf ein Zinkion in der Hauptschicht 0,17 zwischen den Schichten statistisch verteilte Zinkionen kommen. Dies führt zu der folgenden Konstitutionsformel für Zinkhydroxychromat $II\beta$

$$[Zn_4(OH)_{6,67}(CrO_4)_{1,33}Zn_{0,67}] .$$

Die Formel läßt erkennen, daß die Zahl der Sauerstoffatome der Chromationen, die in der Schicht zwischen den Hydroxylionen liegen, gleich groß ist wie die Zahl der OH-Ionen und O-Atome der Chromationen in den Hydroxylionenschichten (Mittelschicht $3 \cdot 1,33 = 4$ O-Atome; Hauptschicht $3,33$ OH⁻, $0,67$ O-Atome).

### b) Hydroxysalze mit C19-Typ und $EO_3$-Typ.

In der Tabelle 4 sind die bis jetzt beobachteten Hydroxysalze mit C 19-Typ zusammengestellt. Die Hydroxychloride Me(OH)Cl kristallisieren bevorzugt in diesem Typ. Das von Hayek (88) beschriebene FeOHCl gibt ein Röntgendiagramm, das noch wenige Überstrukturlinien zeigt. Cadmiumhydroxychlorid II mit C 19-Typ hat die Zusammensetzung $Cd(OH)_{1,25}Cl_{0,75}$. Das einzige bekannte Hydroxybromid mit C 19-Typ ist Cadmiumhydroxybromid III, $CdOH_{1,4}Br_{0,6}$.

Tabelle 4. *Hydroxysalze mit C19- und EO 3-Struktur.*

| Bezeichnung | Idealformel | Gitterdimensionen | | $c'/a$ | Literatur |
|---|---|---|---|---|---|
| | | $a$ | $c'=c/3$ | | |
| Ni-Hydroxychlorid I . . . | Ni(OH)Cl | 3,26 | 5,67 | 1,74 | (*48*) |
| Mg-Hydroxychlorid I . . . | Mg(OH)Cl | 3,36 | 5,75 | 1,71 | (*61*) |
| Co-Hydroxychlorid I . . . | Co(OH)Cl | 3,33 | 5,70 | 1,71 | (*150*) |
| Zn-Hydroxychlorid I$\alpha$ . . | Zn(OH)Cl | 3,37 | 5,65 | 1,68 | (*150*) |
| Fe-Hydroxychlorid I[1] . . . | Fe(OH)Cl | 3,40 | 5,65 | 1,66 | (*150*) |
| Mn-Hydroxychlorid I . . . | Mn(OH)Cl | 3,47 | 5,75 | 1,66 | (*126*) |
| Cd-Hydroxychlorid II . . . | $Cd(OH)_{1,25}Cl_{0,75}$ | 3,58 | 5,47 | 1,53 | (*57*) |
| Cd-Hydroxybromid III . . | $Cd(OH)_{1,4}Br_{0,6}$ | 3,56 | 5,85 | 1,65 | (*33*) |
| | | | $c'=c/2$ | | |
| Cd-Hydroxychlorid I . . . | Cd(OH)Cl | 3,66 | 5,13 | 1,41 | (*95*), (*57*) |
| Ca-Hydroxychlorid I . . . | Ca(OH)Cl | 3,84 | 5,02 | 1,31 | (*150*) |

[1] Wenige Überstrukturlinien.

Die Gitterdimensionen der Verbindungen MeOHCl sind erwartungsgemäß größer als bei den Verbindungen $Me(OH)_{1,5}Cl_{0,5}$, das Verhältnis des Schichtenabstandes $c'$ zu $a$ ist aber wie bei letzteren etwa 1,7 ($c/a$ der Hydroxyde $\sim$1,45). Der Metallionenabstand nimmt demnach beim Übergang des Hydroxyds ins Hydroxychlorid MeOHCl prozentual wesentlich weniger zu als der Schichtenabstand. Die Verteilung der Halogenionen ist bei $Cd(OH)_{1,25}Cl_{0,75}$ und $Cd(OH)_{1,4}Br_{0,6}$ eine statistische (Abb. 9b). Bei den Verbindungen MeOHCl kann sie statistisch sein, es können aber auch die OH-Ionen auf der einen, die Cl-Ionen auf der anderen Seite der Metallionenschicht angeordnet sein. Der relativ kleine Abstand der Metallionen bei großem Abstand der Schichten ($c'/a \sim$1,7) spricht für eine statistische Verteilung.

Die Struktur des CdOHCl ist von Hoard und Grenko (95) vollständig aufgeklärt worden und wird als $EO_3$-Typ bezeichnet. Die Schichten sind wie beim C27-Typ angeordnet, die OH-Ionen befinden sich auf der einen, die Cl-Ionen auf der anderen Seite der Metallionenschicht (Abb. 9a). Der Abstand der Metallionen ($a$) in den Schichten und der Schichtenabstand ($c'$) sind prozentual ungefähr gleich viel größer als beim Hydroxyd. Das Verhältnis $c'/a$ beträgt nur 1,41. Der relativ kleine Schichtenabstand ist auf die Bildung von Wasserstoffbrücken zwischen den OH- und Cl-Ionen zurückgeführt worden.

Nach Schreinemakers und Figee (131) setzt sich CaO mit konzentrierter Calciumchloridlösung zu $CaCl_2 \cdot CaO \cdot 2 H_2O$ um. Dieses Calciumhydroxychloridhydrat gibt das Hydratwasser leicht ab und geht in CaOHCl über.

Aus dem Pulverdiagramm von CaOHCl kann geschlossen werden, daß es im gleichen Gittertyp kristallisiert wie CdOHCl. Die Dimensionen der Elementarzelle von beiden sind fast gleich; auch beim CaOHCl ist das Verhältnis $c'/a$ klein (150).

## c) Hydroxysalze mit Einfachschichtengitter unbekannter Struktur.

Mehrere der beobachteten Hydroxysalze besitzen Einfachschichtenstrukturen, ohne in einem der oben besprochenen Gittertypen zu kristallisieren. Sie sind in der Tabelle 5 zusammengestellt. Die Zusammenstellung umfaßt Verbindungen verschiedener Metalle mit verschiedensten Anionen. Zum Teil handelt es sich um polymorphe Formen von Verbindungen, mit C6- oder C19-Typ.

*ZnOHCl* tritt in drei verschiedenen Modifikationen auf. Die instabile $\alpha$-Form kristallisiert im C19-Typ (vgl. Tabelle 4); die stabile $\gamma$-Form kristallisiert in einem komplizierteren Einfachschichtengitter.

Von den drei *Cadmiumhydroxyfluoriden* kristallisiert eines (II) in einem Einfachschichtengitter (44). Dieses Hydroxyfluorid ist isotyp mit

Tabelle 5. *Hydroxysalze mit Einfachschichtengitter unbekannter Struktur.*

| Bezeichnung | Formel | Bemerkungen über Strukturdimension der E.Z. | | Gitterdimensionen | | Literatur |
|---|---|---|---|---|---|---|
| | | $a$ | $c$ | $a''$ | $c'$ | |
| Zinkhydroxychlorid I $\gamma$ . . | $Zn(OH)Cl$ | | | 3,27 | 5,50 | (*150*) |
| Cd-Hydroxyfluorid II. . . . | $Cd(OH)_{1,6-1,7}F_{0,4-0,3}$ | 3,42 | 9,90 | 3,42 | 4,95 | (*44*) |
| Cd-Hydroxychlorid VI . . | $Cd(OH)_{1,93}Cl_{0,07}$ | 3,40 | 9,90 | 3,40 | 4,95 | (*40*) |
| Cd-Hydroxychlorid IV . . | $Cd(OH)_{1,5}Cl_{0,5}$ | | | 3,58 | 5,00 | (*57*) |
| Ca-Hydroxychlorid II $\alpha$ . . | $Ca(OH)_{1,5}Cl_{0,5}$ | 3,75 | 10,7 | 3,75 | 5,35 | (*150*) |
| Cd-Hydroxybromid I $\alpha$ . . | $Cd(OH)Br$ | | | 3,55 | 6,05 | (*82*) |
| Cd-Hydroxybromid I $\beta$ . . | $Cd(OH)Br$ | | | 3,65 | 5,9 | (*82*) |
| Cd-Hydroxybromid II $\beta$ . . | $Cd(OH)_{1,33}Br_{0,67}$ | | | 3,53 | 5,90 | (*82*) |
| Zn-Hydroxyazid II . . . . | $Zn(OH)_{1,33}(N_3)_{0,67}$ | | | 3,19 | 7,0 | (*76*) |
| Zn-Hydroxyazid III . . . | $Zn(OH)_{1,5}(N_3)_{0,5}$ | 6,38 | 7,0 | 3,19 | 7,0 | (*76*) |
| Cd-Hydroxyazid $\alpha$ . . . . | $Cd(OH)N_3$ | 6,18 | 7,1 | 3,54 | 7,1 | (*77*) |
| Ni-Hydroxynitrat II . . . | $Ni(OH)_{1,5}(NO_3)_{0,5}$ | 6,20 | 13,82 | 3,10 | 6,9 | (*51*) |
| Co-Hydroxynitrat II $\beta$ . . | $Co(OH)_{1,5}(NO_3)_{0,5}$ | | | 3,17 | 6,95 | (*107*) |
| Zn-Hydroxycarbonat II. . | $Zn(OH)_{1,2}(CO_3)_{0,4}$ | | | 3,14 | 6,9 | (*129*) |
| Zn-Hydroxysulfat III. . . | $Zn(OH)_{1,6}(SO_4)_{0,2}$ | | | 3,15 | 7,2 | (*13*) |
| Zn-Hydroxychromat III $\beta$ . | $Zn(OH)_{1,5-1,6}(CrO_4)_{0\ 25-0,2}$ | | | 3,16 | 7,2 | (*98*) |
| Cd-Hydroxysulfat III. . . | $Cd(OH)_{1,56-1,34}(SO_4)_{0,22-0,35}$ | 6,90 | 15,0 | 3,45 | 7,5 | (*59*) |

dem sehr hochbasischen Cadmiumhydroxychlorid VI. Möglicherweise sind die Schichten bei diesen beiden Hydroxysalzen schwach deformiert.

Calciumoxyd setzt sich mit Calciumchloridlösung mittlerer Konzentration zu einem hydratisierten Hydroxychlorid $Ca_2(OH)_3Cl \cdot 6\ H_2O$ um (*131*). Beim Entwässern können zwei verschiedene Modifikationen von $Ca_2(OH)_3Cl$ entstehen, von denen die eine ein Einfachschichtengitter mit den in der Tabelle 5 angegebenen Gitterdimensionen besitzt.

Drei von den fünf Cadmiumhydroxybromiden besitzen ein Einfachschichtengitter unbekannter Struktur, nämlich die beiden Modifikationen von Hydroxybromid I und die stabilere Modifikation des Hydroxybromids II (*82*).

Die höher basischen Zinkazide $Zn_3(OH)_4(N_3)_2$ und $Zn_2(OH)_3N_3$ kristallisieren in einem Einfachschichtengitter mit komplizierterer Struktur als $ZnOHN_3$ (*77*). Cadmiumhydroxyazid bildet zwei polymorphe Formen ($\alpha$ und $\beta$) der Zusammensetzung $Cd(OH)N_3$. Hydroxyazid $\alpha$ kristallisiert in einem Einfachschichtengitter, der Abstand der Metallionen in den Cadmiumionenschichten ist fast gleich groß wie beim Cadmiumhydroxyd, der Schichtenabstand gleich groß, wie bei den Zinkhydroxyaziden (*76*).

Die C6-Formen der Hydroxynitrate von Nickel und Kobalt wandeln sich in konzentrierterer Lösung in Formen um, die einem höheren Ordnungsgrad des Gitters entsprechen. Beim Kobalt ist diese stabile Form des Hydroxynitrates (II $\beta$) nicht mehr hexagonal, wahrscheinlich infolge einer geringen Verschiebung, möglicherweise auch infolge einer geringen Deformation der Schichten.

Cadmiumhydroxybromid II und die Hydroxynitrate II von Nickel und Kobalt sind Verbindungen, die in einer Kristallart mit statistischer und einer solchen mit geordneter Verteilung der Anionen auftreten. Diese Erscheinung ist bei intermetallischen Phasen viel diskutiert und untersucht worden; die erwähnten Beispiele zeigen, daß sie durchaus nicht auf metallische Systeme beschränkt ist.

Ein *basisches Zinkcarbonat* kommt als Mineral Hydrozinkit oder Zinkblüte vor und kristallisiert sehr wahrscheinlich monoklin (*132*). Die älteren Analysendaten von künstlichem und natürlichem Hydrozinkit schwanken etwas, führen aber zu der Formel $3\,Zn(OH)_2 \cdot 2\,ZnCO_3 \cdot 1\,H_2O$; der Hydroxydgehalt ist meistens etwas größer (*106*), (*115*).

SAHLI (*129*) fand, daß im $2\,ZnCO_3 \cdot 3\,Zn(OH)_2 \cdot H_2O$ die Carbonationen unter Erhaltung des Gittergerüstes kontinuierlich durch Hydroxylionen ersetzt werden können, daß aber morphologisch zwei Verbindungen zu unterscheiden sind. Im *plättchenförmigen Hydroxycarbonat II* kann der Hydroxydgehalt zwischen $1,5\,Zn(OH)_2 \cdot ZnCO_3$ und $2\,Zn(OH)_2 \cdot ZnCO_3$ liegen, im nadeligen Hydroxycarbonat III zwischen etwa $2\,Zn(OH)_2 \cdot ZnCO_3$ und $3\,Zn(OH)_2 \cdot ZnCO_3$.

Das Röntgendiagramm von Hydroxycarbonat II läßt auf eine Struktur schließen, die derjenigen von Kobalt- und Kupferhydroxynitrat (vgl. S. 704 und 712) sehr ähnlich ist. Die Metallionenschichten sind nicht oder nur sehr wenig deformiert. Die niedrigere Kristallsymmetrie ist auf die Form und Anordnung der Carbonationen zurückzuführen.

Nach III, 2 erhalten die Schichten beim Ersatz von Hydroxylionen durch zweiwertige Carbonationen eine negative Ladung, die durch Einbau von Metallionen zwischen die Schichten ausgeglichen wird. Aus der Dichte des Hydroxycarbonates ergibt sich, daß bei einer Zusammensetzung $3\,Zn(OH)_2 \cdot 2\,ZnCO_3 \cdot H_2O$ eines der Zinkionen und das Wassermolekül zwischen den Schichten eingelagert sind. Als Konstitutionsformel ergibt sich demnach für diese Verbindung: $[Zn_4(OH)_6(CO_3)_2\,ZnH_2O]$. Die strukturelle Analogie zu den Hydroxynitraten wird verständlich, wenn wir diese wie folgt formulieren: $[Me_4(OH)_6(NO_3)_2]$. Der Unterschied zwischen beiden besteht darin, daß das Hydroxycarbonat noch $1\,Zn^{2+}$ und $1\,H_2O$ pro Formelgewicht zwischen die Schichten eingelagert hat.

Eine Erhöhung des Hydroxydgehaltes führt zu Gitterstörungen. Das höher basische Hydroxycarbonat III hat eine gestörte Gitterstruktur mit etwas schwankendem Schichtenabstand. In den hydroxydreichen Formen des Zinkhydroxycarbonates sind weniger Hydroxylionen durch Carbonationen ersetzt und entsprechend weniger Zinkionen in die Zwischenschichten eingebaut. Der Übergang von Hydroxycarbonat II in III erfolgt bei einer Zusammensetzung, die ungefähr der Formel

$$[Zn_4(OH)_{6,4}(CO_3)_{1,6}Zn_{0,8}(H_2O)_n]$$

entspricht.

FEITKNECHT und GERBER (*59*) haben nachgewiesen, daß *Cadmium-hydroxysulfat III*, das beim Fällen von Cadmiumsulfatlösung mit Lauge primär ausfällt, ein Einfachschichtengitter besitzt. Sie erhielten dafür eine Zusammensetzung $3,5\ Cd(OH)_2 \cdot CdSO_4$. DENK (*16*) erhielt unter ähnlichen Bedingungen wie FEITKNECHT und GERBER ein Hydroxysulfat der Zusammensetzung $3\ Cd(OH)_2 \cdot CdSO_4$. SCHINDLER (*150*) konnte nachweisen, daß die Röntgendiagramme von Präparaten verschiedener Zusammensetzung identisch sind mit demjenigen von Cadmiumhydroxysulfat III. Dieses besitzt demnach keine konstante Zusammensetzung, die ungefähren Grenzen des Homogenitätsbereichs sind in der Tabelle 5 angegeben. Aus der Dichte ergibt sich für das Präparat $3,5\ Cd(OH)_2 \cdot CdSO_4 \cdot H_2O$ die Konstitutionsformel $[Cd_4(OH)_7SO_4 \cdot Cd_{0,5} \cdot H_2O]$ (*59*).

In neuerer Zeit werden Zinkhydroxychromate in Anstrichen zur Korrosionsverhinderung verwendet. Die einen Forscher geben diesen Korrosionsschutzmitteln die Formel $3\ Zn(OH)_3 \cdot ZnCrO_4$ (*124*), andere die Formel $4\ Zn(OH)_3 \cdot ZnCrO_4$ (*102*). Frau HUGI-CARMES (*98*) konnte zeigen, daß beide Präparate röntgenographisch identisch sind und dem Zinkhydroxychromat III$\beta$ entsprechen.

Das Röntgendiagramm dieses Hydroxychromates variabler Zusammensetzung ist sehr ähnlich mit dem Diagramm von Hydroxychromat II$\beta$ mit C6-Typ; zu den Reflexen des C6-Typs treten mehrere Überstrukturlinien.

Aus den röntgenographischen Daten und der Dichte ergibt sich für die chromatreiche Grenzform $3\ Zn(OH)_2 \cdot ZnCrO_4$ die Konstitutionsformel $[Zn_4(OH)_{6,9}(CrO_4)_{1,1} \cdot Zn_{0,55}]$. Mit steigendem Hydroxydgehalt nimmt die Dichte zu; der Ersatz der Chromationen ist mit einem Einbau von Hydroxylionen in die Mittelschicht gekoppelt. Für das hydroxydreiche Endglied $4\ Zn(OH)_2 \cdot ZnCrO_4$ ergibt sich die Konstitutionsformel $[Zn_4(OH)_7CrO_4ZnOH]$. In einem solchen Präparat ist die Zahl der O-Atome und Hydroxylionen in der Mittelschicht gerade vier, wie in den Hauptschichten (Mittelschicht 3 O und 1 OH, Hydroxydschicht 3 OH und 1 O; vgl. Hydroxychromat II$\beta$, S. 705).

### d) Hydroxysalze mit deformierter Metallionenschicht.

Im Abschnitt III, 2 wurde erwähnt, daß Einfachschichtenstrukturen mit deformierter Metallionenschicht vor allem bei den Kupferhydroxysalzen auftreten. Von zwei solchen Kupferhydroxysalzen sind vollständige Strukturbestimmungen durchgeführt worden.

### α) *Kupferhydroxybromid und verwandte Strukturen.*

F. AEBI (*1*) hat eine vollständige Bestimmung der Struktur von Kupferhydroxybromid durchgeführt. Diese Verbindung kristallisiert

Tabelle 6. *Gitterdimensionen einiger Hydroxysalze mit deformierter Metallionenschicht.*

| Verbindung | Formel | $a$ bzw. $c^1$ | $b$ | $c$ bzw. $a^1$ | $\beta$ | Literatur |
|---|---|---|---|---|---|---|
| Cu-Hydroxychlorid II $\alpha$ | $Cu_2(OH)_{1,5}Cl_{0,5}$ | 5,65 | 6,11 | 5,73 | 93° 45′ | (2) |
| Cu-Hydroxybromid II | $Cu_2(OH)_{1,5}Br_{0,5}$ | 5,64 | 6,14 | 6,06 | 93° 30′ | (1) |
| Cu-Hydroxynitrat . . | $Cu_2(OH)_{1,5}(NO_3)_{0,5}$ | 5,58 | 6,05 | 6,90 | 94° 30′ | (122),(123) |
| Co-Hydroxybromid II | $Co(OH)_{1,5}Br_{0,5}$ | 5,79 | 6,43 | 5,90 | 90° | (2) |
| Cu-Hydroxychlorid I . | $Cu(OH)Cl$ | 6,11 | 6,67 | 5,51 | 115° 55′ | (121) |

[1] In der Darstellung von AEBI entspricht die $a$-Achse der $c$-Achse der Darstellung von NOWACKI und SCHEIDEGGER, die $c$-Achse von AEBI der $a$-Achse von NOWACKI und SCHEIDEGGER.

monoklin pseudorhombisch. Die Dimensionen der Elementarzelle sind in der Tabelle 6 angegeben. Die deformierten Schichten sind ganz wenig gegeneinander verschoben, so daß die $a$-Achse mit der $c$-Achse einen Winkel von 93° 30′ einschließt (Abb. 17).

Die Deformation der Schicht ist wesentlich kleiner als beim einfachen Halogenid [$a''/a'$ beim $Cu_2(OH)_3Cl$ 1,053, beim $CuCl_2$ 1,15; Tabelle 7]. Die Art der Verteilung der Hydroxyl- und Bromionen in der Anionenschicht entspricht dem Schema der Abb. 8a. Die großen Bromionen ragen aber aus der Schicht heraus und bedingen einen großen Schichtenabstand (vgl. Abb. 17).

Tabelle 7. *Charakteristische Gitterdaten einiger Hydroxysalze*
*mit deformierter Metallionenschicht.*

| Verbindung | Formel | $a'$ | $a''$ | $c'$ | $a''/a'$ | Literatur |
|---|---|---|---|---|---|---|
| Cu-Chlorid . . . . . | $CuCl_2$ | 3,30 | 3,81 | 5,75 | 1,15 | (141) |
| Cu-Hydroxychlorid II $\alpha$ | $Cu_2(OH)_{1,5}Cl_{0,5}$ | 3,06 | 3,22 | 5,73 | 1,053 | (2) |
| Cu-Hydroxybromid II | $Cu_2(OH)_{1,5}Br_{0,5}$ | 3,07 | 3,21 | 6,05 | 1,045 | (1) |
| Cu-Hydroxynitrit . . | $Cu_2(OH)_{1,5}(NO_2)_{0,5}$ | — | — | 6,6 | | (150) |
| Cu-Hydroxynitrat . . | $Cu_2(OH)_{1,5}(NO_3)_{0,5}$ | 3,03 | 3,17 | 6,90 | 1,042 | (123) |
| Cu-Hydroxychlorat II $\alpha$ | $Cu_2(OH)_{1,5}(ClO_3)_{0,5}$ | 2,98 | 3,18 | 7,3 | 1,068 | (117) |
| Cu-Hydroxychlorat II $\beta$ | $Cu_2(OH)_{1,5}(ClO_3)_{0,5}$ | — | — | 7,0 | | (117) |
| Cu-Hydroxydithionat . | $Cu(OH)_{1,5}(S_2O_6)_{0,25}$ | — | — | 7,0 | | (117) |
| Cu-Hydroxysulfat . . | $Cu(OH)_{1,6}(SO_4)_{0,2}$ | — | — | 6,95 | | (134) |
| Cu-Hydroxyazid I . . | $Cu(OH)N_3$ | 3,03 | 3,22 | 7,25 | 1,061 | (3) |
| Cu-Hydroxyazid II . . | $Cu(OH)_{1,33}(N_3)_{0,67}$ | 2,99 | 3,25 | 7,24 | 1,087 | (3) |
| Cu-Hydroxyazid III . | $Cu(OH)_{1,5}(N_3)_{0,5}$ | (3,0 | 3,23) | 7,25 | 1,078 | (3) |
| Co-Hydroxybromid II | $Co(OH)_{1,5}Br_{0,5}$ | 3,22 | 3,31 | 5,90 | 1,028 | (2) |

Die Zusammensetzung der Verbindung $Cu_2(OH)_3Br$ hat zur Folge, daß nicht alle Kupferionen in der gleichen Weise von Anionen umgeben sein können. Die eine Hälfte der Kupferionen (Cu I) hat als Nachbarn 4 OH-Ionen in den Ecken eines schwach verzerrten Quadrates im Abstand von etwa 2,0 Å und 2 Br-Ionen, die mit einem Abstand von etwa 3,0 Å mit den vier Hydroxylgruppen ein verzerrtes Oktaeder bilden. Die andere Hälfte der Kupferatome $Cu_{II}$ hat wiederum 4 OH-Ionen in ähnlicher Anordnung, nebst dem ein OH-Ion im Abstand von etwa 2,3 und ein Br-Ion im Abstand von etwa 2,8 Å (*142*).

Auch in dieser Struktur wahrt das $Cu^{2+}$-Ion seine stereochemische Besonderheit und besitzt vier nächste Nachbarn in planarer Koordination, während zwei weitere Nachbarn etwas entfernter liegen und die Spitzen eines deformierten Oktaeders besetzen. Der Abstand Cu—Br ist wesentlich größer als beim $CuBr_2$, bei dem er nur 2,4 Å beträgt (*93*). Der Abstand im Hydroxybromid entspricht ungefähr der Summe der Ionenradien (2,75 Å), die Bindung zum Bromatom hat demnach, wie auch aus der Farbe hervorgeht, vorwiegend ionogenen Charakter, während beim einfachen Bromid im wesentlichen Atombindung vorliegt.

Das zuerst von FEITKNECHT und MAGET (*67*) beschriebene *Kupferhydroxychlorid II*α ist mit dem Hydroxybromid isomorph. FRONDEL (*80*) hat einige röntgenographische Daten über das seltene Mineral *Botallochit*, eine polymorphe Form des Atakamits, publiziert. Die mitgeteilten Netzebenenabstände stimmen mit denjenigen von Kupferhydroxychlorid IIα überein. Nach Tabelle 6 und *7* ist der Abstand der Kupferionen in den Schichten praktisch gleich groß wie beim Hydroxybromid, der Schichtenabstand aber ist um fast 0,3 Å kleiner. Auch bei den Hydroxyhalogeniden mit C6-Typ ändert sich beim Übergang von Chlorid zum Bromid fast nur der Schichtenabstand (vgl. III, 1).

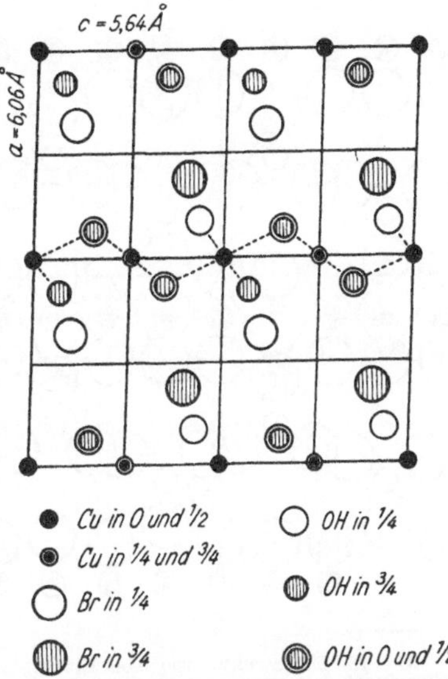



● Cu in 0 und ½    ○ OH in ¼
◉ Cu in ¼ und ¾
○ Br in ¼    ◫ OH in ¾
◫ Br in ¾    ◉ OH in 0 und ½

Abb. 17. Die Struktur von [Cu₂(OH)₃Br], parallel [010] projiziert [4 Elementarzellen (1), in der Darstellung von AEBI entspricht die *a*-Achse der *c*-Achse von NOWACKI und SCHEIDEGGER].

*Kobalthydroxybromid II* besitzt eine den beiden besprochenen Kupferhydroxyhalogeniden sehr ähnliche Struktur. FEITKNECHT (*25*) hat für diese Verbindung auf Grund von Pulveraufnahmen eine Einfachschichtenstruktur angenommen. AEBI (*2*) konnte kürzlich zeigen, daß die Pulverdiagramme bei Annahme einer rhombischen Zelle indiziert werden können, er hat die in Tabelle 6 und *7* wiedergegebenen Daten erhalten. Daraus ist ersichtlich, daß der Abstand der Metallionen etwas größer, die Deformation der Metallionenschicht aber etwas kleiner ist als bei den entsprechenden Kupferverbindungen. Der Abstand der Bromionen ist im Kobalthydroxybromid ebenfalls größer als im Kobaltbromid. Die Brom- und Kobaltionen sind im Hydroxybromid weniger stark deformiert, dieses ist deshalb rosafarbig, während das Bromid grün ist (*26*).

### β) Kupferhydroxynitrat.

NOWACKI und SCHEIDEGGER (*122*), (*123*) haben kürzlich eine vollständige Strukturanalyse von künstlich hergestelltem Kupferhydroxynitrat durchgeführt. Diese Modifikation des Kupferhydroxynitrates kristallisiert monoklin und ist verschieden vom rhombischen Mineral Gerhardtit. Die beiden dürften aber eine sehr nahe verwandte Struktur haben. Die Daten über die Gitterdimensionen sind in der Tabelle 6 und *7* wiedergegeben. Die Struktur ist derjenigen des Hydroxybromides sehr ähnlich. Die Abstände der Metallionen in den Schichten sind etwas kleiner als bei den Hydroxyhalogeniden, die Deformation der Schichten aber praktisch gleich groß, der Schichtenabstand ist beträchtlich größer. Der bei den Hydroxynitraten mit C6-Typ angenommene Ersatz eines Teils der OH-Ionen durch Nitrationen findet in dieser durch vollständige Analyse aufgeklärten Struktur eine Bestätigung. Die Nitrationen sind regelmäßig angeordnet, und zwar wie die Bromidionen im Hydroxybromid nach dem Schema der Abb. 8a. Zwei der Sauerstoffatome der Nitrationen liegen in der Mittelebene zwischen den Hydroxylionenschichten und zwar parallel der Richtung der *b*-Achse (vgl. Abb. 18).

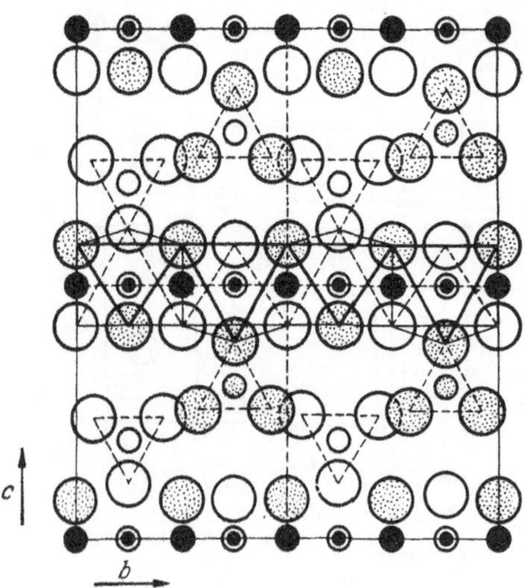

Abb. 18. Die Struktur von monoklinem [Cu$_2$(OH)$_3$NO$_3$] parallel [100] projiziert (4 Elementarzellen; Cu in der Zeichenebene; leere Kreise hinter punktierte Kreise vor der Zeichenebene).

Die Koordinationsverhältnisse sind sehr ähnlich wie beim Hydroxybromid, und es sind wie bei diesem zwei strukturell verschiedene Cu-Atome (Cu$_I$ und Cu$_{II}$) zu unterscheiden. Cu$_I$ ist von $2 \times 2$ OH im Abstand 2,00 bzw. 2,08 Å planar koordiniert, zwei Sauerstoffatome von zwei Nitrationen bilden im Abstand von 2,35 Å die Ecken des deformierten Oktaeders. Cu$_{II}$ besitzt 4 OH im Abstand 2,05 Å, 1 O eines Nitrations im Abstand 2,18 und ein OH im Abstand 2,27 Å als Nachbarn.

### γ) Weitere Kupferhydroxysalze Cu(OH)$_{1,5}$X$_{0,5}$ mit analoger Struktur.

Von einer Reihe weiterer Kupferhydroxysalze der allgemeinen Formel Cu$_2$(OH)$_3$X läßt sich auf Grund der Pulverdiagramme ohne weiteres schließen, daß sie nach dem gleichen Prinzip gebaut sind wie Kupferhydroxybromid und -nitrat. Der Schichtenabstand kann aus den Pulverdiagrammen ermittelt werden, dagegen ist die genaue Bestimmung der Abstände der Metallionen in den Schichten unsicher, da die Verbindungen meistens ebenfalls monoklin kristallisieren.

Beim unvollkommenen Fällen von Kupferchloratlösung mit Lauge fällt zuerst das instabile und unvollkommen gebaute *Hydroxychlorat II α* aus (*117*). Die Verbindung bildet sehr kleine Nädelchen von maximal 1 μ Länge. Das Röntgendiagramm zeigt nur verbreiterte Reflexe $00l$ und $hko$; es läßt sich rhombisch indizieren. Kupferhydroxychlorat II α besitzt demnach eine *ungeordnete Schichtenstruktur* mit deformierten Schichten und die Abstände $a'$ und $a''$ lassen sich ermitteln. Die Deformation der Metallionenschicht ist größer als bei den vollkristallinen Kupferhydroxysalzen (vgl. Tabelle 7).

Unter der Mutterlauge wandelt sich das Hydroxychlorat II α rasch in die stabilere β-Modifikation um. Diese kristallisiert in mikroskopisch sichtbaren dünnen rechteckigen Plättchen. Das Röntgendiagramm ist sehr ähnlich demjenigen des Nitrats, der Schichtenabstand nur wenig größer. Die Chlorationen dürften im Hydroxychlorat ähnlich angeordnet sein wie die Nitrationen im Hydroxynitrat.

Eine ähnliche Struktur wie das Hydroxynitrat haben ferner Hydroxynitrit und Hydroxyformiat (*150*). Die Schichtenabstände sind etwas kleiner als beim Hydroxynitrat (vgl. Tabelle 7). Von besonderem Interesse ist das *Kupferhydroxydithionat* $Cu_2(OH)_3(S_2O_6)_{0,5}$ (*117*). Das Pulverdiagramm sieht demjenigen des Hydroxynitrats sehr ähnlich, der Schichtenabstand ist nur wenig größer (vgl. Tabelle 7), die Kupferionenabstände sind ungefähr gleich. Aus der Dichtebestimmung ergibt sich, daß ein $S_2O_6$-Ion zwei Hydroxylionen ersetzt. Im Dithionation sind die beiden flachen $SO_3$-Pyramiden durch die beiden S-Atome miteinander verknüpft ($O_3S-SO_3$). Dank dieser Form kann das $S_2O_6$-Ion im Gitter des Hydroxynitrates zwei in benachbarten Hydroxylionenschichten sitzende $NO_3$-Ionen vertreten. Damit wird verständlich, daß die beiden recht verschiedenen Verbindungen Hydroxynitrat und Hydroxydithionat sehr ähnliche Strukturen besitzen.

Die Struktur der auch im Mineralreich vorkommenden Hydroxysulfate Langit, Brochantit und Antlerit läßt sich nicht auf den C6-Typ zurückführen. Dagegen besitzt das kürzlich von WEISER, MILLIGAN und COOK (*140*) erhaltene Hydroxysulfat, dem wahrscheinlich die Formel $Cu(OH)_{1,6}(SO_4)_{0,2}$ zukommt, eine Einfachschichtenstruktur mit einem Schichtenabstand, der nur wenig größer als derjenige des Hydroxynitrates ist. Ein weiteres ähnlich gebautes Hydroxysulfat bildet sich aus dem ersteren unter gewissen Bedingungen beim Altern, konnte aber noch nicht in größerer Menge erhalten werden.

### δ) Hydroxyazide.

Cirulis und Straumanis (*15*) haben kürzlich basische Kupferazide beschrieben. Nach neuen Versuchen von Gäumann (*81*) existieren mindestens drei verschiedene Verbindungen, die alle eine sehr ähnliche Struktur besitzen. Die Pulverdiagramme lassen erkennen, daß alle Verbindungen Einfachschichtengitter mit deformierter Metallionenschicht besitzen.

Aebi (*3*) schließt aus den Pulverdiagrammen, daß Hydroxyazid I und II monoklin, III dagegen orthorhombisch ist. Der Schichtenabstand ist bei allen drei Verbindungen wie bei den Aziden des Ni und Zn mit C6-Typ dem Raumbedarf des $N_3$-Ions entsprechend etwas größer als 7Å. Die Angaben über die Abstände der Kupferatome in den Schichten sind beim Hydroxyazid I und III noch etwas unsicher. Immerhin ergibt sich, daß bei allen drei Hydroxyaziden die Deformation der Schicht etwas größer ist als beim Hydroxybromid und -nitrat (vgl. Tabelle 7).

### ε) Kupferhydroxychlorid I, CuOHCl.

Nowacki und Maget (*121*) haben eine vorläufige Mitteilung über die Struktur von CuOHCl publiziert. Die kristallographische und röntgenographische Untersuchung an Einkristallen ergab, daß die Verbindung monoklin kristallisiert. Die Dimensionen der Elementarzelle sind in der Tabelle 6 aufgeführt. Die morphologische Ausbildung und die röntgenographischen Daten lassen auf eine Schichtenstruktur schließen.

### e) Hydroxysalze mit Metallionenschichten mit Lücken (Raumgitterstrukturen).

Bis jetzt sind drei verschiedene Strukturen beschrieben worden, bei denen durch Lückenbildung in der Metallionenschicht und Einlagerung eines Teiles der Metallionen zwischen die Schichten die Schichtenstruktur des C6-Typs in eine Raumgitterstruktur übergegangen ist, der Atakamit- und der Paratakamittyp und die Struktur des Cadmiumhydroxyfluorids III.

α) Die Struktur des Atakamites der ϑ-Modifikation von Kupferhydroxychlorid II ist erstmals von Brasseur und Toussaint bestimmt worden (*8*). Wells hat kürzlich diese Strukturbestimmung revidiert und die Atomabstände neu bestimmt (*142*).

Der Atakamit kristallisiert rhombisch, die Elementarzelle hat die folgenden Dimensionen: $a = 6{,}01$ Å, $b = 9{,}13$ Å, $c = 6{,}84$ Å. Abb. 19 zeigt die Struktur parallel [100] projiziert. Aus der Abbildung ist ersichtlich, daß sich im Kristall Schichten abgrenzen lassen, sie liegen parallel (011) (durch Schraffierung der Kreise verdeutlicht) und $(0\bar{1}1)$

(*67*), (*142*). Ein Vergleich mit der Abb. 18 läßt ohne weiteres die Beziehung zur Struktur des Kupferhydroxybromides und Kupferhydroxychlorides II α erkennen. Der Abstand dieser Schichten (5,52 Å) ist fast gleich groß wie beim Kupferhydroxychlorid II α. Beim Atakamit ist aber jedes vierte Cu-Atom aus der Schicht in die Zwischenschicht verschoben (Abb. 19). Die Verteilung der Lücken in der deformierten Metallionenschicht ist in III, 2d besprochen und in der Abb. 12b (S. 695) wiedergegeben worden. Die Anionen bilden Schichten mit schwach

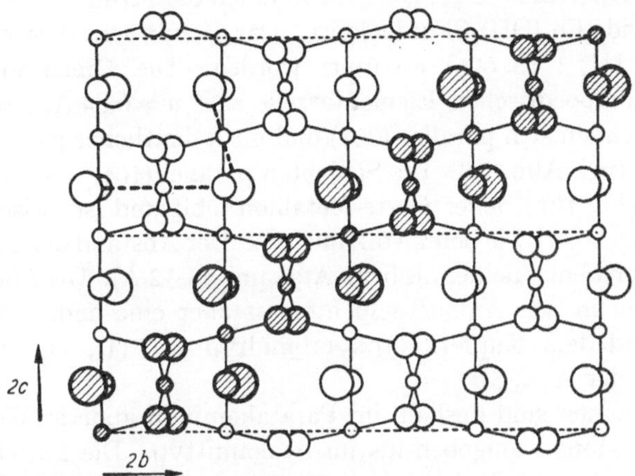

Abb. 19. Die Struktur von Atakamit [$Cu_2(OH)_3Cl$] parallel [100] projiziert.

deformierter hexagonaler Kugelpackung, die Verteilung der Chlorionen entspricht dem Schema der Abb. 8a, S. 691.

Die Koordinationsverhältnisse sind sehr ähnlich wie bei den Kupferhydroxyhalogeniden mit Einfachschichtenstruktur. Die eine Hälfte der Kupferionen ($Cu_I$) hat als Nachbarn ebenfalls 4 OH-Ionen in den Ecken eines schwach verzerrten Quadrates, im Abstand von 2,02 Å, und 2 Cl-Ionen im Abstand von 2,74 Å; diese bilden mit den Hydroxylionen ein verzerrtes Oktaeder. Die andere Hälfte der Kupferionen ($Cu_{II}$) hat als Nachbarn vier OH-Ionen im Abstand von 2,00 Å, ein fünftes OH-Ion im Abstand von 2,36 und ein Cl-Ion im Abstand von 2,75 Å; auch diese Ionen bilden ein verzerrtes Oktaeder.

BIANCO (*6*) hat kürzlich aus einer mit MgO übersättigten, konzentrierten Magnesiumchloridlösung (4,5 bis 5-m) bei 175° ein Magnesiumhydroxychlorid erhalten, dem sie die Zusammensetzung $3\,Mg(OH)_2 \cdot MgCl_2 \cdot H_2O$ zuschrieb. Dieses Hydroxychlorid ist sehr hygroskopisch, der Wassergehalt ist deshalb auf chemischem Wege schwierig zu bestimmen. Aus einer röntgenographischen Untersuchung von DE WOLFF (*149*) ergibt sich, daß dieses Magnesiumhydroxychlorid im Atakamittyp kristallisiert und kein Hydratwasser enthält. Die Dimensionen der rhombischen Elementarzelle sind $a = 6{,}24$ Å, $b = 9{,}19$ Å, $c = 6{,}87$ Å, sie sind fast gleich wie beim Atakamit (vgl. oben). Es existieren demnach zwei Magnesiumhydroxychloride der Zusammensetzung $Mg_2(OH)_3Cl$, die $\alpha$-Modifikation mit C6-Typ (vgl. Tabelle 3) und die $\beta$-Modifikation mit Atakamittyp.

$\beta$) Die Hydroxychloride $Co_2(OH)_3Cl$, $Fe_2(OH)_3Cl_2$, $Mn_2(OH)_3Cl$ und die $\gamma$-Modifikation von $Cu_2(OH)_3Cl$, die als *Paratakamit* auch in der Natur vorkommt, besitzen alle eine sehr ähnliche Struktur *(67)* *(Paratakamittyp)*. DE WOLFF *(147)* hat ganz kürzlich die Struktur des Kobalthydroxychlorids $Co_2(OH)_3Cl$ aufgeklärt. Das Bauprinzip dieser Verbindung ist in III, 2 (S. 695) erläutert worden. Die Dimensionen der hexagonal-rhomboedrischen Elementarzelle sind $a = 6{,}84$ Å, $c = 14{,}5$ Å. Im Gitter zeichnen sich parallel (001) und noch deutlicher parallel (101) Schichten ab (vgl. Abb. 11). Die Schichten parallel (101) sind hexagonal deformiert (Abb. 12a), jedes vierte Metallion fehlt und ist zwischen den Schichten eingelagert wie beim Atakamittyp. Der Abstand der Schichten (5,34 Å) ist nur wenig kleiner als beim Atakamit (5,52 Å). Die Anordnung der Chlorionen in den Anionenschichten ist aber eine andere als beim Atakamit- und dem Kupferhydroxybromidtyp (S. 711), sie entspricht dem Schema der Abb. 8b.

Die Metallionen sind deshalb im Paratakamit in anderer Weise von $OH^-$- und $Cl^-$-Ionen umgeben als im Atakamittyp. Die zwischen den Schichten eingebauten Kobaltionen $(Co_I)$ sind von sechs OH-Ionen in einem Abstand von 2,12 Å oktaedrisch umgeben. Die Kobaltionen in den Schichten $(Co_{II})$ befinden sich im Zentrum eines verzerrten Oktaeders mit vier OH-Ionen im Abstand von 2,16 Å und zwei $Cl^-$-Ionen im Abstand von 2,53 Å.

Die Gitterdimensionen des Paratakamites sind von FRONDEL *(80)* bestimmt worden. Er fand die folgenden Werte für die hexagonal-rhomboedrische Zelle: $a = 13{,}66$ Å, $c = 13{,}95$ Å und eine sehr ausgeprägte Pseudozelle mit halbem $a$ (6,83 Å). Diese Pseudozelle des Paratakamites ist also fast gleich groß wie die Elementarzelle von $Co_2(OH)_3Cl$. Der kleine Unterschied in der Struktur des Paratakamits und des Kobalthydroxybromids wird möglicherweise dadurch verursacht, daß das Kupferion eine planare Viererkoordination bevorzugt.

Die isomorphen Hydroxychloride von Eisen und Mangan sind nur in fehlgeordneten Formen erhalten worden, die Gitterdimensionen sind noch nicht genau bestimmt.

Die $\beta$-Modifikation von Kupferhydroxychlorid II dürfte eine dem Atakamit und Paratakamit sehr ähnliche Struktur haben.

Hydroxybromide, die im Atakamit- oder Paratakamittyp kristallisieren, sind bis jetzt noch nicht beobachtet worden. Im $Co_2(OH)_3Cl$ sind rund $^1/_3$ der Cl-Ionen durch Bromionen isomorph ersetzbar *(54)*.

$\gamma$) FEITKNECHT und BUCHER (*43*) haben vor einiger Zeit gezeigt, daß *Cadmiumhydroxyfluorid III* eine auf den C6-Typ zurückführbare Raumgitterstruktur besitzt. Diese Verbindung entsteht als erstes instabiles Fällungsprodukt beim Versetzen einer Cadmiumfluoridlösung mit Lauge. Die Zusammensetzung kann in recht weiten Grenzen schwanken, nämlich ungefähr zwischen $Cd(OH)_{1,3}F_{0,7}$ und $Cd(OH)_{1,6}F_{0,4}$. Das Röntgendiagramm läßt auf eine unvollkommene hexagonale Struktur schließen. Die Dimensionen der Elementarzelle sind $a = 3{,}38$ Å, $c = 4{,}95$ Å, $c/a = 1{,}46$ Å, sie sind ungefähr gleich wie beim Cadmiumhydroxyd (vgl. Tabelle 2), das Achsenverhältnis $c/a$ ist beim Hydroxyfluorid etwas größer. Aus den Auslöschungen und der Intensität der wenigen vorhandenen Röntgenreflexe ergibt sich, daß eine C6-Struktur vorliegt, bei der die Hälfte der Cadmiumionen in die Oktaederplätze zwischen den Schichten verlagert sind. Die Struktur kann beschrieben werden als eine hexagonal dichteste Kugelpackung von Hydroxyl- und Fluorionen, bei der die Hälfte der Oktaederlücken statistisch verteilt mit Cadmiumionen besetzt ist.

## 3. Hydroxysalze mit Doppelschichtenstrukturen.

### a) Hydroxysalze mit ungeordneten Doppelschichtenstrukturen.

Bis jetzt sind nur drei Hydroxysalze anorganischer Säuren mit ungeordneter Doppelschichtenstruktur erhalten worden, ein Zink- und ein Kobalthydroxynitrat und ein Kobalthydroxysulfat. Die Hydroxynitrate enthalten noch Hydroxylionen in variabler Menge in der Zwischenschicht; die Formeln der Tabelle 8 entsprechen der Idealzusammensetzung.

Tabelle 8. *Hydroxysalze, a) mit ungeordneten Doppelschichtenstrukturen, b) mit Struktur des grünen Kobalthydroxybromids.*

| Bezeichnung | Formel | Gitterdimensionen | | Literatur |
|---|---|---|---|---|
| | | $a$ | $c'$ | |
| a) Hochbasisches Zn-Nitrat . . . . | $4\,Zn(OH)_2 \rightleftarrows Zn(OH, NO_3) \cdot nH_2O$ | 3,11 | 9,5 | (*27*), (*60*) |
| Grünes basisches Co-Nitrat III$\alpha$ . | $4\,Co(OH)_2 \rightleftarrows Co_{1,25}(OH)(NO_3)_{1,5}$ | 3,13 | 9,15 | (*55*) |
| Blaues Co-Hydroxysulfat II$\alpha$ . . | $3\,Co(OH)_2 \rightleftarrows CoSO_4, 4\,H_2O$ | 3,13 | 9,6 | (*52*) |
| b) Nickelhydroxychlorid V . . . . | $4\,Ni(OH)_2 \rightleftarrows NiOH_{0,7}Cl_{1,3}$ | 3,05 | 8,0 | (*49*) |
| Nickelhydroxybromid IV . . . | $4\,Ni(OH)_2 \rightleftarrows Ni(OH)_{0,7}Br_{1,3}$ | 3,05 | 8,1 | (*50*) |
| Nickelhydroxynitrat V . . . . | $4\,Ni(OH)_2 \rightleftarrows Ni(OH)_{0,9}(NO_3)_{1,1}$ | 3,08 | 8,0 | (*51*) |
| Grünes Co-Hydroxychlorid . . . | $4\,Co(OH)_2 \rightleftarrows CoOHCl$ | 3,13 | 8,2 | (*53*), (*64*) |
| Grünes Co-Hydroxybromid . . . | $4\,Co(OH)_2 \rightleftarrows CoOHBr$ | 3,13 | 8,2 | (*54*), (*64*) |
| Zn-Hydroxybromid IV . . . . . | $4\,Zn(OH)_2 \rightleftarrows Zn(OH)_{0,7}Br_{1,3}$ | 3,15 | 8,3 | (*75*) |
| Co-Hydroxysulfat I entwässert . | $3\,Co(OH)_2 \rightleftarrows 2\,CoSO_4$ | 3,15 | 9,7 | (*52*), (*150*) |

Das Verhältnis der Anzahl der Metallionen in der Hauptschicht zu der Anzahl Metallionen in der Zwischenschicht ist 4:1 beim Zinkhydroxynitrat, 4:1,25 beim Kobalthydroxynitrat und 3:1 beim Kobaltsulfat; die Zusammensetzung dieser Hydroxysalze mit ungeordnetem Doppelschichtengitter ist also recht verschieden.

Es ist anzunehmen, daß auch bei Hydroxysalzen anderer Metalle und vor allem anderer Säuren, z.B. Sauerstoffsäuren ($HClO_3$, $HClO_4$) Hydroxysalze mit ungeordneter Doppelschichtenstruktur hergestellt werden können.

## b) Hydroxysalze mit Doppelschichtenstruktur mit ungeordneter Zwischenschicht (Struktur des grünen Kobalthydroxybromids).

Dieser Strukturtyp, mit geordneten Hauptschichten in der Anordnung des C 19-Typ und ungeordneten Zwischenschichten (Abb. 13, S. 697) wurde zuerst beim grünen *Kobalthydroxybromid* und *-chlorid* festgestellt (*64*). Diese hochbasischen Hydroxyhalogenide des Kobalts haben eine mittlere Zusammensetzung von $9\,Co(OH)_2 \cdot 1\,CoX_2$; die Konstitutionsformel lautet [$4\,Co(OH)_2 \rightleftarrows CoOHX$]. Ein Teil der Hydroxylionen der Zwischenschicht wird in konzentrierterer Lösung durch Halogenionen ersetzt; beim Zufügen von Lauge werden die Halogenionen durch Hydroxylionen ausgetauscht und das Hydroxyhalogenid geht einphasig in das blaue Kobalthydroxyd über (vgl. II, 5).

Die *Nickelhydroxysalze* mit der Struktur des grünen Kobalthydroxybromids (Chlorid, Bromid und Nitrat vgl. Tabelle 8) entstehen in stark fehlgeordneter Form beim unvollständigen Fällen der Nickelsalzlösungen mit Lauge. Die Zusammensetzung ist nicht ganz konstant, der Hydroxylionengehalt der Zwischenschicht ist aber im Mittel kleiner als bei den isotypen Kobalthalogeniden.

Ein Zinkhydroxychlorid mit der Struktur des grünen Kobalthydroxybromids existiert nicht, wohl aber ein Hydroxybromid (vgl. Tabelle 8). Dieses Zinkhydroxybromid IV bildet sich unter verdünnter (etwa 0,1-m) Zinkbromidlösung als stabile Verbindung.

Das in Tabelle 8 aufgeführte „Kobalthydroxysulfat I entwässert" unterscheidet sich ganz wesentlich von den anderen Hydroxysalzen mit der Struktur des grünen Kobaltbromids. Es bildet sich bei der thermischen Entwässerung von Kobalthydroxysulfat I (mit geordneter Doppelschichtenstruktur) nach der Gleichung:

$$[3\,Co(OH)_2 \rightleftarrows 2\,CoSO_4 \cdot 5\,H_2O] \rightarrow [3\,Co(OH)_2 \rightleftarrows 2\,CoSO_4] + 5\,H_2O.$$

Beim Austritt des Wassers aus der Zwischenschicht nimmt der Schichtenabstand um rund 1 Å ab, die Zwischenschicht wird ungeordnet und die Hauptschichten ordnen sich wie beim C 19-Typ. Der Schichtenabstand bleibt um rund 1,5 Å größer als bei den übrigen Hydroxysalzen mit gleichem Strukturtyp, da auf $3\,Co(OH)_2$ in der Hauptschicht $2\,CoSO_4$ in der Zwischenschicht kommen.

Der Abstand $a$ der Metallionen in den Hydroxydschichten dieser Hydroxysalze mit ungeordneter Zwischenschicht ist etwa 1 bis 1,5% und der Abstand Me−OH etwa 3,5% kleiner als in den Schichten der entsprechenden Hydroxyde. Diese Abstandsänderungen in den Schichten sind nach LOTMAR und FEITKNECHT (*110*) darauf zurückzuführen, daß die Wechselwirkung der Hydroxylionen zweier benachbarter Schichten (die Kontrapolarisation) abgeschwächt wird, wenn die Schichten getrennt und eine ungeordnete Zwischenschicht eingelagert wird.

### c) Hydroxysalze mit geordneten Doppelschichtenstrukturen.

Wie schon erwähnt, wurde noch keine vollkommene Strukturanalyse einer Verbindung mit Doppelschichtenstruktur und vollkommen geordnetem Gitter durchgeführt. LOTMAR (*109*) hat aus Drehkristallaufnahmen an Einkristallen die Größe der Elementarzelle und die Raumgruppe von Zinkhydroxychlorid ($[4\,Zn(OH)_2 \cdot ZnCl_2]$) bestimmt. Dieses kristallisiert rhomboedrisch und besitzt bei fast gleichem $c$ ein ungefähr doppelt so großes $a$ wie das grüne Kobalthydroxybromid (Tabelle 9). Seine Struktur kann als eine Art „Überstruktur" des grünen Kobalthydroxybromidtypes aufgefaßt werden, d.h. einer Doppelschichtenstruktur mit geordneten Zwischenschichten.

Ein Zinkhydroxychlorid mit der Struktur des grünen Kobalthydroxybromids, d.h. mit ungeordneter Zwischenschicht, konnte, wie schon erwähnt, nicht erhalten werden, dagegen tritt häufig eine Übergangsform zu Hydroxychlorid II auf. Dieses Zinkhydroxychlorid IIb hat einen etwas höheren Hydroxydgehalt als II, und die Ionen in der Zwischenschicht sind nur teilweise geordnet.

Zinkhydroxychlorid III ($6\,Zn(OH)_2 \cdot ZnCl_2$) unterscheidet sich strukturell vom Hydroxychlorid II vor allem dadurch, daß die Hauptschichten wie beim C6-Typ übereinandergelagert sind.

Das Hydroxybromid II besitzt eine Struktur, die derjenigen von Hydroxychlorid II sehr ähnlich ist, allerdings mit niedrigerer Symmetrie. Diese geringere Symmetrie kann eine Folge einer Deformation oder einer Verschiebung der Hydroxydschichten sein. Nebst dem existiert ein Hydroxybromid gleicher Zusammensetzung (Hydroxybromid III), dessen Struktur sich von derjenigen von II dadurch unterscheidet, daß der Abstand der Hauptschichten wesentlich größer ist (vgl. Tabelle 9). Die Zwischenschichten enthalten neben Zinkbromid noch Hydroxyd. Auf Grund der Dichtebestimmung ergibt sich die in Tabelle 9 angegebene Konstitutionsformel.

Zinkfluorid und -jodid bilden je ein dem Hydroxychlorid II analoges Hydroxysalz. Ein Vergleich dieser vier ähnlichen Hydroxyhalogenide

Tabelle 9. *Hydroxysalze mit geordneten Zwischenschichten.*

| Bezeichnung | Formel | Dimensionen der Elementarzelle | | Charakteristische Gitterdaten | | Literatur |
|---|---|---|---|---|---|---|
| | | $a$ | $c$ | $a'$ | $c'$ | |
| Zn-Hydroxyfluorid III | $4\,Zn(OH)_2 \rightleftharpoons ZnF_2$ | 6,21 | 7,2 | 3,11 | 7,2 | (44) |
| Zn-Hydroxychlorid II | $4\,Zn(OH)_2 \rightleftharpoons ZnCl_2$ | 6,34 | 23,60 | 3,17 | 7,85 | (22), (109) |
| Zn-Hydroxychlorid II b | $4\,Zn(OH)_2 \rightleftharpoons ZnOH_{0,35}Cl_{1,65}$ | 6,34 | 23,60 | 3,17 | 7,85 | (60) |
| Zn-Hydroxychlorid III | $4\,Zn(OH)_2 \rightleftharpoons Zn(OH)_{0,55}Cl_{1,45}$ | 6,30 | 7,77 | 3,15 | 7,77 | (74), (60) |
| Zn-Hydroxybromid II | $4\,Zn(OH)_2 \rightleftharpoons ZnBr_2$ | | | 3,17 | 8,25 | (22) |
| Zn-Hydroxybromid III | $3\,Zn(OH)_2 \rightleftharpoons 2\,ZnOHBr$ | (6,32) | (22,4) | 3,16 | 11,2 | (75) |
| Zn-Hydroxyjodid | $4\,Zn(OH)_2 \rightleftharpoons Zn\,J_2$ | | | 3,17 | 8,7 | (22) |
| Zn-Hydroxyacid IV | $4\,Zn(OH)_2 \rightleftharpoons Zn(OH, N_3)$ | | | 3,17 | 9,7 | (77) |
| Ni-Hydroxynitrat IV | $4\,Ni(OH)_2 \rightleftharpoons Ni(NO_3)_2,\ 7\,H_2O$ | | | 3,09 | 9,55 | (51) |
| Zn-Hydroxynitrat II | $4\,Zn(OH)_2 \rightleftharpoons Zn(NO_3)_2,\ 2\,H_2O$ | | | 3,17 | 9,8 | (22) |
| Co-Hydroxynitrat III | $4\,Co(OH)_2 \rightleftharpoons Co_{1,25}OH(NO_3)_{1,5}$ | | | 3,13 | 9,1 | (107) |
| Cd-Hydroxynitrat III | $4\,Cd(OH)_2 \rightleftharpoons Cd(NO_3)_2,\ 3\,H_2O$ | | | 3,40 | 9,31 | (82) |
| Zn-Hydroxysulfat I | $3\,Zn(OH)_2 \rightleftharpoons ZnSO_4,\ 4\,H_2O$ | | | 3,15 | 10,5 | (22) |
| Co-Hydroxysulfat I | $3\,Co(OH)_2 \rightleftharpoons 2\,CoSO_4,\ 5\,H_2O$ | | | 3,17 | 10,6 | (52) |
| Co-Hydroxysulfat II | $3\,Co(OH)_2 \rightleftharpoons CoSO_4,\ 4\,H_2O$ | | | 3,16 | 9,3 | (52) |

läßt erkennen, daß der Abstand $a'$ der Metallionen in den Hauptschichten beim Fluorid deutlich kleiner, bei den übrigen aber fast gleich groß ist wie beim hypothetischen Zinkhydroxyd mit C6-Typ, der Schichtenabstand aber von Fluorid zum Jodid beträchtlich zunimmt.

Das hochbasische *Zinkhydroxyazid (IV)* kristallisiert in einem Doppelschichtengitter. Das Röntgendiagramm dieses Hydroxyazids zeigt große Ähnlichkeit mit dem Röntgendiagramm des Zinkhydroxynitrats II. Die Zusammensetzung ist nicht konstant und schwankt mindestens zwischen $7\,Zn(OH)_2 \cdot Zn(N_3)_2 \cdot nH_2O$ und $15\,Zn(OH)_2 \cdot Zn(N_3)_2 \cdot nH_2O$.

Hydroxyhalogenide mit geordneten Doppelschichtenstrukturen sind bis jetzt nur beim Zink gefunden worden, und es ist fraglich, ob solche bei den übrigen zweiwertigen Metallen existieren. Die *Hydroxysalze der Sauerstoffsäuren* kristallisieren auch bei den übrigen zweiwertigen Metallen mit einem Ionenradius von 0,65 bis 1 Å recht häufig in Doppelschichtenstrukturen mit geordneten Zwischenschichten. So wurde je ein Vertreter dieser Strukturart bei den *Hydroxynitraten* von Ni, Co, Zn und Cd festgestellt (vgl. Tabelle 9). Die Zusammensetzung ist beim Ni, Zn und Cd $4 \, Me(OH)_2 \cdot 1 \, Me(NO_3)_2 \cdot nH_2O$, beim Co sehr wahrscheinlich $6 \, Co(OH)_2 \cdot Co(NO_3)_2$; zum Teil ist in der Zwischenschicht noch Wasser eingebaut, das relativ leicht abgegeben wird. Der Abstand der Metallionen in den Hauptschichten ist nur wenig kleiner als bei den entsprechenden Hydroxyden. Der Schichtenabstand aber ist wesentlich erhöht, und zwar beträchtlich mehr als beim formal gleich zusammengesetzten Zinkhydroxychlorid II, da die Nitrationen und Wassermoleküle mehr Raum beanspruchen als die Chlorionen.

*Hydroxysulfate* mit geordneter Doppelschichtenstruktur sind bis jetzt beim Zink und Kobalt beobachtet worden. Neben dem in der Tabelle 9 aufgeführten Zinkhydroxysulfat existieren mindestens noch drei mit ganz ähnlicher Struktur. Beim Kobalt wurden zwei verschieden zusammengesetzte Hydroxysulfate ($[3 \, Co(OH)_2 \cdot 2 \, CoSO_4 \cdot 5 \, H_2O]$ und $[3 \, Co(OH)_2 \cdot CoSO_4 \cdot 4 \, H_2O]$) mit geordneter Doppelschichtenstruktur erhalten. Hydroxysulfat I mit größerem Sulfatgehalt in der Zwischenschicht hat einen entsprechend größeren Schichtenabstand als Hydroxysulfat II.

*Kupferhydroxybromat* und *-jodat* mit einer Zusammensetzung $[3 \, Cu(OH)_2 \cdot Cu(XO_3)_2]$ kristallisieren in einer Doppelschichtenstruktur mit deformierten Hydroxydschichten. Der Schichtenabstand beträgt wie bei den oben erwähnten Hydroxynitraten 9,2 Å (*150*).

## 4. Hydroxysalze mit Bänderstruktur.

Magnesiumoxyd setzt sich mit konzentrierter Magnesiumchloridlösung zu Hydroxychloriden um; bei genügend großem Oxydzusatz erhärtet das Gemisch. Die Umsetzung von Magnesiumoxyd mit Magnesiumchlorid wird deshalb zur Herstellung der sog. Sorel- oder Magnesiazemente ausgewertet. Da diese Zemente eine größere praktische Bedeutung haben, sind die Magnesiumhydroxychloride viel untersucht worden. FEITKNECHT und HELD (*61*) haben festgestellt, daß zwei Hydroxychloride ähnlicher Struktur auftreten, für die sie die Formeln $3 \, Mg(OH)_2 \cdot MgCl_2 \cdot 7 \, H_2O$ (Hydroxychlorid II) und $5 \, Mg(OH)_2 \cdot MgCl_2 \cdot 7 \, H_2O$ (Hydroxychlorid III) erhielten. Die Angaben, die man in der Literatur über den Wassergehalt von $3 \, Mg(OH)_2 \cdot MgCl_2 \cdot nH_2O$ findet, schwanken von $n = 7$ bis $n = 9$.

WALTER-LÉVY (*135*) hat für ein sehr langsam auskristallisiertes Präparat von Hydroxychlorid II genau $n = 8$ gefunden, ein Wert, der durch die röntgenographischen Untersuchungen von DE WOLFF und WALTER-LÉVY (*148*), (*146*) bestätigt wurde. Diese Autoren schreiben deshalb die Formel dieser Verbindung $Mg_2(OH)_3Cl \cdot 4 \, H_2O$.

Magnesiumhydroxybromid $Mg_2(OH)_3Br \cdot 4 \, H_2O$ ist nach den gleichen Autoren (*146*) mit dem Hydroxychlorid II isomorph.

Tabelle 10. *Gitterdimensionen der Magnesiumhydroxyhalogenide* $Mg_2(OH)_3X \cdot 4 H_2O$.

| | $a$ | $b$ | $c$ | $\alpha$ | $\beta$ | $\gamma$ | $c'$ |
|---|---|---|---|---|---|---|---|
| $Mg_2(OH)_3Cl \cdot 4 H_2O$ . . | 8,65 | 6,27 | 7,43 | $101°58'$ | $104°0'$ | $73°11'$ | 8,12 |
| $Mg_2(OH)_3Br \cdot 4 H_2O$ . . | 8,99 | 6,32 | 7,47 | $102°25'$ | $103°37'$ | $72°47'$ | 8,36 |

Die beiden Verbindungen kristallisieren triklin; die Dimensionen der Elementarzelle sind in der Tabelle 10 zusammengestellt.

$b$ und $c$ und die Achsenwinkel sind bei beiden Hydroxysalzen fast gleich, $a$ des Hydroxybromids ist 0,34 Å größer als $a$ des Hydroxychlorids.

Die Bänderstruktur dieser Verbindungen ist im Abschnitt III, 4 (Abb. 15 und 16) beschrieben worden. Die Hydroxydbänder sind parallel der $b$-Achse angeordnet; $b$ ist gleich dem doppelten Abstand der Magnesiumionen in den Hydroxydbändern. Dieser Abstand beträgt demnach 3,14 Å beim Chlorid und 3,16 beim Bromid und ist praktisch gleich groß wie beim Hydroxyd (vgl. Tabelle 2). Ein Ersatz der Chlor- und Bromionen vergrößert die Dimensionen der gefalteten Schichten nur wenig, der Abstand der Schichten dagegen wird erhöht. Der Schichtabstand $[c' = a \sin (180 - \beta) \cdot \sin \gamma]$ ist nach Tabelle 10 von der gleichen Größenordnung wie bei den Halogeniden mit Doppelschichtenstruktur (Tabelle 8 und 9).

Die Konstitutionsformel dieser Verbindungen läßt sich nach III, 4 schreiben:

$$[Mg_4(OH)_6(H_2O)_6 \Longleftrightarrow Cl_2(H_2O)_2]; \qquad [Mg_4(OH)_6(H_2O)_6 \Longleftrightarrow Br_2(H_2O)_2].$$

FEITKNECHT und HELD (*61*) fanden, daß Hydroxychlorid II beim Entwässern zwei weitere *Hydratstufen* mit ähnlicher Struktur bilden kann, mit n = 5 und 3. Nach DE WOLFF bleiben beim Entwässern die gefalteten Schichten erhalten, nur der Schichtenabstand wird verkleinert. Aus röntgenographischen Daten schließt er auf ein n von 6 und 4 und schreibt die Formeln dieser Verbindungen $Mg_2(OH)_3Cl \cdot 3 H_2O$ und $Mg_2(OH)_3Cl \cdot 2H_2O$; die Schichtenabstände betragen 7,09 Å für das Tri- und 6,20 Å für das Dihydrat.

Bei der Entwässerung treten nach DE WOLFF (*149*) folgende Gitteränderungen auf. Die in der ersten Entwässerungsstufe austretenden Wassermoleküle stammen zur Hälfte aus der Zwischenschicht, zur Hälfte aus den freien Bandrändern, sie werden dort durch Chlorionen aus der Zwischenschicht ersetzt. Unter Verwendung der oben vorgeschlagenen Konstitutionsformel läßt sich die Reaktion wie folgt formulieren:

$$[Mg_4(OH)_6(H_2O)_6 \Longleftrightarrow Cl_2(H_2O)_2] \rightarrow [Mg_4(OH)_6Cl(H_2O)_5 \Longleftrightarrow ClH_2O] + 2 H_2O.$$

Bei der zweiten Entwässerungsstufe tritt das restliche Wasser aus der Zwischenschicht aus, und die restlichen Chlorionen ersetzen die gleiche

Zahl von Wassermolekeln in den freien Bandrändern nach der Reaktion:

$$[\text{Mg}_4(\text{OH})_6\text{Cl}(\text{H}_2\text{O})_5 \rightleftharpoons \text{ClH}_2\text{O}] \rightarrow 2\,[\text{Mg}_2(\text{OH})_3\text{Cl}(\text{H}_2\text{O})_2] + 2\,\text{H}_2\text{O}.$$

Dieses Hydrat besteht demnach aus neutralen Bändern, die zu einer gefalteten Schicht zusammengelagert sind, ähnlich wie bei den höheren Hydratstufen, die Verknüpfung der Bänder erfolgt durch Wasserstoffbindungen zwischen Hydroxylgruppen und Chlorionen.

Bei der vollständigen Entwässerung von Hydroxychlorid II entsteht Hydroxychlorid IV mit C6-Struktur (*61*) (vgl. Tabelle 3). Der Austritt der restlichen Wassermoleküle aus dem Gitter bewirkt demnach einen Übergang der Bänder- in eine reine Schichtenstruktur nach der Gleichung

$$[\text{Mg}_2(\text{OH})_3\text{Cl}(\text{H}_2\text{O})_2] \rightarrow [\text{Mg}_2(\text{OH})_3\text{Cl}] + 2\,\text{H}_2\text{O}.$$

Bei der Herstellung dieser Hydroxyhalogenide treten häufig fehlgeordnete Formen auf. Die von verschiedenen Forschern gefundenen Differenzen im Wassergehalt stehen möglicherweise zum Teil damit im Zusammenhang.

Nach DE WOLFF (*145*) besitzt auch der *Artinit*, ein natürlich vorkommendes *Magnesiumhydroxycarbonat* $\text{Mg}_2(\text{OH})_2\text{CO}_3 \cdot 3\,\text{H}_2\text{O}$ eine Bänderstruktur mit Oktaederdoppelketten, mit ähnlicher Konstitution wie das Hydroxychlorid $[\text{Mg}_2(\text{OH})_3\text{Cl}(\text{H}_2\text{O})_2]$.

Die Struktur des Hydroxycarbonates läßt sich in folgender Weise auf diejenige des Hydroxychlorides zurückführen: Die Chlorionen des Hydroxychlorids sind im Hydroxycarbonat durch $\text{HCO}_3{}^-$-Ionen ersetzt (*149*). Die Bänder sind durch Wasserstoffbrücken von Wassermolekülen des einen Bandes zu $\text{HCO}_3{}^-$-Ionen des nächsten Bandes zu Schichten verknüpft. Die Strukturanalogie der beiden Hydroxysalze ergibt sich ohne weiteres aus dem Vergleich der Konstitutionsformeln, die für das Hydroxycarbonat geschrieben werden kann:

$$[\text{Mg}_2(\text{OH})_3\text{HCO}_3(\text{H}_2\text{O})_2].$$

WALTER-LÉVY hat weitere analog zusammengesetzte Magnesiumhydroxysalze hergestellt, nämlich ein Hydroxysulfat (*136*) und ein Hydroxynitrat (*138*). Aus den Röntgendiagrammen kann geschlossen werden, daß sie eine analoge Konstitution besitzen (*149*), (*150*). Die Konstitutionsformeln können geschrieben werden:

$$[\text{Mg}_4(\text{OH})_6(\text{H}_2\text{O})_6 \rightleftharpoons \text{SO}_4(\text{H}_2\text{O})_2]$$

und

$$[\text{Mg}_4(\text{OH})_6(\text{H}_2\text{O})_6 \rightleftharpoons (\text{NO}_3)_2(\text{H}_2\text{O})_2].$$

Magnesiumhydroxychlorid III besitzt eine sehr ähnliche Struktur mit Bändern aus drei Oktaederketten (*149*). Die Konstitutionsformel kann geschrieben werden: $[\text{Mg}_3(\text{OH})_5(\text{H}_2\text{O})_3 \rightleftharpoons \text{ClH}_2\text{O}].$

Mit Magnesiumhydroxychlorid III sind isomorph Nickelhydroxychlorid IV $[Ni_3(OH)_5(H_2O)_3 \rightleftharpoons ClH_2O]$ *(49)* und Nickelhydroxybromid IV $[Ni_3(OH)_5(H_2O)_3 \rightleftharpoons BrH_2O]$ *(50)*.

WALTER-LÉVY und BIANCO *(137)* haben bei erhöhter Temperatur noch weitere Magnesiumhydroxychloride erhalten, nämlich:

$$2\,Mg(OH)_2 \cdot MgCl_2 \cdot 4\,H_2O; \quad 2\,Mg(OH)_2 \cdot MgCl_2 \cdot 2\,H_2O; \quad 3\,Mg(OH)_2 \cdot MgCl_2 \cdot H_2O$$

und

$$9\,Mg(OH)_2 \cdot MgCl_2 \cdot 5\,H_2O.$$

Über die Struktur der beiden Hydroxychloride $2\,Mg(OH)_2 \cdot MgCl_2$ mit 2 und 4 $H_2O$ ist noch nichts bekannt. $3\,Mg(OH)_2 \cdot MgCl_2$ kristallisiert nach DE WOLFF *(149)* (vgl. S. 715) im Atakamittyp und enthält kein Hydratwasser. $[9\,Mg(OH)_2 \cdot MgCl_2 \cdot 5\,H_2O]$ hat eine Schichtenstruktur mit gefalteten Schichten, in denen $^1/_5$ der OH-Ionen durch $H_2O$-Moleküle ersetzt sind, die deshalb positiv geladen sind. Diese positiven Ladungen werden durch die in der Zwischenschicht eingelagerten Chlorionen ausgeglichen. Die Konstitutionsformel kann wie folgt geschrieben werden:

$$[Mg_5(OH)_8(H_2O)_2 \rightleftharpoons Cl_2(H_2O)_3].$$

## 5. Hydroxysalze organischer Säuren.

### a) Allgemeine Bauprinzipien.

Die Ergebnisse der Untersuchungen über die Einlagerung von anorganischen Salzen zwischen die Schichten von Metallhydroxyd ließen vermuten, daß sich analoge Verbindungen auch mit organischen Säuren mit großem Anion bilden würden. Tatsächlich erhält man beim unvollkommenen Fällen, z.B. eines Zinksalzes einer aromatischen Säure oder einer Lösung von Zinknitrat oder Chlorid, die ein Natriumsalz der entsprechenden organischen Säure enthält, leicht Hydroxysalze mit Doppelschichtenstruktur *(45)*, *(12)*. Die Versuche erstrecken sich hauptsächlich auf die Zinkhydroxysalze von *Naphtholgelb S*

Naphtholgelb $S$ $\left[ SO_3 - \underset{NO_2}{\overset{O}{\bigodot}} - NO_2 \right]^{=}$

Die freie Säure heißt auch Flaviansäure, sie verhielt sich bei unseren Versuchen wie eine zweibasische Säure. Wir bezeichnen im folgenden die mit ihr erhaltenen Verbindungen als *Hydroxyflavianate*. Es wurden auch einige orientierende Versuche über die Bildung von Hydroxyflavianaten anderer zweiwertiger Metalle sowie über Hydroxysalze anderer organischer Säuren ausgeführt.

Die frischen Fällungen bestehen meistens aus äußerst feinen unregelmäßigen Plättchen, die nur elektronenmikroskopisch erkennbar sind. Die Röntgendiagramme der frischen Fällungen zeigen nur einen, eventuell zwei verbreiterte Basis- und ziemlich scharfe Pyramidenreflexe. Diese Produkte werden im folgenden als $\alpha_1$-Verbindungen bezeichnet. Beim Altern entstehen größere Teilchen, meistens Plättchen, die in einigen Fällen lang sind und parallel zur Längsachse aufspalten. Die Röntgendiagramme der gealterten Präparate zeigen neben Prismenreflexen eine Reihe von intensiven Basisreflexen, ihre Intensität fällt nach der 3. oder 4. (5.) Ordnung rasch ab, diese Verbindungen werden im folgenden als $\alpha_2$-Formen bezeichnet. Die $\alpha$-Formen haben einen Schichtenabstand, der stets größer als 12 Å ist. Sie besitzen eine ungeordnete Doppelschichtenstruktur, bei den $\alpha_1$-Formen ist der Schichtenabstand nicht ganz konstant.

In mehreren Fällen treten bei der Alterung auch vollkristalline Formen auf. Die Bildungsgeschwindigkeit ist sehr verschieden. Während es bei den Zinkhydroxyflavianaten bei Zimmertemperatur mehr als ein Jahr dauert, bis die Umwandlung der $\alpha$-Form vollständig ist, kristallisiert das Zinkhydroxypikrat so rasch, daß keine $\alpha$-Form isoliert werden konnte. Auch die vollkristallinen Verbindungen bilden laminare oder nadelige Formen, meistens mit Kriställchen von mikroskopischer Größe.

### b) Die unvollkommen kristallisierten $\alpha$-Formen.

Die $\alpha_1$-*Form des Zinkhydroxyflavianates* hat keine konstante Zusammensetzung, und der Schichtenabstand steigt allmählich mit steigendem Flavianatgehalt von 12,8 auf 19,6 Å (vgl. Tabelle 11). Die Präparate mit kleinstem Schichtenabstand treten nur in praktisch farbstofffreier Lösung und im Gemisch mit amorphem Zinkhydroxyd auf. Bei einem Gehalt der Lösung von $1 \cdot 10^{-3}$-m Farbstoff und einer Zusammensetzung des Hydroxysalzes von $1\ Zn(OH)_2 \cdot 0{,}25\ Zn\ Fla$ ist der Schichtenabstand 16,2 Å, mit steigendem Farbstoffgehalt der Lösung nimmt zunächst auch der Farbstoffgehalt und der Schichtenabstand des Hydroxysalzes zu, um bei einer Konzentration von rund $10^{-2}$-m eine Zusammensetzung von $1\ Zn(OH)_2 \cdot 0{,}31\ ZnFla$ einen Schichtenabstand von 19,6 Å zu erreichen. Bei hohem Farbstoffgehalt der Lösung nimmt der Bodenkörper weiter Farbstoff auf, dabei steigt der Schichtenabstand (möglicherweise auch kontinuierlich) bis zu einem Wert von 24,2 Å. [Über Hydroxysilicate mit variablem Schichtenabstand vgl. (*11*), (*94*).]

Es treten drei $\alpha_2$-*Formen von Zinkhydroxyflavianat* auf, jede besitzt eine bestimmte Zusammensetzung und einen charakteristischen Schichtenabstand (vgl. Tabelle 11). Beim Hydroxyflavianat I$\alpha_2$ ($c' = 24{,}2$ Å) ließ sich die Zusammensetzung analytisch nicht ermitteln, weil diese Verbindung nur unter konzentrierter Farbstofflösung beständig ist und

Tabelle 11. *Unvollkommen kristalline Formen von Hydroxysalzen organischer Säuren.*

| Verbindung | Zusammensetzung | $a$ | $c'$ |
|---|---|---|---|
| $\alpha_1$-Zn-Hydroxyflavianate . . . | variabel | 3,11 | 12,8—19,5 |
| $\alpha_2$-Zn-Hydroxyflavianate I . . | | 3,11 | 24,2 |
| $\alpha_2$-Zn-Hydroxyflavianate II . . | $Zn(OH)_2$ 0,32 ZnFla | 3,11 | 19,5 |
| $\alpha_2$-Zn-Hydroxyflavianate III . | $Zn(OH)_2$ 0,25 ZnFla | 3,11 | 16,1 |
| $\alpha_1$-Cu-Hydroxyflavianate . . . | | $\begin{cases}2,99\\3,17\end{cases}$ | 13,1—16,4 |
| $\alpha_1$-Co-Hydroxyflavianate . . . | | 3,11 | 13,8 |
| $\alpha_2$-Mn-Hydroxyflavianate . . | | 3,19 | 13,1 |
| $\alpha_2$-Cd-Hydroxyflavianate . . . | | 3,48 | 15,4 |
| $\alpha_2$-Zn-Hydroxy-p-Nitrophenolat | | 3,12 | 14,9 |
| $\alpha_2$-Zn-Hydroxybenzoat . . . . | | 3,12 | 19,2 |
| $\alpha_2$-Zn-Hydroxysalicylat . . . . | | 3,12 | 16,5 |
| $\alpha_2$-Zn-Hydroxybenzolsulfonat . | | 3,10 | 15,8 |
| $\alpha_2$-Zn-Hydroxyerioflavin . . . | $Zn(OH)_2$ 0,23 Zn-Erioflavin | 3,13 | 20,6 |
| $\alpha_2$-Zn-Hydroxyerioglaucin A . . | $Zn(OH)_2$ 0,147 Zn-Erioglaucin | 3,12 | 27,2 |
| $\alpha_2$-Zn-Hydroxyhelvetiablau . . | $Zn(OH)_2$ 0,23 Zn-Helvetiablau | 3,12 | 27—28 |

beim Auswaschen unter Abnahme des Schichtenabstandes Farbstoff ab-
gibt. Die Zusammensetzung von Hydroxyflavianat II$\alpha_2$ ist nicht genau
stöchiometrisch (vgl. Tabelle 11) kommt aber der Formel $3\,Zn(OH)_2 \cdot ZnFla$
sehr nahe. Hydroxyflavianat III$\alpha_2$ hat eine Zusammensetzung, wie sie
bei Zinkhydroxysalzen mit einwertigen Anionen häufig vorkommt, nämlich $4\,Zn(OH)_2 \cdot 1\,ZnFl$.

Aus dem großen Abstand der Schichten dieser Zinkhydroxyflavianate
ist zu schließen, daß mehrere Lagen von Farbstoffsalz zwischen die
Hydroxydschichten eingelagert sind. Sehr wahrscheinlich liegen die
scheibchenförmigen Flavianationen parallel zu den Hydroxydschichten.
MCEWAN und TALIB-UDDIN (*19*), die solche Zinkhydroxyflavianate nach
unseren Angaben herstellten, nahmen an, daß beim *Hydroxyflavianat II*
(Schichtenabstand 19,5 Å) vier Lagen von Farbstoffschichten zwischen
den Hydroxydschichten eingebettet sind. BÜRKI (*12*) kommt auf Grund
einer vorläufigen eindimensionalen FOURIER-Synthese auf eine Zwischenschicht mit drei Lagen von Flavianat. Die Konstitutionsformel dieser
Verbindung kann geschrieben werden: $[9\,Zn(OH)_2 \Longleftrightarrow 3\,ZnFla]$. Die
Fläche eines Schichtstückes von $9\,Zn(OH)_2$ (Abstand $Zn-Zn = 3,11\,Å$;
vgl. Tabelle 11) beträgt 80 Å. Die Fläche, die ein Flavianation bei
flacher Lagerung in der Zwischenschicht benötigt, läßt sich aus der
Struktur des Flavianations und den Dimensionen der Atomkalotten ab-
schätzen. Die Schätzung ergibt einen Wert von 76 Å, eine Fläche, die
fast gleich groß ist wie die Fläche von $9\,Zn(OH)_2$ in der Hauptschicht.

Für Hydroxyflavianat I ($c = 24,2\,Å$) ist eine Zwischenschicht mit
vier Lagen von Flavianat anzunehmen. Hydroxyflavianat I hat einen
um 4,7 Å größeren Schichtenabstand als II; die Höhe der Zwischen-
schicht von II ($c_{\text{Flavianat}} - c_{\text{Hydroxyd}}$) beträgt rund $14,8 = 3 \times 4,9\,Å$. Eine

Flavianatlage hat demnach eine Dicke von 4,7 bis 4,9 Å, ein Betrag, der mit der Wirkungssphäre des Flavianations verträglich ist, wenn die Wirkungssphäre der Sulfonsäuregruppe berücksichtigt wird. Aus diesen Überlegungen ergibt sich eine Formel für Hydroxyflavianat I mit einer viermolekularen Zwischenschicht:

$$[9\ Zn(OH)_2 \Longleftrightarrow 4\ Fla] \qquad \text{oder} \qquad 2,25\ Zn(OH)_2 \cdot ZnFla\,.$$

Die Höhe der Zwischenschicht von Hydroxyflavianat III (11,4 Å) steht in keiner einfachen Beziehung zu der Höhe der Zwischenschichten von II und I. Wahrscheinlich sind zwei Lagen von schräg gerichteten Flavianationen zwischen den Hydroxydschichten eingebettet.

### Hydroxyflavianate anderer Metalle.

Von *Cu, Co, Mn und Cd* wurden ebenfalls *Hydroxyflavianate* mit ungeordneter Doppelschichtenstruktur erhalten. Ihre Zusammensetzung ist noch nicht ermittelt worden. Der *Schichtenabstand* ist individuell verschieden und liegt zwischen 13,1 und 16,4 Å (vgl. Tabelle 11, d.h. die Höhe der Zwischenschicht beträgt 8,5 bis 11,8 Å); beim Kupferhydroxyflavianat nimmt der Schichtenabstand mit steigendem Flavianatgehalt kontinuierlich zu, ähnlich wie beim $\alpha_1$-Zinkhydroxyflavianat. Sehr wahrscheinlich sind zwei Lagen von Flavianat zwischen den Hydroxydschichten eingebettet, die Flavianationen sind aber nicht bei allen Verbindungen gleich gelagert, zum Teil offenbar schräg gestellt.

Der Abstand der Metallionen in den Hydroxydschichten ist, ähnlich wie bei den Hydroxysalzen anorganischer Säuren mit ungeordneter Zwischenschicht, bei allen $\alpha$-Hydroxyflavianaten kleiner als bei den Hydroxyden der entsprechenden Metalle (vgl. Tabelle 11 und 2). Die Größe der Kontraktion der Hydroxydschicht ist individuell verschieden, am kleinsten ist sie beim Cadmiumhydroxyflavianat.

Das *Kupferhydroxyflavianat* besitzt eine deformierte Hydroxydschicht. Die Abstände der Kupferionen und der Grad der Deformation ist praktisch gleich groß wie beim $\alpha$-Kupferhydroxychlorat, das eine ungeordnete Einfachschichtenstruktur besitzt (Tabelle 7). Diese Deformation der Hydroxydschicht äußert sich auch in der Ausbildungsform der Kriställchen, sie sind von elektronenmikroskopischer Größe und bilden lange dünne Plättchen.

### $\alpha$-Hydroxysalze weiterer organischer Säuren.

Orientierende Versuche haben ergeben, daß organische Säuren verschiedenster Zusammensetzung und Konstitution Hydroxysalze mit Doppelschichtenstrukturen mit ungeordneter Zwischenschicht zu geben vermögen. Diese Versuche erstrecken sich auf einige Vertreter einfacher

Derivate von Benzol, nämlich Benzolsulfonsäure, Benzoesäure, Salicyl-
säure und p-Nitrophenol, ferner auf einige weitere Farbstoffe, und zwar
einen Azofarbstoff

Erioflavin

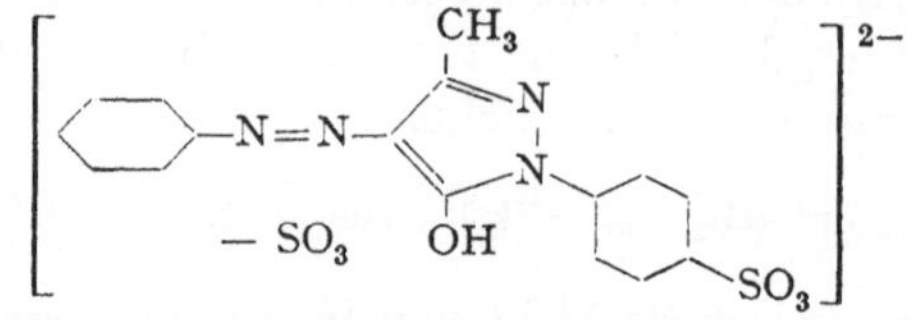

(die Stellung der zweiten $SO_3$-Gruppe ist nicht bekannt)

und zwei Triphenylmethanfarbstoffe

Erioglaucin A

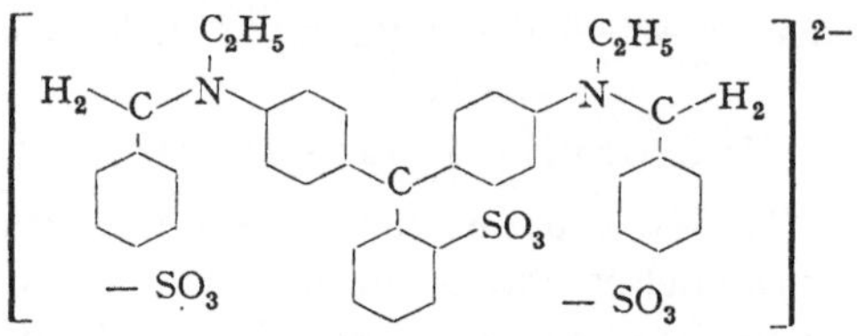

(die Stellung von zwei $SO_3$-Gruppen ist nicht bekannt)

Helvetiablau

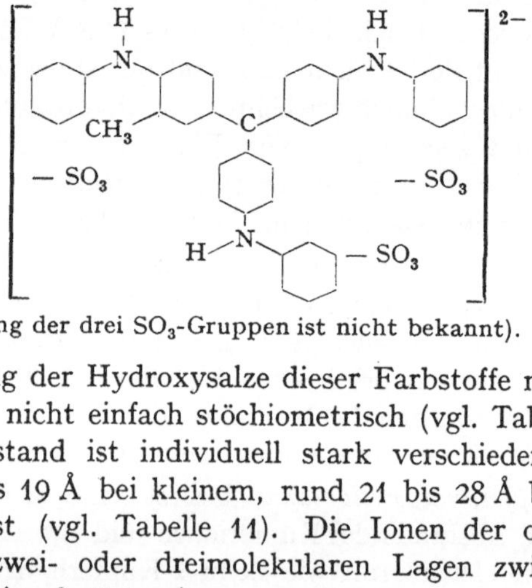

(die Stellung der drei $SO_3$-Gruppen ist nicht bekannt).

Die Zusammensetzung der Hydroxysalze dieser Farbstoffe mit großem
Molekulargewicht ist nicht einfach stöchiometrisch (vgl. Tabelle 11).

Der Schichtenabstand ist individuell stark verschieden, er liegt
zwischen rund 15 bis 19 Å bei kleinem, rund 21 bis 28 Å bei großem
organischen Säurerest (vgl. Tabelle 11). Die Ionen der organischen
Säuren dürften in zwei- oder dreimolekularen Lagen zwischen den
Hydroxydschichten eingebettet sein.

McEwan und Talib-Uddin (*19*) ist es gelungen, in die $\alpha_2$-Form des
Zinkhydroxyflavianates II zusätzlich neutrale organische Verbindungen,
Wasser, Alkohole und Nitrile einzulagern. Der Schichtenabstand wird
dadurch weiter erhöht, es konnten mit Wasser und Äthanol Schichtenabstände bis zu fast 31 Å erhalten werden.

### c) Die vollkristallinen Formen.

Beim Altern der Hydroxysalze organischer Säuren gehen die $\alpha$-For-
men häufig in vollkristalline Verbindungen über. *Zinkhydroxyflavianat II*

bildet bis zu 1 cm lange, leicht zu Fasern aufspaltende Bänder, *Hydroxy-flavianat III* bis 0,1 mm lange Nädelchen. Zusammensetzung und Gitterdimensionen sind fast gleich wie bei den entsprechenden α-Formen (Tabelle 12).

Tabelle 12. *Vollkristalline Formen von Hydroxysalzen organischer Säuren.*

| Verbindung | Zusammensetzung | Gitter-dimensionen | |
|---|---|---|---|
| | | $a'$ | $c'$ |
| Zn-Hydroxyflavianat II . . . | $Zn(OH)_2$ 0,32 ZnFla | 3,11 | 19,5 |
| Zn-Hydroxyflavianat III . . . | $Zn(OH)_2$ 0,25 ZnFla | 3,17 | 16,4 |
| Cd-Hydroxyflavianat II . . . | $Cd(OH)_2$ 0,38 CdFla | 3,48 | 18,1 |
| Zn-Hydroxy-p-Nitrophenolat . | $Zn(OH)_2$ 0,25 $Zn(p\text{-Nitrophenolat})_2$ | 3,17 | 11,4 |
| Zn-Hydroxypikrat . . . . . | $Zn(OH)_2$ 0,21 $Zn(Pikrat)_2$ | 3,15 | 18,2 |

Beim Hydroxyflavianat III ist der Abstand der Metallionen in den Hydroxydschichten etwas größer als bei II und bei den α-Formen von Zinkhydroxyflavianat. Er nähert sich wie bei den vollkristallinen Formen der Hydroxysalze anorganischer Säuren (vgl. Tabelle 9, S. 720) dem Abstand der Metallionen in der Hydroxydschicht des hypothetischen Zinkhydroxyds mit C6-Typ.

Die Zusammensetzung des *vollkristallinen Cadmiumhydroxyflavianates* ist nicht einfach stöchiometrisch, sie nähert sich der Formel [8 $Cd(OH)_2$ · 3 CdFla]. Der Abstand der Cd-Ionen in den Hydroxydschichten ist praktisch gleich wie im $Cd(OH)_2$ (3,48 Å), der Schichtenabstand etwas kleiner als beim Zinkhydroxyflavianat II ([9 $Zn(OH)_2$ · 3 ZnFla]). Im Cadmiumhydroxyflavianat sind sehr wahrscheinlich wie beim Zinkhydroxyflavianat drei Lagen von Flavianat zwischen den Hydroxydschichten eingebettet. (Konstitutionsformel: [8 $Cd(OH)_2$ ⇌ 3 ZnFla].) Die Fläche eines Schichtstückes von 8 $Cd(OH)_2$ beträgt 83 Å, ist also fast gleich groß wie die Fläche eines Schichtstückes von 9 $Zn(OH)_2$ (vgl. S. 726) und ist nur wenig größer als der Flächenbedarf eines Flavianations. Der Flavianatgehalt von Cadmiumhydroxyflavianat ist einerseits durch die Zahl der Lagen in der Zwischenschicht, andererseits durch die Maschenweite der Hydroxydschichten gegeben. Das Mengenverhältnis Hydroxyd:Flavianat ist deshalb nicht einfach stöchiometrisch; Cadmiumhydroxyflavianat ist hydroxydärmer als die entsprechende Zinkverbindung, weil die Maschenweite von Cadmiumhydroxyd größer ist als von Zinkhydroxyd [vgl. die nichtstöchiometrisch zusammengesetzten Harnstoffaddukte und Tonmineraladsorbate (*130*)].

Das vollkristalline *Zinkhydroxy-p-Nitrophenolat* hat einen wesentlich kleineren Schichtenabstand als die α-Form. Wahrscheinlich sind bimolekulare Schichten von Zinknitrophenolat zwischen die Hydroxydschichten eingelagert.

Das *Hydroxypikrat* kristallisiert so rasch, daß es nur in vollkristalliner Form erhalten werden konnte. Es läßt sich formulieren: [5 Zn(OH)$_2$ $\Longleftrightarrow$ Zn(Pikrat)$_2$]; die Zwischenschicht dürfte aus drei Lagen von Zinkpikrat bestehen (vgl. Tabelle 12).

# 6. Hydroxydoppelsalze.

## a) Allgemeine Bauprinzipien.

Hydroxydoppelsalze setzen sich zusammen aus dem Hydroxyd des einen und dem Salz eines zweiten Metalles ([3 Cu(OH)$_2$ · CoCl$_2$]) oder aus Hydroxyd und zwei Salzen mit verschiedenem Anion ([Mg(OH)$_2$ · MgCl$_2$ · 2MgCO$_3$ · 6H$_2$O]) (*135*). Es ist zweckmäßig, auch die Hydroxysalze, die ein Metall in verschiedener Wertigkeitsstufe enthalten, zu den Hydroxydoppelsalzen zu zählen ([4 Co$^{II}$(OH)$_2$Co$^{III}$OCl]). Da über Hydroxysalze mit verschiedenem Anion noch sehr wenig bekannt ist, werden wir sie nicht weiter berücksichtigen. Unsere Kenntnisse über Hydroxysalze mit verschiedenen Metallionen beschränken sich auch auf einige wenige Gruppen.

Französische Forscher (*112*), (*125*), (*128*) haben vor etwa 50 Jahren basische Doppelsalze des Kupfers beschrieben. Sie erhielten Verbindungen mit einfach stöchiometrischer Zusammensetzung: 3 Cu(OH)$_2$MeX$_2$. WERNER hat diese Kupferhydroxysalze ähnlich wie die einfachen Hydroxysalze als Komplexverbindungen, Hexolsalze $\left[\text{Me}\binom{\text{HO}}{\text{HO}}\text{Cu}\right)_3\right]$X$_3$, formuliert. Eine neuere Untersuchung von FEITKNECHT und MAGET (*68*), (*111*) zeigte, daß die Hydroxydoppelsalze des Kupfers Kristallverbindungen sind, mit gleicher oder ähnlicher Struktur wie die einfachen Hydroxysalze.

Hydroxydoppelsalze von Calcium und Aluminium können sich beim Erhärten von aluminathaltigem Zement bilden und den Erhärtungsprozeß wesentlich beeinflussen. Sie sind deshalb von Zementchemikern näher untersucht worden. FORSÉN (*79*) hat die Calciumaluminiumhydroxysalze als Komplexverbindungen zu formulieren versucht. BRANDENBERGER (*7*) wies nach, daß sie Kristallverbindungen mit Schichtengitter sind. Der Strukturvorschlag von BRANDENBERGER wurde von FEITKNECHT und Mitarbeitern (*56*), (*47*) modifiziert und präzisiert.

Unsere Untersuchungen haben ergeben, daß sich die Struktur der Hydroxydoppelsalze ganz allgemein auf die Struktur der einfachen Hydroxysalze zurückführen läßt. Ein Teil der Metallionen des einfachen Hydroxysalzes ist im Doppelsalz durch Ionen eines anderen Metalles ersetzt.

## b) Kupferhydroxydoppelsalze.

FEITKNECHT und MAGET (*68*) haben Hydroxydoppelchloride von Ni, Co, Mg, Zn und Cd nach der Methode von MAILHE (*112*) durch Umsetzen von Kupferoxyd oder Kupfer und Sauerstoff mit Chloridlösungen dieser Metalle hergestellt. Es spielen sich dabei folgende Reaktionen ab:

$$\text{a)} \qquad 3\,[\mathrm{CuO}] + \mathrm{MeCl_2} + 3\,\mathrm{H_2O} = [\mathrm{Cu_3Me(OH)_6Cl_2}]$$

$$\text{b)} \qquad 3\,[\mathrm{Cu}] + 1\tfrac{1}{2}\,\mathrm{O_2} + \mathrm{MeCl_2} + 3\,\mathrm{H_2O} = [\mathrm{Cu_3Me(OH)_6Cl_2}].$$

### α) Kupferhydroxydoppelsalze mit C6-Typ.

Wird Kupferpulver unter Durchleiten von Sauerstoff mit Kobaltchlorid- oder Zinkchloridlösung mittlerer Konzentration umgesetzt, so scheiden sich primär instabile *Hydroxydoppelsalze* aus, die im *C6-Typ* kristallisieren. Ein Kupfermagnesiumhydroxychlorid mit gleicher Struktur bildet sich in konzentrierter Magnesiumchloridlösung. Die Zusammensetzung dieser Präparate ist ungefähr $\mathrm{Cu_3Mg(OH)_6Cl_2}$. Die Gitterdimensionen sind in der Tabelle 13 zusammengestellt. Der Metallionenabstand ist ungefähr gleich wie bei den Hydroxyden des Fremdmetalls, der Schichtenabstand entspricht demjenigen der Hydroxychloride mit Einfachschichtenstruktur.

Die Kupfer- und die Fremdmetallionen, wie auch die OH- und Cl-Ionen, sind statistisch verteilt. Die statistische Verteilung der Metallionen läßt erwarten, daß das Verhältnis $\mathrm{Cu^{2+}\!:\!Me^{2+}}$ variieren kann. Die einfach stöchiometrische Zusammensetzung der von MAGET hergestellten Präparate ist durch den Bildungsmechanismus bedingt (vgl. Reaktions-

Tabelle 13. *Kupferhydroxydoppelchloride.*

| Gittertyp | Bezeichnung | Zusammensetzung | Gitterdimensionen | |
|---|---|---|---|---|
| | | | $a$ | $c'$ |
| E.N. | Cu—Ni II $\delta$ | $\mathrm{Cu_{0,4-0,05}Ni_{1,6-1,95}(OH)_3Cl_1}$ | 3,17 | 5,44 |
| C6 | Cu—Mg II $\alpha$ | $\mathrm{Cu_{1,4}Mg_{0,6}(OH)_3Cl_1}$ | 3,14 | 5,80 |
| C6 | Cu—Co II $\alpha$ | $\mathrm{Cu_{1,5}Co_{0,5}(OH)_3Cl}$ | 3,18 | 5,77 |
| C6 | Cu—Zn II $\alpha$ | $\mathrm{Cu_{1,5}Zn_{0,5}(OH)_3Cl}$ | 3,21 | 5,78 |
| P.A. | Cu—Ni II $\gamma$ | $\mathrm{Cu_{2-0,6}Ni_{0-1,4}(OH)_3Cl}$ | — | 5,52 |
| G | Cu—Mg II $\beta$ | $\mathrm{Cu_{1,8}Mg_{0,2}(OH)_{2,6}Cl_{1,4}}$ | — | 5,65 |
| P.A. | Cu—Mg II $\gamma$ | $\mathrm{Cu_{2-1,5}Mg_{0-0,5}(OH)_3Cl}$ | — | 5,52 |
| G | Cu—Mg II $\delta$ | $\mathrm{Cu_{1,3}Mg_{0,7}(OH)_{3,2}Cl_{0,8}}$ | — | 5,7 |
| P.A. | Cu—Co II $\gamma$ | $\mathrm{Cu_{2-0}Co_{0-2}(OH)_3Cl_1}$ | — | 5,52 |
| P.A. | Cu—Zn II $\gamma$ | $\mathrm{Cu_{2-1,5}Zn_{0-0,5}(OH)_3Cl_1}$ | — | 5,52 |
| P.A. | Cu—Cd II $\gamma$ | $\mathrm{Cu_{2-1,5}Cd_{0-0,5}(OH)_3Cl_1}$ | — | 5,6 |

gleichung b). Durch geeignete Wahl der Herstellungsbedingungen dürfte es möglich sein, anders zusammengesetzte Kupferhydroxychloride mit C6-Typ zu erhalten.

Kupfernickel- und Kupfercadmiumhydroxychloride mit C6-Typ konnten nicht erhalten werden. Unter den experimentellen Bedingungen, unter denen sich Kupferkobalt- und Kupferzinkhydroxychlorid mit C6-Struktur bilden, entsteht ein Kupfernickelhydroxychlorid mit einer komplizierteren Einfachschichtenstruktur. Kupferhydroxydoppelchloride mit C6-Struktur bilden sich demnach gerade bei den Metallen (Co und Zn), bei denen keine einfachen Hydroxychloride in diesem Typ kristallisieren.

### β) Kupferhydroxydoppelsalze mit Paratakamittyp.

Die stabilen *Endprodukte der Umsetzung von Kupferoxyd* sowie *Kupfer und Sauerstoff* mit den *Chloridlösungen* von Ni, Co, Mg, Zn und Cd kristallisieren im *Paratakamittyp*. Die Gitterdimensionen sind ungefähr die gleichen wie beim Kupferhydroxychlorid II$\gamma$, einzig Kupfercadmiumhydroxychlorid hat eine etwas größere Elementarzelle. Das Kupferion ist also im Kupferhydroxychlorid II$\gamma$ auch durch· Metallionen ersetzbar, die wie $Ni^{2+}$, $Mg^{2+}$, $Zn^{2+}$ und $Cd^{2+}$ keine Hydroxychloride mit Paratakamittyp zu geben vermögen.

Die Zusammensetzung der nach der Methode von MAILHE hergestellten Hydroxydoppelsalze mit Paratakamittyp ist, wie nach den Umsatzgleichungen zu erwarten, im allgemeinen $Cu_{1,5}Me_{0,5}(OH)_3Cl$. — Die so hergestellten Präparate sind aber nicht definierte stöchiometrisch zusammengesetzte Verbindungen, sie sind vielmehr Glieder einer kontinuierlichen Mischkristallreihe: $Cu_2(OH)_3Cl \rightarrow Cu_nMe_m(OH)_3Cl$ (m + n = 2). Da Kupferhydroxychlorid II$\gamma$ und Kobalthydroxychlorid II gleiche Struktur besitzen, dürften sie eine vollständige Mischkristallreihe bilden. Durch Umsetzen von Magnesiumoxyd mit verdünnter Kupferchloridlösung erhielt HELD (*61*) zwei weitere Kupfermagnesiumhydroxychloride mit nicht einfach stöchiometrischer Zusammensetzung und paratakamitähnlicher Struktur. Die analysierten Präparate dieser Kupfermagnesiumhydroxychloride ergaben die Zusammensetzung: für II$\beta$ $Cu_{1,8}Mg_{0,2}(OH)_{2,6}Cl_{1,4}$, für II$\delta$ $Cu_{1,3}Mg_{0,7}(OH)_{3,2}Cl_{0,8}$. Wahrscheinlich variiert die Zusammensetzung auch dieser Kristallarten innerhalb·charakteristischer Grenzen.

### γ) Die Kupfernickelhydroxychloride.

Die verschiedenen Hydroxydoppelchloride, die aus den einfachen Hydroxychloriden $Cu_2(OH)_3Cl$ und $Ni_2(OH)_3Cl$ entstehen können, wurden durch unvollständiges Fällen von Mischlösungen von Kupfer- und Nickelchlorid geeigneter Konzentration mit Lauge hergestellt. Es wurden drei verschiedene Kristallarten erhalten, der Paratakamittyp, eine dem C6-Typ ähnliche, aber vollkommener geordnete Einfachschichtenstruktur und der C6-Typ.

Im $Cu_2(OH)_3Cl$ mit Paratakamittyp lassen sich etwa 70 Atom-% der Kupfer- durch Nickelionen ersetzen, die Formel für das Endglied dieser Mischkristallreihe lautet demnach: $Cu_{0,6}Ni_{1,4}(OH)_3Cl$.

Die Mischkristallphase mit einer dem C6-Typ ähnlichen Einfachschichtenstruktur von Nickelkupferhydroxychlorid II$\delta$ hat einen Homogenitätsbereich, der sich von mindestens etwa 80 bis 97,5 Atom-% Nickel erstreckt. Die Endglieder dieser Mischkristallreihe können formuliert werden: $Cu_{0,4}Ni_{1,6}(OH)_3Cl$ und $Cu_{0,05}Ni_{1,95}(OH)_3Cl$. Die Metallionenabstände und die Abstände der Schichten sind identisch mit $a$ und $c$ von Nickelhydroxychlorid II mit C6-Typ (vgl. Tabelle 13 und 3).

Im Nickelhydroxychlorid II mit C6-Typ sind praktisch keine Nickel- durch Kupferionen ersetzbar.

Im System NiOHCl—CuOHCl tritt keine intermediäre Verbindung auf; im hexagonal rhomboedrischen NiOHCl sind etwa 10 Atom-% des Ni durch Cu ersetzbar und im monoklinen CuOHCl etwa 15 Atom-% Cu durch Ni.

Aus einer Untersuchung über das System $Co_2(OH)_3(NO_3)$— $Cu_2(OH)_3(NO_3)$, die noch nicht abgeschlossen ist, folgt, daß hier die Verhältnisse etwas komplizierter sind (*107*). Neben den einfachen Hydroxynitraten können sich mindestens drei strukturell nur wenig voneinander verschiedene Hydroxydoppelnitrate bilden, die nicht einfach stöchiometrisch und nicht konstant zusammengesetzt sind.

Die Kupferhydroxydoppelsalze zeigen eine gewisse Analogie zu metallischen Mischphasen (vgl. z.B. das System Cu—Zn). Im System $Cu_2(OH)_3X$—$Me_2(OH)_3X$ ist in der Kristallart $Cu_2(OH)_3X$ ein Teil Cu unter Erhaltung der Struktur durch Me ersetzbar, bei größerem Me-Gehalt treten neue Kristallarten, Mischphasen mit charakteristischem Homogenitätsbereich auf, und schließlich ist im $Me_2(OH)_3X$ ein Teil Me durch Cu ersetzbar.

### c) Hydroxydoppelsalze zwei- und dreiwertiger Metalle mit der Struktur des grünen Kobalthydroxybromids.

Aus Lösungen, die ein Salz eines zwei- und eines dreiwertigen Metalles enthalten, entstehen beim unvollständigen Fällen mit Lauge Hydroxydoppelsalze. Liegt der Ionenradius des zweiwertigen Metalls zwischen 0,65 und 0,8 Å, so kristallisieren diese Hydroxydoppelsalze häufig im Typ des grünen Kobalthydroxybromids. Bei idealer Zusammensetzung bestehen die Hauptschichten aus dem Hydroxyd des zweiwertigen, die Zwischenschichten aus Oxysalz des dreiwertigen Metalls. Die Idealformel kann geschrieben werden:

$$[4 \overset{\text{II}}{Me}(OH)_2 \rightleftharpoons \overset{\text{III}}{Me}OCl] \quad \text{oder} \quad [\overset{\text{II}}{Me}_4(OH)_8 \rightleftharpoons \overset{\text{III}}{Me}OCl].$$

Es können die folgenden Abweichungen von der Idealzusammensetzung auftreten:

a) Ein Teil der zweiwertigen Metallionen der Hauptschichten kann durch dreiwertige, aber auch ein Teil der dreiwertigen der

Zwischenschicht durch zweiwertige Metallionen ersetzt werden. Der Ersatz zweiwertiger durch dreiwertige Metallionen ist mit einem Ersatz der Hydroxylionen durch Sauerstoffionen gekoppelt.

b) Die Fremdanionen der Zwischenschicht können durch Hydroxylionen ersetzt werden, die Doppelhydroxysalze in Doppelhydroxyd übergehen. Die Umsetzung vom Hydroxydoppelsalz zum Doppelhydroxyd erfolgt kontinuierlich und einphasig (vgl. II, 5) nach der Gleichung:

$$[\overset{II}{Me}_4(OH)_8 \rightleftharpoons MeOX] + OH^- \to [Me_4(OH)_8 \rightleftharpoons MeOOH] + X^-.$$

Doppelhydroxyde mit der Struktur des grünen Kobalthydroxybromids wurden in größerer Zahl hergestellt *(32)*, *(84)*, *(83)*; Hydroxydoppelsalze sind nur wenige näher untersucht worden, sie sind in der Tabelle 15 zusammengestellt.

Die *Kobalt(II, III)-Hydroxysalze* entstehen durch Oxydation der einfachen $Co^{II}$-Salze. Bei den Hydroxyhalogeniden erfolgt die Reaktion kontinuierlich und einphasig *(42)*:

$$[Co_4(OH)_8 \rightleftharpoons CoOHX] + \tfrac{1}{4}O_2 \to [Co_4(OH)_8 \rightleftharpoons CoOX] + \tfrac{1}{2}H_2O.$$

Die Oxydation der Kobaltionen in der Zwischenschicht bewirkt eine allmähliche Abnahme des Abstandes der $Co^{2+}$-Ionen in den Hauptschichten von 3,13 auf 3,08 Å (vgl. Tabelle 8 und 14). Es existiert eine vollständige Mischkristallreihe:

$$[Co_4(OH)_8 \rightleftharpoons Co\,OHX] \cdots [Co_4(OH)_8Co(OH, O)\,X] \cdots [Co_4(OH)_8CoOX].$$

Die $Co^{2+}$-Ionen der Hauptschichten werden nicht, oder nur sehr unvollständig zu $Co^{3+}$-Ionen oxydiert.

Das dunkelgrüngefärbte *Eisen(II, III)-Hydroxychlorid* scheidet sich bei der Oxydation einer gepufferten ($p_H = 8 - 6{,}5$) Eisen(II)-chlorid-Lösung aus *(63)*, *(101)*. Ein beträchtlicher Teil der $Fe^{2+}$-Ionen der Hauptschicht ist durch $Fe^{3+}$-Ionen ersetzbar (vgl. Tabelle 15). Ein dem Hydroxydoppelchlorid isomorphes Eisen (II, III)-Hydroxyd kann nicht hergestellt werden; beim Umsetzen des Hydroxydoppelchlorids mit Lauge entsteht ein Gemisch von $Fe(OH)_2$ und $Fe(OH)_3$.

Tabelle 14. *Hydroxydoppelsalze zwei- bis dreiwertiger Metalle vom Typ des grünen Co-Hydroxybromids.*

| Bezeichnung | Zusammensetzung | Gitter-dimensionen | | Literatur |
| --- | --- | --- | --- | --- |
| | | $a$ | $c'$ | |
| $Co^{II}$—$Co^{III}$-Hydroxychlorid . . | $[Co_4(OH)_8]CoOCl$ | 3,08 | 7,9 | *(42)* |
| $Co^{II}$—$Co^{III}$-Hydroxybromid . . | $[Co_4(OH)_8]CoOBr$ | 3,08 | 7,9 | *(42)* |
| $Co^{II}$—$Co^{III}$-Hydroxynitrat . . . | $[Co_4(OH)_8]CoONO_3$ | 3,06 | 7,9 | *(42)* |
| $Fe^{II}$—$Fe^{III}$-Hydroxychlorid . . | $[Fe^{II}_{4-2,2}Fe^{III}_{0-1,8}(OH)_{8-6,2}O_{0-1,8}]FeOCl$ | 3,22 | 8,0 | *(63)*, *(101)* |
| Mg—Al-Hydroxychlorid . . . . | $[Mg_{4-3}Al_{0-1}(OH)_{8-7}O_{0-1}]AlOCl$ | 3,09 | 7,9 | *(62)* |
| Mn—Al-Hydroxychlorid . . . . | $[Mn_{3,3-2}Al_{0,7-2}(OH)_{7,3-6}O_{0,7-2}]AlOCl$ | 3,20 | 8,0 | *(37)*, *(126)* |

Im *Magnesiumaluminiumhydroxychlorid* sind rund $1/_4$ der $Mg^{2+}$-durch $Al^{3+}$-Ionen ersetzbar (vgl. Tabelle 15). Das Hydroxydoppelchlorid kann kontinuierlich in das Doppelhydroxyd übergeführt werden. Im Doppelhydroxyd sind etwa $2/_5$ der $Al^{3+}$-Ionen der Zwischenschichten durch $Mg^{2+}$-Ionen und etwa 57% der $Mg^{2+}$-Ionen der Hauptschichten durch $Al^{3+}$-Ionen ersetzbar. Die Zusammensetzung der Kristallart Magnesiumaluminiumhydroxychlorid—Hydroxyd kann zwischen folgenden Grenzen liegen (*62*)

$$[Mg_4(OH)_8 \rightleftharpoons AlOCl] \qquad - [Mg_3Al(OH)_7O \rightleftharpoons AlOCl]$$
$$[Mg_4(OH)_8 \rightleftharpoons Al_{0,6}Mg_{0,4}O_{0,6}(OH)_{1,4}] - [Mg_{1,7}Al_{2,3}(OH)_{5,7}O_{2,3} \rightleftharpoons AlOOH].$$

*Manganaluminiumhydroxychlorid* und -doppelhydroxyd sind nur beständig, wenn ein Teil der Manganionen in der Hauptschicht durch Aluminiumionen ersetzt ist (*126*), (*37*). Die Grenzen, zwischen denen die Zusammensetzung dieser Kristallart variieren kann, ergeben sich aus dem Schema

$$[Mn_{3,3}Al_{0,7}(OH)_{7,3}O_{0,7} \rightleftharpoons AlOCl] - [Mn_2Al_2(OH)_6O_2 \rightleftharpoons AlOCl]$$
$$[Mn_3Al_1(OH)_7O_1 \rightleftharpoons AlOOH] \qquad - [Mn_2Al_2(OH)_6O_2 \rightleftharpoons AlOOH].$$

### d) Die Calciumaluminiumhydroxysalze und isotype Verbindungen.

Über die präparative Herstellung und Zusammensetzung der Calciumaluminiumhydroxysalze ist viel gearbeitet worden, es seien hier besonders die Arbeiten von MYLIUS (*118*) und FORET (*78*) erwähnt. JONES (*100*) hat die Ergebnisse dieser Untersuchungen zusammengestellt.

Die Calciumaluminiumhydroxysalze lassen sich nach ihrer Zusammensetzung und Ausbildung in zwei Gruppen einteilen. In die Gruppe I gehören die nadelig kristallisierenden Verbindungen mit der Bruttozusammensetzung $3 CaO, Al_2O_3, 3 CaX_2, mH_2O$ bzw. $6 Ca(OH)_2, Al_2(X_2)_3, nH_2O$, in die Gruppe II die hexagonal plättchenförmig kristallisierenden der Zusammensetzung $3 CaO, Al_2O_3, CaX_2, mH_2O$ bzw. $2 Ca(OH)_2, Al(OH)_2X$, $nH_2O$; X kann auch $1/_2$ eines zweiwertigen Anions sein.

Kürzlich wurde gezeigt (*46*), daß die *Verbindungen der Gruppe I* in mindestens zwei ganz verschiedenen Typen kristallisieren. Bei zweiwertigem Anion ($SO_4^{2-}$, $CrO_4^{2-}$), ausnahmsweise (wie beim Jodat) auch bei einwertigem Anion, tritt der *Ettringittyp* auf, so benannt nach dem auch in der Natur vorkommenden Ettringit, einem Ca—Al-Hydroxysulfat. Die Struktur dieser Verbindung ist noch nicht aufgeklärt, die Dimensionen der hexagonalen Elementarzelle (*5*) lassen keine einfache Beziehung zur Struktur des Calciumhydroxyds erkennen.

Die Struktur der formal gleich zusammengesetzten nadeligen Hydroxysalze mit einwertigem Anion (Chlorat, Formiat) ist der Struktur der plättchenförmigen Calciumaluminiumhydroxysalze sehr ähnlich (*46*).

*Die plättchenförmigen Calciumaluminiumhydroxysalze* bilden zusammen mit den sog. Calciumaluminathydraten, den hydratisierten Calciumferriten und Calciumeisen(III)-Hydroxysalzen sowie den entsprechenden Cadmiumverbindungen eine große Gruppe sehr ähnlich gebauter Verbindungen. TILLEY, MEGAW und KEY (*133*) haben die Struktur des natürlich vorkommenden Calciumaluminiumhydroxyds *Hydrocalumit* ermittelt. Aus den Röntgendiagrammen der plättchenförmigen Calciumaluminiumhydroxysalze ergibt sich, daß sie eine sehr ähnliche Struktur wie dieses Calciumaluminiumhydroxyd besitzen (*56*), (*47*). Das Bauprinzip ist schon im Abschnitt III, 3 d besprochen worden. Schichten von Calciumhydroxyd, in denen jedes dritte Calciumion fehlt, sind unterteilt von Zwischenschichten, die die Aluminiumionen, weitere Anionen und eventuell Wasser enthalten. Die Anordnung der Calciumionen in einer Schicht ergibt sich aus der Abb. 14. Durch Wegfall eines Teils der Calciumionen bei gleichbleibender Zahl der Hydroxylionen werden die Hauptschichten negativ geladen, die Zwischenschichten enthalten entsprechend weniger Anionen. Das Wasser ist, wie aus der Änderung des Schichtenabstandes beim Entwässern folgt, ebenfalls zwischen den Hauptschichten eingelagert. TILLEY und Mitarbeiter hatten angenommen, daß Wassermoleküle die Lücken in der Calciumionenschicht besetzen; diese Annahme wurde durch die Untersuchung von BUSER nicht bestätigt. Die Konstitutionsformel der Calciumaluminiumhydroxysalze kann geschrieben werden:

$$[\mathrm{Ca_2(OH)_6} \Longleftrightarrow \mathrm{AlX(H_2O)}_n].$$

Dabei ist X ein ein-, $^1/_2$ eines zwei-, oder $^1/_3$ eines dreiwertigen Anions. Die Verbindungen kristallisieren alle hexagonal oder pseudohexagonal. In einigen einfachen Fällen beträgt das $a$ der Elementarzelle 5,74 Å. Die Grundfläche dieser Zelle ist in Abb. 14 eingezeichnet, $c$ entspricht dem Schichtenabstand, bei den komplizierteren Strukturen ist $a$ zu vervielfachen.

Tabelle 15. *Schichtenabstände der Ca—Al-Hydroxysalze.*

| Anion | $c'$ | Anion | $c'$ |
|---|---|---|---|
| $OH^-$ | 5,66 | $ClO_3^-\ nH_2O$ | 9,3 |
| $OH^-$, 2,5 $H_2O$ | 7,58 | $ClO_4^-\ nH_2O$ | 9,5 |
| $OH^-$, 3,5 $H_2O$ | 8,21 | $MnO_4^-\ nH_2O$ | 9,6 |
| $Cl^-$ | 6,9 | $Al(OH)_4^-$, 3 $H_2O$ | 10,5 |
| $Cl^-$, 2 $H_2O$ | 7,8 | Pikrat $nH_2O$ | 12,7 |
| $Br^-$ | 7,1 | $\frac{1}{2}SO_4^{2-}\ nH_2O$ | 8,9 |
| $Br^-$, 2 $H_2O$ | 8,1 | $\frac{1}{2}CrO_4^{2-}\ nH_2O$ | 10,0 |
| $J^-$ | 7,6 | $\frac{1}{2}WO_4^{2-}\ nH_2O$ | 10,3 |
| $J^-$ 2 $H_2O$ | 8,8 | $\frac{1}{2}S_2O_3^{2-}\ nH_2O$ | 10,4 |
| $NO_3^-$ 2 $H_2O$ | 8,6 | $\frac{1}{3}Fe(CN)_6^{3-}\ nH_2O$ | 10,8 |
| $JO_3^-$ 3 $H_2O$ | 10,3 | | |

Der Abstand $a'$ der Ca-Ionen in den Schichten ist für alle Ca—Al-Hydroxysalze praktisch gleich, nämlich 3,32 Å. Er ist wesentlich kleiner als beim Calciumhydroxyd (3,58 Å vgl. Tabelle 2), da durch den Wegfall von $^1/_3$ der Calciumionen die Schicht kontrahiert wird. Der Schichtenabstand ist durch den Raumbedarf des Anions und die Menge des eingelagerten Wassers bestimmt.

In der Tabelle 15 sind die Schichtenabstände für die näher untersuchten Verbindungen zusammengestellt. Die nach dem gleichen Prinzip gebauten Ca—Al-Doppelhydroxyde wurden mitaufgeführt. Das sog. Dicalciumaluminathydrat läßt sich als ein Hydroxysalz auffassen $(X = Al(OH)_4^-)$, und zwar als ein Calciumaluminiumhydroxyaluminat.

Der Schichtenabstand kann, wie aus der Tabelle 16 ersichtlich ist, eine sehr verschiedene Größe haben (5,66 Å bei $[Ca_2(OH)_6AlOH]$; 12,7 Å bei $[Ca_2(OH)_6AlOC_6H_2(NO_3)_3]$).

Die Hauptschichten sind bei allen plättchenförmigen Calciumaluminiumhydroxysalzen gleich gebaut, und nur die Anordnung der Ionen in den Zwischenschichten ist eine verschiedene. Die folgenden Hydroxysalze sind miteinander isomorph:

1. Chlorid, Bromid, Jodid ohne Hydratwasser.
2. Die Dihydrate von Chlorid, Bromid und Jodid.
3. Chlorat, Perchlorat und Permanganat.
4. Chromat und Wolframat.

Nach MALQUORI und CIRILLI (*113*) sind die Calciumferrithydrate und Calciumeisen(III)-Hydroxysalze nach dem gleichen Prinzip gebaut wie die entsprechenden Aluminiumverbindungen.

Aus einer noch nicht abgeschlossenen Arbeit ergibt sich, daß sich isotype Cadmiumverbindungen herstellen lassen. Während aber bei den Ca—Al-Verbindungen das Verhältnis Ca:Al konstant 2 ist, kann bei den Cd—Al-Verbindungen ein beträchtlicher Teil der $Cd^{2+}$-Ionen der Hauptschicht durch $Al^{3+}$-Ionen ersetzt werden.

## 7. Beziehung der plättchenförmigen Hydroxysilicate zu den übrigen Hydroxysalzen.

Zu den Hydroxysalzen, die sich auf den C6-Typ zurückführen lassen, gehört auch die große Gruppe der laminaren Hydroxysilicate (*41*). Die Hydroxysilicatstrukturen wurden mehrfach zusammenfassend dargestellt (*97*), (*10*); es erübrigt sich deshalb, näher darauf einzugehen. Ganz allgemein gilt, daß das Gitter dieser Hydroxysilicate aufgebaut ist aus Hydroxydschichten, vom gleichen Bau wie beim C6-Typ, die mit Kieselsäureschichten verwachsen sind, und zwar so, daß ein Teil der OH-Ionen der Hydroxydschicht ersetzt ist durch O-Atome der Kieselsäureschicht. Die Siliciumatome der Kieselsäureschicht sind tetraedrisch von Sauerstoffatomen umgeben.

Am Beispiel des *Dickits*, einem Tonmineral, können die Beziehungen, die zwischen Hydroxysilicaten mit Schichtenstruktur und Hydroxysalzen monomerer Sauerstoffsäuren bestehen, in einfacher Weise erläutert werden. Wir vergleichen die Struktur des Dickits [$Al_2(OH)_4Si_2O_5$] mit derjenigen von Kupferhydroxynitrat [$Cu_4(OH)_6(NO_3)_2$]. [Da Aluminium dreiwertig ist, fehlt in der Metallionenschicht des Hydroxysilicates jedes dritte Aluminiumion (vgl. Abb. 20) (*10*), (*99*). Die Schichten des

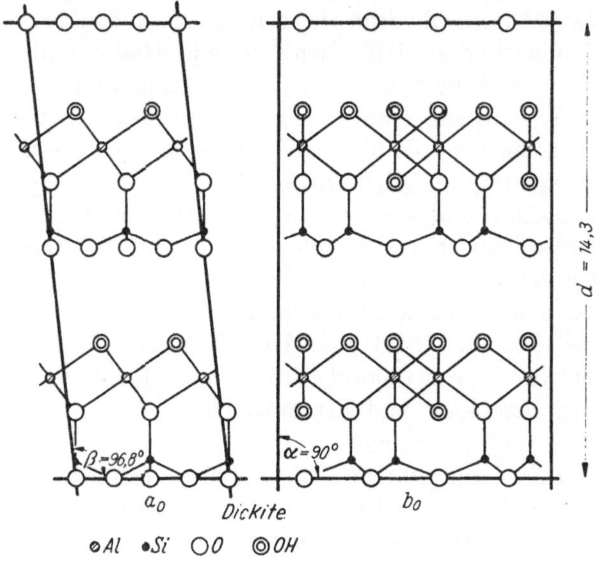


Abb. 20. Struktur von Dickit, parallel [010] und [100] projiziert.

Dickits haben hexagonale Symmetrie; die Schichten des Kupferhydroxynitrates sind deformiert (vgl. S. 712). Diese Unterschiede sind für die folgenden Betrachtungen nicht von Bedeutung.] In beiden Hydroxysalzen ist ein Teil der Hydroxylionen durch Sauerstoffatome der Sauerstoffsäure ersetzt. Die restlichen Sauerstoffatome liegen zwischen den Hydroxydschichten. Der Schichtenabstand ist bei beiden ungefähr 7 Å. Im einzelnen ergeben sich die folgenden Unterschiede:

In den Hydroxydschichten des Dickits kommt auf zwei Hydroxylionen ein Sauerstoffatom. Die Hydroxylionen sind nur auf einer Seite der Metallionenschicht durch Sauerstoffatome des polymeren Silications ersetzt, die andere Hydroxylionenschicht ist unverändert (vgl. Abb. 20). Die polymeren Silicationen sind demnach einseitig in die Hydroxydschicht eingefügt. Die Konstitution der Schicht kann formuliert werden:

$$\left[(OH)_3 Al_2 \genfrac{}{}{0pt}{}{OH}{O_2} Si_2 O_3\right].$$

Die Zahl der Sauerstoffatome der Kieselsäureschicht ist gleich groß wie die Zahl der Hydroxylionen der gegenüberliegenden Hydroxydschicht.

In den Hydroxydschichten des Kupferhydroxynitrates kommt auf drei Hydroxylionen ein Sauerstoffatom eines Nitrations. Die monomeren Nitrationen verteilen sich gleichmäßig auf beide Hydroxylionenschichten (Abb. 18). Die Konstitution der Schicht kann formuliert werden:

$$\begin{bmatrix} (OH)_3 & & (OH)_3 \\ O_2NO & Cu_4 & ONO_2 \end{bmatrix}.$$

Die aus den Hydroxylionenschichten heraustretenden Sauerstoffatome der Nitrationen zweier benachbarter Schichten liegen ungefähr in der gleichen Mittelebene. Die Zahl der Sauerstoffatome in der Mittelebene ist gleich groß wie die Zahl der Hydroxylionen und Sauerstoffatome in einer Hydroxylionenschicht.

Die Ähnlichkeit der beiden Strukturen ist also recht groß. Die Hydroxysilicate mit einer dem Dickit ähnlichen Struktur (Kaolinit, Chrysotil [$Mg_3(OH)_4Si_2O_5$]) sind den Hydroxysalzen mit Einfachschichtengitter zuzuordnen.

Die übrigen Hydroxysilicate mit Schichtenstruktur sind kompliziertere Kombinationen von Schichten von Hydroxyd und polymeren Silicationen.

## V. Zusammenhänge zwischen Zusammensetzung und Struktur der Hydroxysalze.

### 1. Allgemeine Gesichtspunkte.

Die *Struktur einer binären heteropolaren Verbindung* ist nach V. M. GOLDSCHMIDT (*85*) im wesentlichen durch das Mengenverhältnis, das Größenverhältnis und die Polarisierbarkeit der Ionen bestimmt.

Das *Größenverhältnis der Ionen*, d. h. das Verhältnis des Ionenradius des Kations ($r_K$) zum Ionenradius des Anions ($r_A$) bestimmt die *Koordinationszahl* ($kz$). Aus geometrischen Überlegungen ergibt sich für kugelige Ionen: $r_K/r_A = 1 - 0{,}73$, $kz = 8$; $r_K/r_A = 0{,}73 - 0{,}41$, $kz = 6$; $r_K/r_A = 0{,}41 - 0{,}22$, $kz = 4$.

Die *Polarisierbarkeit oder Deformierbarkeit der Ionen* ist dafür verantwortlich, daß eine Verbindung entweder in einer Raumgitter- oder in einer Schichten- oder in einer Kettenstruktur kristallisiert. Die Deformierbarkeit der Ionen nimmt mit steigendem Ionenradius zu. Nichtmetallionen sind deshalb leichter deformierbar als Metallionen, und die Deformierbarkeit steigt mit zunehmendem Atomgewicht ($F^- < Cl^- < Br^- < J^-$). Die polarisierende Wirkung der Metallionen nimmt mit steigendem Ionenradius des Metallions ab, ist aber auch von der Konfiguration der Elektronenhülle abhängig. Ionen von Metallen einer

Nebengruppe sind stärker polarisierend als Ionen mit gleichem Radius von Metallen einer Hauptgruppe ($Cd^{2+}$ ist stärker polarisierend als $Ca^{2+}$).

Sind die Ionen nicht oder wenig polarisierbar, wie $F^-$, so entstehen Raumgitterstrukturen oder G-Strukturen ($CdF_2$). Eine größere Polarisierbarkeit der Ionen führt zu Schichtenstrukturen ($CdCl_2$); sehr starke Polarisation und Bevorzugung der planaren Viererkoordination führt zu Kettenstrukturen ($CuCl_2$).

Wir können diese Prinzipien heranziehen, um die *Struktur* der in Tabelle 2 zusammengestellten *Hydroxyde* zu beurteilen. Dabei ist zu berücksichtigen, daß sich das Hydroxylion strukturell wie ein polarisiertes Halogenion verhält. Der Ionenradius des Hydroxylions ist mit 1,35 einzusetzen. Das Ionenradienverhältnis $r_{Me2+}/r_{OH-}$ ist bei diesen Hydroxyden zwischen 0,51 und 0,73. Alle Hydroxyde der Tabelle 2 sollten demnach in einem Schichtengitter von der Art des C6-Typs kristallisieren.

Um das abweichende Verhalten von Kupfer- und Zinkhydroxyd zu verstehen, sind die Vorstellungen von V. Goldschmidt zu verfeinern, es ist die spezifische Wirkung der Elektronenhülle mit zu berücksichtigen.

Metallionen mit einer aufgefüllten d-Elektronenschale wirken häufig so stark polarisierend, daß die Ionenbindung in Atombindung übergeht, jedes Metallatom erhält dabei vier nächste Nachbarn in tetraedrischer Anordnung (tetraedrische Viererkoordination der $sp^3$-Bindung). Im stabilen $\varepsilon$-Zinkhydroxyd sind die Zinkionen tatsächlich von vier Hydroxylionen tetraedrisch umgeben. Das Cadmiumion mit der gleichen Elektronenkonfiguration wie das Zinkion hat einen so großen Radius, daß die Koordinationszahl in Sauerstoffverbindungen nicht unter sechs sinken kann (vgl. dagegen CdS).

In den meisten Verbindungen des zweiwertigen Kupfers beträgt die Koordinationszahl des Kupfers vier, und die Liganden sind in den Ecken eines Quadrates angeordnet (planare Viererkoordination). Der Zusammenhang dieser stereochemischen Besonderheit des Kupferions mit dem Bau der Elektronenhülle (9d-Elektronen) ist theoretisch noch nicht klargestellt. Die Bevorzugung der planaren Viererkoordination durch das Kupferion hat zur Folge, daß Kupfer(II)-chlorid und -bromid und sehr wahrscheinlich auch das Hydroxyd eine Kettenstruktur besitzen; sie kann nach Abschnitt III als eine stark deformierte Schichtenstruktur aufgefaßt werden.

Die Vorstellungen über die *Konstitution der anorganischen Verbindungen höherer Ordnung* fußen auf der Koordinationslehre von A. Werner. Die Grundvorstellung — symmetrische Lagerung einer größeren

Zahl von Liganden um ein Koordinationszentrum — hat sich als außerordentlich fruchtbar und sehr abwandlungsfähig erwiesen.

In vielen kristallisierten Verbindungen höherer Ordnung lassen sich im Kristallgitter *begrenzte Atomkomplexe* im Sinne WERNERs feststellen (Inselstrukturen). Grundlage der *Stöchiometrie* solcher *kristallisierter Komplexverbindungen* ist die Wertigkeit der beteiligten Elemente und der Koordinationszahl des Zentralatoms des Komplexes (Beispiele: $[K_2PtCl_4]$, $kz = 4$; $[Ni(NH_3)_{..}Br_2]$, $kz = 6$).

Bei vielen kristallisierten Verbindungen höherer Ordnung ist aber das Gitter aus *unbegrenzten ein-, zwei- oder dreidimensionalen Atomkomplexen* aufgebaut (Ketten-, Schichten- oder Raumgitterstrukturen). Beispiele: Doppelsalze, Silicate, Doppeloxyde und Doppelhydroxyde, feste Hydroxysalze.

Die Koordinationszahl hat sich für die Beschreibung der Strukturen solcher *Kristallverbindungen höherer Ordnung* ebenfalls als sehr nützlich erwiesen. Die Koordinationszahl steht aber bei diesen Verbindungen nicht in direkter Beziehung zur Zusammensetzung, wie bei Verbindungen mit begrenzten Komplexen (Beispiel: $[CoOHCl]$, $kz = 6$; $[Co_2(OH)_3Cl]$, $kz = 6$). Die *Stöchiometrie* dieser Kristallverbindungen höherer Ordnung hat neben der Wertigkeit der Elemente und der Koordinationszahl den spezifischen *Gitterbau* zu berücksichtigen. Die Zusammensetzung von Kristallverbindungen höherer Ordnung kann deshalb eine viel größere Mannigfaltigkeit zeigen, als die Komplextheorie vorsieht [Beispiel: $MgOHCl$; $Mg_2(OH)_3Cl$ (2 Modifikationen); $Mg_2(OH)_3Cl_1 \cdot nH_2O$; $Mg_3(OH)_5Cl$, $nH_2O$; $Mg_5(OH)_9Cl$, $2,5\ H_2O$; $kz$ von $Mg^{2+} = 6$]. Eine Betrachtungsweise der Kristallverbindungen, die sich allzu eng an die Vorstellungen der Komplextheorie anlehnt [vgl. z.B. F. HEIN, Chemische Koordinationslehre (*92*)], wird den Besonderheiten dieser Verbindungen nicht gerecht.

Die Strukturen einer bestimmten Gruppe von *Kristallverbindungen höherer Ordnung* können häufig auf ein *einfaches Bauprinzip* zurückgeführt werden, wie z.B. die Silicatstrukturen auf die Tetraederkonfiguration des Siliciumdioxyds. In ähnlicher Weise haben wir die Strukturen der Hydroxysalze als Abwandlungen der Oktaederschicht des C 6-Typs dargestellt.

Die verschiedenen Abwandlungsarten des C 6-Typs haben die Grundlage für die Systematik der Hydroxysalze gegeben. Dabei erwies es sich, daß chemisch recht verschiedene Hydroxysalze im gleichen Strukturtyp kristallisieren können; andererseits bilden chemisch nah verwandte Elemente Hydroxysalze mit sehr verschiedener Zusammensetzung und Struktur.

Eine Sichtung des Tatsachenmaterials von Abschnitt IV läßt aber deutliche Zusammenhänge zwischen Kristallbau und Natur des Metallions einerseits und Natur des Anions andererseits erkennen.

Der *Einfluß des Metallions* kann festgestellt werden, wenn für ein bestimmtes Anion alle beobachteten Hydroxysalze der verschiedenen Metalle verglichen werden. Die *Hydroxychloride* sind systematisch untersucht worden und dürften ziemlich vollständig bekannt sein, sie können deshalb herangezogen werden, um die gesuchten Beziehungen zwischen Natur des Metallions und Struktur des Hydroxysalzes aufzudecken. Dabei ist, ähnlich wie oben für die Hydroxyde erläutert, vor allem die Frage zu prüfen, wie weit der Ionenradius und wie weit die spezifische Konfiguration der Elektronenhülle die strukturbestimmenden Faktoren sind.

Von der großen Zahl möglicher *Anionen* konnten vorläufig nur wenige berücksichtigt werden, sie wurden aber so gewählt, daß aus dem gesammelten Tatsachenmaterial doch einige allgemeine Schlüsse möglich sind.

## 2. Zusammensetzung und Struktur der Hydroxychloride.

Die Zusammensetzung und die charakteristischen Strukturmerkmale der bekannten Hydroxychloride der in diesem Bericht berücksichtigten Metalle sind in der Tabelle 16 zusammengestellt. Die wesentlichen

Tabelle 16. *Hydroxychloride zweiwertiger Metalle.*

| Verhältnis Hydroxyd-Chlorid / Metall | 1:1 | 5:3 | 2:1 | 3:1 | 3:1 | 4:1 | 5:1 | 6:1 | 9:1 |
|---|---|---|---|---|---|---|---|---|---|
| Cu | EN | — | — | EN | G (3) | — | — | — | — |
| Mg | C 19 | — | U($H_2O$) | C 6 | G; K($H_2O$) | — | K($H_2O$) | — | K($H_2O$) |
| Ni | C 19 | — | U($H_2O$) | C 6 | — | — | K($H_2O$) | — | DN (7:1) |
| Co | C 19 | — | — | — | G | — | — | — | DN |
| Zn | C 19 / EN (2) | — | — | — | — | DN | DN | DN | — |
| Fe | C 19 | — | — | C 6 | G | — | — | — | — |
| Mn | C 19 | — | — | C 6 | G | — | — | — | — |
| Cd | EO$_3$ | C 19 | C 6 | EN | — | — | — | — | — |
| Ca | EO$_3$ | — | — | EN | U; U($H_2O$) | — | — | — | — |

Es bedeutet: U($H_2O$) = unbekannte Struktur (mit Hydratwasser); K($H_2O$) = Bänderstruktur (mit Hydratwasser); Zahl in Klammer = Anzahl der Modifikationen.

Schlüsse, die wir daraus über die Zusammensetzung und Struktur der Hydroxychloride und deren Beziehung zur Natur des Metallions ziehen, sind im folgenden zusammengefaßt.

### a) Zusammensetzung.

Alle berücksichtigten Metalle geben mindestens ein Hydroxychlorid der Zusammensetzung Me(OH)$_2$ · MeCl$_2$. Bei allen berücksichtigten

Metallen mit Ausnahme des Zinks treten mindestens ein, häufig auch zwei oder mehrere Hydroxychloride der Zusammensetzung $3\,Me(OH)_2 \cdot MeCl_2$ auf. Kobalt gibt nebst dem noch ein sehr hydroxydreiches Hydroxychlorid $9\,Co(OH)_2 \cdot CoCl_2$, Cadmium zwei hydroxydärmere: $5\,Cd(OH)_2 \cdot 3\,CdCl_2$ und $2\,Cd(OH)_2 \cdot CdCl_2$. Die Hydroxychloride von Magnesium und Nickel sind besonders zahlreich und zum Teil formal gleich zusammengesetzt. Die hydroxydreicheren Hydroxychloride des Zinks, $4\,Zn(OH)_2 \cdot ZnCl_2$ und $6\,Zn(OH)_2 \cdot ZnCl_2$, nehmen eine Sonderstellung ein.

Die großen individuellen Unterschiede in der Zusammensetzung der Hydroxychloride verschiedener Metalle sind als ein besonderes Merkmal für Kristallverbindungen höherer Ordnung zu werten.

## b) Struktur.

Die *Hydroxychloride MeOHCl* kristallisieren ausschließlich in Einfachschichtengittern. Die stereochemische Sonderstellung des $Cu^{2+}$-Ions äußert sich in der besonderen Struktur von CuOHCl.

Bei Mg, Ni, Co, Zn, Fe und Mn, d.h. bei den Metallen mit einem Ionenradius von 0,65 bis 0,8 Å, kristallisieren die Hydroxychloride MeOHCl im C19- oder in einem mit diesem ähnlichen Typ. Die Chlorionen sind in den Hydroxychloriden mit C19-Typ beidseitig der Metallionenschicht statistisch verteilt. CdOHCl und CaOHCl (Ionenradius von Cd und Ca $\sim 1$ Å) kristallisieren im $EO_3$-Typ, bei dem die Chlorionen auf der einen, die Hydroxylionen auf der anderen Seite der Metallionenschicht liegen.

Der $EO_3$-Typ tritt aus räumlichen Gründen nur bei Metallen mit größerem Ionenradius auf, da nur bei diesen eine Hydroxylionenschicht im Hydroxyd durch eine Chlorionenschicht ersetzt werden kann, ohne daß der Abstand der Metallionen in der Schicht ($\sim 3,5$ Å) zu stark gedehnt werden muß. Bei kleinerem Ionenradius, d.h. bei kleinerem Abstand der Metallionen in der Schicht (3,12 bis 3,34 Å), müßte die Dehnung der Schicht zu groß sein, damit die Chlorionen bei einseitiger Lagerung Platz hätten; eine Anordnung der Chlorionen zu beiden Seiten der Metallionenschicht ist bei kleinerer Dehnung der Schicht möglich.

Bei den Hydroxychloriden der Zusammensetzung MeOHCl ist demnach der *Strukturtyp* vorwiegend durch den *Ionenradius* bestimmt; einzig beim CuOHCl bedingt die spezifische Elektronenkonfiguration des $Cu^{2+}$-Ions einen besonderen Strukturtyp.

Die wasserfreien Hydroxychloride der Zusammensetzung $Me_2(OH)_3Cl$ kristallisieren fast alle in einem Einfachschichtengitter oder einer Übergangsform zu einer Raumgitterstruktur. Das Kupferion ist in den beiden bekannten $Cu_2(OH)_3Cl$-Strukturen planar vierfach koordiniert, seine stereochemische Sonderstellung tritt auch bei diesen Verbindungen in

Erscheinung. Cd und Ca treten nicht mehr in atakamitähnlichen Strukturen auf, da der Radius der Ionen für diese Strukturen zu groß ist.

Die Struktur der Hydroxychloride $Me_2(OH)_3Cl$ scheint im wesentlichen ebenfalls durch den Ionenradius bestimmt zu werden; der spezifische Bau der Elektronenhülle hat nur einen geringen Einfluß, er ist z.B. beim Kupfer für die Deformation der Schichten verantwortlich.

Die höherbasischen *Hydroxychloride des Zinks* nehmen, wie schon erwähnt, eine Sonderstellung ein, eine Verbindung $[Zn_2(OH)_3Cl]$ mit Einfachschichtengitter existiert nicht. Die drei beobachteten hydroxydreicheren Zinkhydroxychloride kristallisieren alle in einem Doppelschichtengitter. Die *Instabilität* von $[Zn_2(OH)_3Cl]$ mit Einfachschichtengitter ist, wie die Instabilität des $Zn(OH)_2$ mit C6-Typ, auf die stark polarisierende Wirkung des $Zn^{2+}$-Ions zurückzuführen. Nach LOTMAR und FEITKNECHT (*110*) werden die Zinkhydroxydschichten mit sechsfach koordiniertem Zinkion (C6-Typ) stabilisiert, wenn sie durch Einlagerung einer Zwischenschicht getrennt werden. Dadurch wird verständlich, daß bei höherem Hydroxydgehalt basische Zinksalze nur in Doppelschichtengittern stabil sind.

*Hydroxychloride mit Doppelschichtenstruktur* treten nur noch beim hochbasischen Nickelhydroxychlorid V ($[4\,Ni(OH) \rightleftharpoons Ni(OH)_{0,7}Cl_{1,3}]$) und beim Kobalthydroxychlorid ($[4\,Co(OH)_2 \rightleftharpoons CoOHCl]$) auf. Aus der Farbe der grünen Hydroxysalze des Kobalts, die alle eine Doppelschichtenstruktur haben, wurde seinerzeit geschlossen (*26*), daß der Bindungszustand der Kobaltionen in den Hauptschichten ein anderer ist als in den Zwischenschichten. In den Hauptschichten sind die Kobaltionen vorwiegend heteropolar, in den Zwischenschichten vorwiegend homöopolar gebunden, wie in den komplexen Ionen $[CoX_4]^{2-}$.

Doppelschichtenstrukturen treten vor allem auch bei den *Hydroxydoppelchloriden* und *Doppelhydroxyden* von zwei- und dreiwertigen Metallen auf. Die Stabilität der Doppelhydroxyde von zwei- und dreiwertigen Metallen ist um so größer, je stärker sauer das Hydroxyd des dreiwertigen Metalls der Zwischenschicht und je stärker basisch das Hydroxyd des zweiwertigen Metalles der Hauptschicht ist; Zinkeisendoppelhydroxyd ist nicht existenzfähig, die Calciumaluminiumdoppelhydroxyde mit Doppelschichtengitter sind besonders stabil.

Die Doppelhydroxyde und Hydroxydoppelchloride können deshalb auch aufgefaßt werden als Salze einer polymeren zweidimensionalen Base eines zweiwertigen, mit einer polymeren Säure eines dreiwertigen Metalls. In übertragener Weise möchten wir das Auftreten von Doppelschichtenstrukturen bei den Hydroxychloriden von Zink, Kobalt und Nickel mit dem amphoteren Charakter der Hydroxyde dieser Metalle in Beziehung bringen. Diese Hydroxysalze können als Verbindungen aufgefaßt werden, die durch Vereinigung der basischen Hydroxyd- mit der sauren Salz- oder Hydroxysalzschicht entstehen.

Die höherbasischen *Magnesiumhydroxychloride* kristallisieren in *Bänderstrukturen*. Die gleiche Strukturart tritt nur noch beim Nickelhydroxychlorid IV auf. Bänderstrukturen beschränken sich also auf Hydroxysalze von Metallen mit kleinem Ionenradius.

Dieser Zusammenhang zwischen Bänderstruktur der Hydroxysalze und Radius des Metallions wird durch folgende Überlegung verständlich. Die Maschenweite der Metallionenschicht ist bei kleinem Radius des Metallions so klein ($\sim$3,13 Å), daß der Ersatz eines Teils der Hydroxylionen durch ein größeres Anion zu Spannungen im Gitter führen muß. Bei Aufteilung der Schichten in Bänder können die Fremdanionen leichter spannungsfrei eingebaut werden. Die Bänderbildung wird weiter durch die Hydratisierungstendenz des Magnesium- und Nickelions begünstigt. Einfachschichtenstrukturen und die Atakamitstruktur bilden sich bei den Hydroxychloriden von Magnesium und Nickel nur unter konzentrierter Lösung oder im wasserfreien Milieu, da sie aus räumlichen Gründen instabiler sind als Bänderstrukturen.

Kupferhydroxysalze kristallisieren nicht in Bänderstrukturen, obschon der Radius von $Cu^{2+}$ ungefähr gleich groß ist, wie derjenige von $Mg^{2+}$ und $Ni^{2+}$. Dies kann auf die spezifische Wirkung der Konfiguration der Elektronenhülle des Kupferions zurückgeführt werden.

### c) Beziehung zwischen Zusammensetzung und Struktur.

Die Mengenverhältnisse, in denen Hydroxyd und Chlorid in den Hydroxychloriden miteinander verknüpft sind, stehen in enger Beziehung zur Struktur, indem diejenigen Verhältnisse bevorzugt sind, die zu einer möglichst günstigen Raumerfüllung führen. Dies sei an den folgenden Beispielen erläutert.

Bei *Einfachschichtenstrukturen* oder Gitterstrukturen vom Atakamitoder Paratakamittyp ergibt sich eine günstigere Raumerfüllung bei einem Verhältnis OH:Cl = 1:1 und 3:1 als bei einem Verhältnis 2:1 oder größer als 3:1. Die Hydroxychloride MeOHCl und $Me_2(OH)_3Cl$ treten deshalb besonders häufig auf, höherbasische Hydroxychloride mit Einfachschichtengitter oder Gitterstrukturen sind unbeständig.

In *Doppelschichtenstrukturen der Zinkhydroxychloride* ergibt sich offenbar eine günstigere Raumerfüllung, wenn auf 1 $ZnCl_2$ in der Zwischenschicht in der Hauptschicht 4 $Zn(OH)_2$ und nicht 3 kommen. Da ein Teil der Chlorionen in der Zwischenschicht durch Hydroxylionen ersetzbar ist, sind auch höherbasische Hydroxychloride mit Doppelschichtenstruktur beständig.

In den *Bänderstrukturen* ist der Zusammenhang zwischen Zusammensetzung und Struktur besonders übersichtlich. Wir sahen, daß bei den

Magnesiumhydroxychloriden die Bänder aus zwei oder drei Magnesium-ionenreihen bestehen. Die Zahl der Magnesiumionen, die auf ein Chlor-ion kommen, ist gleich der Zahl der Magnesiumionenreihen, die ein Band bilden. Die Formeln der Magnesiumhydroxychloride müssen deshalb lauten: $[Mg_2(OH)_3Cl \cdot nH_2O]$, $[Mg_3(OH)_5Cl \cdot nH_2O]$.

## 3. Zusammensetzung und Struktur der Hydroxysalze verschiedener Säuren.

Da noch keine systematische Untersuchung der Hydroxysalze ver-schiedener Säuren vorliegt, muß versucht werden, durch Herausgreifen von geeigneten Beispielen die bestehenden Zusammenhänge zwischen Natur des Fremdanions und Zusammensetzung und Struktur des Hydr-oxysalzes abzuleiten und Regeln aufzustellen.

### a) Zusammensetzung.

Die Salze der meisten Anionen vermögen, ähnlich wie die Chloride, in verschiedenen Mengenverhältnissen mit Hydroxyd zu Hydroxysalzen zusammenzutreten.

Die *Hydroxysalze einwertiger Anionen* haben im allgemeinen die gleiche oder sehr ähnliche Zusammensetzung wie die unter vergleich-baren Bedingungen hergestellten Hydroxychloride.

*Beispiele:*

$$[7,8\ Ni(OH)_2 \cdot Ni(NO_3)_2] \sim [7\ Ni(OH)_2 \cdot NiBr_2] \sim [7\ Ni(OH)_2 \cdot NiCl_2]$$
$$[4\ Zn(OH)_2 \cdot ZnX_2]\ (X = F^-, Br^-, J^-, NO_3^-) \sim [4\ Zn(OH)_2 \cdot ZnCl_2]$$
$$[3\ Cu(OH)_2 \cdot CuX_2]\ (X = Br^-, NO_3^-, NO_2^-, ClO_3^-, HCO_2^- \sim [3\ Cu(OH)_2 \cdot CuCl_2].$$

Ausnahmen von dieser Regel, wie $[2\ Zn(OH)_2 \cdot Zn(N_3)_2]$ und $[3\ Zn(OH)_2 \cdot Zn(N_3)_2]$, sind auf die besondere Form des Anions zurück-zuführen.

Die *Hydroxysalze zweiwertiger Anionen* sind im allgemeinen hydroxyd-ärmer als die vergleichbaren Hydroxychloride.

*Beispiele:*

$$[3\ Co(OH)_2 \cdot CoSO_4] \cdots [9\ Co(OH)_2 \cdot CoCl_2]$$
$$[3\ Zn(OH)_2 \cdot 2\ ZnCO_3];\quad [3\ Zn(OH)_2 \cdot ZnSO_4] \cdots [4\ Zn(OH)_2 \cdot ZnCl_2]$$
$$[Cu(OH)_2 \cdot CuCO_3];\quad [2\ Cu(OH)_2 \cdot CuSO_4]^1 \cdots [3\ Cu(OH)_2 \cdot CuCl_2].$$

Ausnahmen von dieser Regel, wie $3\ Cu(OH)_2 \cdot CuS_2O_6$, sind auf die besondere Form des Anions zurückzuführen.

---

[1] $[3Cu(OH)_2 \cdot CuSO_4]$ ist instabil und wandelt sich unter verdünnter $CuSO_4$-Lösung langsam in $[2Cu(OH)_2 \cdot CuSO_4]$ um.

## b) Struktur.

Die meisten Kupfer- und Zinkhydroxysalze zeigen die gleichen Strukturbesonderheiten wie die Hydroxychloride, d. h. die *Kupferhydroxysalze* kristallisieren bevorzugt in *Einfachschichtengittern* mit *deformierter Metallionenschicht* (vgl. Tabelle 7), die *Zinkhydroxysalze* in *Doppelschichtengittern* (vgl. Tabelle 8 und 9).

Die Hydroxysalze einwertiger Ionen sind ähnlich gebaut wie die Hydroxychloride.

*Beispiele:*

$$[Ni_2(OH)_3NO_3] \sim [Ni_2(OH)_3Br] \sim [Ni_2(OH)_2Cl]$$

$$[4\,Ni(OH)_2 \Longleftrightarrow Ni(OH)_{0,9}(NO_3)_{1,1}] \sim [4\,Ni(OH)_2 \Longleftrightarrow Ni(OH)_{0,7}Br_{1,3}] \sim$$
$$\sim [4\,Ni(OH)_2 \Longleftrightarrow Ni(OH)_{0,7}Cl_{1,3}]$$

$$[Co_2(OH)_3NO_3] \sim [Co_2(OH)_3Br] \sim [Co_2(OH)_3Cl]$$

$$[4\,Co(OH)_2 \Longleftrightarrow 1{,}25\,CoOH(NO_3)_{1,5}] \sim [4\,Co(OH)_2 \Longleftrightarrow CoOHBr] \sim$$
$$\sim [4\,Co(OH)_4 \Longleftrightarrow CoOHCl].$$

Existieren bei einem *bestimmten Anion Hydroxysalze verschiedener Zusammensetzung*, so treten Raumgitterstrukturen am ehesten bei kleinem, Einfachschichtenstrukturen bei mittlerem und Doppelschichtenstrukturen bei hohem Hydroxydgehalt auf.

*Beispiele:*

$$[Zn(OH)_2 \cdot ZnF_2]\,(G); \quad [3\,Zn(OH)_2 \cdot ZnF_2]\,(EN); \quad [4\,Zn(OH)_2 \cdot ZnF_2]\,(DN)$$

$$[Zn(OH)_2 \cdot ZnCO_3]\,(G); \quad [3\,Zn(OH)_2 \cdot 2\,ZnCO_3]\,(EN)$$

$$[3\,Co(OH)_2 \cdot Co(NO_3)_2]\,(EN); \quad [6\,Co(OH)_2 \cdot Co(NO_3)_2]\,(DN)$$

$$[2\,Cu(OH)_2 \cdot CuSO_4]\ \text{und}\ [3\,Cu(OH)_2 \cdot CuSO_4]\,(G); \quad [4\,Cu(OH)_2 \cdot CuSO_4]\,(EN).$$

Eine Ausnahme von dieser Regel scheinen die Hydroxychloride zu machen. Hydroxychloride der Zusammensetzung MeOHCl kristallisieren in EN-Strukturen, diejenigen der Zusammensetzung $Me_2(OH)_3Cl$ häufig im Atakamit- oder Paratakamittyp, einer Übergangsform zu einer G-Struktur. Dies dürfte darauf zurückzuführen sein, daß die Größenverhältnisse der Ionen so sind, daß die Einlagerung eines Viertels der Metallionen zwischen die Schichten bei der Zusammensetzung $Me_2(OH)_3Cl$ zu einer besonders stabilen Struktur führt.

Im weitern wird die Struktur der Hydroxysalze vor allem durch die *Wertigkeit, die Größe und die Form der Anionen* bestimmt. Sie wirken sich in folgender Weise aus:

*Wertigkeit des Anions.* Niedrige Wertigkeit des Anions begünstigt Doppelschichten und Einfachschichtenstrukturen, höhere Wertigkeit des Anions Raumgitterstrukturen.

*Beispiele:*

$$[4\,Zn(OH)_2 \cdot Zn(X)_2]\ (DN);\qquad [3\,Zn(OH)_2 \cdot 2\,ZnCO_3]\ (EN)\ -$$
$$[4\,Cd(OH)_2 \cdot Cd(NO_3)_2]\ (DN);\qquad [3\,Cd(OH)_2 \cdot CdSO_4]\ (EN)\ -$$
$$[3\,Cu(OH)_2 \cdot Cu(NO_3)_2]\ (EN);\ [3\,Cu(OH)_2 \cdot CuSO_4]\,(G);\ [3\,Cu(OH)_2 \cdot Cu_3\,(PO_4)_2]\ (G).$$

*Größe des Anions.* Kleine Anionen begünstigen Raumgitterstrukturen, große Anionen Doppelschichtenstrukturen.

*Beispiele:*

$$[3\,Cd(OH)_2 \cdot CdF_2]\ (G);\qquad [3\,Cd(OH)_2 \cdot CdCl_2]\ (EN);\qquad [4\,Cd(OH)_2 \cdot Cd(NO_3)_2]\ (DN)$$
$$[3\,Cu(OH)_2 \cdot CuCl_2]\ (G\ und\ EN);\qquad [3\,Cu(OH)_2Cu(NO_3)_2]\ (EN);$$
$$[3\,Cu(OH)_2 \cdot Cu(BrO_3)_2]\ (DN).$$

Ferner seien die Hydroxysalze von Naphtholgelb, die Hydroxyflavianate, erwähnt, die bei allen hier betrachteten Metallen Doppelschichtenstrukturen bilden.

Die *Form des Anions* kann die Struktur in spezifischer Weise beeinflussen, wodurch Abweichungen von den oben angegebenen Regeln auftreten können.

*Beispiele:*

Die *Zinkhydroxyazide* fallen etwas aus der Reihe der übrigen Zinkhydroxysalze mit einwertigem Anion, $[2\,Zn(OH)_2 \cdot Zn(N_3)_2]$ und $3\,Zn(OH)_2 \cdot Zn(N_3)_2$ kristallisieren in Einfachschichtengittern. Die gestreckte Form des $N_3^-$-Ions begünstigt den Ersatz von Hydroxylionen durch Azidionen in den Hydroxylionenschichten.

Das *Kupferdithionat* $3\,Cu(OH)_2 \cdot CuS_2O_6$ kristallisiert in einem Einfachschichtengitter und nicht wie die übrigen Hydroxysalze zweiwertiger Ionen in einer Raumgitterstruktur, da das Ion $O_3S{-}SO_3^{2-}$ im Gitter die Stelle von 2 Ionen $XO_3^-$ einnehmen kann.

### c) Beziehungen zwischen Zusammensetzung und Struktur.
#### α) Einfachschichtenstrukturen.

Der Metallionenabstand in den Hydroxydschichten ist ziemlich genau festgelegt, der Schichtenabstand kann nur in relativ engen Grenzen variieren (maximaler Schichtenabstand etwa 7,2 Å). Das Mengenverhältnis Hydroxyd:Salz ist deshalb ziemlich genau festgelegt; große Anionen bilden keine Hydroxysalze mit Einfachschichtenstrukturen.

*Beispiele:*

1. Die Hydroxysalze mit den Anionen $NO_3^-$, $ClO_3^-$ und $(SO_3)_2^{2-}$ treten nur in der Zusammensetzung

$$[3\,Me(OH)_2 \cdot Me(XO_3)_2]\quad bzw.\quad [Me_4(OH)_6(XO_3)_2]$$

auf.

Vier der Sauerstoffatome der zwei $XO_3^-$-Ionen liegen in der Mittelebene zwischen den Schichten, ihre Zahl ist gleich groß, wie die Zahl der $OH^-$-Ionen und O-Atome der $XO_3^-$-Ionen einer Hydroxylionenschicht $\left(\text{schematisch } \left[(OH)_4 Me_{4(OXO_2)_2}^{(OH)_2}\right] \text{ vgl. auch Abb. 18}\right)$. Diese Struktur ergibt eine günstige Raumerfüllung. Hydroxybromat und -jodat kristallisieren nicht in einem Einfachschichtengitter, weil $BrO_3^-$ und $JO_3^-$ zu viel Raum beanspruchen.

2. Das Zinkhydroxychromat II $\beta$ hat die Zusammensetzung

$$[2,5\,Zn(OH)_2 \cdot ZnCrO_4] \quad \text{bzw.} \quad [Zn_4(OH)_{6,67}(CrO_4)_{1,33}Zn_{0,67}].$$

Die Zahl der Sauerstoffatome in der Mittelebene ist wiederum gleich groß wie die Zahl der $OH^-$-Ionen und O-Atome einer Hydroxylionenschicht $\left(\text{vgl. S. 705, schematisch: } \left[(OH)_4 Me_{4(OCrO_3)_{1,33}}^{(OH)_{2,67}}\right]\right)$. Dieses Zinkhydroxychromat hat wiederum gerade eine Zusammensetzung, die eine möglichst günstige Raumerfüllung ergibt.

*3. Hydroxysalze variabler Zusammensetzung.* Die Zusammensetzung von Zinkhydroxychromat III $\beta$ variiert von $3\,Zn(OH)_2 \cdot ZnCrO_4$ bis $4\,Zn(OH)_2 \cdot ZnCrO_4$. Für $3\,Zn(OH)_2 \cdot ZnCrO_4$ ergibt sich die Konstitutionsformel $[Zn_4(OH)_{6,9}(CrO_4)_{1,1} \cdot Zn_{0,55}]$. In der Mittelebene befinden sich nur 3,3 O-Atome auf 4 $OH^-$-Ionen und O-Atome in einer Hydroxylionenschicht $\left(\text{schematisch: } \left[(OH)_4 Zn_{4(OCrO_3)_{1,1}}^{(OH)_{2,9}}\right]\right)$. Die Mittelebene enthält demnach noch Lücken. Es ist eine allgemeine Erfahrung der Kristallchemie, daß ein Gitter bis zu einem gewissen Grade Lücken aufweisen und trotzdem noch beständig sein kann. In den hydroxydreichen Formen von Zinkhydroxychromat III $\beta$ sind in den Hydroxydschichten weniger Hydroxylionen durch Chromationen ersetzt und zudem Hydroxylionen in die Mittelebene zwischen die Schichten eingebaut. Bei der Grenzzusammensetzung $4\,Zn(OH)_2 \cdot ZnCrO_4$ hat Zinkhydroxychromat III $\beta$ die Konstitutionsformel $[Zn_4(OH)_7CrO_4ZnOH]$. Die Summe der OH-Ionen und O-Atome in der Mittelebene ist wiederum gleich wie in den Hydroxylionenschichten $\left(\text{vgl. S. 709 schematisch: } \left[(OH)_4 Zn_4^{(OH)_3OH}_{OCrO_3}\right]\right)$. Die Grenze der Ersetzbarkeit von Chromat durch Hydroxyd ist also erreicht, wenn der im Gitter zur Verfügung stehende Raum durch die Hydroxylionen und O-Atome der Chromationen vollständig erfüllt ist.

Mehrere Hydroxysalze mit unvollkommenen Strukturen haben variable Zusammensetzung. Der Grund ist stets Lückenbildung im Gitter oder gegenseitige Vertretbarkeit von OH-Ionen durch O-Atome von Sauerstoffsäuren.

### $\beta$) Doppelschichtenstrukturen.

Der Metallionenabstand in den Schichten ist ziemlich genau festgelegt, der Schichtenabstand kann in sehr weiten Grenzen variieren

(7,2 Å beim Zinkhydroxyfluorid III, 28 Å beim Zinkhydroxyhelvetia-blau). Das Mengenverhältnis Hydroxyd:Salz kann sehr verschieden sein; Anionen sehr verschiedener Größe bilden Hydroxysalze mit Doppel-schichtenstrukturen.

*Beispiele:*

1. Ein bestimmtes Anion kann zwei oder mehrere Hydroxysalze verschiedener Zusammensetzung bilden. Das Hydroxysalz mit grö-ßerem Salzgehalt hat einen größeren Schichtenabstand.

*Beispiele:*

$$[3\,Co(OH)_2 \cdot CoSO_4 \cdot 4\,H_2O], \quad c' = \phantom{0}9,3\,Å$$
$$[3\,Co(OH)_2 \cdot 2\,CoSO_4 \cdot 5\,H_2O], \quad c' = 10,6\,Å$$
$$[9\,Zn(OH)_2 \cdot 2,25\,ZnFla], \quad c' = 16,1\,Å$$
$$[9\,Zn(OH)_2 \cdot 3\,ZnFla], \quad c' = 19,5\,Å$$
$$[9\,Zn(OH)_2 \cdot 4\,ZnFla], \quad c' = 24,2\,Å.$$

2. Hydroxysalze mit sehr verschieden großem Anion können bei formal gleicher Zusammensetzung eine sehr ähnliche Struktur besitzen, der Schichtenabstand beim Hydroxysalz mit großem Anion ist ent-sprechend größer.

*Beispiele:*

Hydroxysalze mit ungeordneter Zwischenschicht

$$[3\,Co(OH)_2 \cdot CoSO_4], \quad c' = 9,6\,Å \quad [3\,Zn(OH)_2Fla], \quad c' = 19,5\,Å.$$

Calciumaluminiumhydroxysalze

$$[2\,Ca(OH)_2 \cdot Al(OH)Cl], \quad c' = 6,9\,Å$$
$$[2\,Ca(OH)_2Al(OH)_2OC_6H_2(NO_2)_3], \quad c' = 12,8\,Å.$$

3. Das Mengenverhältnis Hydroxyd:Salz ist bei großem Anion kein einfach stöchiometrisches; es wird durch die Zahl der Lagen und die Maschenweite ($a$) der Hydroxydschicht bestimmt:

$$\sim [9\,Zn(OH)_2 \cdot 3\,ZnFla] \;\; (a = 3,11) \sim [8\,Cd(OH)_2 \cdot 3\,CdFla] \;\; (a = 3,48).$$

## VI. Schlußbemerkung.

Das Interesse, das die Hydroxysalze beanspruchen dürfen, gründet sich hauptsächlich auf die Tatsache, daß sich die Struktur dieser Kri-stallverbindungen bei verschiedenster Zusammensetzung auf das gleiche einfache Bauprinzip, die Oktaederschicht des C6-Typs, zurückführen läßt. Die verschiedenen Möglichkeiten der Abwandlung des C6-Typs — Einfachschichtenstrukturen und ihr Übergang in Raumgitterstruk-turen einerseits, in Kettenstrukturen andererseits; Doppelschichten-strukturen und ihr Übergang in Bänderstrukturen — dürften heute im Prinzip festgelegt sein. Es ist aber sehr erwünscht, daß weitere Strukturen vollständig aufgeklärt werden — dies vor allem bei Verbindungen mit Doppelschichtengittern —, um genaueren Einblick in die Koordinationsverhältnisse zu erhalten.

In den Hydroxysalzen sind alle Übergänge von rein anorganischen Kristallverbindungen mit vorwiegend ionogenem Charakter zu organischen Einlagerungsverbindungen, in denen die Bauelemente im wesentlichen durch VAN DER WAALSsche Kräfte zusammengehalten werden, realisierbar. Hydroxysalze sind deshalb geeignete Modellverbindungen zum Studium der Einflüsse der Bindungskräfte einerseits, des Raumbedarfs andererseits, auf den Kristallbau. Die weitere Untersuchung der Hydroxysalze organischer Säuren verspricht interessante Einblicke in die Wechselwirkung zwischen polaren Gruppen organischer Moleküle mit den Hydroxylgruppen der Hydroxydschichten und Aufschluß über die Größe der Wirkungssphären der Ionen organischer Säuren.

Es ist zu hoffen, daß den Hydroxysalzen in Zukunft vermehrtes Interesse entgegengebracht wird.

# Literatur.


1. AEBI, F.: Die Kristallstruktur des basischen Kupferbromids $CuBr_2$, $3\,Cu(OH)_2$. Helv. chim. Acta **31**, 369 (1948).
2. — Zur Struktur basischer Salze mit pseudohexagonalen Schichtengittern. Acta crystallogr. [London] **3**, 370 (1950).
3. — Vorläufige Berechnungen.
4. AMMANN, R.: Über die Hydroxydoppelsalze des Cadmiums und Aluminiums. Diss. Bern 1953.
5. BANNISTER, F. A.: Ettringit von Scawt Hill, Co. Antrim. Mineralog. Mag. J Mineralog. Soc. **24**, 324 (1936).
6. BIANCO, Y.: Formation des chlorures de magnésium de 50° à 175°, par voie aqueuse. C. r. hebd. Séances Acad. Sci. **232**, 1108 (1951).
7. BRANDENBERGER, E.: Kristallstruktur und Zementchemie. Grundlagen einer Stereochemie der Kristallverbindungen in den Portlandzementen. Schweiz. Arch. angew. Wiss. Techn. **2**, 45 (1936).
8. BRASSEUR, H., et J. TOUSSAINT: Kristallstruktur von Atacamit. Bull. Soc. Roy. Sci. Liège **11**, 555 (1942).
9. BRAUER, G.: Handbuch der präparativen anorganischen Chemie. Stuttgart: Ferdinand Enke 1951.
10. BRINDLEY, G. W.: X-Ray Identification and Crystal Structures of Clay Minerals. The Mineralogical Soc., London 1951.
11. —, and J. GOODYEAR: The transition of halloysite to metahalloysite in relation to relativ humidity. Mineralog. Mag. J. mineralog. Soc. **28**, 407 (1948).
12. BÜRKI, H.: Hydroxysalze aromatischer Säuren mit zweiwertigen Metallen. Diss. Bern 1950.
13. — Unveröffentlichte Versuche.
14. BUSER, W., W. FEITKNECHT u. U. IMOBERSTEG: Austauschreaktionen von $^{60}Co$ zwischen festen Kobaltverbindungen und Lösung. Helv. chim. Acta **35**, 619 (1952).

15. CIRULIS, A., u. M. STRAUMANIS: Die basischen Kupfer(II)-azide, Z. anorg. Chem. **251**, 332 (1943).

16. DENK, G.: Über basische Sulfate des Cadmiums. Ber. dtsch. chem. Ges. **82**, 336 (1949).

17. —, u. W. DEWALD: Über basische Sulfate und Selenate des Zinks. Z. anorg. Chem. **268**, 169 (1952).

18. McEWAN, D. M. C.: Complexe formation between Montmorillonite and Halloysite and certain organic liquids. Trans. Faraday Soc. **44**, 349 (1948).

19. —, et O. TALIB-UDDIN: L'adsorption interlamellaire. Bull. Soc. chim. France **1949**, D 37.

20. FEITKNECHT, W.: Untersuchungen über die Umsetzung fester Stoffe in Flüssigkeiten. 1. Mitt. Über einige basische Zinksalze. Helv. chim. Acta **13**, 22 (1930).

21. — Über topochemische Umsetzungen fester Stoffe in Flüssigkeiten. Fortschr. Chem., Physik, physik. Chem. **21**, 2 (1930).

22. — Die Struktur der basischen Salze zweiwertiger Metalle. Helv. chim. Acta **16**, 427 (1933).

23. — Gleichgewichtsbeziehungen bei den schwerlöslichen basischen Salzen. Helv. chim. Acta **16**, 1302 (1933).

24. — Zur Chemie und Morphologie der basischen Salze zweiwertiger Metalle. I. Allgemeine Gesichtspunkte. Helv. chim. Acta **18**, 28 (1934).

25. — Über die Konstitution der festen basischen Salze zweiwertiger Metalle. I. Basische Kobalthalogenide mit „Einfachschichtengitter". Helv. chim. Acta **19**, 467 (1936).

26. — Farbe und Konstitution der Verbindungen des zweiwertigen Kobalts. Helv. chim. Acta **20**, 659 (1937).

27. — Über die α-Form der Hydroxyde zweiwertiger Metalle. Helv. chim. Acta **21**, 766 (1938).

28. — Topochemische Umsetzungen von Hydroxyden und basischen Salzen. Z. angew. Chem. **52**, 202 (1939).

29. — Laminardisperse Hydroxyde und basische Salze zweiwertiger Metalle. A. Allgemeiner Teil. Kolloid-Z. **92**, 257 (1940).

30. — Laminardisperse Hydroxyde und basische Salze zweiwertiger Metalle. B. Spezieller Teil. Kolloid-Z. **93**, 66 (1940).

31. — Topochemische Grundlagen der Korrosion. Schweiz. Arch. angew. Wiss. Techn. **6**, 1 (1940).

32. — Über die Bildung von Doppelhydroxyden zwischen zwei- und dreiwertigen Metallen. Helv. chim. Acta **25**, 555 (1942).

33. — Die Struktur der Cadmiumhydroxyhalogenide $CdCl_{0,67}(OH)_{1,33}$, $CdBr_{0,6}(OH)_{1,4}$ $CdJ_{0,5}(OH)_{1,5}$. Experientia **1**, 7 (1945).

34. — Über den Angriff von Metallen in feuchten Dämpfen der Halogenwasserstoffsäuren. Helv. chim. Acta **29**, 1801 (1946).

35. — Probleme der Chemie der Kristallverbindungen. Schweiz. Chemiker-Ztg. **29**, 25 (1946).

36. — Principes chimiques et thermochimiques de la corrosion des métaux dans une solution aqueuse, démontrés par l'exemple du zinc. Métaux et Corrosion **22**, 192 (1947).

37. — Réactions dans les cristaux à structure lamellaire. Bull. Soc. chim. France **1949**, D 15.

38. — Über den Zusammenbruch der Oxydfilme auf Metalloberflächen in sauren Dämpfen und den Mechanismus der atmosphärischen Korrosion. Chimia **6**, 3 (1952).

39. Feitknecht, W.: Der Einfluß stofflich-chemischer Faktoren auf die Korrosion der Metalle. Schweiz. Arch. angew. Wiss. Techn. 18, 368 (1952).

40. —, u. R. Ammann: Über das hochbasische Cadmiumhydroxychlorid VI. Helv. chim. Acta 34, 2266 (1951).

41. —, u. A. Berger: Über die Bildung eines Nickel- und Kobaltsilicates mit Schichtengitter. Helv. chim. Acta 25, 1544 (1942).

42. —, u. W. Bédert: Untersuchungen über die Oxydation mit molekularem Sauerstoff. II. Der Chemismus der Autoxydation der blauen und grünen basischen Kobalt-(II)Verbindungen. Helv. chim. Acta 24, 676 (1941).

43. —, u. H. Bucher: Zur Chemie und Morphologie der basischen Salze zweiwertiger Metalle. XII. Die Hydroxyfluoride des Cadmiums. Helv. chim. Acta 26, 2177 (1943).

44. — — Zur Chemie und Morphologie der basischen Salze zweiwertiger Metalle. XIII. Die Hydroxyfluoride des Zinks. Helv. chim. Acta 26, 2196 (1943).

45. —, u. H. Bürki: Basische Salze organischer Säuren mit Schichtenstruktur. Experientia 5, 154 (1949).

46. —, u. H. W. Buser: Zur Kenntnis der nadeligen Calcium-Aluminiumhydroxysalze. Helv. chim. Acta 32, 2298 (1949).

47. — — Über den Bau der plättchenförmigen Calcium-Aluminiumhydroxysalze. Helv. chim. Acta 34, 128 (1951).

48. —, u. A. Collet: Über die Konstitution der festen basischen Salze zweiwertiger Metalle. II. Basische Nickelhalogenide mit „Einfachschichtengitter". Helv. chim. Acta 19, 831 (1936).

49. — — Zur Chemie und Morphologie der basischen Salze zweiwertiger Metalle. VII. Über basische Nickelchloride. Helv. chim. Acta 22, 1428 (1939).

50. — — Zur Chemie und Morphologie der basischen Salze zweiwertiger Metalle. VIII. Über basische Nickelbromide. Helv. chim. Acta 22, 1444 (1939).

51. — — Zur Chemie und Morphologie der basischen Salze zweiwertiger Metalle. IX. Über basische Nickelnitrate. Helv. chim. Acta 23, 180 (1940).

52. —, u. G. Fischer: Zur Chemie und Morphologie der basischen Salze zweiwertiger Metalle. II. Über basische Kobaltsulfate. Helv. chim. Acta 18, 40 (1935).

53. — — Zur Chemie und Morphologie der basischen Salze zweiwertiger Metalle. III. Über basische Kobaltchloride. Helv. chim. Acta 18, 555 (1935).

54. — — Zur Chemie und Morphologie der basischen Salze zweiwertiger Metalle. IV. Über basische Kobaltbromide. Helv. chim. Acta 19, 448 (1936).

55. — — Zur Chemie und Morphologie der basischen Salze zweiwertiger Metalle. V. Über basische Kobaltnitrate. Helv. chim. Acta 19, 1242 (1936).

56. —, u. M. Gerber: Zur Kenntnis der Doppelhydroxyde und basischen Doppelsalze. II. Über Mischfällungen aus Calcium-Aluminiumsalzlösungen. Helv. chim. Acta 25, 106 (1941).

57. —, u. W. Gerber: Die Struktur der basischen Cadmiumchloride. Z. Kristallogr. Mineralog. Petrogr. [A] 97, 168 (1937).

58. — — Zur Chemie und Morphologie der basischen Salze zweiwertiger Metalle. VI. Über basische Cadmiumchloride. Helv. chim. Acta 20, 1344 (1937).

59. — — Die Hydroxysulfate des Cadmiums. Helv. chim. Acta 28, 1454 (1945).

60. —, u. E. Häberli: Über die Löslichkeitsprodukte einiger Hydroxyverbindungen des Zinks. Helv. chim. Acta 33, 922 (1950).

61. —, u. F. Held: Über die Hydroxychloride des Magnesiums. Helv. chim. Acta 27, 1480 (1944).

62. — — Über Magnesium-Aluminiumdoppelhydroxyd und -Hydroxydoppelchlorid. Helv. chim. Acta 27, 1495 (1944).

63. FEITKNECHT, W. u. G. KELLER: Über die dunkelgrünen Hydroxyverbindungen des Eisens. Z. anorg. Chem. **262**, 61 (1950).

64. —, u. W. LOTMAR: Die Struktur des grünen basischen Kobaltbromids. Z. Kristallogr., Mineralog. Petrogr. [A] **91**, 136 (1935).

65. — K. MAGET u. A. TOBLER: Über Bildung und Dehydratation von Kupferhydroxyd. Chimia **2**, 122 (1948).

66. —, u. K. MAGET: Über Doppelhydroxyde und basische Salze. VI. Über Mischfällungen von Kupfer-Nickelhydroxyd. Z. anorg. Chem. **258**, 150 (1949).

67. — — Zur Chemie und Morphologie der basischen Salze zweiwertiger Metalle. XIV. Die Hydroxychloride des Kupfers. Helv. chim. Acta **32**, 1639 (1949).

68. — — Über Doppelhydroxyde und basische Salze. VII. Über basische Doppelchloride des Kupfers. Helv. chim. Acta **32**, 1653 (1949).

69. — — Über Doppelhydroxyde und basische Salze. VIII. Mischphasen von Kupfer-Nickelhydroxychloriden. Helv. chim. Acta **32**, 1667 (1949).

70. —, u. R. PETERMANN: Zur Chemie und Morphologie der Deckschichten bei Korrosionsversuchen mit Zink. Korros. u. Metallschutz **19**, 181 (1943).

71. —, u. R. REINMANN: Die Löslichkeitsprodukte der Cadmiumhydroxychloride und des Cadmiumhydroxyds. Helv. chim. Acta **34**, 2255 (1951).

72. — — Beitrag zum Potential-$p_H$-Diagramm von Cadmium in chloridhaltigen Lösungen. Comp. rend. III. Réunion C.I.T.C.E. (1951). Mailand: C. Manfredi 1952.

73. —, u. H. STUDER: Elektronenmikroskopische Untersuchungen über die Größe und Form der Teilchen kolloider Metallhydroxyde. Kolloid-Z. **115**, 13 (1949).

74. —, u. H. WEIDMANN: Zur Chemie und Morphologie der basischen Salze zweiwertiger Metalle. X. Das hochbasische Zinkhydroxychlorid III. Helv. chim. Acta **26**, 1560 (1943).

75. — — Zur Chemie und Morphologie der basischen Salze zweiwertiger Metalle. XI. Die Zinkhydroxybromide III und IV. Helv. chim. Acta **26**, 1564 (1943).

76. FLÜCKIGER-RYCHENER, E.: Unveröffentlichte Versuche.

77. FLÜCKIGER, H.: Unveröffentlichte Versuche.

78. FORET, J.: Recherches sur les combinaisons entre les sels de calcium et les aluminates de calcium. Paris: Hermann & Cie. 1935.

79. FORSÉN, L.: Zur Chemie des Portlandzementes. Schweiz. Verband für die Materialprüfungen der Technik, Bericht Nr. 35, Zürich 1935.

80. FRONDEL, C.: On paratacamite and some related copper chlorides. Mineralog. Mag. J. mineralog. Soc. **29**, 34 (1950).

81. GÄUMANN, A.: Unveröffentlichte Versuche.

82. GERBER, W.: Unveröffentlichte Versuche.

83. GLEMSER, O.: Neuere Untersuchungen über Metallhydroxyde und -oxydhydrate. Fortschr. chem. Forschg. **2**, 273 (1951).

84. —, u. J. EINERHAND: Über höhere Nickelhydroxyde. Die Struktur höherer Nickelhydroxyde. Z. anorg. Chem. **261**, 26 u. 43 (1950).

85. GOLDSCHMIDT, V. M.: Kristallbau und chemische Zusammensetzung. Ber. dtsch. chem. Ges. **60**, 1263 (1927).

86. GRÖGER, M.: Über Zinkchromate. Z. anorg. Chem. **70**, 135 (1911).

87. HÄGG, G.: Einige Bemerkungen über $MX_2$-Schichtengitter mit dichtest gepackten X-Atomen. Ark. Kem., Mineralog. Geolog. B **16**, Nr. 3 (1942).

88. HAYEK, E.: Einfache basische Chloride zweiwertiger Metalle. Z. anorg. Chem. **210**, 241 (1933).

89. — Über Löslichkeit von Hydroxyden in ihren Salzlösungen. Z. anorg. Chem. **219**, 296 (1934).

90. HECHT, H.: Präparative anorganische Chemie. Berlin-Göttingen-Heidelberg: Springer 1951.

91. HEDVALL, J. A.: Einführung in die Festkörperchemie. Braunschweig: Friedr. Vieweg & Sohn 1952.

92. HEIN, F.: Chemische Koordinationslehre. Zürich: S. Hirzel 1950.

93. HELMHOLZ, L.: The Crystal Structure of Anhydrous Cupric Bromide. Amer. chem. J. **69**, 886 (1947).

94. HENDRICKS, S. B., and ED. TELLER: X-Ray Interference in Partially Ordered Layer Lattices. J. chem. Physics **10**, 147 (1942).

95. HOARD, J. L., u. J. D. GRENKO: Die Kristallstruktur von Cadmiumhydroxychlorid CdOHCl. Z. Kristallogr., Mineralog. Petrogr. **87**, 110 (1934).

96. HOFMANN, U., u. D. WILM: Über die Kristallstruktur von Kohlenstoff. Z. Elektrochem. angew. physikal. Chem. **42**, 50 (1936).

97. HÜCKEL, W.: Anorganische Strukturchemie, S. 742. Stuttgart: Ferdinand Enke 1948.

98. HUGI-CARMES, L.: Über die Hydroxychromate des Zinks. Diss. Bern 1953.

99. JASMUND, K.: Die silicatischen Tonminerale. Weinheim: Verlag Chemie 1951.

100. JONES, F. E.: Die komplexen Calciumaluminatverbindungen. Proc. of the Symp. on the Chemistry of Cements, Stockholm 1938, S. 231.

101. KELLER, G.: Über Hydroxyde und basische Salze des zweiwertigen Eisens und deren dunkelgrüne Oxydationsprodukte. Diss. Bern, Schüler 1948.

102. KITTELBERGER, W.: Zinc Tetroxy-Chromate. Ind. Engng. Chem. **34**, 363 (1942).

103. KOHLSCHÜTTER, V.: Topochemische Reaktionen. Helv. chim. Acta **12**, 512 (1929).

104. —, u. J. MARTI: Untersuchungen über Prinzipien der genetischen Stoffbildung. I. Über Bildungsformen des Calciumoxalates. Helv. chim. Acta **13**, 929 (1930).

105. —, u. VL. SEDELINOWITSCH: Zur Kenntnis topochemischer Reaktionen. Über homologe und substituierte Bildungsformen. Z. Elektrochem. angew. physik. Chem. **29**, 30 (1923).

106. KRAUT, K.: Kohlensaures Zinkoxyd. Z. anorg. Chem. **13**, 12 (1897).

107. KUMMER, A.: Über Kobalt- und Kobaltkupferhydroxynitrate. Diss. Bern 1953.

108. LABANUKROM, T.: Zur Chemie kristalliner Aggregationsformen. Untersuchungen an basischen Kupferverbindungen, Vorbemerkung von V. KOHLSCHÜTTER. Kolloidchem. Beih. **29**, 80 (1929).

109. LOTMAR, W.: Zur Struktur des Zinkhydroxychlorids II, $ZnCl_2 \cdot 4Zn(OH)_2$. Helv. chim. Acta **29**, 14 (1946).

110. —, u. W. FEITKNECHT: Über Änderungen der Ionenabstände in Hydroxydschichtgittern. Z. Kristallogr., Mineralog. Petrogr. [A] **93**, 368 (1936).

111. MAGET, K.: Beiträge zur Kenntnis der basischen Kupferchloride und basischen Kupferdoppelsalze. Diss. Bern 1948.

112. MAILHE, A.: Action d'un oxyde ou d'un hydrate métallique sur les solutions des sels des autres métaux. Sels basiques mixtes. Ann. Chim. Phys. **27**, 362 (1902).

113. MALQUORI, G., u. V. CIRILLI: Die Calciumferrithydrate und die aus dem Tricalciumferrit durch Assoziation mit verschiedenen Calciumsalzen entstehenden Komplexe. Ric. sci. Progr. tecn. Econ. naz. **11**, 316 (1940).

114. MEGAW, A. B.: Crystals with Layer Lattices. Proc. Roy. Soc. [London], Ser. A **142**, 207 (1933). Die Angaben über die Dimensionen der Elementarzelle von $Mg(OH)_2$ schwanken beträchtlich. Der Wert von A. B. MEGAW kommt dem von uns erhaltenen Wert am nächsten.

115. MIKUSCH, H.: Das System ZnO—$CO_2$—$H_2O$. Z. anorg. Chem. **56**, 371 (1908).

116. MOELLER, T., u. P. W. RHYMER: Some Observations upon the Precipitation of Hydrous Cadmium Hydroxide in the Presence of Certain Anions. J. physic. Chem. **46**, 477 (1942).

117. MÜLLER, K.: Unveröffentlichte Versuche.

118. MYLIUS, C. R. W.: Calciumaluminathydrate und deren Doppelsalze. Acta Acad. Aboensis, Math. Physica **7**, 3 (1933).

119. NÄSÄNEN, R., u. V. TAMMINEN: The Equilibria of Cupric Hydroxysalts in Mixed Aqueous Solutions of Cupric and Alkali Salts at 25°. Amer. chem. J. **71**, 1994 (1949).

120. NIGGLI, P.: Grundlagen der Stereochemie. Basel: Birkhäuser 1945.

121. NOWACKI, W., u. K. MAGET: Zur Kristallographie von Cu(OH)Cl. Experientia **8**, 55 (1952).

122. —, u. R. SCHEIDEGGER: Zur Kristallographie des monoklinen, basischen Kupfernitrates $Cu(NO_3)_2 \cdot 3Cu(OH)_2$. I. Acta crystallogr. [London] **3**, 471 (1950).

123. — — Die Kristallstrukturbestimmung des monoklinen, basischen Kupfernitrates $Cu_4(NO_3)_2(OH)_6$ II. Helv. chim. Acta **35**, 375 (1952).

124. RABATÉ, H.: Le chromate basique de zinc, considéré comme pigment inhibiteur de la corrosion. Chim. Peintures **12**, 164 u. 286 (1949).

125. RECOURA, A.: Action d'un hydrate métallique sur les solutions des sels des autres métaux. Sels basiques à deux métaux. C. r. hebd. Séances Acad. Sci. **132**, 1414 (1901).

126. RIBI, E.: Über Hydroxyverbindungen des Mangans. Diss. Bern 1948.

127. RUMPF, E.: Über die Gitterkonstanten von Calciumoxyd und Calciumhydroxyd. Ann. Physik **87**, 595 (1928).

128. SABATIER, P.: Action d'un oxyde ou d'un hydrate métallique sur les solutions des sels des autres métaux. Sels basiques mixtes. C. r. hebd. Séances Acad. Sci. **132**, 1538 (1901).

129. SAHLI, M.: Über die basischen Zinkcarbonate. Diss. Bern 1952.

130. SCHLENK jr., W.: Organische Einschlußverbindungen. Fortschr. chem. Forschg. **2**, 92 (1951).

131. SCHREINEMAKERS, F. A. H., and TH. FIGEE: The system $H_2O$—$CaCl_2$—CaO at 25°. Chem. Weekbl. **8**, 683 (1911).

132. STRUNZ, H.: Mineralogische Tabellen. Leipzig: Akademische Verlagsgesellschaft 1941.

133. TILLEY, C. E., H. D. MEGAW u. M. H. HEY: Hydrocalumit ($4\,CaO \cdot Al_2O_3 \cdot 12\,H_2O$), ein neues Mineral von Scawt Hill, Co. Antrim. Mineralog. Mag. J. mineralog. Soc. **23**, 607 (1934).

134. TOBLER, A.: Zur Kenntnis der basischen Kupfersalze und ihrer Umwandlung in Hydroxyd und Oxyd. Diss. Bern 1949.

135. WALTER-LÉVY, L.: Chlorocarbonate basique de magnésium. C. r. hebd. Séances Acad. Sci. **204**, 1943 (1937).

136. — Contribution à l'étude des sulfates basique de magnésium. C. r. hebd. Séances Acad. Sci. **202**, 1857 (1936).

137. —, et Y. BIANCO: Action de la magnésie sur les solutions de chlorure de magnésium à 100°. C. r. hebd. Séances Acad. Sci. **232**, 513 (1951).

138. —, et M. HEUBERGER: Sur la formation des nitrates basiques de magnésium par voie aqueuse, à la température de 25°. C. r. hebd. Séances Acad. Sci. **218**, 840 (1944).

139. WARREN, B. E.: X-Ray Diffraction in Random Layer Lattices. Physic. Rev. **59**, 691 (1941).

140. WEISER, H. B., W. O. MILLIGAN and E. L. COOK: Hydrous Cupric Hydroxide and Basic Cupric Sulfates. Amer. chem. J. **64**, 503 (1942).

141. WELLS, A. F.: The Crystal Structure of Anhydrous Cupric Chloride, and the Stereochemistry of the Cupric Atom. J. chem. Soc. **1947**, 1670.

142. — The Crystal Structure of Atacamit and the Crystal Chemistry of Cupric Compounds. Acta crystallogr. [London] **2**, 175 (1949).

143. — MALACHITE: Re-examination of Crystal Structure. Acta crystallogr. [London] **4**, 200 (1951).

144. WERNER, A.: Zur Konstitution basischer Salze und analog konstituierter Komplexsalze. Ber. dtsch. chem. Ges. **40**, 4441 (1907).

145. WOLFF, P. M. DE: The crystal structure of artinite, $Mg_2(OH)_2CO_3 . 3\,H_2O$. Acta crystallogr. [London] **5**, 286 (1952).

146. — u. WALTER-LÉVY: The crystal structure of $Mg_2(OH)_3(Cl, Br) . 4\,H_2O$. Acta crystallogr. [London] **6**, 40 (1953).

147. — The crystal structure of $Co_2(OH)_3Cl$. (Erscheint demnächst in Acta crystallogr. Herr Dr. DE WOLFF ließ mich in sehr dankenswerter Weise Einblick in sein Manuskript nehmen.)

148. —, et L. WALTER-LÉVY: Structures et formules de quelques constituants du ciment Sorel. C. r. hebd. Séances Acad. Sci. **229**, 1232 (1949).

149. — Persönliche Mitteilungen. (Herrn Dr. DE WOLFF möchte ich für die Mitteilung dieser noch nicht publizierten Ergebnisse seiner Untersuchungen herzlich danken.)

150. Unveröffentlichte Resultate von kleineren präparativen Arbeiten im Institut für anorganische, analytische und physikalische Chemie der Universität Bern.


*Anmerkung:* Auf eine Vollständigkeit des Literaturnachweises mußte verzichtet werden; im allgemeinen sind nur neuere Arbeiten zitiert.

(Abgeschlossen im Februar 1953.)


Prof. Dr. WALTER FEITKNECHT, Institut für anorganische, analytische und physikalische Chemie der Universität Bern

Fortschr. chem. Forsch., Bd. 2, S. 758—879 (1953).

# Neuere Ergebnisse der Ultrarotspektroskopie.

Von

R. SUHRMANN und H. LUTHER.

Mit 50 Textabbildungen.

Inhaltsübersicht.


|  |  | Seite |
| --- | --- | --- |
| Einführung | | 760 |
| I. Fortschritte der Meßmethodik. | | 761 |
| 1. Meßprinzip | | 761 |
| 2. In Deutschland verwandte Geräte | | 762 |
| 3. Mikrospektrometer | | 762 |
| 4. Polarisationsmessungen | | 763 |
| 5. Pseudospektrographen | | 764 |
| 6. Anforderungen an ein Standardspektrometer | | 764 |
| 7. Zubehör | | 765 |
| a) Strahlungsquellen | | 765 |
| b) Prismen- und Küvettenmaterial | | 765 |
| c) Küvettenarten | | 765 |
| d) Strahlungsempfänger | | 766 |
| II. Zuordnung der Ultrarotbanden für die Konstitutionsbestimmung von Molekeln | | 766 |
| A. Symmetrieeigenschaften der Molekeln | | 766 |
| B. Rotationsspektren | | 767 |
| 1. Grundlagen | | 767 |
| 2. Ergebnisse | | 767 |
| C. Schwingungsspektren | | 768 |
| 1. Grundlagen | | 768 |
| a) Berechnung der Grundfrequenzen | | 768 |
| b) Schwingungsmodelle | | 770 |
| c) Potentialfunktion | | 770 |
| d) Isotopieeffekt | | 772 |
| e) Gleichgewichtsbestimmungen | | 773 |
| 2. Ergebnisse der Schwingungszuordnung | | 774 |
| a) Einfache Molekeln bis zu acht Atomen: Halogenierte $C_1$- und $C_2$-Kohlenwasserstoffe | | 774 |
| b) Molekeln mit mehr als acht Atomen: Kettenförmige Kohlenwasserstoffe | | 775 |
| c) Molekeln mit mehr als acht Atomen: Cyclische Verbindungen | | 776 |
| D. Rotations-Schwingungsspektren | | 777 |
| 1. Strukturbestimmungen aus der Feinstruktur der Banden. | | 778 |
| a) Zweiatomige Molekeln | | 778 |
| b) Mehratomige lineare Molekeln | | 778 |
| c) Symmetrischer Kreisel | | 779 |
| d) Asymmetrischer Kreisel | | 784 |
| 2. Strukturbestimmung aus den Umrissen der Banden | | 788 |
| E. Schwingungsspektren von Molekeln in verschiedenen Aggregatzuständen | | 795 |
| 1. Strukturbestimmung aus der Spektrenänderung | | 795 |
| a) Druckverbreiterung bei Gasen | | 795 |
| b) Spektrenänderung bei Aggregatzustandswechsel | | 796 |

Seite

2. Untersuchung der Rotationsisomerie . . . . . . . . . . . . . 800
3. Ionenkristalle . . . . . . . . . . . . . . . . . . . . . . . 802

F. Die Verwendung polarisierter Strahlung zur Strukturbestimmung 805

III. Die Ultrarotspektroskopie als Hilfsmittel der chemischen Analyse . . 810

A. Grundlagen der analytischen Anwendung der Ultrarotspektroskopie 811
1. Bestimmung von Schlüsselfrequenzen. . . . . . . . . . . . . 811
    a) Paraffine . . . . . . . . . . . . . . . . . . . . . . . . 812
    b) Olefine . . . . . . . . . . . . . . . . . . . . . . . . 814
    c) Acetylene. . . . . . . . . . . . . . . . . . . . . . . 817
    d) Naphthene . . . . . . . . . . . . . . . . . . . . . . 817
    e) Aromaten . . . . . . . . . . . . . . . . . . . . . . . 818
    f) Halogenverbindungen . . . . . . . . . . . . . . . . . 819
    g) Sauerstoffverbindungen. . . . . . . . . . . . . . . . . 820
    h) Stickstoffverbindungen . . . . . . . . . . . . . . . . 822
    i) Schwefel-, Phosphor- und Siliciumverbindungen . . . . . 823
    j) Lösungsmittelspektren . . . . . . . . . . . . . . . . . 824
    k) Schlüsselfrequenz-Übersichtstafeln . . . . . . . . . . . 825

B. Die Strukturanalyse von Reinsubstanzen . . . . . . . . . . . 827
1. Niedermolekulare Substanzen . . . . . . . . . . . . . . . 827
    a) Spektrenvergleich . . . . . . . . . . . . . . . . . . . 827
    b) Vergleich mit Vorhersagespektren . . . . . . . . . . . 829
    c) Die Verfolgung chemischer Reaktionen . . . . . . . . . 830
2. Hochmolekulare Substanzen . . . . . . . . . . . . . . . . 832
3. Mikrospektrometrie . . . . . . . . . . . . . . . . . . . . 836

C. Die qualitative Analyse von Mehrkomponentengemischen . . . . . 836
1. Reinheitsprüfung . . . . . . . . . . . . . . . . . . . . . 836
2. Die qualitative Analyse . . . . . . . . . . . . . . . . . . 837

D. Die quantitative Analyse . . . . . . . . . . . . . . . . . . 840
1. Das LAMBERT-BEERsche Gesetz . . . . . . . . . . . . . . 840
2. Messung von Absolutintensitäten . . . . . . . . . . . . . . 841
3. Wasserstoffbrücken . . . . . . . . . . . . . . . . . . . . 843
    a) Anwendbarkeit des Massenwirkungsgesetzes . . . . . . . 843
    b) Sterische Einflüsse. . . . . . . . . . . . . . . . . . . 845
    c) Feldwirkung von Substituenten an Aromaten . . . . . . 846
    d) Einfluß der Gemischpartner . . . . . . . . . . . . . . 848
    e) Wasserstoffbrücken bei Aminen . . . . . . . . . . . . 849
    f) Zwischenmolekulare Wechselwirkungen schwach- oder un-
      polarer Molekeln. . . . . . . . . . . . . . . . . . . . 850
4. Die Analysenverfahren . . . . . . . . . . . . . . . . . . . 851
    a) Extinktionsmessung an nichtüberlagerten und überlagerten
      Schlüsselbanden. . . . . . . . . . . . . . . . . . . . . 851
    b) Grundlinienverfahren . . . . . . . . . . . . . . . . . 851
    c) Analyse mit einer Bezugssubstanz. . . . . . . . . . . . 852
    d) Analyse durch Eichkurvenaufstellung . . . . . . . . . . 852
5. Analysenbeispiele . . . . . . . . . . . . . . . . . . . . . 852
    a) Die Gasanalyse . . . . . . . . . . . . . . . . . . . . 852
    b) Flüssigkeitsanalyse . . . . . . . . . . . . . . . . . . 853
    c) Festsubstanzanalyse . . . . . . . . . . . . . . . . . . 854
6. Betriebskontrolle mit Pseudospektrographen (Nondispersive Instruments). . . . . . . . . . . . . . . . . . . . . . . . . 855

Literatur . . . . . . . . . . . . . . . . . . . . . . . . . . . . . 855

## Einführung.

Durch die Fortschritte der Meßmethodik in der Ultrarotspektroskopie, die nicht nur eine Verbesserung der *Meßgenauigkeit*, sondern auch eine beträchtliche Erhöhung der *Meßgeschwindigkeit* brachten, ist die Zahl der Ultrarotarbeiten in den letzten 10 Jahren besonders in den angloamerikanischen Ländern außerordentlich angewachsen. Es ist deshalb unmöglich, innerhalb eines Referates über alle einschlägigen Arbeiten aus dieser Zeit zu berichten. Wir beschränken uns daher im allgemeinen auf Arbeiten, die seit 1945 erschienen sind. Zusammenfassende Darstellungen der Ultrarotspektroskopie geben bis 1929 SCHAEFER und MATOSSI (*286*), bis 1933 REINKOBER (*258*), bis 1937 CZERNY (*67*) und MATOSSI (*204*), bis 1943 BARNES und Mitarbeiter (*19*), bis 1944 HERZBERG (*133*), bis 1947 WILLIAMS (*357*) und in den darauffolgenden Jahren, bis 1951 einschließlich, BARNES und GORE (*18*), (*112*). Ferner sind die Darstellungen in Buchform von RANDALL, FOWLER, DANGL und FUSON (*254*), MELLON (*211*), CANDLER (*43*), FREYMAN (*94*), LECOMTE (*174*), HARRISON, LORD und LOOFBOUROW (*124*), SAWYER (*285*), WILLARD, MERRITT und DEAN (*356*), BRÜGEL (*38*), sowie die Beiträge in Sammelwerken von WEST (*351*), NIELSEN und OETJEN (*227*), COGGESHALL (*47*) und LUTHER (*194*) zu nennen.

Die Arbeiten, über deren Ergebnisse wir berichten, haben wir nach folgenden Gesichtspunkten ausgewählt. Wir streifen die neuere *Meßmethodik* nur kurz, da sie vor kurzem an anderer Stelle ausführlich behandelt wurde (*184a*), (*174a*). Darauf folgt ein Kapitel, das sich mit der Zuordnung der Ultrarotbanden für die *Strukturbestimmung* der Molekeln befaßt, also die Ermittlung ihrer geometrischen Gestalt und der zwischen ihren Atomen wirkenden Kräfte. Wegen der Verschiedenheit der beobachteten Spektren haben wir dieses Kapitel unterteilt in Rotationsspektren, Schwingungsspektren und Rotations-Schwingungsspektren. Zu Beginn jedes Abschnitts behandeln wir die molekular-physikalischen Grundlagen [in Anlehnung an das Buch von HERZBERG (*133*)], soweit sie für die Darstellung der darin besprochenen Arbeiten erforderlich sind. In den Abschnitt über die Rotations-Schwingungsspektren sind auch die mit neuzeitlichen Prismenspektrometern durchgeführten Arbeiten aufgenommen worden, bei denen die weitgehende Auflösung der Spektren die Rotationsstruktur der Schwingungsbanden zu erkennen und zu deuten gestattet. Die Ergebnisse dieser Arbeiten werden gegenüber den in dem Abschnitt „Schwingungsspektren“ besprochenen im allgemeinen eine größere Sicherheit beanspruchen können, zumal sie sich häufig auch auf die Ergebnisse der Mikrowellenforschung stützen konnten. In besonderen Abschnitten werden die Schwingungsspektren von Molekeln in verschiedenen Aggregatzuständen und die Anwendung polarisierter Strahlung behandelt.

Ein drittes Kapitel ist der Anwendung des Ultrarotspektrums bei der *Strukturanalyse* und in der *chemischen Analyse* gewidmet, wobei wir unter Strukturanalyse die Ermittlung der in der Molekel vorhandenen Atomgruppen und ihrer Anordnung verstehen ohne Berücksichtigung der geometrischen Gestalt und der wirkenden Kräfte.

Die den Intensitätsfragen gewidmeten Arbeiten haben wir nur kurz gestreift, da die Forschung auf diesem Teilgebiet noch zu wenig abgeschlossene Ergebnisse gebracht hat.

# I. Fortschritte der Meßmethodik.

## 1. Meßprinzip.

Die Meßtechnik hat in den letzten 15 Jahren große Fortschritte erzielt. Die Absorptionsspektren werden nicht mehr Punkt für Punkt durch Galvanometerausschläge gemessen, sondern vollautomatisch registriert. Dabei wendet man häufig Kompensationsmethoden an, indem man z.B. den Lichtstrahl teilt (Abb. 1), so daß der eine Strahl durch die Meßküvette $K_1$, der andere durch die Vergleichsküvette $K_2$ hindurchgeht (*178*). Die beiden Strahlen treten über den rotierenden Sektorspiegel $S_3$ abwechselnd in den Monochromator $M$ ein und erzeugen — bei verschieden starker Strahlungsschwächung — im Empfänger $Th$ eine Wechselspannung, die verstärkt und anschließend gleichgerichtet werden kann. Nach dem Schema der Abb. 1 wird der verstärkte Strom dazu benutzt, den Kompensator so im Vergleichsstrahl zu verschieben, daß beide Lichtstrahlen gleich geschwächt werden und der Wechselstrom im Empfänger gegen Null geht. Die jeweilige Stellung des Kompensators wird durch ein Registriergerät $R$ aufgezeichnet. Während die automatische, mit $R$ gekoppelte Monochromatoreinstellung das gesamte Spektrum durchläuft, zeichnet das Registriergerät die prozentuale Absorption kontinuierlich auf. Die sich ergebenden Konstruktionsmöglichkeiten mit ihren Vor- und Nachteilen behandeln OETJEN und ROESS (*230a*) eingehend.

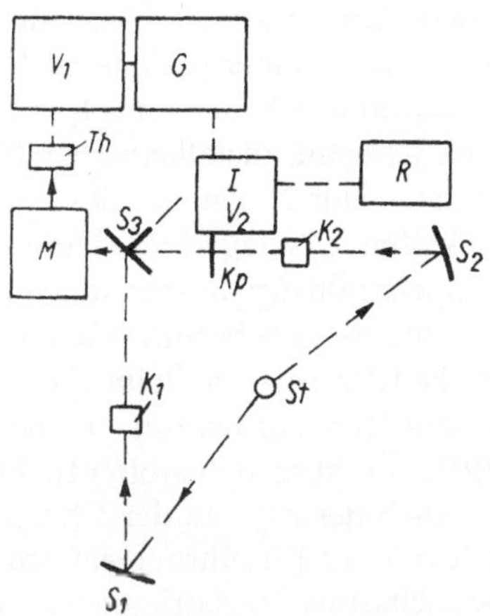

Abb. 1. Blockdiagramm eines Doppelstrahl-Wechsellichtspektrometers. $St$ Strahlungsquelle; $S_1$, $S_2$ Spiegel; $K_1$ Meßküvette; $K_2$ Vergleichsküvette; $S_3$ Unterbrechungsspiegel; $M$ Monochromator; $Th$ thermischer Empfänger; $V_1$ Hauptverstärker; $G$ Gleichrichter; $I$ Integrator; $V_2$ Anzeigeverstärker; $K_p$ Kompensator; $R$ Registriergerät.

Durch die Verwendung von Konstruktionselementen geringer Trägheit konnten E. F. DALY und G. B. B. M. SUTHERLAND (*319a*) ein

Spektrometer entwickeln, bei dem zwischen 1 und 16 μ ein Spektralbereich von jeweils 2,5 bis 3,5 μ auf dem nachleuchtenden Schirm einer Braunschen Röhre in 14 sec registriert wurde.

## 2. In Deutschland verwandte Geräte.

Von den besonders in den USA. fabrikmäßig hergestellten Registrierspektrometern hat sich im Laufe des letzten Jahres in Deutschland fast ausschließlich das Modell 21 der Perkin-Elmer-Corporation eingeführt (352), (353), (354). Durch Anwendung des „Doppeldurchgang-Prinzips" von Walsh (344) gelang es der gleichen Gesellschaft, das Einzelstrahl-Modell 12 in bemerkenswertem Maße weiter zu entwickeln (239), um die Auflösung (bei 1000 cm⁻¹ besser als 2 cm⁻¹), die Energie bei vergleichbaren spektralen Spaltweiten und die spektrale Reinheit zu verbessern. Bei diesem Prinzip durchläuft die Strahlung das gleiche Littrow-Prisma viermal. Vor dem dritten Durchgang wird sie in ein Wechsellicht einer geeigneten Frequenz zerhackt, auf die der Verstärker abgestimmt ist. Die nach zweifachem Durchgang etwa schon beim Austrittsspalt ausfallende Strahlung wird auf diese Weise nicht mitregistriert. Durch Anbau des von Savitzky und Halford (284) entwickelten Zusatzgerätes, kann die Einzelstrahl-Apparatur auch in eine Doppelstrahl-Apparatur umgewandelt werden.

Eine Reihe sehr nützlicher Arbeitswinke und Verbesserungsvorschläge für die Ultrarottechnik im allgemeinen, und die Verwendung des Perkin-Elmer-Monochromators im besonderen, haben Lord und Mitautoren (191) vor kurzem veröffentlicht.

Auch der Ausbau der Ultrarotspektrometer der Firma Leitz-Wetzlar zielt mit der Einführung elektronischer Verstärker notwendigerweise auf die Schaffung registrierender Geräte hin. Die Weiterentwicklung der von Lehrer und Luft bei der BASF geschaffenen Registrierapparaturen ist noch nicht voll abgeschlossen. Ein Gleiches gilt für die Entwicklung bei Zeiß-Opton.

Methodisch sind auch die Arbeiten von Zbinden, Baldinger und Ganz (366) über die elektrische Verhältnisbildung in Doppelstrahlgeräten ohne mechanische Abgleichglieder von Interesse (100a).

## 3. Mikrospektrometer.

Mit dem Eindringen der spektroskopischen Analysenmethoden in das Gebiet der physiologischen Chemie trat die Frage auf, ob es möglich wäre, mikroskopisch kleine Objekte wie Blutkörperchen oder Muskelfasern spektroskopisch zu untersuchen. Mit dem Spiegel-Reflexions-Mikroskop von Burch (42) ist dieses Problem soweit gelöst worden, daß die Ultrarot- und Ultraviolettspektren auch dann noch aufgenommen werden können, wenn Substanzmengen von 10⁻³ mg vorhanden sind (28c).

R. Barer, A. R. H. Cole und H. W. Thompson (17a) beschreiben die Anwendbarkeit dieses Gerätes für die Ultrarotspektroskopie [s. auch H. W. Thompson

*(327a)]*. Die sonst üblichen Linsen sind durch Spiegel ersetzt, so daß es völlig achromatisch ist und mit sichtbarem Licht fokussiert werden kann. BARER *(17)* diskutiert eingehend die Möglichkeiten des Verfahrens für die Ultraviolett- und die Ultrarotspektroskopie. Sie sind bei letzterer in verschiedenen Punkten (geringe Auflösung bei langen Wellenlängen, zu geringe Empfindlichkeit der thermischen Empfänger) methodisch eingeschränkt. Da aber andererseits von jeder Substanz kleine Einkristalle gewonnen werden können, während größere oft schwer zu züchten sind, ist in der Richtung auf Strukturbestimmungen von Festsubstanzen ein Fortschritt zu erzielen. Bei Zellstrukturuntersuchungen sind auch bei Beschränkung des Wellenbereiches die Einzelheiten von Zellteilen noch nicht zu analysieren, da bei 15 $\mu$ die kleinste zu untersuchende Fläche einen Durchmesser von 60 $\mu$, bei 3 $\mu$ einen Durchmesser von 12 $\mu$ haben müßte, wenn man die heute unter günstigen Bedingungen möglichen Aperturen dieser Mikroskope einsetzt. In allen Fällen ist auf eine mögliche Erwärmung der Substanzen durch die Strahlungskonzentration zu achten. HALL und NESTER *(119)* glauben, daß den speziellen Anforderungen dieser Apparaturen an die Lichtquellen Zirkonbrenner gerecht werden, die bei brauchbarer Lebensdauer durch ihre Abmessungen Vorteile gegenüber Globarstiften bringen sollen trotz ihrer etwas ungünstigeren Energieverteilung.

## 4. Polarisationsmessungen.

Die Grundlagen der experimentellen Technik bei der Arbeit mit polarisierter Ultrarotstrahlung finden sich schon bei SCHAEFER-MATOSSI *(286)* und später bei BRÜGEL *(38)*. Die im Sichtbaren üblichen Polarisationsprismen sind nur bis 3 $\mu$ verwendbar. Polarisationsfilter auf der Basis gefärbter Cellulose oder Herapathit sind bisher noch für keinen Ultrarotbereich entwickelt worden. Die Polarisation durch Reflexion an Selenspiegeln wird daher noch immer angewandt. Den gesamten sich ergebenden Strahlengang in einem derartigen Polarisationsspektrometer stellen J. MANN und H. W. THOMPSON *(198a)* dar. A. ELLIOTT, E. J. AMBROSE und R. B. TEMPLE *(78a)*, *(79)*, sowie auch J. AMES und A. M. D. SAMPSON *(6)* verwenden bei ihrer Versuchsanordnung das Prinzip der Glasplattensätze. Sie stellen Selenfilme von einigen $\mu$ Dicke durch Aufdampfen auf Nitrocelluloselack oder Acroleïnharz im Vakuum her und setzen die von der Unterlage abgelösten Selenhäutchen zu Sätzen von 5 bis 6 Filmen zusammen. Zwischen 2 und 14 $\mu$ ist mit Sätzen zu 5 bzw. 6 Folien der Polarisationsgrad 94 bzw. 98% zu erreichen. Da diese Selenfilme mechanisch sehr empfindlich sind, entwickelten NEWMAN und HALFORD *(225)*, sowie WRIGHT *(364)* Durchlässigkeitspolarisatoren aus Silberchloridplättchen. Ihre chemische Reaktionsfähigkeit und Empfindlichkeit gegen kurzwelliges Licht besitzen die bis 40 $\mu$ verwendbaren Thallium-bromid-jodid-Polarisatoren nicht *(169b)*.

Die Durchlässigkeitspolarisatoren haben eine Reihe von Vorteilen gegenüber den Reflexionspolarisatoren: Der Strahlengang des Spektrometers braucht nicht geändert zu werden; 47% der einfallenden Gesamtenergie einer Wellenlänge sind polarisiert verwendbar (18 bis 35% bei Reflexion mit gleichem Polarisationsgrad); nicht die Proben, sondern

die Polarisatoren werden gedreht. Der Anwendungsbereich ist bei etwa
40 μ begrenzt, während er sich bei den Reflexionspolarisatoren weiter
in das Langwellige erstreckt.

Hyde (*140b*) und auch andere Autoren benutzen die Tatsache, daß
in normalen Spektrographen eine partielle horizontale Polarisation zu
beobachten ist, so daß die Probe parallel und senkrecht zu dieser Teil-
polarisation gemessen werden kann. Eine Umrechnung auf die Ergebnisse bei Totalpolarisation ist nach den Verfassern möglich. Die Ausrichtung der zu messenden Substanzen durch Kristallisieren im Tem-
peraturgefälle, Rollen, Strecken oder durch Adsorption an geeigneten
Oberflächen wird des öfteren eingehend beschrieben.

## 5. Pseudospektrographen.

Für die automatische Betriebskontrolle von strömenden Gasgemi-
schen wurde durch K. F. Luft (*192b*) bei der BASF (*14a*) der Ultrarot-
Absorptionsschreiber (URAS) vor einer Reihe von Jahren entwickelt.
Er arbeitet nach dem Prinzip der „positiven Filterung“. Nach dem
Kriege erschienen besonders auf dem englischen und amerikanischen
Markt verschiedene Geräte, die sich nur wenig von dem „URAS“ unter-
scheiden, z.B. der „IRGA“ (= Infra-Red-Gas-Analyser [1] und der
„IR-Gas-Analyser“ [2]). Der „Automatic-Recording-Gas-Analyzer“ der
Baird-Association arbeitet nach dem Prinzip der „negativen Filterung“
nicht mit einem selektiven Empfänger (Membrankondensator), sondern
mit dem nichtselektiven Bolometer. Eine interessante Neuentwicklung
ist der Bichromator der Perkin-Elmer-Corporation, der Meßmöglich-
keiten nach dem Doppelstrahlprinzip besitzt (Trinone Analyser) (*284a*).
Unter anderen automatischen Kontrollverfahren der Betriebsüber-
wachung behandeln Patterson und Mellon (*235*) auch die verschiedenen Modelle der „Pseudospektrographen (Nondispersive Instruments)“.

## 6. Anforderungen an ein Standardspektrometer.

Da die Eigenschaften der Aufnahmeapparatur die Absorptionsspektren oft individuell (z.B. hinsichtlich der spektralen Reinheit) beeinflussen, sind mit verschiedenen Geräten gemessene Spektren auch bei
Angabe der Meßbedingungen nicht immer ohne weiteres vergleichbar.
Das Ziel einer Weiterentwicklung wird es also sein, ein Einheitsmodell
für die Routine-Analyse zu schaffen. Die Anforderungen an ein der-
artiges Gerät umriß Williams (*358*) folgendermaßen:

1. Registrierbereich: 4000 bis 650 cm$^{-1}$ (2,5 bis 15,5 μ).
2. Ordinate des Spektrums: Extinktion zwischen 0,0 und 2,0 ± 0,02.

---

[1] Hersteller: Sir Howard Grubb, Parsons & Co. Newcastle/Tyne.
[2] Hersteller: Infared Development Co., Hertfordshire.

3. Abszisse des Spektrums: Lineare Wellenzahlteilung, reproduzierbar auf $\pm 2\ cm^{-1}$.

4. Spektrale Spaltbreite: $3\ cm^{-1}$.

5. Zeitbedarf zur Aufnahme eines Spektrums: 10 bis 15 min.

Auch J. G. REYNOLDS (*260*) diskutiert diese Fragen eingehend.

## 7. Zubehör.

**a) Strahlungsquellen.** Auf eigene Erfahrungen gestützt, hat BRÜGEL (*38*) die Fragen der Strahlungsquellen besonders auch in bezug auf die Verwendung von NERNST- oder von Silit-Stäben eingehend behandelt.

**b) Prismen- und Küvettenmaterial.** Während früher als Material für Prismen und Küvettenplatten synthetisch hergestellte Kristalle nur selten benutzt wurden, verwendet man neuerdings außer synthetischen NaCl-, KCl- und KBr-Kristallen auch LiF-, NaF-, $CaF_2$- und CsBr-Kristalle, sowie Material aus Thallium-bromid-jodid (KRS 5). Infolge seines größeren Anwendungsbereiches hat Flußspat das Lithiumfluorid weitgehend verdrängt. Auch die Verwendung von Cäsiumbromid ist im Gegensatz zum Cäsiumjodid bereits aus dem Versuchsstadium heraus (*249*). Prismen aus diesem Material zur Messung bis $38\ \mu$ gehören zur wahlweisen Ausstattung der PERKIN-ELMER-Spektrometer. Als Küvettenmaterial für wäßrige Lösungen bis etwa $9\ \mu$ findet auch Bariumfluorid Verwendung.

**c) Küvettenarten.** Die Grundformen der Gas- und der Flüssigkeitsküvetten haben sich in der letzten Zeit nicht wesentlich geändert.

Reflexions-Gasküvetten nach WHITE sind von der HERZBERGschen Schule bis zu effektiven Küvettenlängen von 4500 m verwendet worden [siehe z.B. H. J. BERNSTEIN, G. HERZBERG (*26c*)].

Die Flüssigkeitsküvetten der PERKIN-ELMER-Corporation mit veränderlicher Schichtdicke von 5 mm bis $10\ \mu$ sind nicht nur für die Messung von Absorptionsspektren im Ultraroten, sondern allgemein in der Absorptionsspektroskopie von großem Nutzen.

Das Problem der Untersuchung fester Proben war bisher mit der Technik des Aufschmelzens, des Aufdampfens, des Ausscheidens aus Lösungsmitteln, des Suspendierens in Paraffinöl (Nujol), der Anfertigung von Folien durch Pressen und Walzen noch nicht befriedigend gelöst. Fast gleichzeitig haben nun SCHIEDT und REINWEIN (*287*), sowie STIMSON und O'DONELL (*313*) die Technik der „Preßküvetten" entwickelt. Dabei wird eine Mischung des gewünschten, pulverförmigen Fenstermaterials (z.B. Kaliumbromid) mit der zu untersuchenden Substanz im entsprechenden Verhältnis unter Vakuum bei Drucken von 5000 atü und höher zusammengepreßt[1]. Es entstehen durchsichtige Fenster, in denen die Festsubstanzen brauchbare Spektren liefern. Für die Einbringung von Kunststoffen zwischen Küvettenfenster aus Glimmer, Silberchlorid oder Polyäthylen schlagen auch Sands und Turner (283) die Anwendung erhöhter Drucke vor.

Spezialküvetten für Messungen über oder unter Zimmertemperatur und für höhere Drucke haben wir bereits an anderer Stelle beschrieben (317). Neuestes Material über Tieftemperaturküvetten bringt Bovey (29).

**d) Strahlungsempfänger.** Entscheidenden Anteil an der Leistungsfähigkeit von Registrierapparaturen haben die Strahlungsempfänger, deren Ansprechempfindlichkeit, Zeitkonstante usw. sehr hohen Anforderungen genügen müssen. Man verwendet auch heute noch Thermoelemente und Bolometer. Neuentwicklungen sind auf dem Gebiet der in ihrer Empfindlichkeit frequenzabhängigen Halbleiter-Bolometer (Thermistoren) zu verzeichnen (24), (220). Bis in das Gebiet des fernen Ultrarot hat sich die Golay-Zelle (108) als nützlich erwiesen. Sie besteht aus einem mit einer außen verspiegelten Membran abgeschlossenen, gasgefüllten Gefäß, das einen geschwärzten Empfänger enthält. Je nach der vom Empfänger absorbierten Wärmestrahlung und der dadurch hervorgerufenen Ausdehnung des Gases arbeitet die Membran und zeigt optisch oder kapazitiv ihre Bewegung an.

Im nahen Ultrarot bis $1,1\,\mu$ werden unter anderem von J. Kreuzer und R. Mecke (165b) Cäsiumzellen als Empfänger benutzt. Da das langwellige Empfindlichkeitsmaximum dieser Zellen günstigenfalls bei $0,85\,\mu$ liegt und die langwellige Grenze bei etwa $1,2\,\mu$, muß man bei ihrer Verwendung auf besondere spektrale Reinheit [Filter (248) oder Doppelmonochromator] achten. Auch Photowiderstände können im nahen Ultrarot als Empfänger dienen (107b). Bleisulfid-Photowiderstände sind bis $3,5\,\mu$ brauchbar (367). Bleitelluridzellen sind bis $5\,\mu$ und Bleiselenidzellen bis $7,8\,\mu$ empfindlich. Als erwähnenswerte Kombination sei hier das Reflektometer von Derksen und Monahan (74) genannt, das die Reflexion der Strahlung im nahen Ultrarot mit Hilfe einer Bleisulfidzelle zu messen gestattet.

# II. Zuordnung der Ultrarotbanden für die Konstitutionsbestimmung von Molekeln.

## A. Symmetrieeigenschaften der Molekeln.

Um die Molekülspektren mehratomiger Molekeln auswerten zu können, ist stets die Bestimmung ihrer Symmetrieeigenschaften notwendig. Einen vorzüglichen Überblick über dieses Gebiet wie überhaupt über

---

[1] Lieferung der Apparatur durch Firma Liebermann, Stuttgart W., Klopfstockstr. 44.

die Theorie der Molekülspektren mehratomiger Molekeln gibt das Buch von HERZBERG (*133*). Eine Zusammenfassung der Grundlagen findet man auch bei KOHLRAUSCH (*163*), (*164*). Sehr übersichtlich hat schließlich MECKE die Symmetrieelemente und Symmetrieeigenschaften mit Beispielen in der Neuauflage des Landolt-Börnstein zusammengestellt (*171*). Auf diese Werke kann also für die Definition der im folgenden genannten Symmetrieelemente und der resultierenden Punktgruppen hingewiesen werden.

## B. Rotationsspektren.

### 1. Grundlagen.

Die Wellenzahl $v$ (in cm$^{-1}$) des Rotationsspektrums *zweiatomiger und gestreckter dreiatomiger Dipolmolekeln* (Symmetrie $C_{\infty v}$) wird durch die Beziehung (1) wiedergegeben:

$$v = 2B(J+1) - 4D(J+1)^3 \tag{1}$$

in der

$$B = \frac{h}{8\pi^2 \cdot c \cdot I}$$

die Rotationskonstante darstellt, während das zweite Glied mit der empirischen Konstante $D(\ll B)$ dem Umstand Rechnung trägt, daß die Molekel kein *starrer* Rotator ist. $J = 0, 1, 2, 3, \ldots, n$ bedeutet die Rotationsquantenzahl, $I$ das Trägheitsmoment um die durch den Schwerpunkt gehende Rotationsachse, $c$ die Lichtgeschwindigkeit und $h$ die PLANCKsche Konstante.

### 2. Ergebnisse.

Die Gültigkeit der Beziehung (1) wurde in Fortsetzung der Messungen von CZERNY (*66*) an HCl-Gas ($J = 10$ bis $J = 3$) kürzlich von McCUBBIN und SINTON (*64*) von $J = 4$ bis $J = 0$ bestätigt.

Auch für das Rotationsspektrum des Ammoniaks (Punktgruppe $C_{3v}$) ergab sich die Gültigkeit der Gl. (1), in der schon von D. M. DENNISON (*72a*) aufgestellten Form

$$v = 19{,}890\,(J+1) - 0{,}001\,78\,(J+1)^3 \tag{1a}$$

für $J = 4$ bis $J = 0$.

Bei sehr großer Auflösung macht sich, wie N. WRIGHT und H. M. RANDALL (*86a*) zeigen, in den Rotationsbanden des symmetrischen Kreisels (zwei gleiche Hauptträgheitsmomente) eine Feinstruktur bemerkbar, der durch die Quantenzahl $K$ in (2)

$$v = 2B\,(J+1) - 4D_J\,(J+1)^3 - 2D_{KJ}\cdot K^2\,(J+1) \tag{2}$$

Rechnung getragen wird, wobei $K = 0, 1, 2, \ldots, J$. Sie ist auf die Nutation des Kreisels zurückzuführen. Die $(J+1)$ energetisch verschiedenen, zur Quantenzahl $J$ gehörigen $K$-Zustände sind dabei mit Ausnahme des zu $K = 0$ gehörigen Zustandes doppelt entartet. Eine Diskussion dieses vor einiger Zeit von KING, HAINER und CROSS (159) an früheren Messungen des $H_2O$ und $D_2O$ behandelten Problems findet sich schon bei HERZBERG (133).

# C. Schwingungsspektren.

## 1. Grundlagen.

**a) Berechnung der Grundfrequenzen.** Während in den Anfängen der Ultrarotspektroskopie möglichst einfache Molekeln bezüglich ihrer im nahen $(\lambda < 3\,\mu)$ und mittleren ($3$ bis $40\,\mu$) Ultrarot gelegenen Schwingungs- und Rotationsschwingungsbanden untersucht wurden, hat man in neuerer Zeit auch die Spektren komplizierter gebauter Molekeln näher erforscht.

Betrachtet man die vielatomige Molekel als ein System von $N$ durch eine bestimmte Gesetzmäßigkeit zusammengehaltenen Punkten, die in den $3N$-Normalkoordinaten $3N$ einfache *harmonische* Bewegungen ausführen, so erhält man als Eigenwerte der SCHRÖDINGER-Gleichung des $i$-ten Oszillators:

$$E_i = h \cdot \nu_i \left(v_i + \tfrac{1}{2}\right) \qquad v_i = 0, 1, 2, 3, \ldots \tag{3}$$

wobei $v_i$ die Schwingungsquantenzahl bedeutet und

$$\nu_i = \frac{1}{2\pi} \sqrt{\lambda_i} \tag{4}$$

die Frequenz der $i$-ten *Normalschwingung*. Die Größen $\lambda_i$ sind die Wurzeln der Säkulargleichung

$$\begin{vmatrix} k_{11} - b_{11} \cdot \lambda & k_{12} - b_{12} \cdot \lambda & k_{13} - b_{13} \cdot \lambda \ldots \\ k_{21} - b_{21} \cdot \lambda & k_{22} - b_{22} \cdot \lambda & k_{23} - b_{23} \cdot \lambda \ldots \\ k_{31} - b_{31} \cdot \lambda & k_{32} - b_{32} \cdot \lambda & k_{33} - b_{33} \cdot \lambda \ldots \end{vmatrix} = 0 \tag{5}$$

in der die Konstanten $k$ durch den Ausdruck für die potentielle Energie

$$V = \tfrac{1}{2} \cdot [k_{11} q_1^2 + k_{22} q_2^2 + k_{33} q_3^2 + \cdots + k_{12} q_1 q_2 + k_{13} q_1 q_3 + \cdots], \tag{6}$$

die Konstanten $b$ durch den Ausdruck für die kinetische Energie

$$E_{\text{kin}} = \tfrac{1}{2} [b_{11} \dot{q}_1^2 + b_{22} \dot{q}_2^2 + b_{33} \dot{q}_3^2 + \cdots + b_{12} \dot{q}_1 \dot{q}_2 + b_{13} \dot{q}_1 \dot{q}_3 + \cdots] \tag{7}$$

definiert sind.

Die $q_i$ bzw. $\dot{q}_i$ sind die Größen der Verzerrungen der Atome aus ihren Gleichgewichtslagen bzw. die Verzerrungsgeschwindigkeiten.

Für die Termwerte $G(v_1, v_2, v_3, \ldots) \equiv E(v_1, v_2, v_3, \ldots)/h \cdot c$ der gesamten Schwingungsenergie der Molekel ergibt sich durch Summierung über alle $3N\text{-}6$ bzw. $3N\text{-}5$ Schwingungen.

$$G(v_1, v_2, v_3, \ldots) = \omega_1 \cdot (v_1 + \tfrac{1}{2}) + \omega_2 \cdot (v_2 + \tfrac{1}{2}) + \omega_3 (v_3 + \tfrac{1}{2}) + \cdots, \qquad (8\,a)$$

wobei $\omega \equiv \nu/c$. Für eine aus harmonischen Oszillatoren bestehende Molekel ist also die Nullpunktsenergie

$$G(0, 0, 0, \ldots) = \tfrac{1}{2}(\omega_1 + \omega_2 + \omega_3 + \cdots).$$

Sind in Gl. (8a) Schwingungen $d_i$-fach entartet, so nimmt sie die Form an

$$G(v_1, v_2, v_3, \ldots) = \sum \omega_i \left(v_i + \frac{d_i}{2}\right) \qquad (8\,b)$$

in der für die nichtentarteten Schwingungen $d_i = 1$ zu setzen ist.

Die obigen Betrachtungen gelten exakt nur für den Fall, daß die schwingenden Atome unendlich kleine Amplituden ausführen, daß die potentielle Energie $V$ also durch die quadratische Funktion (6) dargestellt werden kann. Tatsächlich schwingen die Atome jedoch *anharmonisch*, so daß eine Funktion höherer Ordnung an die Stelle von (6) treten muß. Entsprechend nimmt der Ausdruck (8a) für die Termwerte höhere Glieder auf; er hat z.B. bei einer *dreiatomigen* nichtlinearen Molekel ohne entartete Schwingungen die Gestalt

$$\left.\begin{aligned}
G(v_1, v_2, v_3) &= \omega_1(v_1 + \tfrac{1}{2}) + \omega_2(v_2 + \tfrac{1}{2}) + \omega_3(v_3 + \tfrac{1}{2}) + x_{11}(v_1 + \tfrac{1}{2})^2 + \\
&\quad + x_{22}(v_2 + \tfrac{1}{2})^2 + x_{33}(v_3 + \tfrac{1}{2})^2 + \\
&\quad + x_{12}(v_1 + \tfrac{1}{2})(v_2 + \tfrac{1}{2}) + \\
&\quad + x_{13}(v_1 + \tfrac{1}{2})(v_3 + \tfrac{1}{2}) + \\
&\quad + x_{23}(v_2 + \tfrac{1}{2})(v_3 + \tfrac{1}{2}) + \cdots
\end{aligned}\right\} \qquad (9)$$

$\omega_1$, $\omega_2$ und $\omega_3$ werden jetzt als *Frequenzen nullter Ordnung* bezeichnet, die Konstanten $x_{ij}$ als Anharmonizitätskonstanten; die Schwingungsquantenzahlen $v_1$, $v_2$ und $v_3$ entsprechen den drei Normalschwingungen der dreiatomigen, nichtlinearen Molekel.

Die *beobachteten Grundfrequenzen* $\nu_1$, $\nu_2$, $\nu_3$ (in cm$^{-1}$) der obigen Molekel werden durch die Übergänge

$$G(1, 0, 0) - G(0, 0, 0) = \nu_1 \qquad G(0, 1, 0) - G(0, 0, 0) = \nu_2$$
$$G(0, 0, 1) - G(0, 0, 0) = \nu_3$$

hervorgerufen. Für sie gilt daher bei Vernachlässigung höherer als quadratischer Potenzen von $(v + \tfrac{1}{2})$

$$\left.\begin{aligned}
\nu_1 &= \omega_1 + 2x_{11} + \tfrac{1}{2}x_{12} + \tfrac{1}{2}x_{13} \\
\nu_2 &= \omega_2 + 2x_{22} + \tfrac{1}{2}x_{12} + \tfrac{1}{2}x_{23} \\
\nu_3 &= \omega_3 + 2x_{33} + \tfrac{1}{2}x_{13} + \tfrac{1}{2}x_{23}.
\end{aligned}\right\} \qquad (10)$$

Besteht die Molekel aus mehr als 3 $(i > 3)$ Atomen, so ergibt die Erweiterung von Gl. (9) bzw. (10) für die $i$-te beobachtete Grundfrequenz

$$v_i = \omega_i + 2x_{ii} + \tfrac{1}{2}\sum_{j \neq i} x_{ij} \qquad (x_{ij} = x_{ji}) \tag{11}$$

falls höhere Glieder vernachlässigt werden und entartete Schwingungen nicht vorkommen.

Im Falle möglicher doppelter Entartung ist

$$v_i = \omega_i + x_{ii}(1 + d_i) + \tfrac{1}{2}\sum_{j \neq i} x_{ij} d_j + g_{ii} \tag{12}$$

wobei $d_i = 1$ bei einer nichtentarteten und $d_i = 2$ bei einer doppelt entarteten Schwingung ist. $g_{ii}$ sind kleine Konstanten in der Größenordnung von $x_{ii}$; für nichtentartete Schwingungen ist $g_{ii} = 0$.

**b) Schwingungsmodelle.** Um einen Überblick über die möglichen *Normalschwingungen* in einer Molekel zu erhalten und dadurch die Zuordnung beobachteter Absorptionsbanden zu erleichtern, hat man außer den durch J. W. Murray, V. Deitz und D. H. Andrews (*221a*), sowie durch F. Trenkler (*332d*) eingeführten mechanischen Modellen in letzter Zeit auch *elektrische Schwingungskreise* verwendet, bei denen Selbstinduktionen und Kapazitäten an

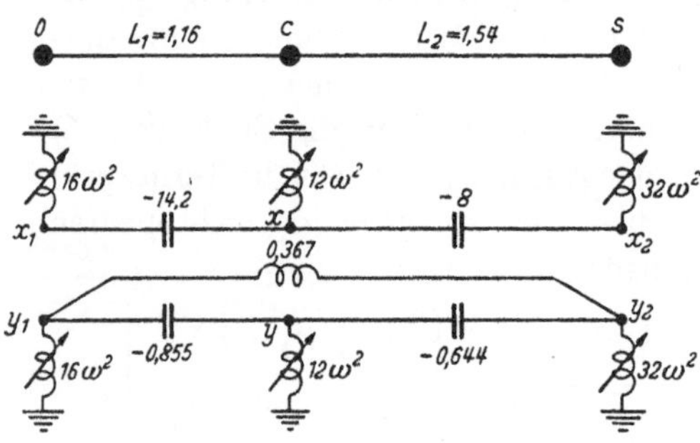


Abb. 2. Elektrisches Modell der OCS-Molekel.

Stelle der Massen und Federn der mechanischen Modelle getreten sind. Das elektrische Modell der linearen OCS-Molekel nach Carter und Kron (*46*), (*167*) ist in Abb. 2 dargestellt. Zur Bestimmung der Normalschwingungen wird ein konstanter Frequenzgenerator zwischen eine der Verbindungsstellen und Erde angeschlossen. Nun werden für eine willkürliche Schwingungsfrequenz $\omega$ die Induktionsspulen eingestellt. Der Generatorstrom wird gemessen. Die Reihe der $\omega$-Werte, bei denen der Generatorstrom den Wert null annimmt, ergibt die Normalfrequenzen der Molekel. Die entsprechenden Potentiale zwischen den Verbindungsstellen und Erde ergeben die Intensitäten der einzelnen Schwingungsformen. Die für OCS auf diese Weise ermittelten Werte ergeben $v_1 = 860$; $v_2 = 526$; $v_3 = 2072\,\text{cm}^{-1}$, während die spektroskopisch erhaltenen Werte $v_1 = 859$; $v_2 = 527$; $v_3 = 2079\,\text{cm}^{-1}$ betragen.

**c) Potentialfunktion.** Um die Potentialfunktion, deren allgemeine Form Gl. (6) wiedergibt, für eine bestimmte Molekel darstellen zu können, sind gewisse Annahmen erforderlich über die Art der Kräfte, die den Zusammenhalt der Molekel bedingen. Den allgemeinen Ausdruck für die Potentialfunktion einer dreiatomigen Molekel behandeln GLOCKLER und TUNG (*107*).

Bei der Annahme von *Zentralkräften* wirkt auf das betrachtete Atom die Resultierende der von allen übrigen Atomen auf dieses ausgeübten Anziehungs- und Abstoßungskräfte, deren Größe durch ihren Abstand von dem betreffenden Atom bestimmt wird.

Bei der auf BJERRUM zurückgehenden Annahme von *Valenzkräften* hingegen wirkt zwischen zwei Atomen einer mehratomigen Molekel eine anziehende Kraft in Richtung der Valenzbindung. Es ist also auch eine Kraft vorhanden, die bestrebt ist, den Valenzwinkel einzuhalten.

Schließlich kann man auch *allgemeinere Kraftfelder* annehmen, indem man noch weitere zwischen den Schwingungsfrequenzen bestehende Beziehungen benutzt, um zusätzliche Potentialkonstanten eines allgemeineren Potentialansatzes zu bestimmen. So haben H. C. UREY und C. A. BRADLEY (*335a*) Zentral- und Valenzkräfte überlagert, um die Potentialfunktion für tetraedrische Molekeln zu berechnen. Sie nahmen außer den Valenzkräften noch abstoßende Zentralkräfte zwischen den Eckatomen des Tetraeders an.

Unter Zugrundelegung des UREY-BRADLEY-Feldes hat T. SIMANOUTI (*300a*) kürzlich eine Methode für die Aufstellung der Schwingungssäkulargleichung für mehratomige Molekeln beschrieben, bei der er sich zur Darstellung der kinetischen Schwingungsenergie mittels der Valenzkraftkoordinaten einer von E. B. WILSON (*359*) entwickelten Methode bediente. In die Potentialfunktion gehen folgende Größen ein: Bindungsabstände und -winkel, Abstände der nicht direkt gebundenen Atome, Valenz- und Deformationskraftkonstanten, Abstoßungskraftkonstanten, sowie eine „Spannungskonstante". Er kann auf diese Weise bei 16 Methanabkömmlingen 102 Grundfrequenzen mit einem mittleren Fehler von 1,4% berechnen unter Verwendung von 28 einzelnen Kraftkonstanten. Auch das Schwingungsverhalten von Äthan und Deuteroäthan, von Monosilan ($SiH_4$) und den hiervon abgeleiteten Tetramethyl- und -halogenverbindungen, sowie von Polyäthylenen, vermag er auf diesem Wege darzustellen.

Eingehende Zusammenstellungen von *Kraftkonstanten* finden sich unter anderem im Landolt-Börnstein [(*171*), S. 227], bei KOHLRAUSCH [(164), S. 198ff.] und bei HERZBERG [(*133*), S. 193ff.].

Weitere Werte geben z.B. GLOCKLER (*106*), (*107*), R. K. SHELINE (*290b*) (metallorganische Verbindungen), RICHARDS (OH- und NH-Bindungen) (*262*) und viele der im folgenden zitierten Autoren an.

W. GORDY (*110*) hat aus dem von ihm zusammengetragenen Material eine Formel

$$K = a \cdot N \, [x_A \cdot x_B / d^2]^{\frac{3}{4}} + b;$$

abgeleitet. ($K$ = Kraftkonstante in Dyn/cm; $d$ = Bindungslänge in Å; $N$ = Bindungsgrad; $x_A$, $x_B$ = relative Elektronenaffinität [electronegativity]; $a$, $b$ = Konstante). Für 71 Werte beträgt der Unterschied zwischen Messung und Berechnung 1,84%. Damit ist diese Formel leistungsfähiger als die allgemein gebräuchliche von Badger (*12*) und die von Remick (*259*) vorgeschlagene.

Zur Ermittlung der Kraftkonstanten nach einem der obigen Ansätze verwendet man zumeist die gemessenen Grundfrequenzen, deren Anzahl jedoch im allgemeinen kleiner als die Zahl der Potentialkonstanten ist. In solchen Fällen kann die Einführung von *Isotopen* in die betreffende Molekel zum Ziele führen. Hierdurch bleiben die Potentialkonstanten fast ungeändert, während die Frequenzen durch den Massenunterschied eine Änderung erfahren, so daß zusätzliche Gleichungen die Berechnung der Kraftkonstanten ermöglichen (*72*).

**d) Isotopieeffekt.** Naturgemäß kann man aus der Größe der Isotopenverschiebung einer Bande wertvolle Aufschlüsse darüber erhalten, zu welcher Schwingung die betreffende Bande gehört. Auch die geometrische Struktur der Molekel kann durch Einführung von Isotopen aufgeklärt werden.

Bei derartigen Berechnungen hat sich die „*Produktenregel*" von E. Teller (*326*) und O. Redlich (*257 b*) als äußerst wertvoll erwiesen. Nach dieser ist das Produkt der Quotienten $\omega''/\omega'$ aller Schwingungen einer bestimmten Symmetrieklasse gegeben durch den Ausdruck:

$$\frac{\omega_1''}{\omega_1'} \cdot \frac{\omega_2''}{\omega_2'} \cdots \frac{\omega_n''}{\omega_n'} = \sqrt{\left(\frac{m_1'}{m_1''}\right)^\alpha \cdot \left(\frac{m_2'}{m_2''}\right)^\beta \cdots \left(\frac{M''}{M'}\right)^t \cdot \left(\frac{I_x''}{I_x'}\right)^{\delta x} \left(\frac{I_y''}{I_y'}\right)^{\delta y} \left(\frac{I_z''}{I_z'}\right)^{\delta z}}. \quad (13)$$

($\omega$ = Frequenzen nullter Ordnung; $n$ = Zahl der echten Schwingungen der betrachteten Symmetrieklasse; $M$ = Massen der Molekeln; $m$ = Massen der isotopen Atome; $\alpha$, $\beta$, $\ldots$ = Anzahl der Schwingungen des betreffenden Isotops einschließlich der Translationen und Rotationen der betrachteten Symmetrieklasse; $I_x$, $I_y$, $I_z$ = Trägheitsmomente um die durch den Schwerpunkt gehenden Achsen $x$, $y$ und $z$; $\delta_x$, $\delta_y$, $\delta_z = 0$ oder $= 1$, je nachdem, ob die Rotation um die betreffende Achse in der Symmetrieklasse auftritt oder nicht; $t$ = Zahl der Translationen; der vorliegenden Symmetrieklasse; $'$ und $''$ = Isotopenarten.)

Mit Hilfe der Produktenregel berechneten neuerdings R. K. Sheline und J. W. Weigl (*290 a*) die Schwingungen $\nu_2$ und $\nu_3$ von $CO_2$ mit den Isotopen $C^{12}$, $C^{13}$ und $C^{14}$.

W. S. Richardson und E. B. Wilson (*264 b*) bzw. J. Bigeleisen und L. Friedman (*27 a*) ordneten auf diesem Wege für die Molekeln $ClC^{12}N$ und $ClC^{13}N$ bzw. $N^{15} = N^{14} = O$ und $N^{14} = N^{14} = O$ die Banden zu und berechneten die Kraftkonstanten, die bei der $N_2O$-Molekel mit der Vorstellung der Resonanzstrukturen $N^- = N^+ = O$ und $N \equiv N^+ - O^-$ in Einklang stehen.

Eine besonders einfache, von H. NOETHER (*229*) in Auswertung seiner vorhergehenden Arbeiten vorgeschlagene empirische Regel besagt, daß das Verhältnis $v_i''/v_i'$ für gleichartige Schwingungen verschiedener, aber ähnlich gebauter Molekeln das gleiche ist, z.B. ist

$$\frac{v_i'' (CD_3Cl)}{v_i' (CH_3Cl)} = \frac{v_i'' (CD_3X)}{v_i' (CH_3X)}, \tag{14}$$

wobei Gl. (14) für X gleich Br, J, F, $NO_2$, OH, OD, $CH_3$, $CD_3$ geprüft wurde; ferner wurden aus den Werten für $H_2O$, $D_2O$, $H_2S$ und $H_2Se$ nach einer entsprechenden Gleichung die Werte für $D_2S$ und $D_2Se$ berechnet.

Auch die „Summenregel" von SWERDLOW (*322*) kann von Wert sein. Für deuterierte Methane ist z.B. anzusetzen: $\sum v^2 (CH_4) + \sum v^2 (CD_4) = \sum v^2 (CH_3D) + \sum v^2 (CHD_3)$; $\sum v^2 (CX_n) + \sum v^2 (CX_n') = \sum v^2 (CX_a X_{n-a}') + \sum v^2 (CX_{n-a} X_a')$.

In Parallele zu der frequenzbestimmenden TELLER-REDLICHschen Produktenregel hat CRAWFORD (*58*) eine Beziehung für die Bandenintensitäten bei Einführung von Isotopen aufgestellt.

Eine zusammenfassende Arbeit über die Verwendung von *Deuterium* in der Spektroskopie schrieb F. HALVERSON (*120a*). Auch die Spektrenzuordnung aromatischer Systeme hat sich stark auf die Ergebnisse an deuterierten Produkten gestützt, wie die Arbeiten von INGOLD und Mitarbeitern (*140c*) am Benzol und von verschiedenen Autoren am Naphthalin zeigen.

**e) Gleichgewichtsbestimmungen.** Da man über die Zustandssumme (*82*)

$$Z^* (T) = \sum g_l \cdot e^{\varepsilon_l / kT} \tag{15}$$

($T$ = Temperatur; $g_l$ = Entartungsgrad des Energiewertes $\varepsilon_l$; $k$ = BOLTZMANNsche Konstante) die thermodynamischen Grundgrößen mittels spektroskopischer Daten berechnen kann, besteht die Möglichkeit, auf diese Weise *chemische Gleichgewichte* zu bestimmen [(*133*), S. 501 ff.], (*102*), (*273*), (*350*).

Das Gleichgewicht zwischen cis- und trans-Dichloräthylen wurde kürzlich von H. J. BERNSTEIN und D. A. RAMSAY (*26c*) herangezogen, um die Energiedifferenz $\Delta E_0$ zwischen beiden Formen bei 0° K auf Grund einer Analyse der Schwingungsspektren von cis- und trans-$C_2H_2Cl_2$ und $C_2D_2Cl_2$ zu berechnen. Für die Gleichgewichtskonstante gilt

$$K = \frac{Z_{cis}^* (T)}{Z_{trans}^* (T)} \cdot e^{-\Delta E_0 / RT}. \tag{16}$$

Wird die Molekel als starrer Rotator und harmonischer Oszillator angenommen und zieht man die aus anderen Messungen bei Temperaturen zwischen 185 und 275° C bekannten Werte von $K$ heran, so ergibt sich für $\Delta E_0$ ein Wert von $-500 \pm 30$ cal/Mol. Die cis-Molekel ist also stabiler als die trans-Molekel.

Für die Beschaffung thermodynamischer Größen aus spektroskopischen Daten hat besonders Pitzer (247) auf dem Gebiete der Kohlenwasserstoffchemie bemerkenswerte Näherungsverfahren entwickelt, die auf die verschiedensten Probleme angewandt wurden (278), (310), (90).

## 2. Ergebnisse der Schwingungszuordnung.

Durch Symmetriebetrachtungen und Auswertung der gefundenen Normalschwingungen ist es gelungen, die beobachteten *Schwingungsspektren* einer größeren Anzahl organischer Molekeln *zuzuordnen*, von denen einige als Beispiele angeführt seien.

**a) Einfache Molekeln bis zu acht Atomen: Halogenierte $C_1$- und $C_2$-Kohlenwasserstoffe.** Eine große Zahl substituierter Methane ($CCl_4$, $CCl_3H$, $CCl_3D$, $CCl_3Br$, $CBr_4$, $CBr_3H$, $CBr_3D$, $CBr_3Cl$, $CBr_2Cl_2$, $CF_4$, $CF_3H$, $CF_3Cl$, $CF_3Br$, $CF_3J$) vom Gebiet der Grundschwingungen bis in den Bereich von $2\mu$ untersuchen Cleveland und Mitarbeiter [(71), siehe dort die Zitate zurückliegender Arbeiten]. Sie geben eine kritische Übersicht der spektralen Daten dieser Substanzen und berechnen die Kraftkonstanten sowie die thermodynamischen Eigenschaften einiger von ihnen zwischen 298 und 1000° K. Eine Reihe weiterer halogenierter Methane spektroskopieren D. H. Rank, E. R. Shull und E. L. Pace (254a) ($CF_3H$ und $CF_2H_2$), Woltz und Nielsen (362), G. u. L. Herzberg ($CH_3J$) (133c), sowie E. K. Plyler, M. A. Lamb, N. Acquista (CHBrClF) (248a).

Das Ultrarotspektrum (2 bis 23 $\mu$) und das Raman-Spektrum von *1.1.1-Trifluoräthan* $F_3C \cdot CH_3$ im gasförmigen Zustand untersuchen J. R. Nielsen und Mitarbeiter (228a), (304). Sie bestimmen die 12 Grundschwingungen und berechnen die thermodynamischen Funktionen. Für die Potentialschwelle der inneren Rotation erhalten sie 3290 cal/Mol.

Ähnliche Berechnungen von Cleveland und Mitarbeitern (277) für das 1.1.1-Trichloräthan ergeben aus den erhaltenen thermodynamischen Daten für die Potentialschwelle der inneren Rotation 2480 cal/Mol, wonach die Rotationsfrequenz bei $205 \pm 20$ cm$^{-1}$ liegen sollte.

J. R. Nielsen, C. M. Richards und H. L. McMurry (228a) [siehe auch Barceló (16) und E. L. Pace und Aston (16a)], untersuchen $F_3C \cdot CF_3$ bzw. $F_3C \cdot CClF_2$. Mittels der für Hexafluoräthan möglichen Symmetriebeziehungen ($D_{3d}$ und $D_{3h}$) wird das Schema der Normalschwingungen und der berechneten Grundschwingungen aufgestellt. Aus den im Ultrarot- (2 bis 25 $\mu$ und 2 bis 40 $\mu$) bzw. RANK-Spektrum von D. H. RANK und E. L. PACE (*254a*) gefundenen Grundfrequenzen gelingt es, die beobachteten Absorptionsmaxima des Hexafluoräthans zu deuten.

Um zu entscheiden, ob bei *Hexachloräthan* die Symmetrieform $D_{3d}$ oder $D_{3h}$ vorliegt, wird von S. MIZUSHIMA, Y. MORINO, T. SIMANOUTI (*217a*) u.a. das Ultrarot- (8 bis 16 $\mu$) und das RAMAN-Spektrum untersucht. Aus dem Vorhandensein zweier für die $D_{3d}$-Form (Symmetriezentrum) charakteristischer Banden im UR und dem Fehlen dieser Banden im RAMAN-Spektrum, von denen eine beim Vorhandensein der $D_{3h}$-Form in beiden erscheinen müßte, schließen die Autoren, daß die $D_{3d}$-Form vorliegt.

Die Spektren mehrerer verschieden *fluorierter Äthylene* ($H_2C=CHF$; $H_2C=CF_2$; $H_2C=CFCl$; $F_2C=CF_2$; $F_2C=CCl_2$) werden von P. TORKINGTON und H. W. THOMPSON (*332b*) zwischen 3 und 20 $\mu$ durchgemessen und zu deuten versucht. BARCELÓ (*15*) untersucht $F_2C=CH_2$ und $F_2C=CF_2$ von 2 bis 40 $\mu$, und findet bis auf einige bei ihm fehlende Banden, die auf Verunreinigungen in den Substanzen der erstgenannten Autoren zurückzuführen sein dürften, gute Übereinstimmung mit deren Werten. Für $F_2C=CH_2$ gelingt es ihm, nahezu alle beobachteten Banden einzuordnen. P. TORKINGTON (*332c*) und H. J. BERNSTEIN (*26c*) ermitteln das Schwingungsspektrum von *Tetrachloräthylen* $Cl_2C=CCl_2$ von 2,5 bis 25 $\mu$.

Das Ultrarotspektrum von $HC\equiv CCl$ und $DC\equiv CCl$ (2 bis 30 $\mu$) messen W. S. RICHARDSON und J. H. GOLDSTEIN (*264b*). Auf Grund der durch Elektronenbeugungs- von L. O. BROCKWAY, L. E. COOP (*35*) und Mikrowellenmessungen von A. A. WESTENBERG, J. H. GOLDSTEIN und E. B. WILSON (*351a*) erhaltenen linearen Struktur der Molekel berechnen sie die Kraftkonstante der CCl-Bindung zu $5{,}51 \cdot 10^5$ Dyn/cm, deren Wert wesentlich höher liegt als z. B. bei $H_3CCl$ ($3{,}6 \cdot 10^5$). Da die CCl-Bindung auch in der NCCl-Molekel nach W. S. RICHARDSON und E. B. WILSON (*264b*), sowie nach E. R. NIXON und P. C. CROSS (*228b*) den relativ hohen Wert von $4{,}93 \cdot 10^5$ besitzt und bei dieser die Resonanzstruktur $N^-=C=Cl^+$ vorliegt, ist die entsprechende Struktur $H-C^-=C=Cl^+$ auch beim Chloracetylen anzunehmen. Wie zu erwarten, ist die Kraftkonstante der CJ-Bindung im *Dijodacetylen* $JC\equiv CJ$ nach A. G. MEISTER und F. F. CLEVELAND (*210c*) wesentlich kleiner, sie beträgt nur $3{,}02 \cdot 10^5$ Dyn/cm, ähnlich der von *Methyljodacetylen* $H_3C-C\equiv CJ$ ($3{,}57 \cdot 10^5$).

**b) Molekeln mit mehr als acht Atomen: Kettenförmige Kohlenwasserstoffe.** Außer den Schwingungsspektren der einfacheren Molekeln versuchte man in den letzten Jahren, auch die Spektren einiger *Kohlenwasserstoffe* mit größerer Zahl von Atomen zu ordnen und die beobachteten Banden bestimmten Schwingungsformen zuzuschreiben.

Einen ausführlichen Überblick über die Gesichtspunkte, nach denen die Spektren der Kohlenwasserstoffe geordnet werden können, gibt R. S. Rasmussen (*257a*). Er stützt sich dabei auf die Ausführungen im Buch von Herzberg (*133*), sowie auf Arbeiten von K. S. Pitzer und J. E. Kilpatrick (*247a*), sowie C. W. Becket und R. Spitzer (*24a*) und von C. W. Young, J. S. Koehler und D. S. McKinney (*365a*).

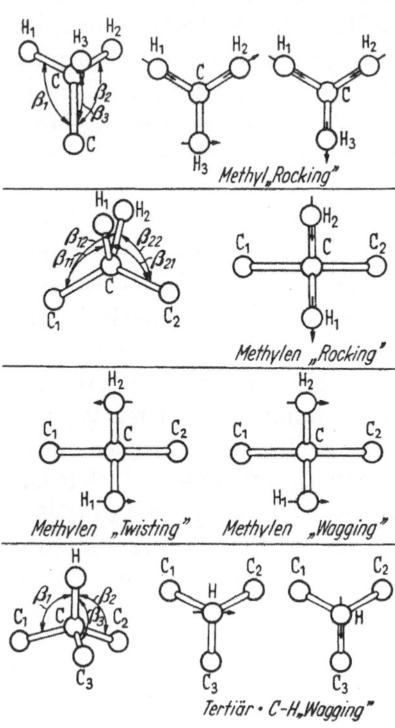


Abb. 3. Verschiedene Arten von HC-Deformationsschwingungen.

Wenn auch eine Normalschwingung durch Bewegungen aller Atome der betreffenden Molekel beeinflußt wird, so kann man sie doch zumeist mit ausreichender Näherung bestimmten Atomgruppen zuordnen, wenn ihre Massen sich von denen der anderen Atome und Atomgruppen unterscheiden und ihre Bewegungen nur schwach mit ihnen gekoppelt sind. So liegen bei den *n*-Paraffinen die Banden der CH-Valenz-(stretching = Streck-) Schwingungen zwischen 2800 und 3000, der C—H-Deformations - (bending = Biege-) Schwingungen zwischen 1100 und 1500, der C—C-Valenzschwingungen vorwiegend zwischen 700 und 1100 und der C—C-Deformationsschwingungen unter 700 cm$^{-1}$ [siehe z. B. R. S. Rasmussen und R. R. Brattain (*257b*)].

Die C—H-Deformationsschwingungen sind im allgemeinen weniger von der geometrischen Struktur der Molekeln abhängig als die C—C-Schwingungen. Ihre verschiedenen Schwingungstypen sind in Abb. 3 nach R. S. Rasmussen (*257b*) zusammengestellt: 1. Ebene (rocking = Pendel-), 2. nichtebene „A"- (anti) (twisting = Drill-), 3. nichtebene „S"- (syn) (wagging = Wedel-) Deformationsschwingungen.

**c) Molekeln mit mehr als acht Atomen: Cyclische Verbindungen.**
F. A. Miller und B. L. Crawford analysieren in zwei Arbeiten (*214b*), die nichtebenen und die ebenen Schwingungen des *Benzols und seiner Deuteriumderivate*. Sie berechnen unter Verwendung der Abstände C—H und C—D von 1,08 Å und C—C von 1,39 Å die acht Kraftkonstanten der harmonischen Potentialfunktion der *nichtebenen* Schwingungen und daraus die Frequenzen für die verschiedenen Deuterobenzole. Von den

21 *ebenen* Grundschwingungen sind sieben zweifach entartet, so daß insgesamt 14 ebene Frequenzen vorhanden sind, welche die Autoren für Benzol und Benzol-$d_6$ sowie für sym. Benzol-$d_3$ mittels der Kraftkonstanten ausrechnen. Die berechneten und beobachteten Werte stimmen im allgemeinen innerhalb von 1% überein.

Da die früheren Spektren des mit dem Benzol isoelektronischen *Borazols* $B_3N_3H_6$ infolge zu geringer Auflösung noch keine einwandfreie Zuordnung zuließen, wiederholen W. C. PRICE, H. C. LONGUET-HIGGINS (*252*), (*252a*) u. a. diese Messungen (1,4 bis 25 $\mu$) und ergänzen sie durch die Untersuchung des N-Trimethyl-borazols ($N_3B_3H_3[CH_3]_3$) (Mesitylen[1]), Dimethylaminborazens ([$CH_3]_2NBH_2$) (Isobutylen[1]) und Trimethylamin-borazans ([$CH_3]_3 \cdot NBH_3$) (Neopentan[1]). Die gefundenen hohen Bandenintensitäten zeigen die starken Polaritäten in den Molekeln.

Die Ultrarot- und RAMAN-Spektren der Cyclooctatraëne $C_8H_8$ und $C_8D_8$ werden von E. R. LIPPINCOTT, R. C. LORD und R. S. McDONALD (*186a*) untersucht. Nach den Ergebnissen ist die $D_4$-Struktur dieser Molekel wahrscheinlicher als die $D_{2d}$-Struktur. Eine sehr eingehende Arbeit über dieses Problem erschien vor kurzem von den gleichen Autoren (*186*), in der sie ihre frühere Strukturbestimmung noch einmal begründen und ausdrücklich darauf hinweisen, daß sich kein spektroskopischer Nachweis für das Vorhandensein einer Form mit kondensiertem Sechs- und Vierring (Bicyclo (4.2.0)-oktatrien-2.4.7) finden läßt. Analytisch interessant ist in der Arbeit die spektroskopische Analyse bei der Entfernung von Styrolresten. [Eine Begründung der $D_{2d}$-Struktur s. (*238a*).]

*Perfluorierte Kohlenstoffe* gewinnen in zunehmendem Maße Interesse. Die molekulare Struktur und die Potentialfunktion von *Perfluorcyclobutan* $C_4F_8$ untersuchen W. F. EDGELL und D. G. WEIBLEN (*76a*), (*76b*), E. L. PACE (*234c*) und H. H. CLAASSEN (*46a*) mittels des RAMAN- und Ultrarotspektrums. Die Annahme einer ebenen Ringstruktur der Symmetrie $D_{4h}$ ermöglicht zwar eine Einordnung der beobachteten Frequenzen und die Berechnung von Kraftkonstanten; Elektronenbeugungsversuche von LEMAIRE und LIVINGSTON (*179*) lassen sich jedoch nicht mit diesem Modell deuten, sondern mit einer nichtebenen Struktur der Symmetrie $V_d$, so daß die bisherige Einordnung nicht endgültig ist.

## D. Rotationsschwingungsspektren.

Da die Auflösung der Ultrarotspektren durch gleichzeitige Verwendung von Gitter und Prisma in den letzten 10 Jahren wesentliche Verbesserungen erfahren hat, sind in dieser Zeit auch eine größere Anzahl von Arbeiten erschienen, die sich mit der *Feinstruktur* der Schwingungsbanden beschäftigen. Derartige Untersuchungen sind besonders auf-

---

[1] Isoelektronischer Kohlenwasserstoff.

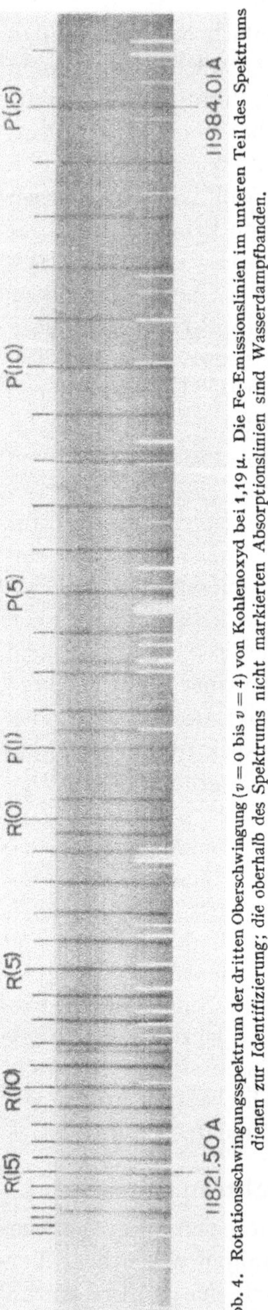



Abb. 4. Rotationsschwingungsspektrum der dritten Oberschwingung ($v = 0$ bis $v = 4$) von Kohlenoxyd bei 1,19 μ. Die Fe-Emissionslinien im unteren Teil des Spektrums dienen zur Identifizierung; die oberhalb des Spektrums nicht markierten Absorptionslinien sind Wasserdampfbanden.

schlußreich, weil man aus der Gestalt einer Rotations-Schwingungsbande nicht nur auf die Art der betreffenden Schwingung, sondern auch auf die Gestalt der Molekel schließen kann und durch die Ausmessung ihrer Feinstruktur die Möglichkeit erhält, Trägheitsmomente, Kernabstände und Valenzwinkel der Molekel zu berechnen.

## I. Strukturbestimmungen aus der Feinstruktur der Banden.

**a) Zweiatomige Molekeln.** In mehreren, auch experimentell bemerkenswerten Arbeiten (langer Absorptionsweg durch Anwendung der mehrfachen Reflexion innerhalb der Absorptionsküvette) untersuchen G. Herzberg und K. N. Rao (*133b*) im photographischen Ultrarot die Feinstruktur von Banden des CO. Abb. 4 zeigt die Rotationsstruktur der 3. Oberschwingung bei 1,19 μ [Grundschwingung und 1. Oberschwingung des $C^{12}O^{16}$ und des $C^{13}O^{16}$ siehe bei R. T. Lagemann, A. H. Nielsen und F. P. Dickey (*169a*)]. Da es sich um eine zweiatomige Molekel handelt, sind nur der $P$- ($\Delta J = -1$) und $R$-Zweig ($\Delta J = +1$) vorhanden. Unter Verwendung der für die Rotationstermwerte einer zweiatomigen Molekel gültigen Beziehung werden die verschiedenen Rotationskonstanten im Grundzustand des CO berechnet. Als Gleichgewichts-Kernabstand ergibt sich $r_e = 1{,}1281_9$ Å. Die mit Hilfe dieser Konstanten berechneten Werte der einzelnen Rotations-Schwingungslinien stimmen innerhalb von 0,03 cm$^{-1}$ überein.

Auf Grund dieser und einer weiteren Arbeit (*255*) berechnet K. N. Rao (*255a*) die Rotationslinien der Banden $v_0 = 2143{,}38$; 4260,12 und 6350,39 cm$^{-1}$ und diskutiert ihre Verwendung als sekundäre Standardlinien im Ultraroten.

**b) Mehratomige lineare Molekeln.** Bei *linearer* Anordnung der Atome und einer *parallel* zur Achse vor sich gehenden Änderung des elektrischen Momentes weisen auch die Rotations-Schwingungsbanden *mehratomiger* Molekeln, wie z. B. der $N_2O$-Molekel, lediglich $P$- und $R$-Zweige auf. Die im photographischen Ultrarot gelegenen Banden des $N_2O$, die von G. und L. HERZBERG (*133a*) untersucht wurden (Absorptionsweg 4500 m, entsprechend 200 Hin- und Rückwegen in einer 22,5 m langen Küvette), sind durchweg Parallelbanden und stellen die Oberschwingungen $4\nu_3$, $5\nu_3$, $6\nu_3$ sowie Kombinationsschwingungen dar. Aus ihrer Feinstruktur berechnet sich das Trägheitsmoment in der Gleichgewichtslage $I_e = 66{,}39_7 \cdot 10^{-40}$ g · cm².

Auch die *Acetylen*molekel HC $\equiv$ CH ist linear. Da sie ein Symmetriezentrum besitzt (Punktgruppe $D_{\infty h}$), haben aufeinanderfolgende Rotationsniveaus wie bei Molekeln aus zwei gleichen Atomen verschiedene statistische Gewichte, die sich aus der Größe der Kernspins berechnen lassen. Aufeinanderfolgende Rotationslinien wechseln daher in ihrer Intensität, wie man aus Abb. 5 ersieht, die einer umfangreichen Arbeit von E. E. BELL und H. H. NIELSEN (*26b*) über die Feinstruktur zahlreicher Banden des $C_2H_2$ zwischen 2,5 und 16 μ entnommen ist.

Abb. 5 ist aber auch in anderer Beziehung bemerkenswert: Die in ihr dargestellte Kombinationsschwingung $\nu_4^1 + \nu_5^1$ (1328,18 cm⁻¹) ist eine Parallelbande, also ohne $Q$-Zweig. Tatsächlich erkennt man indessen an dem durch einen Pfeil gekennzeichneten Bandenzentrum in den Kurven (A) und (C), die bei Raumtemperatur aufgenommen wurden, eine Linie. Außerdem ist das Intensitätsverhältnis aufeinanderfolgender Linien nicht gleich dem berechneten (3:1), sondern kleiner. Wird das Gas jedoch bei der Aufnahme der Bande gekühlt (B), so sinkt die Intensität der Linie an der Nullstelle stark ab und das Intensitätsverhältnis steigt. Offenbar ist der erwähnten Bande eine Differenzbande ($2\nu_4^0 + \nu_5^1$ $\nu_4^1$ oder $2\nu_4^2 + \nu_5^1 - \nu_4^1$) überlagert, die durch einen bei Raumtemperatur vorhandenen angeregten Zustand hervorgerufen wird und einen zentralen $Q$-Zweig bei 1328,46 cm⁻¹ besitzt. Bei Abkühlung wird die Zahl der angeregten Molekeln verringert und damit sinkt die Intensität der überlagerten Bande, so daß das Verhalten der $\nu_4^1 + \nu_5^1$-Bande klarer hervortritt.

**c) Symmetrischer Kreisel.** Stellt die Molekel einen *symmetrischen Kreisel dar*, wie dies beim *Fluoroform* (CHF₃) der Fall ist, so treten in den Rotations-Schwingungsbanden außer den $P$- ($\Delta J = -1$) und $R$-Zweigen ($\Delta J = +1$) noch $Q$-Zweige ($\Delta J = 0$) auf, deren Gestalt und gegenseitige Lage von der Art der Schwingung und der Überlagerung von Rotation und Schwingung abhängt. Erfolgt die Änderung des Dipolmomentes beim Schwingungsübergang parallel zur Kreiselachse (parallele Bande) so ist $\Delta K = 0$; $\Delta J = 0, \pm 1$; erfolgt sie senkrecht zur Kreiselachse (vertikale Bande), so ist $\Delta K = \pm 1$; $\Delta J = 0, \pm 1$. Jedem Wert der Quantenzahl $K$ [vgl. Gl. (2)] entspricht eine Teilbande mit

$P$-, $Q$- und $R$-Zweigen. Die Teilbanden überlagern sich bei Parallel-
und Vertikal-Schwingungsbanden in verschiedener Weise, die wiederum

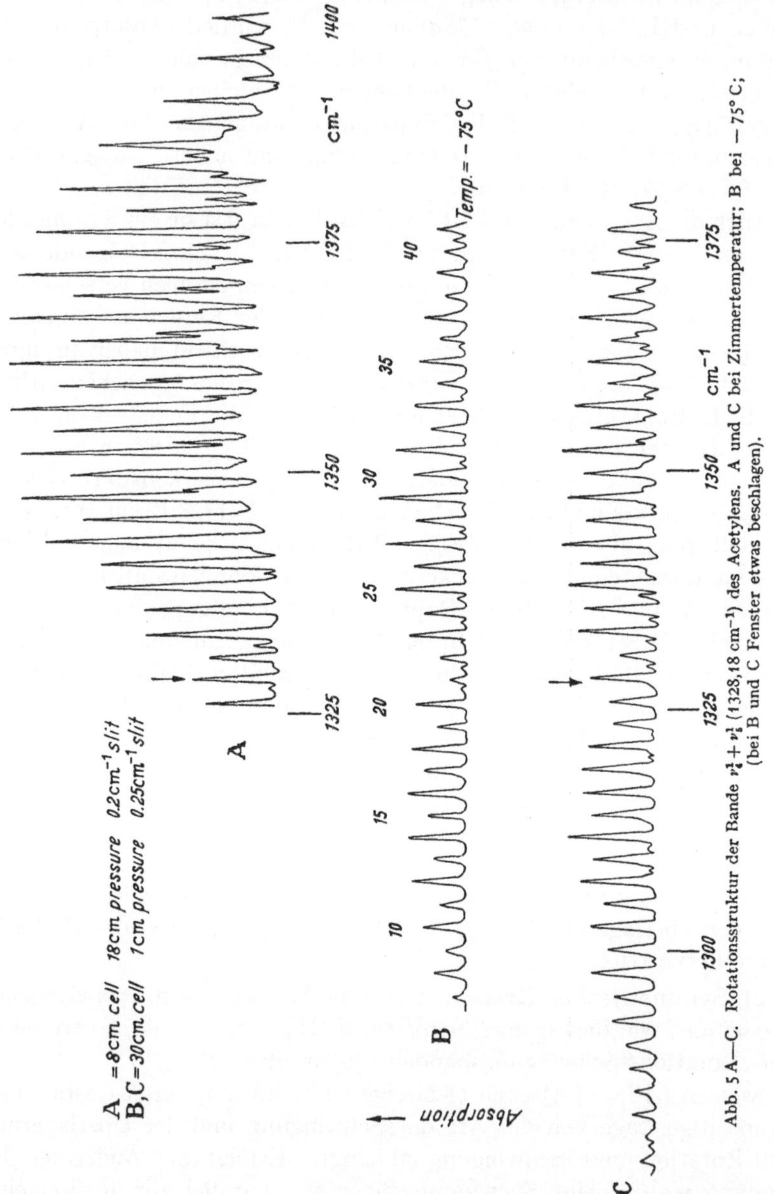

Abb. 5 A—C. Rotationsstruktur der Bande $\nu_4^1 + \nu_5^1$ (1328,18 cm⁻¹) des Acetylens. A und C bei Zimmertemperatur; B bei −75°C; (bei B und C Fenster etwas beschlagen).

davon abhängt, in welchem Maße die den beiden Hauptträgheitsmomen-
ten entsprechenden Rotationskonstanten $B_v$ und $A_v$ durch die Wechselwirkung zwischen Schwingung und Rotation beeinflußt werden.

Bei den von BERNSTEIN und HERZBERG untersuchten Banden bei 1,1639 und 1,1370 μ des $CHF_3$ (*26c*) handelt es sich um Parallelbanden, da ein mittlerer $Q$-Zweig mit einem scharfen Abfall nach höheren Frequenzen und auf jeder Seite ein $P$- und ein $R$-Zweig vorhanden sind. Mittels der Linienabstände werden die Rotationskonstanten berechnet. Aus dem Trägheitsmoment $I_B^{[0]} = 81{,}08 \cdot 10^{-40}$ g · cm² um die Achse senkrecht zur Symmetrieachse ergibt sich der C—F-Abstand zu 1,329Å unter der Annahme tetraedischer Winkel und einem C—H-Abstand wie bei der Methanmolekel.

Der Unterschied zwischen Parallel- und Vertikalbanden ist sehr schön in der umfangreichen Arbeit von L. G. SMITH über das Ultrarotspektrum des Äthans zwischen 1,6 und 13 μ (*307a*) zu erkennen. Zur Auflösung der Rotations-Schwingungsbanden wird ein Prismen-Gitterspektrometer hoher Auflösung benutzt; die Spektrogramme werden auf photographischem Wege registriert. Das Gas wird auf —80 bis —100° C abgekühlt. Zum Beispiel entsprechen die Banden in Abb. 3 b dieser Arbeit $CH_3$-Deformationsschwingungen; $\nu_6 (\nu_6^0 = 1379{,}14 \pm 0{,}07$ cm$^{-1}$) ist eine Parallelbande ($\Delta K = 0$) mit einem schmalen $Q$-Zweig ($\Delta J = 0$) zwischen den $P$- ($\Delta J = -1$) und $R$-Zweigen ($\Delta J = +1$); $\nu_8 (\nu_8^0 = 1472{,}2 \pm 0{,}1$ cm$^{-1}$ ist eine Vertikalbande ($\Delta K = \pm 1$), auf deren langwelliger Seite (kleine Frequenzen) die Teilbanden mit $\Delta K = -1$ und auf deren kurzwelliger Seite (große Frequenzen) die Teilbanden mit $\Delta K = +1$ liegen. Aus den Parallelbanden $\nu_6$, $\nu_3 + \nu_6$, $\nu_2 + \nu_3$, $\nu_{5a}$ ergibt die Berechnung für das Trägheitsmoment um die Achse senkrecht zur Molekelachse $I_B^{[0]} = (42{,}234 \pm 0{,}011) \cdot 10^{-40}$ g · cm²; aus den Vertikalbanden $\nu_7$, $\nu_8$, $\nu_9$ für das Trägheitsmoment um die Molekelachse $I_A = 10{,}81 \cdot 10^{-40}$ g · cm². Aus den Trägheitsmomenten erhält man für den Abstand C—H = 1,098Å und den Winkel HCC = 109° 03', falls für C—C der Wert 1,55 Å verwendet wird. Auf Grund spektroskopischer Überlegungen wird geschlossen, daß $C_2H_6$ der Punktgruppe $D_{3d}$ angehört.

Den Einfluß von Störungen senkrechter Banden durch das Auftreten von *Corioliskräften* beim Vorhandensein *zweier entarteter Schwingungen von angenähert gleicher Frequenz* untersuchen z.B. C. H. MILLER und H.W. THOMPSON (*214a*) an den zwischen 8 und 14 μ gelegenen Vertikalbanden des *Allens* ($H_2C=C=CH_2$). Während der Abstand der $Q$-Zweige in einer Vertikalbande ohne die genannten Störungen $2(A-B)$ beträgt, worin $A = h/8\pi^2 I_A$, $B = h/8\pi^2 I_B$, wird er infolge dieser Störungen so verändert, daß die $Q$-Zweige durch die von NIELSEN (*226*) gefundene Beziehung

$$\nu = \frac{\nu_1 + \nu_2}{2} - (A - B) \pm \sqrt{\left(\frac{\nu_1 + \nu_2}{2}\right)^2 + 4K^2 \zeta A^2 \pm 2K(A - B)} \quad (17)$$

in der $K = 0$, $\pm 1$, $\pm 2$, ... ist, wiedergegeben werden. $\zeta$ bedeutet den CORIOLIS-Kopplungskoeffizienten. Wie in Abb. 6 zu erkennen ist, hat dies zur Folge, daß die Abstände der $Q$-Zweige in der Nähe des Zentrums jeder Bande ungefähr den ungestörten Wert besitzen, dagegen auf den einander zugewandten Seiten (940 bzw. 970 cm⁻¹) kleiner, auf den

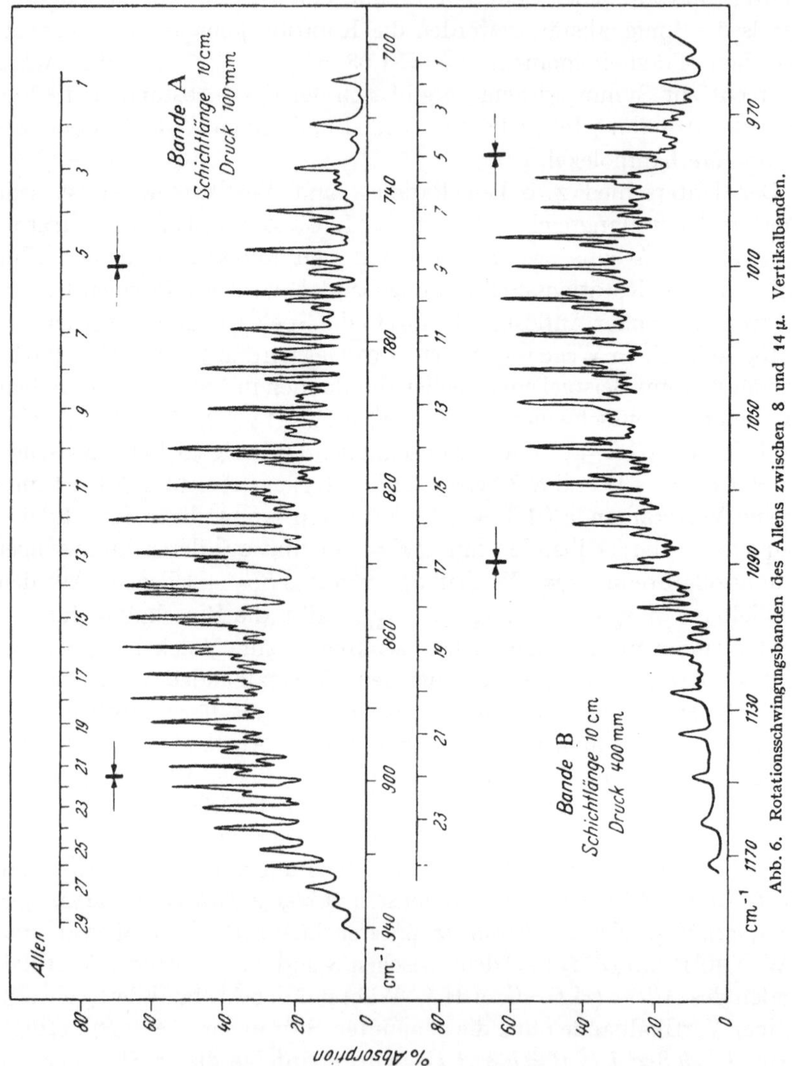


Abb. 6. Rotationsschwingungsbanden des Allens zwischen 8 und 14 μ. Vertikalbanden.

abgewandten (700 bzw. 1170 cm⁻¹) größer werden. Die $Q$-Zweige zeigen ferner einen Intensitätswechsel, wie er bei einer Molekel dieser Symmetrieklasse bei identischen Wasserstoffkernen zu erwarten ist.

In einer sehr instruktiven Arbeit von H. H. Nielsen über die Coriolis-Kräfte ist die Analyse der $\nu_3$-(∥) und $\nu_4$-(⊥, zweifach entartet)

Bande des $AsH_3$ durchgeführt (*226a*), dessen $v_1$- und $v_2$-Banden zugleich mit denen des $AsD_3$ schon früher von V. M. McConaghie und H. H. Nielsen (*207a*) behandelt wurden. Die Ergebnisse können mit den von den gleichen Autoren (*207b*) am $PH_3$ gewonnenen verglichen werden.

Auch die monomere *Ameisensäuremolekel* kann als angenähert symmetrischer Kreisel betrachtet werden. Obwohl bei ihr der Unterschied der beiden großen Trägheitsmomente schon nennenswert ist, können die Vertikalbanden noch recht gut aufgelöst werden, während dies bei den Parallelbanden nicht mehr möglich ist. Eine Untersuchung des

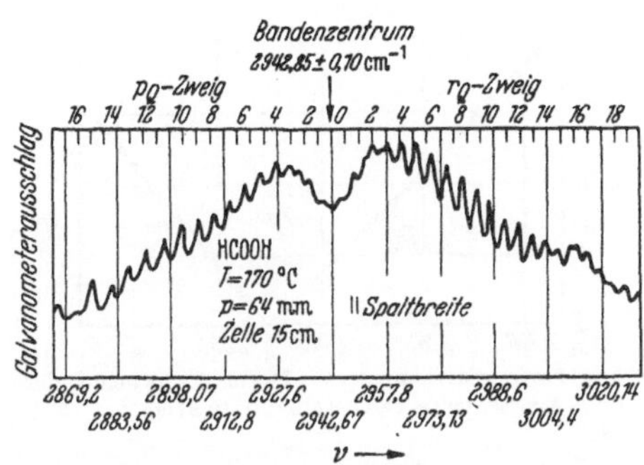

Abb. 7. Rotationsschwingungsbande der C—H-Valenzschwingung der Ameisensäure HCOOH bei 2942,85 cm⁻¹.

Gebietes von 4000 bis 800 cm⁻¹ mit einem registrierenden Stufengitter-Spektrometer an den Dämpfen (150 bis 160° C) von HCOOH, HCOOD, DCOOH und DCOOD wurde von V. Z. Williams (*357a*) vorgenommen. Abb. 7 zeigt die C—H-Valenzschwingung der HCOOH bei 2942,85 cm⁻¹. Der $p_{Q(K)}$- ($\Delta K = -1$, $\Delta J = 0$) und der $r_{Q(K)}$-Zweig ($\Delta K = +1, \Delta J = 0$) der senkrecht zur Achse des kleinsten Trägheitsmomentes schwingenden Bande bestehen aus gut getrennten Teilbanden, die bis zu $K = 16$ verfolgt werden können. Die in Abb. 8 dargestellte C—D-Valenzschwingung der DCOOH bei 2219,84 cm⁻¹ läßt in Gegensatz zu Abb. 7 einen ziemlich

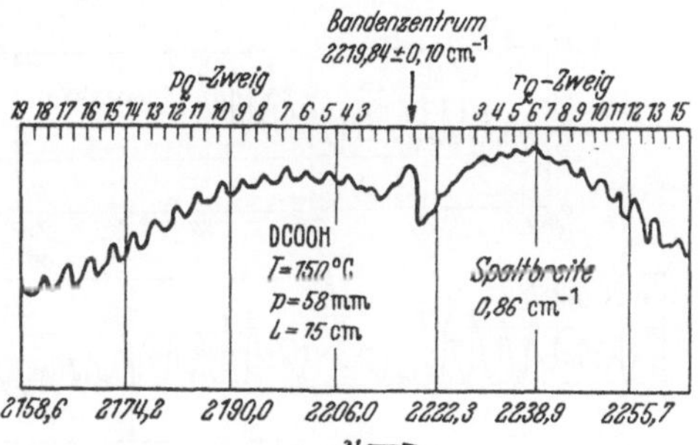

Abb. 8. Rotationsschwingungsbande der C—D-Valenzschwingung der Ameisensäure DCOOH bei 2219,34 cm⁻¹.

kräftigen $q_Q$-Zweig zwischen den beiden anderen Zweigen erkennen, der auf die größere Asymmetrie der Molekel zurückzuführen ist, infolge deren die Teilbanden auch weniger scharf erscheinen. Trotzdem ist eine Einordnung der Teilbanden noch möglich, wie man aus Abb. 9 ersieht. Die aus den Banden berechneten Trägheitsmomente der HCOOH-Molekel stimmen mit dem in Abb. 10 dargestellten Strukturmodell sehr gut überein.

Als angenähert symmetrischer Kreisel kann auch die $F_2O$-Molekel aufgefaßt werden, deren Spektrum zwischen 2,5 und 25 μ durch

H. J. Bernstein, Powling und W. G. Burns (*26c*) untersucht wurde. Die Autoren ermitteln die Feinstruktur der bei 929 cm$^{-1}$ gelegenen Bande und berechnen den Abstand der O—F-Bindung zu $r(\text{O—F}) = 1{,}38 \pm 0{,}03$ Å und den Winkel F—O—F zu $101{,}5 \pm 1{,}5°$.

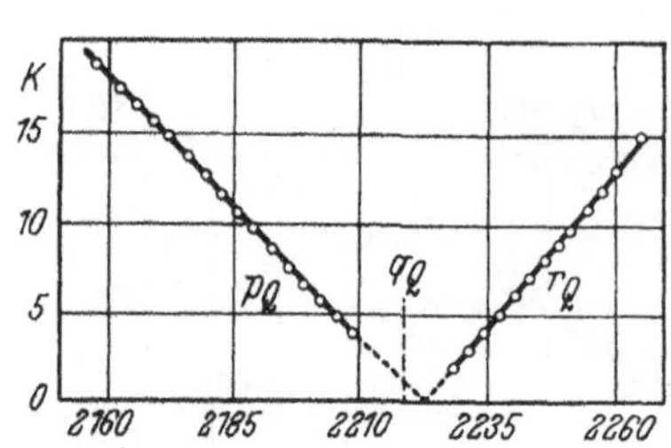

Abb. 9. Fortratdiagramm der C—D-Valenzschwingung der Ameisensäure DCOOH bei 2219,84 cm$^{-1}$.

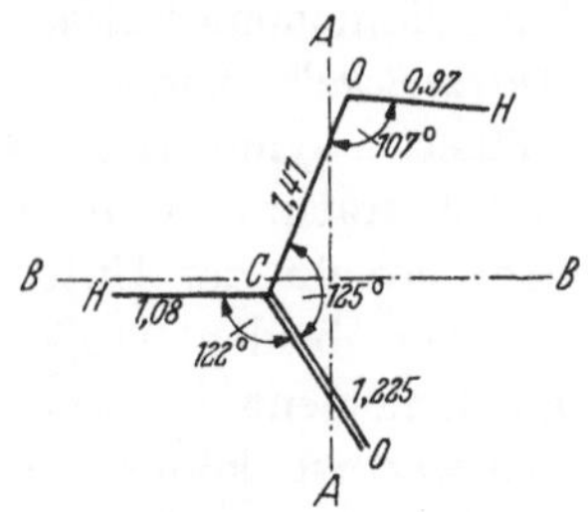

Abb. 10. Strukturmodell der HCOOH-Molekel.

**d) Asymmetrischer Kreisel.** Bei der *asymmetrischen Kreiselmolekel* treten drei Arten von Rotations-Schwingungsbanden auf, die mit $A$, $B$ und $C$ bezeichnet werden, je nachdem die Änderung des Dipolmomentes bei der betreffenden Schwingung parallel der $A$-, $B$- oder $C$-Achse erfolgt, wobei die Achsen durch die Größe des Trägheitsmomentes gekennzeichnet sind: $I_A < I_B < I_C$. Molekeln der Punktgruppen $C_{2v}$, $D_2$ (oder $V$), $D_{2h}$ (oder $V_h$) weisen die drei Bandentypen in reiner Form auf, während sie bei geringerer Symmetrie überlagert als „Bastard"-Banden in Erscheinung treten. Maßgebend für den Aufbau

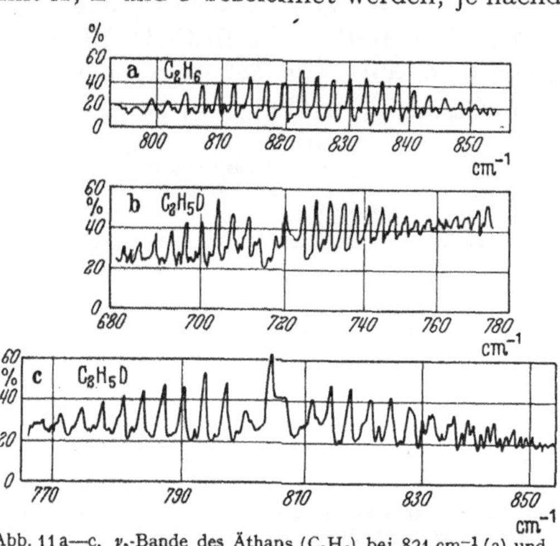

Abb. 11 a—c. $\nu_9$-Bande des Äthans ($C_2H_6$) bei 821 cm$^{-1}$ (a) und das ihr entsprechende Paar des $C_2H_5D$ mit B-Typus (b) und C-Typus (c).

der drei Bandentypen ist das Verhältnis $\varrho = B/A = I_A/I_B$ der betreffenden Rotationskonstanten bzw. Trägheitsmomente.

Ersetzt man in der Äthanmolekel $H_3C \cdot CH_3$ ein H- durch ein D-Atom, so wird jede der wegen der Symmetrieeigenschaften der Äthanmolekel doppelt entarteten Vertikalbanden in zwei Teilbanden aufgespalten; ebenso beobachtet man bei der $H_3C \cdot CH_2D$-Molekel gewisse Banden, die bei der $C_2H_6$-Molekel nur im Raman-Spektrum aktiv sind, nun auch im Ultrarotspektrum. Diese Erscheinungen wurden von L. R. Posey und E. F. Barker (*249c*) mit einem Prismen-Gitterspektrometer studiert. Abb. 11a zeigt als Beispiel die $\nu_9$-Bande bei 821 cm$^{-1}$, eine typische Vertikalbande einer *symmetrischen* Kreiselmolekel, die in Abb. 11b

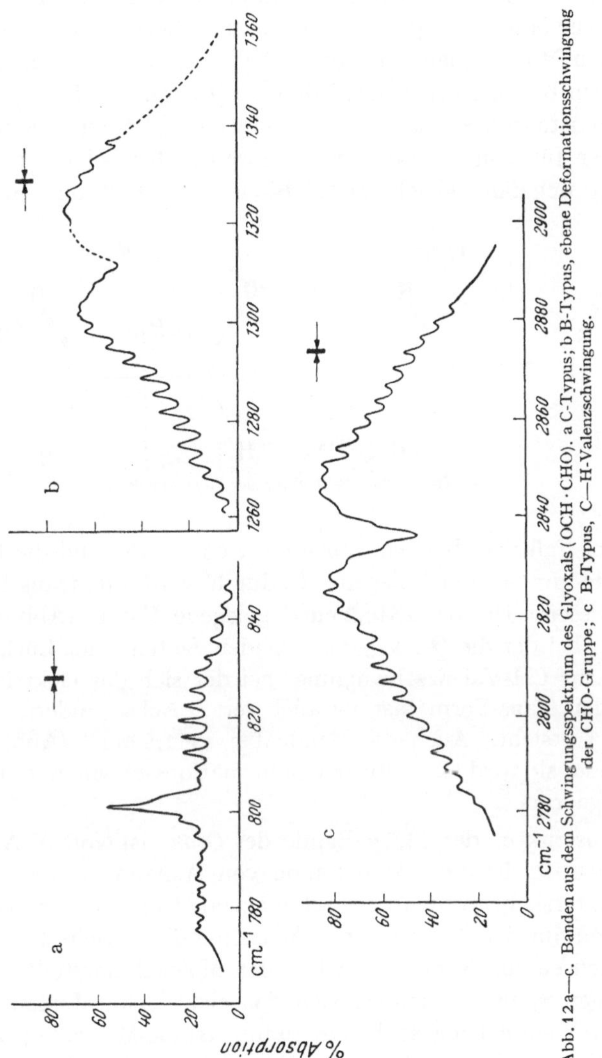

Abb. 12a—c. Banden aus dem Schwingungsspektrum des Glyoxals (OCH·CHO). a C-Typus; b B-Typus, ebene Deformationsschwingung der CHO-Gruppe; c B-Typus, C—H-Valenzschwingung.

und 11c beim $C_2H_5D$ (einem *asymmetrischen* Kreisel) in die beiden Banden 715,18 cm$^{-1}$ und 804,62 cm$^{-1}$ mit B- (zentrale Lücke) bzw. C-Charakter (zentrales Maximum) aufgespalten ist.

Abb. 12 zeigt drei Banden aus dem von A. R. H. Cole und H. W. Thompson (*49c*) untersuchten Schwingungsspektrum des *Glyoxals* (OHC·CHO), die mittels eines von Miller und Thompson (*214a*) beschriebenen Gitterspektrometers hoher Dispersion registriert wurden. Die beiden möglichen ebenen Strukturen der Glyoxalmolekel sind in Abb. 13 dargestellt. Die bei 801,5 cm$^{-1}$ gelegene Bande (Abb. 12a) ist eine C-Bande, das elektrische Moment ändert sich bei der zugehörigen Schwingung also senkrecht zur Molekelebene. Da das Trägheitsmoment $I_A$ für die trans- und cis-Form beträchtlich verschieden ist ($I_A$ trans $< I_A$ cis), sind die Rotationskonstanten $A$ auch sehr verschieden ($A$ trans $> A$ cis). Man erhält daher für den Abstand der $Q$-Zweige, der bei einer Vertikalschwingung ungefähr gleich $2(A-B)$ ist, im Fall der trans-Form

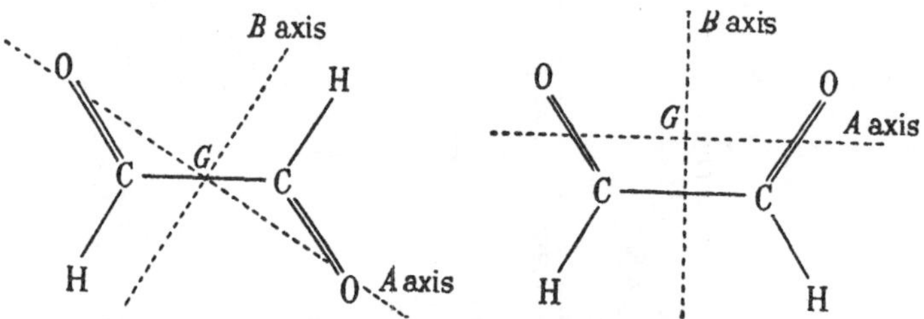


Abb. 13. Trans- und cis-Struktur der Glyoxalmolekel.

3,6 cm$^{-1}$, im Fall der cis-Form nur etwa 2 cm$^{-1}$, während die beobachteten Werte um 3,4 cm$^{-1}$ liegen. Dadurch wird die trans-Form als richtig erwiesen. Die bei 2836,2 cm$^{-1}$ gelegene Bande (Abb. 12c) hat B-Struktur, bei der die $Q$-Zweige auf beiden Seiten einer Lücke liegen. Sie gehört zur CH-Valenzschwingung, bei der sich das elektrische Moment bei der trans-Form fast parallel der $B$-Achse ändert, wie man aus Abb. 13 ersieht. Auch die Bande bei 1311,5 cm$^{-1}$ (Abb. 12b) ist eine B-Bande, sie wird einer ebenen Deformationsschwingung der CHO-Gruppe zugeordnet.

Die Feinstruktur der 14,2 µ-Bande des *Ozons* ist von A. Adel und D. M. Dennison, die der 9,57 µ-Bande von A. Adel (*2a*) im Sonnenspektrum untersucht worden. Der schwingende Dipol einer dreiatomigen Molekel kann nur der $A$- oder der $B$-Achse parallel gerichtet sein, wobei eine der Achsen die Symmetrieachse der Molekel darstellt. Bei den Schwingungen $\nu_1$ und $\nu_2$ ändert sich das elektrische Moment parallel der Symmetrieachse, bei $\nu_3$ senkrecht zu ihr. Ist die Molekel *spitzwinklig*, so ist die *Symmetrieachse* die Achse des kleinsten Trägheitsmomentes ($A$-Achse), d.h. die beiden Fundamentalbanden $\nu_1$ und $\nu_2$ besitzen A-Charakter ($Q$-Zweig zwischen $P$- und $R$-Zweigen), ist sie *stumpfwinklig*, so ist die *senkrecht* zur Symmetrieachse verlaufende Achse die $A$-Achse, es gibt also nur eine Fundamentalbande $\nu_3$ mit A-Charakter; $\nu_1$ und $\nu_2$ haben in diesem Fall B-Charakter (Lücke zwischen $P$- und $R$-Zweig).

Nach den genannten Arbeiten ist die 14,2 μ-Bande (705 cm⁻¹) eine B-Bande, die 9,57 μ-Bande (1043 cm⁻¹) und die 4,75 μ-Bande (2108 cm⁻¹) sind A-Banden. ADEL und DENNISON ordnen deshalb zu:

$$\nu_1 = 2108 \text{ cm}^{-1}; \qquad \nu_2 = 1043 \text{ cm}^{-1}; \qquad \nu_3 = 705 \text{ cm}^{-1}. \qquad (I)$$

Eine von M. K. WILSON und R. M. BADGER (*361*), (*361a*) neu aufgefundene und von WILSON und OGG (*361b*) bestätigte schwache Bande bei 1110 cm⁻¹, die B-Charakter besitzt, wäre danach eine Kombinationsbande, etwa nach H. S. GUTOWSKY und E. M. PETERSEN (*115a*) $\nu_1 - \nu_2$ (= 1062) oder $3\nu_3 - \nu_2$ (= 1072 cm⁻¹). Bei dieser Zuordnung wären zwei Fundamentalbanden mit A-Charakter ($\nu_1$ und $\nu_2$) vorhanden, die $O_3$-Molekel also spitzwinklig in Übereinstimmung mit den Ergebnissen von G. HETTNER, R. POHLMANN und H. J. SCHUMACHER (*133d*).

WILSON, BADGER und OGG (*361*), (*361a*), (*361b*), sowie D. M. SIMPSON (*300b*) ordnen jedoch in folgender Weise zu:

$$\nu_1 = 1110 \text{ cm}^{-1}; \qquad \nu_2 = 705 \text{ cm}^{-1}; \qquad \nu_3 = 1043 \text{ cm}^{-1},$$

wobei 2108 cm⁻¹ die Kombinationsbande $\nu_1 + \nu_3$ (= 2153 cm⁻¹) wäre. In diesem Fall hätten die beiden Fundamentalbanden $\nu_1$ und $\nu_2$ B-Charakter, die $O_3$-Molekel wäre danach *stumpfwinklig*. Da SHAND und SPURR (*290*) aus Elektronenbeugungsversuchen auf einen stumpfen Winkel von 127° schließen, ist diese Konfiguration zur Zeit wohl die wahrscheinlichste [s. auch G. GLOCKLER und G. MATLACK (*107a*)].

Während die Ermittlung von *angenäherten* Molekelkonstanten des asymmetrischen Rotators mit Hilfe von Rotations-Schwingungsbanden keine allzu umständlichen Rechnungen erfordert, werden die Schwierigkeiten beträchtlich, wenn man *exakte* Werte berechnen möchte, wie sie für thermodynamische Zwecke häufig erforderlich sind. Die einzige Möglichkeit, die beim asymmetrischen Rotator sehr unregelmäßig gestalteten Banden quantitativ zu deuten, dürfte ein *Annäherungsverfahren* sein, bei dem man für die Dimensionen der Molekel in den oberen und unteren Zuständen bestimmte Werte annimmt, die Lage und Intensität der Linien berechnet und mit den beobachteten vergleicht. Dieses Verfahren ist von G. W. KING, R. M. HAINER, P. C. CROSS, H. R. GRADY, H. C. ALLEN jr. (*157a*), (*158*), (*159d*) und anderen Autoren mit Hilfe einer *Lochkarten-Rechenmethode* für bestimmte Banden von $H_2S$ [s. E. A. WILSON und P. C. CROSS (*358a*), sowie R. H. NOBLE und H. H. NIELSEN (*228c*)] und $D_2O$ mit in Anbetracht der Schwierigkeiten bemerkenswertem Erfolg durchgeführt worden. Abb. 14 [(G. W. KING (*157a*)] zeigt als Beispiel die 8,5 μ-Bande des $D_2O$. Die mittlere (b) ist die von E. F. BARKER und W. W. SLEATOR (*17b*) beobachtete Bande. (a) und (c) sind im Grundzustand mit denselben, im oberen Energiezustand mit ein wenig abweichenden (maximal 2%) Trägheitsmomenten berechnet.

## 2. Strukturbestimmung aus den Umrissen der Banden.

Schließlich seien noch einige Beispiele für die Bandenzuordnung durch die Berücksichtigung der Gestalt von Rotations-Schwingungsbanden gegeben. Dabei ist häufig eine Feinstrukturuntersuchung mit hoher spektraler Auflösung nicht erforderlich, da die *Umrisse der Banden* bereits eine Zuordnung ermöglichen.

So untersuchten J. R. Nielsen, H. H. Claassen und D. C. Smith (*228a*) das Ultrarot- [2 bis 23 μ mit einem Prismenspektrometer hoher Auflösung (*228*); teilweise bis 37μ, KRS 5-Prisma] und Raman-Spektrum

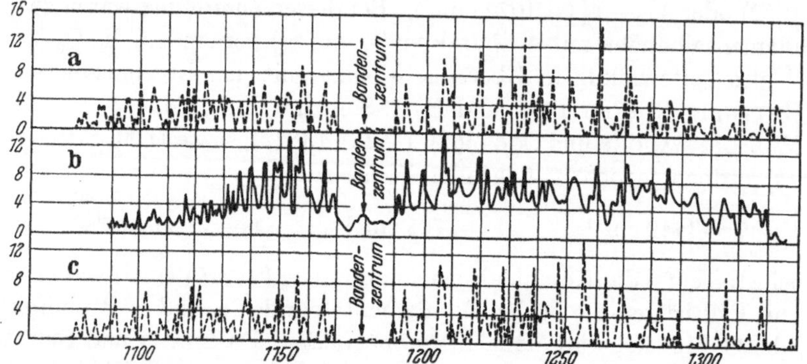


Abb. 14a—c. 8,5 μ-Bande von $D_2O$. a Berechnet mit $I''_A = 1,820 \cdot 10^{-40}$, $I''_B = 3,860 \cdot 10^{-40}$, $I''_C = 5,794 \cdot 10^{-40}$ g · cm² und $I'_A = 1,696 \cdot 10^{-40}$, $I'_B = 3,818 \cdot 10^{-40}$, $I'_C = 5,867 \cdot 10^{-40}$ g · cm². b Gemessen. c Berechnet mit denselben $I''$-Werten und $I'_A = 1,730 \cdot 10^{40}$, $I'_B = 3,830 \cdot 10^{-40}$, $I'_C = 5,95 \cdot 10^{-40}$ g · cm².

der gasförmigen *fluorierten Äthylene* $F_2C=CH_2$, $F_2C=CCl_2$ und $F_2C=CF_2$ (Raman-Spektrum von $F_2C=CCl_2$ im flüssigen Zustand). Die Zuordnung erfolgt unter der Annahme, daß die Molekeln ebene Struktur besitzen, und unter Verwendung der mittels der Mikrowellen- oder Elektronenbeugungsmethode erhaltenen Trägheitsmomente. Nach der Theorie von Badger und Zumwalt (*13*) werden die Parameter

$$\varrho = \frac{a-b}{b}; \qquad S = \frac{2b-a-c}{a-c}; \qquad \left(a \equiv \frac{1}{I_a}, \qquad b \equiv \frac{1}{I_b}, \qquad c \equiv \frac{1}{I_c}\right)$$

eingeführt. Mit ihrer Hilfe läßt sich aus den von diesen Autoren berechneten Kurven der Einhüllenden der Rotations-Schwingungsbanden bei verschiedenen $\varrho$- und $S$-Werten der Abstand vom Bandenzentrum zu den Maxima der Rotationszweige berechnen, der für die Bandentypen A, B und C (asymmetrischer Kreisel!) verschieden ist. Auf diese Weise gelingt eine befriedigende Deutung und Zuordnung der beobachteten Ultrarot- und Raman-Banden.

Mit dem Spektrum des gasförmigen *Ketens* $H_2C=C=O$ befaßten sich neben F. Halverson und V. Z. Williams (*120a*) auch W. R. Harp (*121c*), L. G. Drayton (*121b*), F. A. Miller (*121a*) und verschiedene andere Autoren. Die ebene Ketenmolekel kann der Symmetriegruppe $C_{2v}$

zugeordnet werden. Da das kleinste Trägheitsmoment $I_A$ mit $r\,(C-H) = 1,08\,\text{Å}$ und $\sphericalangle\, HCH = 120°$ nur $2,9 \cdot 10^{-40}\,g \cdot cm^2$ beträgt, sollten Parallelbanden das gleiche Aussehen wie bei linearen Molekeln haben, also ausgeprägte $P$- und $R$-Zweige und nur einen sehr schwachen $Q$-Zweig. Die Vertikalbanden sollten aus ziemlich weit getrennten $Q$-Zweigen alternierender Intensität bestehen. Von diesen Gesichtspunkten aus lassen sich die zwischen 2,5 und 25 $\mu$ beobachteten Banden [LiF-, NaCl- und KBr-Prismen $(120a)$] einordnen und aus ihnen die Kraftkonstanten berechnen, indem die Werte $r\,(C=C) = 1,35\,\text{Å}$, $r\,(C=O) = 1,17\,\text{Å}$ benutzt werden. Aus dem Abstand der $Q$-Zweige der Vertikalbande bei $3162\,cm^{-1}$ ergibt sich $I_A = 2,96 \pm 0,50 \cdot 10^{-40}\,g \cdot cm^2$ in Übereinstimmung mit dem oben angeführten Wert.

Das Ultrarotspektrum des Dampfes von *Diazomethan* ähnelt nach D. A. Ramsay, Crawford und Fletcher $(253a)$, $(59)$ sehr weitgehend dem des Ketens, auch bezüglich des Auftretens von Parallel- und Vertikalbanden, wodurch für Diazomethan die Formel

$$H_2C=N \leftarrow N \qquad \text{bzw.} \qquad H_2C \rightarrow N\equiv N$$

bewiesen wird.

Das Ultrarot- und Raman-Spektrum von *Dimethylquecksilber* und *Dimethylzink* untersuchte H. S. Gutowsky $(115a)$. Wäre die Molekel gewinkelt, so würde sie 21 in beiden Spektren aktive Grundfrequenzen aufweisen. Da jedoch nur sieben Frequenzen auftreten, kommt nur eine lineare Anordnung $H_3C-Hg-CH_3$ in Betracht. Die Zuordnung der Banden läßt sich unter Berücksichtigung ihrer äußeren Form (Auftreten von $Q$-Zweigen) und durch Vergleich des berechneten und beobachteten Abstandes der Maxima der einhüllenden $P$- und $R$-Zweige durchführen. Aus der Größe der berechneten Kraftkonstanten geht hervor, daß der ionische Charakter bei der $C-Zn$-Bindung größer ist als bei der $C-Hg$-Bindung. Eine Analyse der $\perp$-Banden (bei 3 $\mu$) dieser Substanzen liefert nach Boyd, Thompson und Williams $(31)$ den Beweis, daß die Methylgruppen innere Rotationen durchführen.

Um zu entscheiden, ob die *Borkarbonyl*molekel die Struktur $H_2BCHO$ oder $H_3BCO$ besitzt, untersuchte R. D. Cowan $(55a)$ das Ultrarotspektrum (2 bis 25 $\mu$) ihres Dampfes. Da in der Nachbarschaft von $3000\,cm^{-1}$, wo die CH-Bindung absorbiert, keine Absorption zu beobachten ist, kommt die erstgenannte Struktur nicht in Betracht. Die beiden aufgelösten Banden bei 809 und $2440\,cm^{-1}$ besitzen das typische Aussehen von Vertikalbanden einer symmetrischen Kreiselmolekel. Die Maxima ihrer aufeinanderfolgenden $Q$-Zweige zeigen den Intensitätswechsel „stark, schwach, schwach, stark . . .“ (Abb. 15), der mit einer dreifachen Symmetrieachse verbunden ist. Die Molekel besitzt also die Symmetrie $C_{3v}$. Die Einordnung der beobachteten Banden und eine Normalkoordinatenanalyse ergibt die Kraftkonstanten.

L. H. Jones und R. M. Badger (*149 b*), sowie C. Reid (*257 c*) untersuchten das Spektrum (2 bis 25 μ) des Dampfes der *Isothiocyansäure*
HNCS. Das Auflösungsvermögen des von C. Reid verwendeten
Prismenspektrographen (Perkin-Elmer 12 B) reichte aus, um die Feinstruktur der NH-Grundschwingung $\nu_1 = 3530$ cm$^{-1}$ zu erkennen ($\nu_1 =$
3534 bei HNCO). Für die Atomabstände innerhalb der Molekel ergibt
sich $r(\text{N}-\text{H}) = 1,00 \pm 0,01$ Å; $r(\text{C}=\text{N}) = 1,21$ Å; $r(\text{C}=\text{S}) = 1,57$ Å; für
den Winkel HNC $= 138° \pm 3°$.

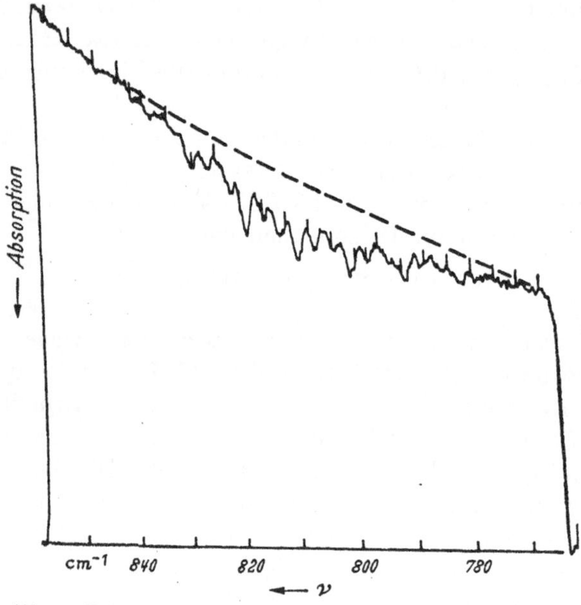


Abb. 15. Feinstruktur der Bande 809 cm$^{-1}$ des Borkarbonyls $H_3BCO$.

Die Schwingungsspektren (2 bis 25 μ) und daraus die Molekularstruktur des Dampfes von *Nitrosylchlorid* (NOCl) und *Nitrosylbromid*
ermittelten Burns und Bernstein (*26 c*). Die Zuordnung der Banden für
NOCl ($\nu_1 = 1799$, $\nu_2 = 592$, $\nu_3 = 332$ cm$^{-1}$) stimmt mit der kürzlich von
Pulford und Walsh (*253*) mitgeteilten überein. Aus den Hauptträgheits-
momenten ($I_A = 9,05 \cdot 10^{-40}$, $I_B = 147,7 \cdot 10^{-40}$, $I_C = 156,7 \cdot 10^{-40}$ g · cm$^2$),
berechnet aus Elektronenbeugungsmessungen (*156*), läßt sich der Ab-
stand der einhüllenden *P*- und *R*-Zweige einer reinen Parallel- bzw.
Vertikalbande berechnen. Da die Molekel einem symmetrischen Kreisel
mit nur einer Symmetrieebene sehr nahe kommt, sind die beobachteten
Banden Bastardbanden. Bei $\nu_1$ und $\nu_2$ überwiegt der Parallelcharakter,
ohne Feinstruktur, bei $\nu_3$ die Vertikalkomponente, bei der die Änderung
des Dipolmomentes vorwiegend senkrecht zur Achse des kleinsten Trägheitsmomentes erfolgt (vgl. Abb. 16). Die Grundfrequenzen der NOBr-

Molekel sind $v_1 = 1801$; $v_2 = 542$; $v_3 = 265$ cm$^{-1}$. Die Kraftkonstanten $f$ in $10^5$ Dyn/cm und die molaren Entropiewerte $S^0_{298}$ in cal/Grad der beiden Molekeln sind in Tabelle 1 zusammengestellt:

Tabelle 1. *Kraftkonstanten und Entropiewerte für Nitrosylchlorid und -bromid.*

| Molekel | $f_{N=O}$ | $f_{N-X}$ | $f_{O-X}$ | $S^{ber}_{298}$ | $S^{beob}_{298}$ |
|---|---|---|---|---|---|
| NOCl . . . | 14,0 | 1,92 | 1,30 | 62,4 ± 0,1 | 63,0 ± 0,3 |
| NOBr . . | 14,0 | 2,18 | 0,832 | 65,3 ± 0,1 | 65,2 ± 0,3 |

Einige neuere Arbeiten befassen sich mit dem Ultrarotspektrum der *Diboran*molekel $B_2H_6$. Während man früher [s. den Überblick bei

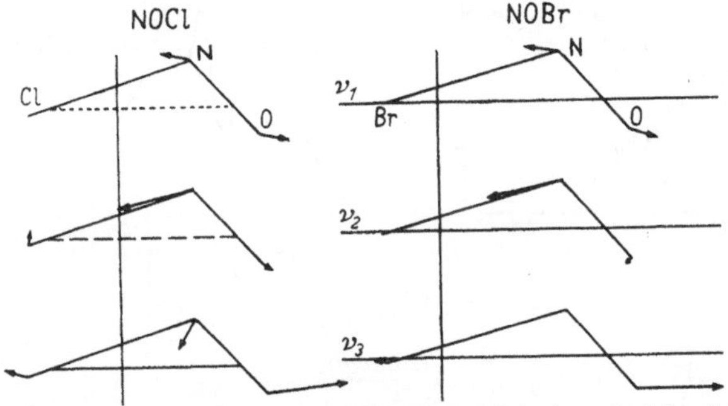


Abb. 16. Schwingungsformen der NOCl- und NOBr-Molekel. Die horizontale Achse ist die Achse des kleinsten Trägheitsmomentes.

Syrkin-Dyatkina (*324*)] die „Äthanstruktur" für $B_2H_6$ annahm, sind die Ultrarotmessungen von W. C. Price (*252b*), A. N. Webb, J. T. Neu und K. S. Pitzer (*348a*), W. E. Anderson und E. F. Barker (*9a*), sowie von Lord und Nielsen [$B_2^{10}H_6$ und $B_2^{10}D_6$ (*190*)] in bester Übereinstimmung mit der „Äthylenstruktur" in der Formulierung von K. S. Pitzer (*247a*) (protonated double bond) oder in der ähnlichen Formulierung von Mulliken (*221*). Sie gehören damit der Symmetriegruppe $D_{2h}$ (oder $V_h$) an, in der zwei H-Atome mit ausgeglichenen Bindungen zum Bor als „Brückenatome" wirken. Allerdings ist ein Beweis gegen die denkbare Form $C_{2h}$ mit nicht voll ausgeglichenen Bindungen der Brückenatome spektroskopisch nicht völlig zu erbringen [vgl. hierzu J. Wagner (*343b*) und F. Seel (*288*)]. Obwohl Seel einen Vergleich mit der Äthylenstruktur ablehnt, erkennt man die Ähnlichkeit entsprechender Banden bei $B_2H_6$ und $C_2H_4$ besonders schön aus den von Price aufgenommenen Banden in Abb. 17 (*252b*). Bei beiden Molekeln zeigen die ⊥-Banden den zu erwartenden Intensitätswechsel, der beim Diboran durch das Vorhandensein der Isotope $B^{10}$ und $B^{11}$ weniger deutlich hervortritt als beim Äthylen. Der Einfluß der *Isotope* ist einwandfrei

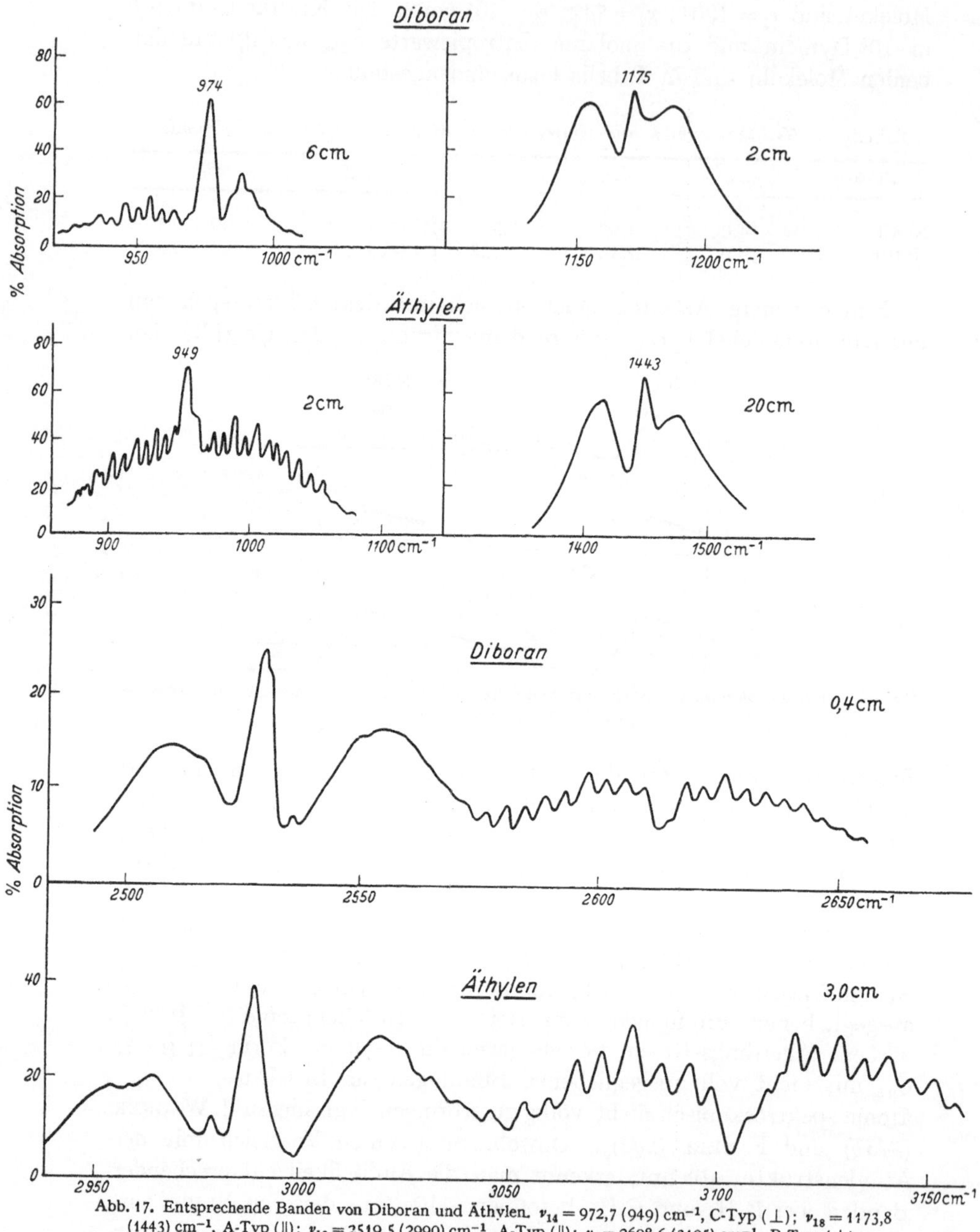

Abb. 17. Entsprechende Banden von Diboran und Äthylen. $\nu_{14} = 972,7\ (949)$ cm$^{-1}$, C-Typ ($\perp$); $\nu_{18} = 1173,8$ (1443) cm$^{-1}$, A-Typ ($\parallel$); $\nu_{16} = 2519,5\ (2990)$ cm$^{-1}$, A-Typ ($\parallel$); $\nu_{8} = 2608,6\ (3105)$ cm$^{-1}$, B-Typ ($\perp$).

in der mit einem Gitterspektrometer mit großer Auflösung von Anderson und Barker (*9a*) aufgenommenen Bande 2608,6 cm$^{-1}$ in Abb. 18 zu erkennen. Da die Molekel $B^{11}B^{10}H_6$ eine kleinere Masse als $B_2^{11}H_6$ hat und halb so häufig ist, sind die ihr entsprechenden Maxima niedriger und nach höheren Frequenzen verschoben.

Aus der Gestalt der von ANDERSON und BARKER aufgefundenen Bande bei 368,7 cm$^{-1}$, die der langsamen, nichtebenen („out of plane") HBH-Deformationsschwingung $\nu_9$ [R. P. BELL und H. C. LONGUET-HIGGINS (26a)] der endständigen H-Atome zuzuordnen ist, kann man schließen, daß die letzteren nicht in der gleichen Ebene wie die Brücken-H-Atome liegen können. Denn $\nu_9$ ist eine typische B-Bande; die Änderung des Trägheitsmomentes erfolgt also parallel zur B-Achse. Lägen jedoch alle H-Atome in einer Ebene, so erfolgte die nichtebene Schwingung parallel zur C-Achse; die $\nu_9$-Bande hätte also eine andere Struktur.

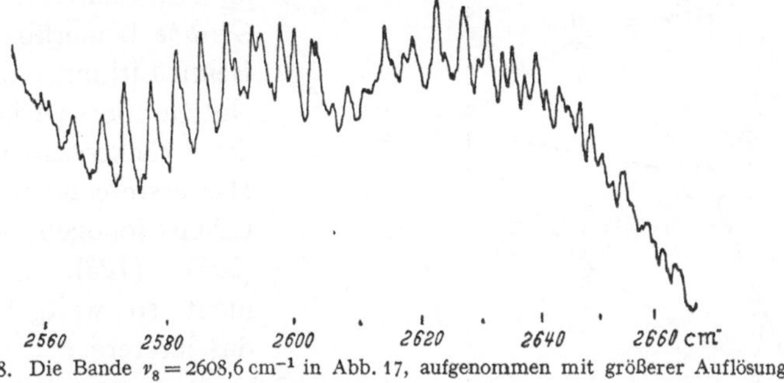



Abb. 18. Die Bande $\nu_8 = 2608{,}6\ \mathrm{cm}^{-1}$ in Abb. 17, aufgenommen mit größerer Auflösung.

Auch die Berechnung der Trägheitsmomente aus der Feinstruktur der Banden führt zu dieser Vorstellung (9a), denn sie ergibt $2I_B \cdot I_C/(I_B + I_C) = 48{,}1 \cdot 10^{-40}$ und $I_A = 10{,}5 \cdot 10^{-40}$ g · cm², in guter Übereinstimmung mit dem aus den Elektronenbeugungsmessungen für ein nichtebenes Modell berechneten Werten $49{,}2 \cdot 10^{-40}$ und $10{,}7 \cdot 10^{-40}$ g·cm².

Das RAMAN-Spektrum des flüssigen Tetramethyldiborans weist nach RICE, BARREDO und YOUNG (261) keine Frequenzen endständiger B—H-Bindungen auf, während im Bereich der Brückenwasserstoffschwingungen zwei Linien beobachtet werden.

Im Zusammenhang mit der Diboranmolekel ist das Ultrarotspektrum der *Metall-Borhydride* von besonderem Interesse, das von W. C. PRICE (252), H. C. LONGUET-HIGGINS, B. RICE und T. F. YOUNG (189) studiert wird. Nach S. H. BAUER und G. SILBICER (299) soll Al(BH$_4$)$_3$ eine „Gürtel"-Struktur besitzen, bei der je drei H-Atome zwischen je einem B-Atom und dem Al-Atom gelegen wären. Die drei H-Atome sollten einen Gürtel um die B—Al-Bindung bilden, so daß nur je eine endständige BH-Gruppe mit dieser Bindung in einer Richtung läge. LONGUET-HIGGINS (189) hingegen nimmt die in Abb. 19 wiedergegebene Struktur an, bei der die Brücken-H-Atome an den Ecken des Prismas sitzen und die endständigen H-Atome in einer Ebene senkrecht zur Brücken-HBH-Ebene. Die Lage der H-Atome zu jedem B-Atom ist hier ähnlich wie beim Diboran, entsprechend der in Tabelle 2 angegebenen Lage der den endständigen $BH_2$-Gruppen einerseits, den Brückenatomen andererseits zuzuordnenden Schwingungsbanden.

Auch die Analyse der Schwingungen ist beim Aluminiumborhydrid in Übereinstimmung mit der in Abb. 19 angenommenen $D_{3h}$-Symmetrie.

Da die Brücken Stellen eines *Elektronendefizits* sind, erzeugen die Atomschwingungen in diesen Teilen der Molekel starke lokale Dipole; die entsprechenden Schwingungsbanden sind daher besonders intensiv. Beim Aluminiumborhydrid sind sie, auch unter Berücksichtigung der größeren Zahl von H-Atomen, noch stärker als beim Diboran, weil sich bei dem ersteren bereits der ionische Charakter der $BH_4$-*Gruppe* bemerkbar macht. Beim Lithium- und beim Natriumborhydrid fehlen die Brückenschwingungen. Das erstere ist im wesentlichen ionogen gebunden (*308*), (*123*), aber noch nicht so weitgehend wie das letztere.

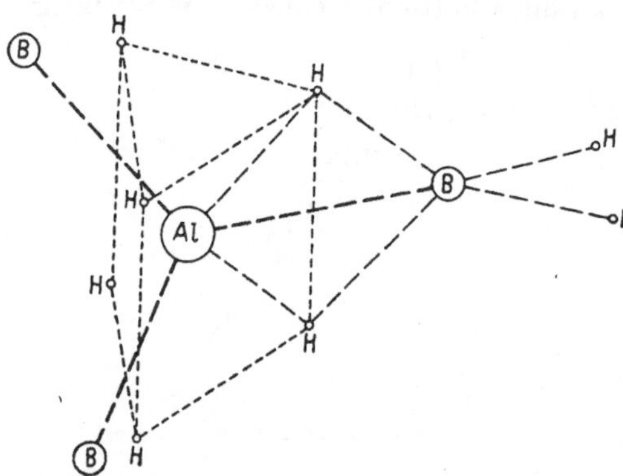


Abb. 19. Struktur des Aluminium-Borhydrids Al(BH₄)₃. Nur ein Paar endständiger H-Atome angegeben und „Brücken" nur nach einer Seite gezeichnet.

Auch *Aluminiumtrimethyl* $Al_2(CH_3)_6$ besitzt nach K. S. Pitzer und R. K. Sheline (*247c*) sehr intensive Banden. Da sie im langwelligen Spektrum liegen (563, 604, 696, 776 cm⁻¹), sind sie Schwingungen der Al—C-Bindungen zuzuordnen, die daher ebenfalls ionogenen Charakter haben. Aus der Zahl der Banden geht gleichzeitig hervor, daß die Verbindung keine äthanähnliche Struktur, sondern eine Brückenstruktur der Symmetrie $D_{2h}$ oder $C_{2h}$ aufweisen sollte, denn im ersteren Fall wären nur zwei ultrarot aktive

Tabelle 2.
*Frequenzen entsprechender Banden von Diboran[1] und den Metallborhydriden in cm⁻¹.*

| Substanz | Endständige BH-Valenzschwingungen | | Brückenschwingungen | | Deformations-schwingungen | |
|---|---|---|---|---|---|---|
| $B_2H_6$ . . . | 2614 | 2522 | 1990—1850 | 1600 | 1175 | 974 |
| $Be(BH_4)_2$ . | 2630 | 2515 | 2165—1985 | 1530 | | |
| $Al(BH_4)_3$ . . | 2559 | 2493 | 2220—2000 | 1480 | 1114 | 978 |
| $LiBH_4$ . . | 2320 | (2404—2245) | keine starke Bande | | 1096 | — |
| $NaBH_4$ . . | 2270 | (2380—2150) | keine starke Bande | | 1080 | |

[1] Die Werte für Diboran weichen ein wenig von den in der Arbeit (*9a*) angegebenen ab.

Al—C-Valenzfrequenzen vorhanden, im letzteren hingegen vier entsprechend den Beobachtungen.

Ebenso wie im $LiBH_4$ sollte auch im $LiAlH_4$ ionogene Bindung vorliegen. Um festzustellen, ob in der ätherischen Lösung des *Lithium-Aluminiumhydrids* $AlH_4{}^-$-Ionen vorhanden sind, untersuchte E. R. LIP-PINCOTT (*186a*) das Ultrarot- (3 bis 15 μ) und das RAMAN-Spektrum einer solchen Lösung. Es werden zwei Ultrarotbanden und vier RAMAN-Frequenzen beobachtet, von denen zwei mit den ersteren übereinstimmen. Dieser Befund ist mit dem Vorhandensein tetraedrischer $AlH_4{}^-$-Ionen verträglich.

## E. Schwingungsspektren von Molekeln in verschiedenen Aggregatzuständen.

Eine größere Anzahl neuerer Arbeiten beschäftigt sich mit der Verschiedenheit der Schwingungsspektren von Molekeln im gasförmigen, flüssigen und festen Zustand.

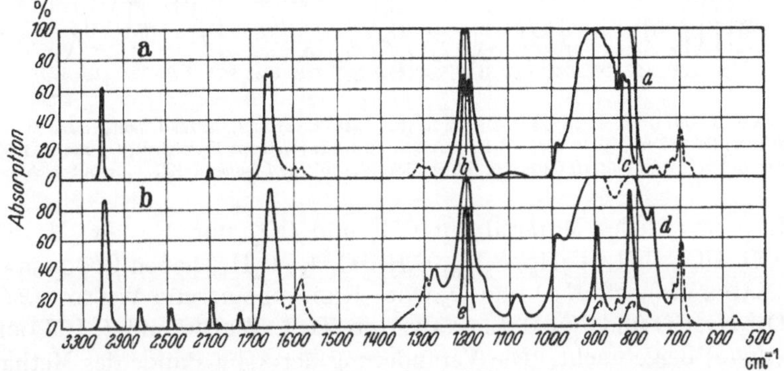

Abb. 20a u. b. Ultrarotspektrum des trans-Dichloräthylens $C_2H_2Cl_2$ bei 20° C. a Im dampfförmigen Zustand, 10 cm Zellenlänge: (*a*) 120 Torr; (*b*) 30 Torr; (*c*) 5 Torr. b Im flüssigen Zustand: (*d*) Reine Flüssigkeit; (*e*) und (*f*) 10%ige Lösungen in $CS_2$; (*e*) 0,1 mm; (*f*) 0,025 mm Schichtdicke. - - - cis-Verunreinigung.

Wegen der gegenseitigen Behinderung der Molekeln ist die Aufnahme von *Rotationsenergie* bei höheren Gasdrucken und erst recht im flüssigen Zustand erschwert. Die Einhüllenden von Rotations-Schwingungsbanden sind daher in solchen Fällen zwar zu erkennen aber ohne diskrete Rotationsstruktur (z. B. beim trans-Dichloräthylen im Gebiet von 900 cm⁻¹ in Abb. 20).

Im festen Zustand konnte eine Rotationsfeinstruktur bisher nicht beobachtet werden, da eine freie Rotation von Atomgruppen im Kristall wegen der Gitterkräfte nicht ohne weiteres möglich ist.

### 1. Strukturbestimmung aus der Spektrenänderung.

**a) Druckverbreiterung bei Gasen.** Die „Druckverbreiterung" (pressure broadening) der Linien bzw. Banden bei Gasen in Abhängigkeit vom Druck und von der Art zugesetzter Fremdgase ist schon seit längerer Zeit sowohl vom theoretischen Standpunkt zur Untersuchung zwischenmolekularer Kräfte als auch vom praktischen Standpunkt der analytisch zu berücksichtigenden Abweichungen vom LAMBERT-BEERschen Gesetz Gegenstand der spektroskopischen Forschung. In der Berichtszeit haben besonders VAN VLECK und Mitautoren (337), (338), FOLEY (86), MATOSSI (205), (206), G. KORTÜM, H. VERLEGER (165), (165a) und W. LUCK (165c) das Gebiet eingehend behandelt.

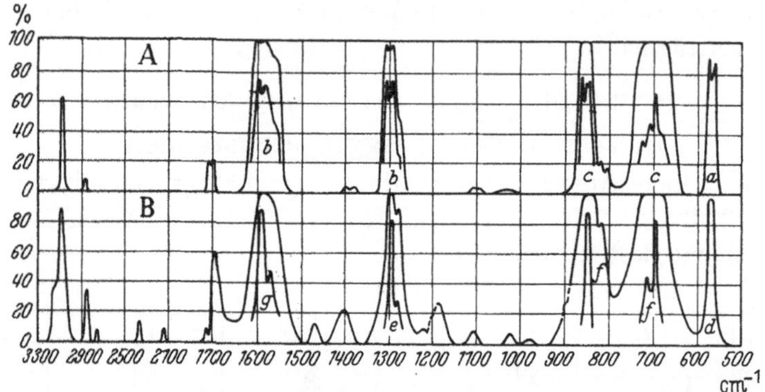

Abb. 21 A u. B. Ultrarotspektren des cis-Dichloräthylens $C_2H_2Cl_2$ bei 20° C. A Im dampfförmigen Zustand: (a) 120 Torr; (b) 30 Torr; (c) 10 Torr. B Im flüssigen Zustand: (d) Reine Flüssigkeit; (e) und (f) 10%ige Lösungen in $CS_2$; (e) 0,1 mm; (f) 0,025 mm Schichtdicke; (g) 10%ige Lösung in $CCl_4$, 0,1 mm Schichtdicke.

Experimentelles Material für $CH_4$ und $CO_2$ mit He, Ar, $H_2$, $O_2$, $N_2$, CO, HCl, $C_2H_4$, $C_2H_6$, $C_3H_6$, $C_3H_8$, $C_4H_8$, $C_4H_{10}$ haben COGGESHALL und SAIER (48), für $N_2O$ und $O_3$ OGG, RICHARDSON und WILSON (231), für $O_2$, $N_2$, CO und $CO_2$ B. L. CRAWFORD, H. L. WELSH und J. L. LOCKE (60), (60a) beigebracht. Die Veränderung der 3,3 μ-Bande des Methans ($\nu_3$) unter Helium-, Argon- und Stickstoffdrucken bis zu 600 Atm behandelt eine weitere Untersuchung von WELSH (349). Unter 600 Atm Stickstoff ist der Extinktionskoeffizient um 20% größer als unter Normalbedingungen.

**b) Spektrenänderung bei Aggregatzustandswechsel.** Die zwischenmolekularen Kräfte, die im Dampfzustand im allgemeinen (bei genügend kleine Drucken) vernachlässigt werden können, spielen im kondensierten Zustand eine wesentliche Rolle. Daher sind die für die isolierte Molekel geltenden *Auswahlregeln* durchbrochen; es treten schon im flüssigen Zustand neue Schwingungsbanden auf, die im Kristall noch kräftiger erscheinen. Jedoch weist die Flüssigkeit im allgemeinen der geringeren Symmetrie wegen mehr *zusätzliche Banden* gegenüber dem Dampf auf als der Kristall [s. R. S. HALFORD und O. A. SCHAEFFER (117), (117a)].

Das Erscheinen zusätzlicher Banden beim Übergang vom Dampf zur Flüssigkeit erkennt man in Abb. 21, die einer Arbeit von BERNSTEIN und RAMSAY (*26c*) über das Schwingungsspektrum von cis- und trans-Dichloräthylen ClHC · CHCl und ClDC · CDCl entnommen ist. Die im flüssigen Zustand (Abb. 22B) neu hinzukommenden Banden sind durch-

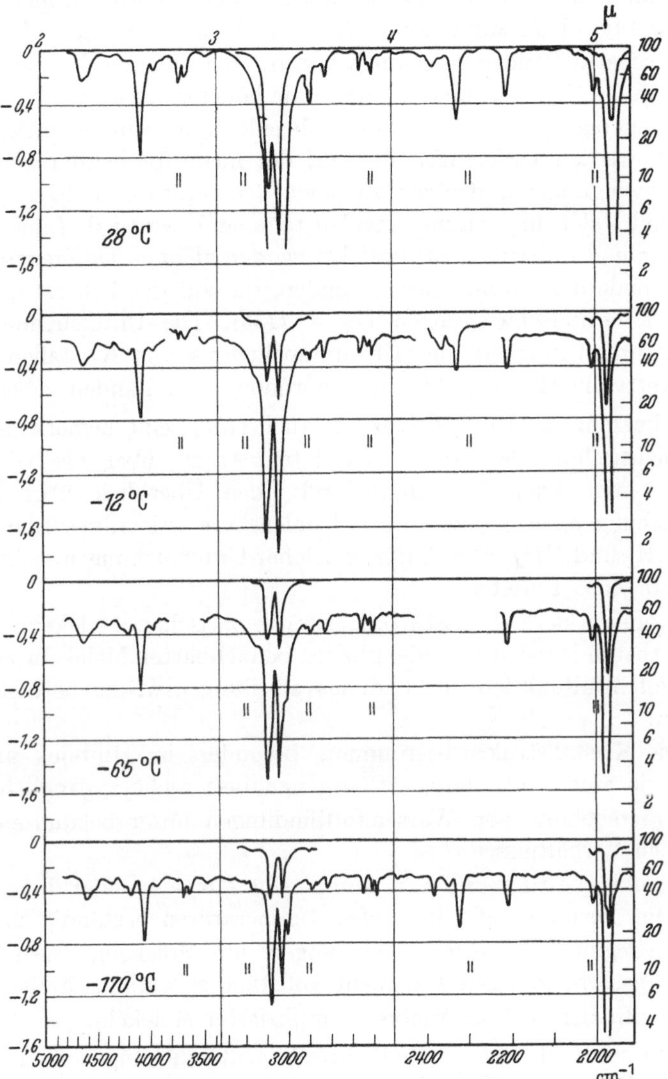



Abb. 22. Ultrarotspektrum des Benzols im flüssigen und kristallinen Zustand von 5000 bis 1900 cm⁻¹.

weg Kombinationsfrequenzen. Auch in Abb. 22, die aus einer Arbeit von R. D. MAIR und D. F. HORNIG (*197b*) stammt, treten Bandenveränderungen deutlich hervor.

Die Überlagerung von inneren Schwingungen der Molekel und *Gitterschwingungen* im Kristall kann *Kombinationsschwingungen* ergeben, die sich jedoch nicht als getrennte Banden bemerkbar machen (weil die Gitterschwingungen der meisten Kristalle unterhalb von 200 cm$^{-1}$ liegen), sondern die beim Kristall zu erwartenden scharfen Linien [siehe W. H. Avery, J. R. Morrison (*11a*) und R. S. Krishnan (*166*)] als weniger scharfe Banden erscheinen lassen. Bei höheren Temperaturen (unterhalb des Schmelzpunktes), wenn die höheren Energiezustände des Gitters angeregt sind, die Molekeln sich jedoch noch im Grundzustand befinden, werden Differenzbanden auf der niederfrequenten Seite der Grundschwingungen auftreten; bei tiefen Temperaturen indessen, wenn Gitter und Molekeln noch im Grundzustand sind, wird jede Linie scharf erscheinen und Anharmonizitätseffekte werden nicht zu Differenzbanden führen, sondern zu Kombinationsbanden, die auf der höherfrequenten Seite der Grundschwingungen liegen (*136*). Die Untersuchung der Temperaturabhängigkeit des Ultrarotspektrums von Kristallen kann daher wertvolle Hinweise für die Einordnung von Banden geben.

Vor kurzem gab Hornig (*137*) [s. auch (*139*)] eine bemerkenswerte Zusammenstellung der bisher geleisteten Arbeit über die Ultrarotspektren kristalliner Substanzen und einen Überblick über eigene Untersuchungen zur Struktur fester Kohlensäure, kristalliner Blausäure, festen $NH_3$ und $ND_3$. Die Aufgabe solcher Untersuchungen sieht er in folgenden sechs Punkten:

1. Studium der Wechselwirkungskräfte zwischen Molekeln in geringem Abstand und des Feldeinflusses benachbarter Molekeln auf die innere Potentialfunktion, die Ladungsverteilung usw. der betrachteten Molekeln.

2. Die Kristallstrukturbestimmung besonders im Hinblick auf H-Atome, die einer vollständigen Röntgenanalyse nicht zugänglich sind.

3. Untersuchung von Wasserstoffbindungen unter bekannten geometrischen Verhältnissen.

4. Strukturbestimmung von komplexen Molekeln oder Ionen, die nur im Festzustande oder bei tiefen Temperaturen beständig sind.

5. Festlegung der Grundschwingungen von Molekeln, deren Spektrum im gasförmigen Zustand nicht vollständig bestimmbar ist.

6. Identifizierung und Analyse komplizierter Molekeln.

Hierzu sind neben einer Reihe älterer Untersuchungen über $N_2O_4$, HCl, DCl, HBr, HJ, $CO_2$, $C_2H_2$, $C_2H_4$, $C_2H_6$ und höhere Kohlenwasserstoffe Arbeiten zu nennen über

| | |
|---|---|
| HCN | [R. E. Hoffmann und D. F. Hornig (*135*)], |
| $BF_3$ | [R. E. Hoffmann, Diss. (*135*)], |
| $CH_4$ | [J. S. Burgess (*42a*), R. B. Holden, R. W. J. Taylor und H. L. Johnston (*135b*)], |
| $NH_3$ und $ND_3$ | [D. F. Hornig und F. P. Reding (*137a*)], |

$H_2O_2$ und $D_2O_2$ [P. A. Giguère (*101a*) und R. C. Taylor (*325a*)],
$H_2S$ und $D_2S$ [E. Lohman, D. F. Hornig (*187*), J. B. Lehman (*188*)
und H. C. Allen jr., P. C. Cross, G. W. King (*3b*)].

Eine größere Anzahl von Verbindungen im festen und flüssigen Zustand untersuchen R. E. Richards und H. W. Thompson (*264a*).

Die außerordentliche *Bandenschärfe* im kristallinen Zustand ersieht man aus der oben zitierten Arbeit von Mair und Hornig (*197b*) über das Benzol, in der die mittlere Linienbreite der Grundschwingungsbanden im Kristall nur 7 cm⁻¹ beträgt. Die Auflösung des Benzolspektrums ist daher bei diesen Messungen sehr weitgehend; lediglich im Gebiet von 3500 bis 5000 cm⁻¹ wird sie für den flüssigen Zustand durch die Messungen von R. Suhrmann und P. Klein (*316a*) übertroffen.

Aus charakteristischen Unterschieden der Spektren des Naphthalins in den verschiedenen Aggregatzuständen und aus Messungen mit polarisierter Strahlung leiten Pimentel und McClellan eine Zuordnung des Ultrarotspektrums ab (*243*). Darüber hinaus untersuchen Luther und Brandes (*195*) auch die C—D-Valenzschwingungen einiger seiner Deuteriumderivate in flüssigem und festem Zustand.

Während das Spektrum des flüssigen Benzols besonders im Bereich der Ringschwingungen (unterhalb 1350 cm⁻¹) gegenüber dem des gasförmigen mehrere deutlich hervortretende zusätzliche Banden aufweist (*117a*), ist das des flüssigen *Cyclohexans* gegenüber dem des gasförmigen nach G. B. Carpenter und R. S. Halford (*45a*) nur wenig verändert. Lediglich das Gebiet der CH-Schwingungen (oberhalb 1200 cm⁻¹) zeigt eine Zunahme der Absorption und Verbreiterung einiger Banden. Die zwischenmolekularen Kräfte machen sich also beim Benzol (wahrscheinlich über die leichter verschiebbaren π-Elektronen) stärker bemerkbar als beim Cyclohexan. Auch zwischen flüssigem und festem Zustand ist ein Unterschied in der Ultrarotabsorption des Cyclohexans im Gegensatz zum Verhalten des Benzols kaum zu bemerken. Dies ist vermutlich auf den geringeren Unterschied in der Ordnung der Molekeln des flüssigen und festen Cyclohexans zurückzuführen, dem eine nur halb so große Volumenzunahme beim Erstarren als bei Benzol und eine größere Schärfe der Röntgeninterferenzen im flüssigen Zustand (*347*) entspricht.

A. Walsh und J. B. Willis (*345*), (*345a*) vertreten die Ansicht, daß die Verschärfung der Banden bei Abkühlung von Flüssigkeiten oder Kristallen keine allgemeine Erscheinung, sondern auf solche Verbindungen beschränkt sei, die in den betreffenden Temperaturbereichen Zustandsänderungen erfahren. Aus den gebrachten Beispielen dürfte jedoch hervorgehen, daß auch ohne Zustandsänderungen Bandenverschärfungen möglich sind, daß sie allerdings je nach der Art der Verbindung verschieden stark in Erscheinung treten können.

## 2. Untersuchung der Rotationsisomerie.

Eine Vereinfachung des Spektrums ist bei Abkühlung zu erwarten, wenn bei einer Verbindung *Rotationsisomere* möglich sind, da die Isomeren höherer Energie bei tiefen Temperaturen wegfallen [s. S. I. Mizushima und Mitarbeiter (*217a*)]. Dahingehende Raman-Untersuchungen von D. H. Rank, N. Sheppard und G. J. Szasz (*324a*), (*254a*) an flüssigen und festen normalen und verzweigten Paraffinen bestätigen diese Erwartung: Während die bei Zimmertemperatur erhaltenen Spektren bei Butan und Pentan zwei, bei Hexan und wahrscheinlich auch Heptan drei Isomere erkennen lassen, ist im festen Zustand nur eins dieser Isomeren vorhanden, das wahrscheinlich die ebene trans-(zickzack)-Form besitzt. Aus Intensitätsmessungen ergibt sich die Energiedifferenz der Isomeren zu $760 \pm 100$ cal/Mol für n-Butan, $450 \pm 60$ für n-Pentan und $520 \pm 70$ bzw. $470 \pm 60$ cal/Mol für n-Hexan. Die *verzweigten* Paraffine 2-Methylbutan und 2.3-Dimethylbutan ergaben auch bei Abkühlung bis 90° K im festen Zustand die gleichen Hauptlinien wie im flüssigen, woraus entweder auf eine hohe Energie des zweiten Isomeren oder auf gleichen Energieinhalt beider Isomeren zu schließen wäre, so daß entweder nur das eine oder beide in etwa gleicher Konzentration in dem untersuchten Temperaturbereich vorhanden sind.

Smith, Scott und Hufman machen darauf aufmerksam, daß für das 2.3-Dimethylbutan die Temperaturabhängigkeit der spezifischen Wärme bekannt ist (*306*), so daß eine Lösung des obigen Problems möglich erscheint. Unter Angabe der noch fehlenden Werte für das 2-Methylbutan behandeln sie das Problem und kommen zu dem Schluß, daß die $C_s$-Form des 2-Methylbutans um über 1000 cal/Mol weniger stabil ist als die $C_1$-Form. Dagegen ist der Energieunterschied beim 2.3-Dimethylbutan zwischen $C_2$ und $C_{2h}$ höchstens 100 cal/Mol.

Diese Feststellung läßt sich vergleichsweise durch die Ergebnisse an Halogenäthanen bestätigen. Thomas und Gwinn (*327*) bestimmen die Isomerisierungsenergie unter anderem für 1.1.2-Trichloräthan und für 1.1.2.2-Tetrachloräthan. Sie leiten für die erste Substanz 2300 bzw. 4000 cal/Mol und für die zweite Substanz einen sehr niedrigen Wert ab. Powling und Bernstein (*250*) entwickeln eine Versuchsmethodik zur Bestimmung der Isomerisierungsenergie durch die Ultrarotspektren unter Ausschaltung des Lösungsmitteleffektes. Sie finden für die flüssigen Substanzen: die Umlagerungsenergien 1.2-Dichloräthan 1480 $\pm$ 160 cal/Mol; 1.2-Dibromäthan 200 cal/Mol; 1-Chlor-2-Brom-äthan 1850 $\pm$ 150 cal/Mol; 1.1.2-Trichloräthan 1800 cal/Mol und 1.1.2.2-Tetrachloräthan 280 cal/Mol. Die Reihenfolge der Werte ist also die gleiche.

In Anbetracht der obigen Ergebnisse nahmen Brown und Sheppard (*36*) die Arbeit an den fraglichen Isomeren erneut auf. Sie stützten sich dabei auf die Beobachtung, daß Isomerengemische bei schnellem Einfrieren glasig erstarren können, wobei dann die Spektren in Flüssigkeit und Festsubstanz unverändert bleiben. Wenn diese Substanzen noch einmal bis dicht unter den Schmelzpunkt erwärmt werden, beginnen sie langsam zu kristallisieren. Entsprechend eingefrorenes und zur Kristallisation gebrachtes 2.3-Dimethylbutan zeigt tatsächlich im Ultrarotspektrum der Festsubstanz eine bemerkenswerte Spektrenvereinfachung, während die Veränderung beim 2-Methylbutan gering ist. Auch diese noch nicht abgeschlossenen, besonders durch RAMAN-Messungen zu ergänzenden Untersuchungen stehen also im Einklang mit den obigen thermodynamischen Ergebnissen.

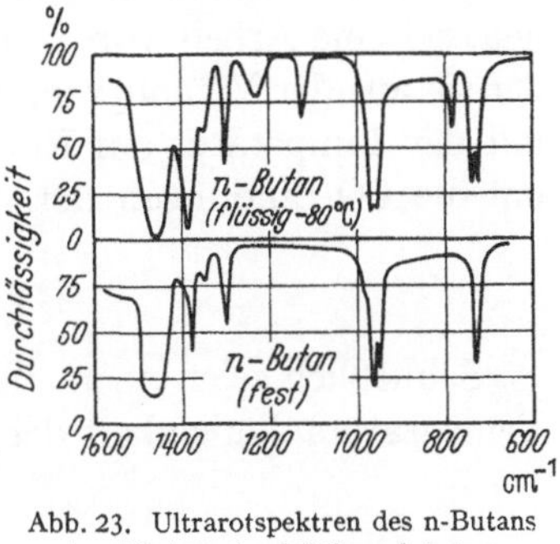

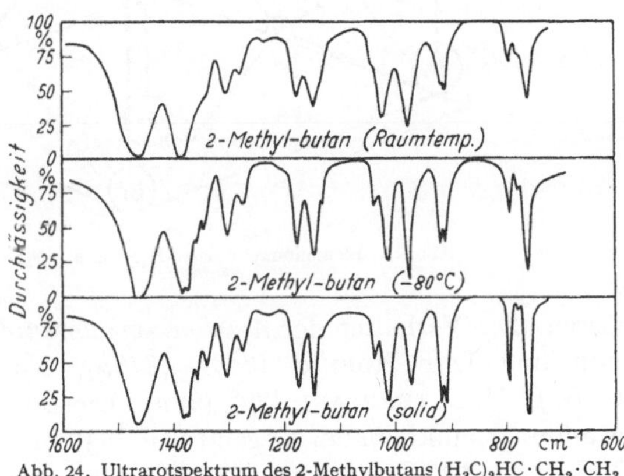

Abb. 23. Ultrarotspektren des n-Butans im flüssigen (− 80° C) und festen (− 190° C) Zustand.

Die RAMAN-Untersuchungen wurden auch von D. W. E. AXFORD und D. H. RANK (*11b*) ergänzt durch ultrarotspektroskopische Messungen an den obengenannten Kohlenwasserstoffen. Abb. 23 zeigt das Verschwinden von Banden bei 747, 788, 1133 und 1233 cm⁻¹ beim Abkühlen von —80° auf —190° C bei *n-Butan*. Andererseits sieht man aus Abb. 24, daß auch unter diesen Versuchsbedingungen bei dem verzweigten *2-Methylbutan* alle Banden erhalten bleiben und einzelne Banden lediglich schärfer hervortreten.

1.2-Dibrom- und 1.2-Dichloräthan, sowie 1.4-Dibrombutan, n-Propyl- und n-Butylbromid, n-Butyl-, n-Hexyl- und n-Oktylalkohol untersuchen im flüssigen und festen Zustand J. K. BROWN und N. SHEPPARD (*37*), (*37a*). Die Spektren der Festsubstanzen sind wesentlich einfacher als die der Flüssigkeiten. Eine völlige Zuordnung gelingt für die ersten beiden der genannten Substanzen. In den Monobromiden läßt sich nachweisen, daß im Festzustand nur ein Isomeres vorliegt. Die Unterschiede in den Alkoholspektren sind noch nicht vollkommen auszuwerten.

Abb. 24. Ultrarotspektrum des 2-Methylbutans $(H_3C)_2HC \cdot CH_2 \cdot CH_3$ im flüssigen (Zimmertemperatur, − 80° C) und festen Zustand (− 190° C).

Bemerkenswert ist der Versuch von MIZUSHIMA und Mitarbeitern (*217*) für das Äthylenchlorhydrin aus der Intensität einer Bande der trans-

Form (760 cm$^{-1}$) und einer Bande der cis-Form (669 cm$^{-1}$) die Entropiedifferenz der beiden Rotationsisomeren abzuleiten. Sie erhalten für die
cis-Form (Wasserstoffbrücke) eine um 3,7 Cl niedrigere Entropie.

Um noch aus einem ganz anderen Problemkreis ein Beispiel zu nennen, sei eine Arbeit von Dobriner und Mitarbeitern (146) erwähnt, in
der sie aus der Veränderung der Acetatbanden von 3-Acetoxy-steroiden
mit der Temperatur auf Rotationsisomere infolge behinderter Rotation
um die CO-Bindungen der Acetatgruppe schließen.

### 3. Ionenkristalle.

Schließlich seien noch einige Arbeiten besprochen, die sich mit der
Temperaturabhängigkeit der Ultrarotabsorption von *Ionenkristallen* be-

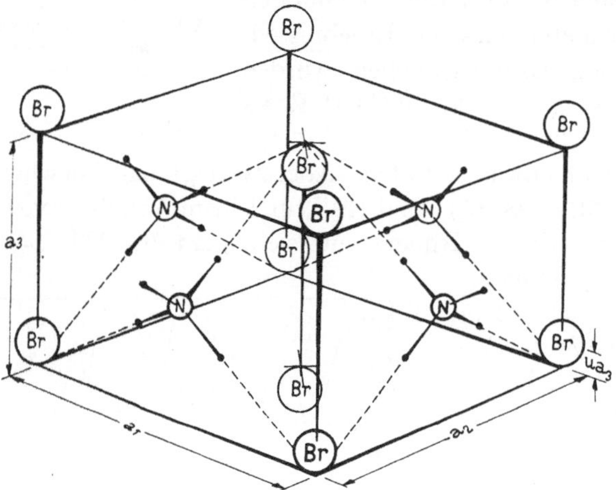

Abb. 25. Elementarzelle des NH$_4$Br und ND$_4$Br in der Phase III.

fassen. Das Verhalten der *Ammoniumhalogenide* untersuchen E. L. Wag-
ner und D. F. Hornig (343), (343a), sowie L. F. H. Bovey und
G. B. B. M. Sutherland (29), (29a). Diese Verbindungen besitzen Um-
wandlungspunkte in der Gegend von —30 bis —60° C (NH$_4$Cl —30,5°C,
NH$_4$Br —38,1° C, ND$_4$Br —58,4° C), an denen ihr spezifisches Volumen
mit abnehmender Temperatur beim Chlorid ab-, beim Bromid zunimmt.
Die Kristallstruktur erfährt bei den Chloriden (CsCl-Typus bezüglich der
N- und Halogenatome) keine Veränderung, die der Bromide wird beim
Übergang von der Phase II (Raumtemperatur) zur Phase III (tiefe
Temperatur) leicht verzerrt. Die Anordnung der NH$_4^+$- und Br$^-$-Ionen
in der Phase III ist in Abb. 25 dargestellt.

Nach Pauling (236) sollte die Umwandlung dadurch zustande
kommen, daß in dem fraglichen Temperaturgebiet die *freie Rotation* der
NH$_4^+$-Ionen einsetzt; nach Frenkel (92) hingegen sollte lediglich die

*Orientierung* der $NH_4{}^+$-Ionen aus einem geordneten in einen ungeordneten Zustand übergehen. Im ersteren Fall müßten die Schwingungsbanden im Zustand II Rotationsstruktur besitzen, im letzteren sollte nur eine Erniedrigung und Verbreiterung zu beobachten sein. Während ältere Arbeiten [s. R. POHLMANN (*249b*) und C. BECK (*23a*)] die PAULINGsche Ansicht zu bestätigen

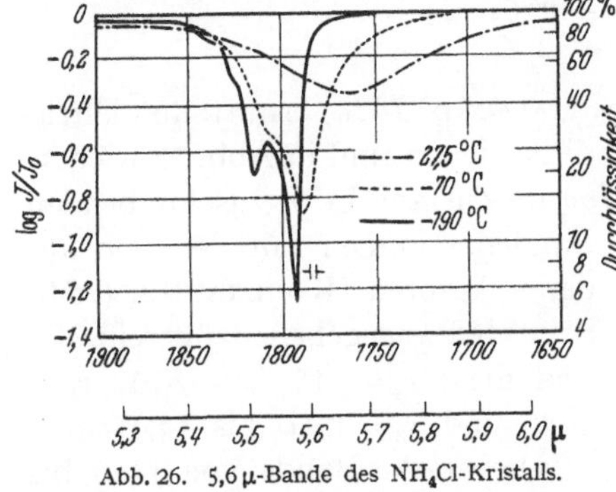

Abb. 26. 5,6 μ-Bande des $NH_4Cl$-Kristalls.

schienen, ergeben die obengenannten, daß es sich lediglich um *Desorientierungsumwandlungen* handelt. Abb. 26 zeigt als Beispiel die 5,6 μ-Bande des $NH_4Cl$ bei 27,5, —70 und —190° C. Die im Zustand II bei 1762, im Zustand III bei 1794 cm⁻¹ gelegene Bande läßt sich als Kombinationsfrequenz $\nu_4 + \nu_6$ der dreifach entarteten Deformationsschwingung $\nu_4 = 1403$ und der Torsionsschwingung $\nu_6 = 359$ bzw. 391 cm⁻¹ des $NH_4{}^+$-Ions im Gitter auffassen. Aus Abb. 27 erkennt man, daß die $\nu_4$-Bande ihre Lage beim Übergang vom Zustand III zum Zustand II nicht ändert und in II keinerlei Rotationsstruktur aufweist, insbesondere auf der niederfrequenten Seite. Die Gitterschwingungen hingegen verbreitern sich durch die Zerstörung der Symmetrie beim Übergang der geordneten Lage der

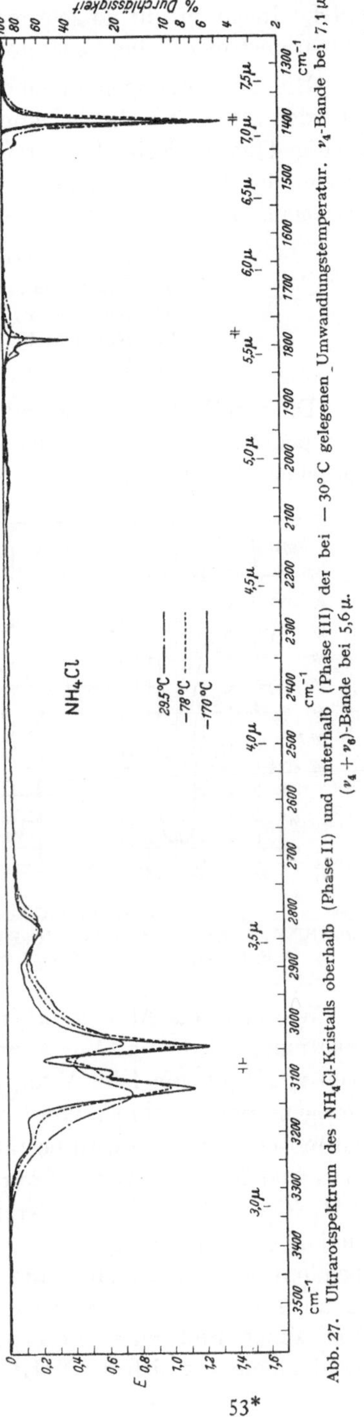

Abb. 27. Ultrarotspektrum des $NH_4Cl$-Kristalls oberhalb (Phase II) und unterhalb (Phase III) der bei —30° C gelegenen Umwandlungstemperatur. $\nu_4$-Bande bei 7,1 μ; $(\nu_4 + \nu_6)$-Bande bei 5,6 μ.

$NH_4^+$-Ionen in die ungeordnete, so daß die sie enthaltenden Kombinationsbanden eine Verbreiterung und Erniedrigung erfahren müssen.

Die Schwingungen in einer Atomgruppe innerhalb eines Kristalls werden also durch die sie umgebenden Teilchen, d.h. durch die gegenseitige Lage der Kristallbausteine beeinflußt. Dies zeigt sich insbesondere, wenn der Kristall in *mehreren Modifikationen* beständig ist wie z.B. *Ammoniumnitrat*, das folgende polymorphe Zustände besitzt:

I. Kubisch, 169° (Schmelzpunkt) bis 125° C;
II. Tetragonal, 125 bis 84° C;
III. Rhombisch, 84 bis 32° C;
IV. Rhombisch, 32 bis 18° C;
V. Hexagonal (?) < − 18° C.

Die von W. F. Keller und R. S. Halford (*152a*) ermittelten Ultrarotspektren dieser verschiedenen Modifikationen sind in Abb. 28 wiedergegeben. Die dem (ebenen) *Nitrat-Ion* im Zustand IV zuzuschreibenden

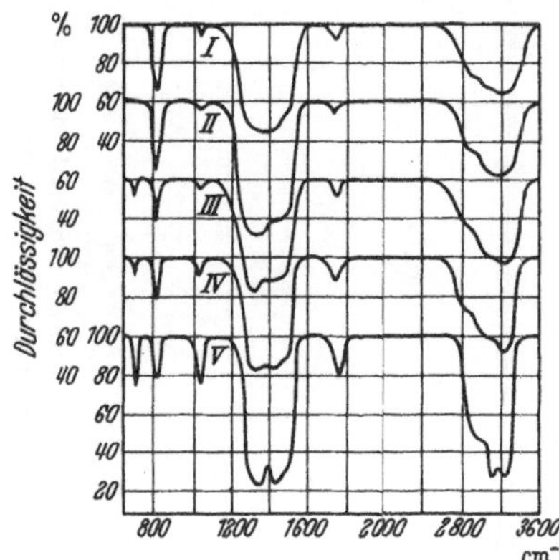


Abb. 28. Ultrarotspektrum der Modifikationen des $NH_4NO_2$ bei *I* 150° C; *II* 105° C; *III* 55° C; *IV* Raumtemperatur; *V* − 40° C.

Banden stimmen mit den von anderen Autoren [Kohlrausch (*164*), S. 401 ff.] angegebenen überein. Es sind dies: $v_4 = 715$; $v_2 = 830$; $v_1 = 1046$ und $v_3 = 1350$ bis $1470$ cm⁻¹.

Die starke Bande von 1350 bis 1470 cm⁻¹ sowie die übrigen bei höheren Frequenzen gelegenen Banden enthalten Grundschwingungen des $NH_4^+$-Ions und Kombinationsschwingungen beider Ionen. Eine bei 1760 cm⁻¹ gelegene Bande z.B. kann, wie oben erwähnt, als $v_4 + v_6$ des $NH_4^+$-Ions aufgefaßt werden; an derselben Stelle läge aber auch $v_1 + v_4 = 1761$ cm⁻¹ des $NO_3^-$-Ions.

Wie man aus Abb. 28 erkennt, tritt $v_4$ der $NO_3^-$ nur in den Modifikationen III, IV und V mit zunehmender Intensität auf. Die Intensität von $v_2$ nimmt von I bis V ab, die von $v_1$ und ebenso die bei 1760 cm⁻¹ gelegene Bande nehmen von I bis V zu. Die obige Zuordnung der $NO_3^-$-Grundschwingungen wird bestätigt durch Untersuchungen von R. Newman und R. S. Halford (*225a*), mit *polarisierter* Ultrarotstrahlung an $NH_4NO_3$- und $TlNO_3$-Einkristallen, die ersteren in den Zuständen III und IV, in denen die Lage der $NO_3^-$-Ionen zu den Kristallachsen bekannt ist. Sie ergeben die zu erwartende Abhängigkeit der $NO_3$-Banden vom Polarisationszustand. Andererseits sind die dem $NH_4^+$-Ion zuzuschreibenden Absorptionsbanden vom Polarisationszustand unabhängig, da sich die $NH_4^+$-Ionen im Zustand III und IV (oberhalb

—30° C!) bereits in ungeordneter Lage befinden, wie die oben erwähnten Untersuchungen von WAGNER und HORNIG gezeigt hatten.

## F. Die Verwendung polarisierter Strahlung zur Strukturbestimmung.

Mißt man die Ultrarotabsorption von orientierten Kristallen oder von teilweise oder ganz geordneten anderen Festsubstanzen mit polarisierter Strahlung, so verändern sich die Bandenintensitäten mit der Orientierung der Probe zum elektrischen Vektor des einfallenden Strahles. Die Intensität wird am größten, wenn die Richtung des Dipoländerungsvektors parallel zum elektrischen liegt. Aus der Intensitätsänderung von charakteristischen Frequenzen bestimmter Atomgruppen bei wechselnder Lage zur Polarisationsrichtung kann man also die Lage ihrer Bindungen gegenüber der optischen Achse von Kristallen oder gegenüber der Orientierungsrichtung von Fadenmolekeln bestimmen. Die zusätzliche Kenntnis von Bindungsabständen und Bindungswinkeln gestattet dann die vollständige Strukturaufklärung. Umgekehrt kann bei bekannten Strukturen eine Schwingungszuordnung der Spektren vorgenommen werden. Da jedoch die Kenntnis der Lage und Intensität von charakteristischen Banden oder von „Schlüsselfrequenzen" meist auf den Spektren niedermolekularer (gasförmiger oder flüssiger) Substanzen aufbaut, sich andererseits jedoch bei Wechsel des Aggregatzustandes des öfteren Lage- und Intensitätsänderungen von Banden beobachten lassen (siehe das vorige Kapitel) ist es notwendig, bei der Arbeit mit polarisierter Ultrarotstrahlung diese Einflüsse zu kennen. Infolgedessen beschäftigt sich eine Reihe von Autoren sowohl mit dem Einfluß der Temperatur und des Aggregatzustandes auf die Spektren als auch mit Polarisationsmessungen [siehe die schon besprochene Arbeit (*225a*)].

Verschiedene Autoren befassen sich in Fortsetzung älterer Arbeiten weiter mit Problemen der *anorganischen Chemie*. J. LOUISFERT (*192*), (*192a*) [s. auch (*173*)] untersucht z.B. im nahen Ultrarot die Struktur und die intermolekularen Bindungen des Wassers oder der OH-Gruppen in verschiedenen Silicaten (Zeolithe, Topas, Muskowit, Beryll, Brucit) und Sulfaten (Calcium-, Cadmium-, Zink-, Kupfersulfat).

Die ersten Versuche über die Verwendbarkeit polarisierter Ultrarotstrahlung bei der *Strukturaufklärung organischer Substanzen* sind von J. W. ELLIS und J. BATH (*79a*) (Pentaerythrit und Diketopiperazin) und später von H. W. THOMPSON und P. TORKINGTON (*330a*) (Polyäthylen, Polyisobutylen, Buna) unternommen worden. Die geringen Intensitätsunterschiede der Spektren bei paralleler und senkrechter Ausrichtung der Molekeln zur Polarisationsebene ließen noch keine einwandfreien Schlüsse auf die Orientierung bestimmter Gruppen zu.

Ab 1947 ist aber die Technik der Reflexions- und der Durchlässigkeitspolarisatoren und der Probenaufbringung auch für diese Probleme so weit entwickelt, daß die Arbeiten in rascher Folge erscheinen.

Mann und Thompson (*198a*) berichten über ihre Arbeit an Molekeln mit stark polaren Gruppen (C=O, N—H, O—H), die besonders deutlich auf die Polarisationsrichtung ansprechen. Im einzelnen werden behandelt: Acetanilid ($CH_3CO \cdot NH \cdot C_6H_5$), Phenylacetamid-methylcyanid ($C_6H_5 \cdot CH_2 \cdot CO \cdot NH \cdot CH_2 \cdot CN$), Benzamid ($C_6H_5 \cdot CO \cdot NH_2$), Diphenyl-azetylen ($C_6H_5 \cdot C{\equiv}C \cdot C_6H_5$), Benzil ($C_6H_5 \cdot CO \cdot CO \cdot C_6H_5$), Zimt- und Adipinsäure.

Abb. 29 zeigt die Spektren der drei erstgenannten Substanzen, von denen die des *Acetanilids* kurz besprochen werden sollen. Folgende Frequenzen sind zu betrachten: Die N—H-Valenzschwingung bei $3350\ \mathrm{cm^{-1}}$, die C=O-Valenzschwingung bei $1650\ \mathrm{cm^{-1}}$, die N—H-Deformationsschwingung bei $1550\ \mathrm{cm^{-1}}$. Es ist zu erkennen, daß die C=O- und N—H-Valenzfrequenzen stark sind, wenn die N—H-Deformationsfrequenz schwach ist (Abb. 30, 1A) und umgekehrt (Abb. 30, 1B). Dieses Verhalten ist zu erklären, wenn man eine Gruppierung

$$C=O \cdots H—N$$
$$N—H \cdots O=C$$

annimmt, in der durch die Ausbildung von Wasserstoffbrücken eine Ausrichtung der Molekeln stattgefunden hat.

Auch *Hexamethylbenzol*, *p-Dinitrobenzol* und *p-Nitranilin* spektroskopierten Mann und Thompson unter gleichen Bedingungen (*327c*). Beim p-Dinitrobenzol stimmen die Strukturbestimmungen nach den Röntgenaufnahmen und nach der Ultrarot-Polarisationsanalyse nicht vollkommen überein. Die $NO_2$-Gruppen sind nach letzterer etwas aus der Ringebene herausgedreht. Weiteres Material über die Stellung der Nitrogruppe zum substituierten Benzolring findet man bei Francel (*88*), der ebene Struktur für o-Nitrophenol, o-Nitroresorcin, o-Nitranilin und nichtebene für o-Nitrobrom- und -chlorbenzol findet, indem er vornehmlich die Intensitätsabhängigkeit der asymmetrischen $NO_2$-Valenzschwingung vom Vektor der einfallenden Strahlung mit der Intensitätsveränderung von Ringschwingungen vergleicht.

Ähnlich wie Pimentel und McClellan (*243*) in ihrer bereits zitierten Arbeit über das Naphthalin, untersuchen F. Halverson und R. J. Francel (*120a*) das *Malonitril* ($CH_2(CN)_2$) gasförmig, flüssig, in Lösung und fest (polarisiert und unpolarisiert), um auf diese Weise aus den Rotationsbandenumrissen, den Veränderungen in den Aggregatzuständen und in Lösung, sowie dem Verhalten in verschieden polarisiertem Licht die Zuordnung der Banden zu treffen. Aus den 15 Grundschwingungen bestimmen sie die thermodynamischen Daten und durch eine Normalkoordinatenrechnung die Kraftkonstanten.

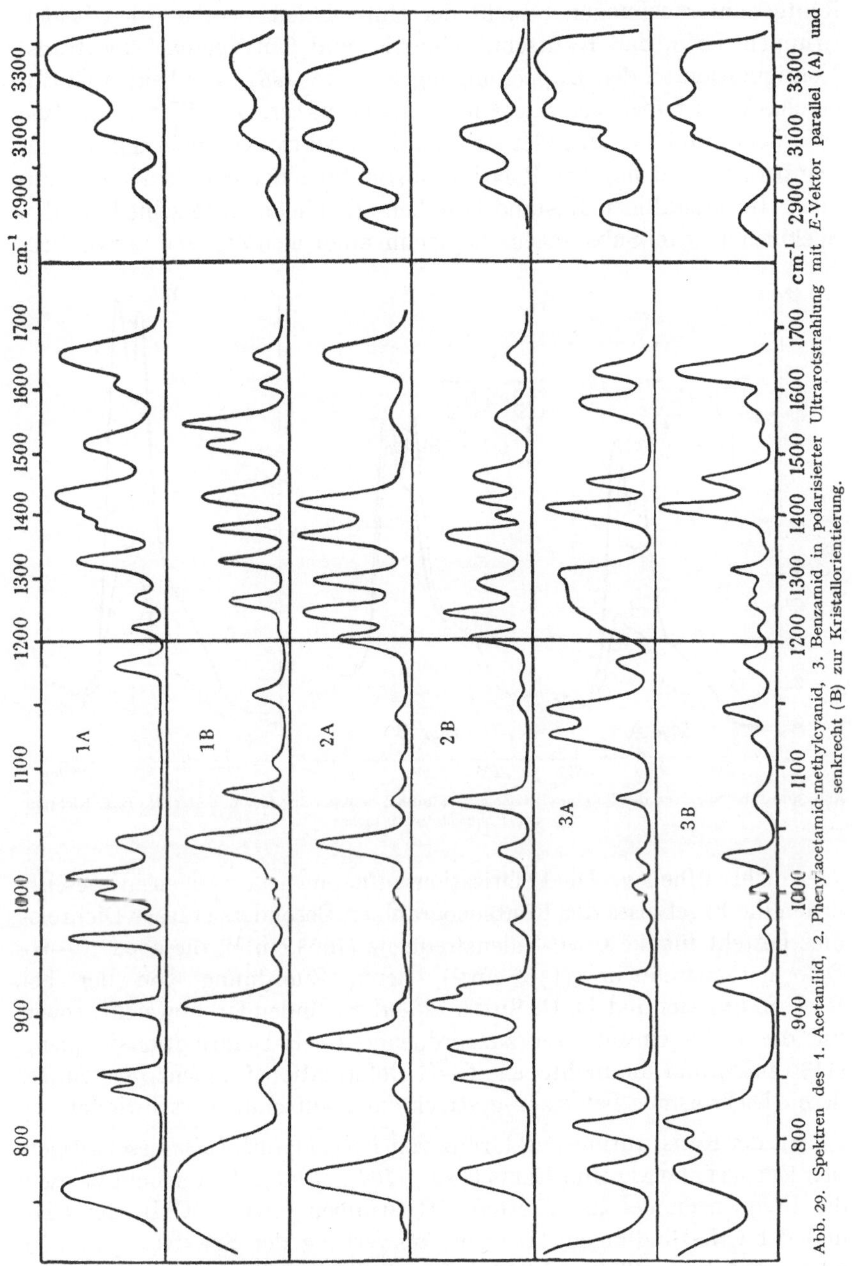



Abb. 29. Spektren des 1. Acetanilid, 2. Phenyl-acetamid-methylcyanid, 3. Benzamid in polarisierter Ultrarotstrahlung mit $E$-Vektor parallel (A) und senkrecht (B) zur Kristallorientierung.

Ein sehr interessantes Problem bearbeiten SUTHERLAND und JONES (*319*) bei der Strukturbestimmung von *Polyisoprenen*. Sie kommen in der Natur als Kautschuk und als α- und β-Guttapercha vor. Nach

Röntgenuntersuchungen besteht der Unterschied zwischen den beiden
Gruppen darin, daß Kautschuk eine cis- und Guttapercha eine trans-
Konfiguration an den Doppelbindungen besitzt (*40*). Die beiden Gutta-
percha-Arten haben verschiedene Kristallstruktur. Die Ultrarotanalyse
zwischen 5 und 15 μ gründet sich auf der Spektrenveränderung mit der
Temperatur und mit der Polarisationsrichtung der einfallenden Strah-
lung. Im kristallinen Zustand bestehen erhebliche Unterschiede in den
Spektren der drei Substanzen, die sich im amorphen Zustand verwischen,

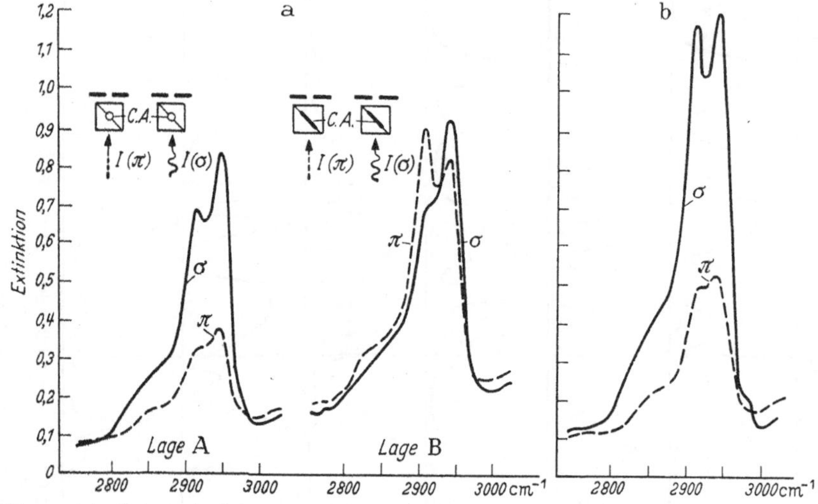


Abb. 30a u. b. Spektren des Polyvinylalkohols. a Fünfmal heiß gerollt; b heiß gestreckt. *C.A.* Richtung
der Kohlenstoffgerüstachse.

aber nicht aufheben. Die Polarisationsaufnahmen bestätigen im wesentlichen die Ergebnisse der Röntgenographie. Besonders starker Dichroismus besteht für die C=C-Valenzfrequenz (1665 cm⁻¹), die ebene C—H-
Deformationsfrequenz (1365 cm⁻¹), deren Zuordnung von der bei
R. A. Saunders und D. G. Smith (*283a*) zu findenden abweicht, sowie
für die nicht einwandfrei zuzuordnende C—H-Deformationsfrequenz
(1130 cm⁻¹) und die nichtebene C—H-Deformationsfrequenz (840 cm⁻¹),
deren Dichroismus bei stark gestrecktem Kautschuk verschwindet.

Mit der Konstitutionsaufklärung von *Polyvinylalkoholen* beschäftigen
sich Elliott, Glatt und Ellis (*78a*), (*104*), (*104b*). Untersucht werden
die Frequenzen der assoziierten OH-Gruppen (OH · · · OH), der CH-
und der CH₂-Bindungen. Bei der Auswertung der Spektren [Abb. 30
nach der Arbeit (*78a*) und Abb. 31 nach der Arbeit (*104b*)] werden die
Röntgenanalysen von Bunn und Peiser (*41*) und von Mooney (*218*),
sowie von Huggins (unveröffentlicht) herangezogen. Die Deutung
der OH-Banden (Grundschwingung und 1. Oberschwingung) macht

Schwierigkeiten. Nach den Ausführungen von AMBROSE u. a. (*78a*) zeigen die Grundschwingungen keinen Dichroismus. Nach (*104*) und der Arbeit (*104b*) ist er zu beobachten (Abb. 31). Er ist jedoch schwächer als nach den Röntgenanalysen zu erwarten war, wird durch andere Banden — besonders natürlich bei Anwesenheit letzter Reste Wasser — gestört und ist im 1. Oberton infolge starken Untergrundes nicht streng quantitativ bestimmbar. Die H-Atome können daher auf keinen Fall genau in der röntgenographisch sich ergebenden Richtung der O—O-Verbindungslinie liegen, wenn man die Deutung der Röntgenanalyse nicht von vornherein als fraglich ansehen will. Bei den $CH_2$-Bindungen ist bemerkenswert, daß die antisymmetrische (2945 cm$^{-1}$) und die symmetrische (2910 cm$^{-1}$) CH-Valenzschwingung sich in der parallel und senkrecht polarisierten Strahlung verschieden verhalten (s. Abb. 30, Lage B). AMBROSE und Mitautoren (*78a*) berechnen nach von ihnen aufgestellten Formeln schließlich noch für die beiden $CH_2$-Schwingungen die effektive Richtung des Dipolmomentes.

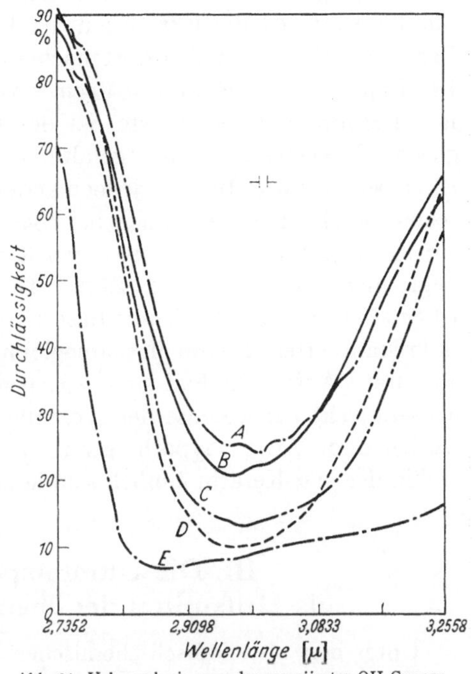



Abb. 31. Valenzschwingung der assoziierten OH-Gruppe in Polyvinylalkohol. *A* Ofengetrocknet, gerollt, *E*-Vektor ∥ zur Richtung des Ausrollens. *B* Wie *A*, *E*-Vektor ⊥ zur Richtung des Ausrollens. *C* Ofengetrocknet, gestreckt, *E*-Vektor ∥ zur Richtung des Streckens. *D* Wie *C*, *E*-Vektor ⊥ zur Richtung des Streckens. *E* Unorientiert, im Exsicator getrocknet, unpolarisierte Strahlung. Schichtdicken: *A*, *B* ~4 μ; *C*, *D* ~7 μ; *E* ~30 μ.

Auch die Strukturen verschiedener *Nylon-Arten* werden in der Grundschwingung (*78a*), (*104*) und in der 1. Oberschwingung [s. L. GLATT und J. W. ELLIS (*104a*)] der N—H · · · O- und der C=O-Bindung bestimmt. Die Spaltung der N—H · · · O-Bindung im Gebiete des Schmelzpunktes wird untersucht.

Die messende Verfolgung der Kettenfaltung von *Polypeptiden* und *Proteinen* durch Intensitätsbestimmungen der Banden 1550 cm$^{-1}$ (Grundschwingung, N—H-Deformation), 3305 cm$^{-1}$ (Grundschwingung, N—H-Valenz), 4840 cm$^{-1}$ (Kombinationston 1550+3305?) bei verschieden polarisierter Ultrarotstrahlung gelingt ELLIOTT und AMBROSE (*78*). Als Modellsubstanz verwenden sie das Poly-γ-benzyl-l-glutamat

$$\left[ \begin{array}{l} \mathrm{O}{=}\mathrm{C}\diagup \\ \mathrm{HC}{-}\mathrm{CH_2}{-}\mathrm{CH_2}{-}\mathrm{C} \diagup^{\displaystyle \mathrm{O}}_{\diagdown\,\mathrm{O}} \\ \mathrm{H}{-}\mathrm{N} \qquad\qquad\qquad \diagdown\,\mathrm{CH_2}{-}\mathrm{C_6H_5} \end{array} \right]_n \qquad n \approx 300.$$

Die Art des Lösungsmittels und die Art der Aufbringung der Substanz spielt eine große Rolle bei der Ausbildung gerichteter Filme. Bei gefalteter Kette ist die Extinktion der Frequenz 3305 cm$^{-1}$ in paralleler Lage des $E$-Vektors zu den Kettenachsen 14mal so groß als in senkrechter. Die Banden bei 1550 und 4840 cm$^{-1}$ verhalten sich umgekehrt. Auch in $\alpha$-Keratin (Schweineborste) ist der Dichroismus dieser Banden der gleiche. In gestreckten, nichtgefalteten Polypeptiden (z.B. Seidenfäden) ist er bei allen drei Banden jedoch gerade umgekehrt. Daher gibt allein schon die Messung der Bande bei 4840 cm$^{-1}$ eine Möglichkeit zwischen gefalteten ($\alpha$-Form) und gestreckten Ketten ($\beta$-Form) zu unterscheiden. [Vgl. hierzu K. H. Meyer (*212*).] Die obengenannte Modellsubstanz ist gefaltet. Die anschließende Bestimmung der N—H-Bindungsrichtung in kristallisiertem Pferde-Methämoglobin gibt noch kein abgeschlossenes Resultat. Auf jeden Fall sind jedoch die N—H-Bindungen eher längs als senkrecht zur $a$-Achse der Kristalle gerichtet. Damit läßt sich mit Vorbehalt die Arbeitshypothese stützen, daß die Primärfaltung in Hämoglobin der in $\alpha$-Keratin ähnlich sein könnte.

## III. Die Ultrarotspektroskopie als Hilfsmittel der chemischen Analyse.

Unter den physikalisch-chemischen Analysenverfahren, die als Ergänzung chemischer Methoden in wachsendem Maße auch dem Chemiker als Hilfsmittel vertraut werden, wird die Molekülspektroskopie seit den dreißiger Jahren in zunehmendem Maße angewendet. Mit der Leistungsfähigkeit der notwendigen Geräte stieg die Zahl der Anwendungsmöglichkeiten.

In den USA. dürften derzeit etwa 4000 bis 5000 Ultrarot-Apparaturen der verschiedensten Entwicklungsstufen in den Hochschul- und Industrie-Laboratorien für die Grundlagenforschung und die Betriebskontrolle eingesetzt sein. Schwerpunkte spektroskopischer Analytik bildeten sich anfangs z.B. in der Erdöl-Industrie (*32*) und in den Forschungsgemeinschaften des Penicillin-Programms (*254*), (*256*). Das Ergebnis dieser Arbeiten waren grundlegende Spektren-Kataloge mit über 350 (*254*) und über 1300 (*5*), Spektren. Siehe auch (*279*). Für eine erste Orientierung steht in Deutschland die Sammlung in der Neuauflage des Landolt-Börnstein [(*171*), S. 354ff.] zur Verfügung. Vorarbeiten für eine einheitliche Regelung der Spektrendokumentation in Deutschland sind im Rahmen des wissenschaftlichen Beirats des Instituts für Spektrochemie und angewandte Spektroskopie in Dortmund aufgenommen worden.

In den USA. ist wegen der Fülle der spektroskopischen Arbeiten die Spektren-Sammlung bereits Sache eines Komitees an der Ohio State Universität, das jetzt vom National Research Council übernommen ist. (Nat. Bur. Standards.)

In Anbetracht des umfangreichen Materials können selbst die Arbeiten eines begrenzten Zeitabschnittes nur nach mehr oder weniger subjektiven Interessen und Erfahrungen der Referenten ausgewählt und behandelt werden.

Die Übersicht soll nach folgenden Gesichtspunkten gegliedert werden:

Grundlagen der analytischen Anwendung der UR-Spektroskopie.

Strukturanalyse von Reinsubstanzen.

Qualitative Analyse von Mehrkomponentengemischen.

Quantitative Analyse von Mehrkomponentengemischen.

## A. Grundlagen der analytischen Anwendung der Ultrarotspektroskopie.

Die bisher behandelten Methoden der Strukturbestimmung von Molekeln müssen sich wegen der ungenügenden Kenntnis der innermolekularen Wechselwirkungen in vielatomigen Molekeln, der sich damit ergebenden Unsicherheit der mathematischen Ansätze und der auch für verhältnismäßig übersichtliche Molekeln langwierigen Rechenoperationen im allgemeinen auf niedermolekulare und möglichst symmetrische Substanzen beschränken. Das Benzolproblem forderte bereits eine erhebliche Anzahl von Jahren zu seiner Lösung. Die völlige Berechnung des Naphthalins wäre noch möglich. Die Ergebnisse würden jedoch den notwendigen Zeitaufwand nicht mehr rechtfertigen. Das $\beta$-Hexachlorcyclohexan, $C_6H_6Cl_6$, mit völlig symmetrischem Aufbau seiner 18 Atome wurde vor kurzem von Mecke (*210*) berechnet. Er bezeichnete das Ergebnis dabei selber als Grenze des heute Erreichbaren. Für die nicht mehr streng mathematisch vorgehende Strukturanalyse aller den Chemiker interessierenden natürlichen oder auf synthetischem Wege hergestellten Substanzen mußte daher ein anderer Weg gefunden werden, der sich aus der klassischen Molekülspektroskopie ergab.

### 1. Bestimmung von Schlüsselfrequenzen.

Grundlegend für alle analytischen Anwendungen der Molekülspektroskopie ist die Tatsache, daß jede Molekel ein für sie charakteristisches Spektrum mit einer bestimmten Lage und Intensität der Banden besitzt („Fingerabdruck"). Man kann also allgemein sagen:

Molekeln verschiedener Konstitution einschließlich der Stellungsisomeren (nicht Stereoisomeren!) besitzen verschiedene Spektren.

Molekeln gleicher Konstitution haben verschiedene Spektren, wenn die Massen der sie aufbauenden Atome verschieden sind.

Atomgruppen gleicher Konstitution und Masse geben in verschiedenen Molekeln bei starker Polarität oder bei geringer Kopplung und großem Masseunterschied gegenüber den Nebengruppen gleiche oder ähnliche Spektren.

Auf Grund der letzten Tatsache wurden schon frühzeitig in der Molekülspektroskopie lagekonstante „charakteristische" Frequenzen festgestellt. Die Zuordnung zu bestimmten Bindungen und Schwingungsformen interessiert den Analytiker nur am Rande. Er kann für seine Zwecke auch Frequenzen als kennzeichnend für bestimmte Gruppierungen verwenden, deren Zuordnung ungesichert ist. Sie werden im folgenden als „Schlüsselfrequenzen" (in der Literatur auch als „Gruppenfrequenzen") bezeichnet.

Die Festlegung derartiger Schlüsselfrequenzen auf der Grundlage zugeordneter charakteristischer Frequenzen der Spektren und der empirisch festgestellten Gesetzmäßigkeiten in dem vorliegenden Spektrenmaterial war und ist eine der Hauptaufgaben des chemisch-analytisch arbeitenden Spektroskopikers. Die Bedeutung der charakteristischen Schwingungen schildert Goubeau (*114a*) für die Raman-Spektroskopie. Seine Ausführungen gelten in gleicher Weise für die UR-Spektroskopie, so daß bis zu einem gewissen Umfange die Ergebnisse ramanspektroskopischer Messungen vom Ultrarot-Spektroskopiker mit verwertet werden können [siehe z. B. den Abschnitt: Raman-Spektren von organischen Substanzen in (*164*)]. Die empirische Bestimmung von Schlüsselfrequenzen läßt sich am besten an homologen Reihen vornehmen. Eine Reihe von Arbeiten, auf denen tabellarische Aufstellungen von Schlüsselfrequenzen aufgebaut werden können, werden im folgenden genannt.

**a) Paraffine.** Auf die Schwingungszuordnung von Paraffinspektren durch Rasmussen (*257a*) und Mitarbeiter wurde bereits näher eingegangen. Vor allen Dingen kann aber hier wie bei allen anderen Kohlenwasserstoffen der Spektrenkatalog des American Petroleum Institute (*5*) herangezogen werden. Eine in qualitativen wie quantitativen Angaben außerordentlich eingehende Arbeit haben für Paraffine, Olefine und Aromaten McMurry und Thornton (*222*) geschrieben, auf die nachdrücklich hinzuweisen ist.

Vornehmlich sind es drei Bereiche, in denen analytisch aufschlußreiche Banden von Alkylgruppen liegen:

1. 2850 bis 2960 cm$^{-1}$. Im Mittel zeigen dabei $CH_3$-Gruppen bei 2960, $CH_2$-Gruppen bei 2925 und CH-Gruppen bei 2880 cm$^{-1}$ Banden

[s. S. H. HASTINGS und Mitautoren (*125*), sowie A. POZEFSKY, E. L. SAIER, N. D. COGGESHALL (*251*)].

2. 1340 bis 1380 cm$^{-1}$. Hier liegen Schlüsselfrequenzen der $CH_3$-Gruppen, aus deren Intensität Rückschlüsse auf den Verzweigungsgrad gezogen werden können.

3. 700 bis 800 cm$^{-1}$. Die Lage dieser Banden ist veränderlich mit der Zahl der $CH_2$-Gruppen. Eine einzelne $CH_2$-Gruppe (Äthyl-) macht sich durch eine Bande bei 770 cm$^{-1}$ bemerkbar, die weiter auf 740 (Propyl-), 728 (Butyl-), 725 (Amyl-) und schließlich auf 723 cm$^{-1}$ (Hexyl-

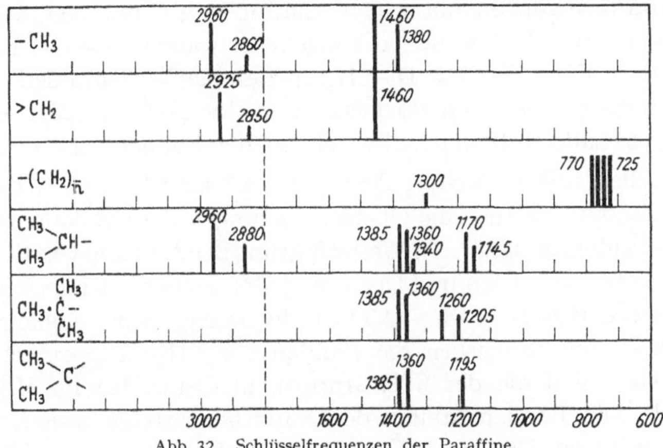

Abb. 32. Schlüsselfrequenzen der Paraffine.

und längere Ketten) absinkt. Eine Bestätigung der Bandenlage für die n-Butylgruppe geben ST. E. WIBERLEY und L. G. BASSET (*355a*) aus den Spektren der verschiedensten Substanzen.

Die $CH_3$-Frequenz ist scharf mit unterschiedlicher Intensität. Sie spaltet in der Isopropyl- (1380 + 1365 cm$^{-1}$) und in der tertiären Butylgruppe (1385 + 1360 cm$^{-1}$) auf. Darüber hinaus sind für die Isopropylgruppe kennzeichnend 1340 (sw), 1170 (st), 1145 (m) und für die tertiäre Butylgruppe: 1260 (st), 1205 (m) (Abb. 32).

Nicht nur aus der Absolutintensität, sondern besonders aus dem Intensitätsverhältnis von Schlüsselfrequenzen der $CH_2$- zu Schlüsselfrequenzen der $CH_3$-Gruppen können Aussagen über den Verzweigungsgrad von Alkylketten gemacht werden. (*330*), (*61*) zeigen dieses Verfahren z.B. in der Anwendung auf Polyäthylen, während in (*346*) bei der Analyse höherer Erdölfraktionen davon Gebrauch gemacht wird.

Da die genannten Schlüsselfrequenzen oft sehr nahe beieinander liegen und auch durch Banden anderer Atomgruppen gestört werden, ist ein Arbeiten mit hoher Dispersion (z.B. LiF- oder $CaF_2$-Prisma bei 3000 cm$^{-1}$) notwendig. Die besonders starken und bei der Kohlenwasserstoffanalyse

außerordentlich störenden Überlagerungen durch Naphthenbanden kann
Francis (*89*) durch Arbeiten mit einem Gitterspektrographen erfolgreich
überwinden. Bei dieser Methodik kann er folgende Schlüsselbanden
trennen: 1467 cm$^{-1}$ für CH$_2$-Gruppen in Paraffinen, 1460 cm$^{-1}$ für diese
Gruppen in Cyclopentanringen und 1450 cm$^{-1}$ in Cyclohexanringen.
Dabei ist die Auswertung der Cyclopentanbande nicht einfach, während
Cyclohexanringe auch noch in Molekeln mit 40 C-Atomen nachweis-
bar sind.

Darüber hinaus ist zu beachten, daß durch substituierende Hetero-
atome Bandenverschiebungen auftreten können. So verlagern sich die
CH-Valenzschwingungen unter dem Einfluß von Halogenen, besonders
Fluor, zu höheren Wellenzahlen. Umgekehrt wandert die CH-Bande in
der Reihe N—CH$_3$, C—CH$_3$, D—CH$_3$ zu tieferen Wellenzahlen. In der
bereits zitierten Arbeit von Pozefsky und Coggeshall (*251*) wird der
Einfluß von Sauerstoff und Schwefel auf die Bandenlage verfolgt.

Durch die „Selbstreinigung der Spektren" sind für die Analyse von
Kohlenwasserstoffen auch die Oberschwingungen der CH-Valenzschwingungen besonders geeignet. In Weiterführung der Arbeiten von E. W. Rose (*272a*) haben Hibbard und Cleaves (*134*) mittlere Bandenlagen und
Extinktionskoeffizienten der 2. Oberschwingung von Kohlenwasserstoffen bestimmt. So liegen die Banden der CH$_2$-Gruppen im Mittel
bei 8235 cm$^{-1}$ und die der CH$_3$-Gruppen in Paraffinen im Mittel bei
8360 cm$^{-1}$. Die Bandenmaxima der Naphthene treten zwischen 8375
(Cyclopentyl) und 8400 cm$^{-1}$ (Cyclohexyl) auf, während die CH-Bande
von Benzolverbindungen im Mittel bei 8710 cm$^{-1}$ eingesetzt werden kann.

Die Anwendbarkeit dieser ursprünglich auf Kohlenwasserstoffe bis
C$_{18}$ beschränkten Methode wurde von Evans, Hibbard und Powell (*83*)
mit bemerkenswertem Erfolg auf Kohlenwasserstoffe bis C$_{34}$ (Mineralöle,
Festparaffin, Polystyrol) ausgedehnt. Unter Verwendung der eigenen
und der Suhrmannschen Messungen (*316a*) im Gebiet der 2. und 3. CH-
Oberschwingung haben Lippert und Mecke (*185*) Lage und integralen
Extinktionskoeffizienten der CH-Valenzschwingung für verschiedene
Körperklassen in instruktiven Diagrammen zusammengestellt. Die
Deutungsversuche der gefundenen Gesetzmäßigkeiten stehen in den
ersten, teilweise noch qualitativen Ansätzen (Abb. 33 u. 34).

**b) Olefine.** Für Olefinspektren können Ergebnisse von Rasmussen (*257*) (*257b*), Gore und Johnson (*114*), E. R. Blout, M. Fields
und R. Karplus (*28b*), E. C. Creitz und F. A. Smith (*60b*), G. F. Woods
und L. H. Schwartzman (*362a*), C. S. Marrel und J. L. R. Williams
(*200a*) herangezogen werden.

Zusammenfassend trugen vor kurzem Saier, Pozefsky und Coggeshall (*281*) sowie Stroupe (*315*) über die Gruppenanalyse von Olefinen

vor. Die in dem Bereich von 1600 bis 1700 cm$^{-1}$ liegenden Schlüsselbanden sind oft nicht sehr ausgeprägt, so daß ihnen, abweichend von

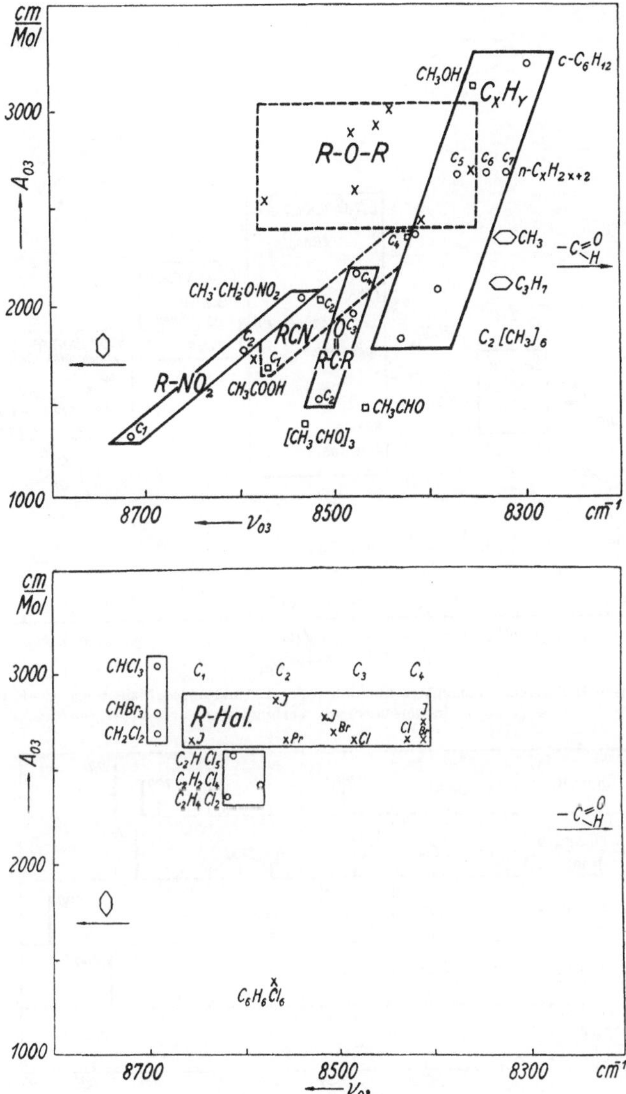

Abb. 33. 3-ν-CH-Banden. Bandenlage und integraler Extinktionskoeffizient pro C—H-Bindung
in verschiedenen Verbindungen.

den Schlüsselfrequenzen der RAMAN-Spektren, meist die Banden zwischen 800 und 1000 cm$^{-1}$ vorgezogen werden. 1-Olefine besitzen hier
zwei Banden bei 910 und 990 cm$^{-1}$. trans-2-Olefine zeigen eine Schlüsselbande bei 970 cm$^{-1}$, während die der cis-2-Olefine um 700 cm$^{-1}$ liegt.

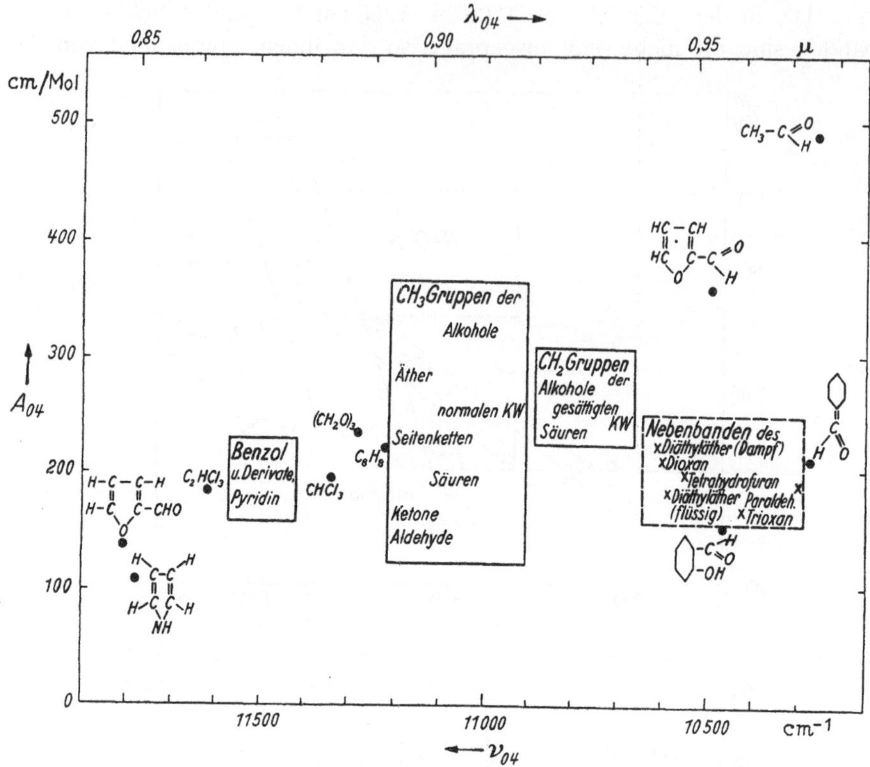

Abb. 34. 4-ν-CH-Banden. Bandenlage und integraler Extinktionskoeffizient pro C—H-Bindung in verschiedenen Verbindungen.

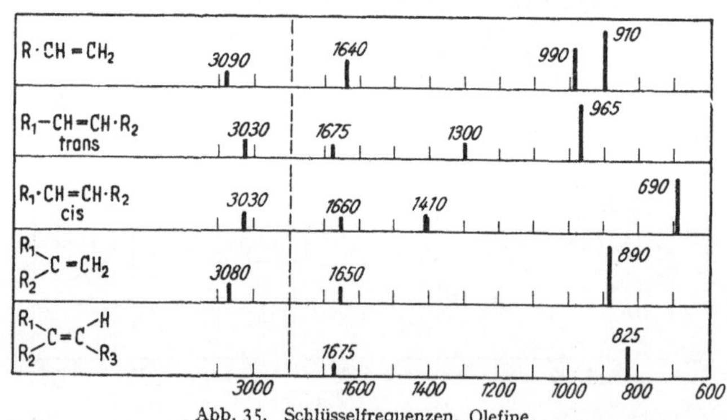

Abb. 35. Schlüsselfrequenzen, Olefine.

Asymmetrisch zweifach alkylierte Olefine sind an einer Bande bei 890 cm$^{-1}$ und dreifach alkylierte Olefine an Banden zwischen 800 und 850 cm$^{-1}$ erkenntlich (Abb. 35).

Direkt an der Doppelbindung stehende polare Substituenten beeinflussen die Lage der Olefinbanden je nach ihrer Polarität [siehe z.B.

(*126*)]. Konjugation mit aromatischen Systemen erniedrigt die Frequenzen zwischen 1600 und 1700 cm$^{-1}$ um etwa 20 cm$^{-1}$, Konjugation mit olefinischen Doppelbindungen um 20 bis 40 cm$^{-1}$. Eine „totalsymmetrische" Doppelbindung (z.B. Hexen-3 oder Tetramethyläthylen) ist in diesem Gebiet ultrarot-inaktiv. Sie kann also nur RAMAN-spektroskopisch nachgewiesen werden.

Infolge der gegenseitigen Beeinflussung liegen die Schlüsselfrequenzen kumulierter Doppelbindungen mehr im Bereich der Dreifach-, als im Bereich der Zweifachbindungen (ALLEN: 1980 und 1031 cm$^{-1}$).

**c) Acetylene.** J. H. WOTIZ, F. A. MILLER und R. J. PALEHAK verfolgen in den Spektren verschieden substituierter Acetylenverbindungen die Lage der C≡C-Bande (*363*), (*363a*). Sie liegt bei den monosubstituierten Derivaten bei etwa 2100 cm$^{-1}$ und bei disubstituierten Substanzen zwischen 2210 und 2280 cm$^{-1}$. In den Propargylalkoholen und -bromiden tritt noch eine starke, bisher nicht zuzuordnende Linie zwischen 1600 und 1740 cm$^{-1}$ auf. Auch Cycloacetylene [Cyclononin und Cyclodecin (*28*)] haben in dem letztgenannten Bereich ihre Schlüsselfrequenzen.

**d) Naphthene.** Unterlagen über Gesetzmäßigkeiten in den Spektren von Cyclopropanverbindungen finden sich außer in etwas älteren Arbeiten von J. D. BARTLESON und R. E. BURK (*22*), sowie von F. E. CONDON und D. E. SMITH (*50a*) neuerdings in der Zusammenstellung von WIBERLEY und BUNGE (*355*). Bei 890, 1010, 3025 und 3095 cm$^{-1}$ liegen die gemeinsam für eine Analyse auszuwertenden Schlüsselbanden.

J. M. DERFER, E. E. PICKETT und C. E. BOORD (*73a*) beschäftigen sich neben Alkylcyclopropanen auch mit Alkylcyclobutanen und schlagen für die Bestimmung der Cyclobutylgruppe eine Bande zwischen 910 und 930 cm$^{-1}$ vor.

Sämtliche für Cyclopentan ableitbare Schlüsselfrequenzen werden mehr oder weniger von den Banden anderer Kohlenwasserstoffe überlagert. In erster Linie wird die Bande bei 900 cm$^{-1}$ diskutiert. Hier findet sich stets auch eine kräftige Bande des Cyclohexans. E. K. PLYLER und N. ACQUISTA (*248a*) untersuchen eingehend den Bereich um 2950 cm$^{-1}$. Bei 2960 cm$^{-1}$ liegt die Bande der Methylgruppe. Auch die von FRANCIS (*89*) vorgeschlagene Frequenz (1460 cm$^{-1}$) ist, wie bereits erwähnt wurde, für Analysenzwecke nicht gut brauchbar, selbst wenn man von den apparativen Erfordernissen einmal absieht.

Solange man sich auf Kohlenwasserstoffe beschränkt, liegen die Verhältnisse für die Cyclohexylgruppe günstiger, da in diesem Fall eine Bande bei 1260 cm$^{-1}$ mit gutem Erfolg ausgewertet werden kann. Ungünstiger wird es auch hier, wenn z.B. die Halogenderivate betrachtet werden, dann treten in diesem Bereich wie bei den anderen Cycloparaffinen zusätzliche Banden auf (*269*). Das Problem der Naphthene ist also auch ohne Berücksichtigung der möglichen Isomeren bei mehrfach substituierten Cyclohexanen noch keineswegs restlos befriedigend gelöst (Abb. 36).

Cyclopenten- und Cyclohexenderivate sind nach den Gesichtspunkten der entsprechenden offenkettigen Olefine zu behandeln (*81*). Für Terpene sollen nur einige Literaturstellen als Anhaltspunkte gegeben werden [H. W. Thompson und D. H. Whiffen (*330b*)], [D. Barnard, G. B. B. M. Sutherland und andere Mitautoren (*17c*)], [R. L. Frank und R. B. Berry (*89b*)], [J. D. Roberts und Mitarbeiter (*268*)].

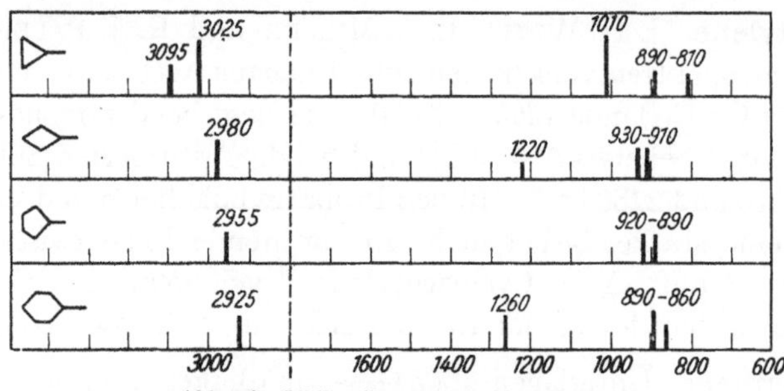

Abb. 36. Schlüsselfrequenzen, Naphthene.

**e) Aromaten.** Alkylbenzole (*73*), (*172*), (*244*), (*340*) und Alkylnaphthaline in den Grundschwingungen (*195*), (*243*), (*219*) und in den Oberschwingungen (*280*) sind auch in den letzten Jahren noch von verschiedenen Autoren gemessen worden.

Die C=C-Gerüstschwingungen des Phenylkernes bei 1500 und 1600 cm$^{-1}$ sind mittel bis stark, je nach Art der Substituenten. Sie liegen in para-disubstituierten Benzolen höher als in ortho- oder meta-disubstituierten. Auch bei höher substituierten Benzolen ist eine Erhöhung der Frequenzlage zu beobachten, sobald Substituenten para-Stellungen besetzen. Zwischen 1750 und 1950 cm$^{-1}$ liegen Schlüsselfrequenzen mittlerer Stärke, die für analytische Zwecke nützlich sein können, da sie durch Banden anderer Substanzgruppen verhältnismäßig wenig überlagert werden. Die zwischen 690 und 880 cm$^{-1}$ liegenden Schlüsselfrequenzen sind dagegen trotz ihrer Stärke weniger brauchbar, da sie in das Gebiet der Alkylbanden fallen, die bei Kohlenwasserstoffen fast immer vorhanden sein werden. Young u. a. (*365*) haben für Schlüsselfrequenzen der verschiedenen Benzolsubstitutionstypen ein Schema aufgestellt (Abb. 37).

Nielsen, Bruner und Swanson (*228a*) haben Untersuchungen an Eikosanen durchgeführt, die in 1-, 2-, 3-, 4-, 5-, 7- und 9-Stellung durch Phenyl- und durch Cyclohexylringe substituiert waren. Die sich in der Bandenlage (z. B. durch Aufspaltungen) oder in der Intensität ergebenden Unterschiede der Spektren verwischen sich um so mehr, je weiter der

Substituent in die Mitte der Kette rückt. 1-Derivate sind erwartungsgemäß an der geringen Intensität der $CH_3$-Schlüsselfrequenz bei 1380 cm$^{-1}$ zu erkennen, da nur eine $CH_3$-Gruppe zu ihr beiträgt. Für weitere Einzelheiten sei auf das Original verwiesen. Die Veränderung der bei 1600 cm$^{-1}$ und bei 900 cm$^{-1}$ liegenden Banden durch Verzerrung der Phenylenringe in Brückenverbindungen von p-Alkylen-diphenylenen (Paracyclophane) behandeln Cram und Steinberg (57).

Auch für Naphthalinderivate lassen sich eine Reihe markanter Schlüsselfrequenzen angeben. In 1-Stellung substituierte Substanzen unterscheiden sich dabei merklich von 2-Derivaten. Die C=C-Gerüstschwingungen liegen für 1-Naphthaline bei 1515 und 1600 cm$^{-1}$, für 2-Naphthaline sind sie bei 1500, 1600 und (in 2-Alkylverbindungen) 1640 cm$^{-1}$ zu finden. Die stärkste Bande der Stammsubstanz selber bei 1380 cm$^{-1}$ wird zwar bei Substitution durch Alkylgruppen teilweise überlagert, ist aber doch so stark, daß sie auch dann charakteristisch ist. Sie liegt in den 1-Verbindungen etwa in der gleichen Höhe wie beim Naphthalin und sinkt in den 2-Derivaten um etwa 20 cm$^{-1}$ ab. Schließlich sind noch Bandengruppen zwischen 750 und 820 cm$^{-1}$ zu erwähnen. Sie haben in 1-Naphthalinen ausgeprägte Maxima bei 770 und 800 cm$^{-1}$ und in 2-Naphthalinen bei 750 (790) und 820 cm$^{-1}$.

Die Gesetzmäßigkeiten für mehrfach substituierte Naphthaline (5) sind bei den Ultrarotspektren noch nicht zusammengestellt. Anthracen- und Phenanthrenverbindungen wurden in der letzten Zeit im Zusammenhang mit der cancerogenen Wirkung von polycyclischen Kohlenwasserstoffen durch S. Orr und H. W. Thompson (327b), sowie A. Pacault und J. Lecomte (234b) gemessen; die Autoren verweisen auf weitere Arbeiten.

**f) Halogenverbindungen.** Die aus Ultrarotspektren abgeleiteten Schwingungsfrequenzen der Kohlenstoff-Halogenbindungen sind ultrarot und Raman-aktiv. Daher bringt z.B. eine Arbeit von F. S. Mortimer, R. B. Blodgett und F. Daniels (27b) keine neuen Erkenntnisse über die Lage der C—Br-Banden zwischen 500 und 700 cm$^{-1}$, die unter anderen schon J. Goubeau (114a) an Hand von Raman-Untersuchungen eingehend diskutiert. 652 und 724 cm$^{-1}$ für Chlor-, 563 und 644 cm$^{-1}$ für Brom- und 503 und 594 cm$^{-1}$ für Jodderivate gibt

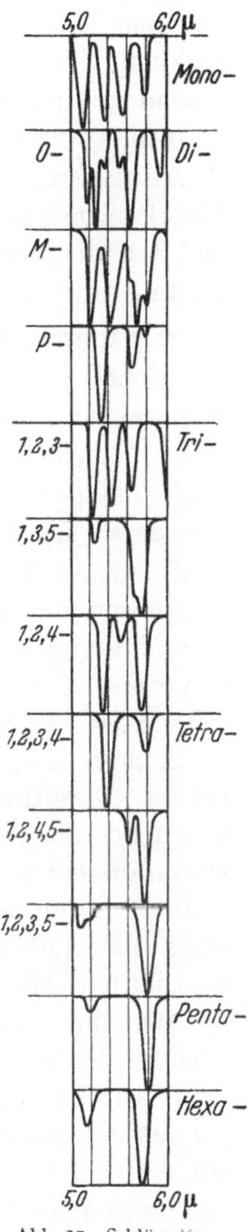


Abb. 37. Schlüsselfrequenzen der verschiedenen Benzolsubstitutionstypen.

Kohlrausch [(*164*), S. 234 ff.] als Frequenzlagen der C—X-Schwingungen an. Auch ihre Veränderung bei Substitution an sekundären und tertiären C-Atomen wird dort behandelt. Sie sinken dabei etwas ab, während der Eintritt mehrerer Halogene am gleichen C-Atom einen merklichen Anstieg zur Folge hat. Besonders stark fällt das bei den durch die Entwicklung der Chemie fluorierter Kohlenwasserstoffe in der letzten Zeit besonders eingehend untersuchten C—F-Banden auf ($\geqslant$C—F: 1000 bis 1100 cm$^{-1}$; $>$CF$_2$ und —CF$_3$: 1200 bis 1350 cm$^{-1}$) (*304a*).

Als Beispiele für Messungen der Spektren von Halogen-, speziell Fluorkohlenstoffen, seien eine Arbeit über Hexadekafluorheptan (*232*) und Arbeiten von Hauptschein und Mitarbeitern (*127*), (*128*) genannt. Weitere Literatur ist dort zu finden.

**g) Sauerstoffverbindungen.** Über die Lage der Schlüsselfrequenzen funktioneller Gruppen der Sauerstoffverbindungen liegt erhebliches Material vor. Eine Festlegung der Banden in engen Grenzen ist meist nicht möglich, da zwischenmolekulare Wechselwirkungen in stärkerem Maße mitspielen als bei den bisher behandelten Verbindungsklassen. Die dabei im Vordergrund stehende Frage der Wasserstoffbrücken wird an späterer Stelle näher behandelt. Neben den Schlüsselfrequenzen der funktionellen Banden und ihren zwischenmolekularen Beeinflussungen interessiert auch das Verhalten der substituierten Molekülrümpfe, unter denen besonders die Alkyle und Alkenyle eingehend untersucht wurden.

Schlüsselfrequenzen von Alkoholen (*11*), (*305*), Phenolen (*96*), (*97*) (*161a*), Naphtholen (*115*), Phenanthrolen (*70*) und Kohlehydraten lassen sich aus Arbeiten mit den verschiedensten Zielsetzungen ableiten. Durch die benachbarten Molekülgruppen in verschiedenem Umfang beeinflußt, liegen die OH-Valenz-Banden entassoziierter Alkohole zwischen 3500 und 3700 cm$^{-1}$ und sinken bei gleichzeitiger Verbreiterung in assoziierten Alkoholen zu längeren Wellen ab.

Auch die Lage der C—O-Valenz-Banden ist von der Art und der Konstitution der Nebengruppen abhängig. Bei einfach gebundenem, primärem Kohlenstoff treten sie im Mittel bei 1040 cm$^{-1}$ auf und verschieben sich bei sekundären C-Atomen auf 1110 cm$^{-1}$ und bei tertiären C-Atomen auf 1160 cm$^{-1}$. Bei doppeltgebundenem Kohlenstoff liegen sie zwischen 1200 und 1250 cm$^{-1}$ (*368*). Bei Ätherbrücken ist die Bandenlage stark von der Brückenspannung abhängig (*20a*).

Die Carbonylbindung wird allgemein in der Arbeit von E. J. Hartwell, R. E. Richards und H. W. Thompson (*124a*) behandelt. Unterlagen über Ketten- und Ringketone finden sich in (*21*), (*257b*), (*297*), (*309*).

Die bei 1715 bzw. 1720 cm$^{-1}$ liegenden C$=$O-Banden der Ketone und Aldehyde erniedrigen sich durch Konjugation um 30 bis 35 cm$^{-1}$. Sie verschieben sich durch intra- und intermolekulare Beeinflussungen. So kann die C=O-Frequenz des Acetons z.B. durch Entassoziation auf 1740 cm$^{-1}$ ansteigen, in anderen aliphatischen Ketonen verändert sie sich infolge sterischer Hinderung oder infolge Masseneinflusses der Nebengruppen weniger. Auch Ringspannung (etwa in Cyclopentanen oder in Brückenstrukturen) erhöht die Bandenlage.

In Fettsäuren (*2b*), (*311*) liegt die Hauptbande (assoziierter Zustand) bei 1700 cm$^{-1}$ und zwar bei gerader Zahl der C-Atome etwas tiefer (1698) als bei ungerader Zahl (1705) (*301*). Sie steigt bei Estern auf etwa 1735 cm$^{-1}$ und bei Anhydriden auf 1750 bis 1800 cm$^{-1}$ an. Während sie bei den Spektren fester Säuren die einzige Bande bleibt, tritt bei flüssigen oder gelösten Säuren daneben noch eine schwache Bande bei 1760 cm$^{-1}$ auf, die dem entassoziierten Zustand zugeschrieben wird. Die C—O-Banden von Säuren liegen zwischen 1200 und 1300 cm$^{-1}$, sinken in Estern auf 1150 bis 1200 cm$^{-1}$ ab und spalten in Teilbanden bei 1180 und 1280 cm$^{-1}$ auf, wenn die Carboxylgruppe in Estern mit C=C-Gruppen konjugiert ist (z.B. in Acrylaten).

FLETT (*85*) behandelt die Lage charakteristischer Banden der Carboxylgruppe zusammenfassend. Die Abhängigkeit der Lage und des molaren Extinktionskoeffizienten des Estercarbonyls von den Nebengruppen untersuchen R. R. HAMPTON und J. E. NEWELL (*120b*) an etwa 20 Beispielen [s. auch (*310b*)].

JONES und Mitautoren haben eine Reihe sehr interessanter Untersuchungen über die Analyse gesättigter und ungesättigter Fettsäuren durchgeführt (*147*), (*302*). Sie kommen dabei zu dem Schluß, daß die spektralen Unterschiede bei den höheren Fettsäuren und Fettsäureestern verschiedener Kettenlänge im flüssigen Zustand zu gering sind, um darauf eine Analyse zu gründen, daß sie dagegen bei tiefen Temperaturen stärker hervortreten. Letzten Endes spielen dabei aber nicht mehr die Banden der funktionellen Gruppen, sondern weit mehr die Banden der Alkyle die Hauptrolle. So kann z.B. die Kettenlänge aus der Intensität der Bande bei 725 cm$^{-1}$ hergeleitet werden. Erwähnenswert ist noch, daß diese Autoren erstmalig systematisch einer Bandenreihe nachgingen, deren Maxima bei geraden Ketten über C$_{12}$ mit gleichen Abständen zwischen 1180 und 1300 cm$^{-1}$ liegen. Mit steigender Kettenlänge nimmt die Zahl dieser (CH-Deformations-)Banden von 3 bei C$_{12}$ auf 9 bei C$_{21}$ zu (Abb. 38). Eine zusammenfassende Übersicht über den Nachweis verzweigter, sowie ungesättigter Fettsäuren gibt FREEMAN (*91*), (*91a*).

Um die Struktur von Aluminiumseifen aufzuklären, messen HARPLE, WIBERLEY und BAUER (*122*) die Spektren derartiger Verbindungen in Vergleich zu den entsprechenden Fettsäuren. Die C=O-Frequenz ist auf 1595 cm$^{-1}$ abgesunken. „Tri"-Seifen des Aluminiums sind nicht zu finden, wohl aber Di-Seifen und Mono-Seifen.

Aus den verschiedensten Gründen ist heute auch die Erfassung der Zwischenprodukte bei der Kohlenwasserstoffoxydation von Interesse.

J. E. Field, J. O. Cole und D. E. Woodford (*83a*), sowie Shreve und Mitarbeiter (*295*) beschäftigen sich mit den Nachweismöglichkeiten von Epoxyverbindungen (Äthylenoxydstruktur) der Olefine, ungesättigter Alkohole und ungesättigter Fettsäuren. Schlüsselfrequenzen der endständigen „Oxirane" liegen zwischen 830 und 910 cm$^{-1}$, der ungesättigten cis-Alkohole und -Säuren bei 835 und 850 cm$^{-1}$, der ungesättigten

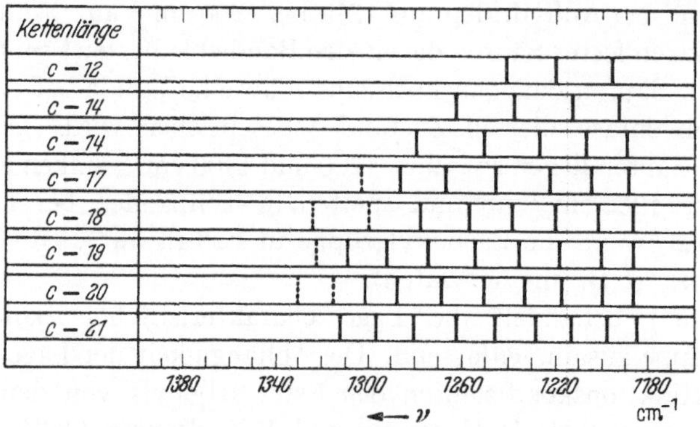

Abb. 38. Abhängigkeit der Bandenlage und Bandenhäufigkeit zwischen 1180 und 1300 cm$^{-1}$ bei festen, gesättigten Fettsäuren (gestrichelt: fragliche Bandenlagen).

trans-Alkohole und -Säuren bei 875 und 895 cm$^{-1}$. Auch hier verändern sich die Spektren der langkettigen Verbindungen mit dem Aggregatzustand.

Die letztgenannten Autoren (*295a*) messen auch die Spektren einer Reihe von Hydroperoxyden und Molperoxyden. Für die Hydroperoxyde glauben sie durch Vergleich mit den Spektren der Ausgangskohlenwasserstoffe eine Schlüsselfrequenz bei 830 cm$^{-1}$ [nach Philpotts und Thain (*242a*) 840—870 cm$^{-1}$] annehmen zu können, deren Verwertbarkeit aber nicht in allen Fällen gesichert erscheint, so daß ihr Fehlen bei der Untersuchung der Ozonisationsprodukte von Kautschuk- und Bunasorten (*4*) nicht beweiskräftig für das Fehlen von Hydroperoxyden erscheint. Leider sind die Angaben über die Ultrarotspektren der interessanten Acetylenhydroperoxyde (*213*) noch auf den Bereich bei 3000 bis 3500 cm$^{-1}$ beschränkt.

Die Frequenz der Peroxydbindung ist in ihrer Lage von der Struktur der Grundsubstanz abhängig und schwankt zwischen 800 und 1000 cm$^{-1}$ [siehe z. B. (*80*)].

**h) Stickstoffverbindungen.** Die NH-Gruppe zeigt weniger Tendenz zur Assoziation als die OH-Gruppe, so daß die Unterschiede zwischen den Spektren der Reinsubstanzen und der verdünnten Lösungen nicht so groß sind. Für gewöhnlich sind diese Banden scharf und besitzen mittlere Intensität. FUSON, JOSIEN u. a. haben in einigen Substanzen die NH-Valenzfrequenz zwischen 3100 und 3500 cm$^{-1}$ auch in Abhängigkeit von verschiedenen Lösungsmitteln neu untersucht (*100*).

Die NH-Deformationsschwingungen liegen in primären Aminen etwa bei 1600 cm$^{-1}$ und sinken unter Abschwächung in den sekundären Aminen auf 1540 cm$^{-1}$ ab.

Die $\geqslant$C—N$<$-Bande ist in den verschiedenen Aminen zwischen 1070 ($>$CH$_2$—NH$_2$) und 1290 cm$^{-1}$ ($>$C$=$C—NH$_2$) zu suchen. An Hand der Spektren substituierter Guanidine geben LIEBER, LEVERING und PATTERSON (*183*) die Frequenzlage einiger weiterer Stickstoffverbindungen an.

Die wichtigste Gruppe unter den Stickstoffverbindungen bilden die Aminosäuren und die sich daraus ableitenden Polypeptide. Ihre spektroskopische Untersuchung wurde im Rahmen der Penicillinforschung stark gefördert. Die Resultate haben THOMPSON, BRATTAIN, RANDALL und RASMUSSEN (*328*), sowie RANDALL in seinem bereits zitierten Buch und SUTHERLAND (*319b*) eingehend dargestellt. Sieben Banden werden insbesondere als Schlüsselfrequenzen der Polypeptidbindung diskutiert: Die NH-Valenzschwingung (3330 cm$^{-1}$) die C—H-Valenzschwingung (2900 cm$^{-1}$), zwei nicht immer auftretende Ober- oder Kombinationsschwingungen bei 2500 und 2000 cm$^{-1}$, die C$=$O-Banden zwischen 1680 und 1720 cm$^{-1}$ und zwei Banden bei 1640 (Amid I) und 1540 cm$^{-1}$ (Amid II). Ihre Lage variiert mit dem Aggregatzustand und der Konfiguration (gestreckt, gefaltet) (*78*), (*140d*). BLOUT und LINSLEY (*28a*) ordnen der Diglycyl-Struktur —NH—CH$_2$—C—NH—CH$_2$—C— eine Bande

$$\overset{\|}{\text{O}} \qquad\qquad \overset{\|}{\text{O}}$$

bei 1000 bis 1025 cm$^{-1}$ zu, die nur dann kräftig auftreten soll, wenn dieser Baustein in der untersuchten Molekel vorhanden ist. Weitere Unterlagen über Aminosäuren finden sich bei THOMPSON (*327a*), (*329*) und bei H. LENORMANT (*181*), (*182*), der eine eingehende Untersuchung über dieses Gebiet durchführte (*180*).

KITSON und GRIFFITH (*161*) untersuchen 70 Nitrile, um die Lage der C$\equiv$N-Valenzschwingung einwandfrei festzulegen. Sie liegt für gesättigte Nitrile bei 2250$\pm$10 cm$^{-1}$ und sinkt bei Konjugation mit olefinischen Doppelbindungen um 25 cm$^{-1}$ ab. Bei Konjugation mit Aromaten beeinflussen Substituenten am Kern die Bandenlage.

**i) Heteroverbindungen des S, P und Si sowie anorganische Substanzen.** Eine kritische Behandlung der Schlüsselfrequenzen von Sulfiden, Disulfiden, Sulfoxyden und Sulfonen findet sich bei CYMERMAN und WILLIS (*65*). Unter Berücksichtigung früherer Arbeiten von H. W. THOMPSON, C. MEYRICK und J. F. TROTTER (*328a*), (*334*), V. C. SCHREIBER (*287a*),

D. Barnard, J. M. Fabian und H. P. Koch (*17c*), Amstutz, Hunsberger und Chessik (*7*) legen die Autoren folgende Schlüsselfrequenzen fest: Sulfoxyd ($>$SO): 1050 cm⁻¹, Sulfon ($>$SO₂): 1150 und 1350 cm⁻¹, Sulfid und Disulfid: (C—S): 680 bis 690 cm⁻¹, (S—S): 430 bis 490 cm⁻¹. Die charakteristischen Banden der C—S-Bindungen behandelt auch Sheppard (*291*) auf Grund eigener Messungen.

Die Gesetzmäßigkeiten in den Spektren von Phosphorverbindungen sind nach Daasch und Smith (*69*) in Abb. 39 wiedergegeben.

Mit der zunehmenden technischen Bedeutung der Silicone interessieren auch ihre Schlüsselfrequenzen. Neben den Banden der Kohlen-

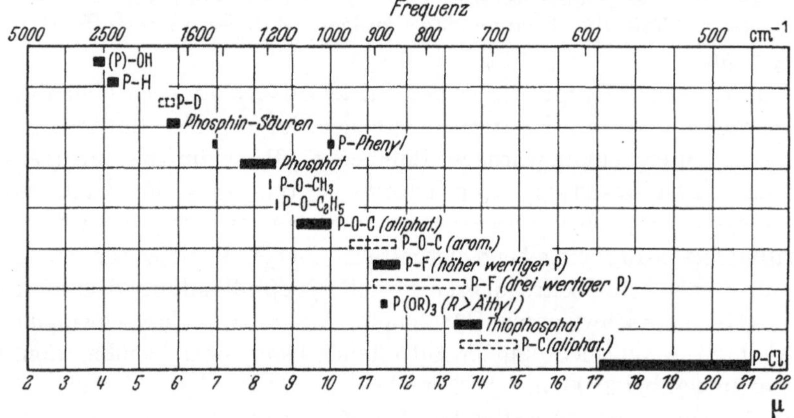


Abb. 39. Schlüsselfrequenzen von Phosphorverbindungen.

wasserstoffgruppen können Schwingungen der Si—C-Bindungen in der Gegend von 1050 und 700 bis 850 cm⁻¹ auftreten [s. N. Wright, M. J. Hunter (*364a*), R. E. Richards und H. W. Thompson (*264*)].

In neuerer Zeit hat vor allen Dingen der Mitarbeiterkreis von Lecomte die Ultrarotspektroskopie anorganischer Substanzen weitergeführt: Karbonate (*192c*) (*192d*); Persulfate (*234d*); Borate (*76c*); Acetylacetonate (*76d*). Gestützt auf die Ultrarotspektren von 155 Salzen mehratomiger Ionen leiten Miller und Wilkins (*214c*) Schlüsselfrequenzen von 33 mehratomigen Ionen ab (Zentralatome: B; C; Si; N; P; S; Se; Cl; Br; J; V; Cr; Mo; W; Mn) und stellen sie schematisch dar.

**j) Lösungsmittelspektren.** Sobald die zu untersuchenden Substanzen in Lösungsmitteln aufgenommen werden müssen, tritt die Frage auf, wie weit dabei ihre Schlüsselfrequenzen durch Lösungsmittelbanden überlagert werden. Abb. 40 zeigt nach P. Torkington und H. W. Thompson (*332a*) die Durchlässigkeitsbereiche verschiedener Lösungsmittel, deren Vorbereitung Pestemer (*241*) behandelt. Mit ihrer Hilfe kann man sich jeweils für den gewünschten Zweck ein Lösungsmittel aussuchen, das in dem interessierenden Spektralbereich nicht absorbiert.

Mit der Frage der Erhöhung der Lösungsfähigkeit von Lösungsmittel-
gemischen beschäftigen sich ARD und FONTAINE (10). Bei geringer Löslichkeit oder bei der Untersuchung stark verdünnter Proben muß zur
Erreichung einer brauchbaren Extinktion mit großen Schichtdicken
gearbeitet werden. Bromierte Kohlenwasserstoffe wie Methylenbromid,
Bromoform (325) oder Acetylentetrabromid (161) haben sich hierbei als
nützlich erwiesen.

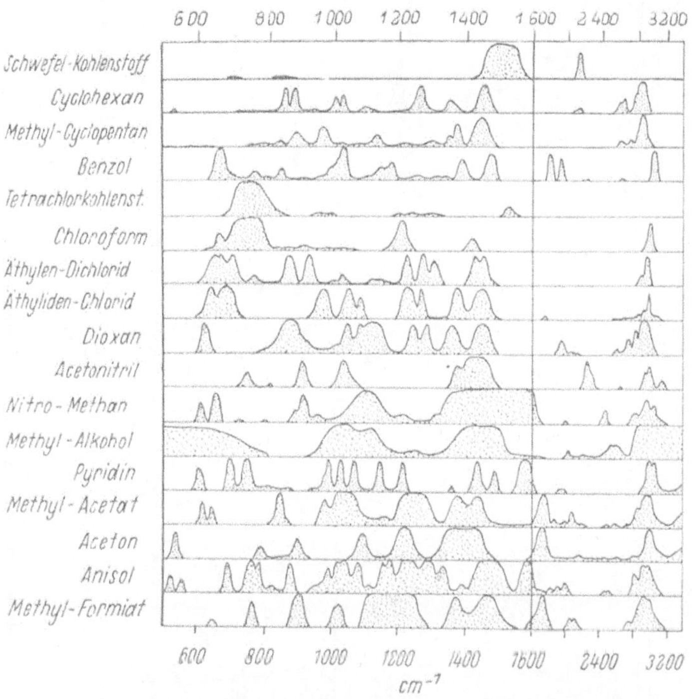


Abb. 40. Durchlässigkeit von Lösungsmitteln (0,1 mm Schichtdicke).

**k) Schlüsselfrequenz-Übersichtstafeln.** Bei der Fülle des empirischen Materials können die Ergebnisse der verschiedenen Autoren ver-
gleichend ausgewertet werden. Tabellarische Zusammenstellungen von
Schlüsselfrequenzen finden sich daher in den verschiedensten Formen
in der Literatur.

Die bis heute wohl umfangreichste Zusammenfassung bearbeitete
COLTHUP (50), die in großer Zahl verbreitet ist. R. B. BARNES und Mitarbeiter (19 a) diskutieren an Hand ihrer Übersichtstafeln die Bandenlagen eingehend. Eine ähnliche, aber noch stärker aufgegliederte Darstellung gibt H. W. THOMPSON (327 a). SEIDEL [(171), S. 352] stellt die
Schlüsselfrequenzen aus dem von ihm für die Neuauflage des Landolt-
Börnstein verarbeiteten Spektrenmaterial zusammen. Auch LÜTTKE (197)

R. Suhrmann und H. Luther:

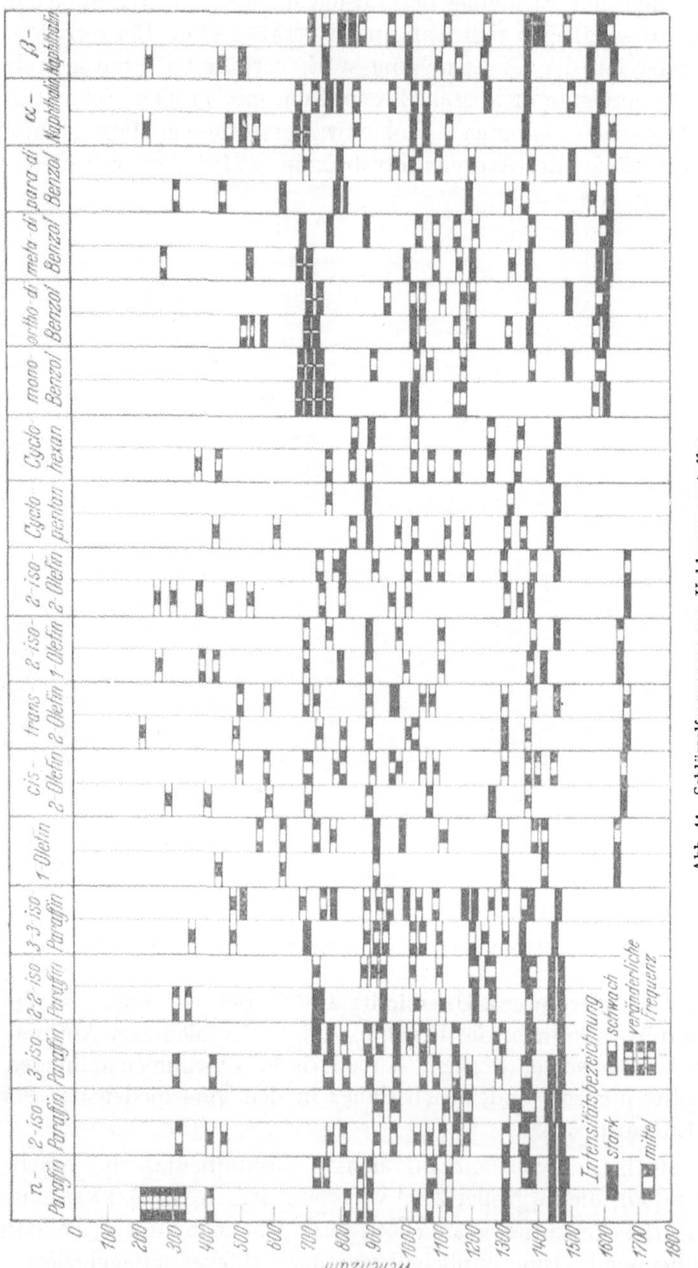


Abb. 41. Schlüsselfrequenzen von Kohlenwasserstoffen.

gibt einige Zuordnungsübersichten wieder. SIEBERT (298) hat eine Zusammenstellung veröffentlicht. RANDALL und Mitarbeiter (254) ordnen das bei der Aufklärung der Penicillinstruktur angefallene Material. Mit den Schlüsselfrequenzen der Kohlenwasserstoffe in den RAMAN- und Ultrarotspektren befassen sich LUTHER (193) (Abb. 41) und SHEPPARD (292).

Außerordentlich interessant und bedeutungsvoll sind die zusammenfassenden Arbeiten über die Konstitutionsaufklärung der Sterine, in deren Rahmen vor allen Dingen die tabellarischen Übersichten des Mitarbeiterkreises von JONES und DOBRINER zu nennen sind (144), (144a) (145), (146), (148), (149), (149c), (149d). Vgl. auch die Arbeiten von ROSENCRANTZ und Mitarbeitern (98a) (272b) sowie die von JOSIEN (150), (151) und einigen anderen Autoren (56), (129), (143b), (363b), (70a).

## B. Die Strukturanalyse von Reinsubstanzen.

### 1. Niedermolekulare Substanzen.

Auf Grund der vorstehend behandelten Unterlagen ergeben sich für die Strukturanalyse von Reinsubstanzen mehrere Möglichkeiten:

1. Das Spektrum einer noch nicht gemessenen Substanz kann aus der angenommenen Struktur dadurch näherungsweise abgeleitet werden, daß die Strukturformel in verschiedene Teilgruppen (Bausteine) aufgegliedert wird, deren Schlüsselfrequenzen bekannt sind. Diese Schlüsselfrequenzen werden nach dem „Baukastenprinzip" zum Spektrum der Gesamtmolekel zusammengesetzt (114a). „Vorhersagespektrum" und anschließend zu messendes Spektrum der fraglichen Substanz dürfen keine grundlegenden Unterschiede aufweisen, wenn die Strukturannahme richtig war.

2. Das Spektrum einer gemessenen Substanz kann nach Schlüsselfrequenzen aufgegliedert werden. Eine teilweise oder vollständige Strukturanalyse ist dadurch möglich.

Der präparativ arbeitende Chemiker hat damit ein Mittel in der Hand, den Syntheseverlauf in verhältnismäßig kurzer Zeit durch Auswertung der Spektren von Zwischen- und Endprodukten zu verfolgen. Eine Reinheitsprüfung der Substanzen ist dabei mit eingeschlossen, da das Auftreten nicht zu erwartender Banden oder die Intensitätsveränderung von Banden in verschiedenen Fraktionen die Uneinheitlichkeit einer Probe kennzeichnen. Einige Beispiele sollen die Strukturanalyse etwas näher beleuchten.

a) **Spektrenvergleich.** Bei den unverzweigten $\beta$-Olefinen wird durch die Ultrarotspektren bestätigt, daß die tiefersiedenden Isomeren die trans-Verbindungen sind (Bande bei $970\,\mathrm{cm}^{-1}$); die cis-Isomeren weisen Banden bei 680 bis $700\,\mathrm{cm}^{-1}$ auf. HALL und MIKOS (118) weisen darauf hin, daß

jedoch bei Olefinen des Typs —CH=CH—CHR— das Isomere mit der
„trans-Bande" bei 970 cm$^{-1}$ den höheren Siedepunkt hat. Die „cis-
Bande" der tiefer siedenden Komponente verlagert sich nach 735 cm$^{-1}$
und zeigt damit Störungen in der Struktur (Behinderung der freien Dreh-
barkeit?) des cis-Isomeren an.

Durch Vergleich mit synthetisierten, monomethylverzweigten Paraffinen (C$_{34}$ und C$_{35}$) können S. Ställberg-Stenhagen, G. B. B. M.,
Sutherland u. a. (310a) nachweisen, daß das aus dem Fettalkohol
Phthiocol des Tuberkelbacillus hergestellte Phthioceran eine 4-Methyl-
gruppe besitzen muß. Zwischen 900 und 1200 cm$^{-1}$ ist das Spektrum
mit den Spektren des 4-Methyl-tritriakontan und des 4-Methyl-tetra-
triakontan identisch. Außerdem tritt eine nur 4-Methyl-verzweigten
Gruppen eigene Bande bei 740 cm$^{-1}$ auf.

Zugleich mit den spektroskopischen Untersuchungen über die Konstitution des Lignins, die E. J. Jones (149a) und D. M. Ritter durch-
führten (265), vergleichen Freudenberg, Siebert und Mitarbeiter (93)
die Ultrarotspektren methylierter und mit Ameisensäure behandelter
Dehydrierungspolymerisate des Conyferylalkohols mit denen methylierter Fichtenlignine (Ameisensäure-Verfahren). Eine gute Spektrenüber-
einstimmung sieht K. Freudenberg als Stütze seiner Arbeitshypothesen
über das Lignin an. Die Ultraviolettspektren dieser Substanzen zeigen
jedoch keine völlige Übereinstimmung. Hier liegt ein Beispiel
dafür vor, daß nur die gegenseitige Ergänzung aller im Arbeitsbereich
liegenden chemischen und physikalischen Analysenmethoden in sich ge-
schlossene Beweisführungen liefern kann.

Auch Nord und Mitarbeiter (168) versuchen durch Spektrenvergleich
verschiedener Lignine die Konstitutionsaufklärung voranzutreiben, während Hergert und Kurth (130a) systematisch Spektrenreihen messen,
um den Einfluß der Substitution und der Chelation festzustellen.

Nach Lenormant (181) zeigen die Natriumverbindungen der Amide
im Gebiet von 6 bis 8 μ (CH$_3$—CONHNa und C$_3$H$_7$—CONHNa) die gleichen Absorptionsbanden wie die Natriumsalze der entsprechenden Fettsäuren CH$_3$—COONa und C$_3$H$_7$—COONa. Diese Substanzen müssen
daher die Struktur

$$\left[ R-C\underset{NH}{\overset{O}{<}} \right]^{\ominus} Na^{\oplus}$$

besitzen. Da die Spektren der Na-Verbindungen der monosubstituierten
Amide R—CONR'Na sehr ähnlich den obengenannten sind, ist für
sie eine entsprechende Struktur

$$\left[ R-C\underset{NR'}{\overset{O}{<}} \right]^{\ominus} Na^{\oplus}$$

anzunehmen. Dagegen ist das Spektrum der disubstituierten Amide in
charakteristischer Weise verschieden. Für sie ist daher eine andere

Struktur wahrscheinlich. Da ihr Spektrum dem der nichtsubstituierten Amide ähnelt, wird beiden die gleiche Struktur zugeschrieben:

$$R-C\underset{N}{\overset{O}{<}}\overset{R'}{\underset{R''}{<}} \ \rightleftharpoons \ R-C\underset{\overset{\oplus}{N}}{\overset{O^{\ominus}}{<}}\overset{R'}{\underset{R''}{<}} \ ,$$

wobei für die nichtsubstituierten $R' = R'' = H$ zu setzen ist.

**b) Vergleich mit Vorhersagespektren.** Bei einer Synthese des $\beta$-Carotins ist eine der Zwischenstufen der sog. $C_{13}$-Aldehyd, der in zwei Isomeren denkbar ist. Ohne auf andere, ebenfalls beweiskräftige Fein-

heiten der Spektren von (I) und (II) einzugehen, genügt die Lagebestimmung der $C=O$-Frequenz, die in Aldehyden bei etwa 1720 cm$^{-1}$ zu suchen ist. Sie sinkt erfahrungsgemäß bei Konjugation um etwa 30 cm$^{-1}$ ab. Form (I) muß also eine (starke) Bande bei 1720 cm$^{-1}$ und Form (II) eine Bande bei 1690 cm$^{-1}$ besitzen. Gefunden wird eine Bande bei 1688 cm$^{-1}$. Damit ist die Struktur (II) bewiesen.

Das Ultrarotspektrum des angeblichen 2-Mercapto-thiazolins (I) zeigte im Gegensatz zu dem nach dem Baukastenprinzip aufgestellten Vorhersagespektrum keine Banden bei 2500 cm$^{-1}$ (SH-Gruppe) und zwischen 1590 und 1695 cm$^{-1}$ (C=N-Gruppe), sondern Banden bei

1515 und 3020 cm$^{-1}$. Diese müßten der NH-Gruppe und einer Gruppierung der Art (III) zugeschrieben werden, d.h. es konnte nur das 2-Thiothiazolidon (II) vorliegen. Versuche (I) synthetisch herzustellen, scheiterten, nach den gewonnenen Spektren zu schließen. M. G. ETTLINGER (*81a*) beweist die Nichtexistenz von (I) endgültig.

In speziellen Fällen sind bei der heutigen Kenntnis der Regelmäßigkeiten von Spektren auch Aussagen über Feinheiten im Aufbau von Molekeln möglich. So beschäftigt sich I. M. HUNSBERGER (*140a*) mit dem Doppelbindungscharakter der Bindungen in verschieden substituierten Naphthalinen. Es ist bekannt, daß die Chelation zwischen zwei Gruppen stärker ist, wenn sie miteinander über konjugierte Doppelbindungen verbunden sind, als wenn das nicht der Fall ist. Zum Beispiel bildet die Enolform des Acetylacetons (I) eine Chelatform, die entsprechende, hydrierte

Substanz (II) dagegen nicht. Bei Verbindungen mit C=O-Gruppen verlagert sich die C=O-Bande bei Chelation zu tieferen Wellenzahlen, so
daß aus der Lage dieser Bande auf Chelation geschlossen werden kann.

$$
\begin{array}{cc}
\mathrm{CH_3-C\cdots OH} & \mathrm{CH_3-CH-OH} \\
\quad\ \|\ \ \ \nearrow & \quad\ |\ \ \ \ \ \ O \\
\mathrm{CH-C-CH_3} & \mathrm{CH_2-C-CH_3} \\
\text{(I)} & \text{(II)}
\end{array}
$$

Die Anwendung dieser Tatsache auf isomere Hydroxy-naphthaldehyde,
Hydroxy-acetonaphthone und Hydroxy-naphthoate ergibt, daß die
Chelation bei 1.2-Substitution größer ist als bei 2.3-Substitution. Zum
Beispiel liegt die C=O-Bande im 1-Naphthaldehyd bei 1700, 2-Napthal-
dehyd bei 1702, 1-Hydroxy-2-naphthaldehyd bei 1651, 2-Hydroxy-1-
naphthaldehyd bei 1649, 3-Hydroxy-2-naphthaldehyd bei 1670 cm$^{-1}$,
d.h. der Doppelbindungscharakter der 1-2-Bindungen ist in diesen Fällen
größer als der der 2-3-Bindungen. Ähnliche Messungen am Phenanthren
zeigten, daß die 9-10-Bindung dieser Substanz stärkeren Doppelbindungscharakter hat als die 1-2-Bindung im Naphthalin.

**c) Die Verfolgung chemischer Reaktionen.** Einige Autoren versuchen durch die Messung von Zwischen- und Endprodukten Aussagen
über den Reaktionsverlauf oder die Reaktivität bestimmter Gruppen
zu gewinnen.

Bei der Reaktion von 2.5.5-Trimethyl-$\Delta^2$-thiazolin-4-carbonsäure-
methylester mit Keten ergibt sich unter Aufnahme von 1 Mol Keten
und 1 Mol Wasser eine Substanz mit der Elementarzusammensetzung
$C_{10}H_{17}NO_4S$. Dementsprechend können 5 Strukturen zur Diskussion gestellt werden (*254*):

(Strukturformeln I–V)

Das Spektrum besitzt markante Banden bei 1546, 1650, 1695, 1742 und 3290 cm$^{-1}$. Die Formen (I) und (II) schalten danach aus, da sie keine durch die Bande bei 3290 cm$^{-1}$ gekennzeichnete NH-Gruppe besitzen. (III) enthält wohl diese Gruppe, jedoch keine Carbonylgruppe mit der Bande bei 1695 cm$^{-1}$. Es bleiben also (IV) und (V) übrig. Die Banden 1546, 1650 und 3290 cm$^{-1}$ gehören der Amidgruppe an; 1742 kennzeichnet den Ester und 1695 kann entweder dem Thiol-ester (IV) oder dem Keto-carbonyl (V) zugeordnet werden. Die darauf synthetisierte Substanz (IV) lieferte das gleiche Spektrum wie die unbekannte. Daraus wird geschlossen, daß das Ausgangs-Thiazolin beträchtliche Mengen nichtcyclisiertes N-Acetyl-$\beta$-$\beta$-dimethyl-cystein enthielt. Der Wert der spektroskopischen Strukturanalyse kann also auch darin bestehen, daß von mehreren denkbaren Konstitutionsmöglichkeiten einige mit Sicherheit ausgeschaltet werden können, so daß die Zahl der Möglichkeiten eingeschränkt wird.

Bei der Kondensation aliphatischer Ketone mit Äthanolamin können entweder Schiffsche Basen (I) oder ein Oxazolidinring (II) entstehen:

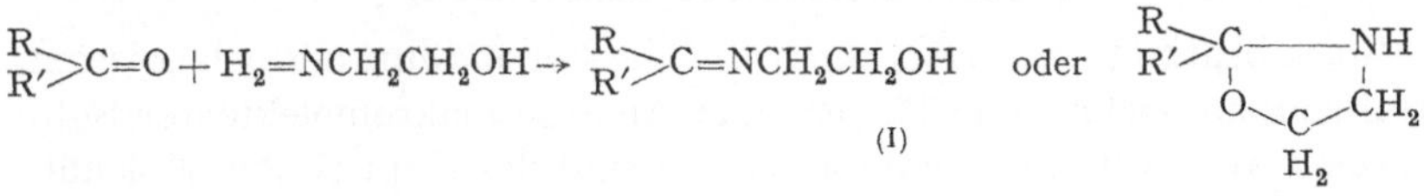

$$\underset{R'}{\overset{R}{>}}C{=}O + H_2{=}NCH_2CH_2OH \rightarrow \underset{R'}{\overset{R}{>}}C{=}NCH_2CH_2OH \quad \text{(I)} \qquad \text{oder} \qquad \underset{R'}{\overset{R}{>}}\overset{\displaystyle C\text{------}NH}{\underset{\displaystyle O\diagdown\underset{H_2}{C}\diagup CH_2}{\big|\qquad\big|}} \quad \text{(II)}$$

Nach Struktur (I) müßte das Spektrum im Bereich der Doppelbindungsfrequenzen für C$=$N (1650 cm$^{-1}$) eine Bande zeigen, während (II) keine Doppelbindungen enthält. Ferner müßten für (II) N—H-Deformationsfrequenzen zwischen 1500 und 1600 cm$^{-1}$ zu beobachten sein. In apolaren Lösungsmitteln müßten sich schließlich die OH-(I)- und NH-(II)-Valenzschwingungen oberhalb 3300 cm$^{-1}$ unterscheiden lassen. Das Resultat (68) ist nun folgendes: Starke C$=$N-Banden bei 1650 cm$^{-1}$, keine NH-Banden bei 1550 oder 3300 cm$^{-1}$, so daß entgegen den teilweise anders lautenden Aussagen der Molrefraktion, der Viscosität, der Siedepunkte die Struktur der Schiffschen Base anzunehmen ist.

Auch in einer Gegenüberstellung der chemischen Untersuchung der Umwandlung von $\beta$-Lactonen (1-Brom-[p-brom]-benzoyl-cyclohexan-2-carbonsäure) mit Natriumhydroxyd oder Bromwasserstoffsäure durch Kohler und Jansen (162) und der ultrarotspektroskopischen Nachprüfung ihrer Resultate durch Bartlett und Rylander (23) sind die Argumente der letztgenannten Autoren stichhaltiger. Sie klären den tatsächlichen Reaktionsverlauf nach dem Schema einer Waldenschen Umkehrung auf.

Die Verfolgung des Polymerisationsverlaufes (101b) bei der Synthese von Kunststoffen (303) und ihrem Abbau (1), ist ein wichtiges Anwendungsgebiet.

Fragen des Deuteriumaustausches und der Isomerisation sind in vielen Fällen besonders leicht spektroskopisch zu beantworten (75), (108a). Die Indizierung physiologisch wichtiger Substanzen mit $N^{15}$ (95) ist für die spektroskopische Verfolgung biochemischer Vorgänge von Bedeutung. Verbrennungsvorgänge werden besonders von Silverman und Mitarbeitern spektroskopisch verfolgt (131), (300), (39). Die Verbindung von charakteristischen Frequenzen mit der Reaktionsfähigkeit ist allgemein (76) oder für besondere Fälle [substituierte Benzoesäuren (C=O-Frequenz) (84); N-Bromacetamide (NH-Frequenz (169c)] verschiedentlich behandelt worden.

Weiteres Material zur Frage der Strukturanalyse von anorganischen und organischen Stoffen ist in den alljährlichen Übersichtsartikeln der Analytical Chemistry unter anderem in den Abschnitten „Ultrarotspektroskopie" (113), „Charakterisierung organischer Verbindungen" (237), „Biochemische Analyse" (160), „Pharmaceutica" (203) zusammengefaßt.

## 2. Hochmolekulare Substanzen.

Stark bearbeitet wird das bereits bei der Behandlung der polarisierten Strahlung angeschnittene Thema einer Analyse makromolekularer Substanzen. Als Einführung in dieses Gebiet sind das Kapitel über Molekülspektren in einem Werk von Mark und Tobolsky (200) und ein Artikel von Mann (198) zu nennen.

In einigen Veröffentlichungen werden neben qualitativen Ergebnissen der Strukturanalyse auch halbquantitative der Verteilung bestimmter Gruppen (Länge gerader Ketten, Zahl der Verzweigungen, Verteilung der Doppelbindungen usw.) mitgeteilt. Bei vielen Makromolekeln kann noch nicht der Aufbau der gesamten Molekel, sondern nur die Konstitution einzelner Teile geklärt werden.

So sind je nach den Arbeitsbedingungen bei der Butadienpolymerisation (Natrium- oder Emulsionspolymerisation) die anfallenden Endprodukte verschieden (330). Wie Luft (192b) an den Ultrarotspektren zeigt, treten bei Natriumpolymerisation vorwiegend die endständige Olefine kennzeichnenden Banden bei 910 und 990 cm$^{-1}$ auf, bei Emulsionspolymerisation dagegen in erster Linie die Schlüsselfrequenzen mittelständiger Olefine bei 970 cm$^{-1}$. Für den Reaktionsablauf ergibt sich also im ersten Falle das Vorherrschen der 1.2- und im zweiten Falle der 1.4-Polymerisation mit den Endsubstanzen der Gruppierungen:

$$-CH_2-CH-CH_2-CH- \atop \quad\;\; |\qquad\quad | \atop \quad\; CH{=}CH_2\;\; CH{=}CH_2 \qquad \text{bzw.} \quad -CH_2-CH{=}CH-CH_2-CH_2-CH{=}CH-CH_2-.$$

Die Grundlage dieser Methode zur Bestimmung der 1.2- und 1.4-Polymerisation behandeln W. B. Treumann und F. T. Wall (333a) an

Hand einer Reihe von Olefinspektren. Sie stellen fest, daß die Bande bei 910 cm⁻¹ tatsächlich im wesentlichen nur durch Vinylgruppen bedingt ist und daß ihr Extinktionskoeffizient für verschiedene 1-Olefine in Schwefelkohlenstoff konstant ist, so daß er in Polybutadienen wahrscheinlich auch als Maß für die Zahl der Vinylgruppen gewertet werden kann. Sie dehnen die Methode auf die Analyse von Butadien-Styrol-Mischpolymerisaten aus, indem sie als Schlüsselfrequenz des aromatischen Teils eine Bande bei 700 cm⁻¹ benutzen.

Für die Unterscheidung der cis- und trans-Isomeren bei 1.4-Polymerisation zieht R. R. HAMPTON (*120 b*) folgende Schlüsselfrequenzen heran: 967 cm⁻¹ für trans-, 724 cm⁻¹ für cis-Polybutadiene.

SALOMON, KETELAAR und Mitarbeiter (*282*) beschäftigen sich mit der Lage der Doppelbindungen in Kautschuk und Kautschukderivaten. Sie stützen sich dabei zum Teil auf die obigen Arbeiten und die eingehende Untersuchung von H. L. DINSMORE und D. C. SMITH (*75 a*). Interessant sind ihre Untersuchungen über die Doppelbindungswanderung in Kautschuk bei der Chlorierung unter milden Bedingungen. Schon SHEPPARD und SUTHERLAND (*293*) hatten in Übereinstimmung mit anderen Arbeiten festgestellt, daß bei der Vulkanisation die Doppelbindungen im Kautschuk wandern.

Die Reaktion von Chlor mit Kautschuk in Lösungsmitteln oder als Latex führt zuerst zur Bildung von Allylchloriden, die weiter zu Polychloriden umgesetzt werden. Das hypothetische Zwischenprodukt (I) kann entweder das Allylchlorid (II) oder das Allylchlorid (III) ergeben.

$$
\begin{array}{ccc}
\overset{\text{CH}_3}{\underset{\underset{\overset{|}{\text{Cl}}^{\ominus}}{\overset{\oplus}{\underset{|}{\text{Cl}}}}}{-\text{CH}_2-\text{C}-\text{CH}-\text{CH}_2-}} & \xrightarrow{-\text{HCl}} & \overset{\text{CH}_3}{\underset{\underset{\text{(II)}}{\overset{|}{\text{Cl}}}}{-\text{CH}=\text{C}-\text{CH}-\text{CH}_2-}} \\
\text{(I)} & & \\
& & \overset{\text{CH}_2}{\underset{\underset{\text{(III)}}{\overset{|}{\text{Cl}}}}{-\text{CH}_2-\overset{\|}{\text{C}}-\text{CH}-\text{CH}_2-}}
\end{array}
$$

Die Ultrarotspektren zeigen folgendes: Die ursprüngliche Bande des Kautschuks bei 840 cm⁻¹ wird schon in der ersten Phase der Chlorierung schwächer; proportional zu dieser Abschwächung verstärkt sich eine Bande bei 910 cm⁻¹, so daß die Bildung der Struktur (III) wahrscheinlich wird. Allgemein ist nach Ansicht der Autoren eine Doppelbindungswanderung in Kautschukmolekeln bei polaren Reaktionen möglich. Sie weisen abschließend darauf hin, daß eine Auswertung der Ultrarotspektren auf diesem Gebiet nur bei eingehender Kenntnis der chemischen Vorgänge von Nutzen ist. Eine weitere Klärung dieser Vorgänge ist von erheblichem Interesse.

Die Kettenverzweigung in Makromolekeln beeinflußt die Größe des kristallinen Anteils und damit einige physikalische Eigenschaften wie Härte, Geschmeidigkeit und Duktilität.

Der Umfang der Verzweigung wird durch den Gehalt an CH-Gruppen bestimmt. So ziehen J. J. Fox und A. E. Martin (*87a*) in einer älteren Arbeit die CH-Valenzschwingungen bei 3000 cm⁻¹ zur Analyse von Polyäthylenen heran. Thompson und Torkington (*330*) stützten sich auf die Intensität der Deformationsfrequenz bei 1375 cm⁻¹. Je nach dem Polymerisationsgrad stellten sie eine Methylgruppe auf 20 bis 50 Methylengruppen fest („Alkathen 20" z.B. 1 auf 25 bis 35).

Einen sehr eingehenden Überblick geben Cross, Richards und Willis (*61*). Aus den Spektren des *American Petroleum Institute* (*5*) leiten sie die Abhängigkeit des Extinktionskoeffizienten der Banden bei 1378 cm⁻¹ und 891 cm⁻¹ von der Zahl der $CH_3$-Gruppen pro Gesamt-C-Zahl in der Molekel ab (Abb. 42). Es ergeben sich gerade Linien, deren Neigung von der Art des verwendeten Spektrographen und vom Aggregatzustand abhängig ist. Gestört wird die Analyse mit der Bande bei 1378 cm⁻¹ durch ein für die Methylengruppe charakteristisches

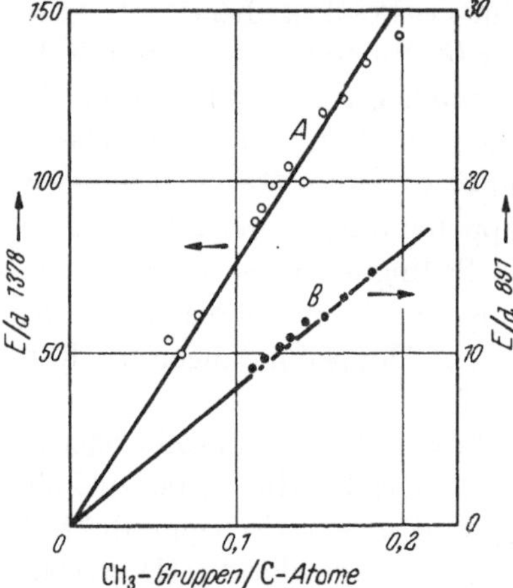



Abb. 42. Abhängigkeit des Extinktionskoeffizienten der Banden 1378 und 891 cm⁻¹ in Polyäthylenen von der Zahl der $CH_3$-Gruppen je Molekel.

Dublett bei 1355 und 1367 cm⁻¹. Die Intensität der Bande 1378 cm⁻¹ ist für die Festsubstanz zweimal so groß wie für die Schmelze, die anderen beiden Banden verhalten sich umgekehrt. Da die Eichkurven an flüssigen Paraffinen gewonnen wurden, wird in Schmelze gearbeitet, so daß die Intensitätsverhältnisse ungünstig liegen.

G. W. King, R. M. Hainer und H. O. McMahon (*159a*) untersuchen, ob die festen Polyäthylene (auch Polystyrole, Polyvinylchloride, Kautschuksorten) bei Temperaturänderungen (bis 4° K) Lage- und Intensitätsänderungen der Banden zeigen. Sie stellen unerwartet kleine Änderungen fest. Bei Polyäthylenen zeigt eine Doppelbande in der Nähe von 720 cm⁻¹ Schwankungen. Die Autoren schreiben diese nichtebenen $CH_2$-Deformationsschwingungen bei cis- bzw. trans-Konfiguration zu, die nur im amorphen bzw. im kristallinen Teil der Substanz vorhanden sind.

Mit der Strukturaufklärung anderer Polymerer und ihrer Monomeren (Vinylidenchlorid, Vinylidenbromid, Vinylchlorid, Vinylbromid, Chloropren) haben sich H. W. Thompson und P. Torkington beschäftigt

(*330a*). Einen zusammenfassenden Überblick gibt THOMPSON in (*329*). Er unterteilt die „komplexen Molekeln" in zwei Gruppen: In die eigentlichen Polymeren mit wiederkehrenden, sowie in Molekeln mit verschiedenartigen Bauelementen, meist biologischer Herkunft. Zur ersten Gruppe zählt er Kohlenwasserstoffpolymere, Kautschukarten, Polypeptide, Cellulosen und Kunstharze, zur zweiten einfachere Kohlenhydrate, Pyrimidinabkömmlinge, Nucleinsäuren usw. Für jede dieser Klassen bringt er Unterlagen für die Schlüsselfrequenzen und die Prinzipien der Auswertung. Dabei werden weitere Beispiele für die Anwendung polarisierter Strahlung bei der Strukturanalyse angeführt. Am Beispiel der Urethane und der Harnstoffderivate zeigt er die Resonanz der verschiedenen polaren und enolisierten Formen und die Spektrenveränderungen bei Veränderung des statistischen Anteils einer dieser Formen (z.B. der polaren durch Einführung elektrophiler Substituenten).

Wegen des Abbaus von Polymeren vgl. ACHHAMMER (*1a*). Unter den Arbeiten über Hochmolekulare seien schließlich noch einige aus dem Bureau of Standards über Cellulose (*276a*) genannt. Bei diesem Thema interessieren folgende Punkte:

1. Der Deuteriumaustausch zwischen regenerierter Cellulose und schwerem Wasser,

2. das Spektrum einer Cellulose mit Carboxylgruppen,

3. die Wasserstoffbrücken bei Cellulose und Cellulosederivaten (*276*),

4. der Einfluß der kristallinen Bezirke auf die Spektren (*87*).

Der Deuteriumaustausch ist nicht vollständig, da nach 60 min Austauschzeit neben den neu auftretenden OD-Banden bei 2500 cm$^{-1}$ auch noch OH-Banden bei 3300 cm$^{-1}$ zu finden sind. Die OH-Gruppen scheinen also tatsächlich entsprechend den heutigen Ansichten in den amorphen und kristallinen Bezirken verschieden stark angreifbar zu sein. Aus Spektrenvergleichen mit einem natürlichen oxydierten Polysaccharid, der Alginsäure, läßt sich nachweisen, daß Cellulose mit $NO_2$ nicht nur zur Säure oxydiert, sondern teilweise auch nitriert wird.

Die Lageänderung der OH-Banden in acetylierter und wieder deacetylierter Cellulose von 3500 nach 3400 cm$^{-1}$ zeigt schließlich die Veränderung der H-Brücken an, die, wie spätere Untersuchungen der Verfasser klarstellen sollen, in den amorphen Bezirken überhaupt nicht ausgebildet zu sein scheinen.

Native und mercerisierte Cellulose zeigen verschiedene Röntgendiagramme. Auch die Ultrarotspektren dieser beiden Arten und der amorphen Cellulose sind zwischen 1100 und 1250 cm$^{-1}$, sowie zwischen 1250 und 1430 cm$^{-1}$ verschieden und können daher Hinweise auf den Einfluß der Kristallstruktur geben.

### 3. Mikrospektrometrie.

Die Untersuchung lebender Zellen ist auch mit Hilfe der Mikrospektrometrie problematisch. Von wenigen Ausnahmen abgesehen, müssen lebende Zellen in Wasser untersucht werden oder enthalten selber Wasser. Die auftretenden Wasserbanden überlagern daher in verschiedenen Wellenbereichen die Spektren der Zellsubstanzen. Als Lösungsmittel könnte man schweres Wasser nehmen, das zwar in anderen Bereichen absorbiert, jedoch Deuterium austauschen kann. Ferner ist zu bedenken, daß, wie tatsächlich in einzelnen Fällen schon nachgewiesen werden konnte, die Ultrarotbestrahlung zu Veränderungen der Zellsubstanz führen kann.

Die Lageermittlung bestimmter Gruppen in Makromolekeln ist eine Aufgabe, die lösbar sein müßte, sobald mehr experimentelles Material vorliegt. Desgleichen wird die Veränderung von Zellen durch Temperatureinflüsse, durch Extraktion mit Lösungsmitteln (z.B. Lipoidlösung) ein weiteres dankbares Thema sein. Die Entwicklung dieses Verfahrens hängt im wesentlichen von den apparativen Fortschritten ab.

## C. Die qualitative Analyse von Mehrkomponentengemischen.
### 1. Die Reinheitsprüfung.

Die Reinheitsprüfung von Substanzen kann sowohl als qualitatives als auch als quantitatives Problem aufgefaßt werden, je nachdem, ob man nur nach der Art oder auch nach der Menge der Verunreinigungen fragt. Die Nachweisgrenzen von Begleitsubstanzen liegen in sehr vielen Fällen weit günstiger als bei chemischen Methoden, so daß „spektroskopische Reinheit" sehr oft die Begriffe „reinst" oder „pro analysi" übertrifft. So konnten MECKE und OSWALD (*234*) in Tetrachlorkohlenstoff p.a. mit Hilfe der 1. Oberschwingung der C−H-Valenzschwingung 3% Trichlor*äthylen* (6070 cm$^{-1}$) und 0,5% Chloroform (5920 cm$^{-1}$) nachweisen. Die destillative Reinigung konnte bis unter 0,1‰ verfolgt werden.

Im allgemeinen dürften die Nachweisgrenzen in günstigen Fällen zwischen 0,1 und 0,5% und in ungünstigen Fällen zwischen 1 und 3% liegen. Dabei spielt die Lage (keine Störung durch Banden anderer Substanzen) und die Intensität der Schlüsselfrequenzen eine ausschlaggebende Rolle, wenn ein direkter Nachweis geführt werden soll. Ist keine geeignete Schlüsselfrequenz zu finden, kann auch indirekt nach Vergleichsbestimmungen aus Veränderungen an den Banden der Hauptsubstanz (z.B. Unsymmetrie) auf Verunreinigungen geschlossen werden.

Zwischen 0,5 und 2,0% Gesamtverunreinigung (aus 8 Komponenten bestehend) bestimmt ANDERSON (*8*) in Iso-oktan (2.2.4-Trimethylpentan) mit einer Genauigkeit von ± 0,1%. Auch mit der Reinheitsprüfung des n-Heptans beschäftigt er sich (*9*).

0,2 Atom-% Deuterium wird an der C—D-Valenzschwingung (2200 bis 2300 cm$^{-1}$) bei einer Mischung von Deuterobenzol und Benzol erkannt.

0,2% Cyclohexan in Benzol sind im Bereich der 2. Oberschwingung direkt aus den integralen Extinktionskoeffizienten der C—H-Valenzschwingungen nachzuweisen. Umgekehrt kann auf eine Benzolverunreinigung von 0,5% in Cyclohexan nur indirekt aus der Abweichung des integralen Extinktionskoeffizienten der Cyclohexan-C—H-Valenzschwingung von dem Werte der Reinsubstanz geschlossen werden, da diese Bande bei hohen Konzentrationen die Benzol-C—H-Valenzbande überlagert. Die Nachweisgrenzen bei Messung der Grundschwingungen liegen in gleicher Größenordnung und sind bei Anwendung einer Vergleichsmethode (272) in einem Doppelstrahlgerät (Messung: Probe gegen reine Hauptkomponente in gleicher Schichtdicke) um eine Zehnerpotenz besser.

Allgemein stammen die Probleme der Prüfung auf Verunreinigungen (Begleitsubstanzen) vorwiegend aus folgenden Gebieten: Reinheitsprüfung von Synthese-Ausgangs-Produkten (Butylene, Butadiene, Vinylchlorid, Vinylacetat usw.) Prüfung auf Anwesenheit von Isomeren, Bestimmung von Zusätzen (Additives) in Kohlenwasserstoffen. Überwachung der verschiedenen Trennverfahren (Destillation, Extraktion, Adsorption, Diffusion).

## 2. Die qualitative Analyse.

Die qualitative Analyse von Mehrkomponentengemischen wird heute in sehr vielen Fällen nur noch als Vorstufe der quantitativen Analyse durchgeführt. In Gemischen von verhältnismäßig viel Substanzen höheren Molekulargewichtes, wie z.B. den Mineralölen, ist sie allerdings oft noch Selbstzweck und wird nur durch halbquantitative Abschätzungen der einzelnen Körperklassen ergänzt. Ihr Hauptanwendungsgebiet hat wohl von jeher auf dem Gebiet der Erdölchemie gelegen, wo sie auf die Substanzen der verschiedensten Molekulargewichte angewandt wird. Ihre Durchführung setzt, wie die der Strukturanalyse, die Kenntnis von Schlüsselfrequenzen der in Frage kommenden Stoffe voraus. Mit den Schlüsselfrequenzen werden in erster Stufe die Stoffklassen unterschieden, in denen anschließend die Bestimmung von Einzelsubstanzen durch Auswertung von Feinheiten der Spektren versucht wird. Selbstverständlich ist dabei das Auftreten *einer* Schlüsselfrequenz einer bestimmten Gruppierung noch nicht in allen Fällen für das Vorhandensein dieser Gruppe beweiskräftig. Mehrere Schlüsselfrequenzen müssen bei der Auswertung hinzugezogen werden. Das Fehlen der Hauptschlüsselfrequenzen zeigt andererseits aber das Fehlen der Gruppe an.

Natürlich werden die Analysenmöglichkeiten um so günstiger, je weniger Komponenten das Gemisch enthält. Wenn irgend möglich, sind daher stets gute Vortrennungen vorzunehmen. Gemische aus vier Substanzen bieten wohl nur selten Schwierigkeiten, Gemische aus acht Komponenten sind in besonders günstigen Fällen, wenn die Substanzen sehr verschiedenen Körperklassen angehören, ebenfalls noch zu analysieren. Bei noch höherer Zahl können eventuell noch einige Stoffe identifiziert werden, im wesentlichen wird man sich jedoch mit Gruppenbestimmungen begnügen müssen.

In manchen Fällen wird die qualitative Analyse durch das Auftreten von Kombinations- oder von Obertönen bzw. durch Bandenüberlagerungen erschwert. Zur Gewinnung von Anhaltspunkten ist dann ein Vergleich mit dem RAMAN-Spektrum nützlich. ROBERT (266) hat die heutigen Erfahrungen über die spektroskopische Analyse der Erdöle und der Erdölprodukte in einem instruktiven Überblick dargestellt [vgl. auch (194)]. Danach ist der Anwendungsbereich der Ultrarotspektroskopie am größten. Er erstreckt sich von den Gasen bis zu den schweren Maschinenölen. Die RAMAN-Spektroskopie kann von den Benzinen bis zu den leichten Maschinenölen eingesetzt werden. Die Massenspektrometrie hat heute noch ihren Hauptwert in der Gasanalyse. [Ihre Anwendung als Ergänzung der Ultrarotspektroskopie, siehe (215), (223).] Punktprobleme (Aromaten- und Olefinbestimmungen) können durch die Ultraviolettabsorption gelöst werden (207). Eine allgemeine Übersicht gibt das Referat von BRATTAIN, JONES und WIER (34) über spektroskopische Methoden der Erdölanalyse.

ROBERT, BOUCHERY und FAVRE (267) wenden chemische und physikalisch-chemische Analysenmethoden bei der Analyse eines Aramcoöles an. Nach destillativer und adsorptiver Vortrennung wird die Zusammensetzung aromatenhaltiger und durch Schwefelsäurebehandlung entaromatisierter Fraktionen bestimmt. Die Fraktionen zwischen 20 und 40° werden massenspektroskopisch und ultraspektroskopisch analysiert. Für einige Schnitte werden die Spektren gezeigt. Die aus 50 Ultrarotspektren abgeleitete Zusammensetzung der entaromatisierten Benzinfraktionen wird in einem Schaubild dargestellt.

Die Ultrarotspektren eines in 13 Fraktionen zerlegten und hydrierten Sumatraöles behandeln LECOMTE, LA LAU und WATERMAN (176). Sie stellen mit Hilfe der in den vorstehenden Abschnitten behandelten Regeln über die Lage von Schlüsselfrequenzen fest, daß Olefine und Alkylaromaten fehlen und daß als Naphthene nur Alkylcyclohexane zu erkennen sind. Sie gehen besonders auf die Kettenlänge und den Verzweigungsgrad der gefundenen Aliphaten ein.

Die Unterschiede in verschiedenen deutschen Erdölen, besonders in dem Verhältnis von n-Paraffin-, Isoparaffin- und Naphthenanteil, untersucht WALTER (*346*). Die allgemeineren Aussagen der „Ringanalyse nach WATERMAN" und der „n-d-M-Methode" (Gruppenanalysen nichtolefinischer Kohlenwasserstoffgemische mit Hilfe des Molekulargewichtes, des Brechungsindex, der Dichte und des Anilinpunktes) (*224*) werden durch die Ultrarotspektren erweitert.

Auch Crackprodukte werden selbstverständlich mit gutem Erfolg analysiert (*154*).

Bei der Untersuchung der Mineralölfraktionen sind wegen der Vielzahl der vorhandenen Komponenten die Hauptfrequenzen infolge Bandenüberlagerung oft nicht genau festzulegen. Weiteres Erfahrungsmaterial muß gesammelt werden, um Feinheiten der Spektren analytisch auszuwerten. Durch Spektrenvergleiche mit niederen Olefinen versucht LECOMTE (*175*) die bei der Polymerisation von Penten-2 und Äthylen anfallenden Öle in ihrem prinzipiellen Aufbau aufzuklären.

Die Ultrarotspektren aromatenhaltiger Mineralölfraktionen vergleicht VOGEL (*339*) mit ihren RAMAN-Spektren. Er stellt fest, daß in diesem Falle aus den RAMAN-Spektren mehr Einzelheiten über den Aufbau der Öle zu gewinnen sind als aus den Ultrarotspektren, die breite, wenig differenzierte Banden besitzen.

Über ein vielbeachtetes Ergebnis an pennsylvanischen Erdölen berichten M. FRED, R. PUTSCHER (*90a*), R. E. HERSH und Mitarbeiter (*132*). Es wird festgestellt, daß diese Erdöle bei 970 cm⁻¹ (10,3 µ) eine stärker ausgeprägte Bande besitzen als die meisten anderen Erdöle. Die Durchlässigkeit an dieser Stelle ist unter gleichen Bedingungen bei pennsylvanischen Ölen 70 bis 80%, bei Ölen anderer Provenienz 75 bis 95%. Nur bei scharfer Schwefelsäure- oder Erdenraffination nimmt die Intensität der Bande in den verschiedenen Fraktionen ab. Aus ihrer Lage und ihrem Verschwinden bei Bromierung und Hydrierung schließen FRED und PUTSCHER (*90a*), daß sie für trans-Olefine kennzeichnend sein müsse. Die Zahl der Doppelbindungen liegt nach ihren Messungen — bezogen auf die Gesamtzahl der C—C-Bindungen — in allen Fraktionen etwa bei 1%. Die gleichen Autoren behandeln in diesem Zusammenhang auch die Nachweisbarkeit verschiedener „Additives" in Mineralölen und zeigen auch hier einige Schlüsselfrequenzen auf.

Daß die Ultrarotspektroskopie in einem ganzen Industriezweig bei der Überwachung der eingehenden Rohmaterialien, der Betriebskontrolle, der Verfahrensentwicklung, der Endproduktanalyse und der allgemeinen Laboratoriumsarbeit eingesetzt werden kann, zeigt besonders instruktiv der Artikel von MARRON und CHAMBERS (*202*) über die Ultrarotspektroskopie im graphischen Gewerbe.

Bei dem heutigen Stand der Entwicklung ultrarotspektroskopischer Analysenmethoden lassen sich die qualitative und quantitative Analyse nicht streng voneinander trennen. Die Kenntnis der Schlüsselfrequenzen und ihrer intra- und intermolekularen Beeinflussungen ist auch die Grundlage der im folgenden Abschnitt behandelten quantitativen Analyse.

## D. Die quantitative Analyse von Mehrstoffkomponentengemischen.

### 1. Das Lambert-Beersche Gesetz als Grundlage der quantitativen Analyse (*121*), (*314*).

Die quantitative Ultrarotanalyse stützt sich auf Intensitätsmessungen von Schlüsselbanden, deren maximale (Bandenhöhe) oder integrale (Bandenfläche) Extinktionen (optische Dichten) bestimmt werden. Nach dem LAMBERT-BEERschen Gesetz gilt für die Extinktion einer Schlüsselbande

$$E_i = \log \frac{I_0}{I} = \varepsilon_i \cdot c_i \cdot d. \tag{18}$$

($E$ = Extinktion oder optische Dichte; $I_0$ = Intensität des einfallenden Lichtes; $I$ = Intensität des austretenden Lichtes nach Durchlaufen der Schichtdicke $d$; $\varepsilon$ = molarer, dekadischer Extinktionskoeffizient; $c$ = Konzentration in Mol/Liter; $i$ = $i$-te Substanz.) Es besagt also, daß die Extinktion proportional der Konzentration einer Substanz und dem konzentrationsunabhängigen Extinktionskoeffizienten ist.

Wird die Schlüsselbande nicht noch durch die Schlüsselbanden anderer Komponenten in der Probe mehr oder weniger überlagert, so ist die Größe ihrer maximalen oder integralen Extinktion ein direktes Maß für die vorhandene Substanzmenge. Läßt sich jedoch für keine der zu analysierenden Substanzen eine durch Banden anderer Komponenten ungestörte Schlüsselfrequenz finden, so gilt unter Annahme einer *additiven Überlagerung*:

$$E_{(\lambda)} = \varepsilon_{1(\lambda)} \cdot c_1 \cdot d + \varepsilon_{2(\lambda)} \cdot c_2 \cdot d + \cdots \varepsilon_{i(\lambda)} \cdot c_i \cdot d; \tag{19}$$

für eine Bande bei der Wellenlänge $\lambda$, zu deren Extinktion die Schlüsselfrequenz der gesuchten Substanz (1) den Teil $\varepsilon_{1(\lambda)} \cdot c_1 \cdot d$ beiträgt, der durch die Extinktionen $\varepsilon_{2(\lambda)} \cdot c_2 \cdot d$ usw. überlagert wird.

Das sich für $i$ Komponenten ergebende Gleichungssystem von $i$ Gleichungen der Form (19) läßt sich nach den unbekannten Konzentrationen $c$ auflösen, wenn $d$ bekannt ist und $\varepsilon_{(\lambda)}$ sowie $E_{(\lambda)}$ experimentell bestimmt werden.

Die $\varepsilon$-Werte werden am besten an den Reinsubstanzen für die gewählten Schlüsselfrequenzen bestimmt; bei Gültigkeit des LAMBERT-BEERschen Gesetzes sind sie konzentrationsunabhängig. Bei $i$ Substanzen sind $i^2$ $\varepsilon$-Messungen notwendig. Die Größen von $E$ ergeben sich aus den Spektren der zu analysierenden Gemische.

Die Berechnung der anzusetzenden Simultangleichungen kann nach mehr oder weniger systematischen Substitutionsverfahren, durch graphische Näherung, nach der Determinantenberechnung *(63)*, *(34a)* oder heute auch zur Abkürzung der mühsamen Arbeit bei Vielkomponentensystemen bis zu elf Substanzen mit elektrischen Spezialrechenmaschinen *(27)*, *(2)* vorgenommen werden.

Die Auswahl der Schlüsselfrequenzen bei feststehender Schichtdicke bzw. umgekehrt der Schichtdicke bei bestimmten Schlüsselfrequenzen ist insofern nicht willkürlich, als die optimale Durchlässigkeit für eine möglichst große Meßgenauigkeit bei $25\% < D < 50\%$ liegt. $\left(\text{Durch-}\right.$ lässigkeit: $D\% = \dfrac{I}{I_0} \cdot 100.\Big)$

Im nahen Ultrarot (kleines $\varepsilon$) und bei Gasen wird mit verhältnismäßig großen Schichtdicken gearbeitet, deren Bestimmung relativ einfach ist *(316)*. Die Schichtdicken bei Messungen von Flüssigkeiten und Festsubstanzen im mittleren Ultrarot (großes $\varepsilon$) liegen dagegen im Mittel bei 0,1 mm und darunter und sind dementsprechend schwieriger zu messen und zu reproduzieren. Um exakte Schichtdickenmessungen zu umgehen, empfiehlt es sich daher, bei Routine-Analysen möglichst mit konstanten Schichtdicken zu arbeiten. Ist dies nicht möglich, so werden sie interferometrisch bestimmt *(321)*, *(109)*, *(142)*.

Nicht in allen Fällen ist der Extinktionskoeffizient konzentrationsunabhängig. Abgesehen von apparativen Fehlerquellen [Inkonstanz der Betriebsbedingungen, ungenügende spektrale Reinheit durch geringes Auflösungsvermögen, Streulicht, ungeeignete Spaltbreite *(314)*, *(242)*, *(271)*], führt bei Gasen die weiter oben erwähnte Druckverbreiterung, bei Flüssigkeiten und Festkörpern der Einfluß zwischenmolekularer Kräfte zu Abweichungen vom BEERschen Gesetz.

## 2. Messung von Absolutintensitäten zur Bindungsmomentbestimmung.

Die Messung der Absolutintensitäten bestimmten Schwingungen zugeordneter Banden ist für Probleme der Atombindung von erheblichem Wert *(338a)*. Die „Integralabsorption" $A_{0v} = \int \varepsilon \, dv$ einer Schwingungsbande hängt von der Änderung des Dipolmomentes während der Schwingung, dem Übergangsmoment $d\mu/dr$, ab. Die Größe dieser Bindungsmomentänderung ist durch den Verlauf einer Funktion $\mu = \mu(r)$ als Abhängigkeit des Bindungsmomentes vom Kernabstand gegeben.

Die spektroskopische Bestimmung des Bindungsmomentes selber ist nach einer Reihe von Verfahren versucht worden:

1. Aus Valenzschwingungen des harmonischen Oscillators *(331a)*.

2. Aus Deformationsschwingungen des harmonischen Oscillators *(26)* *(49b)*.

· 3. Aus Valenzschwingungen des anharmonischen Oscillators (*184*), (*208*), (*209*).

Für eine einwandfreie Messung der absoluten Intensitäten zwei- und mehratomiger Gase muß die Konstanz des Extinktionskoeffizienten innerhalb der spektralen Spaltbreite annähernd gewährleistet sein (*360*). Man arbeitet daher mit der Druckverbreiterung durch Zusatz eines Fremdgases. Wenn man bei konstantem Gesamtdruck und variiertem Partialdruck die gefundenen Extinktionskoeffizienten auf den Partialdruck Null des zu messenden Gases extrapoliert, kann man mit niedrigen Drucken auskommen. Will man hingegen den Grenzwert durch Druckerhöhung mit Fremdgas oder im Reingas (Selbstverbreiterung) feststellen, so muß man mittlere Drucke anwenden. Zum Beispiel bestimmen PENNER und WEBER (*238*) die absolute Intensität der Grund- und der 1. Oberschwingung des CO allein und in $H_2$, He, Ar, $O_2$ und $N_2$ bei Drucken bis etwa 50 Atm. Weitere Beispiele für Messungen nach einem dieser beiden Verfahren sind: Kohlendioxyd (*151a*), Methan, Äthan (*331*), Äthylen (*331a*), Schwefelkohlenstoff (*270*).

Die absoluten Intensitäten bei den Banden 2900, 1460 und 1370 cm$^{-1}$ mißt S. A. FRANCIS (*89a*) für 12 aliphatische Kohlenwasserstoffe in Tetrachlorkohlenstoff und diskutiert die Verwertbarkeit seiner Ergebnisse für die Dipolmomentbestimmung nach WILSON (*331a*), sowie nach RICHARDS und BURTON (*263*). In allgemeinen Betrachtungen über Bandenstruktur und Bandenintensität bei Flüssigkeiten und über die Ermittlung des integralen Extinktionskoeffizienten diskutiert RAMSAY (*253b*) die Auswertmethoden und ihre Fehlergrenzen.

BELL, VAGO und THOMPSON (*26*) bestimmen die Intensität einer nicht ebenen CH-Deformationsschwingung des Benzols zwischen 750 und 850 cm$^{-1}$, deren genaue Lage von der Anzahl und von der Stellung der Substituenten abhängt und deren Moment sich längs der Bindungsrichtung nicht ändert. Aus den relativen Schwingungsamplituden der Atome in den einzelnen Bindungen werden die relativen Intensitäten abgeschätzt und mit den experimentell bestimmten verglichen.

In einem Ausdruck für den Extinktionskoeffizienten

$$\varepsilon = A\,\mu_{CH}^2\,\nu\left[\sum (x_H - x_C) + \sum (x_X - x_C)\,\frac{\mu_{CX}}{\mu_{CH}}\right]^2 \tag{20}$$

geht das Verhältnis der Bindungsmomente $\mu_{CX}/\mu_{CH}$ ein. Durch Einsetzen des Bindungsmomentes C−X (z.B. X=Cl) und durch Messung des Extinktionskoeffizienten der betreffenden Benzolverbindung ergibt sich ein C−H-Bindungsmoment von etwa 0,5 $D$ mit der positiven Ladung am Wasserstoff.

Meßtechnisch einfach erscheint das Verfahren von MECKE, aus den Absorptionsbanden der Oberschwingungen einer Valenzschwingung das

Dipolmoment der zugehörigen Bindung zu ermitteln. Eine besonders eingehende Behandlung der Grundlagen und verschiedener Meßergebnisse gibt LIPPERT (*184*). Ausgangspunkt der Überlegungen ist der Zusammenhang zwischen dem „reduzierten" Übergangsmoment $\mu_{0v}$ und der Integralabsorption $A_{0v}$

$$\mu_{0v}^2 = \frac{3\,h\,c_0}{8\,\pi^3\,N_L} \cdot fi \cdot \frac{F_{0v}}{\nu_{0v}} \cdot A_{0v}. \qquad (21)$$

($v$ = Schwingungsquantenzahl des oberen Zustandes; $c_0$ = Vakuumlichtgeschwindigkeit; $h$ = PLANCKsche Konstante; $N_L$ = LOSCHMIDTsche Zahl; $fi$ = Faktor des inneren Feldes = (0,8) bis 1,0; $F_{0v}$ = Normierungsfaktor, der durch Quantenzahl und Anharmonizität eindeutig festgelegt und im Diagramm dargestellt ist; $\nu_{0v}$ = Frequenz der maximalen Extinktion.)

Aus der Momentänderung läßt sich nur durch zusätzliche Bedingungen der absolute Betrag des Bindungsmomentes $\mu_0$ ableiten. Da es sich um eine quadratische Gleichung handelt, bleibt die Richtung des Übergangsmomentes bzw. des Bindungsmomentes unbestimmt.

### 3. Wasserstoffbrücken.

Das bekannteste Beispiel für zwischenmolekulare Beeinflussungen ist die Bildung von Wasserstoffbrücken. Ultrarotuntersuchungen über dieses Problem finden sich aus den Arbeitskreisen von R. MECKE (*210a*), (*208*), (*233*), N. D. COGGESHALL (*49*) und vieler anderer Autoren in der Literatur. Sie beschäftigen sich mit der Assoziation und Entassoziation in Reinsubstanzen und Substanzgemischen. Die klassischen Beispiele sind die niederen Fettsäuren und die Alkohole. Aber auch eine ganze Reihe anderer Verbindungsklassen enthält funktionelle Gruppen, die zur Ausbildung inter- oder intramolekularer Wasserstoffbrücken neigen.

Die Assoziation kann durch sterische Verhältnisse, durch Feldwirkungen anderer Substituenten, durch Lösungsmitteleffekte beeinflußt werden.

Wenn im folgenden die Wasserstoffbrücke von Hydroxylgruppen im Vordergrund steht, so ergibt sich das zwangsläufig aus der bisherigen Arbeitsrichtung.

**a) Anwendbarkeit des Massenwirkungsgesetzes auf die Dissoziation.** Die Intensitätsänderung der OH-Bande des Phenols bei wechselnder Konzentration in Tetrachlorkohlenstoff ist in Abb. 43 wiedergegeben. Aus dem Verhältnis des jeweiligen Extinktionskoeffizienten der nichtassoziierte OH-Gruppen kennzeichnenden Bande bei 10330 cm$^{-1}$ zu dem Extinktionskoeffizienten bei unendlicher Verdünnung: $\varepsilon_c/\varepsilon_\infty$ kann der Bruchteil $\alpha$ der nichtassoziierten Einermolekeln berechnet werden. Aus der Temperaturabhängigkeit des Extinktionskoeffizienten $\varepsilon_c$ erhält man die Assoziationswärme $\bar{w}$ [für Phenol in CCl$_4$ = 4,35 Kcal/Mol, in Benzol = 3,55 Kcal/Mol, in Chlorbenzol = 3,48 Kcal/Mol; vgl. auch (*155*)].

Während Kempter und Mecke (*153*) noch glaubten, ihren Messungen entnehmen zu können, daß Assoziationskomplexe der verschiedensten Größen, die nach der Gleichung $(ROH)_n + ROH \rightleftharpoons (ROH)_{n+1}$ im Gleichgewicht miteinander stehen, gleiche Gleichgewichtskonstanten hätten, zeigte sich besonders in der Arbeit von Hoffmann (*135a*), bestätigt durch eine Reihe weiterer Messungen (*197a*), daß die verschiedenen Gleichgewichte individuelle Gleichgewichtskonstanten besitzen, die mit wachsendem $n$ einem konstanten Wert zustreben. So scheinen bei Alkoholen Zweierkomplexe benachteiligt zu sein. Diese von Hoyer übersichtlich zusammengestellten (*138a*) älteren Ergebnisse sind durch neuere Messungen unter anderem von Coggeshall und Saier (*49*) ergänzt worden, die mit zwei Gleichgewichtskonstanten auszukommen versuchen: eine für dimere und eine für Komplexe höherer Ordnung.

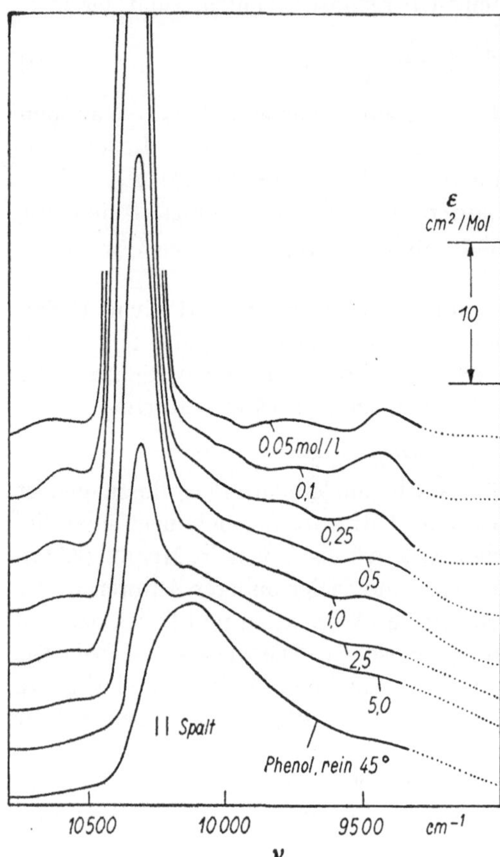



Abb. 43. Intensitätsänderung der 3-ν-OH-Bande des Phenols in Tetrachlorkohlenstoff bei verschiedenen Konzentrationen.

Über die Struktur der Assoziate von Säuren und Alkoholen lassen sich aus den Spektren Aussagen machen. Danach kann man zwei Arten der Assoziation unterscheiden:

1. Dimere Assoziation, die zu Doppelmolekeln führt (Monocarbonsäuren) (Form I).

2. Polymere Assoziation, die Kettenmolekeln ergibt (Alkohole, Phenole) (Form II).

Alkohole und Phenole bilden vorwiegend polymere Molekeln. Die höhermolekularen Ketten müssen zwei OH-Banden zeigen, nämlich die Bande der assoziierten Gruppen und die der Endgruppen. In Abb. 44 ist versucht, die drei Banden (entassoziierte OH-Gruppen des Monomeren, OH-Endgruppen, assoziierte OH-Gruppen) aus der Überlagerungsbande heraus zu analysieren.

SMITH und CREITZ (*305*) gehen an dem Beispiel von elf verschieden verzweigten Alkoholen in Tetrachlorkohlenstoff diesen Fragen im Bereich der Grundschwingungen nach. Sie diskutieren vier Typen von Alkoholassoziaten, für die sie auch die Bandenmaxima angeben:

*Monomeres*       *Polymeres*

*Einzelbrücken-Dimeres*       *Doppelbrücken-Dimeres*

**b) Sterische Einflüsse.** Abb. 45 zeigt an den Spektren verschiedener Alkohole (*305*) die Behinderung der Assoziation mit Zunahme der Kettenverzweigung. Besonders amerikanische Forscher haben recht eingehend die Frage der sterischen Hinderung bei der Wasserstoffbrückenbildung bearbeitet. N. D. COGGESHALL (*49a*) wertet den Wellenlängenunterschied zwischen der assoziierten und der entassoziierten Form $\Delta\lambda_c$ als Maß für die Stärke der Wasserstoffbindung. Er unterteilt in $\Delta\lambda_c > 0,15\,\mu$; $0,04\,\mu < \Delta\lambda_c < 0,15\,\mu$ und $\Delta\lambda_c < 0,04\,\mu$ mit zunehmender Abschwächung der Bindung. W. G. SEARS und L. J. KITCHEN (*287b*) unterscheiden zwischen den Wellenlängendifferenzen, jeweils von stark verdünnter Lösung ausgehend, $\Delta\lambda_c$ (bis zu konzentrierter Lösung); $\Delta\lambda_m$ (bis zum Schmelzpunkt); $\Delta\lambda_s$ (bis zum Festzustand). Während zwischen $\Delta\lambda_c$ und $\Delta\lambda_m$ nicht allzu große Unterschiede vorhanden sind, nehmen sie

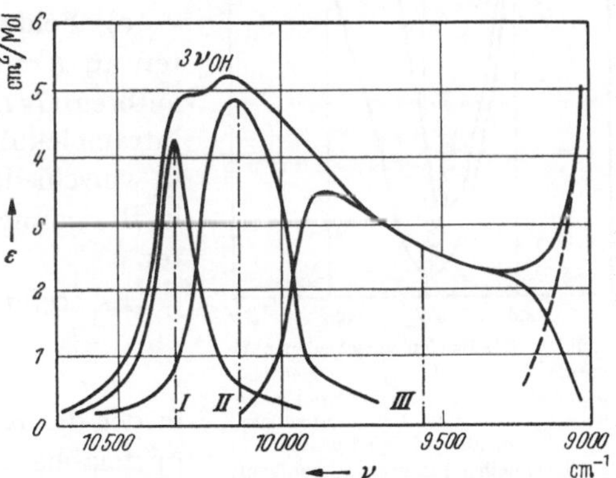

Abb. 44. Die verschiedenen Banden assoziierter Phenole [*I* monomere, *II* endständige OH-Gruppen der Polymeren, *III* durch Wasserstoffbrücken verbundene OH-Gruppen] (Phenol in Tetrachlorkohlenstoff).

gegen $\Delta\lambda_s$ merklich zu und kennzeichnen die stärkere Wasserstoff-brücken-Bindung. Auch für intramolekulare Wasserstoffbrücken läßt sich eine ähnliche Einteilung vornehmen (*49a*). Kuhn (*169*) leitet eine Gleichung ab, nach der er den H···O-Abstand aus der Differenz der beiden OH-Banden bei folgender Struktur einer intramolekularen Wasserstoffbrücke

(1) freies OH;
(2) intramolekular gebundenes OH

berechnen kann:

$$L = \frac{250 \times 10^{-8}}{\Delta\nu + 74} \qquad (22)$$

($L = $ H···O-Abstand in cm).

Dampfdruckänderungen substituierter Phenole erklären Bowman und Stevens (*30*) mit Änderungen der Wasserstoffbrücken durch sterische Einflüsse und belegen ihre Ansichten durch Ultrarotspektren.

**c) Feldwirkungen von Substituenten an Aromaten.** Ingraham und Mitautoren (*141*) setzen die Bandenlage der intramolekular gebundenen OH-Gruppen in verschieden substituierten Catecholen in Beziehungzu dem Hammettschen Faktor $\sigma$[1].

Es ergibt sich die Gleichung

$$\nu = \nu_0 + \varrho_\nu \cdot \sigma \qquad (23)$$

in der die Konstanten $\nu_0$ und $\varrho_\nu$ lösungsmittelabhängig sind.

In den Spektren des 1-Nitronaphthol-2 und des 2-Nitronaphthol-1 (Abb. 46) (*115*) zeigen sich im Gebiete der CH- und OH-Valenzschwingungen Unterschiede, die auf der ungleichmäßigen Elektronenverteilung im substituierten Naphthalin beruhen. Im Gegensatz zu den Nitronaphthylaminen, bei denen nach D. E. Hathway und

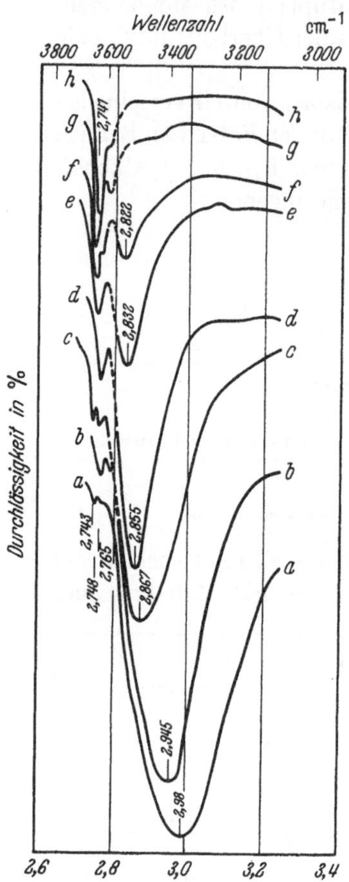

Abb. 45. OH-Banden verschiedener Alkohole. *a* 3-Pentanol; *b* 3-Methyl-3-pentanol; *c* 2.2.4.Trimethyl-3-pentanol; *d* 2.4.Dimethyl-3-äthyl-3-pentanol; *e* 2.2.4.Trimethyl-3-äthyl-3-pentanol; *f* 2.2.4.Trimethyl-3-isopropyl-3-pentanol; *g* 2.2.4.4.Tetramethyl-3-n-propyl-3-pentanol; *h* 2.2.4.4.Tetramethyl-3-isopropyl-3-pentanol.

---

[1] Die Hammetsche Regel setzt sowohl die Geschwindigkeits- als auch die Gleichgewichtskonstanten bei Reaktionen der Substituenten aromatischer Verbindungen für die Derivate mit weiteren Substituenten neben der reagierenden Gruppe und

M. St. G. Flett (*126a*) die 2-Nitroverbindung (II) die stärkere Wasserstoffbindung besitzt, zeigt hier die 1-Nitroverbindung (I) die stärkere

(I)         (II)

Beeinflussung. Ohne Zweifel spielt bei diesen Unterschieden die Be-
teiligung der Resonanz eine wesentliche Rolle. Aus seinen Untersuchungen
über die Existenz zehn-
gliedriger innermolekularer
Wasserstoffbrückenringe
hofft Hoyer (*138*) Grundlagen gefunden zu haben,
um aus der Lage der
OH-Banden ebener und
unebener Isomerer ein Kri-
terium für die Beteili-
gung der Resonanz beim
Zustandekommen der in-
neren Wasserstoffbrücke
zu gewinnen. Vgl. auch
Searles und Mitarbeiter
(*287c*). Wenn schon in
den zuletzt behandelten
Fällen das Gewicht der
verschiedenen kanonischen
Strukturen bei der Reso-
nanz die Stärke der Was-
serstoffbindung bestimmt,

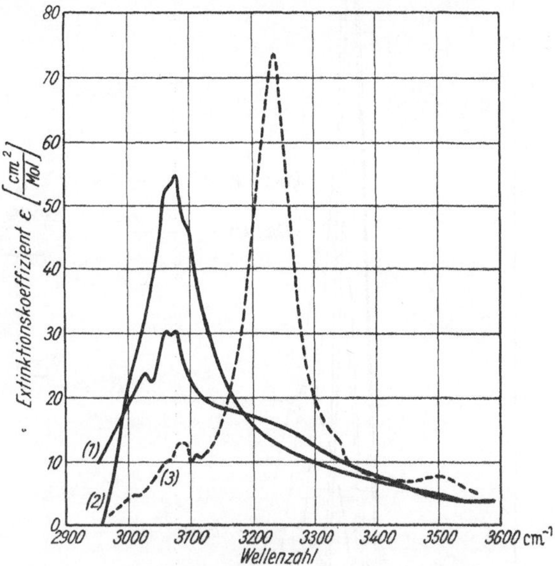

Abb. 46. Extinktionskoeffizienten der $\nu$-CH- und $\nu$-OH-
Banden von 1-Nitro-naphthol-2 (*1*), 2-Nitronaphthol-1 (*2*),
o-Nitrophenol (*3*). $c = 20 \times 10^{-3}$ Mol/l. Lösungsmittel
Tetrachlorkohlenstoff.

so soll nach Voter und Mitautoren (*342*) bei den Bis(dialkyl-
glyoxim-NN')-Nickel(II)-Verbindungen

für Verbindungen ohne die Zweitsubstituenten in folgender Weise zueinander in
Beziehung:

$$\log \frac{K_s}{K} = \sigma \cdot \varrho \, .$$

[$K_s$ = Konstante der zweitsubstituierten; $K$ = Konstante der einfach substituierten Verbindung; $\sigma$ = Faktor, der vom Zweitsubstituenten und seiner Stellung am
Ring abhängt; $\varrho$ = Faktor, der durch die Art der Reaktion bestimmt wird (*140*).]

überhaupt ein neuer Typ von Wasserstoffbindungen O—H⸱⸱⸱O durch die Resonanz entstehen, den sie auch aus den Ultrarotspektren glauben ableiten zu können.

**d) Einfluß der Gemischpartner.** Die außerordentlich starke Lösungsmittelabhängigkeit der 3 $\nu$—OH-Bande des Phenols zeigt Abb. 47. Nach den integralen Extinktionskoeffizienten der OH-Banden des Phenols für $c = 0,05$ Mol/Liter in verschiedenen Lösungsmitteln teilen LÜTTKE und MECKE (*210a*) die von ihnen untersuchten Lösungsmittel in vier Gruppen ein:

1. Aliphatische Kohlenwasserstoffe und ihre Halogenide, Schwefelkohlenstoff.

2. Aromatische Kohlenwasserstoffe und ihre Halogenide, Cyclohexen.

3. Nitroverbindungen, Anisol.

4. Aldehyde, Ketone, Äther, Hydroxylverbindungen.

Die Lösungsmittel der ersten Gruppe wirken entassoziierend, ohne ihrerseits starke Tendenz zur Ausbildung von Mischassoziaten zu zeigen.

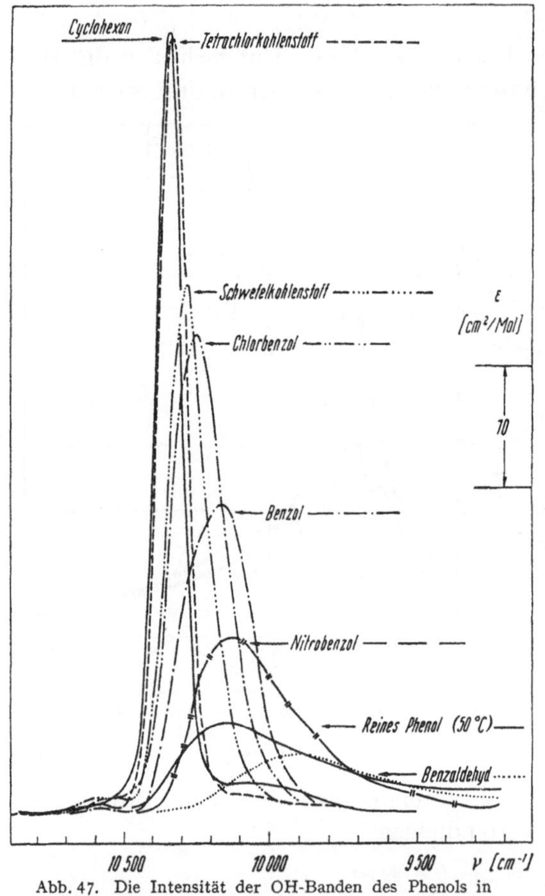


Abb. 47. Die Intensität der OH-Banden des Phenols in verschiedenen Lösungsmitteln (2. Oberschwingung).

Die Substanzen der Gruppe 2 bilden nach der Entassoziation des Phenols mit ihm Mischassoziate, die verschieden stark sein können, je nachdem, an welcher Stelle die Assoziation stattfindet. Zum Beispiel könnten sich mit dem Cyclohexen die Formen (I) und (II) ausbilden:

(I)                              (II)

Eine eingehende Arbeit über die Proton-Acceptoreigenschaften von Aromaten hat TAMRES (*325b*) veröffentlicht. Er benutzt als Indikator $CH_3OD$, bei dem er die Verschiebungen der OD-Valenzschwingung besser verfolgen kann, als es im Bereich der durch CH-Valenzschwingungen gestörten $\nu$-OH-Banden möglich wäre. Der Einfluß von Substituenten (Alkyl, Halogen) tritt in diesen Untersuchungen klar hervor. Unter dem Einfluß der Lösungsmittelgruppe 3 verschiebt sich die $3\nu$—OH-Bande bis zu 180 cm$^{-1}$. Die Integralabsorption nimmt sprunghaft ab. Dies deutet auf eine erhebliche Auflockerung der OH-Bindung und eine Verkleinerung ihres Bindungsmomentes.

In den Lösungsmitteln der Gruppe 4 nimmt das Bindungsmoment noch weiter ab (Frequenzverschiebung um 500 cm$^{-1}$ und mehr, weitere Abnahme der Integralabsorption). Es ist eine besonders feste Kopplung zwischen den beiden Molekelarten vorhanden.

Die Untersuchung der Wasserstoffbrücken liefert also nicht nur Material über Eigenschaften der einen, sondern auch über Eigenschaften der anderen Komponente.

Eine Zusammenfassung der in Lösungsmitteln zu beobachtenden Bandenveränderungen assoziierter Substanzen gibt in Anlehnung an LÜTTKE und MECKE (l. c.) Tabelle 3.

Tabelle 3. *Bandenänderungen durch Lösungsmitteleinfluß.*

| Beobachteter Effekt bei Lösungsmitteleinwirkung | | Zwischenmolekulare Wechselwirkung | Molekulartheoretische Deutung |
|---|---|---|---|
| Änderung der Zahl spektralaktiver Banden | | Verstärkung oder Abschwächung | Übergang zu anderer Symmetrie |
| Frequenz-verschiebung | langwellig<br>kurzwellig | Verstärkung<br>Abschwächung | Kernabstand größer, Dissoziationsenergie kleiner und umgekehrt |
| Intensität | Abnahme<br>Zunahme | Verstärkung<br>Abschwächung | Abnahme } des Bindungsmomentes und der<br>Zunahme } Momentänderung |
| Halbwerts-breite | Vergrößerung<br>Verkleinerung | Verstärkung<br>Abschwächung | Zunahme } der Proton-Acceptoreigenschaften des<br>Abnahme } Lösungsmittels |
| Bandenform Bandenaufspaltung | | — | Änderung des Orientierungszustands der Molekeln. Existenz von Assoziations-Isomeren |

Analoge Wirkungen wie die Lösungsmitteleinflüsse können Temperaturänderungen haben.

**e) Wasserstoffbrücken bei Aminen.** Eine Überleitung zu der Frage der Wasserstoffbrücken bei Aminen ist die Veröffentlichung von

J. W. Baker, M. M. Davies und J. Gaunt (*14b*) über die Alkohol-Amin-Assoziation. Auch als Literatursammlung beachtenswert ist die bereits zitierte Arbeit von Fuson und Mitarbeitern (*100*) über die NH···N-Wasserstoffbindung in aromatischen Verbindungen. Im Vergleich mit Meckes (*208*) Ergebnissen am Phenol und den Resultaten anderer Autoren zeigt sich, daß die NH···N-Wasserstoffbindung schwächer ist als die OH···O-Bindung. Auch der Einfluß verschiedener Lösungsmittel wird untersucht. Die Frage der zwischenmolekularen Kräfte beim Anilin scheint nicht restlos geklärt.

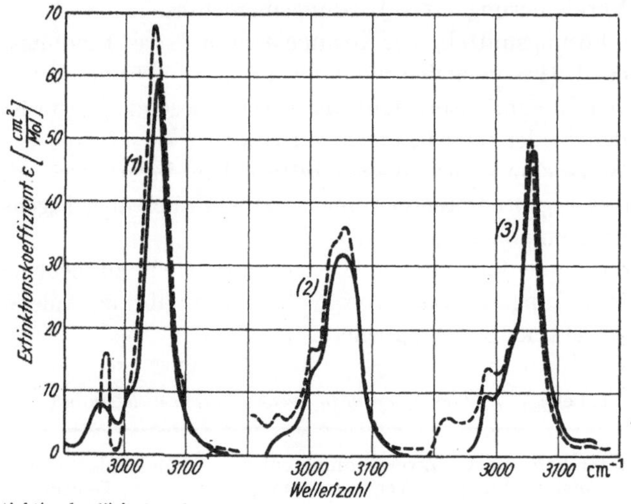


Abb. 48. Extinktionskoeffizienten der CH-Valenzschwingungsbanden von Naphthalin (*1*), Chinolin (*2*) und Isochinolin (*3*) in Tetrachloräthylen (———) und in Schwefelkohlenstoff (— — —) $c = 30 \times 10^{-3}$ Mol/l.

**f) Zwischenmolekulare Wechselwirkungen schwach- oder unpolarer Molekeln.** Ohne daß systematische Untersuchungen darüber vorliegen, ist bereits seit längerer Zeit bekannt, daß nichtpolare Substanzen, z. B. Kohlenwasserstoffe, in verschiedenen nichtpolaren Lösungsmitteln wie Benzol, Tetrachlorkohlenstoff, Schwefelkohlenstoff gelöst, sowohl Frequenzverschiebungen als auch Intensitätsänderungen bestimmter, aber nicht aller Banden — je nach dem Lösungsmittel — zeigen. So ist der integrale Extinktionskoeffizient (maximaler Extinktionskoeffizient × Halbwertsbreite) der CH-Valenzschwingung des Naphthalins (*33*) für eine CH-Bindung in Tetrachloräthylen $261 \times 10^3$ cm/Mol und in Schwefelkohlenstoff $293 \times 10^3$ cm/Mol oder des Isochinolins (*115*) in den gleichen Lösungsmitteln $208 \times 10^3$ bzw. $216 \times 10^3$ cm/Mol, wobei gleichzeitig merkliche Bandenverlagerungen zu beobachten sind (Abb. 48).

Noch auffallender tritt ein derartiger Lösungsmitteleinfluß bei den $2\nu$—CH-Valenzschwingungen der isomeren Hexachlorcyclohexane zutage. Es ist bekannt, daß das Cyclohexan selber, bedingt durch die verschiedene Richtung der H-Atome zum Ring, eine Aufspaltung der CH-Valenzfrequenzen zeigt, die sich in den Oberschwingungen durch Unsymmetrie der entsprechenden Bande bemerkbar macht [s. z. B. (*185*)]. Prüft man daraufhin die Spektren der isomeren Hexachlorcyclohexane (*69a*), (*152*), so zeigt sich, daß auch bei ihnen Aufspaltungen der C—H-Valenzfrequenzen zu beobachten sind, die bei dem $\gamma$- und $\delta$-Isomeren besonders deutlich hervortreten. In Abb. 49 ist die 2-$\nu$-C—H-Valenzschwingung einiger Hexachlorcyclohexane wiedergegeben. Man erkennt, daß eine weitere Bandenaufspaltung bei der $\delta$-Komponente eintritt mit

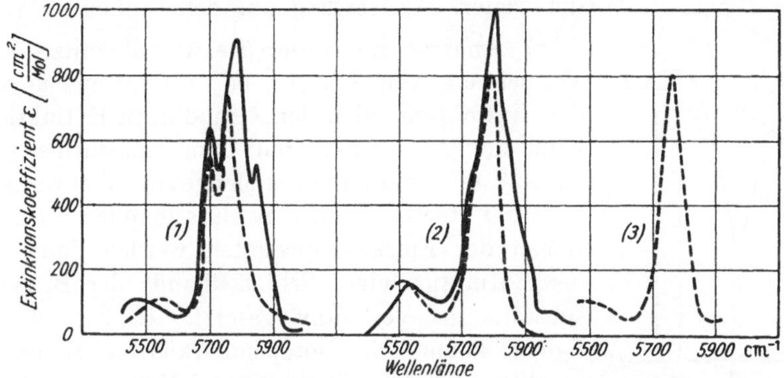

Abb. 49. 2-$\nu$-C—H-Valenzschwingungen von Hexachlorcyclohexanen. ——— Tetrachlorkohlenstoff; — — — Schwefelkohlenstoff. (*1*) $\delta$-, (*2*) $\gamma$-, (*3*) $\alpha$-Hexachlorcyclohexan.

Änderung des Lösungsmittels von Schwefelkohlenstoff zu Tetrachlorkohlenstoff. Auch bei der $\gamma$-Komponente sind Spektrenunterschiede in den beiden Lösungsmitteln festzustellen. Die Stärke der Beeinflussung geht nicht proportional mit den Dipolmomenten ($\delta = 2{,}2\,D$; $\gamma = 2{,}8\,D$).

### 4. Die Analysenverfahren.

Je nach der Aufgabenstellung und nach den Sonderheiten des zu untersuchenden Systems wurden die verschiedensten Methoden für die quantitative Analyse entwickelt.

**a) Extinktionsmessung an einer nichtüberlagerten bzw. additiv überlagerten Schlüsselbande.** Am einfachsten liegen die Verhältnisse bei Gültigkeit des LAMBERT-BEERschen Gesetzes und additiver Überlagerung; diese Fälle wurden schon oben erledigt [Gl. (18) und Gl. (19)].

**b) Grundlinienverfahren.** Die Bestimmung der Extinktion wird in vielen Fällen durch den Spektrenuntergrund gestört, so daß unter anderem W. WRIGHT (*364b*) die „Grundlinien"-Auswertung vorschlug. Abb. 50 gibt das Prinzip wieder. $\nu_k$ ist die Schlüsselfrequenz der zu bestimmenden Komponente mit der Intensität $I$. $\nu_a$ und $\nu_b$ sind die Frequenzen auf beiden Seiten von $\nu_k$, bei denen die Intensität jeweils wieder ein Maximum erreicht. Die Nullinie entspricht der Intensität Null, die Absorptionskurve $L_K$ der durchgelassenen Strahlungsintensität mit Substanz, die Untergrundlinie $L_u$ der Strahlungsintensität ohne Substanz im Strahlengang. Die Grundlinie $L_G$ ist dann schließlich die Tangente an die Absorptionskurve, die sie bei $\nu_a$ und $\nu_b$ berührt. Sie soll möglichst parallel zu $L_u$ gelegt werden. An Stelle der Extinktion wird dann die sog. „Grundlinien"-Extinktion abgeleitet: $E_b = \log I_b/I$ ($I_b$ = Grundlinienintensität bei $\nu_k$). Da auch die Grundlinienextink-

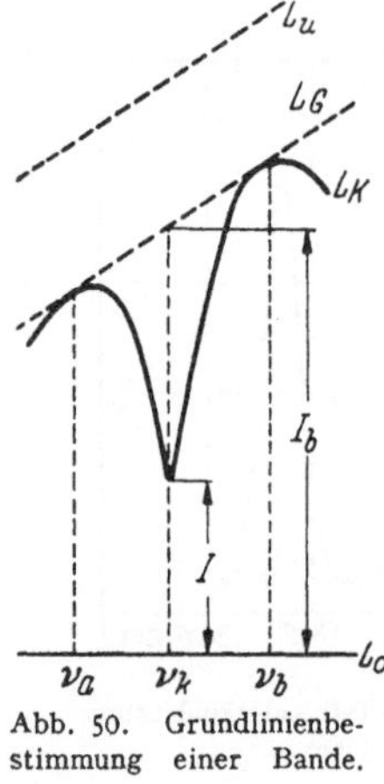

Abb. 50. Grundlinienbe-
stimmung einer Bande.

tionen als additiv angenommen werden, erfolgt die weitere Auswertung auf dem üblichen Weg.

c) **Analyse mit einer Bezugssubstanz.** Zur Vermeidung von Fehlern bei Absolutmessungen der Extinktion oder der Grundlinien-Extinktion kann der Analysensubstanz eine linienarme Bezugssubstanz in bestimmter Menge zugesetzt werden (internal standard). Die Schlüsselbanden-Extinktionen der Einzelkomponenten werden dann zu der Extinktion einer Schlüsselbande der Bezugssubstanz ins Verhältnis gesetzt. In besonderen Fällen kann mit isotopenmarkierten Molekeln gearbeitet werden. Trenner und Mitarbeiter (*333*) wenden die Methode für die Analyse des $\gamma$-Hexachlorcyclohexans an. Dem zu analysierenden, in Dimethylformamid gelösten Isomerengemisch wird eine bestimmte Menge $\gamma$-Deutero-hexachlorcyclohexan zugesetzt. Die Schlüsselbande der normalen Verbindung liegt bei 845 cm$^{-1}$, der Deuteroverbindung bei 728 cm$^{-1}$. Aus dem Intensitätsverhältnis dieser Banden wird der Prozentgehalt des gesuchten Isomeren berechnet.

d) **Analyse durch Eichkurvenaufstellung.** Sind die Schlüsselbanden nicht nur überlagert, sondern folgen sie in ihrer Intensität auch nicht dem Beerschen Gesetz (z. B. bei Druckverbreiterung in Gasen, bei Wasserstoffbrücken in Flüssigkeiten), so müssen Eichkurven aufgenommen werden, welche die Extinktion in Abhängigkeit von der Konzentration der gesuchten Substanz darstellen.

## 5. Analysenbeispiele.

Da über die quantitative Ultrarotanalyse bisher noch keine eingehende Darstellung in der Literatur zu finden ist, werden im folgenden auch einige Beispiele aus der Zeit vor 1945 herangezogen. [Allgemeine Arbeiten siehe auch die früher zitierten Sammelwerke sowie (*34*) (*98*).]

a) **Die Gasanalyse.** Eins der bekanntesten Beispiele auf diesem Gebiet ist die Analyse einer $C_4$-Fraktion [n-Butan, Isobutan, Buten-1,

Isobuten, cis-Buten-2, trans-Buten-2 (*34a*)]. Die benötigten 36 Absorptionskoeffizienten der Schlüsselbanden werden bestimmt. Die Berechnung der 6 Simultangleichungen wird schematisiert. Die Leistungsfähigkeit der Methode wird an Gemischen bekannter Zusammensetzung geprüft. In allen Testgemischen liegt die Abweichung für die einzelnen Komponenten unter 1%. Die Analysendauer beträgt 30 bis 45 min [s. auch (*42b*)].

Acht $C_5$-Kohlenwasserstoffe (n-Pentan, Isopentan, Penten-1, cis- und trans-Penten-2, 3-Methyl-buten-1, 2-Methyl-buten-1, 2-Methyl-buten-2) analysieren THORNTON und HERALD (*332*) und bestimmen das n-Penten bis zu 0,5%.

Mit dem Einfluß der Druckverbreiterung auf die quantitative Analyse von Kohlenwasserstoffen bis $C_5$, Kohlendioxyd, Kohlenmonoxyd u. a. in Crackgasen, Abgasen der Katalysatorregenerierung usw. beschäftigen sich N. D. COGGESHALL (*49a*), W. D. SEYFRIED, S. H. HASTINGS (*289*) und M. CORNU (*55*). Ein interessantes Anwendungsgebiet ist die Analyse der Luftverunreinigungen über Städten, bei der z. B. der Anteil der Industrie- oder der Kraftwagenabgase bestimmt werden kann (*336*), (*199*).

**b) Flüssigkeitsanalyse.** Grundlagen der quantitativen Analyse von Flüssigkeiten liefern verschiedene Arbeiten, die unter dem Thema der Schlüsselfrequenzen schon früher genannt wurden. Angaben über die Größe von Extinktionskoeffizienten verschiedener Gruppen enthalten, z. B. (*61*), (*83*), (*125*), (*148*), (*222*). Außerdem sind zu erwähnen: R. W. B. JOHNSTON, W. G. APPLEBY und M. O. BAKER (*143a*) über Intensitäten von Olefin-Schlüsselbanden (890, 910, 975, 990 cm$^{-1}$), sowie CROSS und ROLFE (*62*) über die molaren Extinktionskoeffizienten der Carbonylgruppe.

Methodische Einzelheiten finden sich in einer Arbeit von KENT und BEACH (*154*). Der spektroskopischen Analyse eines zwischen 28 und 124° C siedenden Benzins geht eine gute Vorfraktionierung voraus, bei der acht Fraktionen mit je etwa zehn Komponenten anfallen. Nach der qualitativen Analyse wird aus den Extinktionen der Schlüsselfrequenzen der festgestellten Substanzen die Zusammensetzung mit einem elektrischen Rechengerät quantitativ bestimmt.

Die Anwendung des Grundlinienverfahrens bei der Analyse der verschiedensten Kohlenwasserstoffgemische behandeln HEIGL, BELL und WHITE (*130*). Insbesondere wird die Analyse eines $C_8$-Kohlenwasserstoffgemisches besprochen. Die Genauigkeit der Methoden liegt zwischen 0,2 und 0,8%.

Eine sehr eingehende Arbeit über die Analyse von Ost-Texas-Erdölfraktionen bis in den $C_9$-Bereich, veröffentlichte BELL (*25*). Als Vergleichssubstanzen der mit sehr wirksamen Kolonnen erhaltenen Fraktionen untersucht die Verfasserin drei n-Paraffine, 34 Isoparaffine,

22 Cyclopentan- und 10 Cyclohexanhomologe, die sie vom Nat. Bureau of Standards (API-Projekt 46) bezieht.

Diäthyl- und Butylbenzole analysierte Perry (*240*) routinemäßig in einem vereinfachten Meßverfahren mit einer Genauigkeit von 0,5%. Sehr eingehend behandeln Williams, Hastings und Anderson (*357b*) die Grundlagen einer $C_{10}$-Aromaten-Analyse.

**c) Festsubstanzanalyse.** Die Analyse von Festsubstanzen ist in der Ultrarotspektroskopie teilweise mit Schwierigkeiten verbunden, da die Substanzen in vielen Fällen das Primärlicht stark reflektieren oder streuen. Sie werden daher gern in Lösung (Schwefelkohlenstoff, Tetrachlorkohlenstoff, Cyclohexan) in Suspension (Nujol, Paraffinöl, Fluorkohlenstoffe) oder nach dem Preßverfahren (*287*) untersucht.

Eines der am häufigsten behandelten Beispiele ist die Ultrarotanalyse der isomeren Hexachlorcyclohexane. Neben den ersten Arbeiten von Daasch (*69a*) und Kauer (*152*) sei aus neuerer Zeit noch eine von Pirlot (*245*) erwähnt. Die Bestimmungsgenauigkeit liegt zwischen 0,5 und 2,0%, wenn man für die verschiedenen Isomeren als Schlüsselbanden verwendet: $\alpha = 795\ \mathrm{cm}^{-1}$; $\beta = 743\ \mathrm{cm}^{-1}$; $\gamma = 688\ \mathrm{cm}^{-1}$ und $925\ \mathrm{cm}^{-1}$; $\delta = 756\ \mathrm{cm}^{-1}$; $\varepsilon = 716\ \mathrm{cm}^{-1}$. Die Analyse wird durch Anwesenheit von Heptachlorcyclohexanen [Spektren siehe z.B. (*201*), (*170*)] und anderen Begleitsubstanzen gestört. Die $\beta$-Verbindung wird, wenn überhaupt, in Aceton, die anderen Isomeren werden in Schwefelkohlenstoff untersucht. Auch andere Insecticide wie das DDT (*75b*), das Aldrin und das Dieldrin (*100b*) werden ultrarotspektroskopisch analysiert. Phenol, Kresole, Xylenole analysieren Friedel, Pierce und McGovern (*97*) nach dem Grundlinienverfahren. Freies Phenol in Phenol-Formaldehyd-Harzen bestimmen Smith, Rugg und Bowman auf $\pm 0,3\%$ (*307*), tertiäre Butylphenole Hales (*116*) und Kresole O. E. Knapp, H. S. Moe und R. B. Bernstein (*161b*).

Eine sehr eingehende Veröffentlichung über die Grundlagen der Ultrarotspektroskopie von pulverförmigen Substanzen schrieb Pirlot (*246*), in der er als Beispiel die Analyse von Cinchonidin neben Cinchonin, Chinin und Chinidin behandelt.

Arbeiten, welche die Anwendbarkeit der Ultrarotspektroskopie auf dem Fettgebiet zum Thema haben, faßt Volbert (*341*) in einem Sammelreferat zusammen. Grundlegend für die quantitative Analyse auf diesem Gebiete sind Veröffentlichungen von Swern und Mitarbeitern (*295a*), (*295*) über die Extinktionskoeffizienten der Schlüsselbanden einer Reihe von Säuren, Estern und Alkoholen. Sie leiten daraus z.B. eine spektroskopische Bestimmungsmethode für trans-Oktadecensäure ab (*323*) und vergleichen sie mit der bisher üblichen Bleisalz-Alkohol-Methode. Die Ultrarotspektroskopie ist dabei der chemischen Analyse etwa gleichwertig.

## 6. Betriebskontrolle mit Pseudospektrographen (Nondispersive Instruments).

In den vor etwa 20 Jahren entwickelten Ultrarotabsorptionsschreibern können Gase und Dämpfe analysiert werden, die im Wellenlängenbereich von etwa 2 bis 6μ geeignete Absorptionsbanden besitzen. Kohlendioxyd, Kohlenmonoxyd, Methan, Äthan, Äthylen, Acetylen, Stickoxyd, Stickoxydul, Äthylenoxyd, Butadien, Aceton, Alkohol, Benzol, Dimethyläther sind eine Reihe von Substanzen, die im laufenden Betriebe bestimmt werden können. Grundsätzlich kann in jedem gewünschten Meßbereich gearbeitet werden. So erfassen CO-Schreiber Konzentrationsbereiche zwischen 0 und 0,05, sowie zwischen 0 und 100% ; Äthylenschreiber wurden für 80 bis 100% gebaut. Die Empfindlichkeit ist in manchen Fällen außerordentlich groß, z.B. können noch $10^{-4}\%$ $CO_2$ oder $10^{-3}\%$ CO erfaßt werden (*297*). Ein interessantes Problem ist die Messung der Stickoxyde NO, $N_2O$ und $NO_2$. Stickoxydul kann neben Stickoxyd quantitativ erfaßt werden, die umgekehrte Aufgabe ist jedoch, ähnlich wie bei der oben erwähnten Benzol-Cyclohexan-Analyse, wegen der Überlappung der Absorptionsbereiche schwieriger. $NO_2$ muß schließlich photometrisch bestimmt werden. In der Ausführung des Gesamtgerätes werden in einer Kompensationsschaltung zwei Absorptionsschreiber und ein Photometer zusammengefaßt. Die $N_2O$-Anzeige des ersten Schreibers korrigiert dabei die NO-Anzeige im zweiten.

Auch bei der Messung von Dämpfen kann der URAS erfolgreich angewendet werden, wenn man mit Träger- oder Füllgasen arbeitet, deren Absorptionsbereich ähnlich dem der zu bestimmenden Komponente ist.

Die Geräte werden nicht nur zur laufenden Betriebskontrolle eingesetzt, sondern z.B. in Verbindung mit einer Alarmanlage auch zur Raumluftüberwachung gegen giftige oder explosible Gase.

Dabei ist das technisch wichtigste Anwendungsgebiet die Überwachung der Grubenwetter auf CO- und $CH_4$-Gehalt (*143*), (*257 a*), (*296*).

Auch aus der Medizin und Biologie sind Anwendungsbeispiele bekannt: Die CO-Bestimmung im Blut bei CO-Vergiftungen (*275*); das Studium von Assimilationsvorgängen (*77*).

Schließlich sei noch ein Beispiel aus der physikalisch-chemischen Grundlagenforschung angegeben, in dem MILATZ u. a. (*214*) $C^{12}$ und $C^{13}$ durch Analyse von $C^{12}O_2$ neben $C^{13}O_2$ quantitativ nebeneinander bestimmen.

## Literatur.

1. ACHHAMMER, B. G., M. J. REINEY u. F. W. REINHART: Untersuchung des Polystyrolabbaus mittels Ultrarotspektralanalyse. J. Res. nat. Bur. Standards **47**, 116 (1951).

1a. — Analyt. Chem. **24**, 1925 (1952).

2. Adcock, W. A.: Eine Rechenmaschine für Simultangleichungen und ihr Gebrauch zur Lösung von Säkulargleichungen. Rev. sci. Instruments **19**, 181 (1948).

2a. Adel, A.: Astrophysic. J. **94**, 451 (1941).
— u. D. M. Dennison: J. chem. Physics **14**, 379 (1946).

2b. Ahmad, K., J. Amer. chem. Soc. **70**, 3391 (1948).
Guy, J.: Bull. Soc. chim. France **1949**, 731.
Klotz, I. M., u. D. M. Gruen: J. physic. Colloid Chem. **52**, 961 (1948).

3. Alexander, A. E., u. V. R. Gray: Aluminiumseifen, ihre Natur und ihre gelbildenden Eigenschaften. Proc. Roy. Soc. [London], Ser. A **200**, 165 (1950).

3a. Alexander, E. R., u. R. E. Burge: Desaminierung von Diazoniumsalzen durch unterphosphorige Säure. J. Amer. chem. Soc. **72**, 3100 (1950).

3b. Allen jr., H. C., P. C. Cross u. G. W. King: J. chem. Physics **18**, 1412 (1950).

4. Allison, A. R., u. I. J. Stanley: Zerstörung elastischer Materialien durch Ozon. Vorläufige Ergebnisse einer Ultrarotuntersuchung. Analyt. Chem. **24**, 630 (1952).

5. *American Petroleum Institute Research Project 44*. National Bureau of Standards. Katalog von Ultrarotspektren.

6. Ames, J., u. A. M. D. Sampson: Dünne Selenfilme für ultrarotdurchlässige Polarisatoren. J. Sci. Instruments **26**, 132 (1949).

7. Amstutz, E. D., I. M. Hunsberger u. J. J. Chessik: Schwefelverbindungen. VIII. Ultrarotabsorptionsspektren und Struktur einiger substituierter Diphenylsulfone und Sulfoxyde. J. Amer. chem. Soc. **73**, 1220 (1951).

8. Anderson jr., J. A.: Bestimmung von Verunreinigungsspuren in Test-Isooctan durch Ultrarotabsorptionsspektrographie. Analyt. Chem. **20**, 801 (1948).

9. — u. C. E. Zerwekh jr.: Bestimmung der Verunreinigungen in n-Heptan-Konzentraten durch Ultrarotabsorption. Analyt. Chem. **21**, 911 (1949).

9a. Anderson, W. E., u. E. F. Barker: J. chem. Physics **18**, 698 (1950).

10. Ard, J. S., u. T. D. Fontaine: Ultrarotdurchlässige Lösungsmittel. Triäthylaminzusatz als Hilfsmittel von steigender Bedeutung. Analyt. Chem. **23**, 133 (1951).

11. Ashdown, A., u. T. A. Kletz: Ultrarotspektren von Aldehyd- und Alkoholgemischen. J. chem. Soc. [London] **1948**, 1454.

11a. Avery, W. H., u. J. R. Morrison: J. appl. Physics **18**, 960 (1947).

11b. Axford, D. W. E., u. D. H. Rank: J. chem. Physics **17**, 430 (1949); **18**, 51 (1950).

12. Badger, R. M.: Eine Beziehung zwischen Kernabständen und Bindungskraftkonstanten. J. chem. Physics **2**, 128 (1934).
— Die Beziehung zwischen Kernabstand und Kraftkonstanten von Molekülen und ihre Anwendung auf mehratomige Moleküle. J. chem. Physics **3**, 710 (1935).

13. — u. L. R. Zumwalt: Die Bandenumhüllungen von symmetrischen Kreiselmolekülen. I. Berechnung der theoretischen Umhüllungen. J. chem. Physics **6**, 711 (1938).

14a. *Badische Anilin- und Sodafabrik*: D.R.P. 730478.

14b. Baker, J. W., M. M. Davies u. J. Gaunt: J. chem. Soc. [London] **1949**, 24.

15. Barceló, J. R.: Das Ultrarotspektrum von zwei Fluorderivaten des Äthylens. An. Real. Soc. españ. Física Quim., Ser. A Física **45**, 449 (1949).

16. — Das Ultrarotspektrum von Hexafluoräthan und Chlorpentafluoräthan. J. Res. nat. Bur. Standards **44**, 521 (1950).

16a. Pace, E. L., u. Aston: J. Amer. chem. Soc. **70**, 566 (1948).

17. BARER, R.: Entwicklung der Ultraviolett- und Ultrarot-Mikrospektrographie mit Hilfe des Reflexionsmikroskopes von BURCH. Discuss. Faraday Soc. 9, 369 (1950).

17a. — A. R. H. COLE u. H. W. THOMPSON: Nature 163, 198 (1949).

17b. BARKER, E. F., u. W. W. SLEATOR: J. chem. Physics 3, 660 (1935).

17c. BARNARD, D., J. M. FABIAN u. H. P. KOCH: J. chem. Soc. [London] 1949, 2442.

— — G. B. B. M. SUTHERLAND u. Mitarb.: J. chem. Soc. [London] 1950, 915.

18. BARNES, R. B., u. R. E. GORE: Ultrarotspektroskopie. Analyt. Chem. 21, 7 (1949).

19. — — U. LIDDEL u. V. Z. WILLIAMS: Ultrarotspektroskopie. Industrielle Anwendung und Literaturübersicht. New York 1944.

19a. — u. Mitarb.: Analyt. Chem. 20, 402 (1948).

20. BARRIOL, J., u. J. CHAPELLE: Die Schwingungen langer Kohlenstoffketten. J. Physique Radium 8, 8 (1947).

20a. BARROW, G. M., u. S. SEARLES: Einfluß der Ringstruktur auf die UR-Spektren cyclischer Äther. J. Amer. chem. Soc. 75, 1175 (1953).

21. CHERRIER, EL.: C. R. hebd. Séances Acad. Sci. 225, 997, 1063 (1947); 226, 1979 (1948).

22. BARTLESON, J. D., R. E. BURK u. H. P. LANKELMA: Die Darstellung und Identifizierung von Alkylcyclopropanen: 1.1.2-Trimethylcyclopropan und 1.2-Dimethyl-3-äthylcyclopropan. J. Amer. chem. Soc. 68, 2513 (1946).

23. BARTLETT, P. D., u. P. N. RYLANDER: WALDENsche Umkehrung bei der Bildung von β-Lactonen. Die Konfiguration der bromierten Säuren von KOHLER und JANSEN. J. Amer. chem. Soc. 73, 4275 (1951).

23a. BECK, C.: J. chem. Physics 12, 71 (1944).

24. BECKER, J. A., W. H. BRATTAIN u. H. R. MORE: „Thermistor"-Bolometer. J. opt. Soc. America 36, 354 (1946).

24a. BECKETT, C. W., K. S. PITZER u. R. SPITZER: J. Amer. chem. Soc. 69, 2488 (1947).

25. BELL, M. F.: Analyse von Erdölfraktionen aus Ost-Texas mit dem Siedepunkt bis 270° F. Analyt. Chem. 22, 1005 (1950).

26. BELL, R. P., H. W. THOMPSON u. E. E. VAGO: Intensitäten von Schwingungsbanden. I. Deformationsschwingungen von Benzolderivaten und das Moment der C—H-Bindung. Proc. Roy. Soc. [London], Ser. A 192, 498 (1948).

26a. — u. H. C. LONGUET-HIGGINS: Proc. Roy. Soc. [London], Ser. A 183, 357 (1945).

26b. BELL, E. E., u. H. H. NIELSEN: J. chem. Physics 18, 1382 (1950).

26c. BERNSTEIN, H. J., u. W. G. BURNS: J. chem. Physics 18, 1669 (1950).

— u. J. POWLING: J. chem. Physics 18, 685 (1950).

— u. G. HERZBERG: J. chem. Physics 16, 30 (1948).

— u. D. H. RAMSAY: J. chem. Physics 17, 258, 262, 556 (1949).

— J. chem. Physics 18, 478 (1950).

27. BERRY, C. E., D. E. WILCOX, S. M. ROCK u. M. W. WASHBURN: Eine Rechenmaschine zur Lösung linearer Simultangleichungen. J. appl. Physics 17, 262 (1946).

27a. BIGELEISEN, J., u. L. FRIEDMAN: J. chem. Physics 18, 1656 (1950).

27b. MORTIMER, F. S., R. B. BLODGETT u. F. DANIELS: J. Amer. chem. Soc. 69, 822 (1947).

27c. BERGMANN, E. D., E. GIL-AV u. S. PINCHAS: Chelation bei 2-Aminoalkoholen. J. Amer. chem. Soc. 75, 68 (1953).

28. Blomquist, A. T., R. E. Burge, L. H. Liu, J. G. Bohrer, A. G. Suesy u. J. Kleis: Vielgliedrige Kohlenstoffringe. IV. Synthese von Cyclononin und Cyclodecin. J. Amer. chem. Soc. **73**, 5510 (1951).

28a. Blout, E. R., H. S. G. Linsley: Ultrarotspektren und die Struktur von Glycin- und Leucinpeptiden. J. Amer. chem. Soc. **74**, 1946 (1952).

28b — M. Fields u. R. Karplus: J. Amer. chem. Soc. **70**, 194 (1948).

28c. Blout, E. R., G. R. Bird: J. opt. Soc. America **40**, 304 (1950); **41**, 547 (1951).

29. Bovey, L. F. H.: Küvetten für Reflexions- und Durchlässigkeitsmessungen im Ultraroten bei der Temperatur der flüssigen Luft. J. opt. Soc. America **41**, 381 (1951).

29a. — u. G. B. B. M. Sutherland: J. chem. Physics **17**, 842 (1949).

30. Bowman, R. S., u. R. D. Stevens: Stellungseinfluß substituierter Gruppen auf den Dampfdruck alkylierter Phenole. J. org. Chemistry **15**, 1172 (1950).

31. Boyd, R. J., H. W. Thompson u. R. L. Williams: Innere Rotation in Zink- und Quecksilberdimethyl. Discuss. Faraday Soc. **9**, 154 (1950).

32. Bradford, B. W.: Die Kohlenwasserstoff-Forschungsgruppe des „Institute of Petroleum", ihre Entwicklung und Aufgaben. 3. Welt-Erdöl-Kongreß, Proceedings, Sect. VI., 240 (1951).

33. Brandes, G.: Die Molekülschwingungsspektren partiell deuterierter Naphthalinderivate. Diss. Braunschweig 1952.

34. Brattain, R. R., L. C. Jones u. T. P. Wier: Spektrometrische Methoden der Petroleumanalysen. 3. Welt-Erdöl-Kongreß, Proceedings Sect. VI., 81 (1951).

34a. — R. S. Rasmussen u. A. M. Cravath: J. appl. Physics **14**, 418 (1943).

35. Brockway, L. O., u. L. E. Coop: Eine Untersuchung der Dämpfe der Chlorsilane und von Chlor- und Bromacetylen mit Hilfe der Elektronenbeugung und der Messung der elektrischen Dipolmomente. Trans. Faraday Soc. **34**, 1429 (1938).

36. Brown, J. K., u. N. Sheppard: Rotationsisomerie in 2-Methylbutan und 2.3-Dimethylbutan. J. chem. Physics **19**, 976 (1951).

37. — — u. D. M. Simpson: Ultrarotspektroskopische Untersuchungen der Rotationsisomerie. I. Die Zuordnung der Grundschwingungen einiger Äthylendihalogenide. Trans. Faraday Soc. **48**, 128 (1952).

37a. — — Discuss. Faraday Soc. **9**, 261 (1950).

38. Brügel, W.: Physik und Technik der Ultrarotstrahlung, S. 94ff. Hannover 1951.

39. Bullock, B. W., G. A. Hornbeck u. S. Silverman: Notiz über die Ultrarotabsorption bei Kohlenoxyd-Sauerstoffexplosionen. J. chem. Physics **18**, 1114 (1950).

40. Bunn, C. W.: Molekülstruktur und gummiähnliche Elastizität. Proc. Roy. Soc. [London], Ser. A **180**, 40 (1942).

41. — u. H. S. Peiser: Mischkristallbildung in Hochpolymeren. Nature **159**, 161 (1947).

42. Burch, C. R.: Reflexionsmikroskope. Proc. physic. Soc. [London] **59**, 41 (1947).

42a. Burgess, J. S.: Physic. Rev. **76**, 302 (1949).

42b. Burk, O. W., C. E. Starr u. F. D. Tuemmler: Analyse niederer Kohlenwasserstoffe. New York 1951.

43. Candler, C.: Praktische Spektroskopie. London 1949.

44. Carol, J.: Die Bestimmung von $\alpha$-Oestradiol und den anderen oestrogenen Diolen mit Hilfe der Ultrarotspektroskopie. J. Amer. pharmac. Assoc. **39**, 425 (1950).

45. CAROL, J., J. C. MOLITOR u. E. O. HAENNI: Bestimmung von Oestron, Equilin und Equilinin durch Ultrarotspektrophotometrie. J. Amer. pharmac. Assoc. **37**, 173 (1948).

45a. CARPENTER, G. B., u. R. S. HALFORD: J. chem. Physics **15**, 99 (1947).

46. CARTER, G. K., u. G. KRON: Analysator für einen Vergleich mit schwingenden vielatomigen Molekülen. J. chem. Physics **14**, 32 (1946).

46a. CLAASSEN, H. H.: J. chem. Physics **18**, 543 (1950).

47. COGGESHALL, N. D.: In A. FARKAS', Physikalische Chemie der Kohlenwasserstoffe, S. 113ff. New York 1950.

48. — u. E. L. SAIER: Druckverbreiterung im Ultraroten und optische Stoßquerschnitte. J. chem. Physics **15**, 65 (1947).

49. — — Ultrarotabsorptionsuntersuchung von Gleichgewichten der Wasserstoffbrücken. J. Amer. chem. Soc. **73**, 5414 (1951).

49a. — J. Amer. chem. Soc. **72**, 2836 (1950).
— Analyt. Chem. **22**, 381 (1950).
— J. Amer. chem. Soc. **69**, 1620 (1947).
— J. chem. Physics **18**, 978 (1950).

49b. COLE, A. R. H., u. H. W. THOMPSON: Trans. Faraday Soc. **46**, 103 (1949).

49c. — — Proc. Roy. Soc. [London], Ser. A **200**, 10 (1949).

50. COLTHUP, N. B.: Beziehungen zwischen Ultrarotspektren und Struktur. J. opt. Soc. America **40**, 397 (1950).

50a. CONDON, F. E., u. D. E. SMITH: J. Amer. chem. Soc. **69**, 965 (1947).

51. O'CONNOR, R. T., E. T. FIELD u. W. S. SINGLETON: J. Amer. Oil Chemists' Soc. **28**, 154 (1951).

52. COPE, A. C., u. M. BURG: Cyclische Polyolefine. XIX. Chlor- und Bromcyclooctatetraëne. J. Amer. chem. Soc. **74**, 168 (1952).

53. — u. H. C. CAMPBELL: Cyclische Polyolefine. XXII. Cyclooctatetraëne aus substituierten Acetylenen. J. Amer. chem. Soc. **74**, 179 (1952).

54. — u. H. O. VAN ORDEN: Cyclische Polyolefine. XXI. Alkylcyclooctatetraëne und Alkylcyclooctatriëne aus Cyclooctatetraën und Alkyllithiumverbindungen. J. Amer. chem. Soc. **74**, 175 (1952).

55. CORNU, M.: Analyse von gasförmigen Raffinerie-Produkten mit Hilfe der Ultrarotspektroskopie. 3. Welt-Erdöl-Kongreß, Proceedings Sect. VI, 105 (1951).

55a. COWAN, R. D.: J. chem. Physics **18**, 1101 (1950).

56. FÜRST, A., H. H. KUHN, R. SCOTANI, Hs. H. GUNTHARD: Helv. chim. Acta **35**, 951 (1952).

57. CRAM, D. J., u. H. STEINBERG: Macro-Ringe. I. Darstellung und Spektren der Paracyclophane. J. Amer. chem. Soc. **73**, 5691 (1951); **74**, 5388 (1952).

58. CRAWFORD, B.: Schwingungsintensitäten. II. Der Gebrauch von Isotopen. J. chem. Physics **20**, 977 (1952).

59. CRAWFORD, B. L., W. H. FLETCHER u. D. A. RAMSAY: Ultrarotspektren von $CH_2N_2$ und $CD_2N_2$. J. chem. Physics **19**, 406 (1951).

60. — H. L. WELSH u. J. L. LOCKE: Ultrarotabsorption von Sauerstoff und Stickstoff, hervorgerufen durch intermolekulare Kräfte. Physic. Rev. **75**, 1607 (1949).
— — — Ultrarotabsorption von Wasserstoff und Kohlendioxyd, hervorgerufen durch intermolekulare Kräfte. Physic. Rev. **76**, 580 (1949).

60a. — — Physic. Rev. **80**, 469 (1950).

60b. CREITZ, E. C., u. F. A. SMITH: J. Res. nat. Bur. Standards **43**, 365 (1949).

61. CROSS, L. H., R. B. RICHARDS u. H. A. WILLIS: Das Ultrarotspektrum von Äthylenpolymeren. Discuss. Faraday Soc. **9**, 235 (1950).

62. Gross, L. H., u. A. C. Rolfe: Die molaren Extinktionskoeffizienten gewisser funktioneller Gruppen mit besonderer Berücksichtigung der Verbindungen, die Carbonyl enthalten. Trans. Faraday Soc. **47**, 354 (1951).

63. Crout, P. D.: Eine kurze Methode zur Ausrechnung von Determinanten und zur Lösung von Systemen linearer Gleichungen mit reellen oder komplexen Koeffizienten. Trans. Amer. Inst. electr. Engr. **60**, 1235 (1941).

64. McCubbin, T. K., u. W. M. Sinton: Neue Untersuchungen im fernen Ultrarot. J. opt. Soc. America **40**, 537 (1950).

65. Cymerman, J., u. J. B. Willis: Die Ultrarotspektren und die chemische Struktur einiger Disulfide, Disulfone und Thiosulfonate. J. chem. Soc. **1951**, 1332.

66. Czerny, M.: Messungen im Rotationsspektrum des Chlorwasserstoffes im langwelligen Ultrarot. Z. Physik **34**, 227 (1925).

67. —, u. H. Röder: Fortschritte auf dem Gebiet der Ultrarottechnik. Ergebn. exakt. Naturwiss. **17**, 70 (1938).

68. Daasch, L. W.: Ultrarotspektren und Struktur der Reaktionsprodukte von Ketonen mit Äthanolamin. J. Amer. chem. Soc. **73**, 4523 (1951).

69. — u. D. C. Smith: Ultraspektren von Phosphorverbindungen. Analyt. Chem. **23**, 853 (1951).

69a. — Analyt. Chem. **19**, 779 (1947).

70. Dannenberg, H., u. D. Dannenberg-von Dresler: Darstellung von cis-trans-isomeren Diolen des Tetrahydrophenanthrens. Z. Naturforsch. **76**, 265 (1952).

70a. Dauben, W. G., E. Hoerger u. N. K. Freeman: Die UR-Spektren der Dekalole. J. Amer. chem. Soc. **74**, 5206 (1952).

71. Davis, A., F. F. Cleveland u. A. G. Meister: Substituierte Methane. VIII. Schwingungsspektren, Kraftkonstanten und berechnete thermodynamische Eigenschaften für Dibrom-Dichlormethan. J. chem. Physics **20**, 454 (1952).

72. Decius, J. C.: Die vollständige Bestimmung der Kraftkonstanten unter Benutzung isotoper Moleküle. I. Lineare Moleküle. J. chem. Physics **20**, 511 (1952).

72a. Dennison, D. M.: Rev. mod. Physics **12**, 175 (1940).

73. Clark, R. D., u. M. J. Schlatter: t-Alkylderivate des Toluols und Äthylbenzols. J. Amer. chem. Soc. **75**, 361 (1953).

73a. Derfer, J. M., E. E. Pickett u. C. E. Boord: J. Amer. chem. Soc. **71**, 2482 (1949).

74. Derksen, W. L., u. Th. I. Monahan: Ein Refektometer zur Messung der diffusen Reflexion im sichtbaren und ultraroten Gebiet. J. opt. Soc. America **42**, 263 (1952).

75. Dibeler, H. V., u. T. I. Taylor: Massenspektrometrische und Ultrarotuntersuchungen der Geschwindigkeit des Deuteriumaustausches, der Isomerisation und der Hydrierung von n-Butenen. J. chem. Physics **16**, 1008 (1948).

75a. Dinsmore, H. L., u. D. C. Smith: Analyt. Chem. **20**, 11 (1948).

75b. Downing, J. R., u. Mitarb.: Ind. Engng. Chem., analyt. Edit. **18**, 461 (1946).

76. Duchesne, J.: Vergleich von Molekülschwingungen mit der chemischen Reaktionsfähigkeit. J. chem. Physics **18**, 1120 (1950).

76a. Edgell, W. F.: J. Amer. chem. Soc. **69**, 660 (1947).

76b. —, u. D. G. Weiblen: J. chem. Physics **18**, 571 (1950).

76c. Duval, Cl., u. J. Lecomte: UR-Spektren von $BO_2^-$ u. $BO_3^{---}$. Bull. Soc. chim. France (V) **19**, 101 (1952).

76d. DUVAL, CL., R. FREYMAN u. J. LECOMTE: UR-Spektren von Metall-acetyl-acetonaten. Bull. Soc. chim. France (V) 19, 106 (1952).

77. EGLE, K., u. A. ERNST: Die Verwendung des Ultrarotabsorptionsschreibers für die vollautomatische und fortlaufende $CO_2$-Analyse bei Assimilations- und Atmungsmessungen an Pflanzen. Z. Naturforsch. 4b, 351 (1949).

78. ELLIOTT, A., u. E. J. AMBROSE: Nachweis für die Kettenfaltung in Polypeptiden und Proteinen. Discuss. Faraday Soc. 9, 246 (1950). Proc. Roy. Soc. A 205, 47 (1951).

78a. — — u. R. B. TEMPLE: Proc. Roy. Soc. [London], Ser. A 199, 183 (1949).

79. — — — Die Polarisation der Ultrarotstrahlung. J. opt. Soc. America 38, 212 (1948).

79a. ELLIS, J. W., u. J. BATH: J. chem. Physics 7, 862 (1939).

80. ENTEL, J., C. H. RUOF u. H. C. HOWARD: Die Natur des Sauerstoffes in Kohle: Darstellung und Eigenschaften von Phthalan. J. Amer. chem. Soc. 74, 441 (1952).

81. EPSTEIN, M. B., K. S. PITZER u. F. D. ROSSINI: Wärmetönungen, Gleichgewichtskonstanten und freie Energien der Bildung von Cyclopenten und Cyclohexen. J. Res. nat. Bur. Standards 42, 379 (1949).

81a. ETTLINGER, M. G.: J. Amer. chem. Soc. 72, 4699 (1950).

82. EUCKEN, A.: Lehrbuch der chemischen Physik, 3. Aufl., Bd. II/1, S. 102ff. Leipzig 1948.

83. EVANS, A., R. R. HIBBARD u. A. POWELL: Bestimmung von CH-Gruppen in Kohlenwasserstoffen mit hohem Molekulargewicht. Analyt. Chem. 24, 1604 (1952).

83a. FIELD, J. E., J. O. COLE u. D. E. WOODFORD: J. chem. Physics 18, 1258 (1950).

84. FLETT, M. ST. G.: Charakteristische Ultrarotfrequenzen und chemische Eigenschaften von Molekülen. Trans. Faraday Soc. 44, 767 (1948).

85. — Die charakteristischen Ultrarotfrequenzen der Carboxylgruppe. J. chem. Soc. 1951, 962.

86. FOLEY, H. M.: Die „Druckverbreiterung" der Spektrallinien. Physic. Rev. 69, 616 (1946).

86a. —, u. H. M. RANDALL: Physic. Rev. 44, 391 (1933); 59, 171 (1941).

87. FORZIATI, F. H., u. J. W. ROWEN: Einfluß der Zustandsänderung in der kristallinen Struktur auf das Ultrarotabsorptionsspektrum der Cellulose. J. Res. nat. Bur. Standards 46, 38 (1951).

87a. FOX, J. J., u. A. E. MARTIN: Proc. Roy. Soc. [London], Ser. A 175, 208 (1940).

88. FRANCEL, R. J.: Polarisierte Ultrarotstrahlung zur Untersuchung der Molekülstruktur von substituierten Nitrobenzolen. J. Amer. chem. Soc. 74, 1265 (1952).

89. FRANCIS, S. A.: Ultrarotspektroskopische Unterscheidung von Gruppen mit Paraffin-, Cyclopentyl- und Cyclohexylstruktur. Analyt. Chem. 24, 604 (1952).

89a. — J. chem. Physics 18, 861 (1950).

89b. FRANK, R. L., u. R. B. BERRY: J. Amer. chem. Soc. 72, 2985 (1950).

90. FRANKLIN, J. L.: Voraussage über Wärmeinhalt und freie Energie organischer Verbindungen. Ind. Engng. Chem. 41, 1070 (1949).

90a. FRED, M., u. R. PUTSCHER: Analyt. Chem. 21, 900 (1949); 34, 1551 (1952).

91. FREEMAN, N. K.: Ultrarotspektren von Fettsäuren mit langen verzweigten Ketten. J. Amer. chem. Soc. 74, 3583 (1952).

91a. — UR-Spektren einiger langkettiger 2-Alkensäuren. J. Amer. chem. Soc. 75, 1859 (1953).

92. FRENKEL, J.: Über die Drehung von Dipolmolekülen in festen Körpern. Acta physicochim. URSS 3, 23 (1935).

862  R. Suhrmann und H. Luther:

93. Freudenberg, K., W. Siebert, W. Heimberger u. R. Kraft: Ultrarotspektren von Lignin und ligninähnlichen Stoffen. Chem. Ber. **83**, 533 (1950).

94. Freyman, R.: Ultrarotspektren und Molekularstruktur. Paris 1947.

95. Friedberg, F., u. L. M. Marshall: Über die Ultrarotspektroskopie von mit $N^{15}$ markiertem Phtalylglycin-Äthylester. J. Amer. chem. Soc. **74**, 833 (1952).

96. Friedel, R. A.: Ultrarotspektren von Phenolen. J. Amer. chem. Soc. **73**, 2881 (1951).

97. — L. Pierce u. J. J. McGovern: Ultrarotanalyse von Phenolen, Kresolen, Xylenolen und Äthylphenolen. Analyt. Chem. **22**, 418 (1950).

98. Fry, D. L., R. E. Nusbaum u. H. M. Randall: Die Analyse von Mehrkomponentengemischen von Kohlenwasserstoffen mit Hilfe der Ultrarotspektroskopie. J. appl. Physics **17**, 150 (1946).

98a. Furchgott, R. F., H. Rosenkrantz u. E. Schorr: J. biol. Chem. **163**, 375 (1946); **164**, 621 (1946); **167**, 627 (1946); **171**, 523 (1947); **198**, 903 (1952).

99. Fuson, N., M. L. Josien u. R. L. Powell: Ultrarotspektroskopie von Verbindungen, die biologisches Interesse haben. II. Eine umfassende Untersuchung von Mercaptosäuren und verwandten Verbindungen. J. Amer. chem. Soc. **74**, 1 (1952).

100. — — — u. E. Utterback: Die NH-Valenzschwingung und die NH···N-Wasserstoffbindung in einigen aromatischen Verbindungen. J. chem. Physics **20**, 145 (1952).

100a. Ganz: Privatmitteilung.

100b. Garhart, M. D., F. J. Witmer u. C. A. Tajima: Mikrobestimmung von Aldrin und Dieldrin durch UR-Spektroskopie. Analyt. Chem. **24**, 851 (1952).

101. McGee, P. R., F. F. Cleveland u. S. I. Miller: Ultrarotspektroskopische Daten und ihre versuchsweise Zuordnung für $CF_3Br$ und $CF_3J$. J. chem. Physics **20**, 1044 (1952).

101a. Giguère, P. A.: J. chem. Physics **18**, 88 (1950).

101b. Gilbert, A. D., H. L. Williams: Geschwindigkeitskonstanten bei der Emulsionscopolymerisation von Dienen. J. Amer. chem. Soc. **74**, 4114 (1952).

102. Glasstone, S.: Theoretische Chemie. New York 1944. — Thermodynamik für Chemiker. New York 1947.

103. Glatt, L., u. J. W. Ellis: Ultraroter Dichroismus in unverzweigtem Polyäthylen und Parowax. J. chem. Physics **15**, 884 (1947).

104. — — Pleochroismus im nahen Ultrarot. II. Das 0,8—2,5 μ-Gebiet einiger linearer Polymere. J. chem. Physics **19**, 449 (1951).

104a. — — J. chem. Physics **16**, 551 (1948).

104b. — Webber, D. S., C. Seaman u. J. W. Ellis: J. chem. Physics **18**, 413 (1950).

105. Glockler, G.: Die Bindungsenergien der Kohlenstoff-Kohlenstoff- und der Kohlenstoff-Wasserstoff-Bindung. J. chem. Physics **16**, 842 (1948).

106. — Geschätzte Bindungsenergien in Kohlenstoff-, Stickstoff-, Sauerstoff- und Wasserstoffverbindungen. J. chem. Physics **19**, 124 (1951).

107. — u. Jo-Yun Tung: Kraftkonstanten dreiatomiger Moleküle. J. chem. Physics **18**, 388 (1945).

107a. — u. G. Matlack: J. chem. Physics **14**, 531 (1946).

107b. Görlich, P.: Die Photozellen. Leipzig 1951.

108.  GOLAY, M. J. E.: Theoretische Betrachtungen über Wärme- und Ultrarot-Empfänger mit besonderer Berücksichtigung des pneumatischen Empfängers. Rev. sci. Instruments **18**, 347 (1947).
— Ein pneumatischer Ultrarot-Empfänger. Rev. sci. Instruments **18**, 357 (1947).
— Die theoretische und praktische Empfindlichkeit des pneumatischen Ultrarot-Empfängers. Rev. sci. Instruments **20**, 816 (1949).
108a. GORE, R. C., R. B. BARNES u. E. PETERSEN: Analyt. Chem. **21**, 382 (1949).
109.  GORDON, R. R., u. H. POWELL: Küvetten mit variabler Schichtdicke zur Absorptionsmessung von Flüssigkeiten im ultraroten Spektralgebiet. Rev. sci. Instruments **22**, 12 (1945).
110.  GORDY, W.: Eine Beziehung zwischen Bindungskraftkonstanten, Bindungsordnungen, Bindungslängen und den Elektronegativitäten von gebundenen Atomen. J. chem. Physics **14**, 305 (1946).
111.  GORE, R. C.: Ultrarotspektroskopie. Analyt. Chem. **22**, 7 (1950).
112.  — Ultrarotspektroskopie. Analyt. Chem. **23**, 7 (1951).
113.  — Ultrarotspektroskopie. Analyt. Chem. **24**, 8 (1952).
114.  — u. J. L. JOHNSON: Ultrarotuntersuchung über die Halogenierung ungesättigter Verbindungen. Physic. Rev. **68**, 283 A (1945).
114a. GOUBEAU, J.: Z. Elektrochem. angew. physik. Chem. **54**, 505 (1950).
115.  GÜNZLER, H.: Diplomarbeit. Braunschweig 1953.
115a. GUTOWSKY, H. S.: J. Amer. chem. Soc. **71**, 3194 (1949).
— J. chem. Physics **17**, 128 (1949).
—, u. E. M. PETERSEN: J. chem. Physics **18**, 564 (1950).
116.  HALES, J. L.: Die ultrarotspektrometrische Bestimmung von 4-Methyl-2.6-di-tert-buthylphenol in Mischungen, die 2-Methyl- und 3-Methyl-4.6-di-tert-buthylphenole enthalten. Analyst **75**, 146 (1950).
117.  HALFORD, R. S.: Molekülbewegungen in kondensierten Systemen. I. Auswahlregeln, relative Intensitäten und Orientierungseffekte in RAMAN- und Ultrarotspektren. J. chem. Physics **14**, 8 (1946).
117a. — u. O. A. SCHAEFFER: J. chim. Physics **14**, 141 (1946).
118.  HALL, H. J., u. I. A. MIKOS: Ein neuer Olefintyp. Analyt. Chem. **21**, 422 (1949).
119.  HALL, M. B., u. R. G. NESTER: Ein Zirkonstift als Strahlungsquelle für die Ultrarotspektroskopie. J. opt. Soc. America **42**, 257 (1952).
120.  HALLETT, L. T.: Bericht über das „Infrared Punch-Card Committee." Analyt. Chem. **22**, 27 A (Heft 10) (1950).
120a. HALVERSON, F., u. R. J. FRANCEL: J. chem. Physics **17**, 694 (1949).
— u. V. Z. WILLIAMS: J. chem. Physics **15**, 552 (1947).
— Rev. mod. Physics **19**, 87 (1947).
120b. HAMPTON, R. R.: Analyt. Chem. **21**, 923 (1949).
— u. J. E. NEWELL: Analyt. Chemie **21**, 914 (1949).
121.  HARDY, A. C., u. F. M. YOUNG: Zur Verteidigung des BEERschen Gesetzes. J. opt. Soc. America **38**, 854 (1948).
121a. MILLER, F. A., u. S. D. KOCH: J. Amer. chem. Soc. **70**, 1980 (1948).
121b. DRAYTON, L. G., u. A. W. THOMPSON: J. chem. Soc. [London] **1948**, 1416.
121c. HARP, W. R., u. R. S. RASMUSSEN: J. chem. Physics **15**, 778 (1947).
122.  HARPLE, ST., E. WIBERLEY u. W. H. BAUER: Ultrarotabsorptionsspektren von Aluminiumseifen. Analyt. Chem. **24**, 635 (1952).
123.  HARRIS, P. M., u. E. P. MEIBOHM: Die Kristallstruktur von Lithiumborhydrid $LiBH_4$. J. Amer. chem. Soc. **69**, 1231 (1947).
124.  HARRISON, G. R., R. G. LORD u. J. E. LOOFBOUROW: Praktische Spektroskopie. New York 1948.

864          R. Suhrmann und H. Luther:

124a. Hartwell, E. J., R. E. Richards u. H. W. Thompson: J. chem. Soc. [London] 1948, 1436.

125. Hastings, S. H., A. T. Watson, R. B. Williams u. J. A. Anderson: Bestimmung funktioneller Gruppen von Kohlenwasserstoffen durch Ultrarotspektroskopie. Analyt. Chem. 24, 612 (1952).

126. Hatch, L. F., J. J. D'Amigo u. E. V. Ruhnke: Darstellung und Eigenschaften von 1.2.3-Trichlorpropylenen. J. Amer. chem. Soc. 74, 122 (1952).

126a. Hathway, D. E., u. M. St. G. Flett: Trans. Faraday Soc. 45, 818 (1949).

127. Hauptschein, M., R. L. Kinsman, E. A. Nodiff u. A. V. Grosse: Perfluoralkylhalogenide, hergestellt aus den Silbersalzen der Perfluorfettsäuren. J. Amer. chem. Soc. 74, 849, 1347 (1952).

128. — E. A. Nodiff u. Ch. S. Stokes: Thiolester von Perfluorfettsäuren. J. Amer. chem. Soc. 74, 4005 (1952).

129. Hirschmann, H.: Bestimmung $\Delta^5$-ungesättigter Sterine durch UR-Spektroskopie. J. Amer. chem. Soc. 74, 5357 (1952).

130. Heigl, J. J., M. F. Bell u. J. U. White: Anwendung der Ultrarotspektroskopie zur Analyse flüssiger Kohlenwasserstoffe. Analyt. Chem. 19, 293 (1947).

130a. Hergert, H. L., u. E. F. Kurth: UR-Spektren von Lignin I. Carbonyl- und Hydroxylfrequenzen von Flavanonen, Flavonen, Chalkonen und Acetophenonen. J. Amer. chem. Soc. 75, 1622 (1953).

131. Herman, R. C., H. S. Hopfield, G. A. Hornbeck u. S. Silverman: Photographische Ultrarot-Emissionsbanden von Sauerstoff in der $CO—O_2$-Flamme. J. chem. Physics 17, 220 (1949).

132. Hersh, R. E., M. R. Fenske, H. J. Matson, E. F. Koch, E. R. Booser u. W. G. Braun: Identifizierung von pennsylvanischen Schmierölen. Analyt. Chem. 20, 434 (1948).

133. Herzberg, G.: Ultrarot- und Raman-Spektren von vielatomigen Molekülen. New York 1945.

133a. — u. L.: J. chem. Physics 18, 1551 (1950).

133b. — u. K. N. Rao: J. chem. Physics 17, 1099 (1949).

133c. — u. L.: Canad. J. Res., Sect. B 27, 332 (1949).

133d. Hettner, G., R. Pohlmann u. H. J. Schumacher: Z. Physik 91, 372 (1934).

134. Hibbard, R. R., u. A. P. Cleaves: Kohlenstoff-Wasserstoff-Gruppen in Kohlenwasserstoffen. Charakterisierung durch Ultrarotabsorption zwischen 1,10 und 1,25 $\mu$. Analyt. Chem. 21, 486 (1949).

135. Hoffmann, R. E., u. D. F. Hornig: J. chem. Physics 17, 1163 (1949). Diss. Brown University 1949.

135a. Hoffmann, L. G.: Z. physik. Chem. B 53, 179 (1943).

135b. Holden, R. B., R. W. J. Taylor u. H. L. Johnston: J. chem. Physics 17, 1356 (1949).

136. Hornig, D. F.: Die Schwingungsspektren von Molekülen und komplexen Ionen in Kristallen. I. Allgemeine Theorie. J. chem. Physics 16, 1063 (1948).

137. — Ultrarotspektren von Kristallen bei tiefen Temperaturen. Discuss. Faraday Soc. 9, 115 (1950).

137a. — u. F. P. Reding: Physic. Rev. 78, 348 (1950).

138. Hoyer, H.: Über die Existenz zehngliedriger innermolekularer Wasserstoffbrückenringe. Angew. Chem. 64, 424 (1952).

138a. — Molekülspektren. In Fiatberichte: Physik der Elektronenschalen, S. 28 ff. Wiesbaden 1948.

139. HROSTOWSKI, H. J., u. G. C. PIMENTEL: Deutung der Ultrarot- und RAMAN-Spektren von Mischkristallen. J. chem. Physics **19**, 661 (1951).

140. HÜCKEL, W.: Theoretische Grundlagen der organischen Chemie. 4. Aufl., Bd. II, S. 496ff. Leipzig 1943.

140a. HUNSBERGER, I. M.: J. Amer. chem. Soc. **72**, 5626 (1950); **74**, 4839 (1952).

140b. HYDE, W. L.: J. opt. Soc. Amer. **38**, 663 (1948).

140c. INGOLD u. Mitarb.: J. chem. Soc. [London] **1946**, 222ff.

140d. HURD, CH. D., L. BAUER u. I. M. KLOTZ: UR-Spektren synthetischer Polypeptide. J. Amer. chem. Soc. **75**, 624 (1953).

141. INGRAHAM, L., J. CORSE, G. F. BAILEY u. F. STITT: Beziehungen zwischen O—H-Valenzfrequenzen in Phenolen und Catechinen und ihrer chemischen Reaktionsfähigkeit. J. Amer. chem. Soc. **74**, 2297 (1952).

142. JAFFE, J. H., u. H. JAFFE: Messung der Schichtdicken von Ultrarotküvetten. J. opt. Soc. America **40**, 53 (1950).

143. JÄGER, A., u. W. GREBE: Der Ultrarotschreiber und seine Verwendung im Bergbau. Teil III: Die Entwicklung und Anwendung des Verfahrens zur Kohlenoxydbestimmung in Grubenwettern mit Hilfe von Ultrarotschreibern und Beschreibung von Vergleichsversuchen nach dem Jodpentoxydverfahren. Glückauf **85**, 294 (1949).

143a. JOHNSTON, R. W. B., W. G. APPLEBY u. M. O. BAKER: Analyt. Chem. **20**, 805 (1948).

143b. JOHNSON, D. R., D. R. IDLER u. a.: J. Amer. chem. Soc. **75**, 52 (1953).

144. JONES, R. N., u. K. DOBRINER: Vitamine und Hormone, S. 294. New York 1949.

144a. — — u. Mitarb.: J. Amer. chem. Soc. **70**, 2024 (1948); **71**, 241 (1949).

145. — R. HUMPHRIES u. K. DOBRINER: Untersuchungen über Sterin-Metabolismus. IX. Weitere Beobachtungen an den Ultrarotspektren von Ketosterinen und Sterinestern. J. Amer. chem. Soc. **72**, 956 (1950).

146. — — F. HERLING u. K. DOBRINER: Untersuchungen über Sterin-Metabolismus. X. Der Einfluß der stereochemischen Konfiguration von Substituenten in 3- und 5-Stellung auf die Ultrarotspektren von 3-Acetoxy-Sterinen. J. Amer. chem. Soc. **73**, 3215 (1951).

147. — A. F. MCKAY u. R. S. SINCLAIR: Bandenfolgen in den Ultrarotspektren der Fettsäuren und verwandter Verbindungen. J. Amer. chem. Soc. **74**, 2575 (1952).

148. — D. A. RAMSAY, D. S. KEIR u. K. DOBRINER: Die Intensitäten der Carbonylbanden in den Ultrarotspektren von Sterinabkömmlingen. J. Amer. chem. Soc. **74**, 80 (1952).

149. — A. R. H. COLE, u. K. DOBRINER: 3-Hydroxysterine und ihre UR-Spektren. J. Amer. chem. Soc. **74**, 5571 (1952).

149a. JONES, E. J.: J. Amer. chem. Soc. **70**, 1984 (1948).

149b. JONES, L. H., u. R. M. BADGER: J. chem. Physics **18**, 1511 (1950).

149c. — u. A. R. H. COLE: Bestimmung von Methyl- und Methylengruppen in Sterinen durch die UR-Spektroskopie. J. Amer. chem. Soc. **74**, 5662 (1952).

149d. — E. KATZENELLENBOGEN u. K. DOBRINER: UR-Spektren von Sterinsapogeninen. J. Amer. chem. Soc. **75**, 159 (1953).

150. JOSIEN, M. L., u. N. FUSON: Der Cyclopropanring im Ultrarotspektrum. C. R. hebd. Séances Acad. Sci. **231**, 1511 (1950).

151. — — u. A. S. CARY: Ultrarotspektroskopie von Verbindungen, die biologisches Interesse haben. I. Eine vergleichende Untersuchung von n- und iso-Steroiden. J. Amer. chem. Soc. **73**, 4445 (1951).

151a. Kaplan, L. D.: J. chem. Physics **18**, 186 (1950).

152. Kauer, K. C., R. B. Du Vall u. F. N. Alquist: Das $\varepsilon$-Isomere von 1.2.3.4.5.6-Hexachlorcyclohexan. Ind. Engng. Chem. **39**, 1335 (1947).

152a. Keller, W. F., u. R. S. Halford: J. chem. Physics **17**, 26 (1949).

153. Kempter, H., u. R. Mecke: Spektroskopische Bestimmung von Assoziationsgleichgewichten. Z. physik. Chem. [B] **46**, 229 (1940/41).

154. Kent, J. W., u. J. Y. Beach: Quantitative Ultrarotspektralanalyse von Mehrkomponentengemischen flüssiger Kohlenwasserstoffe. Analyt. Chem. **19**, 290 (1947).

155. Ketelaar, J. A. A.: Die Energieverhältnisse der Wasserstoffbindung. J. Chim. physique **46**, 425 (1949).

156. — u. K. J. Palmer: Die Untersuchung von Nitrosylchlorid und Nitrosylbromid mit Hilfe der Elektronenbeugung. J. Amer. chem. Soc. **59**, 2629 (1937).

157. Kilpatrick, J., C. W. Beckett, E. J. Prosen, K. S. Pitzer u. F. D. Rossini: Wärmeinhalt, Gleichgewichtskonstanten und freie Energien der Bildung von $C_3$- bis $C_5$-Diolefinen, Styrol und Methylstyrolen. J. Res. nat. Bur. Standards **42**, 225 (1949).

157a. King, G. W.: J. chem. Physics **15**, 85 (1947).

158. — P. C. Cross u. G. B. Thomas: Der asymmetrische Kreisei. III. Lochkartenmethode zur Berechnung von Bandenspektren. J. chem. Physics **14**, 35 (1946).

159. — R. M. Hainer u. P. C. Cross: Der asymmetrische Kreisel. I. Berechnung und Zuordnung von Energieniveaus. J. chem. Physics **11**, 27 (1943).

159a. — — u. H. O. McMahon: J. appl. Physics **20**, 559 (1949).

159b. Hainer, R. M., u. G. W. King: J. chem. Physics **15**, 89 (1947).

159c. Grady, H. R., P. C. Cross u. G. W. King: Physic. Rev. **75**, 1450 (1949).

159d. Allen jr., H. C., P. C. Cross u. M. K. Wilson: J. chem. Physics **18**, 691 (1950).

160. Kirk, P. L., u. E. L. Duggan: Biochemische Analysen. Analyt. Chem. **24**, 124 (1952).

161. Kitson, R. E., u. N. E. Griffith: Eine Ultrarotabsorptionsbande, die der Nitril-Valenzschwingung zuzuordnen ist. Analyt. Chem. **24**, 334 (1952).

161a. Kletz, T. A., u. W. C. Price: J. chem. Soc. [London] **1947**, 644.

161b. Knapp, O. E., H. S. Moe u. R. B. Bernstein: Analyt. Chem. **22**, 1408 (1950).

162. Kohler, E. P., u. J. E. Jansen: Die Reaktionen einiger $\gamma$-Ketosäuren. V. Keto-$\beta$-Lactone und die Waldensche Umkehrung. J. Amer. chem. Soc. **60**, 2142 (1938).

163. Kohlrausch, K. W. F.: Der Smekal-Raman-Effekt, Bd. II, S. 16ff. Berlin 1938.

164. — Raman-Spektren. Leipzig 1943.

165. Kortüm, G.: Über das Auftreten von Rotations- und Schwingungsstruktur in Gas- und Flüssigkeitsspektren. Naturwiss. **38**, 274 (1951).

165a. — u. H. Verleger: Proc. physic. Soc. [London] **63** A, 462 (1950).

165b. Kreuzer, J., u. R. Mecke: Z. physik. Chem. [B] **49**, 309 (1941).

165c. Luck, W.: Z. Naturforsch. **6**a, 191, 305, 313 (1951).

166. Krishnan, R. S.: Das Raman-Spektrum von Ammoniumchlorid und seine Veränderung mit der Temperatur. Proc. Indian Acad. Sci., Sect. A **26**, 932 (1947); **27**, 321 (1948).

167. Kron, G.: Elektrische Schwingungskreise als Modelle für die Schwingungsspektren vielatomiger Moleküle. J. chem. Physics **14**, 19 (1946).

168.  KUDZIN, S. F., R. M. DE BAUN u. F. F. NORD: Untersuchung über Lignin und seine Bildung. J. Amer. chem. Soc. 73, 4615, 4619, 4622 (1951).

168a. KUHN, L. P.: Ultrarotspektren von Kohlenhydraten. Analyt. Chem. 22, 276 (1952).

169.  — Die Wasserstoffbindung. I. Intra- und intermolekulare Wasserstoffbrücken in Alkoholen. J. Amer. chem. Soc. 74, 2492 (1952).

169a. LAGEMANN, R. T., A. H. NIELSEN u. F. P. DICKEY: Physic. Rev. 72, 284 (1947); 76, 159 (1949).

169b. — T. G. MILLER: Thalliumbromidjodid als UR-Polarisator. J. opt. Soc. Amer. 41, 1063 (1951).

169c. LACHER, J. R., G. G. OLSEN u. J. D. PARK: J. Amer. chem. Soc. 74, 5578 (1952).

170.  LAMPE, F.: Die alkalische Zersetzung der Hexachlorcyclohexane. Diss. Braunschweig 1952.

171.  LANDOLT-BÖRNSTEIN: Zahlenwerte und Funktionen, 6. Aufl., Bd. I, 2. u. 3. Teil. Berlin 1951.

172.  LANNER, P. J., u. D. A. McCANLAY: Ultrarotabsorptionsspektrum von 1.2.3.4-Tetramethylbenzol. Analyt. Chem. 23, 1875 (1951).

173.  LECOMTE, J.: Untersuchungen an Kristallen im Ultrarotspektrum. Proc. Indian. Acad. Sci., Sect. A 28, 339 (1948).

174.  — Ultrarotstrahlung. Paris 1948/49.

174a. — Die Fortschritte der Infrarotspektrometrie. Cah. Phys. 38, 26 (1952).

175.  — Bestimmung von Ölkomponenten mit Hilfe von Ultrarotspektren. Bull. Soc. chim. France 16, 923 (1949).

176.  — C. LA LAU u. H. I. WATERMAN: Die Ultrarotanalyse der Kohlenwasserstoffe in Mineralölen. Grundlagen der Methode und ihre Anwendung auf Fraktionen eines Mineralöles. Bull. Soc. chim. France [5] 17, 141 (1950).

177.  LEHRER, E.: Ein Ultrarotspektrograph mit Einrichtung zur direkten Registrierung des Absorptionsverhältnisses und mit linearer Wellenlängenteilung. Z. techn. Physik 23, 169 (1942).

178.  — Ein Ultrarotspektrograph mit neuartiger Registrierung der Wärmestrahlung. Z. techn. Physik 18, 393 (1937).

179.  LEMAIRE, H. P., u. R. L. LIVINGSTON: Nachweis eines nichtebenen Kohlenstoffringes im Octafluorcyclobutan. J. chem. Physics 18, 569 (1950).

180.  LENORMANT, H.: Ultrarotspektrum und Struktur der Peptidbindung. Diss. Paris 1949.

181.  — Die Struktur von Amiden nach ihrem Ultrarotspektrum. Bull. Soc. chim. France [5] 15, 33 (1948).

182.  — Die Ultrarotabsorptionsspektren von Aminosäuren zwischen 5 und 8 μ. J. chem. Physics 43, 327 (1946).

182a. — C. R. hebd. Séances Acad. Sci. 221, 58, 545 (1945); 222, 1432 (1946).

183.  LIEBER, E., D. R. LEVERING u. L. J. PATTERSON: Ultrarotabsorptionsspektren von Verbindungen mit hohem Stickstoffgehalt. Analyt. Chem. 23, 1594 (1951).

184.  LIPPERT, E.: Diss. Freiburg 1951.

184a. — Apparative Fortschritte in der Infrarot-Spektroskopie. Z. angew. Physik 4, 390 (1952).

185.  — u. R. MECKE: Spektroskopische Konstitutionsbestimmungen aus ultraroten Intensitätsmessungen an CH-Schwingungsbanden. Z. Elektrochem. angew. physik. Chem. 55, 366 (1951).

186. Lippincott, E. R., R. C. Lord u. R. S. McDonald: Schwingungsspektren und Struktur von Cyclooctatetraën. J. Amer. chem. Soc. **73**, 3370 (1951).

186a. — — — J. chem. Physics **16**, 548 (1948). — Nature **166**, 227 (1950). — J. chem. Physics **17**, 1351 (1949).

187. Lohman, E., u. D. F. Hornig: Das Ultrarotspektrum des kristallinen Schwefelwasserstoffes. Physic. Rev. **79**, 235 (1950).

188. Lehman, J. B., F. P. Reding u. D. F. Hornig: Die Grundschwingungen und die Kristallstruktur von $H_2S$ und $D_2S$. J. chem. Physics **19**, 252 (1951).

189. Longuet-Higgins, H. C., W. C. Price, B. Rice u. T. F. Young: J. chem. Physics **17**, 217 (1949).

190. Lord, R. C., u. E. Nielsen: Die Schwingungsspektren von Diboran und einigen seiner Isotopenderivate. J. chem. Physics **19**, 1 (1951).

191. Lord, R. C., R. S. McDonald u. F. A. Miller: Zur Technik der Ultrarotspektroskopie. J. opt. Soc. America **42**, 149 (1952).

192. Louisfert, J.: Die Absorption polarisierter Ultrarotstrahlung durch Kristalle und die Struktur und Bindung von $H_2O$ und OH-Gruppen. C. R. hebd. Séances Acad. Sci. **222**, 1092 (1946).

192a. — J. Physique Radium **8**, 21, 75 (1947).

192b. Luft, K. F.: Angew. Chem. [B] **19**, 2 (1947).

192c. Louisfert, J.: C. R. hebd. Séances Acad. Sci. **233**, 381 (1951).

192d. — u. Th. Pobeguin: C. R. hebd. Séances Acad. Sci. **235**, 287 (1952).

193. Luther, H.: Die Entwicklung spektroskopischer Methoden für die Analyse von Erdölprodukten. Erdöl u. Kohle **4**, 387 (1951).

194. — In C. Zerbe, Mineralöle und verwandte Produkte. Berlin 1952.

195. — u. G. Brandes: Die Ultrarotspektren deuterierter Naphthaline. Dissert. Braunschweig 1952.

196. Naves, Y. R., u. J. Lecomte: UR-Spektren von Iononen und Ironen. C. R. hebd. Séances Acad. Sci. **223**, 389 (1951).

197. Lüttke, W.: Ultrarotspektroskopie als analytisches Hilfsmittel. Angew. Chem. **63**, 402 (1951).

197a. — Privatmitteilung. Spektroskopische Untersuchung der Struktur einiger Acyloine, Vortr. Dtsch. Bundesges. 1953.

197b. Mair, R. D., u. D. F. Hornig: J. chem. Physics **17**, 1236 (1949).

198. Mann, J.: Quantitative Analysen mit Hilfe der Ultrarotspektroskopie; Forschungsgemeinschaft der „British Rubber Manufactures". I. B. Circ. 332 (1950).

198a. — u. H. W. Thompson: Proc. Roy. Soc. [London], Ser. A **192**, 489 (1948).

199. Marder, P. P., R. D. McPhee, R. T. Lofberg u. G. P. Larson: Die Zusammensetzung des organischen Anteils der atmosphärischen Aerosole in dem Gebiet von Los Angeles. Ind. Engng. Chem. **44**, 1352 (1952).

200. Mark, H., u. A. V. Tobolsky: Physikalische Chemie von hochpolymeren Systemen. New York 1950.

200a. Marrel, C. S., u. J. L. R. Williams: J. Amer. chem. Soc. **70**, 3842 (1948).

201. Marrison, L. W.: Charakteristische Absorptionsbanden im 10 $\mu$-Gebiet der Ultrarotspektren von Cycloparaffinderivaten. J. chem. Soc. [London] **1951**, 1614.

202. Marron, T. U., u. T. S. Chambers: Ultrarotspektroskopie im graphischen Gewerbe. Analyt. Chem. **23**, 548 (1951).

203. Marsh, M. M., u. W. W. Hilty: Synthetische und natürliche Arzneimittel. Analyt. Chem. **24**, 271 (1952).

204. MATOSSI, F.: Ergebnisse der Ultrarotforschung. Ergebn. exakt. Naturwiss. **17**, 108 (1938).

205. — Druckabhängigkeit der Linienbreite in Ultrarotspektren. Physic. Rev. **76**, 1845 (1949).

206. — u. E. RAUSCHER: Zur Druckabhängigkeit der Gesamtabsorption in ultraroten Bandenspektren. Z. Physik **125**, 418 (1949).

207. MAYER, F. X., u. A. LUSZCZAK: Absorptionsspektralanalyse. Berlin 1951.

207a. McCONAGHIE, V. M., u. H. H. NIELSEN: Physic. Rev. **75**, 606 (1949).

207b. — — Proc. nat. Acad. Sci. U.S.A. **34**, 455 (1948).

208. MECKE, R.: Ultrarotspektren von Hydroxylverbindungen. Discuss. Faraday Soc. **9**, 161 (1950).

209. — Dipolmoment und chemische Bindung. Z. Elektrochem. angew. physik. Chem. **54**, 38 (1950).

210. — Mitt. Internat. Spektroskopikertreffen. Basel 1951. Angew. Chem. **63**, 439 (1951).

210a. — u. W. LÜTTKE: Z. Elektrochem. angew. physik. Chem. **53**, 241 (1949).

210b. — u. E. D. SCHMID: Das Dokumentationsproblem in der Ultrarotspektroskopie. Z. angew. Chem. **65**, 253 (1953).

210c. MEISTER, A. G., u. F. F. CLEVELAND: J. chem. Physics **17**, 212 (1949).

211. MELLON, M. G.: Analytische Absorptionsspektroskopie. New York 1950.

212. MEYER, K. H.: Mechanische Eigenschaften und molekularer Feinbau biologischer Systeme. Z. Elektrochem. angew. physik. Chem. **55**, 453 (1951).

213. MILAS, N. A., u. O. L. MAGELI: Organische Peroxyde. XVI. Acetylenperoxyde und -hydroperoxyde. — Eine neue Klasse organischer Peroxyde. J. Amer. chem. Soc. **74**, 1471 (1952).

214. MILATZ, J. M. W., J. C. KLUYVER u. J. HARDEBOL: Bestimmung von Isotopenverhältnissen durch eine Ultrarotabsorptionsmethode, z. B. bei der Indizierungsanalyse. J. chem. Physics **19**, 887 (1951).

214a. MILLER, C. H., u. H. W. THOMPSON: Proc. Roy. Soc. [London] Ser. A **200**, 1 (1949).

214b. MILLER, F. A., u. B. L. CRAWFORD: J. chem. Physics **17**, 249 (1949).
— — J. chem. Physics **14**, 282, 292 (1946).

214c. — u. CH. E. WILKINS: UR-Spektren und charakteristische Frequenzen anorganischer Ionen. Analyt. Chem. **24**, 1253 (1952).

215. MILSOM, D., W. R. JACOBY u. A. R. RESCORLA: Analyse von gasförmigen Kohlenwasserstoffen. Kombination von Ultrarot- und Massenspektrometrie. Analyt. Chem. **21**, 547 (1949).

216. MINKOFF, G. J.: Diskussionsbemerkung. Discuss. Faraday Soc. **9**, 320 (1950).

217. MIZUSHIMA, S. I., T. SIMANOUTI, K. KURATANI u. T. MIYAZAWA: Die Entropiedifferenz zwischen Rotationsisomeren. J. Amer. chem. Soc. **74**, 1378 (1952).

217a. — Y. MORINO, T. SIMANOUTI u. K. KURATANI: J. chem. Physics **17**, 838 (1949).
— — u. Mitarb.: Sci. Pap. Inst. physic. chem. Res. [Tokio] **37**, 205 (1940).

218. MOONEY, R. C. L.: Strukturuntersuchung von Polyvinylalkohol mit Hilfe von Röntgenstrahlen. J. Amer. chem. Soc. **63**, 2828 (1941).

219. MOSBY, W. L.: Die FRIEDEL-CRAFTS-Reaktion mit γ-Valerolacton. I. Die Synthese verschiedener Polymethylnaphthaline. J. Amer. chem. Soc. **74**, 2564 (1952).

220. MÜLLER, R. H.: Neue Instrumente. Analyt. Chem. **19**, 29A (1947); **22**, 72 (1950). J. opt. Soc. America **39**, 437 (1949).

221. MULLIKEN, R. S.: Die Struktur von Diboran und ihm verwandter Moleküle. Chem. Rev. **41**, 207 (1947).

221a. Murray, J. W., V. Deitz u. D. H. Andrews: J. chem. Physics 3, 175, 180 (1935).
222. McMurry, H. L., u. V. Thornton: Vergleich von Ultrarotspektren. — Paraffine, Olefine und Aromaten. Analyt. Chem. 24, 318 (1952).
223. O'Neal, M. J.: Kombination der ultrarot- und massenspektrometrischen Methode für die Analyse leichter Kohlenwasserstoffe. Analyt. Chem. 22, 991 (1950).
224. Nes, K. van, u. H. A. van Westen: Der Aufbau von Mineralölen. Amsterdam 1951.
225. Newman, R., u. R. S. Halford: Ein einfacher, wirksamer Polarisator für Ultrarotstrahlung. Rev. sci. Instruments 19, 270 (1948).
225a. — — J. chem. Physics 18, 1276, 1291 (1950).
226. Nielsen, H. H.: Die Energie vielatomiger Moleküle. J. opt. Soc. America 34, 521 (1944).
— Die Schwingungsrotationsenergie vielatomiger Moleküle. II. Zufällige Entartungen. Physic. Rev. 68, 181 (1945).
— l-Typ-Verdopplung in vielatomigen Molekülen und ihre Anwendung auf das Mikrowellenspektrum von Methylcyanid und Methylisocyanid. Physic. Rev. 77, 130 (1950).
226a. — Discus. Faraday Soc. 9, 85 (1950).
227. —, u. R. A. Oetjen: Ultrarotspektroskopie. In W. G. Berl, Physikalische Methoden in der chemischen Analyse. New York 1950.
228. Nielsen, J. R., F. W. Crawford u. D. C. Smith: Ein Ultrarot-Prismenspektrometer hoher Auflösung. J. opt. Soc. America 37, 296 (1947).
228a. — L. Bruner u. Mitarb.: Analyt. Chem. 21, 369 (1949).
— H. H. Claassen u. D. C. Smith: J. chem. Physics 18, 326 (1950).
— — — J. chem. Physics 18, 485 (1950).
— — — J. chem. Physics 18, 812 (1950).
— u. Mitarb.: J. Amer. Chem. Soc. 70, 566 (1948).
— C. M. Richards u. H. L. McMurry: J. chem. Physics 15, 39 (1947); 16, 67 (1948).
228b. Nixon, E. R., u. P. C. Cross: J. chem. Physics 18, 1316 (1950).
228c. Noble, R. H., u. H. H. Nielsen: J. chem. Physics 18, 667 (1950).
229. Noether, H. D.: Eine Verhältnisformel für Molekeln mit Isotopen. J. chem. Physics 11, 97 (1943).
230. Obrecht, E.: Der Einfluß ungesättigter Substituenten auf das Molekülschwingungsspektrum des Naphthalins. Diss. Braunschweig 1950.
230a. Oetjen, R. A., u. L. G. Roess: Photometerbauteile für Ultrarotspektrographen. J. opt. Soc. America 41, 203 (1951).
231. Ogg, R. A., W. S. Richardson u. M. K. Wilson: Experimenteller Nachweis für die quasi-unimolekulare Dissoziation des Stickstoffpentoxydes. J. chem. Physics 18, 573 (1950).
232. Oliver, G. D., S. Blumkin u. C. W. Cunningham: Einige physikalische Eigenschaften von Hexadecafluorheptan. J. Amer. chem. Soc. 73, 5722 (1951).
233. Oswald, F.: Diss. Freiburg 1951.
234. — u. R. Mecke: Ultraspektroskopische Reinheitsprüfung von Tetrachlorkohlenstoff. Spectrochim. Acta 4, 348 (1951). Angew. Chem. 65, 291 (1953).
234a. Otting, W.: Der Raman-Effekt und seine analytische Anwendung. Berlin 1952.
234b. Pacault, A., u. J. Lecomte: C. R. hebd. Séances Acad. Sci. 228, 241 (1949).
234c. Pace, E. L.: J. chem. Physics 16, 74 (1948).

324d. PASCAL, D., C. DUVAL, J. LECOMTE u. A. PACAULT: C. R. hebd. Séances Acad. Si. **233**, 118 (1951).

235. PATTERSON, G. D., u. M. G. MELLON: Automatische Verfahren in der analytischen Chemie. Analyt. Chem. **23**, 101 (1951); **24**, 131 (1952).

236. PAULING, L.: Die Rotationen von Molekülen in Kristallen. Physic. Rev. **36**, 430 (1930).

237. PECK, R. L., u. P. H. GALE: Charakterisierung von organischen Verbindungen. Analyt. Chem. **24**, 116 (1952).

238. PENNER, S. S., u. D. WEBER: Quantitative Ultrarot-Intensitätsmessungen. I. Kohlenmonoxyd, unter Druck ultrarot-inaktiver Gase. J. chem. Physics **19**, 807 (1951).
— — Quantitative Ultrarot-Intensitätsmessungen. II. Untersuchungen über die erste Oberschwingung von Kohlenmonoxyd unter Normaldruck. J. chem. Physics **19**, 817 (1951).
— — Quantitative Messung der Linienbreite im Ultrarotspektrum. I. Kohlenmonoxyd, unter Druck ultrarot-inaktiver Gase. J. chem. Physics **19**, 1351, 1361 (1951).
PERSON, W. P., G. C. PIMENTEL u. K. S. PITZER: Konstitution des Cyclooctatetraen. J. Amer. chem. Soc. **74**, 3437 (1952).

239. PERKIN-ELMER: Das Ultrarotspektrometer 112. Instrument News **3**, 4 (1952). — C. D. COWLES, Analyt. Chem. **24**, 603 (1952): Das PERKIN-ELMER-Modell 99 mit einem Doppeldurchgang-Monochromator.

240. PERRY, J. A.: Ultrarotanalyse von fünf $C_{10}$-Aromaten. Analyt. Chem. **23**, 495 (1951).

241. PESTEMER, M.: Reinigung von Lösungsmitteln für spektroskopische Zwecke. Angew. Chem. **63**, 118 (1951).

242. PHILPOTTS, A. R., W. THAIN u. P. G. SMITH: Einfluß der Ausgangsspaltbreite auf Ultrarotabsorptionsmessungen. Analyt. Chem. **23**, 268 (1951).

242a. PHILPOTTS, A. R., u. W. THAIN: UR-Spektren tert. Peroxyde. Analyt. Chem. **24**, 638 (1952).

243. PIMENTEL, G. C., u. A. L. McCLELLAN: Die Ultrarotspektren des Naphthalins im festen und gasförmigen Zustand und in Lösungen. J. chem. Physics **20**, 270 (1952).

244. PINES, H., W. D. HUNTSMAN u. V. N. IPATIEFF: Alkylierung mit gleichzeitiger Isomerisation. VII. Reaktion von Benzol mit Methylcyclopropan, Äthylcyclopropan und mit Dimethylcyclopropan. J. Amer. chem. Soc. **73**, 4343 (1951).

245. PIRLOT, G.: Anwendung der Kompensationsmethode auf die ultrarotspektrometrische Bestimmung des $\gamma$-Isomeren in Mischungen der Hexachlorcyclohexane. Bull. Soc. chim. Belges **59**, 5 (1950).

246. — Quantitative Analyse von pulverförmigen Substanzen durch Ultrarotspektroskopie. Bull. Soc. chim. Belges **59**, 327 (1950).

247. PITZER, K. S.: Thermodynamische Eigenschaften von Kohlenwasserstoffen: Äthan, Äthylen, Propan, Propylen, n-Butan, Isobutan, 1-Butylen, cis- und trans-2-Butylen, Isobutylen und Neopentan (Tetramethylmethan). J. chem. Physics **5**, 473 (1937).
— Die Schwingungsfrequenzen und thermodynamischen Funktionen von Kohlenwasserstoffen mit langen Ketten. J. chem. Physics **8**, 711 (1940).
PERSON, W. B., u. G. C. PIMENTEL: J. Amer. chem. Soc. **75**, 33 (1953).

247a. PITZER, K. S.: J. Amer. chem. Soc. **67**, 1126 (1945).
— u. J. E. KILPATRICK: Chem. Rev. **39**, 435 (1946).

247b. — — J. Res. nat. Bur. Standards **38**, 191 (1947).

247c. — u. R. K. SHELINE: J. chem. Physics **16**, 552 (1948).

248. Plyler, E. K., u. J. J. Ball: Filter für das Ultrarotgebiet. J. opt. Soc. America 42, 266 (1952).

248a. — u. N. Acquista: J. Res. nat. Bur. Standards 43, 37 (1949).
— M. A. Lamb u. N. Acquista: J. Res. nat. Bur. Standards 44, 503 (1950); 45, 204 (1950); 46, 382 (1950).

249. — u. Fr. P. Phelps: Die Durchlässigkeit von Cäsiumbromid-Kristallen. J. opt. Soc. America 41, 209 (1951).

249a. — — u. N. Acquista: Eigenschaften der Cäsiumbromid-Prismen im Ultraroten. J. opt. Soc. America 42, 286 (1952).

249b. Pohlmann, R.: Z. Physik 79, 394 (1932).

249c. Posey, L. R., u. E. F. Barker: J. chem. Physics 17, 182 (1949).

250. Powling, J., u. H. J. Bernstein: Innere Rotation. VI. Die spektroskopische Bestimmung der Energiedifferenz zwischen Rotationsisomeren in verdünnten Lösungen. J. Amer. chem. Soc. 73, 1815 (1951).

251. Pozefsky, A., E. L. Saier u. N. D. Coggeshall: Ultrarotabsorptions-Untersuchungen der CH-Valenzfrequenzen. Analyt. Chem. 20, 812 (1948); 23, 1611 (1951).

252. Price, W. C.: Die Ultrarotabsorptionsspektren einiger Metallborhydride. J. chem. Physics 17, 1044 (1949).

252a. — A. D. B. Fraser, T. S. Robinson, u. H. C. Longuet-Higgins: Discuss. Faraday Soc. 9, 131 (1950).

252b. — J. chem. Physics 16, 894 (1948).

253. Pulford, A. G., u. A. Walsh: Das Ultrarotspektrum und die thermodynamischen Konstanten von Nitrosylchlorid. Trans. Faraday Soc. 47, 347 (1951).

253a. Ramsay, D. A.: J. chem. Physics 17, 666 (1949).

253b. Ramsay, D. H.: Intensitäten und Umriße der UR-Banden von Flüssigkeiten. J. Amer. chem. Soc. 74, 72 (1952).

254. Randall, M. M., R. G. Fowler, N. Fuson u. J. R. Dangl: Bestimmung organischer Strukturen mit Hilfe der Ultrarotspektroskopie. New York 1949.

254a. Rank, D. H., N. Sheppard u. G. J. Szasz: J. chem. Physics 16, 698, 704 (1948); 17, 83, 1354 (1949).
— — — J. chem. Physics 17, 86, 93 (1949).
— u. E. L. Pace: J. chem. Physics 15, 39 (1947).
— E. R. Shull u. E. L. Pace: J. chem. Physics 18, 885 (1950).

255. Rao, K. N.: Die Struktur der Cameron-Banden des Kohlenmonoxydes. Astrophysic. J. 110, 304 (1949).

255a. — J. chem. Physics 18, 213 (1950).

256. Rasmussen, R. S.: Ultrarotspektroskopie in der Strukturbestimmung und ihre Anwendung für das Penicillin, in L. Zechmeister: Fortschritte der Chemie organischer Naturstoffe. Wien 1948.

257. — R. R. Brattain u. P. S. Zucco: J. chem. Physics 18, 131, 135 (1950).

257a. — — J. Amer. chem. Soc. 71, 1073 (1949).

257b. — D. D. Tunnicliff, R. R. Brattain: J. Amer. chem. Soc. 71, 1068 (1949).
— J. chem. Physics 16, 712 (1948).
— u. R. R. Brattain: J. chem. Physics 15, 120 (1947).
Redlich, O.: Z. physik. Chem. B 28, 371 (1935).

257c. Reid, C.: J. chem. Physics 18, 1512 (1950).

258. Reinkober, O.: Die experimentellen Methoden der Ultrarotspektroskopie. In Eucken-Wolf, Hand- und Jahrbuch der chemischen Physik, Bd. 9/II. Leipzig 1934.

259. REMICK, A. E.: Elektronentheorie der organischen Chemie. New York 1943.
260. REYNOLDS, J. G.: Einige Kennzeichen handelsüblicher Spektrometer. J. Inst. Petroleum **37**, 125 (1951).
261. RICE, B., J. M. G. BARREDO u. T. F. YOUNG: Das RAMAN-Spektrum von Tetramethyldiboran. J. Amer. chem. Soc. **73**, 2306 (1950).
262. RICHARDS, R. E.: Die Kraftkonstanten einiger OH- und NH-Bindungen. Trans. Faraday Soc. **44**, 40 (1948).
263. — u. W. R. BURTON: Einige Anwendungen der Intensitätsmessungen im Ultraroten. Trans. Faraday Soc. **45**, 874 (1949).
264. — u. H. W. THOMPSON: Ultrarotspektren von Verbindungen mit hohem Molekulargewicht. Teil IV. Silicone und verwandte Verbindungen. J. chem. Soc. [London] **1949**, 124.
264a. — — Proc. Roy. Soc. [London], Ser. A **195**, 1 (1949).
264b. RICHARDSON, W. S., u. J. H. GOLDSTEIN: J. chem. Physics **18**, 1314 (1950).
— u. E. B. WILSON: J. chem. Physics **18**, 155 (1950).
265. RITTER, D. M.: Oxydation von Salzen der Ligninsulfonsäuren. J. Amer. chem. Soc. **73**, 2552 (1951).
266. ROBERT, L.: Diskussionsbemerkung. 3. Welt-Erdöl-Kongreß, Proceedings, Sect. VI., 103 (1951).
267. — J. BOUCHERY u. J. FAVRE: Untersuchung der Fraktionen eines Aramco-Rohöls. 3. Welt-Erdöl-Kongreß, Proceedings, Sect. VI., 53 (1951).
268. ROBERTS, J. D., W. BENNETT u. R. ARMSTRONG: Reaktionsfähigkeit von Nortricyclyl-, Dehydronorbornyl- und Norbornylhalogeniden; sterische Einflüsse auf die Resonanz bei Hyperkonjugation. J. Amer. chem. Soc. **72**, 3329 (1950).
269. — u. V. G. CHAMBERS: Verbindungen mit kleinem Kohlenstoffring. VII. Physikalische und chemische Eigenschaften von Cyclopropyl-, Cyclobutyl-, Cyclopentyl- und Cyclohexylderivaten. J. Amer. chem. Soc. **73**, 5030 (1951).
— — Verbindungen mit kleinem Kohlenstoffring. VIII. Einige nucleophile Reaktionen von Cyclopropyl-, Cyclobutyl-, Cyclopentyl- und Cyclohexyl-p-Toluolsulfonaten und -halogeniden. J. Amer. chem. Soc. **73**, 5034 (1951).
270. ROBINSON, D. Z.: Die experimentelle Bestimmung der Intensitäten von Ultrarotabsorptionsbanden. IV. Messung der Schwingungsfrequenzen von OCS und $CS_2$. J. chem. Physics **19**, 881 (1951).
271. — Quantitative Analyse mit Ultrarotspektrophotometern. Analyt. Chem. **23**, 273 (1951).
272. — Quantitative Analyse mit Ultrarotspektrophotometern. Kompensationsanalyse. Analyt. Chem. **24**, 619 (1952).
272a. ROSE, E. W.: J. Res. nat. Bur. Standards **20**, 129 (1938). Siehe auch Appl. Spectrose. **6** (5), 29 (1952).
272b. ROSENKRANTZ, H., u. L. ZABLOW: UR-Spektren von Sterinen im Bereich von 9—10 $\mu$. J. Amer. chem. Soc. **75**, 903 (1953).
273. ROSSINI, F. D.: Chemische Thermodynamik. New York 1950.
274. — Sammlung von Daten über die Eigenschaften von Kohlenwasserstoffen und verwandten Verbindungen. 3. Welt-Erdöl-Kongreß, Proceedings, Sect. VI., 157 (1951).
275. ROSSMANN, H.: Über eine neue empfindliche Methode der Bestimmung von Kohlenoxyd im Blut. Klin. Wschr. **1949**, 280.
275a. ROTHMAN, E. S., M. E. WALL u. C. R. EDDY: Sterin-sapogenine, J. Amer. chem. Soc. **74**, 4013 (1952). Sterin-sapogeninacetate. Analyt. Chem. **25**, 266 (1953).

276. Rowen, J. W., u. E. K. Plyler: Einfluß der Deuterierung, Oxydation und Wasserstoffbindung auf das Ultrarotspektrum der Cellulose. J. Res. nat. Bur. Standards **44**, 313 (1950).

276a. — C. M. Hunt u. E. K. Plyler: J. Res. nat. Bur. Standards **39**, 133 (1947).

277. El-Sabban, M. Z., A. G. Meister u. F. F. Cleveland: Substituierte Äthane. III. Raman- und Ultrarotspektren, Zuordnungen, Kraftkonstanten und berechnete thermodynamische Eigenschaften für 1.1.1-Trichloräthan. J. chem. Physics **19**, 855 (1951).

278. Sachsse, H., u. H. Kienitz: Einige Gesichtspunkte zur Thermodynamik der Kohlenwasserstoffsynthese. Z. Elektrochem. angew. physik. Chem. **53**, 254 (1949).

279. Sadtler, S. R.: Spektrenkatalog der Fa. S. R. Sadtler, 2100 Arch Street, Philadelphia.

280. Sadumkin, S.: Absorptionsspektren einiger Naphthalinderivate im nahen Ultrarot (0,7—1,3 µ). J. analyt. Chem. [russ.] **6**, 88 (1951).

281. Saier, E. L., A. Pozefsky u. N. D. Coggeshall: Olefin-Gruppenanalyse mit Hilfe der Ultrarotabsorption. Analyt. Chem. **24**, 604 (1952).

282. Salomon, G., A. Chr. van der Schnee, J. A. A. Ketelaar u. B. J. van Eyk: Ultrarotanalyse von Kautschuksorten. Discuss. Faraday Soc. **9**, 291 (1950).

283. Sands, J. D., u. G. S. Turner: Entwicklung der Ultrarotspektroskopie fester Substanzen. Analyt. Chem. **24**, 791 (1952).

283a. Saunders, R. A., u. D. G. Smith: J. appl. Physics **20**, 953 (1949).

284. Savitzky, M., u. R. S. Halford: Ein Ultrarot-Doppelstrahlenspektrophotometer mit einem Empfänger. Rev. sci. Instruments **21**, 203 (1950).

284a. — u. J. C. Atwood: Bichromator-Analysator. Analyt. Chem. **24**, 1228 (1952).

285. Sawyer, R. A.: Experimentelle Spektroskopie. New York 1951.

286. Schaefer, Cl., u. F. Matossi: Das ultrarote Spektrum. Berlin 1930.

287. Schiedt, U., u. H. Reinwein: Zur Infrarotspektroskopie von Aminosäuren. I. Eine neue Präparationstechnik zur Infrarotspektroskopie von Aminosäuren und anderen polaren Verbindungen. Z. Naturforsch. **7**b, 270 (1952); **8**b, 66 (1953).

287a. Schreiber, V. C.: Analyt. Chem. **21**, 1168 (1949).

287b. Sears, W. G., u. L. J. Kitchen: J. Amer. chem. Soc. **71**, 4110 (1949).

287c. Searles, S., M. Tamres, G. M. Borrow: Wasserstoffbrückenbindungen von Estern und Lactonen. J. Amer. chem. Soc. **75**, 71 (1953).

288. Seel, F.: Neuere Anschauungen über die Konstitution und Reaktionsweise der Borwasserstoffverbindungen. Z. Naturforsch. **1**, 146 (1946).

289. Seyfried, W. D., u. S. H. Hastings: Ultrarotanalyse im begrenzten Spektralbereich. Analyt. Chem. **19**, 298 (1947).

290. Shand, W., u. R. A. Spurr: Die Molekülstruktur von Ozon. J. Amer. chem. Soc. **65**, 179 (1943).

290a. Sheline, R. K., u. J. W. Weigl: J. chem. Physics **17**, 747 (1949).

290b. — J. chem. Physics **18**, 602 (1950).

291. Sheppard, N.: Die Schwingungsspektren einiger organischer Schwefelverbindungen und die charakteristischen Frequenzen der C—S-Bindungen. Trans. Faraday Soc. **46**, 429 (1950).

292. — Die Ultrarot- und Raman-Frequenzen von Kohlenwasserstoffgruppen. J. Inst. Petroleum **37**, 95 (1951).

293. —, u. G. B. B. M. Sutherland: Das Ultrarotspektrum von vulkanisiertem Kautschuk und die chemische Reaktion zwischen Kautschuk und Schwefel. J. chem. Soc. [London] **1947** 1699.

294. SHREVE, O. D., u. M. R. HEETHER: Methode zur Erleichterung der Registrierung, der Einordnung und des Vergleichs von Ultrarotspektren. Analyt. Chem. **22**, 836 (1950).

295. — — H. B. KNIGHT u. D. SWERN: Ultrarotspektren einiger Epoxyverbindungen. Analyt. Chem. **23**, 277 (1951).

— — — — Ultrarotabsorptionsspektren einiger Hydroperoxyde, Peroxyde und verwandter Verbindungen. Analyt. Chem. **23**, 282 (1951).

295a. — — — — Analyse ungesättigter Säuren, Ester und Alkohole in Mischungen. Analyt. Chem. **22**, 1261, 1498 (1950).

296. SIEBERT, W.: Der Ultrarotabsorptionsschreiber und seine Verwendung im Bergbau. Teil I, Das Gerät und die Untersuchung seiner Einsatzmöglichkeit. Glückauf **81/84** 113 (1948).

297. — Anwendungsbeispiele der Ultrarotspektroskopie. Chem.-Ing.-Techn. **24**, 215 (1952).

298. — Z. Elektrochem. angew. physik. Chem. **54**, 512 (1950).

299. SILBIGER, G., u. S. H. BAUER: Die Struktur von Borhydriden. VII. Berylliumborhydrid, $BeB_2H_8$. J. Amer. chem. Soc. **68**, 312 (1946).

300. SILVERMAN, S., u. R. C. HERMAN: Die Ultrarotemissionsspektren der Sauerstoff-Wasserstoff- und Sauerstoff-Deuterium-Flammen. J. opt. Soc. America **39**, 216 (1949).

300a. SIMANOUTI, T.: J. chem. Physics **17**, 245, 734, 848 (1949).

300b. SIMPSON, D. M.: J. chem. Physics **15**, 846 (1947).

301. SINCLAIR, R. C., A. F. MCKAY u. R. N. JONES: Die Ultrarotabsorptionsspektren von gesättigten Fettsäuren und Estern. J. Amer. chem. Soc. **74**, 2570 (1952).

302. — — G. S. MYERS u. R. N. JONES: Die Ultrarotabsorptionsspektren von ungesättigten Fettsäuren und Estern. J. Amer. chem. Soc. **74**, 2578 (1952).

303. SMELTZ, K. G., u. E. DYER: Der Einfluß von Sauerstoff auf die Polymerisation von Acrylnitrilen. J. Amer. chem. Soc. **74**, 623 (1952).

304. SMITH, D. C., G. M. BROWN, J. R. NIELSEN, K. M. SMITH u. G. Z. LIANG: Ultrarot- und RAMAN-Spektren von fluorierten Äthanen. III. Die Serien $CH_3$ $CF_3$, $CH_3$ $CF_2Cl$, $CH_3$—$CFCL_2$ und $CH_3$—$CCl_3$. J. chem. Physics **20**, 473 (1952).

304a. — — J. R. NIELSEN u. Mitarb.: Spektroskopische Eigenschaften von Fluorkohlenstoffen und fluorierten Kohlenwasserstoffen. Naval Res. Lab. Rep. 2567, Washington 1949.

305. SMITH, F. A., u. E. C. CREITZ: Ultrarotuntersuchungen über die Assoziation in elf Alkoholen. J. Res. nat. Bur. Standards **46**, 145 (1951).

306. SMITH, J. C., G. WADDINGTON, D. W. SCOTT u. H. M. HUFMAN: Experimentelle Bestimmung der spezifischen Wärme und der Verdampfungswärme von 2-Methylpentan, 3-Methylpentan und 2.3-Dimethylbutan. J. Amer. chem. Soc. **71**, 3902 (1949).

307. SMITH, J. J., F. M. RUGG u. H. M. BOWMAN: Ultrarotbestimmung des freien Phenols in Phenol-Formaldehydharzen. Analyt. Chem. **24**, 497 (1952).

307a. SMITH, L. G.: J. chem. Physics **17**, 139 (1949).

308. SOLDATE, A. M.: Die Kristallstruktur von Natriumborhydrid. J. Amer. chem. Soc. **69**, 987 (1947).

309. SOLOWAY, A. H., u. S. L. FRIESS: Die Frequenz der Carbonylgruppe in den Ultrarotspektren substituierter Acetophenone. J. Amer. chem. Soc. **73**, 5000 (1951).

310. Souders, M., C. S. Matthews u. C. O. Hurd: Beziehung zwischen thermo-dynamischen Eigenschaften und Molekülstruktur. Spezifische Wärme und Wärmeinhalt von Kohlenwasserstoffdämpfen. Ind. Engng. Chem. **41**, 1037 (1949).

310a. Ställberg-Stenhagen, S., G. B. B. M. Sutherland u. a.: Nature **160**, 580 (1947).

310b. Stahl, W. H., u. H. Pessen: UR-Spektren einer homologen Reihe von Dialkylsebacaten. J. Amer. chem. Soc. **74**, 5487 (1952).

311. Stafford, R. W., R. J. Francel u. J. F. Shay: Identifizierung von Di-carbonsäuren in polymeren Estern. Herstellung und Eigenschaften der Dibenzylamide von acht typischen Dicarbonsäuren. Analyt. Chem. **21**, 1454 (1949).

312. Starr, C. E., u. T. Lane: Genauigkeit der Analyse von Gemischen niederer Kohlenwasserstoffe. Analyt. Chem. **21**, 572 (1949).

313. Stimson, M. M., u. M. J. O'Donell: Die Ultrarot- und Ultraviolettabsorp-tionsspektren von Cytosin und Isocytosin im festen Zustand. J. Amer. chem. Soc. **74**, 1805 (1952).

314. Strong, E. C.: Die theoretische Grundlage des Strahlungsabsorptions-gesetzes von Bouguer-Beer. Analyt. Chem. **24**, 338 (1952).

315. Stroupe, J. D.: Über die Frequenzen von Olefingruppen im Ultrarotspek-trum. Analyt. Chem. **24**, 604 (1952).

316. Suhrmann, R.: Lage und Gestalt der Absorptionsbanden von Flüssigkeiten im nahen Ultrarot. Angew. Chem. **62**, 507 (1950).

316a. — u. P. Klein: Z. physik. Chem. [B] **50**, 23 (1941).

317. — u. H. Luther: Aufbau und Verwendung von Ultrarotgeräten. Chem.-Ing.-Techn. **22**, 409 (1950).

318. Sutherland, G. B. B. M., u. A. V. Jones: Die Verwendung polarisierter Ultrarotstrahlung zur Analyse. Nature **160**, 567 (1947).

319. — — Die Anwendung polarisierter Ultrarotstrahlung auf Probleme der Molekülstruktur. I. Polyisoprene. Discuss. Faraday Soc. **9**, 281 (1950).

319a. — Proc. physic. Soc. [London] **59**, 77 (1947).

319b. — Adv. Protein Chem. **7**, 291 (1952).

320. — u. D. M. Simpson: Schwingungsspektren von Kohlenwasserstoffen. II. Gerüstschwingungen in einigen verzweigten Paraffinen. Proc. Roy. Soc. [London], Ser. A **199**, 169 (1949).

321. — u. H. A. Willis: Messung der Schichtdicke von Küvetten. Trans. Faraday Soc. **41**, 181 (1945).

322. Swerdlow, L. M.: Beziehungen zwischen den Frequenzen isotoper Mole-küle. Ber. Akad. Wiss. UdSSR **78**, 1115 (1951).

323. Swern, D., H. B. Knight, O. D. Shreve u. M. R. Heether: Vergleich der ultrarotspektrometrischen mit der Bleisalz-Alkohol-Methode zur Be-stimmung von trans-Octadecensäuren und ihren Estern. J. Amer. Oil Chemists' Soc. **27**, 17 (1950).

324. Syrkin, Y. K., u. M. E. Dyatkina: Molekülstruktur und chemische Bin-dung. London 1950.

324a. Szasz, G. J., N. Sheppard u. D. H. Rank: J. chem. Physics **16**, 704 (1948).

325. Tarpley, W., u. C. Vitiello: Ultrarotspektren von Sterinen. Neue Lösungs-mittel für Sterine, die in Schwefelkohlenstoff schwer löslich sind. Analyt. Chem. **24**, 315 (1952).

325a. Taylor, R. C.: J. chem. Physics **18**, 898 (1950).

325b. Tamres, M.: Aromaten als Donormolekeln bei Wasserstoffbrückenbindungen. J. Amer. chem. Soc. **74**, 3375 (1952).

326. TELLER, E.: Hand- und Jahrbuch der chemischen Physik, Bd. 9/II. Leipzig 1934.

327. THOMAS, J. R., u. W. D. GWINN: Die Rotationsstrukturen und die Dipolmomente von 1.1.2-Trichloräthan und 1.1.2.2-Tetrachloräthan. J. Amer. chem. Soc. 71, 2785 (1949).

327a. THOMPSON, H. W.: J. chem. Soc. [London] 1948, 328.

327b. — u. S. ORR: J. chem. Soc. [London] 1950, 218.

327c. — Z. Elektrochem. angew. physik. Chem. 54, 495 (1950).

328. — R. R. BRATTAIN, H. M. RANDALL u. R. S. RASMUSSEN: Ultrarotspektroskopische Untersuchungen über das Penicillin. In: The Chemistry of Penicillin. Princeton 1949.

328a. — C. MEYRICK u. J. F. TROTTER: J. chem. Soc. [London] 1950, 225.

329. — D. L. NICHOLSON u. L. N. SHORT: Die Ultrarotspektren von komplexen Molekülen. Discuss. Faraday Soc. 9, 224 (1950).

330. — u. P. TORKINGTON: Ultrarotspektren von Verbindungen mit hohem Molekulargewicht. Trans. Faraday Soc. 41, 246 (1945).

330a. — u. P. TORKINGTON: Proc. Roy. Soc. [London], Ser. A 184, 21 (1945).
— — Proc. Roy. Soc. [London], Ser. A 184, 3 (1945).

330b. — u. D. H. WHIFFEN: J. chem. Soc. [London] 1948, 1412.

331. THORNDIKE, A. M.: Die experimentelle Bestimmung der Intensitäten von Ultrarotabsorptionsbanden. III. Kohlendioxyd, Methan und Äthan. J. chem. Physics 15, 868 (1947).
— Indirekte Messung der Spektrallinienbreite im Ultraroten. J. chem. Physics 16, 211 (1948).

331a. — A. J. WELLS u. E. B. WILSON: J. chem. Physics 15, 157 (1947).

332. THORNTON, V., u. A. E. HERALD: Ultrarottechnik zur Analyse von $C_5$-Mischungen. Analyt. Chem. 20, 9 (1948).

332a. TORKINGTON, P., u. H. W. THOMPSON: Trans. Faraday Soc. 41, 184 (1945).

332b. — — Trans. Faraday Soc., 41, 236 (1945).

332c. — Trans. Faraday Soc. 45, 445 (1949).

332d. TRENKLER, F.: Physik. Z. 36, 162, 423 (1935); 37, 338 (1936).

333. TRENNER, N. R., R. W. WALKER, B. ARISON u. R. P. BUHS: Bestimmung des $\gamma$-Isomeren des Hexachlorcyclohexans. Analyt. Chem. 21, 285 (1949).

333a. TREUMANN, W. B., u. F. T. WALL: Analyt. Chem. 21, 1161 (1949).

334. TROTTER, J. F., u. H. W. THOMPSON: Die Ultrarotspektren von Thiolen, Sulfiden und Disulfiden. J. chem. Soc. [London] 1946, 481.

335. TYLER, J. E.: Optimale Absorption. J. opt. Soc. America 39, 264 (1949).

335a. UREY, H. C., u. C. A. BRADLEY: Physic. Rev. 38, 1969 (1931).

336. URONE, P. F., u. M. L. DRUSCHEL: Ultrarotbestimmung chlorierter Kohlenwasserstoffdämpfe in der Luft. Analyt. Chem. 24, 626 (1952).

337. VLECK, J. H. VAN, u. H. MARGENAU: Stoßtheorie der Druckverbreiterung von Spektrallinien. Physic. Rev. 76, 1211 (1949).

338. — u. V. F. WEISSKOPF: Über die Gestalt von stoßverbreiterten Linien. Rev. mod. Physics 17, 227 (1945).

338a. VINCENT, I.: Die Intensität der UR-Banden. J. Physique rad. 13, 52 (1952).

339. VOGEL, H.: Über die Eignung natürlicher und synthetischer Kohlenwasserstoffgemische als Isolieröle. Diplomarbeit. Braunschweig 1950.

340. VAGO, E. E., E. M. TANNER, u. K. C. BRYANT: J. Inst. Petroleum 35, 293 (1949).

341. VOLBERT, F.: Die Infrarotspektroskopie und ihre Anwendung auf dem Fettgebiet. Fette u. Seifen 53, 559 (1951).

342. Voter, R. C., Ch. V. Ranks, V. A. Fassel u. P. W. Kehres: Natur der Wasserstoffbindung in 1.2-Bis(vic-dioxim-N.N')Nickel(II)-Verbindungen. Analyt. Chem. **23**, 1730 (1951).

343. Wagner, E. L., u. D. F. Hornig: Rotation in Ammoniumhalogeniden. J. chem. Physics **17**, 105 (1949).

343a. — — J. chem. Physics **18**, 296, 305 (1950).

343b. Wagner, J.: Z. physik. Chem. B **53**, 85 (1943).

344. Walsh, A.: Aufbau eines Mehrfach-Monochromators. Nature **167**, 810 (1951). — J. opt. Soc. America **42**, 94 (1952). — Mehrfach-Monochromatoren. II. Aufbau eines Doppel-Monochromators in der Ultrarotspektroskopie. J. opt. Soc. America **42**, 96 (1952).

345. — u. J. B. Willis: Ultrarotabsorptionsspektren bei tiefen Temperaturen. J. chem. Physics **17**, 838 (1949).

345a. — — J. chem. Physics **18**, 552 (1950).

346. Walter, E.: Die spektroskopische Analyse deutscher Erdöle. Diplomarbeit. Braunschweig 1952.

347. Ward, H. K.: Eine Röntgenuntersuchung der Struktur von flüssigem Benzol, Cyclohexan und ihren Mischungen. J. chem. Physics **2**, 153 (1934).

348. Washburn, W. H., u. E. O. Krueger: Bestimmung von Aspirin, Phenacetin, Coffein. J. Amer. pharmac. Assoc. **39**, 437 (1949).

348a. Webb, A. N., J. T. Neu u. K. S. Pitzer: J. chem. Physics **17**, 1007 (1949).

349. Welsh, H. L., P. E. Pashler u. A. F. Dunn: Einfluß fremder Gase bei hohem Druck auf die Ultrarotabsorptionsbande des Methans bei 3,3 μ. J. chem. Physics **19**, 340 (1951).

350. Wenner, R. R.: Thermochemische Berechnungen. New York 1949.

351. West, W.: Spektroskopie und Spektrophotometrie. In A. Weissberger, Physikalische Methoden der organischen Chemie, S. 1241. New York 1949.

351a. Westenberg, A. A., J. H. Goldstein u. Wilson: J. chem. Physics **17** 1319 (1949).

352. White, J. U., u. M. D. Liston: Konstruktion eines Doppelstrahl-Ultrarotspektrophotometers. J. opt. Soc. America **40**, 29 (1950).

353. — — Aufbau des Verstärkers für ein Doppelstrahl-Ultrarotspektrophotometer. J. opt. Soc. America **40**, 36 (1950).

354. — — Leistung eines Doppelstrahl-Ultrarotspektrophotometers. J. opt. Soc. America **40**, 93 (1950).

355. Wiberley, St. E., u. St. C. Bunge: Ultrarotspektren zur Identifizierung von Cyclopropanderivaten. Analyt. Chem. **24**, 623 (1952).

355a. — u. L. G. Basset: Analyt. Chem. **22**, 841 (1950).

356. Willard, H. H., L. L. Merritt u. J. A. Dean: Instrumente bei physikalisch-chemischen Analysenmethoden. New York 1951.

357. Williams, V. Z.: Ultrarot-Instrumente und Technik der Ultrarotmessung. Rev. sci. Instruments **19**, 135 (1948).

357a. — J. chem. Physics **15**, 232, 243 (1947).

357b. Williams, R. B., S. H. Hastings, J. H. Anderson: Bestimmung aromatischer Kohlenwasserstoffe. Analyt. Chem. **24**, 1911 (1952).

358. Williams, V. Z.: Das Ultrarotspektrometer der Zukunft. Angew. Chem. **63**, 439 (1951).

358a. Wilson, E. A., u. P. C. Cross: J. chem. Physics **15**, 687 (1947).

359. Wilson, E. B.: Entwicklung einer Säkulargleichung für die Schwingungsfrequenzen eines Moleküls. J. chem. Physics **7**, 1047 (1939).
— Einige mathematische Methoden zur Untersuchung von Molekülschwingungen. J. chem. Physics **9**, 76 (1941).
360. — u. A. J. Wells: Die experimentelle Bestimmung der Intensitäten von Ultrarotabsorptionsbanden. I. Theorie der Methode. J. chem. Physics **14**, 578 (1946).
361. Wilson, M. K., u. R. M. Badger: Eine Neubestimmung des Schwingungsspektrums des Ozons. J. chem. Physics **16**, 741 (1948).
361a. — — J. chem. Physics **18**, 998 (1950).
361b. — u. R. A. Ogg: J. chem. Physics **18**, 766 (1950).
362. Woltz, P. J. H., u. A. H. Nielsen: Das Ultrarotspektrum von $CF_4$ und $GeF_4$. J. chem. Physics **20**, 307 (1952).
362a. Woods, G. F., u. L. H. Schwartzman: J. Amer. chem. Soc. **70**, 3394 (1948); **71**, 1396 (1949).
363. Wotiz, J. H., u. F. A. Miller: Die Ultrarotspektren einer Reihe isomerer normaler Acetylenverbindungen. J. Amer. chem. Soc. **71**, 3441 (1949).
363a. — — u. R. J. Palehak: J. Amer. chem. Soc. **72**, 5055 (1950).
363b. Woodward, R. B., F. Sondheimer, D. Taub, K. Heusler u. W. M. McLamore: Die Totalsynthese von Sterinen. J. Amer. chem. Soc. **74**, 4227 (1952).
364. Wright, N.: Ein für die Ultrarotstrahlung durchlässiger Polarisator. J. opt. Soc. America **38**, 69 (1948).
364a. — u. M. J. Hunter: J. Amer. chem. Soc. **69**, 803 (1947).
364b. Wright, W.: Ind. Engng. Chem. anal. Edit. **13**, 1 (1941).
365. Young, C. W., R. B. Du Vall u. N. Wright: Charakterisierung der Substitution am Benzolring durch Ultrarotspektren. Analyt. Chem. **23**, 709 (1951).
365a. — J. S. Koehler u. D. S. McKinney: J. Amer. chem. Soc. **69**, 1410 (1947).
366. Zbinden, B., E. Baldinger u. E. Ganz: Meßanordnung zur Registrierung von Ultrarotspektren. Helv. physica Acta **22**, 411 (1949).
367. Zworykin, V. K., u. E. G. Ramberg: Photoelektrizität und ihre Anwendung. S. 189. New York 1949.
368. Zeiss, II. II., u. M. Tsutsui: Die C-O-Bande in den UR-Spektren von Alkoholen. J. Amer. chem. Soc. **75**, 897 (1953).

(Abgeschlossen 1952.)

Prof. Dr. R. Suhrmann, (20b) Braunschweig,
Inst. f. Physik. Chemie u. Elektrochemie der Technischen Hochschule.

Doz. Dr.-Ing. Horst Luther, (20b) Braunschweig,
Inst. f. Chem. Technologie der Technischen Hochschule.

# Namenverzeichnis.

(*Kursiv* gedruckte Ziffern bedeuten Seitenzahlen der einzelnen Literaturverzeichnisse.)

Abdel Kader, M. M. 193, 196, *208*.
Abel 454.
Abelson, P. H. 486, *535*.
Abraham, B. M. 499, 500, 501, 503, *531*, *533*.
Achhammer, B. G. 835, *855*.
Achterberg, F. 445, 454, 459, *483*.
Ackermann, P. 345, *373*.
— W. W. 173, 174, 176, 178, *205*, *222*.
Acquista, N. 774, 817, *872*.
Adam, N. K. 232, *270*.
Adams, Ch. E. 324, 338, 357, *371*.
Adcock, W. A. 841, *856*.
Adel, A. 786, 787, *856*.
Adkins, H. 319, 327; 334, 340, 349, 356, *371*, *373*, *374*.
— K. 312, 319, 322, 330, 335, 341, 352, 353, 354, 355, 356, 358, 363, 364, 365, 367, 368, 369, *370*, *371*.
Adolf, R. 463, *482*.
Aebi, F. 709, 710, 711, 714, *751*.
Agliardi, N. 328, *372*.
Ahmad, K. 821, *856*.
Ajl, S. J. 191, *205*.
Albers, V. M. *591*, *603*.
Albert, A. 574, 583, *600*.
Albertson, M. F. 450, *474*.
Alexander, A. E. *856*.
— E. R. *856*.
Allam, F. 301, *308*.
Allen, E. 629, 632, 648, *668*.
— jr., H. C. 787, 799, 817, *856*, *866*.
Allendörfer, A. 514, *531*.
Allison, A. R. 822, *856*.
— F. E. 185, *205*.
— S. K. *55*.
Alquist, F. N. 851, 854, *866*.

Alverson, C. M. 199, *224*.
Ambrose, E. J. 763, 808, 809, 823, *861*.
American Petroleum Institute Research Project 44 810, 812, 819, 834, *856*.
Ames, D. P. 501, *534*.
— J. 763, *856*.
Amiard, G. 155, 162, *225*.
D'Amigo, J. J. 817, *864*.
Ammann, R. 707, *751*, *753*.
Ammann-Brass, H. 377, *438*.
Amstutz, E. D. 824, *856*.
Anastasewitsch, V. S. 375, 431, *438*.
Anderlik, B. 204, *215*.
Anderson 328.
— A. A. 150, 159, *227*.
— H. H. 501, 502, 504, *532*.
— J. A. 813, 853, *864*.
— jr., J. A. 836, *856*.
— J. G. 181, *220*.
— J. H. 854, *878*.
— J. S. 517, *532*.
— W. E. 791, 792, 793, 794, *856*.
Andrews, D. H. 770, *870*.
Angla, B. 102, *143*.
Anschütz 623, *665*.
Anson, M. L. 470, *474*, 546, 547, 549, *591*, *592*.
Antweiler, H. J. 230, 234, 236, 237, 238, 239, 240, 243, 253, *270*, *272*.
Appel, I. 464, 465, 466, 467, 470, *475*, *477*.
Appleby, W. G. 853, *865*.
Ard, J. S. 825, *856*.
Ardenne, M. v. 60, 67, 72, 73, 86, *88*.
Arens, H. 379, 380, 402, 421, 422, 423, 426, 438, *438*, *440*.
Arison, B. 852, *877*.
Armstrong, K. F. 586, *596*.

Armstrong, R. 818, *873*.
— jr., S. H. 14, 25, 28, *51*, *55*.
Arnfelt, H. 283, 290, 291, 293, 295, *305*.
Arnold, H. 83, *88*.
— W. 588, *603*.
Aronoff, S. *595*.
Asahina, Y. 556, *607*, *608*.
Ashdown, A. 820, *856*.
Asinger, F. 353, *373*.
Asprey, L. B. 509, 510, *532*.
Astle, M. J. *665*.
Aston 774, *856*.
Atkin, L. 155, 165, *222*.
Atwood, J. C. 764, *874*.
Auerbacher, F. 550, 573, *603*.
Auhagen, E. 182, 187, *205*.
Avery, W. H. 798, *856*.
Axelrod, A. E. 186, 191, 192, 198, *205*, *211*.
Axford, D. W. E. 801, *856*.
Ayrault, A. 197, *220*.

Baas Becking, L. M. G. 541 *591*, *592*.
Bachmann, G. B. *665*.
— G. S. 73, *88*.
Backus, R. C. 34, *55*.
Badger, A. E. 73, *88*.
— R. M. 49, *51*, 772, 787, 788, 790, *856*, *865*, *879*.
Badische Anilin- und Soda- fabrik 762, 764, *856*.
Bäumler, R. 558, *596*.
Bailey, C. F. 586, *595*, *596*.
— G. F. 846, *865*.
Baker, J. W. 850, *856*.
— M. O. 853, *865*.
Bakken, R. 520, *533*.
Bakunin, M. 650, *665*.
Baláž, F. 583, 584, *601*, *602*.
Baldinger, E. 762, *879*.
Baldwin, I. L. 152, *225*.

Ball, J. J. 766, *872*.
Ballentine, R. 179, *221*.
Bancroft, W. D. 454, 458, *475*.
Bandlow, K. H. 620, *667*.
Banks, A. A. 609, 612, *618*.
Bannister, F. A. 735, *751*.
Baratt, R. W. 203, *224*.
Barceló, J. R. 774, 775, *856*.
Barell, E. 169, *207*.
Barer, R. 762, 763, *857*.
Barker, E. F. 785, 787, 791, 792, 793, 794, *856*, *857*, *872*.
Barnard, D. 818, 824, *857*.
Barnes, M. D. 32, *53*.
— R. B. 83, *88*, 760, 825, 832, 857, *863*.
Barredo, J. M. G. 793, *873*.
Barrer, R. M. 120, 121, *143*.
Barriol, J. *857*.
Barron, F. S. G. 153, 155, *205*.
Barrow, G. M. 820, *857*.
Bartelt, O. 416, 419, *438*.
Bartleson, J. D. 817, *857*.
Bartlett, P. D. 831, *857*.
Bartos, J. 155, 162, *225*.
Basrur 446, *480*.
Basset, H. 451, 456, 457, 470, *475*.
— L. G. 813, *878*.
Datcholder, A. C. 16, 25, 26, *55*.
Bath, J. 805, *861*.
Baudler, M. 472, *476*.
Bauer, K. *599*.
— L. 823, *865*.
— S. H. 793, *875*.
— W. H. 821, 827, *863*.
Baumgarten, P. 458, *475*.
De Baun, R. M. 828, *867*.
Bayerl 653, *669*.
Beach, J. Y. 839, 853, *866*.
— J. Y. J. 472, *482*.
Beadle, G. W. 148, 194, 198, 202, *205*, *206*, *224*.
Beams, H. W. *591*.
Beati, E. 321, 327, 330, 332, 339, 340, 346, *371*, *372*.
Beato, J. *477*.
Beau, D. 302, *306*.
Beck, C. 803, *857*.

Beck, K. 295, *307*.
— W. A. *591*.
Becker, J. A. 766, *857*.
Beckerath, K. von *440*.
Beckett, C. W. 776, *857*, *866*.
Beckmann 621, 633, *665*.
Bédert, W. 734, *753*.
Beeckmans, M. L. 16, *51*, *54*.
Beer, B. 625.
— L. *602*.
Behrmann, A. 659, *665*.
Beiler, J. M. 171, *205*.
Bein, M. L. 203, *222*.
Beinert, H. 182, 198, *214*.
Beischer, B. 73, *88*.
Belcher, M. R. 186, *205*.
Bell, E. E. 779, *857*.
— M. F. 853, *857*, *864*.
— R. P. 793, 841, 842, *857*.
— T. T. 152, 153, *224*.
Bellamy, W. D. 167, 170, 171, *205*, *210*.
Bender, A. E. 162, *205*.
Bengen, F. 94, *143*.
Benham, R. W. 165, *205*.
Bennet, M. J. 150, *207*.
Bennett, F. W. 614, *618*.
— W. 818, *873*.
Benrath 653, *665*.
Benson 621, *666*.
Benz, M. *607*.
Berg 353.
— H. 557, 596, *597*.
— W. F. 396, 398, 399, 400, 401, 404, 406, 409, 410, 418, 420, 424, 426, *438*, *439*.
Berger, A. 737, *753*.
— K. 627, *665*.
Bergmann, E. D. *857*.
Berkman, S. 173, 197, *208*.
Bernal, J. D. 111, 141, 142, *143*, 277, 294, *306*.
Bernfeld, P. 203, *209*.
Bernstein, H. J. 765, 773, 775, 781, 784, 790, 796, 797, 800, *857*, *872*.
— R. B. 854, *866*.
Berry, C. E. 841, *857*.
— Ch. R. 435, *439*.
— R. B. 818, *861*.

Bertrand, A. 653, *665*.
Besson, J. 288, *306*.
Beudel 645, *665*.
Beyersdorfer, K. 57, 66, 69, 73, *88*, *90*.
Bhagavantam, S. 2, 6, 9, 10, 46, *51*.
Bianchi, E. 113, *144*.
Bianco, Y. 715, 724, *751*, *756*.
Bicking, M. M. 189, *214*.
Bielig, H.-J. 547, *592*.
Bieri, B. 82, *89*.
Bigeleisen, J. 772, *857*.
Bijvoet, J. M. 203, *225*, *284*.
Billen, D. 176, 177, *206*.
Biltz, M. 379, *439*.
— W. 275, 303, *306*, 450, *475*, 515, *533*.
Birch, T. W. 165, *206*.
Bird, G. R. 762, *858*.
— O. D. 193, *206*.
Birkinshaw, J. H. 162, *207*.
Birkofer, L. 198, 200.
Bisset 651, *669*.
Bittner, A. 461, 462, *479*.
Bjälfve, G. 185, *218*.
Bjerrum 771.
Black, E. S. 18, *55*.
Blaker, R. H. 16, 49, *51*.
Blaschko, H. 167, *206*.
Bloch, H. 198, *209*.
Blodgett, R. B. 819, *857*.
Blohm, Chr. 654, *665*.
Blomquist, A. T. 817, *858*.
Blomstrand, C. W. 470, *475*.
Bloomfield, G. F. *475*.
Blout, E. R. 762, 814, 823, *858*.
Blumer, H. 31, 34, *51*.
Blumkin, S. 820, *870*.
Blumrich, K. 645, 648, *665*.
Boas, F. 183, *206*.
Bodenstein, M. 389, *439*.
Böckh, S. 568, *599*.
Bödecker, Fr. 107, *143*.
Böhm, F. 456, *481*.
— J. A. *591*.
De Boer 387.
Böttger, W. *271*.
Bohnhoff, M. 203, *217*.
Bohonos, N. 166, *206*.
Bohr, N. 485, 514, *532*.

Bohrer, J. G. 817, *858*.
Bolle, P. 639, *665*.
Bonetti, G. 155, *225*.
Bonner, D. M. 194, 198, *206, 224, 228*.
— J. 153, 157, *206*.
Boord, C. E. 817, *860*.
Booser, E. R. 839, *864*.
Borg, W. A. J. 155.
Borodin, J. 552, *595*.
Borries, B. v. 63, 72, 73, *88*.
Borrow, G. M. 847, *874*.
Bosch, C. 455, *475*.
Boss, N. L. 160, 196, 202, 203, *222*.
Bosschieter, G. 377, *306*.
Bot, G. M. *591*.
Bouchery, J. 838, *873*.
Bourion, F. 302, *306*.
Bovarnick, M. R. 164, 193, *206, 210*.
Bovey, L. F. H. 766, 802, *858*.
Bowden, J. P. 192, *206*.
Bowman, H. M. 854, *875*.
— R. S. 846, *858*.
Boyd, R. J. 789, *858*.
— W. L. 191, 192, *215*.
Bradford, B. W. 810, *858*.
Bradley, C. A. 771, *877*.
— W. F. 136, *143*.
Bräutigam, M. 450, *475*.
Branchen 645, *668*.
Brandenberger, E. 298, 299, *306*, 730, *751*.
Brandes, G. 799, 818, 850, *858, 868*.
Brandt, G. A. R. 614, *618*.
Brasseur, H. 695, 714, *751*.
Brattain, R. R. 772, 776, 814, 820, 823, 838, 841, *852*, 853, 855, *858, 872*, 877.
— W. H. 766, *857*.
Brauer, G. 672, *751*.
Braun, V. J. 350, *373*.
— W. G. 839, *864*.
Braunstein, A. Je. *206*.
Brdička, R. 265, 266, *270*.
Breitner, St. 563, 565, *597*, *598, 599*.
Brentano, J. C. M. 431, *439*.
Breusch, F. L. *206*.

Brewer, L. 492, 493, 500, 505, *532*.
Brice, B. A. 15, 16, 47, 48, 49, 50, *51*.
Bridgewater, A. 198, *211*.
Brindley, G. W. 725, 737, 738, *751*.
Briner, E. 639, *665*.
Brinkman, H. C. 14, 21, *51*.
Brintzinger *665*.
Brockway, L. O. 775, *858*.
Brodersen, K. 620, 628, *666*.
Brody, B. B. 500, 501, 503, *531*.
Brönstedt, I. N. 459, 466, *475*, 660.
Brötz, W. 345, *373*.
Broich, F. *597*.
Bromley, L. 492, 493, 500, 505, *532*.
Brooks, R. E. 321, 322, 324, 333, 348, 349, 355, 364, 365, 368, 369, *371, 372, 373, 374*.
Broquist, H. P. 152, 167, 191, *206, 225, 226*.
Brosteaux, J. 2, 11, 14, 16, 45, *54*.
Brouissiére, G. 517, *532*.
Brown, A. 16, 25, 26, 43, *54, 55*.
— G. M. 180, 181, *206*, 774, *875*.
— H. F. 640, *666*.
— J. K. 800, 801, *858*.
Bruce *52*.
Brueckner, A. H. 198, *206*.
Brügel, W. 760, 763, 765, *858*.
Brunauer 328.
Bruner, L. 774, 788, 818, *870*.
— W. M. 321, 324, 333, 349, 364, 365, 369, *371*.
Bruns, B. 230, 234, *271*.
Bryant, K. C. 818, *877*.
Bub, K. 567, *600*.
Bucher, H. 703, 706, 707, 717, 720, *753*.
Buchman, E. R. 153, 157, *206*.
Buckley, F. 247, *271*.

Budka, M. J. E. 14, 25, *51*.
Bueche, A. M. 49.
Bücher, T. 14, 16, *51*.
Bückmann, H. 295, *307*.
Bülbring, E. 175, *206*.
Büll, R. 275, *306*.
Bünning, E. 159, *206*.
Bürki, H. 139, *143*, 689, 707, 724, 726, *751, 753*.
Buffleb 372.
Buhs, R. P. 852, *877*.
Bullock, B. W. 832, *858*.
Bunge, St. C. 817, *878*.
Bunn, C. W. 808, *858*.
Burch, C. R. 762, *858*.
Burg, M. *859*.
Burge, R. E. 817, *856, 858*.
Burgeff, H. 150, *206*.
Burgess, J. S. 798, *858*.
Burk, D. 183, 185, 189, 190, 192, *205, 207, 210*.
— O. W. 853, *858*.
— R. E. 817, *857*.
Burkholder, P. R. 157, 160, 166, *207*.
Burnley, D. E. 324, 338, 357, *371*.
Burns, R. M. 328, *372*.
— W. G. 765, 773, 775, 784, 790, 797, *857*.
Burris, R. H. 190, *214*.
Burström, D. 185, *218*.
Burton, C. I. 83, *88*.
— P. C. 396, 398, 399, 400, 408, 409, 410, 420, *439, 440*.
— W. R. 842, *873*.
Buser, H. W. 298, 299, 300, *306, 307*, 698, 730, 735, 736, *753*.
— W. 688, 736, *751*.
Buston, H. W. 202, 203, *207*.
Butenandt, A. 194, *207*.
Butler, B. 167, *216*.
Du Buy, H. G. *591*.
Byers, L. W. 203, *220*.

Cabannes, J. 2, 6, 9, 10, 36, 46, 48, *51*.
Caglioti, V. 109, 110, 111, *143*.

Callandre, A. 155, *221*.
Calvin, M. 40, 45, *52*, 520, *534, 595*.
Cameron 645, *668*.
Camien, M. N. 169, *207*.
Campbell, D. H. 16, *51*.
— H. C. *859*.
Candler, C. 760, *858*.
Canning, W. C. 665, *666*.
Carlisle, C. H. 141, 142, *143*.
Carol, J. *858, 859*.
Carpenter, G. B. 799, *859*.
Carr, C. I. 6, 48, *51, 54*.
Carroll, B. H. 426, *443*.
Carson, D. B. 127, *145*.
Carter, G. K. 770, *859*.
— H. E. 203, 204, *215, 220*.
Cary, A. S. 827, *865*.
Casazza, A. 291, *309*.
Casman, E. P. 201, *207*.
Centner, K. 459, 460, *476*.
Cerecedo, L. R. 154, *209*.
Chadwick, J. 486.
Chaix 203.
Chambers, T. S. 839, *868*.
— V. G. 817, *873*.
Chancel, G. 455, 468, *475*.
Chandlee, G. C. 621, 630, 633, 639, *667, 669*.
Chapelle, J. *857*.
La Chapelle, T. J. 490, 491, 493, 494, 495, 497, 507, *534, 535*.
Chappell, W. 638, 650, 651, 660, *666*.
Chaudhuri, D. K. 199, *207*.
Cheldelin, V. H. 150, 177, 178, 179, 180, 181, 182, 198, *207, 212, 221*.
Cherrier, El. 820, *857*.
Chessik, J. J. 824, *856*.
Chevalier, P. 160, *207*.
Chopin, J. 197, *220*.
Chow, B. F. 586, *596*, 640, *666*.
Christian, W. 159, *226*.
Christiansen, C. 251, *271*.
— I. A. 460, 471, *475*.
Christman, J. F. 191, 192, *207, 215*.
Christoph, E. 445, *475*.
Church, J. M. 356, *373*.

Chydenius 653, *666*.
Cirilli, V. 299, *309*, 737, *755*.
Cirulis, A. 714, *752*.
Claassen, H. H. 774, 777, 788, 818, *859, 870*.
Clark, R. D. 818, *860*.
Clarke, W. F. 298, *310*.
Cleaves, A. P. 814, *864*.
Cleveland, F. F. 774, 775, *860, 862, 869, 874*.
Clews, C. I. B. 70, *91*.
Coblentz, W. W. 277, *306*.
Coggeshall, N. D. 760, 796, 813, 814, 843, 844, 845, 846, 853, *859, 872, 874*.
Cohen, A. 169. *207*.
— G. N. 180, 183, *207*.
— S. 172, *218*.
Cohen-Bazire, G. 180, 183, *207*.
Cohn, E. J. 14, 18, *51*.
Cole, A. R. H. 762, 785, 827, 841, *857, 859, 865*.
— J. O. 822, *861*.
Colefax, A. 459, 466, *475*.
Collet, A. 673, 703, 704, 705, 707, 717, 720, 724, *753*.
Collyer, M. L. 182, *227*.
Colson, A. 650, *666*.
Colthup, N. B. 825, *859*.
Comar, C. L. 546, *591, 608*.
Compton, A. N. *55*.
Conant, J. B. 557, 567, 569, 586, *595, 596*, 627, 639, 640, 645, *666*.
Concha, J. 649, *667*.
Condon, F. E. 817, *859*.
Confino, M. 203, *209*.
Connick, R. E. 497, 498, 499, 501, 502, 504, 506, 507, 516, *532*.
Conrad, M. *600*.
Conway, I. G. 510, *536*.
Cook, E. L. 713, *757*.
Coop, L. E. 775, *858*.
Cope, A. C. *859*.
Coppoc, W. J. 305, *310*.
Corey, R. B. 294, *306*.
Cori, C. F. 162, *219*.
— G. T. 162, *219*.
Cornu, M. 853, *859*.
Corse, J. 846, *865*.
Cosslett, V. E. 141, *143*.

Coulthard, C. E. 162, *207*.
Cowan, R. D. 789, *859*.
Craig, J. A. 180, 181, *206*.
Cram, D. J. *859*.
Cramer, F. 119, *143*.
Crane, C. 160, *216*.
— W. W. T. 511, *536*.
Cranston, J. A. 640, *666*.
Cravath, A. M. 841, 853, *858*.
Crawford, B. 773, *859*.
— B. L. 776, 789, 796, *859, 869*.
— F. W. 788, *870*.
Craxford, S. R. 346, *373*.
Creitz, E. C. 814, 820, 845, *859, 875*.
Cresson, E. L. 189, 191, 192, *227, 228*.
Cross, L. H. 813, 834, 853, *859, 860*.
— P. C. 768, 775, 787, 799, *856, 866, 870, 878*.
Crout, P. D. 841, *860*.
Cryder, D. S. 344, *373*.
Csábi, J. 178, *211*.
Cunningham, B. B. 501, 508, 509, 510, 511, *532, 534, 536*.
— C. W. 820, *870*.
Curd, F. H. S. 164, *207, 208*.
Curtius 626, *666*.
— Th. 445, 466, *475*.
Cury, A. 186, *225*.
Cutter jr., V. M. 203, *224*.
Cymerman, J. 823, *860*.
Czernotzky, A. 457, 460, 462, *479*.
Czerny, M. 760, 767, *860*.

Daane, A. H. *536*.
Daasch, L. W. 824, 831, 851, 854, *860*.
Dale, J. W. 614, *618*.
Daly, E. F. 761.
Dam, I. R. 499, 501, 504, *534*.
Dammann, E. 155, *208*.
Dandliker, W. B. 1, 33, 34, 40, 42, 45, *51, 52*.
Dangl, J. R. 760 810, 827, 830, *872*.

Daniels, F. 819, *857*.
Dannenberg, H. 820, *860*.
Dannenberg-von Dresler, D. 820, *860*.
Das, B. M. 454, *482*.
Dauben, W. G. 827, *860*.
David, W. E. 176, 177, *208*.
Davidson, A. W. 623, 627, 637, 645, 650, 651, 654, 659, 660, 665, *666*, *667*, *668*.
— N. R. 490, 492, 493, 499, 500, 501, 503, *531*, *532*, *533*.
— W. L. 276, *310*.
Davies, M. M. 850, *856*.
Davis, A. 774, *860*.
— B. D. 148, 196, 204, *208*.
— J. G. 150, *208*.
— M. I. 164, *207*.
Davy 127.
Dawson, J. K. 520, *532*.
Dean, J. A. 760, *878*.
Debot, R. 405, 419, 424, *441*.
Debus, A. 445, 446, 451, 452, 464, 469, *475*.
Debye, P. 2, 7, 17, 26, 28, 31, 37, 38, 39, 43, 48, 49, 51, *52*, 686.
— P. P. 47, 48, 51, *52*.
Decius, J. C. 772, *860*.
Deger, Th. E. 369, *374*.
Deines, O. v. 445, 450, 451, 452, 453, 456, 457, *475*.
Deiss, E. 292, *306*.
Deitz, V. 770, *870*.
Delwiche, E. A. 191, *208*.
Demmel 653, *666*.
Demöff, F. 450, 468, *475*.
Denk, G. 664, *668*, 704, 709, *752*.
Dennison, D. M. 767, 786, 787, *856*, *860*.
Derfer, J. M. 817, *860*.
Derksen, W. L. 766, *860*.
Destrée u. Co. 453, *475*.
Dewald W. 704, *752*.
Dewey, V. C. 152, 185, *212*.
Deželič, M. 571, *605*.
Dhar, N. R. 292, *309*.
Diacon, E. 455, 468, *475*.
Dibeler, H. V. 832, *860*.

Dickel, D. F. 192, *211*.
Dicken, D. M. 165, 189, *214*.
Dickey, F. P. 778, *867*.
Diczfalusy, E. 178, *211*.
Dieter, P. *606*.
Dietl, E. A. 586, *601*.
Dietz, E. M. 586, *595*, *596*.
Dinelli, D. *607*.
Dingle, J. H. 193, *224*.
Dinsmore, H. L. 833, *860*.
Dittmer, K. 186, 187, 189, *208*, *225*.
Dixon, I. S. 501, 502, 503, 504, *532*, *535*.
Dobriner, K. 802, 827, 853, *865*.
Dole, M. 637, *666*.
Donath, W. F. 149, *211*.
Donohue, I. 470, 472, *475*.
Dorendorf, H. 388, *439*.
Dorfman, A. 173, 189, 197, *208*, *213*.
Dornow, A. 154, *208*.
Dorough, G. *595*.
Dorrestein, R. *595*.
Doty, P. 1, 3, 9, 11, 27, 31, 35, 36, 37, 39, 43, 44, 46, *52*, *55*, *56*.
— P. M. 14, 16, 40, 44, *54*, *56*.
Doudoroff, M. 159, *208*.
Doutreligne, J. *591*.
Downing, J. R. 833, 854, *860*.
Drayton, L. G. 788, *863*.
Drekter, L. 186, *221*.
Drossbach, O. 455, 463, *476*.
Drost-Hansen, W. 460, *475*.
Drude, P. 621, *666*.
Druschel, M. L. 853, *877*.
Ducay, E. D. 188, *209*.
Duchesne, J. 832, *860*.
Dürrwächter, W. 281, 283, *308*.
Duggan, E. L. 832, *866*.
Dumas 630.
Dunn, A. F. 796, *878*.
— M. S. 169, *207*.
Dunstan 621, *666*.
Dupont, G. 343, *373*.
Durand, M. 640, *669*.
Durrant, H. G. 451, 456, 457, 470, *475*.

Duval, Cl. 278, *306*, 824, *860*, *861*, *871*.
Dyatkina, M. E. 791, *876*.
Dyer, E. 831, *875*.

Eakin, E. A. 187, *208*.
— R. E. 158, 165, 179, 187, 188, 189, *208*, *210*, *219*, *226*.
Eastcott, E. V. 147, 183, *208*, *214*.
Ebersberger, J. 580, *598*.
Ebert, L. 275, *306*.
Eckoldt, H. 586, *601*.
Eddy, C. R. *873*.
Edelhoch, H. 11, 16, 17, 19, 25, 26, 27, 29, 49, *52*, *53*.
Edgell, W. F. 777, *860*.
Edlbacher 545.
Edsall, J. T. 1, 11, 14, 16, 17, 18, 19, 25, 26, 27, 29, 35, 40, 44, 49, *51*, *52*, *53*.
Eggert, J. 379, 380, 381, 383, 404, 427, 430, 438, *438*, *439*, *440*.
Egle, K. 587, 588, *594*, *604*, 855, *861*.
Eichelberger, W. C. 621, 627, 633, 638, 639, *666*.
Eiduss, Ja. T. 347, *373*.
Eilbracht, H. 361, *374*.
Einerhand, J. 288, 289, 290, 291, 300, *308*, 734, *754*.
Einstein, A. 2, 8, 9, 42, *52*.
Eisgruber, H. 163, *224*.
Eitel, W. 75, 85, 86, *88*, 90.
Ellinger, P. 193, 196, *208*.
Elliott, A. 763, 808, 823, *861*.
Ellis, J. W. 805, 808, 809, *861*, *862*.
El-Sabban, M. Z. 774, *874*.
Elson, R. 517, *532*.
Elvehjem, C. A. 167, 186, 189, 191, 193, *209*, *214*, *219*, *221*.
Emde, F. 39, *53*.
Emeléus, H. J. 609, 612, 613, 614, *617*, *618*.
Emmet, P. H. 328, *372*.

Endell, J. 86, *88*.
— K. 86, *88*.
Endermann, F. *604*.
Enders, D. 177, *209*.
Endter, F. 67, 86, *88*, *89*.
Entel, J. 822, *861*.
Ephraim, F. 516, *533*.
Eppright, M. A. 169, 202, *209*, *226*.
Epstein, M. B. 818, *861*.
Erbacher, O. 275, *310*.
Erlenmeyer, H. 198, *209*.
Ernst, A. 855, *861*.
Errera, J. 277, *306*.
Ettlinger, M. G. 829, *861*.
Eucken, A. 132, 773, *861*.
— M. 471, *475*.
Euler, H. v. 155, 193, *209*.
Eusebi, A. J. 154, *209*.
Evans, A. 814, 853, *861*.
— C. H. 395, 399, 405, 406, 409, 411, 417, 418, 424, 425, *442*, *443*.
Ewart, R. H. 17, *52*, 639, *668*.
Ewens, R. V. G. 341, *372*.
Ewing, F. J. 277, *306*.
D'Eye, R. W. M. 517, *532*.
Eyring, L. 490, 508, *536*.

Fabian, J. M. 818, 824, *857*.
Faessler, A. 471, *475*.
Fajans, K. 381, *440*.
Falk, G. *272*.
Falla, L. 405, 424, *441*.
Farell, M. A. 165, *222*.
Farmer, E. H. *475*.
Farnell, G. C. 408, *440*.
Farrer, W. J. G. 427, *440*.
Fassel, V. A. 847, *878*.
Favre, J. 838, *873*.
Fehér, F. 303, 304, *309*, 472, *476*.
Feichtner, Ch. 78, *89*.
Feitknecht, W. 66, 74, 76, 77, 78, 79, *88*, *90*, 139, *143*, 285, 286, 287, 288, 291, 292, 293, 294, 295, 296, 297, 298, 299, 300, 301, 304, *306*, *307*, *309*, 670, 671, 672, 673, 674, 675, 676, 677, 678, 680,

681, 682, 683, 685, 686, 687, 688, 689, 695, 696, 697, 698, 701, 703, 704, 705, 706, 707, 709, 711, 712, 715, 716, 717, 718, 719, 720, 721, 722, 723, 724, 730, 732, 734, 735, 736, 737, 744, *751*, *752*, *753*, *754*, *755*.
Feld, G. W. 450, 451, 452, 464, 467, *481*.
— W. 455, 468, 469, *476*.
Feldmann, P. 383, *440*.
— U. 445, 448, 449, 453, *477*, *482*.
Fels, I. G. 180, *212*.
Fenske, M. R. 839, *864*.
Ferdinand, R. 175, *217*.
Fermi, E. *486*.
Fichmann, J. 302, *308*.
Fieger, E. A. 191, *226*.
Field, E. T. *859*.
— J. E. 822, *861*.
Fields, M. 814, *858*.
Figee, Th. 683, 706, 707, *756*.
Fildes, P. 196, *209*.
Filser, L. *597*.
Fink, H. 155, *209*.
Finkelstein, W. S. 651, *666*.
Finland, M. 193, *224*.
Fischer, E. H. 203, *209*.
— F. 314, 324, 344, 345, *370*, *371*, *372*, *373*.
— F. G. 551, 576, *596*.
— G. 676, 698, 703, 704, 716, 717, 720, *753*.
— H. 82, *89*, 538, 551, 556, 557, 558, 559, 560, 563, 564, 565, 566, 567, 568, 571, 572, 573, 574, 575, 576, 577, 578, 580, 582, 583, 584, 585, 586, 587, 588, 589, *596*, *597*, *598*, *599*, *600*, *601*, *602*, *603*, *604*.
— M. 556, 558, *608*.
— R. B. 73, *88*.
Fishman, M. M. 542, 548, *591*, *593*.
Fitzgerald, E. E. 150, *209*.
Fletcher, W. H. 789, *859*.
Flett, M. St. G. 821, 832, 847, *861*, *864*.

Flickinger, M. H. 160, *226*.
Flinn, B. C. 186, *205*.
Flint, E. P. 299, *307*.
Flower, D. 186, *221*.
Flückiger, H. 703, 707, 720, *754*.
Flückiger-Rychener, E. 707, *754*.
Flügge, S. 526, 527, *533*.
Fluss, W. 445, *479*.
Flynn, R. M. 180, *218*.
Foerster, F. 451, 453, 455, 456, 457, 459, 460, 463, 466, 467, *476*.
— Fr. 290, 291, *307*.
Foley, H. M. 767, 796, *861*.
Folkers, K. 192, 203, *214*, *227*.
Fontaine, M. 159, 171, *210*, *220*.
— T. D. 825, *856*.
Forchhammer, M. 455, *476*.
De Forcrand 127.
Fordham, St. 304, *307*.
Fordos, J. 445, 454, 464, 467, *476*.
Foresti, B. 462, *476*.
Foret, J. 735, *754*.
Forsén, L. 299, *307*, 553, 556, 576, *608*, 730, *754*.
Forster, O. 167, *212*.
Forziati, F. H. 835, *861*.
Foss, O. 445, 449, 460, 461, 462, 464, 466, 467, 468, 469, 470, 471, 472, *476*, *477*.
Foster, J. W. 161, 169, *209*, *224*.
Fournet, G. 39, *52*.
Fowler, R. G. 760, 827, 830, *872*.
Fox, J. J. 834, *861*.
Fraenkel-Conrat, H. L. 188, *209*.
Francel, R. J. 773, 788, 789, 806, 821, *861*, *863*, *876*.
Francis, S. A. 814, 817, 842, *861*.
Franck, J. 427, *440*, 595.
Francke 653, *666*.
Frank, A. 517, *533*.
— R. L. 818, *861*.

Frankenburg, W. G. 328, 332, 345, 362, *372*, *373*.
Franklin 377.
— E. C. 619, 628, *666*.
— J. L. 774, *861*.
Franzen 626, *666*.
Fraser, A. D. B. 777, *872*.
Fred, M. 839, *861*.
Fredenhagen, K. 619, *666*.
Freeman, N. K. 821, 827, *860*, *861*.
French, C. S. 548, 549, 588, *591*, *592*, *595*.
Frenkel, J. 375, 392, 393, 431, *438*, *440*, 802, *861*.
Freudenberg, K. 119, *143*, 828, *862*.
Frey, Ch. N. 155, 165, *222*.
Freyman, R. 760, 824, *861*, *862*.
Frey-Wyssling, A. 541, *592*, *595*.
Fricke, R. 78, 80, *89*, *91*, 273, 274, 275, 276, 279, 280, 281, 282, 283, 284, 291, 295, 305, *307*, *308*, *309*.
Fried, S. 490, 492, 493, 500, 508, 509, 517, *532*, *533*.
Friedberg, F. 832, *862*.
Friedel, R. A. 820, 854, *862*.
Friedman, L. 772, *857*.
— W. M. 453, 454, *481*.
Fries, N. 159, 166, 185, 202, *209*.
Friess, H. 84, *89*.
— S. L. 820, *875*.
Fritsch, A. 461, *479*.
Fritz, J. S. *666*.
Fritzius, C. P. 277, *305*.
Fritzsche, H. *607*.
Frolich, K. 344, *373*.
Fromageot, C. 203, *209*.
Fromm, E. 464, *477*.
Frondel, C. 711, 716, *754*.
Frumkin, A. 230, 231, 234, 241, 243, 244, 245, *271*.
Fry, D. L. 852, *862*.
Fuchs, E. 446, *480*.
Fürst, A. 827, *859*.
Fürstenau, E. 458, *479*.
Funk, H. 650, 651, 652, 653, *666*.

Fuoss, R. F. 637, *667*.
Furchgott, R. F. 827, *862*.
Furman, C. 169, 171, *211*.
Fuson, N. 760, 823, 827, 830, 850, *862*, *865*, *872*.

Gademann, H. *601*.
Gäumann, A. 703, 714, *754*.
Gale, P. H. 832, *871*.
Galland 135.
Ganz, E. 762, *862*, *879*.
Gardner, I. A. 626, *666*.
Garhart, M. D. 854, *862*.
Gaunt, J. 850, *856*.
Gebhardt, H. 454, *480*, *597*.
Geer, H. A. 651, *666*.
Geffcken, W. 25, *52*.
Geiger, Ch. 158, *227*.
Geisel, E. 459, *481*.
Geitner, C. 455, *477*.
Gélis, A. 445, 454, 464, 467, *476*.
Georg, L. K. 193, *209*.
Gerber, M. 297, 298, 300, *306*, 689, 730, 736, *753*.
— W. 681, 689, 701, 703, 705, 707, 709, 720, *753*, *754*.
Gergel, M. V. 497, *535*.
Gerischer, W. 203, *220*.
Gerner, F. 582, 583, 584, 585, 586, *601*, *602*.
Gevantman, L. H. 499, 504, 507, *533*.
Ghiorso, A. 488, 512, 513, 527, 528, 530, *531*, *533*, *535*, *536*.
Giacomello, G. 108, 109, 110, 111, 113, 114, *143*, *144*.
Gibian, H. 574, 580, 581, 582, 586, *601*.
Gieseking, J. E. 135, *144*.
Giguère, P. A. 799, *862*.
Gil, J. C. *477*.
Gil-Av, E. *857*.
Gilbert, A. D. 831, *862*.
Gilles, P. W. 492, 493, 500, 505, *532*.
Gilmann, T. S. 49, *51*.
Gina, M. 653, *666*.
Gingrich, W. 200, *210*, *221*.
Gizycki, I. v. 68, *89*.

Glasstone, S. 773, *862*.
Glatt, L. 808, 809, *862*.
Gleim, W. *599*.
Glemser, O. 273, 274, 275, 276, 288, 289, 290, 291, 293, 300, 302, 303, 304, *308*, 698, 734, *754*.
Glockler, G. 771, 787, *862*.
Go, Y. 109, *144*.
Godnev, T. *592*.
Goebel, A. 447, *479*.
— S. 573, *599*.
Goehring, M. 447, 448, 449, 450, 451, 452, 453, 455, 459, 460, 464, 465, 466, 467, 468, 470, 471, 472, *475*, *477*, *482*.
Gölz, E. 83, *88*.
Görlich, P. 766, *862*.
Götte, H. 495, *533*.
Golay, M. J. E. 766, *863*.
Goldbach, E. 459, 469, *479*.
Goldberg, A. 108, *145*.
— R. J. 21, *53*.
Golden, P. L. 315, 327, 346, 363, *370*.
Golding, J. 150, *208*.
Goldschmidt, E. *668*.
— V. M. 283, 485, 521, *533*, 739, 740, *754*.
Goldstein, A. 203, *207*.
— J. H. 772, 775, *873*, *878*.
Goodeve, C. F. 302, *308*.
Goodyear, J. 725, *751*.
Gordon, M. 179, *210*.
— R. R. 841, *863*.
Gordy, W. 771, *863*.
Gore, R. C. 760, 814, 832, *863*.
— R. E. 760, *857*.
Gorjatschenkowa, Je. W. *206*.
Gorthe, E. *666*.
Gotthardt, E. 85, *88*.
Gottschaldt, W. 586, *597*.
Goubeau, J. 812, 819, 827, *863*.
Grady, H. R. 787, *866*.
Granick, S. 539, 540, 549, *592*, *603*.
Grassl, J. 574, *599*.
Grassmann, H. 445, 450, 451, 452, 453, *475*.

Gray, V. R. *856*.
Grebe, W. 855, *865*.
Green, M. N. 175, 196, *222*.
Greenwood, N. N. 609, *617*.
Greib, E. 178, *219*.
Grenko, J. D. 705, 706, *755*.
Gresham, W. F. 321, 322, 324, 333, 348, 349, 355, 364, 365, 368, 369, *371, 372, 373, 374*.
Griffith, N. E. 823, 825, *866*.
— R. H. 345, *373*.
— R. L. 435, *439*.
Grigsby, W. E. 348, *373*.
Grimaux *666*.
Grinberg, A. A. 467, 471, *477*.
Griswold, E. 650, 651, 660, 665, *666*.
Gröger, M. 676, 704, *754*.
Gross 621, *667*.
Grosse, A. V. 820, *864*.
Grube, G. 62, *89*.
Gruen, D. M. 491, 522, *533, 534*, 821, *856*.
Günther, P. 430, *440*.
Günzler, H. 820, 846, 850, *863*.
Guggemos, H. *600*.
Guilliermond, A. 159, 171, *210*.
Guilloud, M. 160, 202, *222*.
Guinier, A. 38, 39, *52*.
Guirard, B. M. 167, 169, 174, 179, 180, 191, *210, 215, 223, 225*.
Gunness, M. 167, 189, *224*.
Gunsalus, I. C. 167, 170, 171, 196, *205, 210, 215, 225, 227*.
Gunthard, Hs. H. 827, *859*.
Gurney, R. W. 383, 386, 387, 388, 390, 392, 395, 405, 409, 411, 417, 418, 427, 435, 437, *440, 442*.
Gutbier, A. 301, *308*, 458, *477*.
Guter, M. 126, *144*.
Gutmann, A. 461, 464, 470, *477, 478*.
— V. 609, *617*.
Gutowsky, H. S. 787, 789, *863*.

Guy, J. 821, *856*.
Gwinn, W. D. 800, *877*.
Gwinner, E. 78, *89*.
György, P. 159, 165, 183, 186, 192, *206, 208, 210, 214*.

Haardick, H. 72, *89*.
Haas, E. 164, *210*.
Haase, 424.
Haber, F. 458, *478*.
— H. 621, *667*.
Hadamard 244.
Häberli, E. 672, 676, 685, 698, 717, 720, *753*.
Hägg, G. 692, *754*.
Haenel-Immendörfer, I. 3, *55*.
Haenni, E. O. *859*.
Häuber, H. 338, *372*.
Hageman, F. 500, 501, 503, *531, 532, 533*.
Hagen, W. 338, *372*.
Hagenbach, A. 550, 573, *603*.
Hagert, W. *597, 598*.
Hagisawa, H. 462, 463, *478*.
Hague, E. 187, 189, *225*.
Hahn, O. 295, *307*, 486, 495, *533, 536*.
Hainer, R. M. 768, 787, 834, *866*.
Haïssinsky, M. 517, 524, *532, 533*.
Halasz, A. 319, *371*.
Hale, F. 167, *216*.
Hales, J. L. 854, *863*.
Halford, R. S. 762, 763, 796, 799, 804, 805, *859, 863, 866, 870, 874*.
Hall, C. C. 333, *372*.
— C. E. 72, *89*, 382, *440*.
— H. J. 827, *863*.
— M. B. 763, *863*.
— N. F. 626, 627, 639, 640, 644, 645, 648, 653, *666, 667*.
Hallama, R. 408, *440*.
Hallett, L. T. *863*.
Halverson, F. 773, 788, 789, 806, *863*.
Halwer, M. 15, 16, 47, 48, 49, 50, *51, 52*.

Hamaker, J. W. 498, *533*.
Hamilton, J. G. 530, *535*.
Hammerschmidt, E. G. 127, *144*.
Hammet 639, *667*.
Hampton, R. R. 821, 833, *863*.
Hans, W. 240, 252, *271*.
Hansen, Ch. J. 453, 458, 464, 469, 472, *478*.
Hanson, A. E. *591, 592*.
Hantzsch, A. 624, 625, 628, *667*.
Haraldsen, H. 520, *533*.
Harborth, G. 3, *55*.
Hardebol, J. 855, *869*.
Harden, A. 192, *210*.
Hardy, A. C. 840, *863*.
Harp, W. R. 788, *863*.
Harper, M. J. 427, *440*.
Harple, St. 821, 827, *863*.
Harris, L. J. 165, *206*, 648, *667*.
— P. M. 794, *863*.
— St. A. 154, *226*.
Harrison, G. R. 760, *863*.
— K. 175, *210*.
Hart, W. R. 191, *205*.
Hartelius, V. 177, 179, *210, 218*.
Hartmann, A. 361, *374*.
Hartree, E. F. 162, *212*.
Hartwell, E. J. 820, *864*.
Harvey, B. G. 502, 503, 504, 505, 507, *533*.
Hasenkamp, J. 568, 588, *598, 599*.
Haskins, F. A. 194, 197, *210, 219*.
Hass, G. 61, 71, 81, *89*.
Hasson, M. M. 14, 25, *51*.
Hast, N. 61, 89.
Hastings, S. H. 813, 853, 854, *864, 874, 878*.
Haszeldine, R. N. 609, 612, 613, 614, *618*.
Hatch, L. F. 817, *864*.
Hathway, D. E. 847, *864*.
Haufe, E. 455, *476*.
Hauptschein, M. 820, *864*.
Hautot, A. 378, 404, 405, 418, 423, 424, 430, *440, 441*.

Hawk, C. O. 315, 327, 346, 363, *370*.
Hayek, E. 517, *533*, 673, 705, *754*.
Haymond, H. R. 530, *535*.
Hays, G. E. 320, *371*.
Heal, H. G. 502, 503, 504, 505, 507, *533*.
Hecht, H. 672, *755*.
— K. 385, *440*.
Heckmaier, J. 574, *597*, *598*.
Hedvall, J. A. 679, *755*.
Heering, H. 68, *89*.
Heether, M. R. 822, 854, *875*, *876*.
Heidenreich, R. D. 65, 70, *89*.
Heigl, J. J. 853, *864*.
Heimberger, W. 828, *862*.
Heimbrecht, M. M. 515, *533*.
Hein, F. 741, *755*.
Heinze, E. 452, 458, 464, *478*.
Heitz, E. 539, *592*.
Helberger, H. 557, 558, 576, 580, *596*, *597*.
Helbing, W. 464, 465, 466, 467, 468, *477*.
Held, F. 297, *306*, 675, 689, 698, 703, 705, 721, 722, 723, 732, 734, 735, *753*.
Hell 623, *667*.
Heller, W. 35, *52*.
Hellermann, L. 164, *210*.
Helmholtz 231.
Helmholz, L. 711, *755*.
Henderson, L. N. 194, *210*.
Hendricks, S. B. 109, 135, *144*, 725, *755*.
Hendschel, A. *598*, *602*.
Henkel, F. 445, 466, *475*.
Hennaut-Roland 621, *668*.
Herald, A. E. 853, *877*.
Herb, H. 459, *477*.
Hergert, H. L. 828, *864*.
Herling, F. 802, 827, *865*.
Herman, R. C. 832, *864*, *875*.
Hermann, C. 95, 102, 104.
Hermans, J. J. 14, 21, 29, *51*, *52*.
Herrle, K. 580, 586, *599*, *600*.

Herrlein, F. 557, *606*.
Hersh, R. E. 839, *864*.
Hertzmann, I. *668*.
Herzberg, G. 760, 765, 767, 768, 771, 773, 774, 775, 776, 778, 779, 781, 784, 797, *857*, *864*.
— L. 774, 779, *864*.
Hess, B. 431, *440*.
— K. *666*, *667*.
— R. *602*.
Heston, B. O. 640, *666*.
Hettner, G. 787, *864*.
Heuberger, M. *756*.
Heusler, K. 827, *879*.
Hevér, D. B. 589, *601*.
Hey, M. H. 298, *310*, 736, *756*.
Heyns, K. 168, *210*.
Heyrovský, J. 229, 230, 234, 238, 240, 263, 265, *271*.
Heyrowský 640, 648, *668*.
Hibbard, R. R. 814, 853, *861*, *864*.
Hieber, W. 325, 326, 330, 331, 332, 341, *371*, *372*, 515, *531*, *533*.
Higgins, H. 174, *218*.
Higuchi 649, *667*.
Hillier, 71, *91*.
Hills, G. M. 155, 173, *210*.
Hilmer, H. *602*.
Hilsch, R. 387, 388, 389, 416, 435, *440*.
Hilty, W. W. 832, *868*.
Hindman, J. C. 490, 491, 493, 494, 495, 497, 501, 502, 503, 504, *534*, *535*, *536*.
Hirschmann, H. 827, *864*.
Hlasko, M. 625, 637, *667*.
Hoard, J. L. 705, 706, *755*.
Hocheder, F. *607*.
Hockenhull, D. J. D. 178, *211*.
Hockstra, J. W. 639, *665*.
Höfelmann, H. 571, 589, *602*.
Högberg, B. 193, *209*.
Höper, W. 68, *89*.
Hoerlin, H. 430, *441*.
Hoff-Jörgensen, E. 180, *226*.

Hoffhine jr., Ch. E. 203, *214*.
Hoffmann, L. G. 844, *864*.
— R. E. 798, *864*.
Hofmann, H.-J. *599*, *602*.
— K. 186, 189, 191, 192, 198, *205*, *211*, *225*.
— K. A. 126.
— U. 67, 68, 69, 86, *88*, *89*, *90*, 134, 284, 288, *308*, 693, *755*.
Hofman-Bang, N. 462, *478*.
Hogness, T. R. 210.
Holden, J. T. 169, 171, *211*.
— R. B. 798, *864*.
Holm, M. M. 337, 348, 362, 363, *371*.
Holst, G. *478*.
— R. 67, 69, *89*, *90*.
Holt, A. S. 549, *592*.
Hood, D. W. 169, *221*.
Hoover, S. R. 185, *205*.
Hopfgartner, K. 629, *667*.
Hopfield, H. S. 832, *864*.
Hopkins jr., H. H. 498, *534*.
Hoppe, W. 277, *308*.
Horecker, B. L. *210*.
Hormuth, R. *592*.
Hornbeck, G. A. 832, *858*, *864*.
Hornig, A. 446, 451, 460, 463, 467, *476*, *478*.
— D. F. 797, 798, 799, 802, 805, *864*, *868*, *878*.
Horns, K. v. 660, *666*.
Hottle, G. A. 165, *219*.
Houghton, H. G. 33, *55*.
Houlahan, M. B. 160, 194, *214*, *217*.
Howard, H. C. 822, *861*.
Howland jr., J. J. 501, 520, *534*.
Hoyer, H. 844, 847, *864*.
Hrostowski, H. J. 798, *865*.
Huang, K. 388, *441*.
Huber, K. 63, 82, *89*, *91*.
Hubert, B. *592*.
Hückel, W. 341, *373*, 737, *755*, 847, *865*.
Hüni, E. *607*.
Hüttig, G. F. 273, 274, 275, 276, 279, 280, 287, 302,

304, *307*, *308*, 328, 329, *372*.
Huffman 344.
Hufman, H. M. 800, *875*.
Hug, E. *607*.
Huggins 808.
— M. L. 375, 430, *441*.
Hughes, D. E. 201, *216*.
— E. B. 150, *209*.
— jr., W. L. 29, *53*.
Hugi-Carmes, L. 677, 703, 704, 707, 709, *755*.
Huizenga, I. R. 496, *534*.
Hulet, E. K. 529, *531*, *535*.
Hull, R. 164, *211*.
Humme, H. 279, *307*.
Hummel, G. *596*.
Humphries, R. 802, 827, *865*.
Hunger, J. 65, *91*.
Hunsberger, I. M. 824, 829, *856*, *865*.
Hunt, C. M. 835, *874*.
Hunter, M. J. 824, *879*.
Huntress, E. H. 107, *144*.
Huntsman, W. D. 818, *871*.
Hurd, Ch. D. 823, *865*.
— C. O. 774, *876*.
Husemann, E. 87, *89*.
Hutchings, B. L. 159, 165, 166, 172, 178, *206*, *211*, *227*.
Hutchinson, A. W. 621, 630, 633, 639, *667*, *669*.
Hyde, E. K. 500, 501, *532*.
— J. F. 567, 586, *595*.
— W. L. 764, *865*.

Iball, J. 135, *144*.
Ibbitson, D. A. 120, 121, *143*.
Idler, D. R. 827, *865*.
I. G.-Farbenindustrie, Frankfurt a. M. 453, *478*.
Ilkovič, D. 230, 242, 247, *271*.
Imobersteg, U. 688, *751*.
Ingold 773, *865*.
Ingraham, L. 846, *865*.
Ipatieff, V. N. 818, *871*.
Irving, A. A. *593*.

Iscimenler, E. *606*.
Isgaryschew, N. 640, *667*.
Ishikawa, F. 462, 463, *478*.
Isler, M. *607*, *608*.
Ismailow, N. A. 644, 645, *668*.
Ivánovics, G. 172, 178, 179, 188, *211*.
Ivanow, I. A. 457, *479*.
Iverson, W. P. 203, *211*.

Jacob, A. 86, *89*.
Jacob, E. 546, *593*.
Jacobs, S. E. 203, *207*.
Jacoby, W. R. 838, *869*.
Jacquier, R. 155, *225*.
Jäger, A. 855, *865*.
Jaffe, H. 841, *865*.
— J. H. 841, *865*.
Jahnke, E. 39, *53*.
James, R. A. 487, 488, 511, 512, 528, *533*, *536*.
— R. W. 116, *144*.
— T. H. 436, 438, *441*.
Jander, G. 619, 620, 621, 628, 630, 637, 640, *667*.
Janickis, J. 451, 453, 457, *478*.
Jansen, B. C. P. 149, *211*.
— J. E. 831, *866*.
Jasmund, K. 738, *755*.
Jellinek, K. 445, *478*.
Jofa, S. *271*.
Johansen, G. 179, *218*.
Johns, I. B. *536*.
Johnson, D. R. 827, *865*.
— G. L. 497, *534*.
— I. 32, 42, *53*.
— J. L. 814, *863*.
— M. J. 152, *225*.
— O. *536*.
Johnston, H. L. 798, *864*.
— M. R. 160, *226*.
— R. W. B. 853, *865*.
— Earl S. *595*.
Jones 622, 626, *667*, *668*.
— A. V. 807, *876*.
— E. J. 828, *865*.
— F. E. 299, *308*, 735, *755*.
— L. C. 838, 852, *858*.
— L. H. 790, 827, *865*.
— R. N. 802, 821, 827, 853, *865*, *875*.

Jordan, W. K. 40, *53*.
Josephy, E. 456, 464, 467, *478*, *479*.
Josien, M. L. 823, 827, 850, *862*, *865*.
Joslyn, M. A. *603*.
Jost, W. 392, *441*.
Jung, F. 165, *218*.
Just, F. 155, *209*.

Kabanow, B. N. 230, 238, 241, 245, 249, *270*, *271*, *272*.
Kaelin, A. *668*.
Kahn, S. 108, *145*.
Kahr, K. 586, *599*, *600*.
Kalishevich, S. V. *592*.
Kaloumenos, H. W. 455, *477*.
Kamen, M. D. 149, *212*.
Kamerling, S. E. 586, *595*, *596*.
Kanngiesser, W. 559, 577, 578, *600*.
Kantor, M. 280, *308*.
Kaplan, L. D. 827, *866*.
— N. O. 174, 180, 202, *207*, *215*, *218*.
Karle, J. 500, 501, 503, *531*.
Karplus, R. 814, *858*.
Karrer, P. 155, 156, 164, 167, 168, 193, *209*, *212*, *225*.
Kasai, G. J. 197, 199, *213*.
Kasha, M. 497, 501, 502, 504, 505, 506, 516, *532*, *534*.
Kassler, R. 287, *308*, 328, 329, *372*.
Katz, D. L. 127, *145*.
— E. 404, 415, *441*, 548, *592*, *595*.
— J. J. 491, 500, 501, 503, 522, *531*, *532*, *533*, *534*.
Katzenellenbogen, E. 827, *865*.
Kauer, K. C. 851, 854, *866*.
Kaufman, H. S. 11, *52*.
Kaufmann, M. 460, 463, 464, 466, 467, 469, *479*.
Kausche, G. A. 72, 73, *88*.
Kautsky, H. *592*.

Kearny, E. B. 165, *223*.
Kehler, H. 61, 81, *89*.
Kehm, N. 204, *215*.
Kehres, P. W. 847, *878*.
Keil, W. 175, *212*.
Keilin, D. 162, *212*.
Keir, D. S. 827, 853, *865*.
Keller, G. 291, *307*, *308*, 701, 703, 734, *754*, *755*.
— I. M. 404, 424, *441*.
— W. F. 804, *866*.
Kellermann, H. 559, 569, 571, 578, 580, 586, *599*, *602*.
Kelmy, M. 653, *668*.
Kempcke, E. 86, *89*.
Kempter, H. 844, *866*.
Kendall, J. 621, 623, 625, *667*.
Kennedy, J. W. 487, *534*, *536*.
Kent, J. W. 839, 853, *866*.
Kenyon, A. S. 33, *53*.
Kerker, M. 33, 35, 42, *53*.
Kerrigan, V. 609, 612, *618*.
Kessler 653, *669*.
— F. 454, *479*.
Ketelaar, J. A. A. 790, 833, 843, *866*, *874*.
Kett, R. *603*.
Keulemans, M. 312, 351, 353, 354, 355, 357, *370*.
Keunecke, E. *475*.
Kidd, J. 614, *618*.
Kidder, G. W. 152, 185, *212*.
Kiefer, H. 198, *209*.
Kienitz, H. 774, *874*.
Kieselbach, L. 234, 236, *272*.
Kiessling, W. 574, 587, *603*, *604*.
Kilpatrick, J. E. 776, 791, 794, *866*, *871*.
Kilpi, S. 621, 640, 645, *667*.
King, C. V. *479*.
— E. L. 503, *534*.
— G. W. 768, 787, 799, 834, *856*, *866*.
— R. L. *591*.
— T. E. 177, 178, 179, 180, 182, *212*.
Kingery, L. B. 158, 159, 172, *218*.

Kinkutt 623, *665*.
Kinnersley, H. W. 150, *219*.
Kinsman, R. L. 820, *864*.
Kirby, H. 178, *205*.
Kircheisen, E. 451, 453, *476*.
Kirk, P. L. 832, *866*.
Kirkwood, J. G. 21, *53*.
— S. 203, *212*.
Kirrmann, A. 640, *669*.
Kirseck, A. 68, *89*.
Kitawin, G. S. 160, *212*.
Kitay, E. 170, *213*.
Kitchen, L. J. 845, *874*.
Kitson, R. E. 823, 825, *866*.
Kittelberger, W. *755*.
Klaus, H. 619.
Klebs, G. 567, 586, *597*, *605*.
Klein 653, *668*.
— D. 450, *479*.
— P. 799, 814, *876*.
Kleindauer, W. 586, *601*.
Kleinschrod, F. G. 379, *438*, *439*, *440*.
Kleis, J. 817, *858*.
Klemm, W. 520, 524, *534*, *536*.
Klette, H. 69, 80, *91*.
Kletz, T. A. 820, *856*, *866*.
Klobbie, E. A. 274, *305*.
Klopfer, O. 341, 353, *372*, *373*.
Klotz, A. W. 172, *218*.
— I. M. 821, 823, *856*, *865*.
Klug, H. 416, 419, *438*.
Kluyver, J. C. 855, *869*.
Knapp, O. E. 854, *866*.
Knight, B. C. J. G. 147, 150, 192, *213*.
— H. B. 822, 854, *875*, *876*.
Knorr, H. V. *591*, *603*.
Koch, C. W. 498, *533*.
— E. 392, *441*.
— E. F. 839, *864*.
— H. *373*.
— H. P. 472, *479*, 818, 824, *857*.
— H. W. 72, *89*.
— S. D. 788, *863*.
— W. 459, *477*.
Kodicek, E. 199, *207*.
Kögelmann 383.
Kögl, F. 146, 155, 158, 183, 185, 202, *213*.

Koehler, J. S. 776, *879*.
— W. C. 522, *533*.
Koelbel, H. 345, *373*.
König 667.
— H. 59, 61, 62, *90*.
— O. 113, *145*.
Königer, M. 583, 584, 585 *601*, *602*.
Köppen, R. 305, *309*.
Körner, O. 305, *309*, *310*.
Körösy, F. 333, *372*.
Kohler, E. P. 831, *866*.
Kohlrausch, K. W. F. 767, 771, 804, 812, 820, *866*.
Kohlschütter, H. W. 66, 85, *90*.
— V. 74, *90*, 672, 675, 679, 682, *755*.
Kolkmeijer 284.
Kolthoff, I. M. 246, *271*, *272*, 625, 626, 627, *629*, 640, 653, *667*.
Kornberg, A. 162, 200, 201, *222*.
— H. A. 150, *207*.
Kornfeld, G. 419, 430, 438, *441*.
Kortüm, G. 796, *866*.
Koser, St. A. 173, 189, 193, 197, 199, *208*.
Koshland, D. E. 504, *534*.
Kostić, A. 155, *212*.
Kotowski 650, *667*.
Koydl, E. 546, *593*.
Kraft, R. 828, *862*.
Krakkay, T. v. 514.
Krampitz, L. O. 157, *213*.
Kratky, O. 108, 109, 114, *144*.
Kraus, K. A. 497, 499, 501, 502, 504, 506, 507, *533*, *534*, *535*.
Krause, A. 292, *308*.
— F. 63, *90*.
Krauskopf, E. J. 159, *213*.
Krauss, Ch. A. 637, *667*.
— G. *599*.
Kraut, H. 275, *310*.
— K. 708, *755*.
Krebs, H. A. 162, *205*.
Kreuzer, J. 766, *866*.
Krige 129.

Krishnan, R. S. 5, *53*, 798, *866*.
Krjukowa, T. A. 230, 238, 241, 243, 245, 246, 247, 249, *270*, *271*, *272*.
Kron, G. 770, *859*, *866*.
Krsek, G. 312, 319, 322, 327, 330, 334, 340, 349, 352, 364, 365, 367, 368, *370*, *371*.
Krueger, E. O. *878*.
Krüger, K. K. 186, *213*.
Kruissink, Ch. A. 203, *225*.
Kudzin, S. F. 828, *867*.
Kuehl jr., F. A. 203, *214*.
Küster, H. J. 546, *593*.
— W. 556, *603*.
Kuhn, H. H. 827, *859*.
— L. P. 846, *867*.
— R. 147, 153, 159, 163, 165, 166, 176, 177, 179, 181, 182, 198, *214*, *217*, 547, *592*.
Kuiken, K. A. 169, *216*.
Kummer, A. 707, 720, 733, *755*.
Kuratani, K. 775, 800, 801, *869*.
Kurtenacker, A. 444, 454, 456, 457, 458, 459, 460, 461, 462, 463, 464, 466, 467, 469, 470, *479*.
Kurth, E. F. 828, *864*.
Kurz, F. 82, *89*.
Kuthy, A. v. 108, *144*.
Kwantes, A. 312, 351, 353, 354, *370*.

Labanukrom, T. 672, 676, 681, 682, *755*.
Laborey, F. 159.
Lacher, J. R. 832, *867*.
Lagemann, R. T. 763, 778, *867*.
Lakatos, E. 566, *598*.
Lamanna, C. 199, *214*.
Lamb, M. A. 774, 817, *872*.
Lambrecht, R. 589, *602*.
Lampe, F. 854, *867*.
Landy, M. 165, 189, *214*.
Lane, J. 203, *215*.
— J. C. 332, *372*.
— R. L. 202, *214*.

Lane, T. *876*.
Langbein, W. 624, 625, 628, *667*.
Lange, E. *272*.
— F. 455, 463, *476*.
Langlois 445.
Lankelma, H. P. 817, *857*.
Lankford, Ch. E. 153, *214*.
Lanner, P. J. 818, *867*.
Lanning, W. Cl. 637, *667*.
Lardy, H. A. 189, 190, 191, *214*, *219*.
Larsen, A. 189, *224*.
Larson, G. P. 853, *868*.
Lash-Miller, W. 183, *214*.
László, G. *479*.
Latschinoff 107.
La Lau, C. 838, *867*.
Laubereau, O. 559, 578, 580, 581, *600*.
Lautenschlager, W. 565, *600*.
Lautsch, W. 574, 576, 583, 589, *599*, *600*.
Lavollay, J. 159, *214*.
Lawrence, R. W. 520, *535*.
Lecher, H. 447, *479*, *480*.
Lecomte, J. 278, *306*, 760, 805, 819, 824, 838, 839, *860*, *861*, *867*, *868*, *870*, *871*.
Leermakers, J. A. 426, *441*.
Lehfeldt, W. 385, 393, *441*.
Lehl 650, *667*.
— H. 279, 280, *309*.
Lehman, J. B. 799, *868*.
Lehmann, A. 665, *667*.
Lehrer, E. 761, 762, *867*.
Lein, J. 194, *214*, *217*.
Leiper, E. 665, *667*.
Lemaire, H. P. 777, *867*.
Lemons, I. F. 505, *535*.
Lengfeld, F. 447, *480*.
Lenormant, H. 823, 828, *867*.
Leonian, L. H. 186, *215*.
Lepeschkin, W. W. *592*.
Lepkovsky, S. 165, *215*.
Leschhorn, O. 580, 585, *599*.
Lescoeur 650, *667*.
Leuthäusser, E. 301, *308*.
Levering, D. R. 823, *867*.
Levine, R. *374*.
Lévy, R. 548, *595*.

Lewes, V. 451, 464, *480*.
Lewis, D. T. 621, *667*.
— J. R. 329, *372*.
— K. H. 199, *215*.
Lewitsch, W. 231, 241, 243, 244, 245, *271*.
Liang, G. Z. 774, *875*.
Libby, R. L. 198, *220*.
Lichstein, H. C. 167, 176, 177, 186, 191, 192, *205*, *206*, *207*, *208*, *215*.
Liddel, U. 760, *857*.
Lieber, E. 823, *867*.
Liebig, M. 146, *215*, *219*.
Liesche, O. 633, *665*.
Lilly, V. G. 186, *215*.
Lin, K. H. 583, 589, *600*.
Lindberg, O. 201, *213*.
Lindsay, A. 164, *210*.
Lingane, J. J. 242, 262, 265, *272*.
Linsley, H. S. G. 823, *858*.
Linz, R. 203, *215*.
Lipman, F. 155, 174, 180, 203, *215*, *218*, *219*, *224*.
Lippert, E. 760, 814, 842, 843, 850, *867*.
Lippincott, E. R. 777, 795, *868*.
Lister, M. W. 341, *372*.
Liston, M. D. 762, *878*.
Liu, L. H. 817, *858*.
Livingston, R. *603*.
— R. L. 777, *867*.
Locher, L. M. 180, *212*.
Locke, J. L. 796, *859*.
Löwenberg, K. 551, 576, *596*.
Löwenstamm 651, *668*.
Lofberg, R. T. 853, *868*.
Lofgren, N. L. 492, 493, 500, 505, *532*.
Lohman, E. 799, *868*.
Lohmann, K. 154, 155, 162, *215*, *225*.
Long, B. 187, 189, *225*.
Longsworth, L. G. 25, 26, 36, *54*, 188, 189, *227*.
Longuet-Higgins, H. C. 777, 793, *857*, *868*, *872*.
Lontie, R. 11, 16, 17, 19, 25, 26, 27, 29, 49, 50, 51, 52, 53.
Loo, Y. H. 204, *215*.

Loofbourow, J. R. 760, *863.*
Loofmann, H. 86, *89.*
Loomis, W. E. *595.*
Lord, R. C. 777, 791, 795, *868.*
— R. G. 760, *863, 868.*
Lossen, K. 301, *308.*
Lotmar, W. 10, 11, 36, 50, *53,* 286, 288, 300, *309,* 696, 697, 701, 717, 718, 719, 744, *754, 755.*
Louisfert, J. 805, 824, *868.*
Lourie, L. M. 175, *206.*
Loveland, R. P. 377, 381, 382, *442.*
Lovell, B. J. 164, *211.*
Loveridge, B. A. 242, *272.*
Lowan, A. 31.
Lubimenko, W. N. 539, 540, 541, 542, 546, 547, 548, *592, 595.*
Luck, W. 796, *866.*
Lüppo-Cramer 420, 421, 423, 424, *441.*
Lüttke, W. 825, 843, 848, *868, 869.*
Luft, F. 380, 402, 430, *438, 439, 441.*
— K. F. 762, 764, 832, *868.*
Luszczak, A. 838, *869.*
Luther, H. 758, 760, 766, 799, 818, 827, 838, *868,* 876.
Lwoff, A. 162, 192, 198, 200, 201, *215, 216.*
Lyman, C. M. 153, 155, 167, 169, *205, 211, 216.*
Lyon, L. L. 660, *668.*

Ma, R. 166, *220.*
Maass, G. 619, 622, 625, 627, 628, 629, 630, 632, 633, 641, 642, 643, 645, 650, 652, 654, 655, 656, 661, 665, *667.*
McAllister, W. H. 645, 650, *666.*
McBrady, J. J. *603.*
McCanlay, D. A. 818, *867.*
McCartney, J. R. 17, *52.*
McClellan, A. L. 799, 806, 818, *871.*
McConaghie, V. M. 783, *869.*

McCoy, E. 159, *213.*
McCubbin, R. J. 356, *373.*
— T. K. 767, *860.*
McDonald, R. S. 762, 777, 795, *868.*
— St. F. *600.*
McEwan, D. M. C. 136, 137, 139, 140, *144,* 726, 728, *752.*
McFarlane, A. S. 40.
McGee, P. R. *862.*
MacGillavy, D. *667.*
McGovern, J. J. 820, 854, *862.*
McIlwain, H. 160, 165, 181, 182, 198, 199, 200, 201, *216.*
McIntosh, D. 625, *667.*
McKay, A. F. 821, *865, 875.*
Mackenzie, J. E. 454, 461, *480.*
McKinney, D. S. 776, *879.*
Mackinney, G. *603, 607.*
McLamore, W. M. 827, *879.*
McLane, C. K. 501, 502, 503, 504, *535.*
McLean, D. 70, *91.*
McMahon, H. O. 834, *866.*
McMillan, E. 486, *535.*
— E. M. 487, *536.*
McMurdie, H. F. 298, *310.*
McMurry, H. L. 774, 788, 812, 818, 853, *870.*
McNutt, W. S. 170, *216.*
Maconachie, J. E. 183, *214.*
Macow, J. 148, 176, *222.*
McPhee, R. D. 853, *868.*
McReynolds, J. P. 450, *474.*
McRorie, R. A. 181, *217.*
McVeigh, I. 157, 166, *207.*
McVey, W. H. 497, 498, 499, 501, 502, 504, 516, *532.*
Madden, R. J. 193, *209.*
Maddock, A. G. 502, 503, 504, 505, 507, 517, *533, 535.*
Madinaveitia, J. 164, *216.*
Mädrich, O. 268.
Maetzig, K. 404, 424, *441.*
Mageli, O. L. 822, *869.*
Magers, W. W. 453, *480, 482.*

Maget, K. 78, 79, *88,* 674, 676, 677, 678, 682, 686, 689, 695, 701, 711, 714, 715, 716, 730, 732, *754, 755, 756.*
Magierkiewicz, S. 302, *308.*
Magnusson, L. B. 490, 491, 493, 494, 495, 496, 497, 507, *534, 535.*
Mahl, H. 63, 64, 69, 70, 81, 82, *90.*
Mailhe, A. 676, 730, *755.*
Mair, R. D. 797, 799, *868.*
Malquori, G. 299, *309,* 737, *755.*
Mandal 647, *667.*
Mann, J. 763, 806, 832, *868.*
— P. J. G. 201, *216.*
Mannes, L. 367, *374.*
Manning, W. M. *531,* 590, *603, 606.*
Mantell 127, *144.*
Manz, G. 350, *373.*
Marburg, E. C. 453, *480.*
Marder, P. P. 853, *868.*
Margenau, H. 796, *877.*
Marin, R. 325, *371.*
Mark, H. 3, 9, 12, *53,* 832, *868.*
Markgraf 621, *668.*
Markham, R. 141, *143, 144.*
Marnay, C. 197, *216.*
Marrel, C. S. 814, *868.*
Marriage, A. 420, 424, *439.*
Marrison, L. W. 854, *868.*
Marron, T. U. 839, *868.*
Marsh, M. M. 832, *868.*
Marshall, H. 454, 461, *480.*
— L. M. 832, *862.*
Martham, R. 87, *90.*
Marti, J. 675, *755.*
— W. 292, 293, 300, 304, *307.*
Martin, A. E. 834, *861.*
— F. 471, *480.*
— G. J. 171, *205.*
Marton 71, *91.*
Marx, Th. 295, *309.*
Masley, P. M. 181, *217.*
Mason, G. W. 497, *535.*
Matejka, K. 444, 445, 456, 457, *479.*
Matlack, G. 787, *862.*

Matossi, F. 760, 763, 796, *869, 874*.
Matson, H. J. 839, *864*.
Matthews, C. S. 774, *876*.
— E. 450, *480*.
— R. E. F. 141, *144*.
Mattick, A. T. R. 150, *208*.
Mattner, H. 85, *90*.
Mayer, E. W. *607, 608*.
— F. X. 838, *869*.
— R. L. 160, *216*.
Mayhall, M. 191, *205*.
Mayland, B. J. 320, *371*.
Mech, J. F. 497, *535*.
Mecke, R. 766, 767, 775, 811, 814, 836, 842, 843, 844, 848, 850, *866, 867, 869, 870*.
Medick, H. 568, *599*.
Meerwein, H. 651, *667*.
Meeuse, A. D. J. *592*.
Megaw, A. B. 701, *755*.
— H. D. 277, 294, 298, *306, 310*, 736, *756*.
Mehl, R. F. 70, *90*.
Meibohm, E. P. 794, *863*.
Meidinger, W. 382, 383, 406, 407, 408, 426, 429, *438, 440, 441*.
Meinecke, C. 461, *480*.
Meister, A. G. 774, 775, *860, 869, 874*.
Meitner, L. 486, *533*.
Mellon, M. G. 760, 764, *869, 871*.
Melsens, P. 650, *667*.
Melville, D. B. 183, 186, 189, 191, *208, 210, 217, 225*.
Mendelejeff, D. I. J. 470, *480*.
Mendelssohn, K. 406, *438, 441*.
Menke, W. 539, 546, *592, 593*.
Menschutkin, B. N. 651, *668*.
LaMer, V. K. 3, 31, 32, 33, 34, 35, 42, *53, 55*, 621, 627, 639, *666*.
Merka, A. *596*.
Merritt, L. L. 760, *878*.
Mesech, H. 619, *667*.

Mestre, H. 546, *593*.
Meth, H. *598*.
Metz, L. 462, 471, *480*.
Metzener, P. 590, *593, 603*.
Meuwsen, A. 447, 454, *480*.
Meyer, F. 639, *666*.
— J. 463, *480*.
— K. 189, *217*, 324, *371*.
— K. H. 810, *869*.
— R. J. 659, *668*.
Meyerhof, O. 154.
Meyrick, C. 823, *877*.
Mezener, M. 516, *533*.
Michaelis, R. 162, *207*.
Michalski, E. 625, *667*.
Mie, G. 31, 32, 33, 38, *53*.
Mieg, W. *607*.
Mikos, I. A. 827, *863*.
Mikusch, H. 708, *756*.
Milas, N. A. 822, *869*.
Milatz, J. M. W. 855, *869*.
Miles, G. L. 517, *535*.
Miller, C. H. 781, 786, *869*.
— C. Ph. 203.
— F. A. 762, 776, 788, 817, 824, *863, 868, 869, 879*.
— J. F. 530, *535*.
— S. I. *862*.
— T. G. 763, *867*.
Milligan, W. O. 279, 281, 287, 302, 304, 305, *308, 309, 310*, 713, *757*.
Milsom, D. 838, *869*.
Minkoff, G. J. *869*.
Minz, B. 180, 183, *207*.
Mirimanoff, A. 159, *217*.
Mitchell, H. K. 160, 181, 194, 197, *205, 210, 214, 217, 219*.
— J. W. 375, 389, 431, 432, 433, 437, *441, 442*.
— W. R. 189, *214*.
Mittasch, A. 313, 329, 344, 347, *373*.
Mittenzwei, H. 588, 589, *601, 602, 603*.
Mittermair, J. *601*.
Miyazawa, T. 801, *869*.
Mizushima, S. I. 775, 800, 801, *869*.
Moe, H. S. 854, *866*.
Möller, E. F. 146, 147, 150, 153, 158, 159, 163, 165,

166, 171, 172, 175, 177, 178, 179, 181, 182, 198, 199, 200, *214, 217, 218, 226*.
Moeller, T. 674, 683, *756*.
Moerger, E. 827, *860*.
Moissan 609.
Moldenhauer, O. 551, 559, *596, 597*.
Moles, E. 305, *309*.
Molisch, H. 550, 565, *603*.
Molitor, J. C. *859*.
Moll, Th. 152, 165, *218, 228*.
Molvig, H. 571, *605*.
Mommaerts, W. F. H. M. 40, 41, *54*, 547, *592, 593*.
Mommsen, E. Th. 451, 453, *476*.
Monahan, Th. I. 766, *860*.
Monath, E. 653, *666*.
Mondain-Monval, P. 288, *309*.
Mooney, R. C. L. 498, *535, 808, 869*.
Moore, G. E. 499, 504, *534, 535*.
Morawski, Th. 464, 467, 469, *482*.
More, H. R. 766, *857*.
Moré, J. 640, *669*.
Morel, M. 162, *215*.
Morgan, L. O. 487, 488, 511, 512, 528, *533, 536*.
Morino, Y. 775, 800, *869*.
Morrison, J. R. 798, *856*.
— K. C. 14, 25, *51*.
— P. R. 11, 16, 17, 19, 25, 26, 27, 29, 49, *52, 53*.
Mortimer, F. S. 819, *857*.
Mosby, W. L. 818, *869*.
Moseley, O. 167, *216*.
Mosher, W. A. 158, 159, 172, *218*.
Moskowitz, M. 40, 45, *52*.
Mott, N. F. 383, 386, 387, 388, 390, 392, 395, 405, 409, 411, 417, 418, 427, 435, 437, *440, 442*.
Moyer, E. Z. *593*.
— L. S. 542, 548, *591, 593*.
— W. W. 586, *595*.
Mühlethaler, K. 541, *592*.
Mühlhauser 623, *667*.

Müller, E. 660, *668*.
— E. W. 58, 87, *90*.
— F. 653, *668*.
— H. O. 65, 75, 84, *89, 90*.
— K. 580, 585, *599*, 710, 713, *756*.
— R. H. 766, *869*.
— V. 150, *222*.
Mueller, J. H. 172, 177, 187, 193, *218*.
Muller, M. J. A. 278, *309*.
Mulliken, R. S. 791, *869*.
Murovka, T. 462, *478*.
Murray, J. W. 770, *870*.
Mutschin, A. 463, 464, 467, *479*.
Mutter, E. 383, *442*.
Myers, G. S. 821, *875*.
— J. E. *595*.
Mylius, C. R. W. 735, *756*.

Nabl, A. 454, *480*.
Nadeau 645, *668*.
Näsänen, R. 674, 676, 685, 686, *756*.
Nagel, K. *272*.
— R. H. 337, 348, 362, *371*.
Natta, G. 291, *309*, 321, 327, 328, 329, 330, 332, 339, 340, 341, 346, 364, 368, *371, 372*.
Nattorf, R. W. *536*.
Naumowa, A. 633, *669*.
— A. St. 633, *668*.
Naves, Y. R. *868*.
Neal, A. L. 180, *218*.
Neilands, J. B. 174, *218*.
Neish, A. C. *593*.
Nelson, F. 497, *534*.
Nester, R. G. 763, *863*.
Neu, J. T. 791, *878*.
Neugebauer, T. 3, 39, *54*.
Neumann, B. 446, *480*.
Newell, J. E. 821, 833, *863*.
Newman, R. 763, 804, 805, *870*.
Newton, A. S. *536*.
Nicholson, D. L. 823, *877*.
— J. W. 36, *55*.
Nicolai, M. F. E. *593*.
Niederländer, K. 653, *666*.
Niel, C. B. van 588, *603*.

Nielsen, A. H. 774, 778, *867*, *879*.
— E. 791, *868*.
— H. H. 760, 779, 781, 782, 783, 787, *857, 869, 870*.
— J. R. 774, 788, 818, 820, *870, 875*.
— N. 177, 179, *210, 218*.
Niemer, H. *596*.
Nienburg, H. 338, 351, 354, 355, 357, *372, 373, 374*.
Niggli, P. 690, *756*.
Nikolaev, N. S. 452, *480*.
Nilsson, R. 185, *218*.
Niven jr., Ch. F. 150, 153, *218*.
Nixon, E. R. 775, *870*.
Noack, E. 446, 451, 458, *480*.
— K. 546, 574, 587, 588, *593, 603, 604*.
Noble, R. H. 787, *870*.
Noddack, W. 381, 404, *439*.
Nodiff, E. A. 820, *864*.
Noether, H. D. 773, *870*.
Nord, F. F. 155, *208*, 828, *867*.
Norrish, R. G. 421, *442*.
Novelli, G. D. *174*, 180, *215, 218*.
Nowacki, W. 710, 711, 712, 714, *756*.
Nowak, A. F. 160, *218*.
Nowosselski, J. S. 651, *666*.
Nüssler, L. *597, 598*.
Nusbaum, R. E. 852, *862*.
Nutting 16, *52*.
Nyc, J. F. 194, *205, 217, 219*.

Obrecht, E. *870*.
Ochoa, S. 162, 174, *219, 224*.
O'Connor, R. T. *859*.
Odén, S. 456, *480*.
O'Donell, M. J. 765, *876*.
Oesper 626, *667*.
Oestreicher, A. 574, 580, 583, 588, *600, 601, 602, 604*.
Oetjen, R. A. 760, 761, *870*.
Ogg, R. A. 787, 796, *870, 879*.
Oginsky, E. L. 203, *219*.

Ohdake 165, *219*.
Olin, J. F. 369, *374*.
Oliver, G. D. 820, *870*.
Olsen, G. G. 832, *867*.
Olson, F. 665, *666*.
Oncley, J. L. 43, *54*.
O'Neal, M. J. 838, *870*.
Openshaw, H. T. 164, *211*.
Oppé, A. *607*.
Orchin, M. *374*.
Orla-Jensen, S. 159, *219*.
Orlemann, E. F. 246, *271, 272*.
Orr, S. 762, 763, 819, 823, 825, *877*.
Orr-Ewing, J. 149, 150, *219*.
Ortenstein, B. 301, *308*.
Orth, H. 559, 574, *603*.
Ortiz-Velez, J. M. 574, *600*.
Orton 622, *668*.
Oster, G. 3, 16, 30, 36, 39, 40, 44, 46, *53, 54*.
Oswald, F. 836, 843, *870*.
Othmer, D. F. 621, *668*.
Otte, N. C. 159, *219*.
Otten, R. 113, *145*.
Outer, P. 6, *54*.
Overdick, F. 456, *482*.
Owen, E. C. 164, *207*.

Pacault, A. 819, 824, *870, 871*.
Pace, E. L. 774, 775, 777, 800, *856, 870, 872*.
Pack, W. 367, *374*.
Page, H. J. *608*.
Paine jr., T. F. 203, *219*.
Palehak, R. J. 817, *879*.
Palin, D. E. 122, 123, 124, 125, 127, 129, 139, *144*.
Palmer, K. J. 790, *866*.
Pannwitz, W. 651, *667*.
Pappenheimer jr., A. M. 165, *219*.
Pardee, A. B. 16, *51*.
Pardoe, U. 175, *206*.
Parington, J. K. 640, *668*.
Paris, R. 288, *309*.
Park, J. D. 832, *867*.
Parks 344.
Parrish, R. G. 40, *54*.
Partington, J. R. 454, *480*.

Partridge, C. W. H. 191, *217*.
Pascal, D. 824, *871*.
— P. 471, *480*.
Pashler, P. E. 796, *878*.
Passchina, T. Ss. *206*.
Pasteur, L. 146, *219*.
Patart, G. 347, *373*.
Patten 626, *668*.
Patterson, G. D. 764, *871*.
— L. J. 823, *867*.
Patton, R. L. 501, 503, *535*.
Paul 639, *667*.
Pauling, L. 277, *309*, 802, 803, *871*.
Pawlek, F. 70, *90*.
Payman, L. C. 164, *211*.
Peck, R. L. 192, 203, *214*, *227*, 832, *871*.
— V. G. 65, 70, *89*.
Pedersen, K. O. 14, *55*.
Peel, E. W. 203, *214*.
Peiser, H. S. 808, *858*.
Penneman, R. A. 509, 510, *532*.
Penner, S. S. 842, *871*.
Pennington, D. 188, *219*.
Peppard, D. F. 497, *535*.
Pérault, R. 178, *219*.
Perlman, I. 509, 511, 512, 527, 530, *535*, *536*.
Perlmann, G. E. 25, 26, 36, *54*.
Perrin, F. 5, *54*.
Perry, J. A. 854, *871*.
Person, W. B. 774, 842, *871*.
Perutz, M. F. 140, 141, *144*.
Pessen, H. 821, *876*.
Pestemer, M. 824, *871*.
Petermann, R. 671, *754*.
Peters, R. A. 150, *219*.
Petersen, E. 832, *863*.
— E. M. 787, *863*.
Peterson 621.
— W. H. 152, 159, 165, 166, 172, 186, 191, 192, *206*, *213*, *222*, *223*, *225*, *227*.
Petroff, 388, *442*.
Pett, L. B. 160, 161, *219*.
Peytral, E. 278, *309*.
Pfannenstiel, A. *607*.
Pfeiffer, H. 585, *601*.
— P. 93, *144*.

Pfundt, O. 630.
Phelps, Fr. P. 765, *872*.
Philipson, F. 155, *209*.
Phillips, P. H. 203, *212*.
— R. Ph. 107, *144*.
Philpotts, A. R. 822, 841, *871*.
Phipps, T. E. 500, *535*.
Pichler *372*.
Pick, H. 388, 431, 434, 437, *439*, *442*.
Pickels, E. G. 546, *594*.
Pickett, E. E. 817, *860*.
Pictet, S. 625, 636, 653, *668*.
Pier, M. 347, *373*.
Pierce, J. G. 191, *217*.
— L. 820, 854, *862*.
Piganiol, P. 343, *373*.
Pimentel, G. C. 774, 798, 799, 806, 818, 842, *865*, *871*.
Pinchas, S. *857*.
Pines, H. 818, *871*.
Pino, P. 327, 330, 346, *372*.
Pirlot, G. 854, *871*.
Pitzer, K. S. 774, 776, 791, 794, 818, 842, *857*, *861*, *866*, *871*, *878*.
Platz, H. 451, 457, *481*.
— K. *596*.
Plaut, G. W. E. 191, *219*.
Pletenew, S. A. 640, *667*.
Plötz, E. *596*, *597*, *598*.
Plotka, C. 155, *225*.
Plyler, E. K. 766, 774, 817, 835, *872*, *874*.
Pobeguin, Th. 824, *868*.
Pogany, E. 651, *668*.
Pohl, R. W. 383, 384, 386, 387, 388, 389, 416, 435, *440*, *442*.
Pohlmann, R. 787, 803, *864*, *872*.
Pomeroy, R. 463, *483*.
Porret, D. *604*.
Porter, K. R. 539, 540, 549, *592*.
Portzehl, H. 40, 41, *54*.
Posey, L. R. 784, 785, *872*.
Posternak, Th. 160, 202, 203, *222*.
Potter, R. L. 186, 189, 190, 191, *214*, *219*.

Poussel, H. 203, *219*.
Powell, A. S. 814, 853, *861*.
— H. 841, *863*.
— H. M. 122, 123, 124, 125, 126, 127, 129, 139, *144*, *145*.
— R. D. 549, *592*.
— R. L. 823, 850, *862*.
Powling, J. 765, 773, 775, 781, 784, 797, 800, *857*, *872*.
Pozefsky, A. 813, 814, *872*, *874*.
Prakke, F. 456, *480*.
Pratesi, P. *598*.
Price, W. C. 547, *593*, 777, 791, 793, 820, *866*, *868*, *872*.
Pricer jr., W. E. 162, 201.
Priestley 455.
Priestly, J. H. *593*.
Prosen, E. J. *866*.
Pruckner, F. 571, 604, 605.
Pulford, A. G. 790, *872*.
Puranen, M. 640, 645, *667*.
Purnam, T. M. 530, *535*.
Purvis, S. E. 191, *205*.
Puschkin, N. A. 626, *668*.
Pushing 633, *668*.
Pusitzki, K. W. 347, *373*.
Putscher, R. 839, *861*.
Putzeys, P. 2, 3, 11, 14, 16, 46, *54*.

Quastel, J. H. 155, 201, *216*, *219*.
Querido, A. 198, *216*.
Quinet, M. L. 651, *668*.

Rabaté, H. 709, *756*.
Rabideau, S. W. 505, *535*.
Rabinovitch, A. J. 436, *442*.
Rabinowitch, E. I. 539, 549, *595*, *604*.
Rabinowitz, J. C. 167, 168, 170, *220*, *223*.
Radczewski, O. E. 75, 86, 88, *90*.
Raffauf, R. F. 154, *220*.
Raffo, M. 456, 470, *480*.
Raffy, A. 159, 171, *210*, *217*, *220*.
Ragoss, A. 67, 69, *89*, *90*.

Rahlfs, O. 275, 303, *306.*
Raison, C. G. 164, *208.*
Raistrick, H. 162, *207.*
Ramachandran, K. 178, *211.*
Ramberg, E. G. 70, 71, *91,* 766, *879.*
Ramsay, D. A. 789, 827, 842, 853, *859, 865, 872.*
— D. H. 765, 773, 775, 781, 784, 797, 842, *857, 872.*
Ramskill, E. A. 651, *666.*
Randall, H. M. 767, 823, 852, *861, 862, 877.*
— M. M. 760, 827, 830, *872.*
Rank, D. H. 774, 775, 800, 801, *856, 872, 876.*
Ranks, Ch. V. 847, *878.*
Rao, K. N. 446, *480,* 778, *872.*
Raoul, Y. 197, *220.*
Rapson, W. S. 114, 115, *145.*
Raschig, F. 445, 454, 456, 457, 459, 462, 464, 468, 469, 470, *480.*
Rasmussen, R. A. 181, *220.*
— R. S. 776, 788, 810, 812, 814, 823, 841, 853, *858, 863, 872, 877.*
Rau, B. *608.*
Rauscher, E. 796, *869.*
Ravel, J. M. 173, 174, 176, 179, *210, 220, 222.*
Ray, B. 32, *54.*
Rayleigh, Lord 2, 3, 5, 10, 31, 37, *54, 55.*
Rayner, J. H. 126, *145.*
Reader, V. 149, 150, *219, 220.*
Reas, W. H. 503, *535.*
Recoura, A. 676, 730, *756.*
Reding, F. P. 798, 799, *864, 868.*
Redlich, O. 772, 773, 776, 820, *872.*
Rehner, Th. 517, *533.*
Reichl, E. H. 337, 348, 362, *371.*
Reid, C. 790, 812, *872.*
Reik, R. 650, *668.*
Reiney, M. J. *855.*
Reinhart, F. W. *855.*
Reinke, J. 540, *594.*

Reinkober, O. 760, *872.*
Reinmann, R. 7.7, *90,* 672, 674, 683, 685, 686, *754.*
Reinwein, H. 765, 854, *874.*
Remesow, J. 621, *668.*
Remick, A. E. 772, *873.*
Renninger, M. 104.
Renvall, S. 154, *224.*
Reppe, W. 312, 313, 315, 316, 325, 326, 327, 330, 342, 343, 364, *370, 371.*
Rescorla, A. R. 838, *869.*
Reynolds, F. L. 529, *535.*
— J. G. 765, *873.*
Rheinboldt, H. 107, 108, 112, 113, *145.*
Rhymer, I. 203, *220.*
— P. W. 674, 683, *756.*
Rhys, A. 388, *441.*
Ribi, E. 77, *90,* 701, 703, 705, 734, 735, *756.*
Rice, B. 793, *868, 873.*
Richards, C. M. 774, 788, 818, *870.*
— R. B. 813, 834, 853, *859.*
— R. E. 771, 799, 820, *864, 873.*
Richardson, W. S. 772, 775, 796, *870, 873.*
Richter, H. 302, *309.*
Riedel, G. 73, *90.*
Riedl, H. J. *597.*
Riedmair, J. 563, 568, 580, *597, 598.*
Riemschneider, R. 203, *220.*
Riesenfeld, E. H. 450, 451, 452, 457, 464, 467, *479, 481.*
Rihl, S. 291, *307.*
Rikowski, I. I. 626, *668.*
Ritchie, M. 427, 428, *440, 442.*
Ritsert, K. 152, *228.*
Ritter, D. M. 828, *873.*
Robbins, W. J. 166, *220.*
Robert, L. 838, *873.*
Roberts, E. A. *594.*
— J. D. 817, 818, *873.*
Robinson, D. Z. 837, 841, 842, *873.*
— H. P. 497, *536.*
— R. 135.
— T. S. 777, *872.*

Rochow, E. G. 85, *90.*
Rock, S. M. 841, *857.*
Rodbart, M. 160, *216.*
Rodebush, W. H. 639, *668.*
Roderburg, G. 240, *272.*
Rodnight, R. 200, *216.*
Roe, C. P. 17, *52.*
Röder, H. 760, 767, *860.*
Roehm, R. R. 149, *226.*
Roelen, O. 312, 314, 315, 318, 320, 321, 322, 323, 327, 329, 332, 335, 341, 345, 348, 359, 363, 364, 365, *370, 371, 373.*
Römer, F. 650, 651, *666.*
Roepke, R. R. 198, *220.*
Rösler, U. 279, *309.*
Roess, L. C. 38, 42, *55.*
— L. G. 761, *870.*
Rogers, L. L. 187, 190, *220, 222.*
Rogosa, M. 161, *220.*
Rolfe, A. C. 853, *860.*
Rose, C. S. 186, 192, *208, 210.*
— E. W. 814, *873.*
— F. L. 164, *207, 208.*
— H. 455, *481.*
— W. 564, 568, *599.*
Rosen, F. 186, *221.*
Rosenheim, A. 653, 664, *668.*
Rosenkrantz, H. 827, *862, 873.*
Rosenthal, R. W. *374.*
Ross, W. F. 586, *596.*
Rossi, G. B. 530, *535.*
Rossini, F. D. 773, 818, *861, 866, 873.*
Rossmann, H. 855, *873.*
Rothaas, A. *597.*
Rothemund, P. *604.*
Rothman, E. S. *873.*
Rotini, O. Z. 155, *208.*
Roux, H. 155, *221.*
Rowatt, E. 175, *221, 224.*
Rowen, J. W. 835, *861, 874.*
Rowinski, P. 548, *594.*
Rowley, E. L. 502, 503, 504, 505, 507, *533.*
Rubin, S. H. 186, *221.*
Ruckstuhl, H. 164, 193, *209, 212, 221.*

Rüdorff, G. 67, 69, *89.*
Rüegger, A. 544, 545, 547, *594.*
Rüsberg, E. 619, 621, *667.*
Ruess, G. 59, 67, 69, *89, 90, 91.*
Rudy, H. *214.*
Ruff, O. 459, *481,* 609.
Rugg, F. M. 854, *875.*
Ruhnke, E. V. 817, *864.*
Rumpf, E. 701, *756.*
Rundle, R. E. 280, *309.*
Ruof, C. H. 822, *861.*
Rusberg, F. *482.*
Ruska, E. 60, *91.*
— H. 61, 62, 73, 87, *89, 90, 91.*
Russ, A. 67, 69, *89.*
Russel 645, *668.*
Ruston, W. 67, 69, *89.*
Ryan, F. J. 179, *221.*
Rybczynski 244.
Rydon, H. N. 196, *209, 221.*
Rylander, P. N. 831, *857.*

Sabatier, P. 313, *370,* 676, 730, *756.*
Sachanow, A. N. 626, 629, 633, 638, *668.*
Sachs, J. *604.*
Sachsse, H. 774, *874.*
Sadumkin, S. 818, *874.*
Sahli, M. 677, 707, 708, *756.*
Saier, E. L. 796, 813, 814, 843, 844, *859, 872, 874.*
Salomon, G. 833, *874.*
— H. 193, *209.*
Salzer, Th. 455, *481.*
Sampson, A. M. D. 763, *856.*
Sander, A. 468, 469, *481.*
Sands, J. D. 766, *874.*
Sanjiva 446, *480.*
Saputrjajewa, L. A. 464, *481.*
Sarason, L. 450, *481.*
Sarett, H. P. 150, 164, *221.*
Sarkar, P. B. 292, *309.*
Sarma, P. S. 167, *221.*
Saunder, D. H. 114, 115, 116, 117, 118, *144, 145,* 158, 159, 172, *218.*
Saunders, R. A. 808, *874.*
Sauvenier, H. 378, 404, 418, 423, 424, 430, *440.*

Savitzky, M. 762, 764, *874.*
Sawyer, R. A. 760, *874.*
Scatchard, G. 16, 18, 19, 21, 23, 25, 26, 28, 43, *54, 55.*
Schacht, W. 154, *208.*
Schäfer, A. *600.*
Schaefer, Cl. 760, 763, *874.*
Schaeffer, O. A. 796, 799, *863.*
— P. 204, *221.*
Schall 621, *668.*
Scheffer, J. 456, *481.*
Scheibe, G. 472, *481.*
Scheidegger, R. 710, 711, 712, *756.*
Scheinberg, I. H. 28, *55.*
Schenk, P. W. 450, 451, 457, *481.*
Scherrer, Th. *598, 599.*
Scherzer, O. 58, *91.*
Scheuermann, A. 360, *374.*
Schiedt, U. 765, 854, *874.*
Schiff, H. 651, *668.*
Schikorr, G. 292, *306.*
Schindler 709.
Schink, C. A. 198, *207.*
Schkodin, A. M. 644, 645, *668.*
Schlatter, M. J. 818, *860.*
Schlenk, F. 167, 200, 202, 210, *221, 226.*
— jr. W., 92, 94, 95, 96, 97, 102, 104, 106, *143,* 729, *756.*
Schlögl 269.
Schlossberger, H. 194, *207.*
Schmelz, W. 583, *601.*
Schmid, E. D. 775, *869.*
Schmidt, H. 619, 663, *667, 668.*
— O. 451, *476.*
— W. 576, *599.*
Schmidt-Thomé, J. 198, *221.*
Schnabel, R. 295, *307.*
Schneider 313, *370.*
— E. 588, *604.*
— L. K. 179, *221.*
Schnell, J. *598.*
Schoen, A. L. 72, *89,* 382, *440.*
Schön, K. *608.*
Scholder, K. 662, 664, *668.*

Scholz, G. 619, *667.*
Schomaker, V. 470, 472, *475.*
Schoon, T. H. 69, 80, *91.*
Schopfer, W. H. 150, 154, 160, 163, 165, 196, 202, 203, *221, 222, 225.*
Schormüller, A. 557, 558, *596, 597.*
— J. 652, 653, *666.*
Schorr, E. 827, *862.*
Schottky, W. 392, *442.*
Schramm, G. 41, *54.*
Schrecker, A. W. 162, *222.*
Schreiber, V. C. 823, *874.*
Schreinemakers, F. A. H. 683, 706, 707, *756.*
Schröder, C. G. 586, *600.*
Schröter, R. 324, *371.*
Schubert, K. 279, 280, 288, *309.*
Schütza, H. 232, *372.*
Schuleck, E. 462, *481.*
Schulten, H. 325, *371.*
Schultz, A. S. 155, 165, *222.*
Schulz, G. V. 3, *55.*
Schumacher, H. J. 787, *864.*
Schumann, H. 455, *481.*
— R. L. 165, *222.*
Schuppli, O. *608.*
Schuster, A. 36, *55.*
— C. 311, 337, 357, 361, *374.*
— Ph. 154, 155, 162, *215, 225.*
Schwab, G. M. 274, 284, *307.*
Schwartzman, L. H. 814, *879.*
Schwarz, A. 585, *598.*
— G. 380, 437, *442.*
— K. 173, 181, *217, 222.*
— R. 302, *309.*
Schwyzer, R. 155, *212.*
Scotani, R. 827, *859.*
Scott, D. W. 800, *875.*
Seaborg, G. T. 486, 487, 488, 512, 513, 520, 522, 523, 527, 528, 530, *531, 533, 534, 535, 536.*
Seaman, C. 808, 809, *862.*
— W. 629, 632, 648, *668.*
Searles, S. 820, 847, *857, 874.*

Sears, G. W. 500, *535*.
— W. G. 845, *874*.
Sedelinowitsch, Vl. 679, *755*.
Seel, F. 332, 791, *874*.
Seeliger, R. 65, *91*.
Segré, E. 487, *534*.
Seidel 230, *272*.
— W. 455, 463, *476*.
Seifert, R. L. 500, *535*.
Seipold, O. 459, 460, *482*.
Seitz, A. 279, 280, 281, 282, *308, 309*.
— F. 386, *442*.
Sellers, Ph. 517, *532*.
Selmi 445, 470, *482*.
Semmler, E. 69, *91*.
Senderens, J. B. 313, *370*.
Sevag, M. G. 175, 196, *222*.
Severin, H. 305, *307*.
Seybold, A. 587, 588, *594, 604*.
Seyfried, W. D. 853, *874*.
Shand, W. 787, *874*.
Shapiro, B. 174, *224*.
Shaw 451.
Shay, J. F. 821, *876*.
Sheft, J. 500, 501, *532, 533*.
Sheline, G. H. 497, 499, 501, 502, 504, 506, 516, *532, 534*.
— R. K. 771, 772, 794, *871, 874*.
Sheppard, N. 774, 775, 800, 801, 824, 827, 833, *858, 872, 874, 876*.
— S. E. 377, 381, 382, *442*.
Shipley, F. W. *475*.
Shive, W. 148, 173, 174, 176, 178, 179, 187, 190, *205, 210, 220, 222*.
Short, L. N. 823, *877*.
— W. F. 162, *207*.
Shreve, O. D. 822, 854, *875, 876*.
Shull, C. G. 38, 42, *55*, 276, *310*.
— E. R. 774, 775, 800, *872*.
— G. W. 191, *222*.
Siebel, H. *597*.
Siebert, W. 820, 827, 828, 855, *862, 875*.
Siedel, W. 576, *598, 604*.

Silberman, J. J. 451, 453, 454, 464, *481*.
Silbiger, G. 793, *875*.
Silverman, M. 153, 155, *222, 223*.
— S. 832, *858, 864, 875*.
Simanouti, T. 771, 775, 800, 801, *869, 875*.
Simon, A. 303, 304, *309*.
Simons, J. H. 617, *618*.
Simpson, D. M. 787, 801, 858, *875, 876*.
— O. C. 500, *535*.
Sinclair, D. 5, 31, 32, 33, 34, *53, 55*.
— H. M. 153, *223*.
— R. C. 821, *875*.
— R. S. 821, *865*.
Singer, Th. P. 165, *223*.
Singleton, W. S. *859*.
Sinkel, F. 67, *89*.
Sinton, W. M. 767, *860*.
Sisler, H. H. 660, *668*.
Sjoblom, R. 494, *536*.
Sjöberg, K. *608*.
Skaggs, P. K. 153, *214*.
Skeen, J. W. 640, *668*.
Skeggs, H. R. 179, 189, 191, 192, *227, 228*.
Skell, Ph. 659, *665*.
Skrimshire, G. E. H. 162, *207*.
Slade, R. E. 203, *223*.
Sleator, W. W. 787, *857*.
Small, M. H. 198, *220*.
Smeltz, K. G. 831, *875*.
Smiley, K. L. 150, 153, 181, *218, 220*.
Smith, C. 503, *532*.
— D. C. 774, 788, 818, 824, 833, 860, 870, *875*.
— D. E. 817, *859*.
— D. F. 315, 327, 346, 363, *370*.
— D. G. 808, *874*.
— E. L. 544, 545, 546, 547, *594*.
— F. A. 814, 820, 845, *859, 875*.
— G. S. 241, *272*.
— H. *482*.
— J. C. 800, *875*.
— J. H. C. *604*.

Smith, J. J. 854, *875*.
— K. M. 87, *90*, 141, *144*, 774, *875*.
— L. G. 781, *875*.
— P. G. 841, *871*.
— P. H. 203, *219*.
— S. L. 333, *372*.
Smythe, D. H. 155, *223*.
Snell, E. E. 158, 159, 165, 166, 167, 168, 169, 170, 171, 172, 180, 181, 188, 189, 191, *206, 208, 210, 211, 213, 216, 217, 219, 220, 221, 223, 226*.
— N. S. 188, *209*.
Snog-Kjaer, A. 159, *219*.
Snyder, J. E. 199, *215*.
Sobotka, H. 108, *145*.
Sobrero 445, 470, *482*.
Solana, L. 305, *309*.
Soldate, A. M. 794, *875*.
Solotarewskaja, S. *271*.
Soloway, A. H. 820, *875*.
Sondheimer, F. 827, *879*.
Soodac, M. 174, *224*.
Sorge, H. 107, 108, *145*.
Souders, M. 774, *876*.
Späth, E. *668*.
Sparks, W. J. 357, *374*.
Spedding, F. *536*.
Speidel, U. 62, *89*.
Speiser, R. 15, 47, 48, 49, 50, *51*.
Speitmann, M. *598*.
Spencer 651, *669*.
— L. V. C. 431, *439*.
Spengeman, W. 639, 645, *667*.
Spengler, G. 328, 345, *372*.
— H. *668*.
Sperber, E. 153, 154, *224*.
Spielberger, G. 576, *598*.
Spielhaczek, H. 454, *479*.
Spies, D. T. 165, *225*.
Spitzer, R. 776, *857*.
Spohn, K. 444, *482*.
Sprenger, L. 66, *90*.
Spring, W. 446, 468, *482*.
Spurr, R. A. 787, *874*.
Stackelberg, M. v. 127, 128, 129, 130, 131, 132, 134, *145*, 229, 231, 234, 236,

242, 246, 247, 251, 253, 259, *271*, *272*.
Stadler, F. *602*.
Ställberg-Stenhagen, S. 828, *876*.
Staff, Ch. E. 568, *602*.
Stafford, R. W. 821, *876*.
Stahl, W. H. 821, *876*.
Stamm, H. 445, 447, 448, 449, 451, 452, 453, 454, 459, 460, 463, 472, *477*, *481*, *482*, *483*.
Standfast, A. F. B. 162, *207*.
Stanley, D. A. 201, *216*.
— I. J. 822, *856*.
Stansly, P. G. 199, *224*.
Starke, K. 522, 523, *536*.
Starr, C. E. 853, *858*, *876*.
Stasiw, O. 375, 378, 379, 387, 431, 433, 434, *442*.
Stasny, E. 454, *482*.
Stastny, F. 463, 464, 467, *479*.
Staudinger, H. J. 3, *55*.
Staufenbiel, E. 662, *668*.
Stearman, R. L. 178, *212*.
Steele, C. C. 586, *595*, *596*, *605*.
Stein, G. 550, *608*.
— R. S. 3, 9, 31, 36, 39, 46, *55*, *56*.
— S. J. 11, *52*.
Steinbach, O. Г. *470*.
Steinberg, H. *859*.
Steiner, R. F. 27, 37, 43, 44, 46, *52*.
Stephanou, S. E. 509, 510, *532*.
Stephenson, M. 175, *224*.
Stern, A. *440*, 559, 567, 569, 571, 572, 574, *599*, *603*, *605*.
— J. R. 174, *224*.
Stevens, G. W. W. 420, 421, 424, *439*, *442*.
— R. D. 846, *858*.
Stevenson, D. P. 472, *482*.
Stewart, E. Theal 114, 115, *145*.
Stiasny, E. 456, *480*.
Stich, W. 163, *224*.
Stier, E. 559, 577, 578, *600*.
Stimson, M. M. 765, *876*.

Stingl, J. 464, 467, 469, *482*.
Stitt, F. 846, *865*.
Stockmayer, W. H. 21, 22, *55*.
Stoenner, R. 660, *668*.
Stokes, Ch. S. 820, *864*.
— J. L. 167, 169, 189, *224*.
Stoll, A. 538, 539, 540, 541, 542, 543, 544, 545, 547, 548, 549, 550, 551, 552, 556, 557, 563, 565, 566, 567, 569, 570, 571, 576, 587, 588, 594, 595, *605*, *606*, *607*, *608*.
— O. 472, *481*.
Stookey, S. D. 429, *442*.
Storch 332, 337, 345, 362, *372*, *374*.
Straessle, R. 29, *53*.
Strain, H. H. 590, *594*, *595*, *603*, *606*.
Stranski, I. N. 69, *90*.
Strassmann, F. 486, 495, *533*, *536*.
Stratton, J. A. 33, *55*.
Straumanis, M. 714, *752*.
Straus, W. 546, *594*.
Strauss, E. 193, *224*.
Street jr., K. 488, 512, 513, 528, 529, 530, *531*, *533*, *535*, *536*.
Strehlow, H. 242, 243, 247, *272*.
Strell, M. 538, 569, 575, 582, 584, 586, 587, *600*, *601*, *603*, *606*.
Strijk, B. 203, *225*.
Strong, E. C. 840, 841, *876*.
— F. M. 159, 172, 174, 180, 193, *209*, *218*, *223*.
Stroupe, J. D. 814, *876*.
Strover, B. I. 510, *536*.
Strunz, H. 708, *756*.
Stuart, H. A. 10, *55*.
Studer, H. 66, 74, 75, 76, 79, *88*, 295, *307*, 687, *754*.
Studier, M. H. 497, *535*.
Stühmer, G. 457, *476*.
Stumpf, P. K. 155, *224*.
Süs, O. 551, 559, *597*.
Suesy, A. G. 817, *858*.

Suhrmann, R. 758, 799, 814, 841, *876*.
Sullivan, J. C. 497, *535*.
Susz, B. 639, *665*.
Sutherland, G. B. B. M. 761, 802, 807, 818, 823, 824, 828, 833, 857, *857*, *858*, *874*, *876*.
— J. E. 173, 174, 176, *222*.
Svedberg, T. 14, 16, *55*, 543.
Swerdlow, L. M. 773, *876*.
Swern, D. 822, 854, *875*, *876*.
Sydow, G. 457, *481*.
Sykes, G. 162, *207*.
Syrkin, Y. K. 791, *876*.
Szasz, G. J. 774, 775, 800, *872*, *876*.
Szilagyi, v. 458, 467, *482*.

Tajima, C. A. 854, *862*.
Takamatsu, T. *482*.
Talib-Uddin, O. 140, *144*, 726, 728, *752*.
Tammann 129.
Tamminen, V. 674, 676, 685, 686, *756*.
Tamres, M. 847, 849, *874*, *876*.
Tanford, C. 18, *55*.
Tanner, E. M. 818, *877*.
— jr., F. W. 160, *224*.
Tarpley, W. 825, *876*.
Tarugi, N. 154, *482*.
Tatum, E. L. 152, 153, 159, 172, 187, 188, 194, 203, *223*, *224*, *227*.
Taub, D. 827, *879*.
Taylor, H. S. 328, 329, *372*.
— J. K. 247, *271*.
— R. C. 799, *876*.
— R. W. J. 798, *864*.
— T. I. 832, *860*.
Teichner, S. 329, *372*.
Teller, E. 427, *440*, 772, 773, *877*.
— Ed. 725, *755*.
Teltow, J. 375, 378, 379, 431, 433, 434, *442*.
Temple, R. B. 763, 808, 809, *861*.
Teply, L. J. 193, *209*.
Terres, E. 456, *482*.

Tessier, G. 548, *595*.
Thain, W. 822, 841, *871*.
Thalmayer, K. 571, *605*.
Thieler, E. 469, *482*.
Le Thierry d'Ennequin, L. 576, *598*.
Thiessen, P. A. 85, 86, *91*, 305, *309, 310*.
Thole 621, *666*.
Thom, J. A. 427, 428, *442*.
Thoma, R. W. 191, *222*.
Thomas, G. B. 787, *866*.
— J. R. 800, *877*.
Thompson, A. W. 788, *863*.
— H. W. 762, 763, 775, 781, 785, 786, 789, 799, 805, 806, 818, 819, 820, 823, 824, 825, 834, 835, 841, 842, *857, 858, 859, 864, 868, 869, 873, 877*.
— R. C. 161, *225*.
— S. G. 488, 511, 512, 513, 530, *531, 533, 536*.
Thomson, J. J. 37, *55*.
Thorndike, A. M. 841, 842, *877*.
Thornton, V. 812, 853, *870, 877*.
Tilk, W. 520, *536*.
Tilley, C. E. 298, *310*, 736, *756*.
Timm, E. 546, 547, *593, 594*.
Timmermans, I. *668*.
Tipler, A. F. 454, *480*.
Tittel, H. 430, *440*.
Tobler, A. 684, 689, 710, *754, 756*.
Tobolsky, A. V. 832, *868*.
Todd, A. R. 164, *211*.
Tönnis, B. 146, 183.
Toischer, K. 279, *308*.
Tomiczek 640, 648, *668*.
Torkington, P. 775, 805, 813, 824, 832, 834, 835, *877*.
Toussaint, J. 695, 714, *751*.
Treadwell, W. D. 653, *668*.
Treibs, A. 556, 557, 574, 580, 581, 584, 585, *596, 602, 606, 607*.
Trenkler, F. 770, *877*.
Trenktrog, W. 61, *91*.
Trenner, N. R. 852, *877*.

Treumann, W. B. 832, *877*.
Trivelli, A. P. H. 377, 381, 382, *442*.
Tropsch, H. 314, 344, *370, 373*.
Trotter, I. 70, *91*.
— J. F. 823, *877*.
Trouton 132.
Tscherbow, S. 633, *669*.
Tschitschibabin, A. 625, *669*.
Tsutsui, M. 820, *879*.
Tswett, M. 540, 550, *594, 595*.
Tucy, G. A. P. 164, *207*.
Tuemmler, F. D. 853, *858*.
Tung, Jo-Yun 771, *862*.
Tunnicliff, D. D. 772, 776, 814, 820, *872*.
Turner 651, *669*.
— G. S. 766, *874*.
Tuttle, L. C. 174, 180, *215*.
Tyler, J. E. *877*.
Tyson, J. T. 304, *307*.

Umbach, H. 457, *476*.
Umbreit, W. W. 167, 170, 171, 191, 196, 203, *205, 210, 215, 219, 225, 227*.
Urey, H. C. 771, *877*.
Urone, P. F. 853, *877*.
Ussanowitch, M. 633, *669*.
Utiger, H. *225*.
Utterback, E. 823, 850, *862*.
Utzinger, M. *607, 608*.

Vago, E. E. 818, 841, 842, *857, 877*.
Du Vall, R. B. 818, 851, 854, *866, 879*.
Van Arkel, A. E. 277, *305*.
Van Bavel, Th. 312, 351, 353, 354, *370*.
Van Bemmelen, J. M. 274, *305*.
Vance 71, *91*.
Van De Hulst, H. C. 32, 35, 37, *55*.
Vanderlinde, R. J. 203, *228*.
Van der Schnee, A. Chr. 833, *874*.
Van Eyk, B. J. 833, *874*.
Van Lanen, J. M. 152, 160, 181, *220, 224, 225*.

Van Nes, K. 839, *870*.
Van Orden, H. O. *859*.
Van Schoor, A. 165, *221*.
Van Vleck, J. H. 796, *877*.
Van Vloten, G. W. 203, *225*.
Van Wagtendonk, W. J. 158, *213*.
Van Westen, H. A. 839, *870*.
Vanyukova, L. 234, *271*.
Vargha, L. 188, *211*.
Vascautzanu, E. 240, *271*.
Vassy, A. 407, *442*.
— E. 407, *442*.
Vaubel, W. 456, *482*.
Vaughan, W. E. 337, 348, 362, *371*.
Veldmann, H. 155, *226*.
Velluz, L. 155, 162, *225*.
Venkateraman, J. 633, *669*.
Verleger, H. 796, *866*.
Vialle, I. 343, *373*.
Du Vigneaud, V. 183, 185, 186, 187, 189, *208, 210, 225*.
Villela, G. G. 186, *225*.
Vilter, S. P. 165, *225*.
Vincent, I. 841, *877*.
Viscontini, M. 155, 167, *212, 225*.
Vitale, E. 650, *665*.
Vitali, G. 454, *482*.
Vitiello, C. 825, *876*.
Völmer 628, *669*.
Vogel, H. 839, *877*.
— H. H. 627, *667*.
— I. 471, *482, 483*.
— R. 456, *476*.
Vogel-Högel, R. 472, *483*.
Vogelsang 664, *668*.
Vogt, F. 69, *91*.
Vojnovich, C. 160, *224*.
Volbert, F. 854, *877*.
Volhard, J. 292, *310*.
Volmer, M. 436, *442*.
Vortmann, G. 455, 456, *483*.
Voter, R. C. 847, *878*.

Wackenroder, H. 445, 450, *483*.
Wacker, A. 159, 165, 177, *217*.
Waddell, J. G. 171, *225*.
Waddington, G. 800, *875*.

Wagner, C. 392, *441*.
— E. L. 802, 805, *878*.
— J. 471, *475*, 791, *878*.
— R. P. 179, *225*.
Wagner-Jauregg, Th. 159, *214*.
Wahl, A. C. 486, 487, 512, 520, 523, *534*, *536*.
Waksman, S. A. 203, *211*.
Walachewski, E. C. 614, *618*.
Walden, P. 273, 275, 276, 304, *307*, 831.
Walker 651, *669*.
— R. W. 852, *877*.
— T. K. 178, *211*.
Wall, F. T. 832, *877*.
— M. E. *873*.
Wallace, G. I. 203, *220*.
Wallach *665*.
Wallmann, J. C. 511, *536*.
Walsh, A. 762, 790, 799, *872*, *878*.
Walter, E. 813, 839, *878*.
— H. 586, *600*, *601*.
Walter-Lévy, L. 698, 721, 723, 724, 730, *756*, *757*.
Wanjukowa, L. *271*.
Warburg, O. 14, 159, 161, 192, *225*, *226*.
Ward, H. K. 799, *878*.
— W. H. 188, *209*.
Warf, J. C. *536*.
Warren, B. E. 693, *730*.
Washburn, M. W. 841, *857*.
— W. H. *878*.
Wassink, E. C. 548, *592*, *595*.
Waterman, H. I. 838, 839, *867*.
Watson, A. T. 813, 853, *864*.
Weast, C. A. *607*.
Webb 633, *669*.
— A. N. 791, *878*.
— J. H. 390, 395, 399, 402, 403, 405, 409, 411, 412, 413, 416, 417, 418, 424, 425, *442*, *443*.
Webber, D. S. 808, 809, *862*.
Weber, D. 842, *871*.
— H. H. 40, 41, *54*.
Webley, D. M. 155, *219*.
Wehner, G. 295, *309*.
Weiblen, D. G. 777, *860*.

Weichmann, H. K. 586, *596*, *597*.
Weidel, W. 194, *207*.
Weidmann, H. 139, *143*, 294, 300, *307*, 697, 717, 720, *754*.
Weidner, B. V. 621, 630, 633, *669*.
Weier, E. *595*.
Weigand, F. 658, 659, *669*.
Weigel, Th. 447, *480*.
Weigert, F. 380, *443*.
Weigl, J. W. 772, *874*.
Weil, B. H. 332, *372*.
Weiler ter Mer, Chem. Fabrik 456, *483*.
Weinland 653, *669*.
Weiser, H. B. 273, 279, 281, 287, 302, 304, 305, *308*, *309*, *310*, 713, *757*.
Weiss, J. *604*, *607*.
Weissberger, A. 760, *878*.
Weisskopf, V. F. 796, *877*.
Weitbrecht, G. 80, *91*, 274, *307*.
Weitz, E. 445, 454, 459, *483*.
Wells, A. F. 689, 691, 694, 695, 710, 711, 714, 715, *757*.
— A. J. 841, 842, *877*, *879*.
— L. S. 298, 299, *307*, *310*.
Welsh, H. L. 796, *859*, *878*.
Wonder, T. *374*.
Wenderlein, H. 571, 572, *605*.
Wenderoth, H. 572, 573, 580, 586, *600*, *601*, *607*.
Wendt, G. 165, 182, 198, *214*.
— H. 619, 628, 640, *667*.
Wenner, R. R. 773, *878*.
Werkman, C. H. 150, 153, 155, 158, 159, 190, 191, *205*, *222*, *223*, *226*, *227*.
Werner, A. 92, 94, 108, *145*, 673, 730, 740, 741, *757*.
— L. B. 509, 511, 512, *536*.
— T. H. 586, *596*, 640, 644, *666*, *667*.
Werres, H. 453, *478*.
Wessman, G. E. 190, *226*.
West, P. M. 185, *226*.
— W. 426, *443*, 760, *878*.
Westenberg, A. A. 775, *878*.

Westenbrink, H. G. K. *155*, *226*.
Westrum jr., E. F. 490, 497, 498, 499, 508, *531*, *536*.
Wettstein, E. 653, *668*.
Weurman, C. *593*.
Weygand, F. 149, 153, 159, 163, 165, 166, 177, *214*, *217*, *226*.
Weyrauch, L. 175, *212*.
Whiffen, D. H. 818, *877*.
White, A. G. C. 154, 157, *213*, *227*.
— J. U. 762, 853, *864*, *878*.
Whitman, G. M. 327, 333, 363, 364, *372*.
Whitmore, F. C. 356, *373*.
Wiberley, E. 821, 827, *863*.
— St. E. 813, 817, *878*.
Wiardi, P. W. 165, *219*.
Wickerham, L. J. 160, *226*.
Wiebusch, K. D. 450, 453, *477*.
Wiedemann, E. 538, 539, 542, 543, 544, 545, 547, 548, 550, 551, 552, 556, 557, 563, 565, 566, 567, 569, 570, 571, 573, 574, 576, 580, 581, 585, 587, 588, *594*, *595*, *603*, *605*, *606*.
Wieland, H. 107, 108, *145*.
— Th. 147, 176, 177, 178, 179, 181, 182, *214*, *226*.
Wier, T. P. 838, 841, 852, *858*.
Wilcox, D. E. 841, *857*.
— W. J. 127, *145*.
Wildiers, E. 146, *226*.
Wilkins, Ch. E. 824, *869*.
Willard, H. H. 760, *878*.
Willemart, A. *371*.
Williams, H. L. 831, *862*.
— J. L. R. 814, *868*.
— R. B. 813, 853, 854, *864*, *878*.
— R. C. 34, *55*.
— R. J. 146, 149, 158, 159, 165, 169, 172, 173, 181, 188, 189, 191, 202, *208*, *209*, 210, *214*, *217*, *218*, *226*.
— R. L. 789, *858*.

Williams, R. R. 153, *228*.
— V. R. 167, 191, *226*.
— V. Z. 760, 764, 773, 783, 788, 789, 806, *857*, *863*, *878*.
— W. L. 180, 181, 191, 193, *217*, *220*, *226*.
Willis, H. A. 813, 834, 841, 853, *859*, *876*.
— J. B. 799, 823, *860*, *878*.
Willman, A. 625, 626, 627, 629, 640, 653, *667*.
Willstätter, R. 275, *310*, 454, *483*, 540, 541, 549, 551, 552, 553, 556, 558, 565, 569, 576, *595*, *607*, *608*.
Wilm, D. 284, 288, *308*, 693, *755*.
Wilsdorf, H. 82, *91*.
Wilson, A. N. 154, *226*.
— E. A. 787, *878*.
— E. B. 771, 772, 775, 841, 842, *873*, *877*, *878*, *879*.
— M. K. 787, 796, *866*, *870*, *879*.
— P. W. 185, *226*.
Winkler, F. *604*.
— K. 347, *373*.
Winnick, P. 186, *211*.
Winterstein, A. 550, *608*.
Wintzer, H. 447, 451, *482*.
Winzler, R. G. 189, 190, 192, *207*.
Witmer, F. J. 854, *862*.
Wolf, D. E. 192, *227*.
— M. J. 500, 501, 503, *531*.
Wolff, H. 375, 383, *443*.
— N. 292, *310*.
De Wolff, P. M. 690, 694, 698, 703, 705, 706, 707,

709, 710, 713, 715, 716, 717, 721, 722, 723, 724, *757*.
Wollan, E. O. 276, *310*.
Woltz, P. J. H. 774, *879*.
Wood, H. G. 150, 155, 158, 159, 172, *227*.
— S. 167, *216*.
— T. R. 192, *227*.
— W. A. 167, 196, *225*, *227*.
Woodford, D. E. 822, *861*.
Woods, D. D. 148, 181, *227*.
— G. F. 814, *879*.
— M. W. *591*.
Woodward jr., C. R. 169, *224*.
— R. B. 827, *879*.
De Woody, J. 186, *205*.
Woolley, D. W. 154, 157, 159, 164, 165, 172, 178, 182, 188, 189, 193, 198, 202, *209*, *211*, *213*, *227*.
Work, E. 188, 193, 194, *227*.
— T. S. 193, 194, *227*.
Wosnessenski, S. A. 459, *483*.
Wotiz, J. H. 817, *879*.
Wright, L. D. 179, 186, 189, 191, 192, *227*, *228*.
— M. H. 189, 193.
— N. 763, 767, 818, 824, *879*.
— W. 851, *879*.
Wunderer, A. *600*.
Wurmser, R. 548, *595*.
Wyckoff, R. W. G. 87, *90*, 294, *306*, 547, *593*.
Wyss, O. 154, *228*.

Yamasaki, I. 159, *228*.
Yanofsky, C. 194, *206*, *228*.
Yegian, D. 203, *228*.

Yositome, W. 159, *228*.
Yost, D. M. 463, *483*.
Young 621, *669*.
— C. W. 776, 818, *879*.
— D. W. 357, *374*.
— F. M. 840, *863*.
— T. F. 793, *868*, *873*.
— W. J. 192, *210*.
Yvernault, Th. 640, *669*.

Zablow, L. 827, *873*.
Zachariasen, W. H. 471, *483*, 491, 492, 493, 495, 498, 499, 500, 503, 505, 508, 509, 510, 516, 517, 521, *532*, *535*, *537*.
Zanninowitch-Tessarin 633, *669*.
Zbinden, B. 762, *879*.
— H. 63, *91*.
Zechmeister, L. 810, *872*.
Zeile, K. 583, *596*, *602*, *608*.
Zeiss, H. H. 820, *879*.
Zeller, M. M. 665, *666*.
Zernike, F. 17, 21, *55*, *56*.
Zerwekh jr., C. E. 836, *856*.
Zima, O. 152, 153, 165, *218*, *228*.
Zimm, B. H. 3, 5, 6, 9, 14, 16, 31, 36, 38, 39, 40, 41, 42, 44, 45, 46, 47, 50, *52*, *54*, *56*.
Zolotarevskaja, S. 234, *271*.
Zscheile, F. P. *608*.
Zsigmondy, R. 274, *310*.
Zucco, P. S. 776, 814, 855, *872*.
Zumbusch, M. 515, *533*, 537.
Zumwalt, L. R. 788, *856*.
Zworykin, V. K. 70, 71, *91*, 766, *879*.

# Sachverzeichnis.


Absolutintensitäten, Messung im Ultrarot 841.

Acetate, Löslichkeit in Essigsäure 623.

—, Solvate der 650.

Acetylen, Carbonylierung 343.

—, Oxosynthese mit 363.

—, Rotations-Schwingungsbanden 779.

Acetylene, Schlüsselfrequenzen im Ultrarot 817.

2-Acetyl-isochlorin $e_4$, Synthese 584.

2-Acetyl-phäoporphyrin $a_5$ 588.

Acrylnitril, Oxosynthese mit 369.

Acrylsäureäthylester, Oxosynthese mit 368.

Adermin als Wuchsstoff 165 ff.

—, optimales Wachstum mit 166.

Äthan, Rotations-Schwingungsbanden 784.

Äthylalkohol, Mechanismus der Synthese aus Kohlenoxyd und Wasserstoff 343.

Äthylen, Oxoreaktion 343.

—, Oxosynthese mit 346.

—, Ultrarotspektrum 792.

2-Äthylhexanol aus Propylen durch Oxosynthese 350.

Äthylphäophorbid a, Krystallform 552.

b, Krystallform 552.

Äthylpropylacrolein aus Propylen durch Oxosynthese 350.

Aktiniden, Absorptionsspektra 519.

—, Einordnung im Periodischen System 524.

—, Elektronenkonfiguration 522.

—, Emissionsspektra 522.

—, krystallographische Daten 521.

—, magnetische Momente 520.

— -Theorie 484 ff.

ALBERT-Effekt 423.

Alkohole, Schlüsselfrequenzen im Ultrarot 820.

—, Untersuchung der Assoziation im Ultrarot 844.

Allylacetat, Oxosynthese mit 368.

Allyläthyläther, Oxosynthese mit 367.

Allylalkohol, Oxosynthese mit 367.

Allylcyanid, Oxosynthese mit 369.

Allylphenyläther, Oxosynthese mit 367.

Aluminiumhydroxyd, Elektronenmikroskopie 79 f.

Aluminiumoxyd, Elektronenmikroskopie 80 ff.

Aluminiumtrimethyl, Ultrarotspektrum 794.

Ameisensäure, Rotations-Schwingungsspektrum 783.

Americium, chemisches Verhalten 508.

—, Trennung von Curium 511.

—, Zerfall und Halbwertszeiten der schwersten Isotope 529.

Americiumdioxyd 509.

Americium (III)-hydroxyd 508.

Americiummonoxyd 510.

Americiumsesquisulfid 509.

Americiumtribromid 509.

Americiumtrichlorid 508.

Americiumtrifluorid 508.

Americiumtrijodid 509.

Americium (V)-Verbindungen 509.

Americium (VI)-Verbindungen 510.

Amine, Bildung von Wasserstoffbrücken 849.

—, Schlüsselfrequenzen im Ultrarot 823.

Aminosäuren, Schlüsselfrequenzen im Ultrarot 823.

Ammoniumchlorid, Ultrarotspektrum 803.

Ammoniumnitrat, Ultrarotspektrum der Modifikationen 804.

Amphoterie in wasserfreier Essigsäure 657.

Analcim, Sättigungswerte der Sorption 121.

Aneurin, Auf- und Abbau durch Mikroorganismen 152.

—, Synthese durch Mikroorganismen 152 f.

— als Bestandteil des Faktor-Z-Komplexes 155.

— -Bedarf von Mikroorganismen 151.

— -Ersatz durch andere Wuchsstoffe oder Aminosäuren 158.

— -Konzentration, Einfluß auf das Wachstum bei verschiedenen Mikroorganismen 156.

— -pyrophosphat 153 ff.

Aneurin-triphosphorsäure 155.
Anilin, spezifische Leitfähigkeit in reiner Essigsäure 631.
—, Viscosität in reiner Essigsäure 633.
Arylolefine, Oxosynthese mit 364.
Aspidistra-Chloroplastin, mittlere Zusammensetzung 545.
— -Plastin als Glucoproteid 544.
— —, glucosidfreies, Aminosäureanalyse 545.
Atakamit, Struktur 715.
Austauscheffekt 253 ff.

Bacteriochlorophyll 588.
—, Struktur 590.
Bacterio-phäoporphyrin 588.
Bänderstrukturen bei Hydroxysalzen 698, 699.
Basenanaloge, Leitfähigkeit in Essigsäure 627 ff.
— in Essigsäure, Molekulargewichtsbestimmung 633 ff.
— —, Stärke 626.
Benzol, Ultrarotspektrum im flüssigen und kristallinen Zustand 797 f.
Benzolderivate, Schlüsselfrequenzen im Ultrarot 818.
Berkelium, chemisches Verhalten 512.
β-Berylliumhydroxyd, Krystallstruktur 278 f.
Bild, latentes photographisches, Entstehung 375 ff., 430.
—, — —, Entwicklung 435.
—, — —, Mechanismus der Entstehung 380.
—, — —, Temperatureffekt 405.
—, — —, Wachstum, Dispersität und Verteilung der Keime 395.
—, — —, von lichtempfindlichen Gläsern 429.
—, — —, von Röntgenstrahlen 430.
—, — —, von Thalliumbromidemulsionen 427.
Biotin, Aufbau durch Mikroorganismen 186 f.
—, Hemmung der mikrobiologischen Synthese 188 f.
—, Wirkung auf Stoffwechselvorgänge 189 f.
— als Bestandteil eines Coferments der Brenztraubensäure-Carboxylase 190 f.
— als Codesaminase 191 f.

Biotin als Wuchsstoff 183 ff.
— -Analoga 187.
— -sulfon 187.
Blätterzeolithe 120.
Borazol, Untersuchung im Ultrarot 777.
Bovine Serum Albumin, molecular weight from light scattering 15.
Bromine Trifluoride Solvent System 611.
Bushy Stunt Virus, molecular weight from light scattering 15.
Butadien, Oxosynthese mit 363.
n-Butan, Ultrarotspektren im flüssigen und festen Zustand 801.
Butylen, Oxosynthese mit 351.
Butylvinyläther, Oxosynthese mit 367.
Butyraldehyd aus Propylen durch Oxosynthese 349.

Cadmiumhydroxychlorid, Struktur 692.
Cadmiumhydroxychloride, Löslichkeitsprodukte und Beständigkeitsgrenzen 686.
Cadmiumhydroxyde, Doppelschichtengitterstruktur 294 f., 300.
Cadmiumhydroxyflavianat 729.
Cadmiumhydroxyfluorid, Struktur 717.
Cadmiumhydroxysulfat, Zusammensetzung 709.
Calciumaluminiumdoppelhydroxyde, Doppelschichtengitterstrukturen 298 f, 300, 744.
Calciumaluminiumhydroxysalze 735.
—, Doppelschichtenstrukturen 698, 750.
—, Schichtenabstände 736, 737.
Calciumeisenhydroxysalze 299 f.
Calciumferrithydrate 299 f.
Californium, chemisches Verhalten 513.
Camphen, Oxosynthese mit 366.
Chabasit, Sättigungswerte der Sorption 121.
Chlorin $e_6$, Krystallform 553.
Chlorine Trifluoride, behaviour 612.
Chlorophyll 538 ff.
—, Absorptionsspektren 541.
—, Bestandteil eines Proteidkomplexes im Blatt 540.
—, Bruttoformeln 551.
—, chemische Umwandlungen 554.
—, Deutung der „braunen Phase" 565.
—, Haftstelle des Phytols 565.
—, Kernstruktur 570 f.
—, Produkte des oxydativen bzw. reduktiven Totalabbaus 555.

Chlorophyll a 549ff.
— —, Bandenspektrum 550.
— —, chromatographische Trennung 552.
— —, optische Aktivität 571.
— —, Strukturformel 569, 572.
— —, Weg einer Synthese 583.
— a′ 590.
— a-Derivate, Umwandlung zu Phäo- und Chloroporphyrinen 560.
— b 549ff.
— —, Bandenspektrum 550.
— —, chromatographische Trennung 552.
— —, optische Aktivität 571.
— —, Strukturformel 569, 572.
— —, Weg einer Synthese 585.
— b′ 590.
— b-Derivate, Umwandlung zu Phäo- und Rhodinporphyrinen 561.
— -Farbstoff unbekannter Konstitution, in Chlorobakterien 590.
Chlorophyllid a 551.
— —, chromatographische Trennung 552.
Chlorophyllid b 551.
— —, chromatographische Trennung 552.
Chloroplastin 539ff., 548.
—, Farbstoffkomponenten 544.
—, Ultrazentrifugierung 543.
— -Lösungen, Elektrophoreseversuche 542
— —, Spaltungsprobe 544.
— -Protein, Aminosäurebestimmungen 547.
Chloroporphyrin $e_4$, Umwandlung in Rhodo- und Phylloporphyrin 562.
— $e_6$, Umwandlung in Rhodo- und Phylloporphyrin 562.
Choleinsäuren 107f.
— von Estern und isomeren Säuren, Molverhältnisse 113f.
Chrysotil, Struktur 739.
Clayden-Effekt 420.
Codehydrasen, Auf- und Abbau durch Mikroorganismen 195, 201.
Coenzym A, Aufbau durch Mikroorganismen 175.
— R 185.
Complex Fluorides, preparation 611.
Crotonsäureäthylester, Oxosynthese mit 368.

Curium, chemisches Verhalten 510.
—, Trennung von Americium 511.
—, Zerfall und Halbwertszeiten der schwersten Isotope 529.
— -fluorid 511.
— -hydroxyd 511.
— -oxyd 511.
Cyclooctatetraen, Oxosynthese mit 365.
Cycloocten, Oxosynthese mit 365.
Cyclopenten, Oxosynthese mit 364.
— -aldehyd aus Cyclopenten durch Oxosynthese 364.

Debot-Effekt 416.
Deformationsschwingungen (C—H) 776.
4-Desoxyadermin 166.
Desthiobiotin 187.
Diäthylketon, aus Äthylen durch Oxosynthese 348.
Diaminothiophan-carbonsäure 187.
Diboran, Ultrarotspektrum 792.
Dicalciumaluminathydrat 299f.
Dichloräthylen, cis- und trans-, Bestimmung des Gleichgewichts durch Ultrarotmessung 773.
cis-Dichloräthylen, Ultrarotspektren 796.
trans-Dichloräthylen, Ultrarotspektren 795.
Dichlorlactoflavin 163.
Dickit, Struktur 738.
Dicyano-ammin-benzolnickel als Käfigverbindung 126.
Dicyclohexen, Oxosynthese mit 365.
Dicyclopentadien, Oxosynthese mit 365.
Diene, aliphatische, Oxosynthese mit 363.
Diffusionsschicht, Deformation des Konzentrationsgefälles 256ff.
— an der Tropfkathode, Sichtbarmachung 237f.
Diisobutylen, Oxosynthese mit 357.
Diisoheptylen, Oxosynthese mit 358.
Dimethylaminborazen, Untersuchung im Ultrarot 777.
Dimethylanilin, spezifische Leitfähigkeit in reiner Essigsäure 631.
—, Viscosität in reiner Essigsäure 633.
Dimethylquecksilber, Ultrarot- und Raman-Spektrum 789.
Dimethylzink, Ultrarot- und Raman-Spektrum 789.
Dineptuniumtrisulfid 492.
4.4′-Dinitrodiphenyl, Struktur der Molekülverbindungen 115.

4.4'-Dinitrodiphenyladdukte, krystallographische Daten 116ff.
—, Molverhältnisse 118f.
Disulfide, Schlüsselfrequenzen im Ultrarot 823.
Doppelhydroxyde, Doppelschichtenstrukturen 744.
Doppelschichtenstrukturen bei Hydroxysalzen 695ff.
Doppelstrahl-Wechsellichtspektrometer 761.
Dysprosiummonohydroxyd, Zersetzungstemperatur und Krystallstruktur 282.
Dysprosiumtrihydroxyd, Zersetzungstemperatur und Dimensionen der Elementarzelle 281.

Edestin, molecular weight from light scattering 15.
Einfachschichtenstrukturen bei Hydroxysalzen 691.
Einschluß-Verbindungen, organische 92ff.
Eisen (II, III)-hydroxychlorid 734.
Eisenhydroxyde, Doppelschichtengitterstruktur 291f., 300.
Eisen (III)-oxydaquate 304.
Elektrolytströmungen an großflächigen Hg-Elektroden 234ff.
— an Tropfelektroden 237ff.
Elektronenmikroskop, Anwendung in der anorganischen Chemie 57ff.
—, Herstellung der Präparate 61.
—, Oberflächenabbildung 63.
—, Trägerfolien 61f.
Elemente, langperiodiges System 525.
Empfindlichkeit, photographische, Beziehung zur Absorption 426.
Emulsionen, photographische, Quantenausbeute bei der Belichtung 381f.
Erbiummonohydroxyd, Zersetzungstemperatur und Krystallstruktur 282.
Erbiumtrihydroxyd, Zersetzungstemperatur und Dimensionen der Elementarzelle 281.
Erioflavin, Hydroxysalze 728.
Erioglaucin, basisches Zinksalz 689.
— A, Hydroxysalze 728.
Essigsäure, Amphoterie in 657.
—, Anlagerungsvermögen 649.
—, Entwässerung 621, 622.
—, Halogentitrationen in 648.
—, neutralisationsanaloge Umsetzungen in 644ff.

Essigsäure, physikalisch-chemische Daten 621.
—, potentiometrische Titrationen in 639ff.
—, Reinigung 621.
—, Solvolyseerscheinungen in 652ff.
—, Solvolysereaktionen in 657.
— als Lösungsmittel für Säuren, Basen, Salze 622.
Ester-choleinsäuren, Molverhältnis und Raumbedarf der eingelagerten Komponenten 113.
Excelsin, molecular weight from light scattering 15.

Farbzentren, Bildung in Alkalihalogenidkrystallen 386.
—, Deutung 387.
Faserzeolithe 120.
Fettsäure-choleinsäuren, Elementarzelle 109ff.
—, Krystallstruktur 108f.
—, Molverhältnis und Raumbedarf der eingelagerten Komponenten 112f.
Fettsäuren, Schlüsselfrequenzen im Ultrarot 821, 822.
Flüssigkeitshydrate, kritischer Zersetzungspunkt 132f.
Fluorine Chemistry 609ff.
Fluorocarbon radicals in organometallic compounds 612.
Fluoroform, Rotations-Schwingungsbanden 779.
Formyl-buttersäureäthylester, Darstellung aus Crotonsäureäthylester durch Oxosynthese 335.
FRENKELsche Fehlordnung bei Silberhalogeniden 392.
Fumarsäurediäthylester, Oxosynthese mit 368.

Gadoliniummonohydroxyd, Zersetzungstemperatur und Krystallstruktur 282.
Gadoliniumtrihydroxyd, Zersetzungstemperatur und Dimensionen der Elementarzelle 281.
Gashydrate, Bildungswärmen 133.
—, Gitterkonstanten und Dichten 129ff.
—, kritischer Zersetzungspunkt 131.
—, Struktur 128.
—, Zustandsdiagramm 132.
Gas- und Flüssigkeitshydrate, feste, als Wasser-Käfigverbindungen 127ff.

Glyoxal, Schwingungsspektrum 785.
Grenzflächenbewegungen, Hemmung
    tangentialer 241.
Grenzflächenspannungstheorie, Deutung
    238 ff.
Gurney-Mottsche Theorie 390.

Hämatinsäure 556.
Hämatinsäureimid 572.
Hämin 556.
Hämopyrrol 556.
Hämotricarbonsäureimid 572, 589.
Halloysit-Einschlußverbindungen nicht-
    ionogener organischer Substanzen 138.
Halloysitsorbate 137.
Halogen Fluorides as ionizing solvents
    609.
Halogenkohlenwasserstoffe, Ultrarot-
    Schwingungsspektren 774.
Halogenverbindungen, Schlüsselfrequen-
    zen im Ultrarot 819.
Halogenwasserstoffsäuren, Bildung von
    Solvaten in Essigsäure 625.
Harnstoffaddukte 94 ff.
—, Dichte 98.
—, Dissoziation 100 f.
—, Gitterenergie 98 ff.
—, Molverhältnis 97 f.
—, Struktur 95 ff.
Helvetiablau, Hydroxysalze 728.
Hemocyanins, molecular weight from
    light scattering 15.
Hepten, Oxosynthese mit 356.
Herschel-Effekt 401, 416.
Hexachlorcyclohexane, Einfluß von Lö-
    sungsmitteln auf die C—H-Valenz-
    schwingungen 850.
Hexen, Oxosynthese mit 354.
Homo-Aneurintriphosphorsäure 155.
Horse Serum Albumin, molecular weight
    from light scattering 15.
Hydratropaaldehyd aus Styrol durch
    Oxosynthese 364.
Hydrochinon, Clathrate-compounds
    122 ff.
Hydroxyazide, Struktur 714.
Hydroxybromate, Struktur 749.
Hydroxychloride, Einfachschichtenstruk-
    turen 745.
— mit Doppelschichtenstrukturen 744.
— zweiwertiger Metalle 742.
—, Zusammensetzung und Struktur
    742 ff.

Hydroxyde zweiwertiger Metalle, Elek-
    tronenmikroskopie 74 ff.
— — —, Gitterdimensionen 701.
Hydroxydoppelchloride, Doppelschich-
    tenstrukturen 744.
Hydroxydoppelsalze 730 ff.
— zwei- und dreiwertiger Metalle 733,
    734.
Hydroxyflavianate, Doppelschichten-
    strukturen 748.
— von Kupfer, Kobalt, Mangan und
    Cadmium 727.
Hydroxyjodate, Struktur 749.
Hydroxysalze, Bänderstrukturen 698,
    699.
—, Bauprinzipien 690.
—, Beständigkeit 685.
—, Bildungsformen 679 f.
—, Bildungsreaktionen 674 f.
—, chemische Zusammensetzung 683.
—, Doppelschichtenstrukturen 695 ff.
—, Einfachschichtenstrukturen 691.
—, Struktur 688.
—, Umsetzungsreaktionen 686.
—, Zusammensetzung und Struktur
    739 ff.
— der Sauerstoffsäuren 720.
— einwertiger Anionen 746.
— mit Bänderstruktur 721 ff.
— mit C 6-Struktur 702, 703.
— mit C 19- und EO 3-Struktur 705.
— mit deformierter Metallionenschicht
    709 ff.
— — —, Gitterdimensionen 710.
— mit Doppelschichtenstruktur mit un-
    geordneter Zwischenschicht 718.
— mit Einfachschichtengitter unbekann-
    ter Struktur 707.
— mit geordneten Doppelschichtenstruk-
    turen 719.
— — Zwischenschichten 720.
— mit Metallionenschichten mit Lücken
    714.
— mit ungeordneten Doppelschichten-
    strukturen 717.
— organischer Säuren 724 ff.
— — —, unvollkommen kristalline
    Formen 726.
— — —, vollkristalline Formen 729.
— variabler Zusammensetzung 749.
— verschiedener Säuren, Zusammen-
    setzung und Struktur 746 ff.
— zweiwertiger Anionen 746.

Hydroxysalze zweiwertiger Metalle 670 ff.
Hydroxysilicate, plättchenförmige, Beziehung zu den übrigen Hydroxysalzen 737 ff.
Hydroxysulfate 721.

ILKOVIČ-Gleichung 242.
4-Imidazolidon-(2)-carbonsäuren 187.
Influenza Virus, molecular weight from light scattering 15.
m-Inosit als Wuchsstoff 202 ff.
Intermittenzeffekt 415.
Ionenkristalle, Temperaturabhängigkeit der Ultrarotabsorption 802.
Isobutylen, Oxosynthese mit 351.
Isochloroporphyrin e₄, Synthese 578.
Isohexen, Oxosynthese mit 355.
Isopenten, Oxosynthese mit 352.

Käfig-Einschlußverbindungen 122 ff.
Kaliumacetat, spezifische Leitfähigkeit in reiner Essigsäure 631.
—, Viscosität in reiner Essigsäure 633.
Kanal-Einschlußverbindungen 94 ff.
Kaolinit, Struktur 739.
Kobaltcarbonylverbindungen, Katalysatoren für die Oxosynthese 326.
Kobalthydroxybromid 687, 697.
—, Struktur 711, 718.
Kobalthydroxychlorid 687.
—, Struktur 718, 744.
Kobalt(II)-hydroxyd, Doppelschichtengitterstruktur 285 ff., 300.
Kobalt(II, III)-hydroxyd, grünes, Doppelschichtengitter 287, 300.
Kobalt(II, III)-Hydroxysalze 734.
Kobalthydroxysulfat 704.
Kobalt-Zink-Doppelhydroxyd, Doppelschichtengitterstruktur 296 f., 300.
Kohlenoxyd, Rotations-Schwingungsspektrum 778.
Kohlenwasserstoffe, Mechanismus der Synthese im Normaldruckverfahren 344 ff.
—, Schlüsselfrequenzen im Ultrarot 826.
—, Ultrarot-Schwingungsspektren 775.
Kryptopyrrol 556.
Kupferdithionat, Struktur 748.
Kupferhydroxybromat 721.
Kupferhydroxybromid, Struktur 709, 710.
Kupferhydroxychlorat, Struktur 713.
Kupferhydroxychlorid, Struktur 711, 714.

Kupferhydroxydithionat, Struktur 713.
Kupferhydroxydoppelchloride 731.
Kupferhydroxydoppelsalze 730, 731.
Kupferhydroxyjodat 721.
Kupferhydroxynitrat, Struktur 712, 738.
Kupferhydroxysalze 745.
—, Einfachschichtenstrukturen 747.
Kupfernickelhydroxychloride 732.

Lactoflavin, Auf- und Abbau durch Mikroorganismen 161 ff.
—, Bildung durch Mikroorganismen 159 f.
—, Phosphorylierung durch Mikroorganismen 161 f.
—, Vorstufen der mikrobiologischen Synthese 160.
— als Wuchsstoff 159 ff.
— -Analoga 163 f.
— -Antagonisten 163 f.
β-Lactoglobulin, molecular weight from light scattering 15.
Lanthanmonohydroxyd, Zersetzungstemperatur und Krystallstruktur 282.
Lanthantrihydroxyd, Zersetzungstemperatur und Dimensionen der Elementarzelle 281.
Lithium-Aluminiumhydrid, Ultrarotbanden 795.
Lösungsmittel, Durchlässigkeit im Ultrarot 825.
—, Einfluß auf die Lage von Ultrarotbanden 848 f.
Lumiflavin 163.
Lysozyme, molecular weight from light scattering 15.

Magnesiumaluminiumdoppelhydroxyd, Doppelschichtengitterstruktur 297, 300.
Magnesiumaluminiumhydroxychlorid 734, 735.
Magnesiumhydroxybromid 721.
Magnesiumhydroxycarbonat, Bänderstruktur 723.
Magnesiumhydroxychlorid, Struktur 699.
Magnesiumhydroxychloride, Bänderstrukturen 723, 745, 746.
Magnesiumhydroxyd, Einfachschichtengitterstruktur 295.
—, Struktur 688.
Magnesiumhydroxydstruktur, Abwandlungsarten 690.

Magnesiumhydroxyhalogenide, Gitter-
dimensionen 722.
Magnesiumzinkdoppelhydroxyd, Doppel-
schichtengitterstruktur 297, 300.
Makromoleküle, Strukturanalyse durch
Ultrarotspektroskopie 832f.
Manganaluminiumdoppelhydroxyd 735.
Manganaluminiumhydroxychlorid 734,
735.
$\gamma$-Mangandioxyd, a- und b-Form 293f.
Mangandioxydaquate 303.
Manganhydroxyde, Doppelschichtengit-
terstruktur 292ff., 300.
Mehrstoffkomponentengemische, qualita-
tive Analyse durch Ultrarot-
spektroskopie 836ff.
—, — — durch Ultrarotspektroskopie
840ff.
Mesochlorophyll a, Synthese 582, 583.
Meso-desoxo-pyrophäophorbid a 573,
574.
Meso-methylphpäophorbid a, Synthese
582, 583.
Meso-phyllochlorin 581, 582.
Meso-pyrrochlorin 581.
Metallacetate, Komplex- und Doppel-
salze aus wasserfreier Essigsäure
659ff.
Metall-Borhydride, Ultrarotspektrum
793.
Metalle und Legierungen, Elektronen-
mikroskopie 69ff.
Metallhydroxyde 273ff.
— mit Einfach- und Doppelschichtengitter 283ff.
Metallionenschichten, deformierte, bei
Hydroxysalzen 693.
—, undeformierte, bei Hydroxysalzen 692.
— mit Lücken bei Hydroxysalzen 694.
Metallmanganite, Doppelschichtengitter-
struktur 293, 300.
Metalloxydhydrate 273ff.
Methyl-äthyl-acetaldehyd aus Butadien
durch Oxosynthese 363.
Methyl-äthylacrolein aus Äthylen durch
Oxosynthese 349.
$\alpha$-Methyl-$\alpha'$-äthyl-bernsteinsäure, Anhydrid 589.
Methyl-äthyl-maleinimid 556.
2-Methylbutan, Ultrarotspektren im flüs-
sigen und festen Zustand 801.
2-Methyl-butanol-(1) aus Butylen durch
Oxosynthese und Hydrierung 351.

3-Methyl-butanol-(1) aus Isobutylen
durch Oxosynthese und Hydrierung
351.
2-Methyl-buten-(2), Oxosynthese mit 352.
Methylphäophorbid a, Krystallform 552.
— a-Oxim, Krystallform 563.
— b, Krystallform 552.
— b-Dioxim, Krystallform 563.
— b-Monoxim I, Krystallform 563.
Molecular weights in polydispersed
systems 13.
Montmorillonit-Einschlußverbindungen
nicht-ionogener organischer Substanzen 138.
Montmorillonitsorbate 135ff.

Naphthalin, Ultrarotspektrum 799.
Naphthalinderivate, Schlüsselfrequenzen
im Ultrarot 819.
Naphthene, Schlüsselfrequenzen im
Ultrarot 817.
$\alpha$-Naphthyl-(1)-propionaldehyd, aus $\alpha$-
Vinylnaphthalin durch Oxosynthese
364.
Natriumacetat, spezifische Leitfähigkeit
in reiner Essigsäure 631.
Natrium-Americyl(VI)-triacetat 510.
Natrium-plutonyl(VI)-triacetat 505.
Neodymmonohydroxyd, Zersetzungstem-
peratur und Krystallstruktur 282.
Neodymtrihydroxyd, Zersetzungstempe-
ratur und Dimensionen der Elemen-
tarzelle 281.
Neptunium, chemisches Verhalten 490.
—, Oxydations- und Reduktionsreak-
tionen 496.
—, Salze von Sauerstoffsäuren 494.
—, Trennung von Uran und Plutonium
507.
Neptuniumdioxyd 491.
Neptunium-Halogenide 492.
Neptunium(IV)-hydroxyd 491.
Neptuniummonoxyd 491.
Neptunium-Oxyhalogenide 493.
Neptuniumoxysulfid 492.
Neptunium(IV)-peroxyd 491.
Neutronen-$\beta$-Prozeß 527.
Nickelhydroxychlorid, Struktur 744.
Nickel(II, III)-hydroxyd, blauschwarzes,
Doppelschichtengitterstruktur 289ff.,
300.
Nickelhydroxyde, Krystallstruktur
288ff., 300.

Nickel-Zink-Doppelhydroxyd, Doppel-
  schichtengitterstruktur 296, 300.
Nicotinsäure, Auf- und Abbau durch
  Mikroorganismen 195.
—, Hemmung der mikrobiologischen
  Synthese 196 ff.
—, mikrobiologische Synthese 193 ff.
—, Synthese aus Ornithin 194.
— als Wuchsstoff 192 ff.
Nicotinsäure(amid)-Antagonisten 200.
Nitrosylbromid, Kraftkonstanten und
  Entropiewerte 791.
Nitrosylchlorid, Kraftkonstanten und
  Entropiewerte 791.
Nonylaldehyd aus Diisobutylen durch
  Oxosynthese 357.
Nonylalkohol, Darstellung aus Octylen
  durch Oxosynthese 334.
Nullpotential, elektrokapillares 231 ff.

Octadecen-(1), Oxosynthese mit 358.
Octalin, Oxosynthese mit 364.
n-Octan-harnstoff 96.
Octen, Oxosynthese mit 356.
Ölsäure, Oxosynthese mit 368.
Olefine, Oxosynthese mit 346 ff.
—, Schlüsselfrequenzen im Ultrarot 814 f.
Olefingemische, Oxosynthese mit 358 ff.
Opsopyrrol 556.
Osmotic pressure and light scattering 12.
Ovalbumin, molecular weight from light
  scattering 15.
Oxosynthese 311 ff.
—, Adsorption und Katalyse an Kobalt
  328.
—, Aktivierung der Katalyse 329.
—, Allgemeine Reaktionsgleichung 317.
— als Druckreaktion 321.
—, Anwendungsbereich 318.
—, Ausführung der Reaktion 318.
—, Ausführung im Laboratorium 333.
—, Definition 312.
—, Geschichte 313.
—, Katalysatoren 323 ff.
—, Katalyse mit Ruthenium 333.
—, Kohlenoxyd und Wasserstoff als
  Reaktionskomponenten 319.
—, Mischkatalysatoren 329 ff.
—, Reaktionskinetik und Thermodyna-
  mik 338.
—, Reaktionsmechanismus 340 ff.
—, technische Durchführung 335 ff.
—, Temperaturbedingungen 322.

Oxybiotin 186 f.
Oxydaquate 301 ff.
Oxyde zweiwertiger Metalle, Elektronen-
  mikroskopie 74 ff.
Oxydische Rauche, Elektronenmikro-
  skopie 83 ff.
Oxypantothensäure 181.
9-Oxy-desoxo-phäoporphyrin $a_5$ 574.

Pantothensäure, Aufbau durch Mikro-
  organismen 175.
—, Mechanismus der mikrobiologischen
  Synthese 176 ff.
—, Überführung in Coenzym A 180 f.
— als Bestandteil eines Coferments 174 ff.
— als Wuchsstoff 171 ff.
— -Antagonisten 184 f.
— -Bedarf von Mikroorganismen 173 ff.
Pantoyltaurin 181 f.
Paraffine, Schlüsselfrequenzen im Ultra-
  rot 812 f.
Paratakamit, Struktur 716.
n-Pentanol aus Butylen durch Oxo-
  synthese und Hydrierung 351.
Penten, Oxosynthese mit 351 f.
Perchlorsäure, spezifische Leitfähigkeit
  in reiner Essigsäure 631.
Perfluorocacodyl, Hydrolysis 615.
PERKIN-ELMER-Monochromator 762.
Pferde-Methämoglobin-Hydrat 140 ff.
—, Elementarzelle 141 f.
Phäophorbid a 551.
— —, Krystallform 553.
— —, optische Aktivität 571.
— b 551.
— —, Krystallform 553.
— —, optische Aktivität 571.
— —, Oxime 564.
Phäophytin a 551.
— b 551.
Phäoporphyrin $a_5$ 574.
— —, Krystallform 559.
— —, Synthese aus Isochloroporphyrin
  $e_4$ bzw. Phylloporphyrin 579.
— —, Umwandlung in Rhodo- und
  Phylloporphyrin 562.
— $b_6$ 574.
— —, Krystallform 559.
— $b_7$ 564.
Phäoporphyrinogen $a_5$ 567.
Phenylpantothenon 182.
Phosphorverbindungen, Schlüsselfrequen-
  zen im Ultrarot 824.

Photosythin 548.
Phyllochlorin a 545.
— b 546.
Phylloerythrin 562.
Phylloporphyrin 556.
—, Entstehung 562.
—, Krystallform 557.
—, Struktur 558.
—, Synthese 558.
$\gamma$-Phylloporphyrin, Synthese 577.
Phyllopyrrol 556.
Phytol 551.
Pig Serum Albumin, molecular weight from light scattering 15.
$\alpha$-Pinen, Oxysynthese mit 365.
Plutonium, chemisches Verhalten 497.
—, Stabilität der Wertigkeitsstufen 505.
—, Trennung von Uran und Neptunium 507.
—, Zerfall und Halbwertszeiten der schwersten Isotope 529.
Plutonium (IV)-acetylacetonat 503.
Plutoniumdioxyd 498.
Plutonium (III)-hexacyanoferrat 501.
Plutonium (III)-hydroxyd 499.
Plutonium (IV)-hydroxyd 499.
Plutoniummonoxyd 498.
Plutonium (IV)-m-nitrobenzoat 503.
Plutonium (IV)-oxalat 503.
Plutonium (IV)-8-oxychinolat 503.
Plutoniumoxysulfid 499.
Plutonium (III)-perchlorat 501.
Plutoniumperoxyd 498.
Plutonium (IV)-phenylarsenat 503.
Plutoniumphosphat 503.
Plutonium (III)-sulfat 501.
Plutoniumtetrafluorid 500, 503.
Plutoniumtribromid 500.
Plutoniumtrichlorid 500.
Plutoniumtrifluorid 500.
Plutonium (IV)-Verbindungen 501 ff.
Plutonium (V)-Verbindungen 503.
Plutonyl (VI)-fluorid 504.
Plutonyl (V)-hydroxyd 499.
Plutonyl (VI)-nitrat 504.
Plutonyl (VI)-8-oxychinolat 505.
Polarographische Maxima, Abbruch 241, 252.
Polarographische Maxima, Dämpfer 240.
— —, negative, Abbruch 259.
— —, positive und negative 238.
— —, positive und negative, Unterschied 264 f.

Polarographische Maxima, Theorie der 229 ff.
— — 1. Art, Eigenschaften 247 ff.
— — —, Theorie 253 ff.
— — 2. Art 241 ff.
— — —, Unterdrückung durch oberflächenaktive Stoffe 245 ff.
Polarographisches Maximum, Anspringen des 265 ff.
— —, negatives, Doppelschicht und Äquipotentialflächen 253.
Polydispersity, effects on light scattering 41.
Polypeptide, Bestimmung der Kettenfaltung durch Ultrarot 809.
—, Schlüsselfrequenzen im Ultrarot 823.
Polythionate, Bildung 473.
—, Umsetzung mit Sulfid-Ion und mit Schwefelwasserstoff 468.
—, Zerfall in wäßriger Lösung 463, 474.
Polythionat-Ionen, Konstitution 470.
—, Reaktionen 474.
—, — mit Cyanid-Ion 461.
—, — mit Sulfit- bzw. Hydrogensulfit-Ion und mit Thiosulfat-Ion in wäßriger Lösung 459.
Polythionsäuren, Bildung aus Schwefelhalogeniden 446.
—, — bei der Disproportionierung der schwefligen Säure und ihrer Derivate 455.
—, — bei der Zersetzung der Thioschwefelsäure 455.
—, — durch Oxydation von Thioschwefelsäure bzw. Thiosulfaten 454.
—, — in der WACKENRODERschen Flüssigkeit 449 ff.
—, Chemie der 444 ff.
—, sonstige Bildungsweisen 458.
Porphyrine 556.
Potassium Hexafluoroarsenate 611.
Potentiometrische Titrationen in Essigsäure 639 ff.
Praseodymmonohydroxyd, Zersetzungstemperatur und Krystallstruktur 282.
Praseodymtrihydroxyd, Zersetzungstemperatur und Dimensionen der Elementarzelle 281.
Propionaldehyd aus Äthylen durch Oxosynthese 347.
Propylen, Oxosynthese mit 349.
Protaktinium, chemisches Verhalten als Aktinid 517.

Protein solutions, light scattering in 1ff.
Proteine, Bestimmung der Kettenfaltung durch Ultrarot 809.
Protochlorophyll a 587.
Protochlorophyll b 587.
($\alpha$, n)-Prozeß 528.
Pseudospektrographen, Anwendung zur Betriebskontrolle 855.
Pyridin, spezifische Leitfähigkeit in reiner Essigsäure 631.
— -$\beta$-sulfosäure, Hemmung der Nicotinsäuresynthese 198f.
Pyridoxal 166f.
—, Phosphorylierung durch Mikroorganismen 170.
Pyridoxalphosphat, Katalyse durch 168f.
Pyridoxal-3-phosphat 166f.
Pyridoxal-5-phosphat 166f.
Pyridoxamin 166f.
—, Phosphorylierung durch Mikroorganismen 170.
Pyridoxin als Wuchsstoff 165ff.
— -Bedarf von Mikroorganismen 165ff.
Pyrithiamin 154.
Pyrophäophorbid a, Struktur 573.
— b 574.
— —, Struktur 573.
Pyrroporphyrin 556.
—, Krystallform 557.
—, Struktur 558.
—, Synthese 558.

Quecksilber, Elektrokapillarkurve 231.
— -Elektrode, Grenzflächenspannung und Potential 231ff.
— -Maximum bei verschiedenem Zusatz-Widerstand 265.
— -Tropfen, Deformation durch Strömung 269f.

Raumgitterstrukturen bei Hydroxysalzen 714.
RAYLEIGHs equations 3.
Rebrominierungstheorie der Solarisation 424.
Regressionstheorie der Solarisation 424.
Rhodin $g_7$, Krystallform 553.
— —, Oxime 564.
Rhodoporphyrin 556.
—, Entstehung 562.
—, Krystallform 557.
—, Struktur 558.
—, Synthese 558.

Riboflavin als Wuchsstoff 159ff.
Rotationsisomerie 800.
Ruß, Elektronenmikroskopie 67ff.

SABATTIER-Effekt 420.
Säuren, Untersuchung der Assoziation im Ultrarot 844.
Säurenanaloge, Leitfähigkeit in Essigsäure 627ff.
— in Essigsäure, Molekulargewichtsbestimmung 633ff.
Salze, Löslichkeit in Essigsäure 624.
Samariummonohydroxyd, Zersetzungstemperatur und Krystallstruktur 282.
Samariumtrihydroxyd, Zersetzungstemperatur und Dimensionen der Elementarzelle 281.
Sauerstoffsäuren, Bildung von Solvaten in Essigsäure 625.
Scandiumhydroxyd, Krystallstruktur 280.
SCHARDINGER-Dextrin-Einschlußverbindungen 119f.
Schicht, photographische, Reifung 377.
—, —, spektrale Empfindlichkeit und Schwärzungskurve 378f.
—, —, Struktur 376.
— -Einschlußverbindungen 134ff.
Schlüsselfrequenzen im Ultrarot, Bestimmung 811.
SCHWARZsche Oberflächenentladungstheorie 380.
SCHWARZSCHILD-Effekt 408.
Schwefelsäure, spezifische Leitfähigkeit in reiner Essigsäure 631.
Seltene Erden, Hydroxyde der 280ff.
Sensibilisation, chemische 425.
—, optische 426.
Silberbromid-Einkrystalle, Absorptionsmessungen 384.
Silberhalogenide, FRENKELsche Fehlordnung bei 392.
—, lichtelektrische Leitfähigkeit 384, 392.
Silberkeimtheorie 380, 389.
Solarisation 423.
—, Temperaturabhängigkeit 425.
Solvate von Salzen in Essigsäure 651.
Solvolyseerscheinungen in Essigsäure 652ff.
Solvolysereaktionen in Essigsäure 657.
Sperrschichttheorie der Solarisation 424.
Stoffwechselanalyse, mikrobiologische 146ff.

Strukturanalyse von Reinsubstanzen durch Ultrarotspektroskopie 827 ff.

Strukturbestimmung aus den Umrissen von Ultrarotbanden 788 ff.

— durch Verwendung polarisierter Ultrarotstrahlung 805.

Strukturbestimmungen aus der Feinstruktur von Ultrarotbanden 778 ff.

Styrol, Oxosynthese mit 364.

Subkeime 396 ff.

—, Nachweis 397.

Substituenten, Feldwirkungen in aromatischen Verbindungen 846.

Sulfide, Schlüsselfrequenzen im Ultrarot 823.

Sulfone, Schlüsselfrequenzen im Ultrarot 823.

Sulfopantothensäure 181.

Sulfoxyde, Schlüsselfrequenzen im Ultrarot 823.

Tangentialstrom 253 ff.

Tetracalciumaluminathydrate 299 f.

Tetramethylammoniumacetat, Darstellung 630.

—, spezifische Leitfähigkeit in reiner Essigsäure 631.

Thermodynamic fluctuation theory for multicomponent systems 21.

Thioharnstoffaddukte 102 ff.

Thioschwefelsäure, Zersetzung mit Katalysatoren 457.

—, Zersetzung ohne Katalysatoren 455.

Thorium, chemisches Verhalten als Aktinid 517.

Thoriumdioxydaquate 302.

Titandioxydaquate 301 f.

Tobacco Mosaic Virus, molecular weight from light scattering 15.

Tonmineralien, Elektronenmikroskopie 85 ff.

Tonmineralsorbate 134 f.

Transurane 484 ff.

—, Aufbau mittels schwererer Kerne 530.

—, höhere, Stabilität und Aufbaumöglichkeit 526.

—, langdauernde Neutronenbestrahlung 528.

Trifluoromethyl Iodide 613.

— —, reactions with Phosphorus, Arsenic, Antimony, Sulphur or Selenium 614 ff.

— Mercuric Iodide 613.

Trimethyläthylen, Oxosynthese mit 352.

Trimethylamin-borazan, Untersuchung im Ultrarot 777.

Trimethyl-borazol, Untersuchung im Ultrarot 777.

Trineptuniumoktoxyd 491.

Triphenylguanidin, spezifische Leitfähigkeit in reiner Essigsäure 631.

Tris Trifluoromethyl Arsine 615.

— — Phosphine 614.

Tryptophan, Auf- und Abbau durch Mikroorganismen 195.

Ultrarotbanden, Zuordnung 766 ff.

Ultrarot-Mikrospektrometer 762.

— -Mikrospektrometrie 836.

— -Pseudospektrographen 764.

— -Rotationsspektren 767.

— -Rotationsschwingungsspektren 777 ff.

— -Schwingungsspektren, Berechnung der Grundfrequenzen 768.

— —, Isotopieeffekt 772.

— —, Potentialfunktion 770.

— —, Schwingungsmodelle 770.

Ultrarotspektroskopie 758 ff.

—, Anwendung zur qualitativen Analyse 836 ff.

—, Anwendung zur quantitativen Analyse 840 ff.

—, Hilfsmittel der chemischen Analyse 810 ff.

—, Meßmethodik 761.

—, Polarisationsmessungen 763.

—, quantitative Analysenverfahren 851 ff.

—, Strukturanalyse von Reinsubstanzen 827 ff.

—, Verfolgung chemischer Reaktionen 830.

Unterströmungseffekt 256 ff.

Uran, chemisches Verhalten als Aktinid 514.

—, Trennung von Neptunium und Plutonium 507.

$\gamma$-(3.4-Ureylencyclohexyl)-buttersäure 187.

n-Valeraldehyd aus Butadien durch Oxosynthese 363.

Verdoporphyrin 556.

—, Krystallform 557.

—, Struktur 558.

—, Synthese 558.

Vinylacetat, Oxosynthese mit 368.

Vinylcyclohexen, Oxosynthese mit 365.
α-Vinylnaphthalin, Oxosynthese mit 364.
2-Vinyl-phäoporphyrin $a_5$ 587.
— —, Krystallform 574.
— $b_6$ 587.
2-Vinyl-porphine 574.
Vitamin $B_1$ als Wuchsstoff 149ff.
— $B_2$ als Wuchsstoff 158ff.
— $B_6$, Ersatz durch verschiedene Amino-
    säuren bei Mikroorganismen
    168f.
— —, Mechanismus der mikrobiologi-
    schen Synthese 169f.
— — als Wuchsstoff 165ff.
— — -Antagonisten 171.
Vollkeime 396ff.

Wasserstoffbrücken bei Aminen 849.
—, Ultrarot-Untersuchungen 843, 845.
WEIGERTsche Micellartheorie 380.
WEINLAND-Effekt 420.
Wuchsstoffe 146ff.
Würfelzeolithe 120.

Yeast Enolase, molecular weight from
    light scattering 15.
Ytterbiummonohydroxyd, Zersetzungs-
    temperatur und Krystallstruktur
    282.
—, Zersetzungstemperatur und Dimen-
    sionen der Elementarzelle 281.

Yttriumhydroxyd, Krystallstruktur 282.
Yttriummonohydroxyd, Zersetzungs-
    temperatur und Krystallstruktur 282.
Yttriumtrihydroxyd, Zersetzungstempe-
    ratur und Dimensionen der Elemen-
    tarzelle 281.

Zeolithsorbate 120ff.
Zinkcarbonat, basisches 708.
Zinkhydroxyazid 720.
Zinkhydroxyazide, Einfachschichten-
    strukturen 748.
Zinkhydroxychlorid 687.
Zinkhydroxychloride, Doppelschichten-
    strukturen 745.
—, Struktur 744.
Zinkhydroxychromate 704f.
—, Einfachschichtenstrukturen 749.
ε-Zinkhydroxyd, Krystallstruktur 279.
Zinkhydroxyde, Doppelschichtengitter-
    struktur 294, 300.
Zinkhydroxyflavianat 725, 728, 729.
Zinkhydroxy-p-Nitrophenolat 729.
Zinkhydroxynitrat 687.
Zinkhydroxypikrat 730.
Zinkhydroxysalze, Doppelschichtenstruk-
    turen 747.
Zinkhydroxyselenat 704.
Zinkoxyd, Elektronenmikroskopie 82f.
Zinksalze organischer Säuren, basische
    Schichtkomplexe 139f.

# FORTSCHRITTE
## DER
# CHEMISCHEN FORSCHUNG

HERAUSGEGEBEN VON

**F. G. FISCHER**
WÜRZBURG

**H. W. KOHLSCHÜTTER**
DARMSTADT

**KL. SCHÄFER**
HEIDELBERG

SCHRIFTLEITUNG:

**H. MAYER-KAUPP**
HEIDELBERG

## 2. BAND
MIT 260 TEXTABBILDUNGEN

Springer-Verlag Berlin Heidelberg GmbH 1951/53

Springer-Verlag Berlin Heidelberg

ISBN 978-3-662-37517-4     ISBN 978-3-662-38286-8 (eBook)
DOI 10.1007/978-3-662-38286-8

# Inhalt des 2. Bandes.


## 1. Heft.

Seite

EDSALL, J. T., and W. B. DANDLIKER, Light scattering in solutions of proteins and other large molecules. Its relation to molecular size and shape and molecular interactions. Mit 9 Textabbildungen . . . . . . . . . . . . . 1

BEYERSDORFER, K., Anwendung des Elektronenmikroskops in der anorganischen Chemie. Mit 20 Textabbildungen . . . . . . . . . . . . . . . . 57

SCHLENK jr., W., Organische Einschluß-Verbindungen. Mit 32 Textabbildungen . . . . . . . . . . . . . . . . . . . . . . . . . . . . . . . 92

MÖLLER, E.-F., Wuchsstoffe und mikrobiologische Stoffwechselanalyse. Mit 11 Textabbildungen . . . . . . . . . . . . . . . . . . . . . . . . . 146

## 2. Heft.

STACKELBERG, M. v., Die Maxima der polarographischen Stromstärke-Spannungskurven. Mit 33 Textabbildungen . . . . . . . . . . . . . . 229

GLEMSER, O., Neuere Untersuchungen über Metallhydroxyde und -Oxydhydrate. Mit 8 Textabbildungen . . . . . . . . . . . . . . . . . . . 273

SCHUSTER, C., Die Oxosynthese . . . . . . . . . . . . . . . . . . . . . 311

## 3. Heft.

WOLFF, H., Das latente photographische Bild. Seine Entstehung im Lichte der neueren Forschung. Mit 37 Textabbildungen . . . . . . . . . . . 375

GOEHRING, M., Die Chemie der Polythionsäuren. Mit 6 Textabbildungen . 444

NAST, R., und T. v. KRAKKAY, Chemie und Aktinidentheorie der Transurane. Mit 2 Textabbildungen . . . . . . . . . . . . . . . . . . . . . . . . . 484

STOLL, A., und E. WIEDEMANN, Chlorophyll. Mit 9 Textabbildungen . . . . 538

## 4. Heft.

EMELÉUS, H. J., Recent Advances in Fluorine Chemistry . . . . . . . . . 609

MAASS, G., und G. JANDER, Die Grundlagen der Chemie in wasserfreier Essigsäure. Mit 23 Textabbildungen . . . . . . . . . . . . . . . . . . 619

FEITKNECHT, W., Die festen Hydroxysalze zweiwertiger Metalle. Mit 20 Textabbildungen . . . . . . . . . . . . . . . . . . . . . . . . . . . . . 670

SUHRMANN, R., und H. LUTHER, Neuere Ergebnisse der Ultrarotspektroskopie. Mit 50 Textabbildungen . . . . . . . . . . . . . . . . . . . . . . . 758

Namenverzeichnis zum 2. Band . . . . . . . . . . . . . . . . . . . . . 880

Sachverzeichnis zum 2. Band . . . . . . . . . . . . . . . . . . . . . . 903

# Mikroskopische und chemische Organisation der Zelle

2. Colloquium der Gesellschaft für Physiologische Chemie am 6./7. April 1951 in Mosbach/Baden. Mit 25 Textabbildungen. IV, 102 Seiten. 1952.

Steif geheftet DM 9.60

**Inhaltsverzeichnis: Mikroskopische und submikroskopische Bauelemente der Zelle.** Von F. E. Lehmann-Bern. — **Lokalisation der Fermente und Stoffwechselprozesse in den einzelnen Zellbestandteilen und deren Trennung.** Von K. Lang-Mainz. — **Nucleoprotamine und Nucleoproteide.** Von K. Felix-Frankfurt a. Main. — **Makromolekulare Struktur der Nucleinsäure.** Von G. Schramm-Tübingen. — **Zellkernäquivalente der Bakterien.** Von G. Piekarski-Bonn.

Einer der modernsten Aspekte der Biochemie ist die Verknüpfung der Erkenntnisse über den chemischen und morphologischen Bau einerseits, die chemische Leistung der Zelle und der einzelnen Zellbestandteile andererseits. Ihr war das „Mosbacher Colloquium 1951" der Gesellschaft für Physiologische Chemie gewidmet. Die Ergebnisse werfen so viel Licht auf die erzielten Fortschritte wie die durch sie neu aufgeworfenen Problemstellungen, daß mit der Veröffentlichung einem vielfach geäußerten Wunsch entsprochen wird.

# Die Chemie und der Stoffwechsel des Nervengewebes

3. Colloquium der Gesellschaft für Physiologische Chemie am 26./27. April 1952 in Mosbach/Baden. Mit 23 Textabbildungen. IV, 153 Seiten. 1952.

Steif geheftet DM 15.60

**Inhaltsverzeichnis: Chemische Komponenten der Nervenzelle und ihre Veränderungen im Alter und während der Funktion.** Von H. Hydén-Göteborg, Schweden. Mit 11 Textabbildungen. — **Der chemische Aufbau der Nervenzelle und der Nervenfaser.** Von E. Klenk-Köln. — **Der Energiestoffwechsel des Nervengewebes und sein Zusammenhang mit der Funktion.** Von H. Weil-Malherbe-Nr. Wickford, England. Mit 4 Textabbildungen. — **Energieumsatz des Gehirns in situ unter aeroben und anaeroben Bedingungen.** Von E. Opitz-Kiel. Mit 6 Textabbildungen. — **Neuere Theorien der Nervenleitung.** Von R. Stämpfli-Bern, Schweiz. Mit 2 Textabbildungen. — **Wechselwirkung zwischen Gehirn und Leber.** Von E. Albert-Frankfurt a. Main.

Das „Mosbacher Colloquium" hat sich auch im Jahre 1952 wieder als lebendige Aussprache zwischen Vertretern verschiedener Disziplinen gestaltet und als wissenschaftlich besonders fruchtbar erwiesen. Wenige Monate danach erschienen die Vorträge und Diskussionen gesammelt im Druck und dürfen nicht nur das Interesse der unmittelbar beteiligten Fachrichtungen, sondern auch darüber hinaus allgemein naturwissenschaftliches und sogar ärztliches Interesse für sich beanspruchen — es sei nur auf den im Rahmen dieser Tagung behandelten Zusammenhang zwischen Geisteskrankheiten und Stoffwechselvorgängen hingewiesen.